U0382833

广西重要海洋资源综合评价

李京梅　蒋明星 等　编著

科学出版社
北京

内 容 简 介

广西是我国重要的沿海省（区、市）之一，海域广阔，海洋资源丰富，开发潜力巨大。本书依据广西历次开展的大型综合调查成果，对海洋生物资源，海洋空间资源，海洋旅游资源，海洋油气、滨海矿产及海洋能资源的实物量进行系统梳理；依据相关的技术规范及资源评价方法，对以上资源的经济价值、优势度、承载力、开发潜力与约束条件进行系统综合评价。研究成果为广西地方政府把握海洋经济发展的资源优势，权衡资源不同开发利用方式的经济效益、生态效益与社会效益，找准海洋经济发展定位提供了翔实科学的依据。

本书可为地方政府相关管理部门工作人员提供基础数据与资料，也可供科研工作者及院校相关专业的学生参考使用。

图书在版编目（CIP）数据

广西重要海洋资源综合评价/李京梅等编著. —北京：科学出版社，2022.3

ISBN 978-7-03-067587-3

Ⅰ. ①广… Ⅱ. ①李… Ⅲ. ①海洋资源-资源评价-广西 Ⅳ. ① P74

中国版本图书馆 CIP 数据核字（2021）第 000920 号

责任编辑：朱 瑾 习慧丽/责任校对：杨 赛

责任印制：吴兆东/封面设计：无极书装

科学出版社出版

北京东黄城根北街 16 号

邮政编码：100717

http://www.sciencep.com

北京建宏印刷有限公司 印刷

科学出版社发行 各地新华书店经销

*

2022 年 3 月第 一 版 开本：889×1194 1/16

2022 年 3 月第一次印刷 印张：26

字数：840 000

定价：368.00 元

（如有印装质量问题，我社负责调换）

《广西重要海洋资源综合评价》撰写人员名单

主要撰写人员 李京梅 蒋明星

参与撰写人员 郝林华 陈 尚 张创智 李淑娟 迁 婕 苏红岩 刘 斌 田梓文 高金田 高 珊 刘合伟 王腾林 邸 娜 杨 成 刘 莹 苏美玲 姜 宝 李雪红 李逸梅 李婷婷 别空军 王雨婷 刘雪莹 郭 玉 薛 娇 耿亚群 张小凡 王 娜 单菁竹 许志华 李淑琴

前言

海洋资源对国民生产生活具有不可替代的作用，是经济社会可持续发展的物质基础。广西是我国重要的沿海省（区、市）之一，海域广阔，海洋资源丰富，可开发潜力巨大。随着《广西北部湾经济区发展规划》《国务院关于进一步促进广西经济社会发展的若干意见》《广西海洋经济可持续发展“十三五”规划》等陆续颁布和实施，开发海洋资源、发展海洋经济成为广西地方经济的重要增长点。与其他沿海地区海洋经济增长一样，广西海洋资源开发也将面临资源供给有限与产业发展需求的总量矛盾、资源种类约束与主导产业选择的结构矛盾、资源分布与产业区域规划的布局矛盾及加快资源开发与实施环境保护的权衡取舍矛盾。广西多次提出“要科学规划海洋经济发展，大力发展海洋产业”的战略目标。如何化解以上可能存在的一系列矛盾并尽快把广西海洋资源优势转化为海洋经济增长的动力，是政府管理部门实现广西海洋经济又好又快发展优先考虑的问题。开展广西重点海洋资源综合评价研究项目，系统梳理广西海洋资源的种类，全面盘点并更新广西重要海洋资源的存量、开发利用规模及其地区分布的信息与数据，准确评价资源对经济长期增长的保障程度和发展潜力，明确海洋资源开发的重点方向和优先领域，有助于政府科学编制海洋资源开发规划、规范资源开发利用行为、提高海洋资源利用的综合效益、实现广西海洋经济的可持续增长。

“广西重要海洋资源综合评价及价值评估”项目工作得到广西海洋主管部门及相关单位和有关人员的大力帮助，特别是得到我国近海海洋综合调查与评价专项（简称“908专项”）广西区域的调查（简称广西“908专项”）的大力支持。本书为本项目的研究成果，在出版之际，向他们表示衷心感谢！由于本项目成果涉及学科门类广，承担单位多，时间跨度长，综合集成信息处理量大，书中不足之处在所难免，敬请读者批评指正。

《广西重要海洋资源综合评价》编写组

2021年11月15日

目录

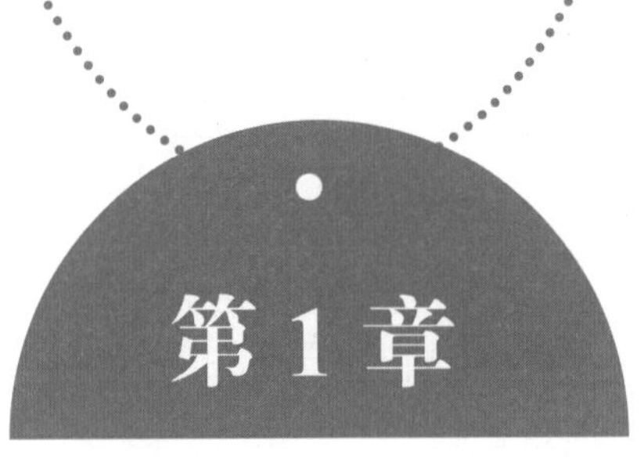

第1章 概述

海洋资源是经济社会发展的物质基础，开发利用海洋资源、发展海洋经济已成为沿海各国的重要发展战略。广西是我国重要的沿海省（区、市）之一，海域广阔，海洋资源丰富，开发潜力巨大。随着《广西北部湾经济区发展规划》《国务院关于进一步促进广西经济社会发展的若干意见》《广西海洋经济可持续发展“十三五”规划》等陆续颁布和实施，开发海洋资源、发展海洋经济成为广西经济增长的重要支撑与保证。与其他沿海地区海洋经济增长一样，广西海洋资源开发利用也将面临资源供给有限与产业发展需求的总量矛盾、资源种类约束与主导产业选择的结构矛盾、资源分布与产业区域规划的布局矛盾及加快资源开发与实施环境保护的权衡取舍矛盾。广西多次提出“科学规划海洋经济发展，大力发展海洋产业”的战略目标。如何化解以上可能存在的一系列矛盾并尽快把广西海洋资源优势转化为海洋经济增长的动力，是政府管理部门实现广西海洋经济又好又快发展优先考虑的问题。实施广西重要海洋资源综合评价项目，对广西海洋生物资源，海洋空间资源，海洋旅游资源，海洋油气、滨海矿产及海洋能资源的实物量进行系统盘点与梳理；依据相关的技术规范及资源评价方法，分别对目标资源的经济价值、优势度、承载力、开发潜力与约束条件进行系统综合评价，详尽说明评价区内不同类型、不同等级海洋资源的价值量及其分布、数量、质量的差异与可开发利用方向。研究成果可为广西地方政府把握海洋经济发展的资源优势，权衡资源不同开发利用方式的经济效益、生态效益与社会效益，找准海洋经济发展定位提供科学依据。

本章在界定海洋资源内涵，并全面系统梳理海洋资源分类的基础上，依据海洋资源属性，结合资源用途的分类标准，将海洋资源分为海洋生物资源、海水及化学资源、海洋矿产资源、海洋油气资源、海洋能资源、海洋空间资源和海洋旅游资源七大类；根据广西海洋资源的禀赋特征和广西历次开展的大型综合调查结果，筛选并确定拟评价的广西重要海洋资源，分别为海洋生物资源，海洋空间资源，海洋旅游资源，海洋油气、滨海矿产及海洋能资源，并进一步明确评价原则、评价内容与技术路线。

1.1 海洋资源概念、分类与特征

1.1.1 海洋资源概念

关于海洋资源，至今尚无严格的、明确的、公认的定义。不同的学科、不同的学者对海洋资源的定义及表达方式各不相同。《辞海》认为，海洋资源是来源、形成和存在方式均直接与海水或海洋有关的资源。《海洋大辞典》和《海洋经济统计知识手册》认为，海洋资源是海洋中一切可供人类开发利用的资源的总称（严宏谟，1998；何广顺和王立元，2013）。

我国学者在有关著作或教材中也给出了海洋资源的定义。例如，朱晓东等（2005）在《海洋资源概论》一书中，将海洋资源界定为：在海洋内外应力作用下形成并分布在海洋地理区域内的，在现在和可预见的未来，可供人类开发利用并产生经济价值，以提高人类当前和将来福利的物质、能量和空间等。它的范围涵盖海洋生物资源、海水及化学资源、海洋石油天然气资源、海洋矿产资源、海洋能资源、海洋空间资源等。刘成武等（2001）则把海洋资源分为广义的海洋资源和狭义的海洋资源：狭义的海洋资源一般包括传统的海洋生物、溶解在海水中的化学元素和淡水、海水中所蕴藏的能量及海底的矿产资源，这些都是与海水水体本身有直接关系的物质和能量；从广义上讲，所有在一定时间内能够产生经济价值以提高当前和未来人类福利的海洋自然环境因素都称作海洋资源。辛仁臣和刘豪在《海洋资源》一书中，将海洋资源界定为：海洋所固有的，或在海洋内外应力作用下形成并分布在海洋地理区域内的，可供人类开发和利用的所有自然资源。海洋资源的范围涵盖海底矿产资源、航运和港口资源、海洋能资源、海水及化学资源和海洋生物资源。朱坚真（2013）在《海洋经济学》一书中界定海洋资源是：海洋经济自然资源的简称，泛指海洋空间所存在的、在海洋自然力作用下形成并分布在海洋区域内可供人类开发利用的自然资源。崔旺来和钟海玥（2017）在《海洋资源管理》一书中界定海洋资源是：在一定的经济技术条件下可以为人类所利用的海洋，包括可以利用而尚未利用的海洋和已经开发利用的海洋的总称。

从以上海洋资源的不同定义可以看出，尽管海洋资源概念的表述方式各不相同，但可以发现一个共同点，那就是只有那些在某种条件下能产生经济价值的在海洋内外应力作用下形成并分布在海洋地理区域内的自然环境因素才被称为海洋资源。

1.1.2 海洋资源分类

海洋资源种类繁多，既有有形的，又有无形的，既有有生命的，又有无生命的，既有可再生性的，又有不可再生性的，既有固态的，又有液态和气态的，形形色色，对其分类实为不易。国内外有很多专家学者依据不同的标准从不同的角度对海洋资源进行了分类，大致如下。

（1）依据海洋资源有无生命，可分为海洋生物资源和海洋非生物资源。

（2）依据海洋资源的来源，可分为来自太阳辐射的海洋资源、来自地球本身的海洋资源，以及地球与其他天体的相互作用而产生的海洋资源。

（3）依据能否恢复，可分为再生性海洋资源、有限再生性海洋资源和非再生性海洋资源。

（4）依据空间视角，可分为水体上面的空气、水体本身和水体之下的底土。或者说，在空气、水体、底土与陆地之间存在空气与水体间的海表面、水体与底土间的海床及水体与陆地间的海岸等三个界面。

（5）依据海洋资源的自然本质属性及种类，可分为海洋物质资源、海洋空间资源和海洋能量资源。

（6）依据海洋资源的自然属性和开发利用需求，可分为生物资源、矿产资源、化学资源和能源资源四大类。

（7）依据海洋资源的性质、特点及存在形态，可分为海洋生物资源、海底矿产资源、海洋空间资源、海水资源、海洋新能源和海洋旅游资源。

本研究在系统梳理海洋资源分类的基础上，依据海洋资源属性，结合资源的开发用途，将资源分为海洋生物资源、海水及化学资源、海洋矿产资源、海洋油气资源、海洋能资源、海洋空间资源及海洋旅游资源七大类；基于广西海洋资源的禀赋特征，进一步根据《广西海洋经济可持续发展“十三五”规划》和广西壮族自治区海洋局海洋资源综合管理目标，结合广西历次开展的大型综合调查（海岸带和滩涂资源综合调查、海岛资源综合调查、近海海洋综合调查与评价），基于数据可获取原则，筛选并确定拟评价的广西重要海洋资源，分别为海洋生物资源，海洋空间资源，海洋旅游资源，海洋油气、滨海矿产及海洋能资源。按照行政区划，进一步对北海、钦州、防城港三个沿海地级市的重要海洋资源开发利用现状进行综合评价。拟评价的广西重要海洋资源分类见表 1-1。

表 1-1 拟评价的广西重要海洋资源分类表

总类	大类	类别
海洋资源	海洋生物资源	渔业生物资源
		红树林、珊瑚礁、海草床生物资源
		海洋药用生物资源

续表

总类	大类	类别
海洋资源	海洋空间资源	岸线资源
		海域资源
		海岛资源
		港址资源
	海洋油气、滨海矿产及海洋能资源	略
	海洋旅游资源	略

1.1.3 海洋资源特征

海洋资源具有以下特征。

（1）有限性。有限性是海洋资源最本质的特征。海洋资源的有限性也可以称为稀缺性，是指在一定时间和空间内，海洋资源在数量上都是有限的，不是取之不尽、用之不竭的。海洋油气、矿产资源是地球经过千百万年、上亿年漫长的物理、化学和生物过程形成的，相对于人类是不可再生的，其储量随着人类的开采越来越少。自然岸线资源、滩涂资源等空间资源具有重要的生态功能，沿海地区经济发展对岸线、滩涂等不可再生资源的大量需求使其有限性日益明显，而不合理的开发利用进一步加剧了其稀缺性。即使是可再生资源如红树林资源、渔业资源等，当开采利用的程度超过资源再生能力时，同样也会表现出稀缺的特征。海洋资源的有限性要求人类在开发利用海洋资源时必须从长计议，注意合理开发利用和保护，绝不能只顾眼前利益、掠夺式开发资源，甚至肆意破坏资源。

（2）整体性。整体性是从生态学视角考察资源特征，是指自然资源本身是一个庞大的生态系统，自然界的各种资源之间既相互联系，又相互制约，构成了一个有机的统一体。人类活动对其中任何一种组分的干扰，都可能会引起其他组分的连锁反应，并导致整个系统结构的变化（钱易和唐孝炎，2000）。海洋资源存在于海洋生态系统中，海洋生态系统内的生物和非生物的组分，通过物质循环和能量流动而相互作用，相互依存，组成了一个相互联系、相互影响、相互制约的有机整体，并表现出整体有用性。海洋资源的整体性要求在开发利用的过程中，必须统筹安排、合理规划，以确保生态系统的良性循环。

（3）区域性和空间性。海洋资源的区域性和空间性是指海洋资源分布不平衡，在不同的区域和空间内，其种类、结构、数量、质量、特征等都有很大的差异，即海洋资源表现出自然丰度和地理分布上的差异性，并有其特殊的分布规律。同时，由于海洋是一个三维立体的庞大的水系统结构，在海洋的不同深度都可以分布有海洋资源，即海洋资源的分布具有层次性。海洋资源的区域差异要求我们按照海洋资源区域性的特点和当地的经济条件，对资源的分布、数量、质量等情况进行全面调查和评价，因地制宜地安排各行各业的生产，有效地挖掘海洋资源的潜力。海洋资源的空间立体差异则要求我们在开发时以海洋的立体观来布局海洋产业，避免造成海洋资源与空间的浪费（朱坚真，2010）。

（4）多宜性与冲突性。海洋资源的多宜性也称为多用性，是指海洋资源包含的资源种类繁多，具体到某一种资源，都具有各种不同的功能和用途。例如，海水资源可以用于海水淡化、化学物质提取；海域资源既可以用于海水养殖、矿产开采，又可以用于航运通行、搭建建筑物、旅游观瞻等，具有满足多种需要的多宜性特点。海洋资源的多宜性还体现在，海洋资源在功能或作用上具有互补性与互代性，如同一海域有海湾和沙滩资源，养殖和旅游可以互补，各种鱼类资源可以互代。但是海洋资源开发利用还存在相互抵触或冲突。例如，沿海风力发电场区会与海洋运输航线相冲突，拖网渔业或海砂开采会损害管道和电缆，海水养殖会影响海滨浴场。海洋资源的利用是会出现机会成本的。人们在利用海洋资源时，必须从经济效益、生态效益、社会效益三方面进行综合研究，从而制定出切实可行的开发利用方案。

（5）负外部性。外部性是指在没有市场交换的情况下，一个生产单位的生产行为（或消费者的消费行为）影响了其他生产单位（或消费者）的生产过程（或生活标准）（马中，2006）。各个海域在资源的开发利用过程中都存在不同程度的污染和破坏，从经济学意义上来说，这种对海洋资源的开发继而造成海洋生态环境破坏的活动可以看成一种外部不经济性，即海洋资源开发利用的负外部性。外部不经济会造成海洋资源配置缺乏效率，进而导致社会福利受损，因此需要不断探索外部性内部化的手段，以最大限度地减弱以致纠正海洋资源开发利用的负外部性（姚丹丹，2014）。

1.2 广西重要海洋资源综合评价背景、目的、内容与原则

1.2.1 评价背景

党中央、国务院高度重视海洋经济发展，党的十八大提出建设海洋强国的战略目标，确立了海洋事业在国家战略中的地位。“十二五”时期，我国海洋经济总体保持良好发展态势，海洋经济在拓展发展空间、建设生态文明、加快动力转换、保持经济持续稳定增长中发挥了重要作用。“十三五”时期是我国海洋经济结构深度调整、发展方式加快转变的关键时期。广西海洋资源丰富、发展潜力巨大，广西被定位为21世纪海上丝绸之路与丝绸之路经济带有机衔接的重要门户。国家明确将北部湾经济区作为西部大开发和面向东盟开放合作的重点地区，为广西发展海洋经济提供重要机遇。同时，珠江—西江经济带发展上升为国家战略，泛珠江三角洲经济圈基本形成，为广西发展海洋经济注入了新的活力。海洋资源是海洋经济发展的基础，海洋经济的发展依赖于自然物质和能量的不断供应。海洋经济快速发展，必须得到充足的资源保障。但是没有自然资源的合理开发利用，无法实现经济的可持续发展。无数的经验和事实告诉人们，单纯地发展经济将带来资源损毁、生态破坏的后果，而一味鼓励保护资源既阻碍经济发展，又难以遏制生态环境退化。因此，必须将经济发展与合理的海洋资源开发利用协调起来。

目前广西使用的海洋资源数据和资料以20世纪80年代海岸带、海岛资源调查的资料为主，资料较为陈旧。近年来，一些针对海洋专项开发与管理的海洋调查项目取得了不少新资料，但也较为零散，不成体系。历经近几年广西北部湾海洋经济的快速发展，海洋资源分布现状、基础环境和特征、优势潜力等都发生了很大变化，现有海洋资源数据与研究成果已不能满足沿海社会和经济发展的需求。

1.2.2 评价目的

资源综合评价是从整体上揭示自然资源的优势与劣势，指出资源开发潜力的大小、限制性和限制强度，提出开发利用和治理保护的建议，为充分发挥自然资源的多种功能和综合效益提供科学依据。广西海洋资源综合评价是按照一定的评价原则或依据，对广西北海、钦州、防城港三市的海洋资源数量、质量、地域组合、空间分布、开发利用、治理保护等进行系统梳理、评定和估价，评价目的如下。

（1）科学认识广西海洋资源的数量、质量及其空间分布规律。基于广西历次开展的海洋资源大型综合调查的基础数据，进一步对资源的数量、结构、质量、价值等进行评价，揭示地方海洋资源数量、质量变化及其空间分布规律，是海洋资源综合评价的基本目的，也是科学制定海洋资源开发利用方案、实现海洋资源可持续利用和制定社会经济发展规划的基础。

（2）揭示广西海洋资源开发利用中存在的问题。通过对海洋资源利用现状的评价，从资源利用需求与资源数量、质量及空间分布之间的关系出发，揭示广西海洋资源利用需求与资源供给之间的矛盾；另外，通过对海洋资源利用的经济效应、社会效益和生态效应的评价，分析广西海洋资源开发利用对社会经济和生态环境造成的影响。在此基础上，揭示广西海洋资源开发利用中存在的问题。

（3）指明广西海洋资源开发利用的合理方向。以广西海洋资源的数量、质量及其空间分布规律为依托，论证海洋资源开发利用强度和开发潜力。以此为基础，结合广西海洋资源开发利用条件与区域社会经济条件，探讨海洋资源开发利用方向，为海洋资源的合理利用提供决策参考。

（4）为广西海洋资源的可持续利用提供基础数据。科学认识广西海洋资源的数量、质量与空间分布格局，剖析海洋资源的动态变化规律及其驱动机制，揭示海洋资源开发利用中存在的问题并指明开发利用的合理方向，是实现广西海洋资源可持续利用的有效途径。而海洋资源综合评价是这一途径的核心和关键所在，也是实现可持续利用的重要保障。

1.2.3 评价内容

依据广西历次开展的大型综合调查的基本资料，以广西管辖海域的地级市为评估单元，在客观、科学、系统和实用的基础上，遵循物质资源和空间资源统一评价、实物量和价值量统一评价、开发利用和保护统一评价等原则，对海洋生物资源，海洋空间资源，海洋旅游资源，海洋油气、滨海矿产及海洋能资源四类重要海洋资源的数量、质量、地域组合、空间分布、开发利用和治理保护等进行定量或定性评价。具体评价内容如下。

（1）海洋资源实物量评价。全面收集并更新广西海洋生物资源，海洋空间资源，海洋旅游资源，海洋油气、滨海矿产及海洋能资源的数量、质量、空间分布等基本资料，对资料进行可靠性、一致性和代表性审查分析，为资源的价值评估、优势度评价及开发潜力评价提供科学依据。

（2）海洋资源价值评估。经济价值评估提供了一个如何分析最大化利用海洋资源各服务价值的基本政策框架，有助于权衡资源开发利用的经济效益、生态效益、社会效益，从而选择综合效益最优的资源开发利用方式，实现海洋资源的有效利用和可持续利用。在实物量核算的基础上，使用环境资源价值评估方法进一步对以上四类重要海洋资源的价值量进行核算，可以从价值的视角及时了解并监测地方海洋资源保护的收益和资源减少或破坏的成本，以实现资源的有效配置和经济可持续发展目标。

（3）海洋资源资产负债核算。建立海洋资源资产负债实物量核算表和海洋资源资产负债价值量核算表，对自然资源进行统计调查和监测，核算自然资源资产的实存数量及其变动情况，全面记录当期（期末–期初）各经济主体对自然资源资产的占有、使用、消耗、恢复和增值活动，评估当期自然资源资产实物量和价值量的变化，全面反映海洋经济增长的资源消耗、环境代价和生态效益。

（4）海洋资源优势度评价。各地区海洋资源数量、质量存在差异，资源价值实现的社会经济发展条件不同，对当地经济社会发展需求的满足程度不同，因此不同地区资源优势度存在差异。海洋资源优势度评价通过评价目标资源的数量优势和质量优势，实现对资源的统筹规划，有利于资源的有序合理开发，为政府管理部门确定海洋产业布局和海洋经济发展方向提供科学依据。

（5）海洋资源承载力评价。海洋生态系统为人类提供生命支撑的资源，一方面人类需要大量的资源，另一方面人口的增长及其消费方式对生态环境进行着冲击。研究广西沿海地区海洋资源基础对海洋经济发展的支撑能力，建立海洋资源承载力的监测预警机制，并根据沿海地区的人口和社会经济增长，对海洋资源的承载力进行情景模拟，预测海洋资源承载力的变化，评价海洋资源供给能力与社会经济发展的协调程度，将为区域海洋产业规划的编制与海洋经济政策的制定提供决策支持。

（6）海洋资源开发潜力与制约条件评价。海洋资源开发潜力是海洋资源各要素相互作用所表现出来的潜在生产能力或利用潜力。根据海洋资源利用方式的自然限制因素及其限制程度，构建目标资源的开发潜力评价系统，来比配资源在一定利用方式、顺序下的潜力。评价结果可以为宏观的资源利用规划、决策、海洋产业结构调整提供依据。

1.2.4 评价原则

（1）突出重点，兼顾一般。依据区域海洋资源禀赋特征、资源的开发利用现状和经济增长对海洋资源的需求，确定重点调查内容和评价内容。本研究把红树林、珊瑚礁、海草床等生物资源，以及包括海域、岸线、海岛和港址在内的空间资源作为重点评价内容，同时兼顾海洋药物、海洋油气、矿产资源和海洋新能源等一般性海洋资源。

（2）比较原则。海洋资源综合评价是一个比较的过程。海洋资源具有经济效益、生态效益和社会效益，因此，海洋资源综合评价不能只限于单项性评价，应进行多宜性评价，从资源的整体属性出发，分析资源功能的生态适宜性，以便规划工作者根据需要，决定优化的海洋资源利用结构。

（3）简单、实用、易行原则。进行海洋资源综合评价是为了科学地开发和利用海洋资源，因此，评价海洋资源所采用的指标体系、评价方法等，要在保证科学性的前提下，遵照简单、实用、易行原则，既便于获得数据，又易于操作。

（4）区域性和综合性原则。资源综合评价是一项区域性和综合性的研究工作，既要结合不同资源种类的自然属性、区位分布和开发利用用途，又要考虑评价区域的社会经济发展需要，因而，不同资源不同区域应该有不同的评价依据，选取不同的评价指标，建立不同的评价体系。只有全面、综合地分析不同资源的自然属性、生态效益和经济用途，结合区域的自然经济社会条件，才能客观地对目标资源做出评价，增强评价成果的科学性和应用价值，以便更好地为海洋资源的利用、规划服务。

（5）价值评估结果的审慎利用原则。价值是实现资源有效配置的基本指标，也是表征人类社会对资源需求偏好的基本单位。本研究应该对最容易评价、最可信的价值进行评估并将其纳入市场体系，但是许多因素决定了有一些资源环境价值，如保护区内保护物种的价值、种质资源价值、生物多样性价值等，是难以进行有效评价的，限制因素既包括评价方法和数据可获，又包括经济社会方面的其他因素，导致价值评估的结果与能够进入并被经济体系接受的价值之间存在很大差距。因此，本项目中资源的价值评估结果也只是为决策提供信息，而非决策的最终依据。

（6）可持续利用原则。在对人类有意义的时间和空间尺度上，任何一类海洋资源的开发利用，都必须保证其利用强度不超过资源承载力，使海洋资源不仅能够满足当代人的需求，还不能对满足后代人的需求构成危害。在海洋资源综合评价中，应根据资源种类特征把握这一原则。对于不可再生资源，如石油、矿产甚至自然岸线等，应节约利用；而对于可再生资源，如海洋生物等，其开发利用程度应在其更新能力范围内，优化利用。另外，要坚持经济、社会、生态三个效益相结合，在地区资源基础上，协调自然系统与人类社会系统之间的关系，建立一个和谐的人海关系系统，走可持续发展道路。

1.3 评价工作思路与技术路线

本书以广西历年海洋资源调查的研究成果为基础，以海洋资源的合理利用为基本原则，评价资源对经济长期增长的保障程度和发展潜力，明确海洋资源开发利用的重点方向和优先领域，提出开发利用和治理保护的建议，为广西海洋资源开发利用和海洋经济发展提供科学的参考和决策依据。

研究过程中，召开了课题研究预备会、课题启动会、4 次课题组全体工作会、10 余次课题组成员内部研讨会；课题组先后 3 次组织了赴广西北海、钦州、防城港等地实地调研，走访了三地市海洋局、水产畜牧兽医局、统计局、环保局和广西北部湾港口管理局及地方民众；完成了总报告和专题报告。

研究路线见图 1-1。

1.4 评价依据与数据来源

评价依据如下。

（1）《中华人民共和国海域使用管理法》。

（2）《中华人民共和国海洋环境保护法》。

（3）《广西海洋经济可持续发展“十三五”规划》。

（4）《广西海洋产业发展规划》。

（5）《广西北部湾经济区发展规划》。

（6）《广西壮族自治区海洋功能区划（2011—2020 年）》。

（7）《海洋生态资本评估技术导则》（GB/T 28058—2011）。

（8）《海洋主体功能区区划技术规程》（HY/T 146—2011）。

（9）《海洋特别保护区选划论证技术导则》（GB/T 25054—2010）。

本研究所需数据首先选择相关管理部门的统计数据及相关正式出版物和学术期刊数据，如无，则依次采用相关研究报告资料数据、遥感数据、实地调研数据及问卷调查结果。主要数据来源如下。

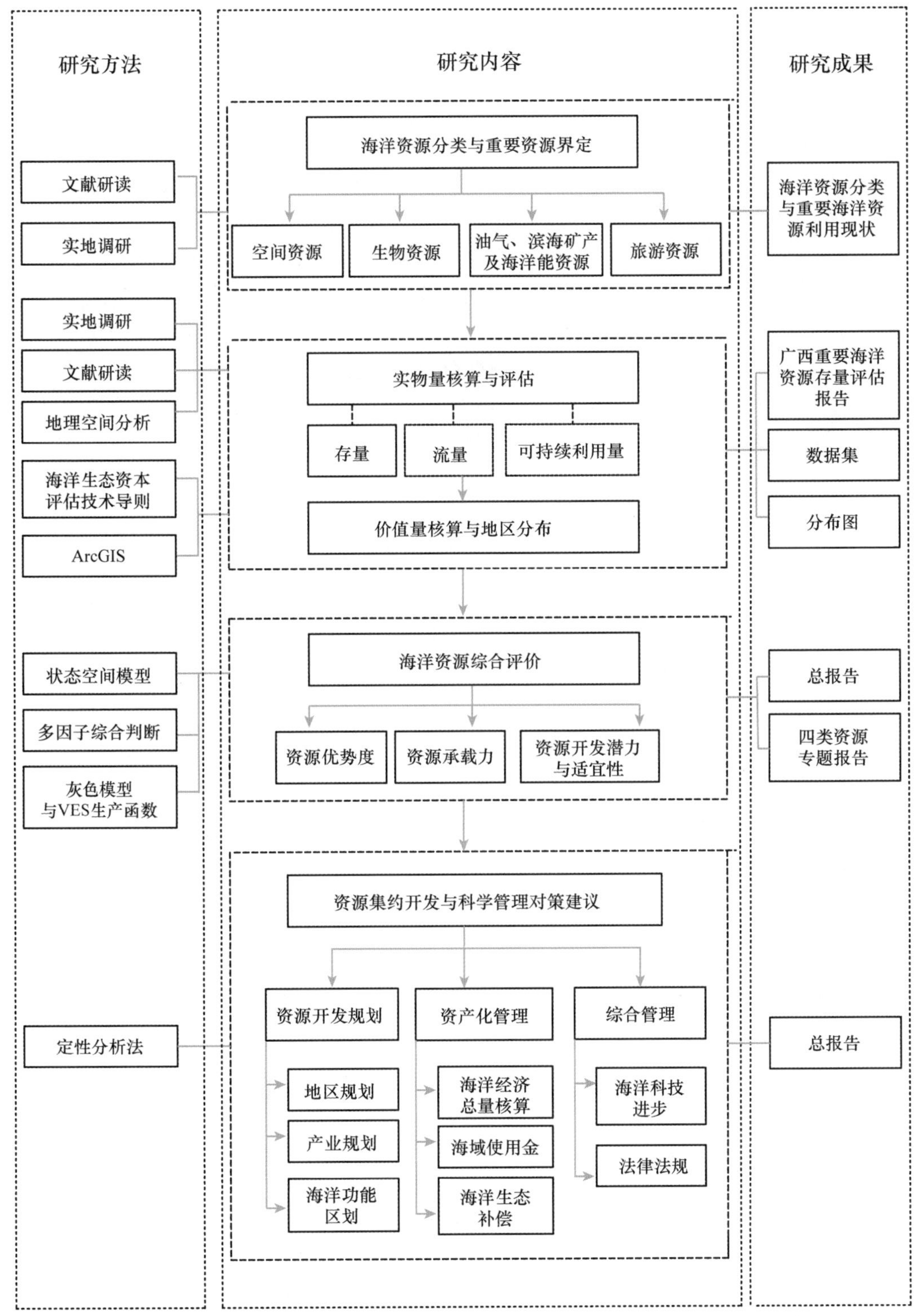

图 1-1　技术路线图［《海洋生态资本评估技术导则》（GB/T 28058—2011）］

（1）文献、专著等资料及正式出版物和学术期刊数据。

（2）广西统计年鉴，北海市、钦州市、防城港市统计年鉴相关管理部门的各类统计数据。

（3）我国近海海洋综合调查与评价专项（简称“908专项”）广西区域的调查（简称广西“908专项”）资料及其他专项调查资料、专题报告。

（4）遥感数据、实地调研数据及问卷调查结果。

1.5 小　　结

海洋资源是经济社会发展的物质基础，广西是我国重要的沿海省（区、市）之一，海域广阔，海洋资源丰富，开发潜力巨大。本章在界定海洋资源内涵、全面系统梳理海洋资源分类的基础上，根据广西海洋资源的禀赋特征和评价目标，筛选并确定拟评价的广西重要海洋资源，分别为海洋生物资源，海洋空间资源，海洋旅游资源，海洋油气、滨海矿产及海洋能资源。

为促进广西海洋经济健康持续发展，对其海洋生物资源，海洋空间资源，海洋旅游资源，海洋油气、滨海矿产及海洋能资源的实物量进行系统盘点与梳理；并对目标资源的经济价值、优势度、承载力、开发潜力与约束条件进行系统综合评价，详尽说明评价区内不同类型、不同等级海洋资源价值量及其分布、数量、质量的差异与可开发利用方向，为广西地方政府把握海洋经济发展的资源优势，权衡资源不同开发利用方式的经济效益、生态效益与社会效益，找准海洋经济发展定位提供科学依据。

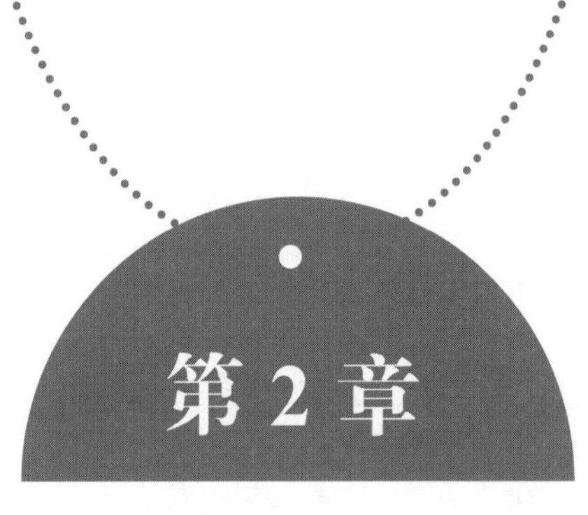

海洋资源综合评价

2.1 海洋资源实物量评价方法

2.1.1 海洋生物资源实物量评价方法

广西海洋生物资源实物量的评价主要考虑生物资源的现存量。在生物资源的实物量评价中，对自然生长的具有经济价值的海洋生物资源量进行评估，包括鱼类、甲壳类、头足类等海洋生物。根据广西海域资源调查统计，对自然生长的具有经济价值的红树林、海草床、珊瑚礁和海洋药用生物资源的现存量进行评估。

2.1.2 海洋空间资源实物量评价方法

广西海洋空间资源实物量的评价是通过历史资料的收集、整理和融合处理后，更新了海岸线、海底地形及海岛基础地理信息，形成了包括大陆海岸线、海域空间、海岛和港址在内的空间资源信息。将所有海洋空间资源信息在统一的比例尺下进行同化处理后，在 ArcGIS 平台下，采用 GIS 软件的地理空间分析功能模块，给出各个空间资源的实物量：①海岸线包括岸线长度、类型、使用状况，以及分行政区划、分类型等的统计信息；②海岛包括海岛类型、海岛岸线和利用现状；③海底地形包括底质类型，等深线 0m、5m、10m、15m 和 20m 所在位置，海域使用状况等，以及分行政区划的统计信息。

2.1.3 海洋油气、滨海矿产及海洋能资源实物量评价方法

在“广西壮族自治区海岸带调查”专题和“908 专项”区块近岸调查专题所取得广西近岸矿产资源、油气资源及海洋能资源总储量信息的基础上，结合 2009～2012 年的《中国海洋统计年鉴》、《中国海洋年鉴》、各地市矿产资源环境影响报告等所记载的相关资源的开发利用情况，以及 2015 年 7 月实地考察结果，对广西海洋油气、滨海矿产及海洋能资源的可开发利用情况进行实物量评价。

2.1.4 海洋旅游资源实物量评价方法

依据《广西壮族自治区海洋功能区划（2011—2020 年）》《广西壮族自治区旅游业发展“十二五”规划》《我国近海海洋综合调查与评价专项》，以及实地调研数据，梳理汇总广西海洋旅游资源实物量，包括数量、类型、丰度、级别构成、空间组合情况以及开发利用现状等。

2.2 海洋资源价值评估

2.2.1 海洋资源价值分类

20 世纪 60 年代，英国经济学家皮尔斯、美国环境资源经济学家约翰 · V. 克鲁蒂拉等系统地讨论了环

境资源经济价值的构成内容。本研究借鉴资源环境经济价值的概念界定与分类方法，基于本研究目标，依据海洋资源为人类提供服务是直接还是间接对人类福利产生影响，将海洋资源价值分为直接使用价值、间接使用价值及选择价值，见图 2-1。

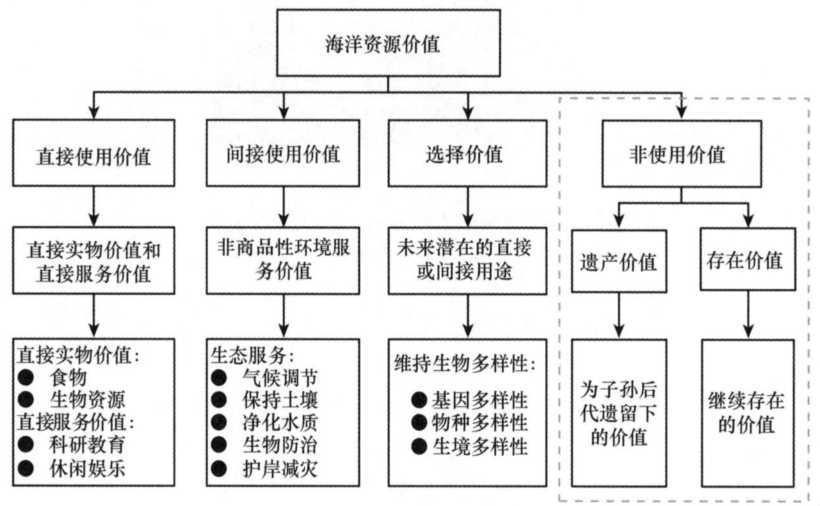

图 2-1　海洋资源价值构成

直接使用价值是指资源直接满足人们生产和消费需要的价值，可进一步分为提供食物、生物资源等直接实物价值及科研教育、休闲娱乐等直接服务价值。“兴渔盐之利、行舟楫之便”就是海洋资源直接使用价值的具体体现。直接使用价值在概念上是易于理解的，但这并不意味着其在经济上易于衡量。例如，休闲娱乐、科研教育属于公共服务，涉及的数量和价格无法直接观察到，往往较难估价。

间接使用价值包括从环境所提供的用来支持目前生产和消费活动的各种功能中间接获得的收益，间接使用价值类似于生态学中的生态服务功能。以滨海湿地为例，涵养水源、防洪减灾、净化空气等都属于间接使用价值，它们虽然不进入生产和消费过程，但却为生产和消费的进行创造了必要的条件。

选择价值又称期权价值，是指人们为了保存或保护某一自然资源，以便将来做各种用途的支付意愿。选择价值所衡量的是未来的使用价值，由于环境资源供求的不确定性，为保证环境资源能够持续利用，人们必须对现在利用它还是保护它做出选择。人们为保护环境资源以备未来使用的支付愿望就是环境资源的选择价值，相当于消费者为规避在将来失去它的风险所支付的保险金。

生物多样性是生物及其环境形成的生态复合体，以及相关的各种生态过程的综合，包括动物、植物、微生物和它们所拥有的基因及它们与生存环境形成的复杂的生态系统（Primack et al.，2014），其包含生物种类的多样性、基因（遗传）的多样性和生态系统的多样性三重内涵。生物多样性作为“生态复合体”，其经济价值与生态系统功能所提供的经济价值很相似，只是它更强调了基因、物种、生态系统和景观各个层次的作用及其价值，且其价值具有明显的外部性，不存在市场交换和市场价值，属于在今后持续提供的经济价值（郭中伟和李典谟，1998），因此本研究将其划归为选择价值。

需要特别指出的是，以 Krutilla（1967）为代表的环境经济学家提出了非使用价值的概念。顾名思义，非使用价值是指某些物品所具有的独立于人们使用它的价值，是相对于使用价值而言的。在一些经济学著作中，非使用价值又被称为存在价值、内在价值。它与人们是否使用它没有关系，相当于生态学家所认为的某种物品的内在属性。一些经济学家认为非使用价值是存在价值，是人们对环境资源价值的一种道德上的评判，人类出于遗赠动机、礼物动机和同情动机而愿意对环境资源存在做出支付，该支付意愿就是存在价值的基础。

非使用价值源于人类对资源未来可能的利用方式选择的评价，是人们在知道某种资源的存在后赋予的价值，是一种模糊的、难以表达的价值。在大多数情况下，我们对资源的评价是以其用途为依据的，为了避免其概念和方法的争议性，本研究对非使用价值不予界定，亦不予评估。当然，这并不意着我们可以无视非使用价值的存在，应该从环境伦理的角度出发来理解环境资源的非使用价值，对于那些具有很大非使用价值的环境资源，如无法替代的、濒临灭绝的动植物和生态系统，应该实行“贵极无价”原则，进行必要的立法，实现法律保护。

无论如何，海岸带资源价值评估应该考虑海岸带资源的所有价值组成。我们在决策制定过程中必须给影响人类生活福利的自然资源存量及服务赋予适当的权重和价值，否则现在和将来人类的福利将会遭受严重的损失。

2.2.2　海洋资源价值评估方法

从国内外环境资源价值评估实践来看，资源环境经济学家常用的自然资源与环境经济价值评估方法主要有：基于市场价格来确定环境资源价值的生产率变动法、人力资本法、机会成本法；基于替代市场的旅行费用法、重置成本法、内涵资产定价法；基于假想市场的意愿调查法；采用一种或多种基本评价方法的研究结果来估计类似环境影响的经济价值的成果参照法。根据广西重要海洋资源价值评估的目标，选取几种有代表性的环境资源价值评估方法并分为以下四类予以介绍。

1）直接市场法

直接市场法是根据生产率的变动情况来评估环境质量变动所带来的影响的方法。直接市场法把环境质量看作一个生产要素。环境质量的变化会导致生产率和生产成本的变化，从而导致产品价格和产出水平的变化，而价格和产出的变化是可以观察到并且是可测量的。直接市场法利用市场价格（如果市场价格不能准确反映产品或服务的稀缺特征，则要通过影子价格进行调整），赋予环境损害以价值（环境成本）或评价环境改善所带来的效益。本研究主要使用直接市场法中的生产率变动法对目标海洋资源进行评价。

生产率变动法（changes in productivity approach）是利用生产率的变动来衡量环境价值或生态系统服务价值的方法。该方法认为环境质量也是一种生产要素，环境质量的变化将导致生产率或生产成本的变化，而这又会影响产出的价格和产量，用公式表示为

$$E=\left(\sum_{i=1}^{k}P_iQ_i-\sum_{j=1}^{k}C_jQ_j\right)_y-\left(\sum_{i=1}^{k}P_iQ_i-\sum_{j=1}^{k}C_jQ_j\right)_x \tag{2-1}$$

式中，E 为环境变化的经济影响；P 为产品价格；C 为投入成本；Q 为数量；i=1, 2, …, k 种产品；j=1, 2, …, k 种投入；环境变化前后的情况分别用下标 x、y 表示。

在应用生产率变动法计算环境影响价值时，首先要估计环境质量变化对受体造成影响的物理后果和范围，然后估算该影响对成本和产出造成的影响，最后根据产品市场价格估算产出或者成本变化的市场价值。

使用生产率变动法进行价值评估时，需要资源开发活动对可交易物品的环境影响的证据，需要调查可交易物品的市场价格，如果该价格存在价格补贴或垄断，则需要用影子价格来替代市场价格来估算环境损害价值；另外，由于生产者和消费者对环境的损害会做出相应的反应，因此，需要对可能或已经实施的行为调整进行识别和评价。

2）替代市场法

替代市场法是通过考察人们与市场相关的行为，特别是在与环境联系紧密的市场中所支付的价格或他们获得的利益，间接推断出人们对环境的偏好，以此来估算环境质量变化的经济价值。

I. 重置成本法和防护费用法

重置成本法（replacement cost method）和防护费用法（defensive expenditure approach）都是根据环境变化造成的费用变化来间接推测环境损害价值的方法。防护费用法是指人们为了减少或者消除环境危害对生产、生活和身体健康造成的损害而愿意承担的费用。当环境质量恶化时，人们会努力从各种途径保护自己不受环境质量恶化的影响。例如，人们会购买一些防护用品甚至通过搬迁等尽力使自己免受损害。其间所需的费用就可用来评估环境恶化的损失。这一方法隐含的假定是个人有足够的信息和能力了解环境变化的危害性。

重置成本法则是用由于环境危害使生产性物质资产损坏而导致的重新购置费用来估算消除这一环境危害所带来的效益，计算公式为

$$L=\sum_{i=1}^{n}C_iQ_i \tag{2-2}$$

式中，L 为被污染或破坏的资源环境的恢复和防护支出的总费用；C_i 为恢复和保护第 i 种资源原有功能支付的单位费用；Q_i 为已经或将要被污染或破坏的第 i 种资源的总量，Q_i 的估算与环境要素和污染过程有关。

该方法基于以下假设：环境危害的数量可以测量，置换费用可以计量，且不大于生产中损失的价值；重置费用不产生其他连带效益等。

影子工程法是重置成本法的一种特殊形式。当环境损害的价值难以估计时，可用可以提供类似功能的替代工程或所谓的影子工程的价值替代该环境的价值。例如，若受污染的水体经治理恢复到未受污染时的状态，该治理措施所需的全部费用就可看作该污染所造成的水体质量下降的环境损害价值。

Ⅱ.旅行费用法

旅行费用法（travel cost method）是将旅行费用作为替代物来衡量某环境服务的支付意愿，并以此来估算该环境服务价值的方法。该方法常被用于评估没有市场价格的自然景点或环境资源的价值。旅行费用法隐含的基本原则是，尽管这些自然景点可能并不需要旅游者支付门票费用等，但是旅游者为了进行参观（或者说，使用或消费这类环境商品服务），却需要承担交通费用，包括要花费他们自己的时间，旅游者为此而付出的代价可以看作对这些环境商品或服务的实际支付。我们知道，支付意愿等于消费者的实际支付与其消费某一商品或服务所获得的消费者剩余之和。那么，假设可以获得消费者的实际花费数目，要确定旅游者支付意愿的关键就在于要估算出旅游者的消费者剩余，即环境价值=旅游者的实际支付+消费者剩余。

目前该方法主要有两个模型：分区模型和个体模型。

分区模型假设所有旅游者消费同一环境服务所获得的总效益没有差异，且总效益等于边际旅游者的旅行费用；边际旅游者的消费者剩余为0，所有旅游者的需求曲线具有相同斜率；旅游费用是一种可靠的替代价格。其应用的基本步骤如下。

首先，划分旅游者的出发区，即将旅游区周围地区划分为距离不等的同心圆区，根据距离确定旅游费用。

其次，在评价地点对旅游者进行抽样调查，以此确定旅游者的出发地、旅游费用及其他经济社会特征，并计算每一区域内到此地旅游的人次，即旅游率，进而进行以旅游率为因变量、以旅游费用和其他各种社会经济因素为自变量的回归分析，求得旅游费用对旅游率的影响。确定该回归方程后，就可以确定一个“全经验”的需求曲线，据此计算出每个区域旅游率与旅游费用的关系。

再次，计算不同区域旅游者的消费者剩余。

最后，将不同区域的旅游费用及消费者剩余加总，得出总的支付意愿，即为旅游区的环境商品或服务的总经济价值。

个体模型是对分区模型的进一步修正，它采用旅游者的个体数据而不是将同一分区内的所有人都视为同质个体，这就使旅行费用法更接近现实。但该方法没有考虑同一分区内不同场所对旅游者的影响，即未考虑替代旅游场所，造成对环境服务价值的高估。

3）假想市场法

假想市场法通过调查，推导出人们对环境资源的假想变化的评价。当缺乏真实的市场数据，甚至也无法间接地观察市场行为来赋予环境资源价值时，只好依靠建立一个假想的市场来解决。意愿调查法是典型的假想市场法，也称权变估值法（Contingent Valuation Method，CVM）、条件价值法，它是以调查问卷为工具来评价被调查者对缺乏市场的物品或服务所赋予的价值的方法，通过询问人们对于环境质量改善的支付意愿（willingness to pay，WTP）或忍受环境损失的受偿意愿（willingness to accept，WTA）来推导出环境物品的价值。

20世纪60年代初，经济学家Robert K. Davis第一次使用调查表评估一个海岸森林地带的户外娱乐效益。自20世纪70年代中期以后，意愿调查法被经济学家作为评估项目效益的推荐方法之一。1986年美国

内务部将意愿调查法确定为用于计量环境反应、赔偿和责任法案下的综合效益和损害的一种经改善的方法。20 世纪 80 年代以后，该方法在很多国家得到应用，应用的领域也扩展到评价森林、自然保护区、濒危物种、交通安全与生命价值、环境资源等，近年来，在我国也得到了应用。

该方法的基本思路是：先给被调查者提供一个环境服务假定条件的描述，然后询问被调查者在指定条件下或环境下若有机会获得这一服务将如何为其定价，再将回答者的支付意愿与社会经济和人口统计方面的特性联系起来，以检验答案的合理性，最终确定环境商品或服务的价值。

意愿调查法所采用的评估方法大致有 5 种，分别是投标博弈法、比较博弈法、无费用选择法、优选评估法和专家调查法。投标博弈法是要求被调查对象根据假设的问题说出他对环境商品若干不同供应水平的支付意愿或受偿意愿的方法。比较博弈法是要求被调查者在多种支出中做出偏好选择，进而确定其支付意愿的方法。无费用选择法是通过询问个人在不同的无费用物品之间的选择来估算环境价值的方法，该方法模拟市场上购买商品数量的选择。无费用选择法给被调查者两个以上选择，每一个都不用付钱，直接询问被调查者的选择。优选评估法以完全竞争下消费者效用最大化原理为基础，由被调查者对一组物品（包括生态环境）进行选择，按一定规则调整这些物品的价值，直至收敛到一组使消费者效用最大化的均衡价值，该方法模拟市场上购买商品最佳数量的选择。专家调查法是通过各自单独地反复向专家咨询以确定环境价值的方法。

4）成果参照法

前面已有的环境价值评估方法在实施时，需要大量的数据、经费及时间，所以往往需要一种简易可行的评价方法，成果参照法也就产生了。成果参照法，就是把一定范围内可信的货币价值赋予受项目影响的非市场销售的物品和服务。成果参照法实际上是一种间接的价值评估方法，它采用一种或多种基本评价方法的研究结果来估计类似环境影响的经济价值，并经修正、调整后移植到被评价的项目。

成果参照法使用的最重要的前提是“替代原则”，也就是说目标影响和参照影响之间必须具有可比性，这种可比性具体体现在以下几个方面：①参照物与评估对象在服务功能上具有可比性；②参照物与评估对象所面临的市场条件具有可比性，这实际上体现了人们对环境价值的偏好和预期，包括受影响人群的数量、受影响人群的社会经济特征等；③参照物评估时间与目标影响的评估基准日间隔不能过长，时间对环境价值的影响是可以调整的。

在运用成果参照法时，都会涉及两个数值，一个是价值指标，还有一个是与价值有关的可观测变量。要运用成果参照法，对于可比影响而言，价值指标数据和可观测变量数据都应该具备，而对于评估对象而言，应该能够获得可观测变量的数据。例如，在生产效应方法中，价值指标就是单位污染所导致的环境损害的价值，可观测变量就是以一定单位计算的环境污染量，可比影响的经济价值与以一定单位计算的环境污染量之间的比率可以计算出来，用这一比率乘以待评估影响环境污染量就可以得出评估影响的价值。

用数学术语描述成果参照法，有助于进一步理解和把握成果参照法。以 V 表示价值指标，以 x 表示可观测变量。成果参照法所依赖的假设前提是目标影响的 V 与 x 之比和可比影响的 V 与 x 之比相同，即

$$V(\text{目标影响})/x(\text{目标影响})=V(\text{可比影响})/x(\text{可比影响}) \tag{2-3}$$

如果上式成立，评估过程也就变得较为容易了。求解式（2-3）中的未知数值评估目标影响的价值指标，可得

$$V(\text{目标影响})=x(\text{目标影响})\times V(\text{可比影响})/x(\text{可比影响}) \tag{2-4}$$

在应用成果参照法时，一个关键的步骤是挑选可观测变量 x，要使得这样一个变量与价值指标有确定的关系。一般而言，这样一个可观测变量可以选取经济理论所表明的与环境经济价值存在因果关系的变量。

经济价值评估结果很重要，主要理由如下：使得政策制定者和决策者能够评估与具体资源对社会或经济福利的总体贡献相关的信息，同时突出公众对资源的利用方式及对资源价值的认识，从而有助于提高公众环境意识、鼓励公众支持和参与环境保护。经济价值评估同时也可为决策提供重要的备选方案，因为可以在经济价值评估中评估管理活动的相对收益和成本，以及收益和成本在各层管理循环过程中的变化。所以，经济价值评估可使单位货币的使用获得最大的环境收益。

2.3 海洋资源资产负债表概念与编制

2.3.1 海洋资源资产

海洋资源资产是指在海洋资源范畴中具有稀缺性、有用性（包括经济效益、生态效益、社会效益）及产权明确的自然资源。由于一些海洋资源拥有资产的特性，可以成为经营性资产的其中一部分，因此，其也被称为海洋资源资产（或者是自然资产或资源性资产）。

海洋资源资产既是自然资源会计的基本要素，又是海洋资源核算体系的重要组成部分。虽然海洋资源资产拥有一般资产的特点，但同一般资产相比，海洋资源资产仍拥有相对特殊的特点，这些特点具体表现为天然形成与人工投入相组合、可以利用性、总量有限性，以及变化符合生态平衡机制、计量的复杂性、产权归属的国有性和收益的垄断性。

2.3.2 海洋资源资产负债表

资产负债表作为一种会计学工具，目前广泛应用于记录社会各经济责任主体的财务状况。企业资产负债表是反映企业在一定时期内全部资产、负债和所有者权益的财务报表，是企业经营活动的静态体现。它是根据“资产=负债+所有者权益”这一平衡公式，依照一定的分类标准和一定的次序，将某一特定日期的资产、负债、所有者权益的具体项目予以适当的排列编制而成。一般意义上的资产负债表，是遵循“资产–负债=净资产（即所有者权益）”的等式编写的，用来揭示一个经济主体所拥有的资产、所承担的债务和所拥有的净资产（权益）。如果海洋资源资产负债表也和一般资产负债表一样来设计，那么其基本结构也就应该是“海洋资源资产–海洋资源负债=海洋资源净资产”。按照这个等式构建海洋资源资产负债表，就需要我们首先核定海洋资源资产的价值，然后核定海洋资源负债的价值，最后将二者相减就得到海洋资源净资产的价值。海洋资源资产负债表，就是利用会计学中的资产负债表工具，客观全面地反映生态责任主体在某一时间点的海洋资源静态存量的报表，可以用海洋资源净资产的变化情况来对领导干部进行离任审计。

然而，值得注意的是，“海洋资源资产负债表”这一提法与企业资产负债表、国家资产负债表甚或事业单位（非营利组织）资产负债表的常规提法并不一致。一般而言，企业资产负债表、事业单位（非营利组织）资产负债表、国家资产负债表，分别反映的是企业、事业单位（非营利组织）、国家等经济责任主体的财务状况，侧重强调的是资产负债表的经济责任（权利）主体。而海洋资源资产负债表，则侧重于强调资产负债表工具核算反映的“海洋资源”这一客体对象。这种提法的出现主要是海洋资源的特殊属性所致。在相当长的历史时间内，海洋资源被当作大自然的恩赐之物，既不具有商品属性，也不具有产品属性，既不具有稀缺性，也不具有排他性，海洋资源长期被视为公共资源而非生产性资产供人类无偿利用，长期被排除在经济核算之外。事实上，海洋资源资产负债表核算反映的会计主体仍然是企业、事业单位（非营利组织）、国家等生态责任主体，之所以专门提出海洋资源资产负债表，就是为了强调该资产负债表反映的客体是自然资源。

关于海洋资源资产负债表，借鉴自然资源资产负债表的定义为“衡量海洋资源资产的现存量和在一定时期内的变化状况，全方位地反映当期（期末–期初）各经济主体对于海洋资源资产的拥有、利用、损耗、复原及保值增加等内容，估算出资产的实物量及价值量的改变情况”。

2.3.3 海洋资源资产负债表编制方法

编制海洋资源资产负债表的前提是要确认海洋资源是有价值的，要把海洋资源看作一种资产、一种财富；要把海洋资源的增加量（生长量、新发现量、重估增值量）当作资本形成，即新增资产来看待；要把海洋资源的减少量（开采量、损失量、重估减值量）当作资本和资产损耗来处理。同时，要建立海洋资源负债的概念，这种负债是指为治理海洋生态系统或恢复海洋资源状态，实现可持续发展所需要付出的代价。

可以采取以下循序渐进的 3 个步骤编制海洋资源资产负债表。

一是实物量表，按照“期初存量+本期增加量=本期减少量+期末存量”的原理核算海洋资源资产的期初存量和期末存量，侧重反映海洋资源资产存量的变化。

二是价值量表，采取适当的估算方法，核算由政府管理不当或人类活动不当导致的海洋资源资产功能下降的价值，这种价值下降侧重于海洋资源资产的质量变化，包括耗减和退化两个方面。前者是指由于过度开采和使用，破坏自平衡机制而形成的海洋资源负债；后者是指由于受污染等因素的影响，海洋资源品质下降而形成的资源负债。

三是在前述工作的基础上，按照“资产–负债=净资产”的原理编制海洋资源资产负债表，反映某一固定时间点的海洋资源资产负债状况。

2.4　海洋资源承载力评价

2.4.1　海洋资源承载力概念

1921 年，学界首次正式提出承载力概念，人类生态学学者帕克（Park）和伯吉斯（Burgess）提出了承载力的概念，即“某一特定环境条件下（主要是指生存空间、营养物质、阳光等生态因子的组合），某种个体存在数量的最高极限”（齐亚斌，2005）。随着社会经济的发展、资源环境问题的日益突出以及人们对生态环境问题认识的逐渐深入，相继出现了资源承载力、环境承载力和生态承载力的概念。承载力既不是纯自然环境特征的量，也不是描述人类社会的量，而是评价资源环境与经济协调度的重要标准之一，反映了人类与环境相互作用的界面。

沿海地区是人口最为密集的地区，也是经济增长速度最快的地区。随着海洋资源开发利用规模的增大，对资源的无限需求与资源有限供给的矛盾愈加凸显。为此，国内学者也开始了对海洋资源承载力的探索。高吉喜（2001）认为，海洋资源承载力是指一定空间和时间范围内，遵循海洋生态环境不被破坏、海洋资源可持续利用的原则，在不超越海洋生态系统弹性限制的前提下，通过自然和人为调节，海洋资源的最大供给量及其对沿海经济社会持续发展的最大支撑能力。刘蕊（2009）认为，海洋资源承载力是指一个国家或地区的海洋资源的数量和质量对该国家或地区经济发展的支撑力，是经济可持续发展的重要体现。亦有学者提出了生态环境承载力的概念，苗丽娟等（2006）认为海洋生态环境承载力是指在满足一定生活水平和环境质量要求下，在不超出海洋生态系统弹性限度条件下，海洋资源、环境子系统的最大供给与纳污能力，以及对沿海社会经济发展及人口增长的最大支撑能力。海洋生态环境承载力是衡量海洋可持续发展的重要标志，体现了一定时期、一定区域的海洋生态环境系统满足区域社会经济发展和人类生存、发展及享乐等方面的需求程度，其研究核心是根据海洋资源与环境的实际承载力，确定沿海人口增长与社会经济发展的速度，从而更好地解决沿海经济发展、资源配置与海洋生态环境承载力之间的平衡及协调问题，以实现海洋生态系统的良性循环，促进沿海社会经济可持续发展。

本研究认为，海洋资源承载力与海洋资源、环境、海洋生态系统服务功能之间存在紧密的内在联系，与沿海经济、海洋产业之间存在密切的交互作用，同时海洋资源、环境和社会经济各子系统之间既彼此矛盾又相互协调，对海洋中任何一类资源的开发，都可能对其他资源、环境及生态系统服务功能产生或大或小的影响。对海洋资源承载力的研究要在考虑资源可持续利用，海洋生态环境不被破坏的基础上进行。因此本研究将海洋资源承载力定义为：一定时期内，以海洋资源可持续利用、海洋生态环境不被破坏为原则，在符合现阶段社会文化准则的物质生活水平下，通过自我维持与自我调节，海洋能够支持人口、环境和经济协调发展的能力或限度（狄乾斌等，2004）。

2.4.2　海洋资源承载力评价方法

资源承载力评价常用的方法有状态空间法、综合指标法、系统动力学法、主成分分析法。

1）状态空间法

状态空间法是欧氏几何空间用于定量描述系统状态的一种有效方法，通常由表示系统各要素状态向量的三维状态空间组成。三维状态空间包括作为受载体的人口及经济社会活动，以及作为承载体的区域资源环境三个轴。利用状态空间法中的承载状态点，可以表示一定时间尺度内区域的不同承载状况。不仅不同的人类活动强度对资源环境的影响程度差别十分显著，而且不同的资源环境组合所对应的人类活动强度也不同。但是该方法在规划目标的选定及资源—经济—生态内涵联系的刻画上存在一定的困难（陈国栋，2002）。

2）综合指标法

综合指标法根据区域社会经济、自然资源的特点，建立相应的指标体系来反映资源承载力的程度，并用这些指标对不同方案下不同水平年、不同区域的社会经济发展规模和资源承载力进行评价。综合指标法可以比较全面地反映资源承载力的状况，最常用的是综合模糊评价法，综合模糊评价法就是用模糊数学知识，依据模糊变换原理和最大隶属度原则，对多种属性的事物，或者说总体优劣受多种因素制约的事物和现象做出总体评判的方法。综合模糊评价法是模糊分析中的一个重要方法，其实质是将评价对象的各种属性和性能作为因素集或是参数指标，然后建立评判集和评判矩阵。因素集、评判集和评判矩阵整体构成一个评判空间，对于因素集中各因素不同的侧重，赋予不同的权重，进行综合评价（张丽，2005）。

但是该方法在指标确定、等级划分、权重分配上直接影响最终结果，因此，对这些问题的处理成为关键（邢永强等，2007）。

3）系统动力学法

系统动力学研究解决问题的方法是一种定性与定量相结合，系统整体思考与分析、综合与推断的方法。它是定性分析与定量分析统一，以定性分析为前提，以定量分析为支持，两者相辅相成，螺旋上升逐步深化的解决问题的方法。利用系统动力学理论与方法建立的模型，可借助计算机模拟定性与定量地分析研究复杂系统的各种问题。该方法比较适应宏观的长期动态趋势研究，缺点是模型的建立受建模者对系统行为动态水平认识的影响，由于参变量不好掌握，控制不好会得出不合理的结论。本研究使用系统动力学法对海洋资源承载力的变化进行预测。

4）主成分分析法

主成分分析法又称主变量分析法，是数学中处理降维的一种方法，把给定的一组相关变量通过线性变换转换成另一组不相关的变量，这些新的变量按照方差依次递减的顺序排列。在数学变换中保持变量的总方差不变，使第一个变量具有最大方差，称为第一主成分，第二个变量的方差次大，并和第一个变量不相关，称为第二主成分，以此类推。最后一个主成分方差最小，且与此前的主成分都不相关。运用主成分分析法，可以各主成分的信息贡献率为权数，对资源环境承载力进行综合评价。

2.5 海洋资源优势度评价

海洋资源的分布在空间上存在差异，资源的禀赋对当地经济社会发展需求的满足程度不同，资源价值实现的社会经济条件不同，因此不同地区资源优势度存在差异。

2.5.1 海洋资源优势与优势度的含义

到目前为止还不能给资源优势下一个较为确切的定义，但是至少应该明确，资源优势与优势资源是两个不同的概念。优势资源在一定程度上是一个缺乏外部比较的概念，而资源优势更多的是与外部比较，是一个相对的概念。因此，某种资源是一个地区的优势资源或主导资源，但不一定具有资源优势。

资源优势是一个多维的概念，构成资源优势的因素大致包括以下几项（王锡桐，1992）。

1）资源数量上的相对优势

资源数量上的相对优势包括独占性和非独占性。独占性资源又称为专有资源、垄断资源，具体表现为某地区某种资源具有其他区域所没有的独占特征，则该地区该种资源具有绝对优势。各地区独占性资源很少存在，资源一般为非独占性资源，在这种情况下与其他拥有同类资源的区域相比，如果本区域资源富集度高，具有相对优势，也可以说本区域该种资源具有优势。资源在数量上所表现的相对优势是一个富集度的概念或资源秩的概念，这种比较可以为制定资源保护开发管理规划提供依据。

2）资源质量上的相对优势

资源质量概念可以由多种特征表现，最重要的就是品位和可取性。品位也称档次，如矿产资源品位是指有效成分在矿物中所占的比重，由于品位高的富矿相对稀缺，高品位富矿较多的区域就具有资源优势。在生物资源中，资源的品位和可取性通称质量，资源质量的具体定义因资源种类不同而不同，但在习惯上都可以根据其特定的用途定义质量或品位，资源的高品位可以表征其优势。

除此之外，资源的开发与社会的发展阶段和经济特征息息相关，如人类早期对海洋的利用方式主要是海洋捕捞、海洋运输和盐业，随着人类对海洋认识的进一步加深以及经济的快速发展，在对海洋利用方式更加多样化的同时，传统海洋产业的发展模式也发生了变化，如渔业方面出现了人工鱼礁、海洋牧场等新的发展模式。因此，资源优势也体现在资源与当地社会经济生态发展的协调程度方面，包括当地社会经济环境对该资源价值实现的支撑能力，以及该资源对当地社会经济发展的承载能力和生态环境改善的贡献程度。

资源优势总体来说是一定条件下区域之间横向比较的相对概念，这种概念很难用一个统一的计量单位表示，更多的是表征某区域该资源与其他区域相比所具有的地位，即资源优势一般表现为资源秩或地位序列，是一个无量纲的概念。根据资源优势的定义，选取一系列相关指标并考虑各特征指标的权重，通过一定的方法将其综合成一个体现各地区资源地位序列的指数即为资源优势度。

2.5.2　海洋资源优势度评价意义

党的十八大强调，要着力推进绿色发展、循环发展、低碳发展，形成节约资源和保护环境的空间格局、产业结构、生产方式、生活方式。十八届三中全会更进一步提出，要紧紧围绕建设美丽中国深化生态文明体制改革，加快建立生态文明制度；要健全自然资源资产产权制度和用途管制制度，划定生态保护红线，实行资源有偿使用制度和生态补偿制度，改革生态环境保护管理体制。

十八届三中全会审议通过的《中共中央关于全面深化改革若干重大问题的决定》提出，建设生态文明，必须建立系统完整的生态文明制度体系，用制度保护生态环境；探索编制自然资源资产负债表，对领导干部实行自然资源资产离任审计。

在如此鲜明的时代背景下，评价海洋资源优势度具有理论和实践上的双重意义。首先，海洋资源优势度的评价对于完善生态文明制度具有重要意义，优势度作为海洋资源综合评价的重要组成部分，其提出和评价本身就是对生态文明体系的扩充和完善；其次，目前学术界对于资源优势度尤其是海洋资源优势度的专门研究较少，一定程度上制约了各地区对当地资源的综合利用和开发管理，评价海洋资源优势度可为各地区基于海洋资源优势度进行资源开发管理保护提供指导；最后，对重要海洋资源的优势度评价也是各地区摸清自然资源资产家底的内容之一，其评价方法和结果可为建立健全科学规范的自然资源统计调查制度、完善生态文明绩效考核评价和责任追究制度提供信息基础。

2.5.3 海洋资源优势度评价方法

2.5.3.1 评价模型

1）模糊物元与复合模糊物元模型

物元分析理论是研究不相容问题规律和方法的新兴理论，其主要思想是用“事物、特征、量值”3个要素描述事物，把由这些要素组成的有序三元组的基本元称为物元，适用于多指标综合评价问题。模糊物元分析法可以通过物元的要素变换，即通过对量值进行置换、分解、增删和扩缩，实现物元的转换，从而解决指标不相容的问题。各地区海洋资源优势度受自然条件、社会经济条件等众多因素影响很大，属于多层次、多目标、多属性决策问题，且指标间存在不相容问题，所以适合用模糊物元分析法。

海洋资源优势度评价的模糊物元可以表示为有序三元组 $\boldsymbol{R}=(M, c, x)$，其中 N 表示评价对象，c 为评价所选定的特征参数，x 表示参数的实际模糊量值，三者构成了模糊物元的基本要素。对于待评价对象 $M_1, M_2, M_3, \cdots, M_m$，其 n 个属性特征 $c_1, c_2, c_3, \cdots, c_n$ 都有相对应的模糊量值 $x_1, x_2, x_3, \cdots, x_n$，把 m 个评价对象、n 个属性特征及其对应的特征量值组成一个矩阵 $\boldsymbol{R}_{mn}$，该矩阵就是 m 个评价对象的 n 维复合模糊物元，即

$$\boldsymbol{R}_{mn}=\begin{bmatrix} & M_1 & M_2 & \cdots & M_m \\ c_1 & x_{11} & x_{21} & \cdots & x_{m1} \\ c_2 & x_{12} & x_{22} & \cdots & x_{m2} \\ \vdots & \vdots & \vdots & \vdots & \vdots \\ c_n & x_{1n} & x_{2n} & \cdots & x_{mn} \end{bmatrix}$$

2）从优隶属度原则

由于特征量值所处范围不同，为了得到更准确的评价结果，需要对数据进行归一化处理。有别于统计学的归一化处理，模糊物元模型一般采用从优隶属度计算。

各评价指标 c_n 相应的模糊量值从属于标准方案对应评价指标相应模糊量值的隶属程度称为从优隶属度，由此建立的原则称为从优隶属度原则。从优隶属度一般为正值，各评价指标对于评价对象来说，有效益型指标（正指标）和成本型指标（负指标），其计算公式分别如下。

效益型指标（正指标）：

$$u_{ij}=\frac{x_{ij}-\min x_{ij}}{\max x_{ij}-\min x_{ij}} \tag{2-5}$$

成本型指标（负指标）：

$$u_{ij}=\frac{\max x_{ij}-x_{ij}}{\max x_{ij}-\min x_{ij}} \tag{2-6}$$

式中，$\max x_{ij}$ 和 $\min x_{ij}$ 分别为指标 x_{ij} 的最大值和最小值。经标准化处理后的指标 u_{ij} 均为越大越优。

经过标准化处理的模糊物元为

$$\underline{\boldsymbol{R}}_{mn}=\begin{bmatrix} & M_1 & M_2 & \cdots & M_m \\ c_1 & u_{11} & u_{21} & \cdots & u_{m1} \\ c_2 & u_{12} & u_{22} & \cdots & u_{m2} \\ \vdots & \vdots & \vdots & \vdots & \vdots \\ c_n & u_{1n} & u_{2n} & \cdots & u_{mn} \end{bmatrix}$$

3）最优模糊物元及欧氏贴近度

最优模糊物元是由从优隶属度模糊物元 $\underline{\boldsymbol{R}}_{mn}$ 中量化指标的最大值或最小值构成的，其中特征量值同取极大值的为极优标准方案，特征量值同取极小值的为极劣标准方案。n 事物 m 维最优模糊物元可如下表示：

$$
(\boldsymbol{R}_{mn})_0=\begin{bmatrix} & M_1 & M_2 & \cdots & M_m \\ c_1 & r_1 & r_1 & \cdots & r_1 \\ c_2 & r_2 & r_2 & \cdots & r_2 \\ \vdots & \vdots & \vdots & \vdots & \vdots \\ c_n & r_n & r_n & \cdots & r_n \end{bmatrix}
$$

按上文的特征量值从优隶属度标准化处理原则，当 $(\boldsymbol{R}_{mn})_0$ 为极优标准复合模糊物元时，r=1；当 $(\boldsymbol{R}_{mn})_0$ 为极劣标准复合模糊物元时，r=0。

定义标准化复合模糊物元与最优复合模糊物元特征量值之差为距离物元，则评价对象的优距离矩阵如下：

$$
\boldsymbol{R}_{mn}=\begin{bmatrix} & M_1 & M_2 & \cdots & M_m \\ c_1 & \Delta_{11} & \Delta_{12} & \cdots & \Delta_{1m} \\ c_2 & \Delta_{21} & \Delta_{22} & \cdots & \Delta_{2m} \\ \vdots & \vdots & \vdots & \vdots & \vdots \\ c_n & \Delta_{n1} & \Delta_{n2} & \cdots & \Delta_{nm} \end{bmatrix}
$$

式中，$\Delta_{ij}=|r_i-u_{ij}|$ 为优距离物元；$i=1, 2, \cdots, n$，$j=1, 2, \cdots, m$。

贴近度是指被评价样本与标准样本两者互相接近的程度，其值越大表示两者越接近，反之则相离较远，据此可以对被评价对象进行优劣划分。结合被评价对象的特点，采用 $M(\cdot, +)$ 先乘后加算法计算模糊物元综合评价指标的欧氏贴近度 ρH=($h_1, h_2, \cdots, h_n$)，其中 h_i($j=1, 2, \cdots, n$) 满足：

$$
h_i=1-\sqrt{\left(\sum_{j=1}^{n} w_i \Delta_{ij}\right)} \tag{2-7}
$$

式中，h_i 为第 i 个样本与标准样本之间的相互贴近程度；w_i 为指标中各模糊特征量值所对应的权重。w_i 的取值对整个评价结果起着关键作用，因此本研究引入投影寻踪对指标权重进行客观评价，在此基础上结合决策者的主观偏好确定广西重要海洋资源优势度评价指标的权重。

2.5.3.2　指标权重的确定

1）熵权法

熵原本是一个热力学概念，它最先由 C. E. Shannon 引入信息论，称为信息熵，现已在工程技术、社会经济等领域得到十分广泛的应用。C. E. Shannon 定义的信息熵是一个独立于热力学熵的概念，但具有热力学熵的基本性质（单值性、可加性和极值性），并且具有更为广泛和普遍的意义，所以称为广义熵。它是熵概念和熵理论在非热力学领域泛化应用的一个基本概念。

熵权法是一种在综合考虑各因素提供信息量的基础上计算一个综合指标的数学方法。作为客观综合定权法，其主要根据各指标传递给决策者的信息量大小来确定权重。熵权法能准确反映各指标所含的信息量，可解决信息量大、准确进行量化难的问题。在信息论的带动下，熵概念逐步在自然科学、社会科学及人体学等领域得到应用。在各种评价研究中，人们常常要考虑每个评价指标的相对重要程度。

熵权法是一种客观赋权方法。在具体使用过程中，熵权法根据各指标的变异程度，利用信息熵计算出各指标的熵权，再通过熵权对各指标的权重进行修正，从而得出较为客观的指标权重。根据信息论的基本原理，信息是系统有序程度的一个度量指标，而熵是系统无序程度的一个度量指标。若系统可能处于多种不同的状态，而每种状态出现的概率为 p_i（$i=1, 2,\cdots, m$），则该系统的信息熵就定义为

$$
e=-\sum_{i=1}^{m}(p_i \cdot \ln p_i) \tag{2-8}
$$

显然，当 $p_i=1/m$（$i=1, 2, \cdots, m$）时，即各种状态出现的概率相同时，熵取最大值。现有 m 个待评项目、n 个评价指标，则原始评价矩阵对于某个指标 j 有信息熵：

$$e_j = -\sum_{i=1}^{m}(p_{ij} \cdot \ln p_{ij}) \tag{2-9}$$

$$p_{ij} = r_{ij} \bigg/ \sum_{i=1}^{m} r_{ij} \tag{2-10}$$

式中，m 个待评项目、n 个评价指标形成的原始数据矩阵为

$$\boldsymbol{R} = \begin{bmatrix} r_{11} & r_{12} & \cdots & r_{1n} \\ r_{21} & r_{22} & \cdots & r_{2n} \\ \vdots & \vdots & \vdots & \vdots \\ r_{m1} & r_{m2} & \cdots & r_{mn} \end{bmatrix}_{m\times n}$$

式中，r_{ij} 为第 j 个指标第 i 个项目的评价值。

熵值法求各指标值权重的过程如下。

（1）计算第 j 个指标第 i 个项目指标值的比重：

$$p_{ij} = r_{ij} \bigg/ \sum_{i=1}^{m} r_{ij} \tag{2-11}$$

（2）计算第 j 个指标的熵值：

$$e_j = -k\sum_{i=1}^{m}(p_{ij} \cdot \ln p_{ij}) \tag{2-12}$$

$$k=1/\ln m \tag{2-13}$$

（3）计算第 j 个指标的熵权：

$$w_j = \left(1-e_j\right) \bigg/ \sum_{j=1}^{n}\left(1-e_j\right) \tag{2-14}$$

从信息熵的计算公式可以看出，如果某个指标的熵值越小，其指标值的变异程度就越大，提供的信息量越多，在综合评价中该指标起的作用越大，其权重也应该越大；如果某个指标的熵值越大，其指标值的变异程度就越小，提供的信息量越少，在综合评价中起的作用越小，其权重也应越小。因此，在具体应用时，可根据各指标值的变异程度，利用熵来计算各指标的熵权，利用各指标的熵权对所有的指标进行加权，从而得出较为客观的评价结果。

2）层次分析法

层次分析法（analytic hierarchy process，AHP）是美国运筹学专家 T. L. Sanaty 教授于 20 世纪 70 年代提出的一种定性与定量相结合的多目标决策分析方法，它能把定性因素定量化，从而使评价趋于定量化（许树柏，1987；吕燕，2000；廖红强和邱勇，2012）。该方法的核心是对决策者与专家的经验判断给予量化，从而为决策者提供定量形式的决策依据，该方法在目标结构复杂且缺乏必要数据的情况下较为实用。层次分析法常作为一种主观定权法来确定评价指标的权重。该方法确定权重的步骤如下。

Ⅰ. 构造判断矩阵

判断矩阵表示的是针对上一层次某一要素而言，评定本层次中各个相关要素之间的相对重要性状况。构造判断矩阵的过程中，通常邀请多名专家或决策者判断同一层次内 N 个指标的相对重要性。

以 A_k 表示目标，B_i、B_j（i, j=1, 2, 3,⋯, n）表示因素，B_{ij} 表示 B_i 对 B_j 的相对重要性。评判要素的相对重要性，通常引用 1～9 等级标注法，即选取 1～9 中的某一自然数对 B_{ij} 进行打分（表 2-1）。

表 2-1　判断矩阵标度及其定义

标度（B_{ij} 取值）	定义（重要性等级）
1	表示两个元素相比，具有同样的重要性
3	表示两个元素相比，前者比后者稍微重要

续表

标度（B_{ij} 取值）	定义（重要性等级）
5	表示两个元素相比，前者比后者明显重要
7	表示两个元素相比，前者比后者强烈重要
9	表示两个元素相比，前者比后者绝对重要
2, 4, 6, 8	表示上述相邻判断的中间值
倒数	若元素 i 和 j 相比得 b_{ij}，则元素 j 与元素 i 相比得 $1/b_{ij}$

由此得到目标层 A_k 的判断矩阵，见表 2-2。

表 2-2 判断矩阵的表达形式

A_k	B_1	B_2	…	B_n
B_1	b_{11}	b_{12}	…	b_{1n}
B_2	b_{21}	b_{22}	…	b_{2n}
⋮	⋮	⋮	⋮	⋮
B_n	b_{n1}	b_{n2}	…	b_{n3}

Ⅱ. 确定权重系数

应用层次分析法确定权重系数的问题，可归结为判断矩阵的特征向量和最大特征值的计算问题，一般常用方根法求解，具体步骤如下。

（1）计算判断矩阵 $\boldsymbol{P}$ 每一行元素的乘积 M_i：

$$M_i = \prod_{j=1}^{n} b_{ij}\ , i=1, 2, \cdots, n \tag{2-15}$$

（2）计算 M_i 的 n 次方根 $\overline{W}_i$：

$$\overline{W}_i = \sqrt[n]{M_i}\ , i=1, 2,\cdots, n \tag{2-16}$$

（3）将向量 $\boldsymbol{W}_i=(\overline{W}_1, \overline{W}_2, \cdots, \overline{W}_n)^{\mathrm{T}}$ 归一化：

$$\boldsymbol{W}_i = \overline{W}_i \Big/ \sum_{i=1}^{n} \overline{W}_i \tag{2-17}$$

则 $\boldsymbol{W}_i=(W_1, W_2, \cdots, W_n)^{\mathrm{T}}$ 即为所求特征向量，各元素即为权重系数。

（4）计算判断矩阵的最大特征值

$$\lambda_{\max} = \sum_{i=1}^{n} \frac{(\boldsymbol{PW})_i}{nW_i} \tag{2-18}$$

式中，$(\boldsymbol{PW})_i$ 表示向量 $\boldsymbol{PW}$ 的第 i 个元素。

Ⅲ. 一致性检验

AHP 法对人们的主观判断加以形式化的表达和处理，逐步剔除主观性，从而尽可能地转化成客观描述。由于客观事物的复杂性及决策者认识的主观性，需要对判断矩阵进行一致性检验。

一致性检验公式为

$$\mathrm{CR} = \frac{\mathrm{CI}}{\mathrm{RI}} \tag{2-19}$$

式中，CR 为判断矩阵的随机一致性比率；CI 为判断矩阵的一般一致性指标，$\mathrm{CI}=(\lambda_{\max}-n)/(n-1)$；RI 为判断矩阵的平均随机一致性指标，1～9 阶的判断矩阵的 RI 值见表 2-3。

表 2-3　判断矩阵的 RI 值

n	1	2	3	4	5	6	7	8	9
RI	0	0	0.58	0.90	1.12	1.24	1.32	1.41	1.45

当判断矩阵 $\boldsymbol{P}$ 的 CR < 0.1 或 $\lambda_{max}=n$ 时，认为矩阵具有满意的一致性，否则需要调整矩阵中的元素以使其具有满意的一致性。

2.6　海洋资源开发潜力评价

2.6.1　海洋资源开发潜力

2.6.1.1　海洋资源开发潜力概念

综合国内外学者各种关于资源开发潜力的研究，本研究将海洋资源开发潜力归纳为广义海洋资源开发潜力和狭义海洋资源开发潜力两种。广义的海洋资源开发潜力是指一个地区在可预见的时期内，以海洋资源的开发利用不引起生态环境的退化为前提，可以开发利用的潜在的海洋资源量，包括可利用的海洋资源存量与目前的海洋资源开发量之差部分，以及目前开发利用的海洋资源量中通过技术进步可以节约的资源量。狭义的海洋资源开发潜力是指在可预见的时期内，以海洋资源可利用量为控制条件，以海洋资源的开发利用不引起生态环境退化为前提，通过经济合理、技术可行的工程和非工程措施，提高当地海洋资源的开发利用程度，与目前开发利用的海洋资源相比增加的海洋资源可开发量。本研究采用广义的海洋资源开发潜力的概念，在特定的技术经济条件和规划要求下，在不引起生态环境退化的前提下，当前的海洋资源开发利用量与海洋资源最佳开发利用量之间的相似程度，能够体现出当前海洋资源开发利用的一种潜力状态。

2.6.1.2　海洋资源开发潜力评价

海洋资源开发潜力评价是海洋资源有效开发利用的基础，根据海洋资源开发潜力对海洋资源进行合理开发，是在保护海洋资源的基础上促进海洋经济发展的重要保障。海洋资源开发潜力以系统分析和动态分析为手段，以经济、环境、社会协调发展为目标，海洋资源开发潜力是一个动态的概念，在不同时段，由于受到自然、社会、经济及环境等因素的制约作用，海洋资源可以开发利用的潜力是不同的，并且是有限的。海洋资源开发潜力评价具有如下几个性质。

1）有限性

海洋资源开发潜力本质上依赖于海洋资源本身，海洋资源与其他资源一样具有稀缺性，尤其是在海洋经济快速发展的今天，伴随着经济发展对海洋资源需求的快速增加，海洋资源的稀缺性也日益凸显。海洋资源的稀缺性使得海洋资源的开发潜力不可能是无限大的，因此从海洋资源的稀缺性和可持续开发利用的角度出发，考虑到海洋资源开发利用的经济效益、社会效益和生态效益的对立统一性，海洋资源开发潜力是有限的。

2）动态性

海洋资源开发潜力是一个动态的概念，具有相对性，是相对于一定的海洋资源开发利用现状而言的。海洋资源开发潜力是多种因素相互作用的综合结果，其中社会经济条件、资源开发利用技术条件等都处在不断变化之中，因此海洋资源开发潜力评价具有动态性。

3）阶段性

海洋资源开发潜力的阶段性表现在海洋资源开发利用过程中不同阶段的侧重点不同，在海洋资源开发利用的初期阶段，海洋资源开发潜力主要表现在“开源”技术的进步，但随着海洋资源开发利用规模的扩大与“开源”难度的增大，“开源”的速度远远不及开发利用的速度，因此此时的海洋资源开发潜力主要表现在“节流”技术的进步。海洋资源的开发利用过程是阶段性的统一，两个阶段相互衔接又具有各自的特征，因此海洋资源开发潜力具有阶段性。

4）相对性

海洋资源开发潜力的大小具有相对性，它反映的是海洋资源开发利用的一种潜力状态，虽然海洋资源开发潜力评价依赖现阶段的资源开发利用状况，但它反映的是海洋资源当前的开发利用量与理想的最佳开发利用量之间的差距，反映海洋资源今后的开发利用能力，因此海洋资源开发潜力与海洋资源现阶段的存量并无直接关系，而且海洋资源开发潜力的大小也受未来开发利用方向的影响，它反映海洋资源在未来的开发利用方向上潜在的可持续发展能力，因此具有相对性。

2.6.2　海洋资源开发潜力评价意义

广西社会经济正处于快速发展的阶段，依托丰富的海洋资源，大力开发海洋资源，发展海洋经济。由于对海洋资源价值的认识不全面以及经济利益的驱使，在海洋资源的开发利用过程中，无序、无度开发利用海洋资源的现象时有发生，造成了海洋资源的严重浪费与生态环境的严重恶化。为了保证广西海洋资源的可持续利用与海洋经济的可持续发展，必须考虑海洋资源的开发潜力。在综合考虑广西海洋资源开发利用现状的基础上，依据科学的理论与方法，分资源、分地市评价广西海洋资源的开发潜力，为统筹规划海洋资源的开发利用、合理有序开发海洋资源提供参考，探求广西海洋经济增长中的经济效益与生态效益的平衡点。

2.6.3　海洋资源开发潜力评价方法

Gau 等于 1993 年提出了 Vague 集理论，它是 Fuzzy 集的一种推广形式。Vague 集的特点是同时考虑隶属与非隶属两方面的信息，这使得 Vague 集在处理不确定信息时比传统的 Fuzzy 集有更强的表示能力，且更灵活（周晓光和张强，2005）。

Vague 集（值）相似度量是研究和应用 Vague 集的重要方面，也是处理模糊信息、不确定数据的一种新技术。Vague 值相似度的核心思想是度量两个 Vague 集（值）之间的相似程度。基于资源开发潜力评价的模糊性以及复杂性，本研究根据 Vague 值相似度度量公式建立评价模型，模型构建过程如下。

1）确定评价因素集

设评价因素集为 $\boldsymbol{e}=\{e_1, e_2, \cdots, e_m\}$，其中 m 为一级指标的个数；每个一级指标的评价因素用 e_{ij} 来表达，则一级指标的指标体系可表示为 $\boldsymbol{e}_i=\{e_{i1}, e_{i2}, \cdots, e_{in}\}$（$n \geqslant 1$），其中 n 为各一级指标所对应的二级指标的个数。

2）确定指标权重

在实际综合评价中，各个评价因素的重要程度是不完全相同的。设一级指标的权重 $\boldsymbol{w}$ 为

$$\boldsymbol{w}=\{w_1, w_2, \cdots, w_m\} \tag{2-20}$$

式中，$\boldsymbol{w}_i$ 为一级指标 e_i 对应的权重，$\boldsymbol{w}_i \in [0, 1]$，且 $\sum_{i=1}^{m} w_i = 1$。

被评估对象二级指标的权重为

$$\boldsymbol{w}_i=\{w_{i1}, w_{i2}, \cdots, w_{ij}\} \tag{2-21}$$

式中，w_{ij} 为二级指标 e_{ij} 对应的权重，$w_{ij} \in [0, 1]$，且 $\sum_{j=1}^{n} w_{ij} = 1$。

3）二级指标 Vague 值的确定

设二级指标 e_{ij} 的 Vague 值由真隶属函数 $t_{e_{ij}}(x)$ 和假隶属函数 $f_{e_{ij}}(x)$ 所描述，其中，$t_{e_{ij}}(x) \to [0, 1]$，

$f_{e_{ij}}(x)\to[0, 1]$。$t_{e_{ij}}(x)$ 是由支持 e_{ij} 的证据所导出的肯定隶属度的下界，$f_{e_{ij}}(x)$ 是由反对 e_{ij} 的证据导出的否定隶属度的下界，则 e_{ij} 的 Vague 值为 $[t_{e_{ij}}(x), 1-f_{e_{ij}}(x)]$，记为 v_{ij}。Vague 值 v_{ij} 可反映状态变量值 x 隶属于状态变量 e_{ij} 的 Vague 集的隶属程度。根据指标的属性选取戎上型和戎下型隶属函数来确定各指标的 Vague 值。一般来说，正向指标选取戎上型隶属函数，负向指标选取戎下型隶属函数。

戎上型隶属函数：

$$v=\left[t(x),1-f(x)\right]=\begin{cases}[0,0] & ,x<a\\ \left[0,\ \dfrac{x-a}{c-a}\right] & ,a\leqslant x<b\\ \left[\dfrac{x-b}{c-b},\ \dfrac{x-a}{c-a}\right] & ,b\leqslant x<c\\ [1,1] & ,x\geqslant c\end{cases} \tag{2-22}$$

式中，$[a, b]$ 是临界值；c 是极限值。

戎下型隶属函数：

$$v=\left[t(x),1-f(x)\right]=\begin{cases}[1,1] & ,x<a\\ \left[\dfrac{b-x}{b-a},\ \dfrac{c-x}{c-a}\right] & ,a\leqslant x<b\\ \left[0,\ \dfrac{c-x}{c-a}\right] & ,b\leqslant x<c\\ [0,0] & ,x\geqslant c\end{cases} \tag{2-23}$$

式中，a 是极限值；$[b, c]$ 是临界值。

4）Vague 值之间的相似度度量

e_{ij} 所表达的状态可用其相对于理想状态或相对于极限状态的相似度 N 来表示，此处，相似度度量公式采用相关学者所提出的相似度度量公式：

$$N\left(e_{ij}\right)=1-\frac{\left|t\left(e_{ij}\right)-t\right|+\left|f\left(e_{ij}\right)-f\right|}{2} \tag{2-24}$$

式中，$N(e_{ij})\in[0, 1]$，$N(e_{ij})$ 值越大表示与 Vague 值 $[t(x), 1-f(x)]$ 越相似。由于度量的是 e_{ij} 的 Vague 值与其极限状态或理想状态的相似程度，因此 $[t(x), 1-f(x)]=[1, 1]$。

通过此相似度度量公式，可得到二级指标 e_{ij} 的 Vague 值相对于其理想状态或极限状态的相似度。

5）开发潜力综合评价

根据相似度 $N(e_{ij})$，结合二级指标权重，计算各一级指标所对应评价因素现状的量化结果，计算公式为

$$S_i=\sum_{j=1}^{n}w_{ij}N\left(e_{ij}\right) \tag{2-25}$$

最后结合多层次分析法确定各一级指标权重 w_i，可得开发潜力 I 为

$$I=\sum_{i=1}^{m}w_iS_i \tag{2-26}$$

基于广西海洋资源开发潜力评价筛选的指标体系，通过计算评价因素的综合权重、隶属函数、Vague 值、Vague 值与其极限状态或理想状态的相似度，运用模型所确定的综合评价公式确定广西重要海洋资源的开发潜力。

2.7 小　　结

广西重要海洋资源实物量评价中主要依靠海域资源调查统计对海洋生物资源现存量进行评价，海洋旅游资源、空间资源、滨海矿产资源、油气资源及海洋能资源的实物量主要依靠以往的专项调查报告进行评价，在 ArcGIS 平台下，采用 GIS 软件对其实物量进行评价。针对广西重要海洋资源价值量评价，本研究将海洋资源价值分为直接使用价值、间接使用价值及选择价值，并综合运用直接市场法、替代市场法、假想市场法和成果参照法对其相应价值进行评估。

在对广西重要海洋资源实物量与价值量进行评价的基础上，构建自然资源资产负债表，并对海洋资源的承载力、优势度和开发潜力进行综合评价。

第3章

广西海洋资源开发利用与社会经济发展现状

广西地处我国南部，南邻北部湾，与海南隔海相望，东连广东，东北接湖南，西北靠贵州，西邻云南，西南与越南比邻，下辖的三个临海地级市，即北海市、防城港市和钦州市，是中国与东盟之间唯一既有陆地接壤又有海上通道的地区，是华南通向西南的枢纽，广西是全国唯一具有沿海、沿江、沿边优势的少数民族自治区。因此，广西作为中国面向东盟全面开放合作的桥头堡和前沿地，是西南诸省（区、市）经济发展的重要战略区域，是西南中南地区开放发展新的战略支点。

3.1 广西沿海自然环境背景①

广西陆地面积为23. 76万km^2，濒临的北部湾面积为12.8万km^2，大陆海岸线长1628.59km，东起粤桂交界处的洗米河口，以英罗港为起点，沿铁山港、北海港、大风江、钦州湾、防城港、珍珠港等，西至中越边境的北仑河口，海岸线迂回曲折，使其具有“沿海天然港群”之称；沿岸滩涂总面积超过1000km^2，沿海岛屿709个，岛屿海岸线超过600km，岛屿总面积为155.58km^2，其中渔沥岛是广西沿海最大的岛屿。

3.1.1 气候水文特征

广西地处低纬度地区，沿海地区属于亚热带季风气候，气候温暖，热量丰富，海水表层温度年平均为21.94～26.97℃，海域季风盛行，每年10月至次年3月盛行东北风，6～8月盛行偏南风。

广西沿岸有多条入海河流，流域面积50km^2以上的入海河流有123条，分别汇成22条干流独流入海，主要河流有北仑河、钦江、南流江、茅岭江、大风江、防城江等。流域总面积为1.8万km^2，总河长960km，年径流量为$182\times10^9m^3$。6条主要河流年输沙量约为173.46万t，其中夏季输沙量最大，占年输沙量的50%～65%，冬季输沙量最小。

广西沿海的潮汐主要由太平洋潮波传入南海后进入北部湾，潮波的运动主要由湾口输入的潮波能量维持，潮汐类型主要为非正规全日潮和正规全日潮。潮流的性质属于不正规全日潮，涨潮流向偏北，落潮流向偏南。潮流类型属于往复流，其流向基本与岸线或水槽的走向平行。而且余流分布西部大于东部，夏季余流往偏北方向流动，冬季余流向偏南方向流动。

3.1.2 海域地质地貌

广西沿海地形大体上以钦州犀牛脚为界，其东、西两侧具有明显不同的地形特征，东部地区主要是第四系湛江组及北海组形成的古洪积–冲积台地地形，地势平坦，微向南倾斜，为广西沿海陆域较为平整的洪积–冲积平原；西部地区则主要是由下古生界志留系、泥盆系及中生界侏罗系的砂岩、粉砂岩、泥岩及不同时期的侵入岩体构成的丘陵和多级基岩剥蚀面。海岸类型及其特征同样表现出明显差异，东部以侵蚀–堆积

① 如无特殊说明，本节内容改写自：国家海洋局第三海洋研究所（2009a）

的砂质夷平海岸为主，西部则主要为微弱充填的典型曲折的溺谷湾海岸。前者海岸平直，海成沙堤和海积平原广泛发育，后者岸线蜿蜒曲折，港湾众多。

海底地形总的趋势是近岸海底较陡，远岸海底较平缓，基本可分为水下岸坡、水下古滨海平原、海底平原 3 种地形。水下岸坡西部较窄，东部较宽；近岸较陡，远岸较平缓；表层为砂质沉积物所覆盖，向海侧则变为泥质沉积物。水下古滨海平原仅存在于东部营盘滨外向西至廉州湾口一带海域，水深为 8～20m，平原覆盖含砾中粗砂层，夹大量贝壳碎屑，分布有三排石、四排石水下暗礁，暗礁由火山岩构成，海底沉积物中含大量玄武质砾石和角砾。海底平原地势平坦广阔，分布于广西近海 15～20m 以深海域，表层沉积物为泥质砂和砂质泥，局部出现河谷，这些河谷大部分被沉积物完全填充。

底质类型分布较为复杂，在河口湾、港口湾地区的底质多为砂、粉砂、黏土的混合沉积类型，局部为砂质黏土或黏土质砂；在 15m 以浅的近岸浅水区主要为黏土质砂、中粗砂、细砂；在 15～20m 水深的海域，东部以粉砂质黏土为主，中部和西部以黏土质砂为主。

3.1.3　海域生态环境

在广西近岸海域及海岛有分布广阔、保护较好、面积较大的红树林、珊瑚礁和海草床。其中，红树林面积 9197.4hm^2，占中国内陆红树林面积的 38%；海草床面积约 957.74hm^2，约 876.06hm^2 分布在北海的合浦，约 64.43hm^2 分布在防城港的珍珠港，钦州极少；珊瑚礁分布在涠洲岛、斜阳岛周围海域，2008 年记录的涠洲岛、斜阳岛珊瑚种类有 55 种。

北海市、钦州市、防城港市三市海洋局对邻近海域环境质量和趋势的监测结果表明，调查区所在的大部分海域为清洁海域和较清洁海域；海域的海洋沉积物、海洋生物质量基本保持良好状态；近岸典型生态系统基本健康；海洋功能区的海水水质能满足其使用功能的要求；海洋自然保护区内的珍稀濒危物种和生态环境得到有效保护。但随着沿海经济的迅猛发展，海洋环境受到了一定程度的影响，特别是在北海市、钦州市、防城港市的港口及码头作业区域内局部海域石油类含量较高，属轻度污染海域，个别站位石油类污染较重。

3.2　广西沿海自然资源概况①

广西大陆海岸线长 1628.59km，占全国大陆海岸线长度的 9.0%。广西浅海面积为 6488km^2，滩涂面积为 1005km^2，浅海滩涂面积占全国的 1/8。而且广西沿海地区岛屿众多，岛屿海岸线长。广西海洋资源十分丰富，海洋生物种类众多，占全国海洋生物种类的 45% 以上。广西拥有许多建港条件较好的优良港湾，且油气储量丰富，但是绝大部分处于尚未开发状态。目前，已探明的海洋固体矿产资源有 20 多种，且质量好、品质高。广西丰富的海洋资源极大地带动了广西旅游业的发展（刘扬，2012）。

1）广西沿海生物资源

广西海域面积较大，而且气候适宜，为鱼类提供了良好的繁殖栖息场所，这使得广西鱼类资源丰富。北部湾海域属于热带海洋气候，适于各种鱼类繁殖生长，加之陆上河流挟带大量的有机物及营养盐类入海，使北部湾成为中国高生物量的海区之一，出产的鱼贝类有 500 余种，以红鱼、石斑鱼、马鲛鱼、鲳鱼、立鱼、金线鱼等 10 多种最为著名，其他海产中的鱿鱼、墨鱼、对虾、青蟹、扇贝等品种，以优质、无污染而在国内外市场享有盛誉。北部湾海域拥有湾北渔场和外海渔场，渔场面积近 4 万 km^2，各种海洋生物共计 1155 种，占我国海洋生物种类的 5.7%。

广西浅海滩涂面积广阔，水质肥沃，生物资源丰富，在约 10 万 hm^2 的滩涂面积中，可养殖面积达 6.67 万 hm^2，占滩涂总面积的 66.4%；20m 水深以内的浅海面积有 65 万 hm^2，可养殖面积达 26 万 hm^2，占浅海面积的 40%。滩涂养殖具有较高经济价值的品种有文蛤、泥蚶、毛蚶、牡蛎、贻贝、瓜螺等贝类和方格星虫、沙蚕、竹蛏、海胆、三疣梭子蟹、锯缘青蟹、对虾等。从滩涂生态环境来看，南流江口以东的沙滩和沙泥滩，

① 如无特殊说明，本节内容改写自孟宪伟和张创智（2014）

滩涂平坦，淡水较少，盐度较高，适宜星虫、海胆、文蛤、竹蛏、毛蚶等生长繁殖；南流江口以西的泥滩和沙滩，海岸弯曲，注入河流多，海水盐度较低，水质肥沃，适宜星虫、文蛤、泥蚶、沙蚕、牡蛎等生长繁殖。从潮间带分布来看，高潮带以甲壳类为主，蟹类最多；中潮带以虾类为主。浅海养殖主要有珍贵鱼种、珍珠贝、虾类、蟹类、藻类等。

2）广西沿海湿地资源

广西沿海湿地资源丰富，其零米等深线至海岸线向陆 5km 范围内的沿海湿地面积为 207 589.55hm^2，其中自然湿地面积为 137 483.24hm^2，占沿海湿地总面积的 66.23%，人工湿地面积为 70 106.31hm^2，占沿海湿地总面积的 33.77%。自然湿地和人工湿地的类型与面积详见表 3-1。

表 3-1　广西沿海湿地分布

一级湿地类型	二级湿地类型	面积（hm^2）	百分比（%）
自然湿地	海草	936.29	0.45
	基岩海岸	1 108.42	0.53
	砂质海岸	57 549.70	27.72
	粉砂淤泥质海岸	12 729.26	6.13
	滨岸沼泽	350.23	0.17
	红树林	9 201.82	4.43
	海岸潟湖	111.07	0.05
	河口水域	34 597.22	16.67
	三角洲湿地	20 899.23	10.07
	小计	137 483.24	66.23
人工湿地	水库	3 465.08	1.67
	养殖池塘	34 090.84	16.42
	水田	29 809.02	14.36
	盐田	2 741.37	1.32
	小计	70 106.31	33.77
合计		207 589.55	100.00

数据来源：范航清等（2009）

3）广西沿海港口资源

广西海岸线曲折，港湾水道众多，天然屏障良好，有“天然优良港群”之称。沿岸天然港湾有 53 个，可开发的大小港口共 21 个，除防城港、钦州港、北海港 3 个深水港口之外，可供发展万吨级以上深水码头的海湾、岸段有 10 多处，如北海的铁山港石头埠岸段、石步岭岸段、涠洲岛南湾和防城港的暗埠江口、珍珠港等，具有水深港阔、避风隐蔽、不冻不淤等特点，可建万吨级以上深水泊位 100 多个。

广西近海有铁山港湾、廉州湾、大风江口、钦州湾、防城港湾、珍珠港湾和北仑河口 7 处重要海湾（河口），其中的铁山港湾、大风江口、钦州湾和防城港湾拥有丰富的港址、锚地和航道资源。港址资源主要分布在防城港域、钦州港域和北海港域的 8 个港区和多个港点，其中北海港域主要港湾有英罗湾、铁山湾、廉州湾，湾内有良好的港址；钦州港域海岸从大风江口西岸至钦州湾的西侧，海区外海波浪影响不大，沿岸可利用的土地宽阔，具有较好的建港条件，拥有钦州湾东岸、北岸、西北岸港址和大风江西岸港址；防城港域海岸从钦州湾西侧至中越交界的北仑河口，港域内有企沙湾、防城港湾、珍珠港湾等海湾，各海湾的岬角水深条件较好，5m 等深线贯穿各湾口，湾口有深槽，湾内水域宽阔，有较好的建港条件，有蝴蝶岭港址、京岛港址、赤沙港址、企沙半岛西岸港址等多个优良港址。20 万 t 以上锚地共有 8 处，分布在防城港、钦州港、北海港三大港域。港口进港航道 131km，规划航道有 18 条，其中防城港进港航道 3 条，钦州港进港航道 2 条，北海港进港航道 2 条。

4）广西海洋旅游资源

广西气候宜人，海岸旅游资源丰富，北海、钦州、防城港 3 个沿海城市拥有丰富的旅游资源。主要的海岸旅游景点有位于北海涠洲岛附近的列入国家级旅游景区的北海银滩、出水灵芝和钦州的大风江口和防城港东兴的北仑河口等；岛屿景点主要有钦州的“龙门十二泾”、合浦的龙门岛群和斜阳岛的火山口；生态景观主要有白虎头海域鱼礁区和涠洲岛珊瑚礁、红树林生态景观。各沿岸旅游景区还拥有具有海港、渔村特色的独特景观。

5）广西海洋油气和矿产资源

广西海域蕴藏着丰富的石油和天然气资源，主要有北部湾盆地、莺歌海盆地和合浦盆地 3 个含油沉积盆地，其中北部湾盆地是我国沿海六大含油盆地之一，面积为 380 万 hm^2，专家预测资源量为 22.59 亿 t。

目前，已探明的北部湾海底沉积物中的矿产种类有 28 种，主要有煤、泥炭、铝、锡、锌、汞、钛铁矿、金红石、锆英石、独居石、石膏、石英砂、石岗岩、陶土等。广西石英矿产十分丰富，而且质量好、品位高，近海沉积物轻矿物中的石英含量达到 90% 以上的砂质沉积物集中分布于珍珠港和铁山港两地，珍珠港石英矿产分布面积为 $7888hm^2$，铁山港石英矿产分布面积为 $3725hm^2$。

3.3　广西沿海社会经济条件与海洋经济发展

广西海域广阔，海洋资源丰富，南部濒临北部湾，区域内具有丰富多样的海洋资源，主要包括港口资源、海洋生物资源、海洋旅游资源、海洋油气资源及矿产资源、风能、潮汐能等，海洋经济发展潜力巨大。在政府政策的引导下，广西海洋经济总体实力增强，经济结构也不断优化，临海工业规模不断壮大。但是与其他沿海省（区、市）相比，广西海洋经济的生产总值、技术水平、产业结构和经济效益都还处于一个较低的水平。

3.3.1　广西沿海社会经济条件

3.3.1.1　行政区划与人口

1）行政区划

广西下辖 14 个地级市，其中 3 个沿海地级市，分别为北海市、钦州市和防城港市。3 个沿海地级市下辖沿海县（市、区）和沿海乡（镇）。

北海市三面环海，四季常青，盛产珍珠，国家级旅游度假区北海银滩被誉为“天下第一滩”，北海市下辖 3 区 1 县，分别为海城区、银海区、铁山港区和合浦县。钦州市历史悠久，位于北部湾顶，现辖 2 县 2 区，即灵山县、浦北县、钦南区、钦北区，总面积为 10 897km^2。防城港市位于中国大陆海岸线的最西南端，现辖港口区、防城区、东兴市和上思县，面积约为 6239km^2，拥有防城港、东兴、江山、企沙等 4 个国家一类口岸。

2）人口

广西劳动力资源丰富，到 2016 年，广西人口为 5579 万人，人口密度为 204 人/km^2。其中，北海、钦州、防城港三地市总人口为 680.67 万人，占广西总人口的 12.20%。

广西北海市、钦州市、防城港市中人口规模最大的是钦州市，人口为 409.13 万人，占三市总人口的 60.11%；其次为北海市，人口为 174.34 万人，占三市总人口的 25.61%；人口规模最小的是防城港市，人口为 97.20 万人，占三市总人口的 14.28%。三市中人口密度最大的为北海市，人口密度为 437.09 人/km^2；钦州市、防城港市人口密度分别为 376.08 人/km^2、155.97 人/km^2，详见表 3-2。

表 3-2　北部湾经济区 2016 年人口现状统计表

	土地总面积（km^2）	人口（万人）	人口密度（人/km^2）
北海市	3 988.67	174.34	437.09
钦州市	10 878.70	409.13	376.08
防城港市	6 231.97	97.20	155.97
合计	21 099.34	680.67	322.60

数据来源：《广西统计年鉴》（2017）

3.3.1.2　经济发展现状

近年来，在国家战略支持和广西壮族自治区党委、政府一系列政策措施引导下，北海市、钦州市、防城港市三地市经济发展势头良好，区域经济持续高位运行，经济增长的稳健性和协调性不断增强，经济运行质量和效益得以提升，呈现出全面加速、整体提升的良好局面。

1）地区生产总值和产业结构

Ⅰ. 地区生产总值

2016 年，北海市、钦州市、防城港市三市地区生产总值为 2784.74 亿元，占广西生产总值的 15.20%，其中，北海市的生产总值为 1006.65 亿元，比去年增长了 4.86%；钦州市的生产总值为 1102.05 亿元，比去年增长了 16.69%；防城港市的生产总值为 676.04 亿元，比去年增长了 7.31%。沿海三市人均生产总值为 5.14 万元，北海市、钦州市和防城港市的人均生产总值分别为 5.77 万元、2.69 万元、6.96 万元。从人均产值上看，防城港市的经济状况最好，北海市次之，钦州市最末；但从总产值增长速率上看，钦州市的经济增长速率最高，防城港市次之，北海市最低。2009～2016 年北海市、钦州市、防城港市生产总值详见图 3-1，总体说明三个沿海市的经济总量呈增长态势，钦州市的经济总量最大，北海市次之，防城港市最低。

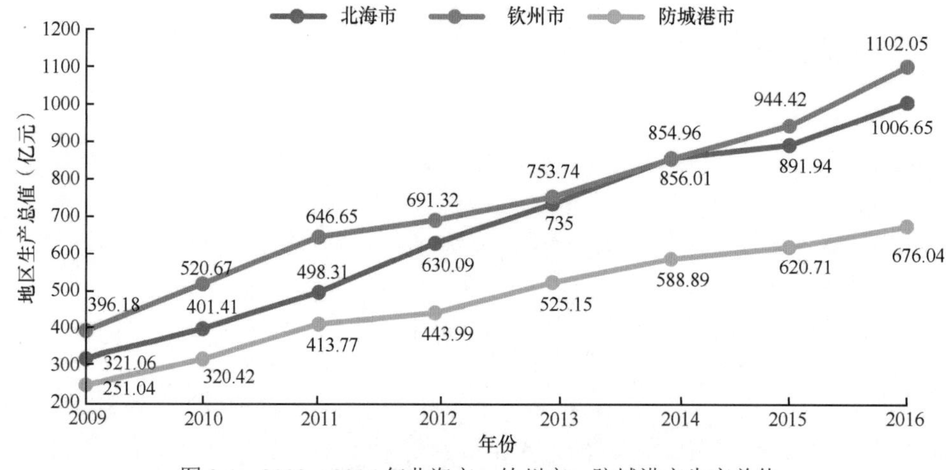

图 3-1　2009～2016 年北海市、钦州市、防城港市生产总值

数据来源：《广西统计年鉴》（2010—2017）

Ⅱ. 产业结构

2016 年，北海市、钦州市、防城港市三市三次产业结构比例为 16.5∶50.7∶32.8。由此可知，北海市、钦州市、防城港市三市经济构成以二、三次产业为主。其中，北海市、钦州市、防城港市三次产业结构比值分别为 17.4∶51.2∶31.4、20.1∶43.7∶36.2 和 12.0∶57.1∶30.9，详见图 3-2。总体来看，北海市、钦州市和防城港市都以第二产业为主。相对来说，防城港市第二产业产值占比最大，北海市次之，钦州市最小；钦州市第一产业产值占比最大，北海市次之，防城港市最小；钦州市第三产业产值占比最大，防城港市与北海市相近。

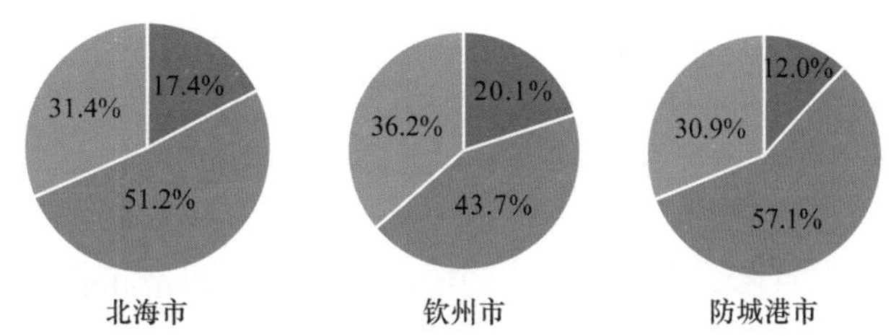

图3-2 2016年北海市、钦州市、防城港市三次产业结构构成

数据来源:《广西统计年鉴》(2017)

2016年，北海市、钦州市、防城港市三市第一产业产值分别为174.76亿元、220.10亿元、82.60亿元，分别比去年增长9.67%、7.70%、9.42%；第二产业产值分别为516.14亿元、481.90亿元、386.26亿元，分别比去年增长14.66%、26.23%、9.42%；第三产业产值分别为315.75亿元、400.05亿元、207.18亿元，分别比去年增长11.78%、11.65%、7.78%。总体来看，三市第二产业产值的增长速率大都高于第一和第二产业；相对来看，北海市和防城港市第一产业的增长速率较高，钦州市较低；北海市和钦州市第二、三产业产值增长速率较高，防城港市较低。

2）农业

2016年，北海市、钦州市、防城港市三市农作物播种面积为523 995hm^2，占广西农作物播种面积的8.5%。北海市、钦州市、防城港市三市农作物播种面积分别为183 212hm^2、214 903hm^2、125 880hm^2，其中，粮食种植面积分别为76 949.04hm^2、118 196.65hm^2、50 352.00hm^2，占农作物播种面积的比例分别为42%、55%、40%；经济作物种植面积分别为106 262.96hm^2、96 706.35hm^2、75 528.00hm^2，占农作物播种面积的比例分别为58%、45%、60%。

2016年北海市、钦州市、防城港市三市农林牧渔业总产值为776.55亿元，比2015年增长9.13%，占广西农林牧渔业总产值的16.91%。从农业内部看，2016年北海市、钦州市、防城港市三市农林牧渔业总产值分别为302.46亿元、377.15亿元、127.65亿元。其中，农业产值分别为59.70亿元、181.39亿元、35.22亿元；林业产值分别为4.34亿元、25.15亿元、17.60亿元；牧业产值分别为31.22亿元、79.16亿元、13.95亿元；渔业产值分别为201.84亿元、83.16亿元、58.04亿元；农林牧渔服务业产值分别为5.36亿元、8.29亿元、2.84亿元。钦州市农林牧渔业总产值最高，北海市次之，防城港市最低。北海市的渔业产值在三市中最高，林业产值最低；钦州市的农业、牧业、林业及农林牧渔服务业产值在三市中最高；防城港市的农林牧渔服务业产值均比其他两市低。

3）工业

2016年，北海市、钦州市、防城港市三市全年全部工业完成总产值为5289.27亿元，比去年增长14.00%，占广西工业总产值的20.99%。从地区来看，北海市全年全部工业完成产值为2222.39亿元，增长16.1%；实现增加值464.42亿元，增长10.1%。其中，规模以上工业完成产值为2180.74亿元，增长16.4%；实现增加值448.59亿元，增长10.3%。钦州市全年全部工业完成产值为1544.41亿元，比上年增长11.5%。其中，规模以上工业完成产值为1524.14亿元，增长11.7%；增加值增长10.2%。工业对经济增长的贡献率为32.1%，拉动经济增长2.9个百分点。其中，规模以上工业增加值增长10.4%。防城港市全年全部工业完成产值为1522.47亿元，增长14.2%；实现增加值340.88亿元，增长12.2%。其中，规模以上工业完成产值为1501.24亿元，增长14.3%；实现增加值332.81亿元，增长12.4%。北海市、钦州市、防城港市三市的工业发展主要依赖于其支柱产业，其中，北海市的支柱产业有石油加工业、通用设备制造业、化学原料和化学制品制造业及金属制品业等；钦州市的支柱产业有石油加工业、农副产品加工业、化学原料和化学制品制造业等；防城港市的支柱产业有农副产品加工业、黑色金属冶炼和压延加工业、非金属矿物制品业等。

4）固定资产投资

2009～2016年，北海市、钦州市、防城港市三市的固定资产投资总额呈递增趋势，到2016年，三市固定资产投资总额为2861.3亿元，占广西固定资产投资总额的13.91%。图3-3是2009～2016年北海市、钦州市、防城港市的固定资产投资额，可以看出，三市固定资产投资额总体呈上升趋势，北海市固定资产投资额增长速度最快，钦州市、防城港市增长速度较慢。2013年钦州市和防城港市的固定资产投资额有所下降，但北海市的固定资产投资额一直保持持续增长。

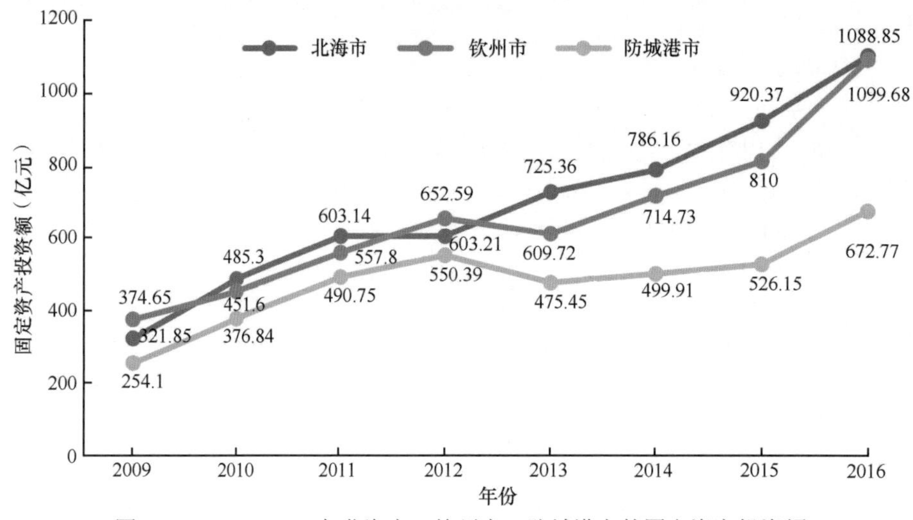

图3-3　2009～2016年北海市、钦州市、防城港市的固定资产投资额

数据来源：北海市、钦州市、防城港市2009～2016年国民经济和社会发展统计公报

2016年，广西沿海北海市、钦州市、防城港市三市的第一产业固定资产投资额为250.06亿元，占全社会固定资产投资的8.74%；第二产业固定资产投资额为1248.38亿元，占全社会固定资产投资的43.63%；第三产业固定资产投资额为1362.85亿元，占全社会固定资产投资的47.63%。表3-3为2016年北海、钦州、防城港三市三次产业固定资产投资额。

表3-3　2016年北海市、钦州市、防城港市三次产业固定资产投资额　（单位：亿元）

	第一产业	第二产业	第三产业
北海市	68.55	551.90	479.23
钦州市	153.38	428.11	507.35
防城港市	28.13	268.37	376.27
合计	250.06	1248.38	1362.85

数据来源：北海市、钦州市、防城港市2016年国民经济和社会发展统计公报

5）对外贸易情况

2016年，北海市、钦州市、防城港市三市外贸进出口总额为161.46亿美元，比上年下降11.38%，占广西外贸进出口总额的33.71%；其中，出口额49.14亿美元，比去年下降50.69%，占广西出口额的21.34%；进口额112.32亿美元，比去年增加28.47%，占广西进口额的45.16%。图3-4为2009～2016年北海市、钦州市、防城港市进出口总额及其增长率，可以看出，三市外贸进出口总额总体保持增长的趋势，2009～2011年外贸进出口总额增长势头强劲，2011～2013年增长率持续下降，至2013年，外贸进出口总额比2012年有所下降，2014～2015年进出口总额增长，2016年有所下降。

2016年，北海市全年外贸进出口总额为29.99亿美元，同比下降20.9%。其中，出口16.15亿美元，下降14.6%；进口13.84亿美元，下降27.1%；进出口差额（出口减进口）为2.31亿美元。钦州市全年外贸进出口总额为44.28亿美元，下降23.5%。其中，出口16.15亿美元，下降34.8%；进口28.13亿美元，下降

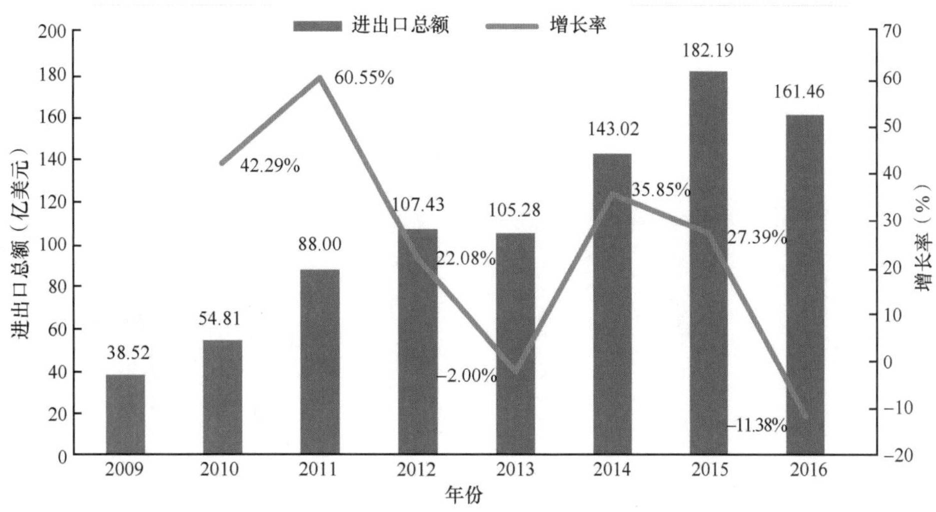

图 3-4　2009～2016 年广西北海、钦州、防城港三市进出口总额及增长率

数据来源：北海市、钦州市、防城港市 2009～2016 年国民经济和社会发展统计公报

15.2%；进出口差额（出口减进口）为 11.98 亿美元。防城港市全年外贸进出口总额为 87.19 亿元，增长 8.5%。其中，出口 16.84 亿元，下降 22.2%；进口 70.35 亿元，增长 19.7%（表 3-4）。

表 3-4　2016 年北海市、钦州市、防城港市外贸进出口额　（单位：亿美元）

	进出口总额	出口额	进口额
北海市	29.99	16.15	13.84
钦州市	44.28	16.15	28.13
防城港市	87.19	16.84	70.35
合计	161.46	49.14	112.32

数据来源：北海市、钦州市、防城港市 2016 年国民经济和社会发展统计公报

3.3.2　广西海洋经济发展状况

广西具有得天独厚的区位优势、丰富的海洋资源和优良的海洋环境。然而，从发展现状来看，广西海洋经济发展比较落后，存在总量小、增长方式粗放、产业集中度低、科技力量薄弱、海洋教育事业滞后等问题，这与广西所拥有的优越的沿海区位优势和丰富的海洋资源极不相称。因此在发展海洋经济已经上升为国家层面以及沿海各省（区、市）发展的重大战略背景下，广西应发挥自身的区位优势和海洋资源环境优势，奋起直追，全力推进海洋事业和海洋经济跨越式发展。

3.3.2.1　海洋经济总体发展情况

1）海洋生产总值

“十二五”时期是广西科学发展、和谐发展、跨越发展，加快“富民强桂新跨越”的关键时期，也是广西海洋事业加快发展的重要机遇期，既有难得的发展机遇，又面临严峻的挑战。2016 年广西海洋生产总值为 1233 亿元，比上年增长 9.1%，占广西生产总值的比重为 6.8%，占广西北部湾经济区四城市（南宁、北海、钦州、防城港）生产总值的比重为 19.1%。其中，主要海洋产业增加值 651 亿元，占沿海三市（北海、钦州、防城港）生产总值的比重为 44.6%。按三次产业划分，海洋第一产业增加值为 200 亿元，第二产业增加值为 433 亿元，第三产业增加值为 600 亿元。海洋三次产业占比分别为 16.2%、35.1%、48.7%。“十二五”期间（2011～2015 年），广西海洋生产总值平均增速为 11.5%。2011 年以来广西海洋生产总值持续稳定增长，虽然增长率有所下降，但依然维持在较高水平，详见图 3-5。

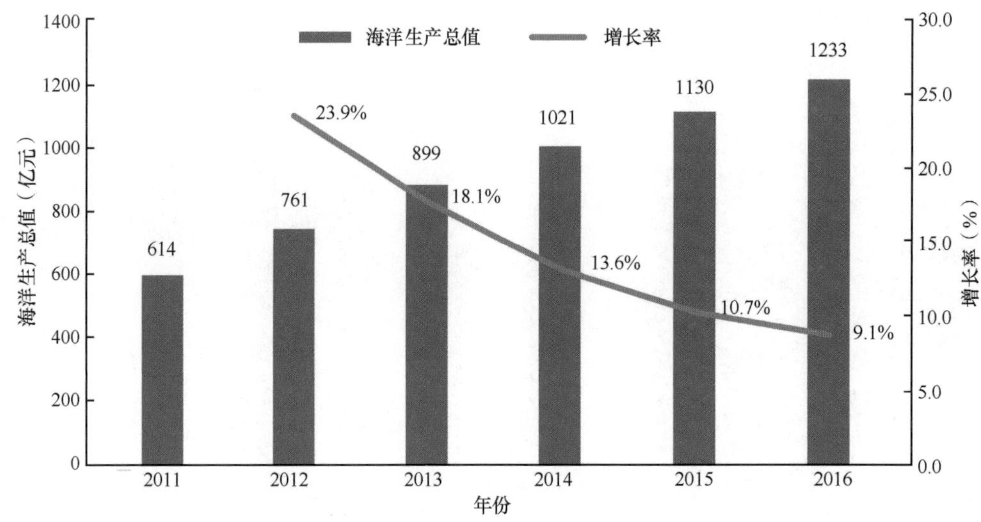

图 3-5　2011～2016 年广西海洋生产总值及其增长率

数据来源：《广西海洋经济统计公报》（2011—2016）

2016 年，北海市海洋经济总体保持稳步增长，海洋生产总值为 463 亿元，占广西海洋生产总值的 37.55%；钦州市海洋生产总值为 457 亿元，占广西海洋生产总值的 37.06%；防城港市海洋生产总值为 313 亿元，占广西海洋生产总值的 25.39%。2009～2014 年，北海市、钦州市、防城港市的平均增长率依次为 22.7%、31.7%、28.0%。表 3-5 是 2010～2016 年北海市、钦州市、防城港市的海洋生产总值，由此可知，三市的海洋生产总值保持持续增长，到 2016 年，海洋生产总值最高的是北海市，其次是钦州市，防城港市最低。钦州市海洋生产总值平均增长速度最快，其次是防城港市，北海市海洋生产总值平均增长速度最慢。

表 3-5　2010～2016 年北海市、钦州市、防城港市的海洋生产总值　（单位：亿元）

年份	北海市	钦州市	防城港市
2010	144.5	112.6	84.5
2011	228	256	170
2012	241	270	182
2013	328	336	234
2014	345	344	237
2015	415	405	278
2016	463	457	313

数据来源：《广西海洋经济统计公报》（2010—2016）

2）海洋产业结构

2016 年，广西海洋第一、第二、第三产业增加值分别为 200 亿元、433 亿元、600 亿元。2010～2016 年广西海洋经济发展情况见表 3-6。从三次产业增加值来看，海洋第一、第二、第三产业增加值呈增长趋势，目前，第三产业增加值最高，其次是第二产业增加值，第一产业增加值最低，说明第二、第三产业发展速度快于第一产业，这有利于改变传统的第一产业比重较大的产业结构。从三次产业所占比重来看，海洋第二、第三产业所占比重相差无几，大约占广西海洋生产总值的 40%，海洋第一产业所占比重较低，大约占广西海洋生产总值的 20%。

表 3-6　2010～2016 年广西海洋生产总值与三次产业结构比重

年份	海洋生产总值（亿元）	第一产业增加值（亿元）	第二产业增加值（亿元）	第三产业增加值（亿元）	三次产业比值
2010	570	107	233	229	19∶41∶40
2011	654	111	268	275	17∶41∶42

续表

年份	海洋生产总值（亿元）	第一产业增加值（亿元）	第二产业增加值（亿元）	第三产业增加值（亿元）	三次产业比值
2012	693	148	255	290	21：37：42
2013	900	154	377	369	17：42：41
2014	926	166	357	403	18：39：43
2015	1098	186	397	515	17：36：47
2016	1233	200	433	600	16：35：49

数据来源：《广西海洋经济统计公报》（2010—2016）

注：表中数据经过数值修约，存在进舍误差

3.3.2.2　主要海洋产业发展情况

1）海洋渔业

根据 2010～2016 年《中国渔业统计年鉴》，海洋渔业增加值年均增长率为 11.63%。2016 年，广西渔业增加值为 204 亿元，占海洋生产总值的 16.55%，比去年增长 5.7%。其中，海洋水产品增加值为 181 亿元，比去年增长 5.2%；海洋水产品加工增加值为 9 亿元，比去年增长 12.5%；海洋渔业服务业增加值为 14 亿元，比去年增长 7.7%。渔民人均收入 1.7 万元，比去年增长 21.43%，渔民人均收入居国内各省（区、市）第 5 位。2013 年，广西海水养殖面积为 5.4 万 hm^2，海水养殖产量为 105.65 万 t，比去年增长 8.49%，海水养殖水产品中罗非鱼、对虾、牡蛎、龟鳖等优势特色品种养殖面积持续扩大；海洋捕捞产量为 65.06 万 t，比去年下降 2.07%，其中鱼类捕捞产量为 37.04 万 t，捕捞种类中蓝圆鲹、金钱鱼、带鱼、马面鱼的捕捞产量较高，捕捞产量分别为 7.3 万 t、3.5 万 t、3.1 万 t、3.0 万 t，虾类的捕捞产量仅为 7.06 万 t。

目前，海洋渔业中占据优势的是海水养殖，对比历史调查数据，2007 年广西海水养殖产量为 76.36 万 t，海洋捕捞产量为 83.00 万 t，但是自 2008 年以来海水养殖产量便超过了海洋捕捞产量，到 2016 年，海水养殖产量为 121.45 万 t，海洋捕捞产量为 65.30 万 t，即海水养殖产量大约为海洋捕捞产量的 1.86 倍，详见图 3-6。

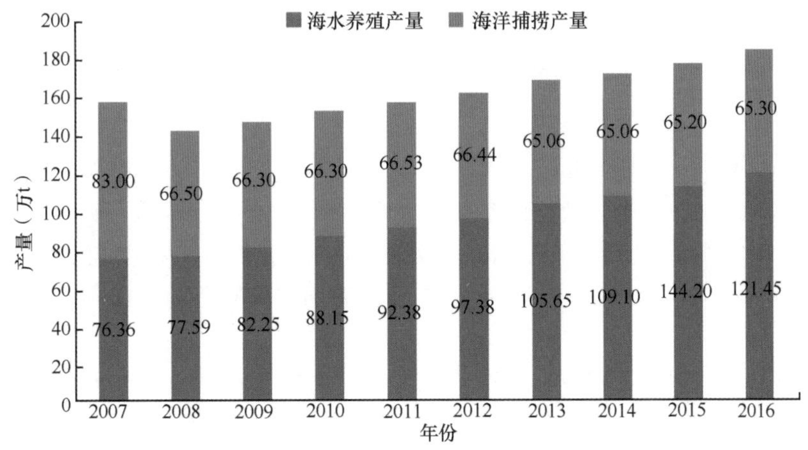

图 3-6　2007～2016 年广西海水养殖和海洋捕捞产量

数据来源：《广西海洋经济统计公报》（2007—2016）

2）海洋交通运输业

广西绵延 1628.59km 的大陆海岸线上有多个优良的港湾，有铁山港湾、廉州湾、钦州湾、防城港湾、珍珠港湾、大风江口等 10 多个港湾和河口，并逐步形成了现代化的港口群，具有较强的海洋运输能力。广西海洋交通运输业保持着稳步增长，2016 年全年实现产值 205 亿元，占广西海洋生产总值的 16.63%，比去年增长 5.4%。2014 年北部湾港口货物吞吐能力为 1.60 亿 t，沿海港口货物吞吐量达 20 189 万 t，沿海港口国际标准集装箱吞吐量为 112 万标准箱，比去年增长 11.6% 。表 3-7 是 2010～2016 年广西北部湾港口货物吞吐量。

表 3-7　2010～2016 年广西北部湾港口货物吞吐量

年份	货物吞吐量（万 t）	产值（亿元）	占海洋生产总值的比重（%）
2010	11 923	45.49	7.98
2011	15 331	68.78	10.52
2012	17 438	94	13.56
2013	18 673	111	12.35
2014	20 189	117	12.63
2015	20 482	178	16.21
2016	20 392	205	16.63

数据来源:《广西统计年鉴》(2011—2017)

2016 年，北海港域港口货物吞吐量为 2750 万 t，占广西北部湾港口货物吞吐量的 13.49%；钦州港域港口货物吞吐量为 6954 万 t，占广西北部湾港口货物吞吐量的 34.10%；防城港域港口货物吞吐量为 10 688 万 t，占广西北部湾港口货物吞吐量的 52.41%。表 3-8 为 2010～2016 年北海港域、钦州港域、防城港域港口货物吞吐量。

表 3-8　2010～2016 年北海港域、钦州港域、防城港域港口货物吞吐量　（单位：万 t）

年份	北海港域	钦州港域	防城港域
2010	1 251	3 022	7 650
2011	1 591	4 716	9 024
2012	1 757	5 622	10 058
2013	2 078	6 035	10 501
2014	2 276	6 412	11 501
2015	2 468	6 510	11 504
2016	2 750	6 954	10 688

数据来源:《广西统计年鉴》(2011—2017)

3）海洋滨海旅游业

广西沿海地区属南亚热带季风气候区，四季宜人，自然景观风光秀丽，海洋旅游资源丰富，是休闲旅游的胜地。在丰富的海洋旅游资源的基础上，广西已经开发出多种类型的滨海旅游景区（点），包括 5 个国家级滨海旅游度假区、3 个滨海风景名胜区、2 个滨海国家森林公园、1 个国家地质公园及 4 个自然保护区。

依据《旅游区（点）质量等级的划分与评定》(GB/T 17775—2003)，截至 2007 年底，广西滨海地区 A 级以上的景区共有 9 个，其中 4A 级景区有 6 个，包括北海市的银滩旅游区、海底世界和海洋之窗，以及钦州市的三娘湾旅游区、刘冯故居景区和八寨沟景区；3A 级景区有 2 个，包括钦州市龙门群岛海上生态公园和防城港市的东兴京岛景区；2A 级景区有 1 个，为广西十万大山国家森林公园。截至 2015 年底，广西滨海地区 A 级以上的景区增加至 44 个，其中滨海沙滩类旅游景区共有 3 处，滨海岛屿类旅游景区共有 1 处，滨海生态类旅游景区共有 19 处，滨海人文类旅游景区共有 21 处。

近几年，广西滨海旅游业发展势头强劲，2013 年北海市、钦州市、防城港市的滨海旅游收入分别为 138.86 亿元、61.94 亿元、64.42 亿元（表 3-9），增长率分别为 23.43%、19.44%、22.45%，占海洋生产总值的比例分别为 42.34% 、18.43%、27.53%；游客总数量分别为 1512.16 万人次、774.25 万人次、965.11 万人次。

表 3-9　2010～2013 年北海市、钦州市、防城港市滨海旅游收入　　（单位：亿元）

	2010	2011	2012	2013
北海市	68.65	87.82	112.50	138.86
钦州市	27.53	40.74	51.86	61.94
防城港市	29.04	40.38	52.61	64.42

数据来源：北海市、钦州市、防城港市统计年鉴（2011～2014 年）

从北海市、钦州市、防城港市滨海旅游收入的对比可以看出，北海市旅游收入很高，旅游总收入约为钦州市、防城港市旅游收入的总和，且增长速度较快，而钦州市和防城港市旅游总收入相差不大，增长较慢。

4）海洋生物医药业

广西海洋生物医药业发展起始于 20 世纪 80 年代，至今已有 30 多年的历史。2004 年广西首个以海洋生物为资源的制药加工基地在北海市建成投产，建成滴眼液、片剂、胶囊剂、颗粒剂、丸剂、散剂共 6 个 GMP 车间，成为剂型较为齐全的制药加工基地。这一基地也是总投资 12 亿元的国家海洋生物科技园的一期工程。目前从事海洋生物医药及保健品生产的企业主要集中在北海市和钦州市，发展已有成效，由于珍珠是广西的地道品种，产品品种主要集中在珍珠及鱼肝油的开发上，品种有 20 余种。经过二十余年的发展，北海蓝海洋生物药业有限责任公司、北海市兴龙生物制品公司、北海凯云药业公司等在开发利用北部湾海洋生物资源、海洋生物药品及保健品研发生产方面初具成效。

2010 年，广西海洋生物医药产品产量为 513t，总产值为 2.48 亿元，增速为 22.53%；2011 年，广西海洋生物医药产品产量为 1000t，增加值 0.48 亿元，增速为 4%；2012 年，广西海洋生物医药产品产量为 760t，增加值 0.5 亿元，与上年基本持平；2013 年，广西主要海洋生物医药产品中，珍珠胎囊口服液产量为 415 万支，GOJ 牌珍珠护肤品产量为 13 000 套，其他产量为 12 000t，海洋生物医药业增加值 0.51 亿元，增速为 2%。

5）海洋化工业

2010 年，广西海洋化工产品产量为 160t，总产值为 2.7 亿元，比上年增长 1.63%；2011 年，海洋化工业投资较其他产业有了较快发展，全年实现增加值 10.99 亿元，同比增长 28%；2012 年，随着沿海一批重化工项目建成投产，海洋化工业实现增加值 19 亿元，比上年增长 72.9%；2013 年海洋化工产品产量为 10 000t，比上年增长 1.4%，实现增加值 17 亿元。

3.4　广西海洋经济发展面临的问题与海洋产业发展目标及资源开发管理目标

3.4.1　广西海洋经济发展面临的问题

广西的海洋资源开发利用以传统的渔业用海为主，港口用海和滨海旅游用海迅速增加，临海工业用海越来越多，说明广西海洋产业正在逐步调整优化，但与全国其他沿海省（市）的海洋经济相比，目前广西海洋经济仍处于初步发展阶段，海域开发利用中存在的问题仍比较突出，主要表现在以下四个方面。

一是传统的海洋渔业用海占主要部分，滨海旅游、海洋港口海运和临港工业的发展优势尚未得到有效发挥，有待调整以适应海洋产业结构调整需求。

二是海洋产业发展的基础设施和技术装备比较落后，科技水平总体偏低，海洋养殖业以滩涂养殖、浅海养殖和围塘养殖为主；渔港大多比较简易；港口基础设施和技术装备有待进一步开发建设；滨海旅游基础设施也有待进一步开发建设；临港工业亟待大力发展。

三是广西北部湾海洋资源开发不合理，海洋环境承受巨大挑战。为提升经济效益，广西沿海进行大规模围海养殖，这一行动大大缩减了沿海湿地面积，破坏了海洋生态系统；局部天然海湾、港湾围填，造成岸线缩短、湾体变小、浅滩消失，使一些海洋生物失去了繁衍生息的场所，水域中天然生长的鱼、虾、贝、蟹、藻类大量减少。同时，盲目扩大养殖面积，却未能解决好养殖废水的污染处理和排放问题，亦对海洋生物和生态环境造成了不良影响。不合理的开发，使得广西北部湾局部海域生态恶化、环境质量日趋下降。

四是海洋环境污染压力持续增加。污染物主要来源于江河排入、沿海工业污染排放、人类生活垃圾排放、海上不正当作业排放等，气候等自然环境因素导致海洋水质下降，其中热带气旋和赤潮造成的破坏性最大。

3.4.2 广西海洋产业发展目标及海洋资源开发管理目标

3.4.2.1 海洋产业发展目标

根据《广西海洋产业发展规划》《广西海洋事业发展规划纲要（2011—2015 年）》《广西海洋经济可持续发展“十三五”规划》，为发展广西海洋产业，应贯彻落实科学发展观，依靠科技进步，提高自主创新能力，发挥海洋资源优势，以陆域为支撑，以港口为依托，以产业优化升级为主线，着力加快传统海洋产业的发展，积极培育新兴海洋产业，推进海洋产业升级。

1）海洋交通运输业发展目标

充分利用广西北部湾优良的港口条件和比较优势，以国际、国内航运市场为导向，进一步整合资源、优化布局、拓展功能、创新体制、开放合作，打造国家综合运输体系的重要枢纽，努力把广西北部湾港建成面向东盟的区域性国际航运中心。

（1）提高综合运输能力。大力发展大型集装箱船、散货船和特种运输船等，鼓励发展大动力、高效益的运输船舶，促进船舶向大型化、专业化、智能化方向发展。加快区内海运业资源整合，推进航运企业的重组和改造，培育壮大优势企业，鼓励企业向集团化、规模化方向发展。完善河海陆联运体系，大力发展沿海运输、远洋运输，积极发展海铁联运、海陆联运、江海联运等运输方式。

（2）培育现代港口物流业。重点整合现有物流资源，加快推进防城港、北海、钦州等物流节点城市建设，统筹规划建设一批现代物流园区、专业物流基地和物流配送中心，扶持培育一批大中型综合性现代物流中心，建设与现代物流相配套的内陆中转货运网络。积极吸引境外和央属大型航运、物流企业入驻，推进传统物流企业转型，培育一批集运输、仓储、配送、信息为一体，服务水平高、国际竞争力强的大型现代航运物流企业和国际知名物流企业。

（3）加强港口码头建设。推进超大能力的深水航道、专业化深水泊位、集装箱码头及与临海产业发展配套的专业码头建设，大幅度提升港口通行能力。到 2020 年，进一步加强港口设施技术改造，提高泊位装卸机械化、自动化水平，健全港航服务保障体系。

（4）加快船舶修造业发展。主动承接长三角、珠三角地区船舶修造业转移，大力发展游艇、游船等高端船舶修造业。重点发展货轮修理及制造、公务船舶修理及制造，以及环保型油轮、海洋石油平台三用工作船、化学品船、集装箱船、特种船舶的修理及制造。

2）滨海旅游业发展目标

以本土化和国际化为导向，加快构建广西沿海滨海旅游发展新格局。将滨海旅游业打造成为广西的主导产业，合力构筑泛北部湾国际旅游集散中心、东盟国际旅游合作示范区，建成具有区域特色的滨海休闲宜居城市和中国海洋休闲度假旅游目的地。

完善沿海旅游基础设施，扶持一批景区创建4A和5A滨海旅游景区，合理发展红树林、珊瑚礁生态旅游。加快海洋文化与滨海旅游的深度融合，扩大海洋节庆品牌影响力。利用海洋休闲及渔村资源发展海上垂钓、渔业观光、精品渔村等休闲渔业。积极与东盟国家合作，推出广西—东盟跨国游精品线路、自由行、落地签、免税购物等业务，构建中国—东盟滨海旅游合作圈。完善游艇基地建设，建设游艇俱乐部，发展以游艇和帆船为主体的海上运动休闲旅游。完善北海和防城港邮轮停靠港配套设施，开辟连接泛北部湾地区各国的海上黄金航线，大力发展邮轮经济。

3）海洋渔业及配套服务业发展目标

升级改造海水养殖业，促进传统养殖朝生态化、低碳化、清洁化的方向发展。建设水产原良种场和区域育种中心，大力发展海水养殖种业；积极发展特色名贵品种养殖，建设名特优水产育苗、养殖基地。建设海洋牧场，扶持发展深水和深海抗风浪网箱养殖、深水贝类筏式养殖等设施渔业，建成一批健康养殖示范基地。着力打造休闲渔业，扶持一批特色户，形成一批特色村。提升南海外海和远洋捕捞能力，提高渔船装备和技术水平，建设一批具有国际竞争力的远洋渔业企业和海外远洋渔业基地，积极开发南海及公海大洋渔业资源，加强与东盟各国的渔业国际合作。

延伸传统渔业产业链，发展海水产品精深加工和冷链仓储；加强水产品质量安全监督，建立水产品质量安全信用评价体系。依托产业园区，形成水产品加工企业集群，创建国家级水产品出口基地。建设现代综合渔港，重点建设中国—东盟（北部湾）现代渔港水产品交易中心和物流中心项目，建立水产品冷冻加工基地，打造集水产品采购交易、冷链物流、加工配送、信息集成、保税、远洋捕捞服务、电子交易等于一体的中国—东盟水产品生产加工贸易集散中心和服务于华南、西南和中南的海产品及渔需品贸易配送中心。

4）海洋新兴产业发展目标

通过引进、消化国内外海洋高新技术产业的成果，逐步开发海洋生物制药、海洋可再生能源、海水综合利用等海洋新兴产业。

（1）培育海洋生物制药业。积极加强与国家海洋药物工程技术研究中心等科研机构的合作，构建海洋生物医药产业研究与开发平台，建立北部湾海洋生物医药研发及产业化基地，推动海洋生物医药技术的产业化。加强医用海洋动植物的养殖和栽培，开发一批具有自主知识产权的海洋生物医药和保健产品，加快建设海洋药物研发中心和药理检测平台，培育一批具有较强竞争力的生物医药企业。

（2）加快发展海洋可再生能源产业。充分利用广西北部湾沿海较丰富的风能资源，科学布局近岸海域风电场，推广海滩及海岛风力发电。充分应用沿海丰富的光伏能源，合理开发渔光互补。积极推进沿岸潮汐能、波浪能等海洋清洁能源的实验开发，打造重要的海洋能研究与开发基地。

（3）鼓励发展海水综合利用业。支持临海石化、火电、造纸、钢铁等高耗水行业推广使用海水循环冷却技术，发展海水淡化技术，将淡化后的海水作为工业用纯水等。鼓励远洋渔船应用小型移动式应急淡化装置及相关技术。积极在滨海区域开展海水冲厕及中水技术应用示范，有效替代淡水资源。积极探索海水化学资源和卤水资源综合利用，培育海水化学资源利用的产业链。

（4）支持发展海洋信息服务业。以“智慧海洋”为核心，有效整合现有信息平台和业务系统，加强海洋信息化基础体系和应用体系建设，完善海洋电子政务信息平台，健全信息发布制度，提高海洋信息的公益性服务能力。统一规划和建设各项海洋数据安全传输与通信网络，加强陆地与海岛、海岛与海岛间的基础传输网络建设，不断提高网络化水平。全面开展广西北部湾海域矿产资源调查与评价及岸线、海底测绘等，建立海洋综合信息服务保障体系。

3.4.2.2　海洋资源开发管理目标

根据《广西海洋经济可持续发展“十三五”规划》，广西海洋经济实力显著增强，成为经济持续发展的蓝色引擎；产业结构与空间布局得到优化，现代海洋产业体系基本形成；海洋科技实力不断增强，海洋生态文明建设成果显著；海洋法治建设稳步推进，机制体制不断完善，综合管理水平持续提高；建成全国海洋生态文明示范区、海洋科技人才聚集区及海洋经济合作开放区。

一是海洋经济实现又好又快发展。海洋经济发展速度保持高于全国水平，海洋生产总值年均增速在12%左右；海洋经济发展质量进一步提高，海洋产业结构更趋合理，海洋渔业、海洋交通运输业、滨海旅游业等传统海洋产业内生动力增强，海洋工程装备制造、海洋药物和生物制品等新兴产业逐步发展壮大，形成新的经济增长点。

二是海洋经济的空间布局得到优化。依据广西海洋资源禀赋和产业发展基础，按照“海陆联动、优势集聚、功能明晰”的要求，坚持资源共享、优势互补、错位发展、合理分工的原则，优化海洋经济区域布局，拓展蓝色经济空间，形成“一带五区”海洋经济新格局。以连海陆地和近岸海域为主，打造“S”型海洋综合产业带，依托沿海港口、铁路、高速公路网，推进海洋产业集聚。同时，在现有的海洋园区基础上，以实现广西海洋产业持续发展为目标，重点发展现代渔业、现代港口运输业、滨海旅游业、现代服务业、海洋新兴产业等五大集聚区。

三是海洋科技创新能力稳步提升。建成若干海洋产业科技园，涉海高新技术企业培育和扶持力度得到增强，海洋科技成果转化率显著提高。

四是海洋生态文明建设目标得以实现。全面开展生态保护与修复工作，海洋环境和珍稀物种得到有效保护；重要海洋生态系统、重点海域污染物排放总量得到全面、有效监控，海洋生态环境质量保持优良；海洋环境和资源系统的服务能力明显增强。

3.5 小　　结

广西地处我国南部，位于低纬度地区，沿海地区属于亚热带季风气候。陆地面积为23.76万km^2，濒临的北部湾面积为12.8万km^2，近岸海域及海岛有分布广阔、保护较好、面积较大的红树林、珊瑚礁和海草床。海洋生物种类众多，占全国海洋生物种类的45%以上。大陆海岸线长1628.59km，沿岸滩涂总面积超过1000km^2，沿海岛屿709个，其中渔沥岛是广西沿海最大的岛屿。

广西下辖14个地级市，其中有3个沿海地级市，分别为北海市、钦州市和防城港市。2016年，北海市、钦州市、防城港市三市地区生产总值为2784.74亿元，占广西生产总值的15.20%。2016年广西海洋生产总值为1233亿元，比上年增长9.1%，占广西生产总值的比重为6.8%。

根据《广西海洋经济可持续发展“十三五”规划》，发展广西海洋产业应立足区域特色，中南西南新支点打造，加快海洋传统产业转型升级，重点发展战略性新兴产业，全面提升海洋服务业，培育壮大相关海洋产业。

第4章

广西海洋生物资源综合评价

广西海域属热带海洋，适于各种鱼类及其他生物生长繁殖，加上陆上河流挟带而来的大量有机物及营养盐类，使北部湾成为中国高生物量的海区之一，鱼、虾、蟹、贝、藻和其他海产动物等海洋生物资源种类繁多，资源量丰富。北部湾不仅是中国著名的渔场，还是世界海洋生物物种资源的宝库。除此之外，广西北部湾红树林、海草床和珊瑚礁等海洋生物资源也具有休闲娱乐、防浪护堤、维护生物多样性等重要的生态价值，对提高人类福利及其他生物的生存都具有重要意义。

本章依据广西历次大型综合调查（海岸带和滩涂资源综合调查、海岛资源综合调查、近海海洋综合调查与评价）的基本资料，以北海市、钦州市、防城港市为评估单元，对广西海洋生物资源数量、价值、优势度、开发潜力等方面进行分析评价，以提高相关部门对广西海洋生物资源特征及其效益的认识，实现海洋生物资源的可持续利用，保障社会经济的可持续发展。

4.1 广西海洋生物资源概述

4.1.1 海洋生物资源的概念与分类

海洋生物资源是指有生命的能自行繁殖的和不断更新的海洋资源，是一类生活在海洋中可更新和再生的特殊资源（张偲，2016）。海洋生物资源种类繁多，依据不同的分类标准，亦有不同的分类结果。

按照海洋生物的生活习性可将其分为浮游生物、游泳生物和底栖生物三大生态类群。浮游生物又分为浮游植物、浮游动物、水漂生物、浮漂生物；游泳生物包括海洋鱼类、哺乳类、爬行类、海鸟以及一些软体动物和虾类；底栖生物是指生活在海洋基底表面或沉积物中的各种生物，包括生产者、消费者、分解者。

按照海洋生物的生物学特征可将其分为鱼类资源、软体动物资源、甲壳动物资源、海洋哺乳动物资源及海洋植物资源。

根据海洋生物资源的利用类型可将其分为水产资源、观赏资源、药用资源、工业资源、生物遗传基因资源等。

本研究根据海洋生物资源本身特性及其对人类的不同用途，结合广西海洋生物资源禀赋状况，将拟评价的海洋生物资源分为三类：①海洋渔业资源。该资源包括海洋养殖和捕捞的鱼、虾、蟹、贝、藻等。广西海洋经济生物资源丰富，北部湾是我国著名渔场之一，海洋渔业是北海市、钦州市、防城港市三个沿海地市收入的重要来源，对渔业资源的全面评价对于摸清海洋渔业资源家底、促进海洋渔业可持续利用具有重要意义。②海洋生境资源。该资源主要包括红树林、海草床和珊瑚礁生境。红树林、海草床、珊瑚礁作为广西重要的海洋生境资源，其固碳释氧、休闲娱乐、防浪护堤、科研教育、净化水质等生态价值不可忽视，对其进行全面评价可以为相关部门制定合理有效的保护措施提供科学依据。③海洋药用生物资源。优越的海洋自然环境使广西海洋药用生物资源丰富，当地居民也有用海洋生物防治疾病的习俗，此外，对海洋药用生物资源的评价也符合我国当前大力提倡发展海洋生物医药产业的战略目标。

4.1.2 评价内容、评价原则与数据来源

1）评价内容

（1）海洋生物资源实物量评价：全面搜集并更新广西海洋生物资源数量、质量、地域组合、空间分布等基本资料，对资料进行可靠性、一致性和代表性审查分析，并进行资料的插补延长，为资源的价值、优势度及开发潜力评价提供科学依据。

（2）海洋生物资源价值评估：在实物量核算的基础上，进一步对资源的经济价值进行评估，包括直接使用价值、间接使用价值和选择价值。经济价值评估有助于权衡资源开发利用的经济效益、生态效益、社会效益，从而选择综合效益最优的资源开发利用方式，实现海洋资源的有效利用和可持续利用。

（3）海洋生物资源优势度评价：各地区海洋生物资源数量、质量存在差异，资源价值实现的社会经济条件不同，对当地经济社会发展需求的满足程度也不同，因此不同地区海洋生物资源优势度存在差异。通过资源优势度评价，识别各地区的资源绝对优势与相对优势，为地方政府决定海洋资源开发秩序和海洋经济发展方向提供依据。

（4）海洋生物资源开发潜力评价：海洋生物资源的可持续利用是海洋经济、社会、环境可持续协调发展的重要组成部分。各地区海洋生物资源目前开发利用保护状况不同，满足当代人及后代人享有其经济、社会、生态价值的能力不同。对海洋生物资源进行开发潜力评价，可以全面、详细地认识资源状态和经济状态的相互关系，认识资源动态过程和经济动态过程的相互影响，从而更加清楚地认识海洋生物资源的长期发展潜力，为海洋生物资源的合理开发利用和保护提供科学依据。

本章广西海洋生物资源综合评价技术路线如图 4-1 所示。

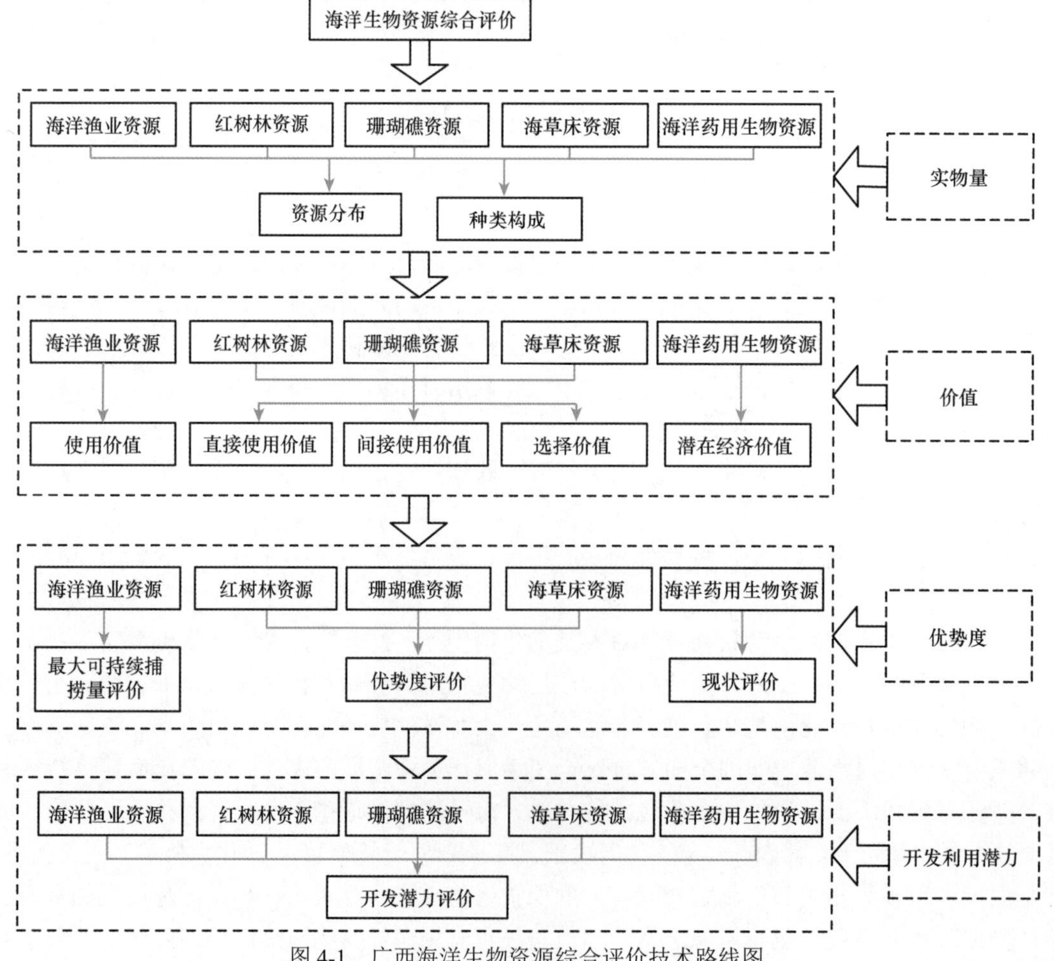

图 4-1 广西海洋生物资源综合评价技术路线图

2）评价原则

（1）简单、实用、易行原则。海洋生物资源综合评价的目的是为科学开发和利用海洋生物资源提供依据，因此海洋生物资源综合评价采用的指标体系和方法等要在保证科学性的前提下遵循简单、实用、易行原则。

（2）开发利用和保护相结合原则。海洋生物资源综合评价要以可持续发展理论为指导，坚持开发利用和保护相结合。

（3）定量为主，定性为辅。海洋生物资源综合评价的目的在于分析资源的数量、质量和资源的开发利用之间的关系，因而需要对海洋生物资源的种类、数量、质量、价值等评价指标进行量化分析，以确保评价的客观性和科学性，在量化分析的基础上对资源的开发利用方向进行定性描述。

（4）重点突出，兼顾一般。由于海洋生物资源自身的复杂性，对所有海洋生物资源进行全面评价是不可能的，要根据开发利用和保护需求确定重点调查评价内容。

（5）价值评估要遵循社会经济发展规律。海洋生物资源价值评估是其综合评价的重要组成部分，进行价值评估时要遵循社会经济发展规律：①可持续发展原则，要看到海洋生物资源的经济价值，更要保护其生态价值；②效益最大化原则，既要考虑个人利益，又要考虑社会综合效益，以社会整体福利最大化为最终目标。

3）数据来源

广西海洋生物资源综合评价数据主要来源如下。

（1）公开发表或出版的论文、专著等资料。

（2）广西统计年鉴，北海市、钦州市、防城港市统计年鉴，广西政府网站、三地市政府网站及中国水产网、亚太外汇网等其他网站。

（3）我国近海海洋综合调查与评价专项（简称“908 专项”）广西区域的调查资料及其他专项调查研究报告：《广西红树林和珊瑚礁等重点生态系统综合评价报告》《广西海岸带滨海湿地调查研究报告》《广西海岸带植被调查研究报告》《广西壮族自治区海岸带调查专题调查研究报告》《广西海草生态区海水化学调查报告》《广西珊瑚礁生态区海水化学调查报告》《广西壮族自治区海域使用现状调查报告》。

（4）红树林、海草床、珊瑚礁旅游休闲娱乐价值和生物多样性价值评估的基础数据来自北海市、钦州市、防城港市实地问卷调查。

4.2　广西海洋生物资源实物量评价①

4.2.1　海洋渔业资源实物量评价

4.2.1.1　海洋渔业资源量与分布

广西北部湾渔场是我国著名的大渔场之一，有白马、西口、涠洲、莺歌海、青湾、夜莺岛、昌化等 10 多个渔场，是我国的传统渔区。北部湾渔业资源种类繁多，有鱼类 500 多种、虾类 200 多种、头足类近 50 种、蟹类近 20 种，还有种类众多的贝类和其他海产动物、藻类。根据有关资料，北部湾水产资源量为 75 万 t，可捕捞量为 38 万～40 万 t。其中，文昌鱼、海蛇、海牛、方格星虫等都属于珍稀物种或重要药用生物（林桂兰等，2009）。

根据 2009～2014 年广西近海海域用海建设项目的海洋环境影响评价报告（报批稿）中有关渔业资源的调查数据，基于 ArcGIS 软件，采用反距离加权法（inverse distance weighted，IDW）对渔业资源密度进行空间插值即可获得 2006～2007 年广西海域北部湾渔业资源的分布密度（表 4-1）。

① 如无特殊说明，本节内容改写自范航清（2010）

表 4-1　2006～2007 年广西海域北部湾渔业资源各类群的分布密度　（单位：kg/km^2）

	鱼类				头足类	甲壳类	总计
	中上层经济鱼类	中上层其他鱼类	底层经济鱼类	底层其他鱼类			
春季	293.93	30.89	708.06	255.08	78.32	0.29	1366.57
夏季	140.64	139.96	84.2	196.95	143.6	17.17	722.52
秋季	74.31	59.18	151.7	398.01	72.4	18.44	774.04
冬季	3.7	1.7	115.18	135.26	37.19	29.52	322.55
四季平均	161.73	50.19	363.84	294.46	78.37	12.16	960.75

数据来源：2009～2014 年广西近海海域用海建设项目的海洋环境影响评价报告（报批稿）

广西海域渔业资源分布密度呈现较明显的季节变化规律：春季＞秋季＞夏季＞冬季，春季最高，冬季最低，春季分布密度是冬季的 4 倍多。这种季节变化趋势体现了广西海域游泳生物春季趋向岸边浅水区产卵繁殖，然后逐步移向深水区域，冬季在深水区越冬的洄游分布规律。

广西海域游泳生物的分布密度从高到低依次是鱼类＞头足类＞甲壳类。鱼类又分成四大类群，其分布密度从高到低依次是底层经济鱼类＞底层其他鱼类＞中上层经济鱼类＞中上层其他鱼类。此外，可以看出，广西海域游泳生物各大类群的分布密度存在比较明显的季节变化。中上层经济鱼类的分布密度春季最高，夏季、秋季和冬季呈逐渐下降的趋势；中上层其他鱼类夏季的分布密度最高，其次为秋季，春季和冬季均较低；底层经济鱼类的分布密度春季最高，其他三季的均较低；底层其他鱼类的分布密度秋季最高，春季、夏季和冬季逐渐下降；头足类的分布密度夏季最高，春季和秋季次之，冬季最低；甲壳类的分布密度冬季略高，其余三季的均较低。

4.2.1.2　海洋渔业资源种类与分布

根据“908 专项”《ST09 区块调查研究报告》中有关游泳生物的调查资料，2006～2007 年 4 个航次调查的广西近海海域底拖网渔获种类数为 192 种，鱼类达 143 种，占总种类的 74.48%，其中中上层经济鱼类 20 种，中上层其他鱼类 16 种，底层经济鱼类 51 种，底层其他鱼类 56 种；甲壳类 37 种，占总种类的 19.27%，其中虾类 13 种，虾蛄类 6 种，蟹类 18 种；头足类 12 种，最少，占总种类的 6.25%，其中枪形目 4 种，乌贼目 7 种，八腕目 1 种。

在渔获物中经常出现且具有一定经济价值的鱼类达 100 多种，但渔获物组成占一定份额的鱼类只有 30 多种。有重要经济价值的甲壳类是三疣梭子蟹（*Portunus trituberculatus*）、长毛对虾（*Penaeus penicillatus*）、墨吉对虾（*Penaeus merguiensis*）、日本对虾（*Penaeus japonicus*）、斑节对虾（*Penaeus monodon*）、刀额新对虾（*Metapenaeus ensis*）、短沟对虾（*Penaeus semisulcatus*）、近缘新对虾（*Metapenaeus affinis*）、中型新对虾（*Metapenaeus intermedius*）和须赤虾（*Metapenaeopsis barbata*）等。沿海的铁山港附近海域、大风江口至三娘湾附近海域和龙门江口附近海域是天然的对虾繁殖场，分布较多的有营盘虾场、白虎头—冠头岭虾场、沙田虾场、三娘湾—白龙尾虾场、斜阳岛南部虾场。头足类资源较为丰富，枪乌贼（鱿鱼）是主要经济种类。在水深 40m 以浅海域分布数量较多的种类为杜氏枪乌贼（*Loligo duvaucelii*），在水深 40m 以深海域分布数量较多的种类为中国枪乌贼（*Loligo chinensis*）。

此外，“908 专项”《广西壮族自治区海域使用现状调查报告》表明，鱼类是广西海域渔业资源中最重要的类群，占总种数的 90% 以上。春季拖网调查主要捕获物中鱼类优势种为斑头舌鳎（*Cynoglossus puncticeps*）、鹿斑鲾（*Leiognathus ruconius*）、二长棘犁齿鲷（*Evynnis cardinalis*）等近岸中小型鱼类；夏季拖网调查鱼类优势种为鹿斑鲾（*Leiognathus ruconius*）、银姑鱼（*Pennahia argentatus*）、大鳞鲆（*Tarphops* sp.）等；秋季捕获鱼类优势种为条鲾（*Leiognathus rivulatus*）、鹿斑鲾（*Leiognathus ruconius*）、斑鳍白姑鱼（*Argyrosomus pawak*）、黄斑蓝子鱼（*Siganus oramin*）等；冬季拖网调查鱼类主要优势种为鹿斑鲾、斑鳍白姑鱼、斑头舌鳎，头足类主要优势种为柏氏四盘耳乌贼（*Euprymna berryi*），甲壳类主要优势种为威迪梭子蟹（*Portunus tweediei*）等。全年的主要优势种是鹿斑鲾。

4.2.1.3 海洋渔业资源开发现状

广西北部湾海域属热带海洋，适于各种鱼类繁殖生长，加之陆上河流挟带大量有机物及营养盐类入海，使北部湾成为中国高生物量的海区之一。出产的鱼类有 500 多种，其中具有捕捞价值的 50 多种，以红鱼、石斑鱼、马鲛鱼、鲳鱼、鲷鱼、金线鱼等 10 多种最为著名，其他海产中的枪乌贼、墨鱼、青蟹、对虾、泥蚶、文蛤、扇贝等品种，以优质、无污染而在国内外市场享有盛誉。鱼类总资源量为 140 万 t，其中底栖鱼类资源量为 35 万 t，可捕捞量约为 70 万 t。

广西北部湾渔场是我国著名的渔场之一，总面积近 4 万平方海里[①]，可分为两大部分：一是湾北渔场，二是北部湾南部外海渔场。湾北渔场位于广西沿岸至 20°30′N 的海域，其又分为涠洲岛以北禁渔区和涠洲岛以南的近海渔场，前者主要是鱼虾的繁殖场，是鱼类资源繁殖保护区，其中有 5 个沿海虾场（营盘虾场，白虎头一冠头岭虾场，沙头虾场，防城港—三娘湾虾场，斜阳岛虾场）、2 个鱼类产卵场（大风江以东、涠洲岛以北的水域是二长棘犁齿鲷的产卵场，龙门江口至珍珠港为蓝圆鲹、真鲷、鲻鱼、断斑石鲈、鸡笼鲳、金色小沙丁鱼、脂眼鲱的产卵场）。后者主要是以夜莺岛（白龙尾岛）为中心的渔场，位于几个水团交汇的区域，浮游生物丰富，饵料充足，海底平坦，底质为沙泥，平均水深只有 38m，适于底拖网作业，是优良的底拖渔场。北部湾南部外海渔场范围包括北部湾湾口以南 80～200m 水深的南海大陆架，是一个新开辟的渔场，大部分为经济价值高的鱼类，目前尚属开发阶段，潜力较大。

近年来，广西海洋渔业产量基本呈稳步上升的趋势，且海水养殖占优势地位。从涉海经济生物种类来看，海水捕捞主要以鱼类为主。2014 年，鱼类捕捞产量达 36.8 万 t，占海水捕捞总产量的 57%；其次为甲壳类，产量达 12.65 万 t，占比为 19%，包括梭子蟹、毛虾、对虾、青蟹等。

海水养殖以贝类为主，2014 年贝类养殖产量为 79.46 万 t，占海水养殖总产量的 73%，其中主要包括牡蛎、蛤、螺、贻贝、扇贝等。2014 年广西实现海洋渔业总产值 231.98 亿元，其中海水养殖产值为 130.9 亿元，海水捕捞产值为 101.08 亿元。海水产品总产量达到 174.16 万 t，比上年增长 2%，其中，海水养殖产量为 109.1t，占总产量的 62.6%，海水捕捞产量为 65.06 万 t，占总产量的 37.4%（图 4-2，图 4-3）。

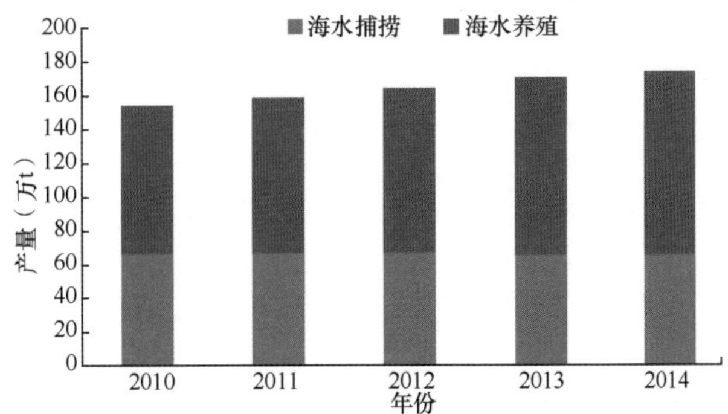

图 4-2 2010～2014 年广西海洋渔业生产结构图

数据来源：《中国渔业统计年鉴》（2011～2015）

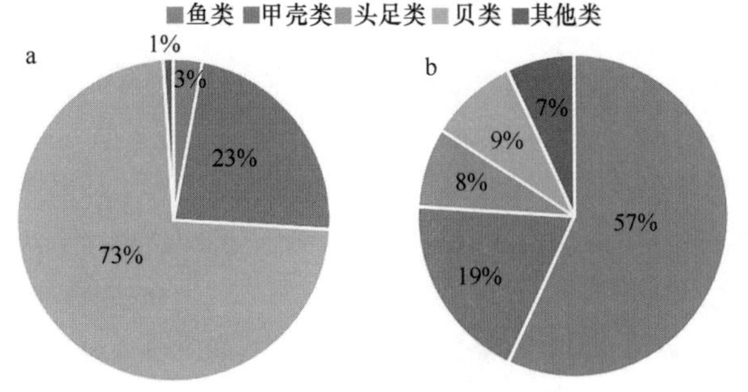

图 4-3 2014 年海水养殖（a）与捕捞（b）产品物种种类结构

数据来源：《中国渔业统计年鉴》（2015）

① 1 平方海里≈3.43km^2。

4.2.2 红树林资源实物量评价

红树林是生长在热带、亚热带地区陆地与海洋交界的海岸潮间带滩涂上由木本植物组成的乔木和灌木林。由于涨潮时红树林被海水部分或全部淹没，落潮时红树林完全露出水面，因此红树林也被形象地喻为“海底森林”（范航清，2000）。红树林资源不但具有提供果实、水产品、饵料、药用资源等的直接使用价值，而且在防浪护岸、维护生物多样性和提供动物栖息地等方面具有其他资源无法取代的生态学功能。在过去几十年中，我国红树林资源遭到严重破坏。广西是我国红树林分布的主要省（区、市）之一，红树林的面积位居全国第二，占全国红树林总面积的38.02%（范航清等，2015）。本小节系统梳理广西红树林资源的种类、规模和分布，为后续评价红树林资源的经济价值、分析其开发潜力提供依据。

4.2.2.1 红树林资源量与分布

根据“908专项”的“广西重点生态区综合调查”专项任务及“广西红树林和珊瑚礁重点生态系统综合评价”专项任务等成果资料，广西的红树林东起合浦山口，西至东兴北仑河口的整个海岸带。在宏观上，红树林在整个海岸带呈展开式较均匀分布，主要分布在南流江口、大冠沙、铁山港湾、英罗湾、丹兜海、茅尾海、珍珠港湾、防城江口及渔洲坪一带。截至2007年，广西红树林总面积9197.4hm^2，其中，北海市红树林面积3411.4hm^2，主要分布于南流江口、大冠沙、铁山港湾顶部和东岸及英罗湾和丹兜海；钦州市3419.6hm^2，主要分布于茅尾海；防城港市2366.4hm^2，主要分布于珍珠港湾、防城江口及渔洲坪一带。

广西红树林资源中，天然红树林面积3845.7hm^2，占红树林总面积的41.8%；人工红树林面积5351.7hm^2，占红树林总面积的58.2%。其中，北海市人工红树林面积为2737.0hm^2，占全市红树林面积的80.2%；防城港市人工红树林面积为1994.0hm^2，占全市红树林面积的84.3%；钦州市人工红树林面积为620.7hm^2，占全市红树林面积的18.2%（表4-2）。广西北海市、钦州市、防城港市天然红树林与人工红树林面积占比见图4-4。

表4-2 广西红树林类型及面积分布 （单位：hm^2）

	天然红树林	人工红树林	合计
北海市	674.4	2737.0	3411.4
钦州市	2798.9	620.7	3419.6
防城港市	372.4	1994.0	2366.4
合计	3845.7	5351.7	9197.4

数据来源：孟宪伟和张创智（2014）

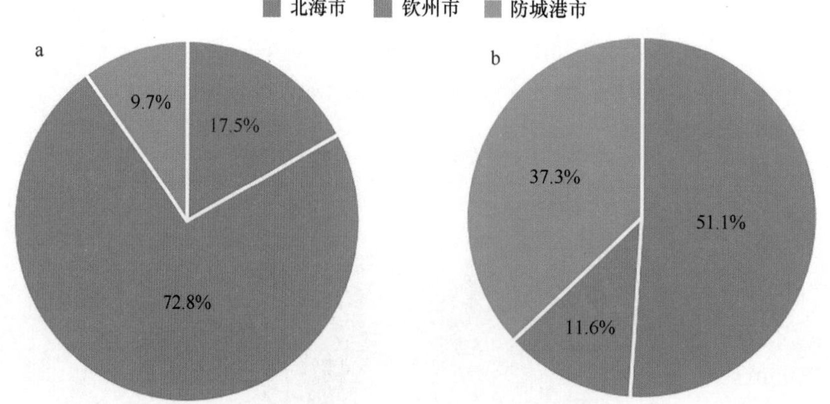

图4-4 广西北海市、钦州市、防城港市天然红树林（a）与人工红树林（b）面积占比

数据来源：孟宪伟和张创智（2014）

另外，广西沿海地区有 2 个国家级（北仑河口、山口）、1 个自治区级（茅尾海）红树林自然保护区，自然保护区中红树林的面积见表 4-3。

表 4-3　广西红树林自然保护区

名称	地点	面积（hm^2）	成立时间	级别
北仑河口红树林自然保护区	防城港市	1069.3	2000 年	国家级
山口红树林生态自然保护区	北海市合浦县	818.8	1990 年	国家级
茅尾海红树林自然保护区	钦州市	1892.7	2005 年	自治区级

数据来源：范航清等（2015）

4.2.2.2　红树林资源种类与群落类型

红树林木本生物群落主要由红树科（Rhizophoraceae）植物和其他不同科属且具有相似生境要求的植物组成，红树林植物分为红树植物（包括真红树植物和半红树植物）、同生植物和伴生植物。

根据“908 专项”中的“广西红树林和珊瑚礁等重点生态系统综合评价”专项任务调查资料，广西海岸原生真红树植物有 8 科 10 属 10 种，半红树植物有 5 科 6 属 6 种，关于伴生植物没有确切的统计数据。主要红树植物种类为卤蕨（*Acrostichum aureum*）、木榄（*Bruguiera gymnorrhiza*）、秋茄树（*Kandelia obovata*）、红海榄（*Rhizophora stylosa*）、角果木（*Ceriops tagal*）、海漆（*Excoecaria agallocha*）、白骨壤（*Avicennia marina*）、桐花树（*Aegiceras corniculatum*）、银叶树（*Heritiera littoralis*）、海芒果（*Cerbera manghas*）、无瓣海桑（*Sonneratia apetala*）等。

广西红树林群落类型大致可分为 11 个群系：白骨壤群系，桐花树群系，秋茄树群系，红海榄群系，木榄群系，无瓣海桑群系，银叶树群系，海漆群系，海芒果群系，黄槿群系，老鼠簕、卤蕨、桐花树群系（混生）。每个群系又可分为若干群丛。

1）白骨壤群系

白骨壤群系包括白骨壤群丛和白骨壤+桐花树群丛两个群丛。其中，白骨壤群丛占很大比例，总面积为 2276.1hm^2。北海市的白骨壤群丛面积有 1291hm^2，占广西的一半以上，主要分布在南流江口以东的潮滩上。防城港市的白骨壤群丛面积为 881.6hm^2，分布在东湾、西湾和珍珠港内。钦州市的白骨壤群丛最少，仅 103.5hm^2。此外，白骨壤+桐花树群丛总面积为 889.8hm^2，其中，北海市 205.5hm^2，防城港市 311.9hm^2，钦州市 372.4hm^2 。

2）桐花树群系

桐花树群系包括桐花树群丛和桐花树+白骨壤群丛两个群丛。广西桐花树群丛总面积为 2806.7hm^2。钦州市桐花树群丛面积 1810.6hm^2，约占广西桐花树群丛面积的 65%，北海市桐花树群丛面积 632.2hm^2，防城港市 363.9hm^2。而桐花树+白骨壤群丛是一类偏向于咸淡水生境的桐花树与偏向于海水生境的白骨壤混生的过渡性群丛，仅在防城港市划出了 177.4hm^2。

3）秋茄树群系

秋茄树是最耐寒同时又偏好于淡水生境的红树植物。秋茄树群系包括秋茄树群丛、秋茄树-白骨壤群丛、秋茄树-白骨壤+桐花树群丛和秋茄树-桐花树群丛四个群丛。广西秋茄树群丛总面积为 362.2hm^2，主要分布在北海市，面积为 205.9hm^2，防城港和钦州两市分布量较少，分别为 84.5hm^2 和 71.8hm^2。秋茄树-白骨壤群丛总面积 280.5hm^2，其中，防城港市 150.5hm^2，北海市 130hm^2。秋茄树-白骨壤+桐花树群丛总面积为 87.2hm^2，其中，北海市 53.4hm^2，防城港市 33.8hm^2。秋茄树-桐花树群丛总面积 981.9hm^2，其中，北海市 268.3hm^2，防城港市 166.6hm^2，钦州市 547.0hm^2。

4）红海榄群系

根据“908 专项”调查结果，广西红海榄群丛面积为 335.5hm^2，分布于北海市山口红树林生态国家级自然保护区内。群落由常绿小乔木或高灌丛组成，单层或双层结构，外貌平整且呈深绿色，支柱根系发达。该群丛分布于内滩淤泥中，属演替后期阶段，前期阶段为红海榄+秋茄树群丛，后期阶段为红海榄+木榄群丛。

5）木榄群系

木榄群系包括木榄群丛和木榄+秋茄树-桐花树群丛两个重要群丛。木榄+秋茄树-桐花树群丛总面积 375.0hm^2，其中，北海市（山口红树林生态国家级自然保护区）222.1hm^2，防城港市（北仑河口红树林自然保护区）152.9hm^2。而木榄群丛仅分布于防城港市，面积为 8.1hm^2。

6）无瓣海桑群系

广西海岸从 2002 年开始大规模引种无瓣海桑，该物种生长速度快，能快速实现海滩的造林绿化，受到林业生产和管理部门的欢迎。无瓣海桑主要分布在钦州市，面积为 461.7hm^2，北海市仅 5hm^2，广西海岸无瓣海桑总面积 466.7hm^2。

7）银叶树群系

银叶树群丛一般分布在高潮线附近的内缘或大潮、特大潮才能淹及的海河滩地以及海陆过渡带的陆地，在广西仅发现分布于防城港市的渔沥岛、山心岛、江平江口、黄竹江口等地，群丛面积 5hm^2。

8）海漆群系

海漆通常生长在潮水波及的红树林海岸，多呈散生状态。广西较为连片的海漆群丛面积为 12.4hm^2，其中北海市 9hm^2，分布于银海区银滩镇曲湾村；防城港市 3.4hm^2，分布于江平镇吒祖村和交东村、水营街道大王江村。

9）海芒果群系

海芒果群系仅划分出海芒果群丛。海芒果是生长于陆岸的半红树植物，铁山港区营盘镇有 0.3hm^2 的海芒果群丛。此外，东兴市的江平镇沿海也有较大范围零散分布的海芒果，有些甚至作为宾馆的绿化树种。

10）黄槿群系

黄槿群系仅划分出黄槿群丛。黄槿在广西沿海村落常有零散栽植，较少形成群落。防城港市江平镇吒祖村有一片黄槿群丛，面积为 1.9hm^2。

广西重要红树林海湾（河口）包括珍珠港湾、北仑河口、钦州湾（含金鼓江）、廉州湾、铁山港湾、防城港湾、大风江口等，此外，防城港东湾和西湾、钦州市东岸的大风江口至金鼓江等海岸也有一定数量的红树林群落。

北仑河口红树林自然保护区的红树林分布于珍珠港湾和北仑河口，有 12 个群丛，面积 1071.2hm^2，其中白骨壤+桐花树群丛和白骨壤群丛面积最大，分别占红树林群落面积的 26% 和 25.8%。

山口红树林生态国家级自然保护区位于沙田半岛东西两侧，红树林分布的半岛东面是与广东毗连的英罗港，西面是铁山港海汉丹兜海。山口红树林生态国家级自然保护区红树林群落面积 829.0hm^2，也是分为 8 个群丛，其中红海榄群丛占保护区红树林面积比例最大，达到 32.9%，木榄+秋茄树-桐花树也占了 26.8%，白骨壤群丛占 20.3%。

综上可知，广西面积较大的红树林群系是白骨壤群系、桐花树群系和秋茄树群系，分别占总面积的 34.42%、32.44% 和 19.41%，木榄群系面积占红树林总面积的 4.16%，红海榄面积占红树林总面积的 3.65%，无瓣海桑面积占红树林总面积的 5.07%，群系面积较小。其余群系面积占红树林总面积的比例不足 1%，分布极少。

4.2.3　海草床资源实物量评价

海草，是指在热带到温带海域沿岸柔软底部区域中生长的一类单子叶植物。和陆生植物一样，海草也有根茎叶的分化，还会开花和结果，它也是通过光合作用获得自身生长所需能量的初级生产者，没有强壮的茎秆，它们的叶只需海水浮力的承托就足以抵挡波浪的冲击。大面积的连片海草称为海草床。

海草床是重要的海洋生态系统之一，在海洋生态中扮演着非常重要的角色，通过吸附悬浮物和吸收营养物质而净化水质，改善水的透明度；是许多动物重要的栖息、育苗和庇护场所，尤其是一些具有商业价值的动物的育苗场所；是许多海洋生物重要的食物来源（以碎屑形式）；海草稠密的根系成簇扎在松软的底质上，起着固定底质的作用；是保护海岸的天然屏障，具有抗波浪与潮流的能力；海草床生态系统与红树林生态系统、珊瑚礁生态系统并称为三大典型海洋生态系统，具有极高的生产力和生物多样性，在全球 C、N、P 循环中扮演着非常重要的角色（李颖虹等，2007）。

海草床是广西典型滨海湿地资源之一。在过去几十年中，广西沿岸海草床资源遭到严重破坏。自 20 世纪 80 年代以来的围海造田、围塘养殖等开发利用活动使得广西沿岸地区的海草面积剧烈减小，其提供多种服务功能的能力逐渐减弱。

4.2.3.1　海草资源实物量及分布

根据《广西壮族自治区海洋环境资源基本现状》等成果资料，广西的海草面积约 957.74hm^2，占全国海草总面积的 10%。北海市的海草面积最大，共 876.06hm^2，占广西海草总面积的 91.5%，主要分布在北海市的铁山港湾；防城港市的海草面积为 64.43hm^2，占广西海草总面积的 6.7%，主要分布在防城港市的珍珠港湾；钦州市海草面积最小，仅 17.25hm^2，为广西海草总面积的 1.8%。铁山港湾和珍珠港湾两个海湾的海草面积占广西海草总面积的 72%，其中铁山港湾的海草面积所占比例最大。北海、防城港、钦州三市最大海草床面积分别为 283.12hm^2、41.61hm^2、10.73hm^2。广西各海草分布点的平均面积北海市为 20.86hm^2，防城港市为 3.58hm^2，而钦州市的仅有 1.92hm^2。由此可看出，北海市海草床（分布点）的连片面积最大，其次是防城港市，连片面积最小的是钦州市。海草在广西的分布详见表 4-4。

表 4-4　广西海草在北海、钦州、防城港三市的分布表

	北海市		钦州市		防城港市	
	数量	比例（%）	数量	比例（%）	数量	比例（%）
海草分布点	42	60.9	9	13.0	18	26.1
海草种类	8	100	5	62.5	5	62.5
最大海草点面积（hm^2）	283.12	—	10.73	—	41.61	—
总面积（hm^2）	876.06	91.5	17.25	1.8	64.43	6.7
平均面积（hm^2）	20.86	—	1.92	—	3.58	—

数据来源：孟宪伟和张创智（2014）

1992 年，国家将广西合浦县营盘至英罗湾一带确定为合浦儒艮国家级自然保护区，保护区总面积为 350km^2，其中核心区面积为 132km^2，缓冲区面积为 110km^2，实验区面积为 108km^2。保护区内主要为海草群落，主要的海草种类为喜盐草、贝克喜盐草、小喜盐草等。该保护区以保护儒艮和中华白海豚等珍稀海生动物及其栖息环境为主要目的，负责开展珍稀海生动物种群及其生活习性、活动规律、栖息环境等的调查研究及救护工作。

4.2.3.2　海草种群及分布

根据“908 专项”的《广西红树林和珊瑚礁等重点生态系统综合评价报告》以及范航清等编著的《广西北部湾典型海洋生态系统——现状与挑战》等研究成果，广西的海草有 4 科 5 属 8 种，广西海草种类及其主要分布地见表 4-5。

表 4-5　广西海草种类及其主要分布地

科	拉丁名	中文名	主要分布地
大叶藻科	*Zostera japonica*	矮大叶藻；西草；扁西；海西（钦州湾一带叫法）	北海沙田沿海、市区附近；钦州湾；防城港珍珠港湾有面积较大的海草床
海神草科	*Halodule uninervis*	二药藻；西草	北海市区附近、山口乌坭有零星分布
	Halodule pinifolia	羽叶二药藻；圆头二药藻	北海市区附近有零星分布
	Syringodium isoetifolium	针叶藻	北海涠洲岛
水鳖科	*Halophila ovalis*	喜盐草；龟蓬草；圆西；乒波叶；蟑螂草	北海铁山港有面积较大的海草床；北海附近、钦州茅尾海、防城港企沙有零星分布
	Halophila beccarii	贝克喜盐草	北海沙田沿海、铁山港、市区附近；钦州茅尾海、钦州湾；防城港珍珠港湾
	Halophila minor	小喜盐草	铁山港；钦州湾
眼子菜科	*Ruppia maritima*	流苏藻；川蔓藻；西草（钦州湾一带叫法）	广西沿海各地咸水体

数据来源：范航清等（2010）

广西北海、钦州、防城港三市中，北海市海草种类最多，广西所有的海草种类在北海都有分布。防城港市与钦州市各有海草 5 种，占广西所有海草种类的 62.5%。广西海草群落类型共有 17 种，其中喜盐草单生群落所占面积最大，达 763.62hm^2。矮大叶藻群落、喜盐草群落、流苏藻群落、贝克喜盐草群落、矮大叶藻-贝克喜盐草群落、喜盐草-矮大叶藻-二药藻群落、喜盐草-矮大叶藻-羽叶二药藻群落为广西主要的海草群落类型，这 7 种群落共有 49 处，占广西海草分布点总数的 83.1%，面积为 903.37hm^2，占广西海草总面积的 95.88%，见表 4-6。

表 4-6　广西的海草群落类型面积、比例及分布点数量

海草群落类型	分布点数量（个）	面积（hm^2）	比例（%）
矮大叶藻群落	15	26.84	2.85
喜盐草群落	11	763.62	81.05
流苏藻群落	8	9.60	1.02
贝克喜盐草群落	7	29.05	3.08
矮大叶藻-贝克喜盐草群落	5	42.22	4.48
喜盐草-矮大叶藻-二药藻群落	2	7.10	0.75
喜盐草-矮大叶藻-羽叶二药藻群落	1	24.94	2.65
小喜盐草-流苏藻群落	1	11.13	1.18
贝克喜盐草-流苏藻群落	1	12.59	1.34
喜盐草-贝克喜盐草-矮大叶藻-小喜盐草群落	1	2.47	0.26
喜盐草-羽叶二药藻群落	1	0.83	0.09
喜盐草-矮大叶藻群落	1	2.74	0.29
喜盐草-矮大叶藻-流苏藻群落	1	1.91	0.20
二药藻-羽叶二药藻-流苏藻群落	1	0.97	0.10
矮大叶藻-二药藻群落	1	0.11	0.01
喜盐草-羽叶二药藻-流苏藻群落	1	4.50	0.48
羽叶二药藻-流苏藻群落	1	1.54	0.16

数据来源：范航清等（2010）

此外，从北海、钦州、防城港三市的主要海草床来看，面积大于 10hm^2、位于外海、覆盖度相对较高的有 9 个海草床，见表 4-7。9 个海草床 2008 年夏季总面积为 777.06hm^2，占广西海草总面积的 82.5%，海

草种类主要是喜盐草、矮大叶藻和贝克喜盐草。北海沙田山寮的海草覆盖度仅 2.5%，其他海草床夏季覆盖度都不低于 7%。

表 4-7　广西北海、钦州、防城港三市主要海草床的种类、覆盖度与面积

地市	海草床名称	喜盐草覆盖度（%）	贝克喜盐草覆盖度（%）	矮大叶藻覆盖度（%）	海草群落总覆盖度（%）	面积（hm^2）
北海市	北海铁山港沙背海草床	7	0	0	7	283.12
	北海北暮盐场外海海草床	12	0	0	12	170.07
	北海山口乌坭外海海草床	15	0	0	15	94.11
	北海铁山港下龙尾海草床	25	0	0	25	79.13
	北海铁山港川江海草床	15	0	0	15	73.31
	北海沙田山寮海草床	0	0	2.5	2.5	14.26
	北海山口丹兜那交河海草床	0	15	0	15	10.72
钦州市	钦州纸宝岭海草床	0	35	0	35	10.73
防城港市	防城交东海草床	0	2	20	22	41.61
	合计	—	—	—	—	777.06

数据来源：范航清等（2010）

4.2.3.3　海草床面积变化

广西近海海草资源仅在铁山港有资源动态（即面积变化的记录），在此仅介绍铁山港重点生态区合浦海草床近 30 年来海草的演变趋势。1987 年春季广西合浦海草床的总面积为 417.9hm^2，海草床平均面积为 104.5hm^2；到 2000 年春季海草总面积变化不大；但一年后，即到了 2001 年春季，该海域海草总面积仅 46.5hm^2，海草床平均面积仅 6.6hm^2，海草面积为近 30 年来有记录中最小的一次，这表明 2000～2001 年海草大面积衰退；2002 年后，海草有所恢复；2008 年春季调查时海草面积恢复到 311.4hm^2，海草床平均面积达到 34.6hm^2，这表明 2002 年后海草衰退情况已经得到遏制，面积在一定程度上恢复（图 4-5）。

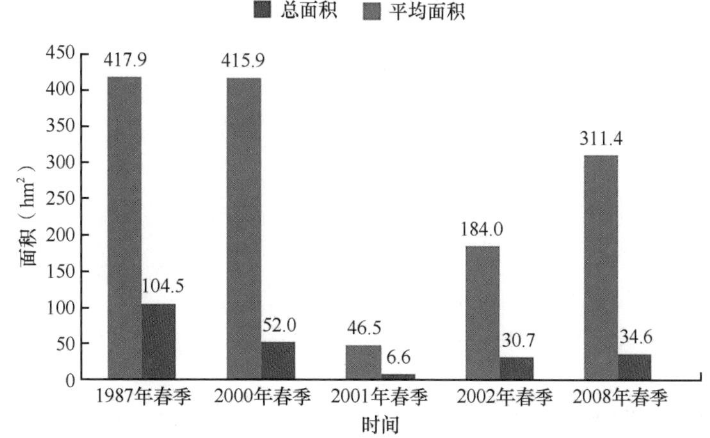

图 4-5　1987～2008 年广西合浦海草床（铁山港—英罗港海域）面积变化

注：该图根据范航清等（2009）相关资料整理所得

4.2.4　珊瑚礁资源实物量评价

珊瑚生活在低纬度热带海洋浅水中，死亡的造礁石珊瑚骨骼与一些贝壳和石灰质藻类胶结在一起，形成大块具有孔隙的钙质固体，它们像礁石一样坚固，因而被称为珊瑚礁。珊瑚礁是海洋中一类极为特殊的生态系统，其因具有较高的初级生产力和生物多样性而被誉为“海洋中的热带雨林”和“蓝色沙漠中的绿洲”。它为热带海洋生物提供良好的栖息场所，对保护海洋生物资源和生态环境、防止海岸侵蚀起着极大的

作用；它不仅向人类社会提供丰富的海产品、药品、建筑和工业原材料，还具有防岸护堤、保护环境的生态效益以及极高的美学和科研的价值，是重要的生命支持系统（赵美霞等，2005）。

4.2.4.1 珊瑚礁资源量与分布

广西沿海珊瑚礁主要分布于广西北部湾北部北海市南面海域的涠洲岛、斜阳岛沿岸浅海区，防城港市江山半岛的白龙尾沿岸浅海仅有零星活珊瑚分布，没有形成珊瑚岸礁。

涠洲岛珊瑚沿着海岸线分布，西北部沿岸海域最宽，分布外沿垂向岸线最宽处约为2.56km，其次为东部、东南部、东北部，宽度分别为1.11～2.35km、1.10～2.08km、0.98～2.07km，再者为西南部，宽度为0.86～1.15km。猪仔岭南侧沿岸亦有小范围岸礁分布，宽度为0.20～0.34km，而西部（竹蔗寮—大岭脚）沿岸海域只有零星活石珊瑚分布，南湾内仅在西侧沿岸发现零星的石珊瑚分布。

涠洲岛岸线长24.5km，绕岛沿岸大部分岸段均有珊瑚礁出现，分布岸线长约19.837km，面积约为29.050km^2，涠洲岛猪仔岭珊瑚分布岸线长约0.118km，面积约为0.072km^2，共29.122km^2（范航清等，2015）。

斜阳岛珊瑚围绕基岩海岸分布，整个沿岸均有分布，其中东北、东部、东南沿岸海域珊瑚分布宽度相对较大，垂向岸线宽度为0.47～0.56km，南部、西南部、西部、北部沿岸分布宽度相对较小，垂向岸线宽度为0.025～0.34km。斜阳岛珊瑚分布的岸线长度约为5.729km，面积约为1.420km^2。

白龙尾的珊瑚沿白龙尾基岩海岸生长，呈现零星分布，垂向岸线宽度为0.236～0.571km，珊瑚分布的岸线长度约为1.727km，面积约为0.720km^2（表4-8）。

表4-8　涠洲岛、斜阳岛、白龙尾珊瑚分布面积统计表

地市	分布区域	面积（km^2）	离岸最大距离（km）	离岸最小距离（km）	分布岸线（km）
北海市	涠洲岛沿岸	29.050	2.561	0.098	19.837
	涠洲岛猪仔岭	0.072	0.318	0.121	0.118
	斜阳岛沿岸	1.420	0.561	0.025	5.729
防城港市	白龙尾沿岸	0.720	0.571	0.236	1.727
合计		31.262	—	—	27.411

数据来源：范航清等（2010）

涠洲岛、斜阳岛、白龙尾等三个珊瑚礁生态区的珊瑚礁资源分布总面积为31.262km^2，其中，涠洲岛（包括涠洲岛猪仔岭）面积最大，为29.122km^2，占珊瑚礁总面积的93.15%，斜阳岛、白龙尾面积较小，分别为1.420km^2、0.720km^2，仅分别占总面积的4.54%和2.30%。活石珊瑚平均覆盖度涠洲岛的最高，为17.60%；斜阳岛次之，为4.67%；白龙尾最低，为0.9%。涠洲岛活石珊瑚的平均覆盖度西北沿岸部分断面最高，东北、东南、北部、西南沿岸浅海次之，涠洲岛活石珊瑚主要分布区域为西北、东北、东南、西南沿岸浅海四个区域。斜阳岛活石珊瑚除了东南沿岸浅海未见分布，其余海域东北、北部、西北、西南沿岸浅海均有分布，覆盖度从东北沿岸浅海依次降低。白龙尾活石珊瑚呈现零星分布，覆盖度较低。

4.2.4.2 珊瑚礁资源种类与群落类型

2008年记录的涠洲岛、斜阳岛珊瑚种类有55种，未显示珊瑚种类记录数量的减少。但珊瑚优势种群呈现出较多的优势属种组合到相对少的优势属种组合的演变趋势，原多以鹿角珊瑚（枝状）、菊花珊瑚、扁脑珊瑚、蜂巢珊瑚、滨珊瑚等为优势种，现以角蜂巢珊瑚属（*Favites*）、滨珊瑚属（*Porites*）、蔷薇珊瑚属（*Montipora*）为优势属。在科级的组成上，蜂巢珊瑚科（Faviidae）、滨珊瑚科（Poritidae）、鹿角珊瑚科（Acroporidae）为优势类群。白龙尾活石珊瑚呈零星分布，优势属不明显。

涠洲岛、斜阳岛珊瑚优势种以块状珊瑚为主，与其他印度洋—太平洋区的热带珊瑚礁以枝状的鹿角珊瑚为优势种不同。这与涠洲岛珊瑚礁地处珊瑚礁分布的北缘有关，表现出很强的北缘珊瑚礁生态系统特色。

4.2.5　海洋药用生物资源实物量评价

广西海洋自然环境优越，海洋生物种类繁多，生物多样性使广西拥有丰富的海洋药用生物资源，不少品种在我国乃至世界上都具有优良的品质和鲜明的特色，是我国乃至世界海洋生物资源的重要组成部分。

4.2.5.1　海洋药用生物资源分类

海洋药用生物资源是海洋中对人体和其他动植物具有药效价值的生物资源，包括海洋中所有的生物类型，即原核生物界、原生生物界、真菌界、植物界和动物界的物种。其中海藻、红树林植物、海洋无脊椎动物（珊瑚、海绵、海鞘、软体动物、棘皮动物等）、脊索动物及海洋微生物等为人们所熟知。近年来，海洋生物基因资源作为药用生物资源也受到普遍关注（张文，2012）。

在几千年的临床实践基础上，自 20 世纪后半叶以来，随着中药及现代海洋药物研究的迅速发展，我国海洋药用生物资源及其活性物质的研究得以长足发展。被认识和收录的海洋药用生物种类明显增加，在中药资源中占据重要地位。除了历代本草记载的药物，现代药物研究又筛选发现了一批具有开发价值的海洋药用生物资源（王晨和吴志纯，1996）。

根据王长云等（2009）的研究，截至 2008 年，中国已记录的海洋药物资源及已进行现代药理学、化学研究的潜在药物资源已达 684 味，其中植物药 205 味，动物药 468 味，矿物药 11 味。涉及海洋药用动植物 1667 种（植物 272 种，动物 1395 种），另有矿物 18 种。因此，药用动植物及矿物种数达到 1685 种。在海洋药用生物资源中，主要有 15 个生物门类（植物 7 门，动物 8 门）的 1667 个物种，其中脊索动物门最多，达 547 种，软体动物门次之，有 480 种。

4.2.5.2　海洋药用生物资源功能

广西有绵延的海岸线和广阔的海域滩涂，海洋生物资源极为丰富。优越的海洋自然环境孕育了种类繁多的海洋生物，是多种鱼、虾、蟹类和其他海洋动物产卵生长的理想区域。广西民间在将海洋生物资源作为药材方面，具有较悠久的历史，沿海一带长期以来就有使用海洋生物防病治病的传统习惯。

广西有丰富的海洋药用生物资源，特别是具有治疗肝炎、胃炎、痢疾、肺结核、高血压和碘缺乏病功能的生物种类占优势（刘晖，1996），如可用于治疗肝炎的黄斑蝠、可用于治疗肺结核的方格星虫等。根据《广西海洋药物》收录记载，分布于广西海域的海洋药用生物共 404 种，其中动物 342 种、植物 29 种、其他（主要为非生物和生物部分器官等）33 种。传统常用的、现代研究较多、资料较丰富完整的正药有 252 种，应用较少或现代研究较少、资料比较欠缺或虽品种不同但为同一科属且功效大致相同的附药有 152 种。同时，一些滨海湿地植物如红树林植物也具有一定的药用功能，在民间被作为药物使用（邓家刚，2008）。

4.3　广西海洋生物资源价值评估

海洋资源正经历着人口和发展的压力，资源管理者必须在资源的竞争性商业用途和保持健康的生态系统以享受其提供的多种产品与服务之间做出权衡。例如，红树林资源应该被清理干净并为经济发展提供新的空间，还是应该保持在目前状态下作为野生生物栖息地？珊瑚礁应该用来开采石灰、砂浆和生产水泥，还是应该持续为人类提供可再生的渔业产品和休闲娱乐机会？要从这些权衡的选项中做出抉择，决策者无法避免基于价值观念的社会选择，选择过程说明该方案的实施价值优于其他方案。只要是做选择，就需要做价值评估，因此我们无法避免价值评估问题。在实物量核算的基础上，我们进一步对广西生物资源进行价值量核算，可以用价值的标尺衡量自然资源的功能，从价值的视角及时了解并监测海洋资源保护的收益及资源减少或破坏的成本，也能使资源以价值形式纳入自然资源资产核算，有助于实现海洋资源的有偿利用、有效利用和可持续利用。

4.3.1 海洋渔业资源价值评估

海洋渔业资源主要包括鱼类、甲壳类、头足类，由于该类资源在现实中具备正常、明显和普遍的交易市场，具有经济价值，宜采用直接市场法，即通过现实的市场交易行情及价格信息来计算渔业资源经济价值，公式如下：

$$\mathrm{VF}=\sum_{i=1}^{4}(Q_{\mathrm{F}i}\times P_{\mathrm{F}i})\times 10^{-1} \tag{4-1}$$

式中，VF 为广西渔业资源存量的价值，单位为万元；$Q_{\mathrm{F}i}$ 为第 i 类渔业资源存量，单位为 t；i=1, 2, 3, 4 分别代表鱼类、甲壳类、头足类和其他类；$P_{\mathrm{F}i}$ 为第 i 类渔业资源的平均市场价格，单位为元/kg。

根据 2006～2007 年广西海域北部湾渔业资源的分布密度，取广西管辖海域面积 6585km^2 计算得 2006～2007 年广西海域北部湾渔业资源各类群资源量，结果如表 4-9 所示。

表 4-9 2006～2007 年广西海域北部湾渔业资源各类群资源量 （单位：t）

	鱼类				头足类	甲壳类	总计
	中上层经济鱼类	中上层其他鱼类	底层经济鱼类	底层其他鱼类			
春季	1935.53	203.41	4662.58	1679.7	515.74	1.91	8998.86
夏季	926.11	921.64	554.46	1296.92	945.61	113.06	4757.79
秋季	489.33	389.7	998.94	2620.9	476.75	121.43	5097.05
冬季	24.36	11.19	758.46	890.69	244.90	194.39	2123.99
四季平均	1064.99	330.50	2395.89	1939.02	516.07	80.07	6326.54

注：表中数据经过数值修约，存在进舍误差

为使渔业资源的市场价格具有代表性，选择 2006～2014 年《中国渔业统计年鉴》中广西年产量超过 500t 的主要渔业资源种类，其中鱼类 15 种（蓝圆鲹、金线鱼、带鱼、马面鲀、鲷鱼、鳓鱼、海鳗、鲐鱼、沙丁鱼、鲳鱼、梭鱼、鲻鱼、石斑鱼、鲅鱼、白姑鱼），甲壳类 6 种（梭子蟹、青蟹、毛虾、对虾、鹰爪虾、虾蛄），头足类 3 种（乌贼、鱿鱼、章鱼），其他类 1 种（海蜇）。以实地调研或网上询价方式，获得以上资源 2015 年的平均市场价格，并以此为基准根据消费价格指数进行逐年递推修正，从而得到 2006～2014 年主要渔业资源种类的市场价格，其中鱼类、甲壳类、头足类、其他类等大类的平均市场价格则根据上述计算的主要品种市场价格和该品种产量占其所在种类总产量的比例来确定，计算所得结果见表 4-10。

表 4-10 2006～2014 年广西海域北部湾渔业资源平均市场价格 （单位：元/kg）

	2006	2007	2008	2009	2010	2011	2012	2013	2014
鱼类	35.52	37.2	37.8	34.33	36.43	37.39	36.51	36.03	36.08
甲壳类	51.4	53.84	54.7	49.68	51.02	52.26	51.14	50.37	50.33
头足类	68.87	72.13	73.3	66.56	72.05	72.64	70.96	70.29	70.05
其他类	84.84	88.86	90.28	81.99	86.26	88.44	86.42	85.59	85.50
平均值	40.93	40.93	44.28	40.7	44.43	45.15	44.29	44.2	43.9

根据资源存量和各类渔业资源 2006 年的平均市场价格，结合公式（4-1）计算可得广西海域北部湾渔业资源价值量，结果如表 4-11 所示。

表 4-11 2006～2007 年广西海域北部湾渔业资源价值量 （单位：万元）

	鱼类		头足类	甲壳类	总计
	中上层鱼类	底层鱼类			
春季	8 300	17 900	3 600	10	29 810
夏季	7 100	5 200	6 700	590	19 590

续表

	鱼类		头足类	甲壳类	总计
	中上层鱼类	底层鱼类			
秋季	3 400	10 200	3 400	640	17 640
冬季	140	4 700	1 700	100	6 640
四季平均	4 957	15 398	3 554	412	24 321

由计算结果可以看出，四季当中春季和夏季资源价值量较大，分别为 29 810 万元和 19 590 万元；广西近海主要海洋经济生物价值量中，鱼类所占比重最大，2006～2007 年平均为 20 355 万元，占比 83.7%；头足类次之，为 3554 万元，占比 14.6%；甲壳类价值量最低，为 412 万元，占比仅 1.7%。

应用直接市场法评估渔业资源价值时，有学者认为应扣除一定的生产捕捞成本。其理论依据是产品的价格反映了产品形成过程中各类投入要素的贡献，是对各类要素的成本补偿，而并非只是体现了生物资源的贡献，还体现了物质资本、人力资本及社会资本的投入。因此，要获得渔业资源的经济价值及贡献，应在总价值中扣除其他资本形式的价值。由于捕捞成本等数据获取困难，甚至涉及商业秘密。因此，在评估结果中忽略了成本扣除。尽管不扣除成本会造成渔业资源价值的高估，但是这属于系统性的高估误差，不会改变评估价值相对差别（任大川等，2011）。

4.3.2　红树林资源价值评估

4.3.2.1　红树林资源价值来源

大量研究表明，红树林作为一种特殊的生物资源和一种具有极高生产力的生态系统，是世界上至今少数几个物种最多样化的生态系统之一，提供了丰富且极其重要的经济性服务和生态服务，这也是红树林资源价值的重要来源（伍淑婕，2006）。

1）经济性服务

Ⅰ. 提供实物产品

（1）提供木材。对于林木资源来说，其最直接的功能就是提供木材。红树林属于林木，也具有提供木材的功能，例如，木榄树干通直，质地坚硬，可用作建筑材料、造船材料。船舶的龙骨、尾舵、桅杆多用木榄来制作，船篷也常用红树植物木材来制作。

（2）提供饵料。红树植物的花、果实、落叶和树枝落到水里，经水体中微生物和微藻的降解，成为水中生活的鱼、虾、蟹和贝类等动物的饵料，因此红树林资源具有为近海生产力提供饵料的功能。

（3）提供食用植物。榄钱经水煮漂去单宁后配车螺、花蟹等可烧成美味的海鲜菜肴，是人们喜爱的“海洋蔬菜”。在饥荒年代人们将卤蕨的嫩叶用作蔬菜炒食，将秋茄树、红海榄、木榄等真红树植物的胚轴去皮、脱涩，提取淀粉，或蒸或煮食来充饥。

（4）提供药材。一些红树植物具有一定的药用功能，银叶树、白骨壤、老鼠簕、海芒果、海漆、黄槿等在民间被作为药物使用。红树植物在医药上多数用于消炎解毒，部分具有收敛、止血等作用，可治疗烧伤、腹泻及炎症等。

（5）提供水产品。红树林大型底栖动物是红树林水产品的重要来源，广西红树林区现已知的大型底栖动物有 135 种，隶属于腔肠动物门、纽形动物门、环节动物门、星虫动物门、软体动物门、节肢动物门、腕足动物门、棘皮动物门和脊索动物门等 9 门，共计 63 科 104 属，种类和数量都比较丰富，其中不少种类具有比较高的经济价值。

Ⅱ. 休闲娱乐

红树植物长期适应于滩涂淤泥，形成了各种奇形怪状、盘根错节的根系，如从茎部伸出拱形下弯的支柱根或宽厚的板状根、直立的笋状呼吸根或匍匐的蛇状根，形成独特的景观。红树林区内海域分布有珍稀动物，使红树林成为人类休憩娱乐、松弛疲劳的良好场所。

Ⅲ. 科研教育

广西沿海拥有红树林、珊瑚礁和海草床三类典型的海洋自然生态系统，其中红树林生态系统处于海洋和陆地相接地带，兼具陆地生态和海洋生态特性，各种物理、化学和生物作用频繁而剧烈，具有独特的环境资源特征，为科研工作提供了极为丰富而珍贵的研究对象和内容，如植物种群与群落特征、生态系统营养循环、红树林生态恢复、土壤理化特征、红树林海岸地貌、红树林底栖生物、植物生理生态、污染生态等（Robertsen and Alongi，1992）。随着科学技术的发展，对广西红树林资源的研究会越来越深入。

红树林除了有科研价值，还有较高的教育价值。红树林独特的生态环境特征为相关专业的高校学生提供了野外实习的理想资源，广西红树林研究中心、国家海洋局所属海洋研究所及广西科学院等科研机构都在保护区开展过对红树林生态系统的研究和教学实习活动。

2）生态服务

红树林作为特殊的生物资源，同时是一种生产力极高的生态系统，除了提供直接实物与直接服务功能，还具有固碳释氧、保持土壤、净化水质、防治病虫害及护岸减灾等重要的生态服务功能。

（1）固碳释氧。作为滨海植物，红树林可以吸收 CO_2、释放 O_2、降低温室效应。湿地环境中，土壤温度低，湿度大，微生物活动弱，土壤呼吸释放 CO_2 速率低，从而使湿地中的 C 不参与大气中的 CO_2 循环，减缓人类活动造成的 CO_2 浓度增高。红树林在吸收 CO_2 的同时还能释放 O_2，对提高大气质量有重要作用。

（2）保持土壤。红树林发达的根系可以明显减慢水流的速度，促进水体中悬浮颗粒沉降；同时红树林具有较强网罗碎屑的能力，促进淤泥在林区的沉积及土壤形成。Scoffin（1970）、Spenceley（1982）的研究表明，红树林的根系可以显著地降低潮水的流速，促进水体中悬浮物沉积。林鹏等（1993）指出，红树林根系的沉积速度是裸滩的 2～3 倍。除此之外，红树林覆盖地区含有较高的 N、P、K 等营养元素，能有效保持土壤养分。

（3）净化水质。红树林植物和土壤可以大量吸收及吸附重金属与有机氯农药，并集中于根部和树干或土壤中，避免通过食物链传递给海洋生物，从而起到二次净化的作用。Walsh 等（1979）的研究表明，红树林对重金属污染有较强的耐受性，可以减少重金属污染。李庆芳等（2005）的研究表明，红树林可以吸收水中的 Hg、Cd、Cu、Zn、Pb、As[①] 等重金属，此外，红树林还能够吸收污水中的氮、磷等营养物质，防止赤潮发生。

（4）防治病虫害。人类在滨海湿地的频繁活动产生的污染导致了虫害的爆发。养殖业除了产生大量的有机质污水，还向海区排放残余的消毒剂、鱼药（含抗生素）、饵料激素等环境激素。这些环境激素可以通过食物链改变红树林生态系统的生物种群结构，引起天敌种群数量的增加，如红树林区蜘蛛种类和数量的变化，为虫害的爆发提供了条件。这意味着，红树林里生活的益虫和益鸟对病虫害防治意义重大，它们不仅保护了红树林本身，还保护着周边的农田和树林，直接增加了农业和林业产量。

（5）护岸减灾。红树植物具有发达的根系，如支柱根、板状根、呼吸根等，这些发达的根系使植物牢牢地扎根在滩涂上，降低风速，减慢水流，起到抗风消浪的作用。张乔民（1997）指出，在堤岸外保有或栽植一定数量和规格的红树林，能防止波浪毁坏堤岸，减少灾害损失。红树林还具有较好的防风功能，结构紧密的天然红树林在背风面树高 5 倍和 15 倍处的风速能分别降低 56% 和 30%，防护林的保护范围在迎风面为树高的 5～10 倍，在背风面为树高的 15～30 倍。蒋隽（2013）的研究表明，50m 宽的白骨壤林可使波高由 1m 减至 30cm 以下。因此，红树林和海岸防护林可组成一条坚实的海岸防风带，抗御各种海洋灾害，保护着沿海人民的生命和财产安全。

3）维持生物多样性

红树林生态系结构复杂，生产力高，归还率高，为在红树林中生活的所有动物提供觅食、避难和栖居

① 砷（As）为非金属，鉴于其化合物具有金属性，本书将其归入重金属一并讨论。

场所，为海洋动物的产卵繁殖、幼鱼的发育提供丰富的饵料和避难场所，还为动植物物种的多样、基因资源的保存提供了理想的生境和充分的食物资源以及很好的避难场所。整个红树林表现为结构典型、物种种类丰富，为海岸生态系统的稳定平衡、生物多样性的维持提供了优良的资源环境。

4.3.2.2　红树林资源价值构成及评估方法

依据红树林资源为人类提供服务所产生的影响，即是直接还是间接对人类福利产生影响，将其价值分类为直接使用价值、间接使用价值及选择价值，其中直接使用价值包括建材、苗木、饵料、果实、药物和水产品等直接实物价值，以及科研教育和休闲娱乐等直接服务价值；间接使用价值为非商品性环境服务的价值，具体包括固碳释氧、保持土壤、净化水质、病虫害防治及护岸减灾等服务的价值；选择价值为未来潜在的直接或间接使用价值，具体为维持生物多样性服务的价值。

综上，红树林生物资源的价值如图 4-6 所示。

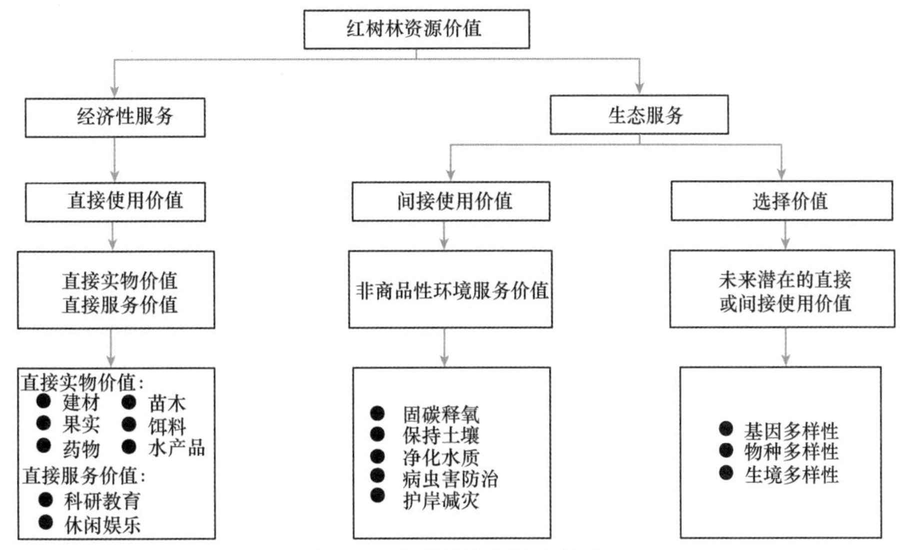

图 4-6　红树林资源价值构成

基于以上广西红树林资源各项服务类型及价值分类，选取的各项价值评估方法如表 4-12 所示。

表 4-12　广西红树林资源价值来源及价值评估方法

价值分类		服务类型		价值评估方法
使用价值	直接使用价值	直接实物	水产品	直接市场法
			果实	直接市场法
			建材及苗木	直接市场法
	直接使用价值	直接实物	饵料	直接市场法
			药物	直接市场法
		直接服务	科研教育	成果参照法
			休闲娱乐	旅行费用法
	间接使用价值	生态服务	固碳释氧	成果参照法
			保持土壤	替代市场法
			净化水质	替代市场法
			病虫害防治	成果参照法
			护岸减灾	成果参照法
选择价值		维持生物多样性		意愿调查法

4.3.2.3 广西红树林资源价值评估

1）红树林资源直接使用价值

直接使用价值是指红树林资源直接向消费者提供产品和服务的价值，包括提供建材、苗木、果实、饵料、药物和水产品等直接实物价值，以及科研教育和休闲娱乐等直接服务价值。

Ⅰ. 直接实物价值

红树林可以成为食品、药品、饲料、建材等的天然采收场，也可以用作无公害鱼虾的天然养殖场，具有显著的经济价值。红树林资源提供的实物资源通常都具有成熟的交易市场，可通过直接市场法进行核算，具体公式为

$$\mathrm{VM}_1=\sum_{i=1}^{4}(P_i\times Q_i)\times10^{-4} \tag{4-2}$$

式中，VM_1 为红树林的直接实物价值，单位为万元/a；P_i 为第 i 类实物资源的平均市场价格，单位为元/kg（或元/m^3、元/条）；Q_i 为第 i 类实物资源的数量，单位为 kg/a（或 m^3/a、条/a）；i=1, 2, 3, 4 分别代表水产品、果实、建材和苗木。

ⅰ. 水产品价值

在广西沿海地区，当地渔民在红树林潮滩挖掘泥丁、沙虫，捕捉青蟹、章鱼等，并从事海水养殖，是当地居民谋生的主要产业。据统计，红树林潮滩具有的经济价值包括以下几类：红树蚬、近江牡蛎、褶牡蛎等 24 种软体动物；锯缘青蟹、长腕和尚蟹等节肢动物；蛇鳗科、鲻科、丽鱼科等底栖鱼类；可口革囊星虫（俗称泥丁）和裸体方格星虫（俗称沙虫）、沙蚕等。根据范航清等（2015）的研究，广西红树林区域不同种类水产品平均密度分别为软体动物 67.34g/m^2、节肢动物 43.97g/m^2、多毛类 0.01g/m^2、鱼类 0.005g/m^2、其他类 5.04g/m^2；不同种类水产品的经济系数（水产品中有经济价值的种类所占的重量比）为软体动物 0.2、节肢动物 0.05、多毛类 0.1、鱼类 1、其他类 0.5。通过走访当地的水产品市场，获得各种水产品的市场价格，并根据各种水产品的数量占比综合得出各类水产品的综合价格：软体动物 15 元/kg、节肢动物 40 元/kg、多毛类 15 元/kg、鱼类 30 元/kg、其他类 100 元/kg。

北海市红树林面积为 3411.4hm^2，钦州市为 3419.6hm^2，防城港市为 2366.4hm^2，运用直接市场法，根据公式（4-1）计算得广西红树林资源水产品总价值为 4986.79 万元/a，单位价值为 0.54 万元/(hm^2·a)，其中北海市红树林水产品价值为 1849.41 万元/a，钦州市为 1853.9 万元/a，防城港市为 1283.48 万元/a。

ⅱ. 果实价值

白骨壤果实俗称榄钱，是一种美味的海洋果蔬，采摘榄钱属于红树林区传统的渔业活动。参照范航清等（2015）的研究成果，每公顷白骨壤产榄钱以 1.2t 计。2014 年，北海市农贸市场上榄钱的平均市场价格大约为 8 元/kg。广西白骨壤群系面积，运用直接市场法计算得广西红树林资源的果实价值为 3039.10 万元/a，单位价值为 0.33 万元/(hm^2·a)，其中北海市红树林资源的果实价值为 1436.74 万元/a，钦州市为 456.70 万元/a，防城港市为 1145.66 万元/a。

ⅲ. 建材价值

在广西对红树林的传统利用中，红树林亦可用作建材。根据韩维栋等（2000）的研究成果，中国红树林年材积生长量为 4.39m^3/(hm^2·a)。通过电话询问，广西木榄木材的价格为 800 元/m^3。据统计，北海市木榄面积为 222.1hm^2，防城港市为 160.9hm^2，钦州市没有木榄分布。运用直接市场法计算得广西红树林木榄资源的建材价值为 134.51 万元/a，单位面积价值为 0.0146 万元/(hm^2·a)，其中北海市红树林资源的建材价值为 78 万元/a，防城港市为 56.51 万元/a 。

ⅳ. 苗木价值

红树林能提供大量的苗木资源，秋茄树、红海榄和木榄都是广西沿海重要的红树林造林树种。以秋茄树、红海榄和木榄为代表，估算红树林资源的苗木价值。根据范航清等（2015）的研究成果，秋茄树胚轴量约 20.02 万条/(hm^2·a)，红海榄胚轴量约 5.12 万条/(hm^2·a)，木榄胚轴量约 9.14 万条/(hm^2·a)。根据实地调

研获得苗木资源补偿费为 0.3 元/条。广西秋茄树、红海榄和木榄群系面积，运用直接市场法计算得广西红树林资源的苗木价值为 11 846.43 万元/a，单位价值为 1.29 万元/(hm^2·a)，其中北海市红树林资源的苗木价值为 5073.72 万元/a，钦州市为 3716.51 万元/a，防城港市为 3056.20 万元/a。

v. 其他直接使用价值

红树林资源还具有饵料价值、药物价值等。红树植物的花、果实、落叶和树枝落到水里，经水体中微生物和微藻降解，成为水中生活的鱼、虾、蟹、贝类等动物的饵料。因而，为近海生产力提供饵料是红树林凋落物的主要价值。另外，一些红树林植物具有一定的药用功能，银叶树、白骨壤、老鼠簕、海芒果、海漆、黄槿等在民间被作为药物使用，例如，白骨壤的叶研碎后可治疗脓肿，红海榄树皮熬汁口服可治疗血尿症，老鼠簕可治疗痄腮、肝脾肿大、急慢性肝炎等。但是限于数据的可获得性，对这些价值不做定量计算。

需要特别指出的是，红树林资源提供各种实物价值的用途存在一定的互斥性，例如，开发利用红树林资源的建材价值，将导致其提供水产品、果实、苗木的价值不复存在。因此，在扣除红树林资源不同利用价值的机会成本的基础上，运用公式（4-2）求得广西红树林资源总直接实物价值为 19 872.32 万元/a（扣除建材价值），单位价值为 2.16 万元/(hm^2·a)，其中北海市红树林资直接实物价值为 8359.87 万元/a，钦州市为 6027.11 万元/a，防城港市为 5485.34 万元/a。

Ⅱ. 直接服务价值

在宽阔的潮间带上滋生着茂密的红树林群落，必然使蓝天碧海绿树融为一体，构成景色宜人的海岸景观。红树林群落中多种多样的植物种类映衬在水面上，奇形怪状的红树植物根系密布，丰富多彩的鸟类飞翔觅食，各种各样的底栖动物栖息繁衍，使得红树林湿地成为沿海独特而壮观的风景地。广西沿岸的红树林湿地，如北海市的金海湾红树林生态休闲度假旅游区、山口红树林生态自然保护区，几乎都已成为令人向往的旅游观光景点或天然生态公园。

ⅰ. 休闲娱乐价值

广西红树林生态旅游的景点主要有山口红树林生态国家级自然保护区的英罗港红树林、北海大冠沙金海湾红树林、钦州七十二泾红树林、防城港西湾红树林、北仑河口自然保护区石角珍珠港红树林和竹山北仑河口红树林。北海大冠沙金海湾红树林是广西较为成熟的红树林旅游观光景区，每年吸引大量的游客前来观光。本研究采用旅行费用法评估金海湾红树林资源的休闲娱乐价值，并使用成果参照法推算广西红树林资源的休闲娱乐价值。

红树林资源休闲娱乐价值的评估步骤如下。

a. 界定评价区域

金海湾红树林生态旅游区位于北海市区东南约 15km 处，整个景区面积约 20km^2，景区内拥有一片 2000 多亩[①] 的红树林，景区内的红树林属于沙地红树林，有白骨壤、桐花树、秋茄树、海桑、卤蕨、木榄和红海榄等红树种类 7 种，涵盖了广西分布范围最为广泛的主要红树树种。金海湾红树林景区紧邻北海银滩景区，客流量大，样本数量多且代表性强，因此本研究选择金海湾红树林生态旅游区作为广西红树林资源休闲娱乐价值的研究对象，应用旅行费用法评估其休闲娱乐价值。

b. 设计调查问卷

经过资料调查，得知金海湾红树林生态旅游区的旅客平均游览次数比较低，即重游率很低，因此本研究采取分区旅行费用模型（zonal travel cost model，ZTCM）。ZTCM 是根据游客的来源地划定出游区域，建立出游区域的出游率与各区域到旅游目的地的平均旅行成本、社会经济特征向量及区域旅游者的替代旅游地的特征向量的函数关系，进一步估计游憩需求曲线和游憩价值，得到金海湾红树林生态旅游区的休闲娱乐价值。

ZTCM 函数的基本形式为（Garrod and Willis，1999）：

---

① 1 亩≈666.7m^2。

$$\frac{V_{hj}}{N_h}=f\left(P_{hj},\ \mathrm{SOC}_h,\ \mathrm{SUB}_h\right) \tag{4-3}$$

式中，V_{hj} 为根据抽样调查结果推算出的一定时间内 h 区域的游客到 j 旅游地旅游的总人数；N_h 为 h 区域的人口总数；P_{hj} 为 h 区域的游客到 j 旅游地的平均旅行成本；SOC_h 为 h 区域的社会经济特征向量；SUB_h 为 h 区域旅游者的替代旅游地的特征向量。

问卷设计的关键是要获取上述函数关系的数据、信息，主要是客源地、旅行费用、旅行时间、多目的地旅行、人口统计变量等。

（1）客源地。建立 ZTCM 的首要问题就是要确定出游小区，到底需要划分多少小区才是合理的并没有一个定论。从统计上讲，一般认为合理的分区至少是 20～30 个（Ward and Beal，2000）。本研究划分了包括 31 个省级行政区（不含广西、香港、澳门）和广西 14 个地级市共 45 个出游区。

（2）旅行费用。旅行费用是 ZTCM 研究需要调查的重要的自变量。问卷重点调查游客往来金海湾红树林生态旅游区的旅行方式，了解游客是自驾游还是参团游。要求参团游的游客提供旅行社的总费用及其他个人花费；要求自驾游的游客提供旅游出发地、随行人员、单向里程、食宿费用等方面的信息；要求乘坐汽车、火车、飞机的游客提供起点站、终点站及食宿花费信息。这些将用于计算游客的旅行费用和旅途时间。旅行费用包括从常住居住地到金海湾红树林生态旅游区行程中的往返交通费用、食宿费用及景区内的各项花费。

（3）旅行时间。包括旅途时间和现场时间。旅途时间可以通过前述游客的旅行方式来推算。现场时间是游客在景区的停留时间和游览时间之和。

（4）多目的地旅行。尤其是很多外省游客可能在北海市旅游的同时也游览了广西其他旅游地市，从而产生多目的地旅行问题。为此，选择金海湾红树林生态旅游区附近及游客主要中转地附近的部分重要景点，供受访游客选择，并且询问游客是否还要游览广西其他地市，作为分析游客多目的地旅行的依据。

（5）人口统计变量。人口统计特征主要包括游客的性别、年龄、文化程度、职业、收入等。除性别外，对其他人口统计特征的调查采用的是封闭式问卷调查，即分成几类或几个范围，供游客选择。

c. 实施调查

本研究于 2015 年 7月和 12 月前往广西进行了两次调查，在调查开始之前对相关人员进行了培训，问卷发放地点为北海市金海湾红树林生态旅游区，两次发放调查问卷共计 1000 份。其中有效问卷 938 份，问卷有效率为 93.8%。

d. 数据统计分析

（1）进行样本分析。根据有效问卷的信息及旅行费用法的基本原理，总共划分出 34 个游客出发地区，其中广西以外的客源按照行政省（区、市）划分，广西的游客被划分为北海、防城港、桂林、柳州、南宁、钦州、梧州、玉林 8 个地区，具体分区结果及样本分布情况如表 4-13 所示。

表 4-13　各出发地区游客统计数据

出发地区	样本数量（人）	城镇人口（万人）	旅游率	旅行费用（元）
北海	19.00	87.00	34.92	162.761
防城港	12.00	49.00	39.16	189.104
桂林	19.00	224.00	13.56	222.694
柳州	21.00	237.00	14.17	210.259
南宁	32.00	403.00	12.70	205.69
钦州	15.00	115.00	20.86	189.199
梧州	21.00	145.00	23.16	214.591
玉林	17.00	258.00	10.54	227.676
安徽	19.00	2989.79	1.02	653.394
北京	13.00	1858.25	1.12	624.768

续表

出发地区	样本数量（人）	城镇人口（万人）	旅游率	旅行费用（元）
福建	30.00	2352.11	2.04	490.426
甘肃	9.00	1079.93	1.33	531.96
广东	112.00	7292.32	2.46	344.481
贵州	75.00	1403.55	8.55	252.815
海南	16.00	485.45	5.27	349.882
河北	18.00	3642.53	0.79	705.114
河南	23.00	4265.07	0.86	682.179
黑龙江	5.00	2223.52	0.36	779.036
湖北	49.00	3237.77	2.42	485.717
湖南	89.00	3319.99	4.29	330.617
吉林	14.00	1508.37	1.48	716.516
江苏	14.00	5190.72	0.43	692.985
江西	27.00	2280.99	1.89	491.218
辽宁	1.00	2944.17	0.05	854.11
内蒙古	3.00	1490.73	0.32	763.748
山东	19.00	5384.93	0.56	656.386
山西	13.00	1962.26	1.06	608.969
陕西	36.00	1984.52	2.90	530.535
上海	14.00	2205.95	1.01	725.417
四川	51.00	3768.82	2.16	442.555
天津	2.00	1248.04	0.26	781.232
云南	76.00	1967.15	6.18	244.302
浙江	30.00	3573.04	1.34	547.572
重庆	24.00	1782.64	2.15	440.588

注：表中的城镇人口指出发地区的城镇人口数，资料来源于《中国统计年鉴》（2015）；旅游率由公式（4-4）计算得出；旅行费用指各出发地区样本的本次旅行费用人均值，包括交通费、餐饮费、住宿费、时间成本等

（2）计算旅游率。根据样本数量，分别计算各出发地区 2015 年来金海湾红树林生态旅游区的旅游率，公式为

$$\mathrm{VR}_i = \frac{N_i}{N} \times \frac{N_\mathrm{p}}{Q_i} \tag{4-4}$$

式中，VR_i 为第 i 个出发地区的旅游率；N_i 为该出游区的抽样样本数，单位为人；N 为有效样本数，单位为人；N_p 为 2015 年金海湾红树林生态旅游区旅游人数，为 15 万人；Q_i 为第 i 个出发地区的总人口数，考虑到旅游消费者多为城镇居民，在这里选用各出发地区的城镇人口数，单位为万人。

（3）时间成本的计算。游客到某地旅游必然消耗时间，产生一定的机会成本，对这一部分的估算是经济意义上不可缺少的环节，这一环节的关键是选择合适的折算系数和折算成本。此处选择大多数文献中选用的工资率的 1/3 为折算系数，以各出游区的平均收入为折算成本（李京梅和刘铁鹰，2010a）。旅行时间包括旅途时间和现场时间。旅途时间为游客往来金海湾红树林生态旅游区的交通时间，即乘坐汽车、火车或飞机的时间（包括中转停留时间）。现场时间指游客到达金海湾红树林生态旅游区至离开的时间，包括停留在金海湾红树林生态旅游区内休息和观光的时间。以每年工作时间为 250d 计，时间成本计算公式为

$$C_t = \frac{1}{3} \times \frac{m}{250} \times n \tag{4-5}$$

式中，C_t 为时间成本，单位为元；m 为年平均收入，单位为元；n 为平均旅行时间，包括旅途时间和现场时间，单位为 d。

（4）处理多目的地旅游的旅行费用。抽样调查分析结果表明，每个客源地省份都有一定比例的游客顺访沿途的其他景区，因此，存在一定程度的多目的地旅行问题。通过选择金海湾红树林生态旅游区附近及游客主要中转地附近的部分重要景点，供受访游客选择，并且询问游客在各个景点的停留时间（或预计停留时间），将游客在各个旅游景点停留时间的比例作为权重分摊游客的旅行费用。

e. ZTCM模型构建

采用逐步回归的方法对所涉及的变量进行筛选，结合旅游率（VR）与旅行费用（TC）的散点图（图 4-7），对不同形式下的方程进行拟合优度、自相关、异方差等方面的检验与修正，检验结果如表 4-14 所示。通过比较，选择第 2 个方程的拟合形式，作为金海湾红树林生态旅游区的需求曲线。因而最终确定的方程形式为

$$VR=41.05-6.19\times \ln TC \tag{4-6}$$

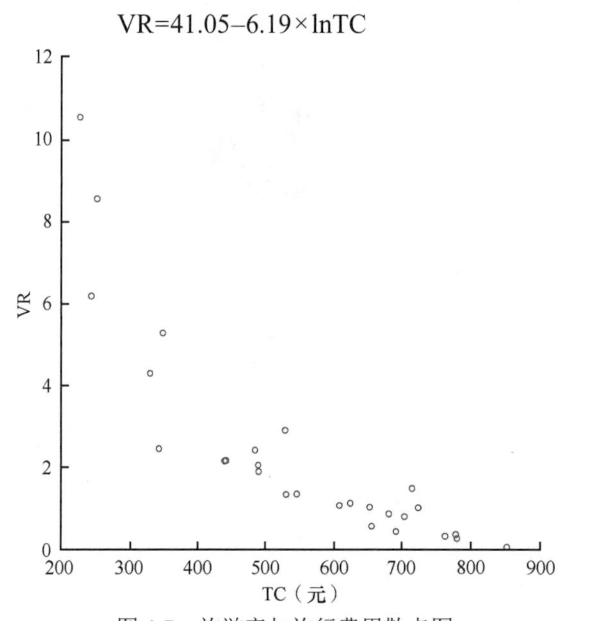

图 4-7　旅游率与旅行费用散点图

表 4-14　方程与检验

方程形式	R^2	F 统计量	t 检验	D-W 检验值
VR=9.03–0.012×TC	0.72	64.81	（10.33） （–8.05）	0.78
VR=41.05–6.19×lnTC	0.83	121.84	（11.68） （–11.04）	1.33
lnVR =3.57–0.0059×TC	0.80	129.15	（11.81） （–11.36）	1.49
lnVR=17.31–2.72×lnTC	0.78	87.80	（9.52） （–9.37）	1.09

注：t 检验分别为自变量和常数项的检验

f. 消费者剩余

由于一个地区的旅游率受多种因素的影响，且在一定时期基本保持不变，将方程（4-6）变形为：VR=a–6.19×lnTC，其中，a 代表除旅行费用之外的所有其他因素的影响，可以由旅游率和旅行费用得出。通过逐渐增加旅行费用，可以计算出旅游率为 0 时的最大旅行费用 TC_{max}，通过 $\int_{TC_0}^{TC_{max}}(a-0.236\,742\,351\,6\times \ln TC)dTC$ 积分可以计算出各出发地区的消费者剩余 CS_i，进而计算得出金海湾红树林生态旅游区的总消费者剩余 CS。

$$CS=\sum_{i=1}^{34}CS_i \tag{4-7}$$

式中，CS_i 为第 i 个地区的消费者剩余，单位为万元/a；CS 为总消费者剩余，单位为万元/a。

根据表 4-13 及公式（4-4）～公式（4-7），计算得金海湾红树林生态旅游区的总消费者剩余 CS 为 8855 万元/a。

g. 休闲娱乐价值核算

根据 ZTCM 的基本理论，金海湾红树林生态旅游区的休闲娱乐价值是每个地区的旅行费用与客源市场的消费者剩余加总，实际旅行费用等于所有出发地区旅行花费的均值与实际游客量的乘积，即

$$VM_2=CS+\sum_{i=1}^{34}\left(TC_i\times V_i\right) \tag{4-8}$$

式中，VM_2 为金海湾红树林生态旅游区的休闲娱乐价值，单位为万元/a；CS 为金海湾红树林生态旅游区的消费者剩余，单位为万元/a；TC_i 为地区 i 到金海湾红树林生态旅游区的旅行费用，单位为元/人；V_i 为地区 i 到金海湾红树林生态旅游区的年旅游人数，单位为万人/a。

通过计算，游客实际旅行费用为 6012 万元/a，所有出游区的总消费者剩余为 8855 万元/a，因而，金海湾红树林生态旅游区的休闲娱乐价值为 VM_2=14 867 万元/a。

金海湾红树林生态旅游区属于国家级旅游景区，开发成熟，因此在利用金海湾红树林单位面积经济价值替代其他区域红树林休闲娱乐价值时，通过专家咨询，将调整系数定为 0.5～0.7，以反映区域资源旅游设施基础条件差异。最终得广西红树林休闲娱乐单位价值为 4.97 万元/(hm^2·a)。根据广西红树林分布面积，红树林休闲娱乐价值总和为 45 711.08 万元/a，其中北海市为 16 954.66 万元/a，防城港市为 11 761.01 万元/a，钦州市为 16 995.41 万元/a。

ⅱ. 科研教育价值

红树林生态系统处于海洋和陆地相接地带，兼具陆地生态和海洋生态特性，各种物理、化学和生物作用频繁而剧烈，具有独特的环境资源特征，为科研工作提供了极为丰富的研究对象和内容。该生态系统直接使用价值的评估可采用成果参照法，具体计算公式为

$$VM_3=K\times S\times 10^{-4} \tag{4-9}$$

式中，VM_3 为广西红树林的科研教育价值，单位为万元/a；K 为综合调整后广西红树林科研教育单位价值，单位为元/(hm^2·a)；S 为研究区域红树林面积，单位为 hm^2。根据 Costanza 等（1997）的研究，湿地科研教育单位价值（包括科研、教育、艺术、宗教）为 881 美元/(hm^2·a)。由于中美社会、经济状况等的差异，采用综合调整系数 0.39[①] 对 Costanza 等（1997）提出的湿地科研教育单位价值进行调整，得广西红树林科研教育单位价值为 2849.32 元/(hm^2·a)。

根据广西红树林资源分布面积，结合公式（4-9）计算得广西红树林科研教育价值为 2620.60 万元/a，单位价值为 0.28 万元/(hm^2·a)，其中北海市为 971.99 万元/a，防城港市为 674.26 万元/a，钦州市为 974.35 万元/a。

2）红树林资源间接使用价值

红树林资源的间接使用价值是指其为人们带来的非商品性环境服务价值，具体包括固碳释氧价值、保持土壤价值、净化水质价值、病虫害防治价值及护岸减灾价值。

ⅰ. 固碳释氧价值

红树林通过光合作用吸收 CO_2、释放 O_2，在降低温室效应的同时，提高了大气质量。该间接使用价值可通过替代直接市场法进行评估。以工业制氧价格代替红树林释放 O_2 的功能，计算其释放 O_2 的价值，以碳交易价格代替红树林固定 CO_2 的价值，计算公式如下：

$$VM_4=VM_{O_2}+VM_{CO_2} \tag{4-10a}$$

① 见附录。

$$VM_{O_2} = \sum(G_i \times S_i) \times E_{O_2} \times P_{O_2} \times 10^{-4} \quad (4\text{-}10b)$$

$$VM_{CO_2} = \sum(G_i \times S_i) \times E_{CO_2} \times P_{CO_2} \times 10^{-4} \quad (4\text{-}10c)$$

式中，VM_4 为红树林固碳释氧价值，单位为万元/a；VM_{O_2} 和 VM_{CO_2} 分别为红树林释放 O_2 和固定 CO_2 的价值，单位为万元/a；E_{O_2} 和 E_{CO_2} 分别为 1g 干物质释氧量和固碳量；P_{O_2} 和 P_{CO_2} 分别为工业制氧成本和碳税，单位为元/t；G_i 为研究区域第 i 类红树林群落单位面积红树林每年干物质的产量，单位为 t/(hm²·a)；S_i 为研究区域第 i 类红树林群落的面积，单位为 hm²。

评估红树林固碳释氧价值需要三个步骤：一是通过调查，得到单位面积红树林每年干物质的产量；二是利用光合作用公式计算单位质量干物质所吸收的 CO_2 量、释放的 O_2 量；三是通过调查得到碳交易价格和工业制氧价格。

综合梳理温远光（1999）的研究成果，不同红树林群落的干物质产量见表 4-15。根据光合作用公式，每形成 1g 干物质需要 1.63g CO_2 释放 1.19g O_2。根据中国碳排放交易网，取 2015 年平均碳交易价格为 26.52 元/t，工业制氧价格为 376.47 元/t。根据公式（4-10a）～公式（4-10c），结合广西红树林资源分布面积，计算得广西红树林固碳释氧的价值为 3674.17 万元/a，单位价值为 0.40 万元/(hm²·a)，其中北海市为 1362.78 万元/a，防城港市为 945.33 万元/a，钦州市为 1366.06 万元/a。

表 4-15　红树林各群落干物质产量　［单位：t/(hm²·a)］

群系	白骨壤	桐花树	秋茄树	红海榄	木榄	无瓣海桑	其他
干物质产量	1.477	5.146	9.157	11.472	5.138	68.4	1.477

注：本研究中桐花树群落生产力取温远光（1999）研究成果的均值，无瓣海桑群落的生产力取昝启杰等（2001）、韩维栋等（2000）研究成果的均值

ⅱ. 保持土壤价值

红树林发达的根系可以明显减慢水流的速度，促进水体中悬浮颗粒沉降；同时，红树林具有较强网罗碎屑的能力，促进淤泥在林区的沉积及土壤形成。此外，红树林覆盖地区含有较高的 N、P、K 等营养元素。该间接使用价值可通过替代直接市场法估算，用红树林覆盖区土壤中 N、P、K 的市场价格代替其保持土壤的价值。

该评估方法需要三个步骤：一是通过调查，得到红树林的淤泥速率、表土密度及 N、P、K 含量，计算单位面积红树林保持 N、P、K 的物质量；二是通过调查得到 N、P、K 的市场价格；三是依据红树林的面积求出保持土壤价值。具体计算公式如下：

$$VM_{11} = Q_h \times P_h \times 10^{-4} \quad (4\text{-}11a)$$

$$Q_h = R \times D_{soil} \times NPK \times S \times 10^2 \quad (4\text{-}11b)$$

式中，VM_{11} 为红树林保持土壤的价值，单位为万元/a；Q_h 为研究区域红树林保持 N、P、K 的物质量，单位为 t/a；R 为红树林的淤泥速率，单位为 cm/a；D_{soil} 为红树林的表土密度，单位为 t/m³；NPK 为土壤 N、P、K 含量百分比；P_h 为主要养分 N、P、K 的市场价格，单位为元/t；S 为研究区域红树林面积，单位为 hm²。

根据莫竹承和周浩郎（2008）、韩维栋等（2000）、傅娇艳（2007）的研究成果，红树林淤泥速率为 2.3cm/a，红树林表土密度取 0.77t/m³，不同红树林群落 0～30cm 表土 NPK 如表 4-16 所示。对各红树林群落表土 NPK 取平均，作为整个红树林覆盖区表土 NPK。根据市场调查，N、P、K 的市场价格取 2550 元/t。

表 4-16　各红树林群落 0～30cm 表土 NPK　（单位：%）

群落	木榄、秋茄树	白骨壤	桐花树	红海榄	平均
0～30cm 表土 NPK	2.39	1.17	1.66	0.54	1.44

根据公式（4-11a）和公式（4-11b）计算得广西红树林保持土壤的价值为 5978.76 万元/a，其中北海市为 2217.54 万元/a，防城港市为 1538.29 万元/a，钦州市为 2222.93 万元/a，广西红树林保持土壤的单位价值为 0.65 万元/(hm²·a)。

ⅲ. 净化水质价值

红树林湿地中的土壤和红树植物通过吸收废水中的 N、P 等营养物，把环境中的 N、P 固定存储在植物体内和归还到土壤中，相应减少了流入海岸带水体中的 N、P 等营养物质的含量，因而具有净化废水中营养物质和有机物的巨大潜力。可用替代市场法计算红树林净化水质价值。

该评估方法需要三个步骤：一是通过调查，得到单位面积红树林对 N、P 的吸收量；二是调查得到单位 N、P 污染物净化的市场价格；三是依据红树林的面积求出红树林对 N、P 的净化水质价值。具体计算公式如下：

$$\mathrm{VM}_5=\sum_{i=1}^{2}\left(M_i\times P_i\right)\times S_i \tag{4-12}$$

式中，VM_5 为红树林净化水质的价值，单位为万元/a；M_i 为单位面积红树林对污染物（N 或 P）的吸收量，单位为 kg/(hm^2·a)；P_i 为单位污染物（N 或 P）的净化价值，单位为元/kg；S_i 为红树林湿地面积，单位为 hm^2；i=1,2 分别代表 N、P 污染物。

参照国内学者的研究成果，广西红树林生态系统对 N 的吸收量为 155.855kg/(hm^2·a)，对 P 的吸收量为 17.53kg/(hm^2·a)（尹毅和林鹏，1992；张汝国和宋建阳，1996）。单位污染物净化价值为总氮 1.5 元/kg，总磷 2.5 元/kg（郑耀辉和王树功，2008）。根据广西红树林资源分布面积，结合公式（4-12），计算得广西红树林净化水质的价值为 255.33 万元/a，单位价值为 0.03 万元/(hm^2·a)，其中市北海为 94.71 万元/a，防城港市为 65.69 万元/a，钦州市为 94.93 万元/a。

ⅳ. 病虫害防治价值

红树林通过鸟类等动物与环境的复杂生态关系，能有效地防治海岸生态环境病虫害。红树林的病虫害防治价值可使用成果参照法估算，计算公式如下：

$$\mathrm{VM}_6=V_u\times S \tag{4-13}$$

式中，VM_6 为红树林防治病虫害价值，单位为万元/a；V_u 为参照研究成果的单位面积红树林防治森林病虫害的费用，单位为万元/(hm^2·a)；S 为研究区域红树林面积，单位为 hm^2。

根据韩维栋等（2000）的研究结果，单位面积红树林可减少周边地区农田的病虫害防治费用 0.001 万元/(hm^2·a)，根据广西红树林资源分布面积，结合公式（4-13），计算得广西红树林病虫害防治价值为 9.20 万元/a，单位价值为 0.001 万元/(hm^2·a)，其中北海市为 3.41 万元/a，防城港市为 2.37 万元/a，钦州市为 3.42 万元/a。

ⅴ. 护岸减灾价值

红树林长期适应潮汐及洪水冲击，形成了独特的支柱根、气生根。红树林具有发达的通气组织和致密的林冠等形态外貌特征，具有较强的抗风和消浪性能，被称为热带、亚热带海岸带第一道防护林，具有巨大的护岸减灾作用（彭本荣等，2005）。

该间接使用价值的计算采用成果参照法，借鉴国内外红树林岸线护岸减灾的研究成果，以广西北海、钦州、防城港三市红树林岸线长度为基础对红树林资源护岸减灾价值进行评估。具体计算公式为

$$\mathrm{VM}_7=(V_{u1}+V_{u2})\times L \tag{4-14}$$

式中，VM_7 是红树林岸线的护岸减灾价值，单位为万元/a；V_{u1} 是每千米红树林岸线能为海堤提供的非灾害性保护价值，单位为万元/(km·a)；V_{u2} 是每千米红树林岸线生态养护可新增效益，单位为万元/(km·a)；L 是红树林岸线的长度，单位为 km。

根据韩维栋等（2000）的研究成果，每千米红树林岸线能为海堤提供的非灾害性保护价值为 8 万元/(km·a)；范航清（1995）的研究表明，红树林对海堤的生态养护可新增效益为 64.7 万元/(km·a)。根据广西红树林资源分布面积，结合公式（4-14），计算得广西红树林护岸减灾价值为 6492.11 万元/a，其中北海市为 1975.99 万元/a，防城港市为 324.24 万元/a，钦州市为 4191.88 万元/a，广西红树林的护岸减灾单位价值为 0.71 万元/(hm^2·a)。

3）红树林资源选择价值

红树林资源除了具有直接和间接的使用价值，还具有维持生物多样性的价值，这些未来潜在的选择价值同样是红树林资源价值中不可或缺的组成部分。红树植物具有多种生长型和不同的生态幅度，各自占据着一定的空间，大量的凋落物腐烂后为浮游生物、鱼、虾等各级消费者提供天然饵料，且红树林区海水平静，大量的支柱根也为这些生物营造了索饵、产卵、发育和栖息的优良场所。红树林的选择价值主要计算的是红树林维持生物多样性的价值。采用意愿调查法（CVM）进行估算，同时对比影子工程法的评估结果。

采用 CVM 评估的基本步骤如下：一是问卷设计，根据研究对象确定问卷内容，如适当的引导技术、支付方式等；二是问卷调查，获取受访者对环境物品或服务的支付意愿；三是数据分析，根据选定的数学模型计算样本支付意愿，并确定环境物品或服务的价值。

采用 CVM 评估的关键是问卷设计，本研究的问卷分为三个部分：第一部分是被调查者对于红树林资源的认识与态度，被调查者做出选择前，调查者会向被调查者全面介绍广西红树林资源的概况及其对生态环境的影响，降低信息偏差；第二部分是询问被调查者对广西红树林资源进行保护的支付意愿，在调查时，特别强调支付意愿只是一种意向，以免被调查者故意隐瞒自己的真实想法，造成策略性误差；第三部分是被调查者的社会经济特征，如性别、年龄、受教育程度、职业、收入、在广西居住时间等。

Ⅰ. 样本特征

2015 年 7 月和 2015 年 11 月前后两次在南宁市、北海市、钦州市、防城港市的各政府部门、红树林资源周边地区、红树林自然保护区及广西红树林研究中心等地总共发放 200 份问卷，调查采用面对面方式，回收有效问卷 190 份，有效回收率 95%。其中，愿意支付的有 129 人，支付率为 P=68%。具体样本社会经济特征分布见表 4-17。

Ⅱ. 支付意愿

本研究的 CVM 调查问卷采用支付卡式问卷，通过直接提供一系列数额让被调查者选择，能够解决被调查者不回答或抗议性回答的问题，提高调查有效反映率。在支付卡设计时，为降低人们不结合实际给出较大支付意愿对结果产生较大影响，结合广西的经济发展水平，支付最大值设为 1000 元，超过 1000 元的都按 1000 元计算。问卷数据整理结果见表 4-18。

表 4-18　红树林资源支付意愿　　（单位：元/a）

项目	支付意愿平均数	支付意愿中位数	人均支付意愿
选择价值	216.7	100	100

从表 4-18 可以看出，支付意愿平均数与支付意愿中位数相差较大，表明支付额度差异较大，平均值产生的误差较高，因此本研究采用中位数作为人均支付意愿，即将累计频度为 50% 的支付意愿作为人均支付意愿，可得保护红树林资源选择价值的人均支付意愿为 100 元/a。

Ⅲ. 人口基数

总人口基数的统计分析应该在广西范围内取值，考虑到红树林主要分布在广西北海、钦州、防城港三市，虽然广西红树林资源并非仅服务于三市的居民，对整个广西乃至全国都具有一定的影响，但考虑到广西红树林的主要服务地市为广西沿海三市，且这三市人口中有一定比例的儿童、学生等无支付能力的群体，以广西三市的市镇人口作为总人口基数。根据广西北海、钦州、防城港三市的统计年鉴，2015 年北海市的市镇人口为 87.33 万人，钦州市的市镇人口为 114.88 万人，防城港市的市镇人口为 49.09 万人。

Ⅳ. 红树林资源选择价值核算

采用 CVM 评估广西红树林资源的选择价值（维持生物多样性价值）的公式为

$$\mathrm{VM}_{12}=\mathrm{WTP}\times N\times P \tag{4-15}$$

式中，VM_{12} 为广西红树林资源的选择价值（维持生物多样性价值），单位为万元/a；WTP 为支付意愿，单位

表 4-17　样本社会经济特征统计

性别	男性		女性	
	样本数量	样本比例（%）	样本数量	样本比例（%）
	109	57.4	81	42.6

年龄构成	20 岁及以下		21～30 岁		31～40 岁		41～50 岁		51～60 岁		61 岁及以上	
	样本数量	样本比例（%）	样本数量	样本比例（%）	样本数量	样本比例（%）	样本数量	样本比例（%）	样本数量	样本比例（%）	样本数量	样本比例（%）
	11	5.8	114	60.0	36	18.9	17	8.9	10	5.3	2	1.1

文化程度	高中以下		高中		中专		大专		大学		研究生及以上	
	样本数量	样本比例（%）	样本数量	样本比例（%）	样本数量	样本比例（%）	样本数量	样本比例（%）	样本数量	样本比例（%）	样本数量	样本比例（%）
	2	1.05	10	5.26	2	1.05	16	8.42	109	57.37	51	26.84

职业分布（前三类）	政府行政管理人员		基层保护设施单位人员		科研人员	
	样本数量	样本比例（%）	样本数量	样本比例（%）	样本数量	样本比例（%）
	61	32	46	24	27	14

收入水平	2 万以下		2 万～3 万		3 万～4 万		4 万～5 万		5 万～6 万		6 万～8 万		8 万以上	
	样本数量	样本比例（%）	样本数量	样本比例（%）	样本数量	样本比例（%）	样本数量	样本比例（%）	样本数量	样本比例（%）	样本数量	样本比例（%）	样本数量	样本比例（%）
	39	20.5	37	19.5	37	19.5	31	16.3	27	14.2	7	3.7	12	6.3

为元/(人 · a)；N 为人口基数，单位为万人；P 为支付率。

根据问卷的整理结果，广西红树林资源选择价值保护的支付意愿为 100 元/(人 · a)，支付率 P=68%，结合人口基数得广西红树林资源的维持生物多样性价值为 17 088.40 万元/a。

4）红树林资源价值评估小结

综上，广西红树林资源总经济价值为 101 701.97 万元/a，单位价值为 11.06 万元/(hm^2·a)。其中，直接使用价值为 68 204.00 万元/a，在直接使用价值中，苗木、果实、水产品等直接实物价值为 19 872.32 万元/a；休闲娱乐、科研教育等直接服务价值为 48 331.68 万元/a。间接使用价值为 16 409.57 万元/a。选择价值（维持生物多样性价值）为 17 088.40 万元/a，广西北海、钦州、防城港三市红树林资源价值具体结果见表 4-19。

表 4-19　广西北海、钦州、防城港三市红树林资源价值统计

服务价值分类			总价值（万元/a）				单位价值［万元/(hm^2·a)］
			北海市	钦州市	防城港市	合计	
直接使用价值	直接实物价值	水产品	1 849.41	1 853.9	1 283.48	4 986.79	0.54
		果实	1 436.74	456.70	1 145.66	3 039.10	0.33
		苗木	5 073.72	3 716.51	3 056.20	11 846.43	1.29
	小计		8 359.87	6 027.11	5 485.34	19 872.32	2.16
	直接服务价值	科研教育	971.99	974.35	674.26	2 620.60	0.28
		休闲娱乐	16 954.66	16 995.41	11 761.01	45 711.08	4.97
	小计		17 926.65	17 969.76	12 435.27	48 331.68	5.25
间接使用价值		固碳释氧	1 362.78	1 366.06	945.33	3 674.17	0.40
		保持土壤	2 217.54	2 222.93	1 538.29	5 978.76	0.65
		净化水质	94.71	94.93	65.69	255.33	0.03
		病虫害防治	3.41	3.42	2.37	9.20	0.001
		护岸减灾	1 975.99	4 191.88	324.24	6 492.11	0.71
	小计		5 654.43	7 879.22	2 875.92	16 409.57	1.79
选择价值		维持生物多样性	5 938.44	7 811.84	3 338.12	17 088.40	1.86
合计			37 879.39	39 687.93	24 134.65	101 701.97	11.06

注：表中数据经过数值修约，有进舍误差

特别需要注意的是，由于资源多用性，在使用红树林资源时，会产生机会成本，这种机会成本体现在红树林资源的药用生物、木材价值和水产品提供价值的权衡选择。例如，若将红海榄的树皮全部用于药用或将红树林砍伐用于木材产品的交易，则果实、科研教育、休闲娱乐等价值将不复存在。考虑到资源开发利用的机会成本特征，在评估红树林资源的消费性价值时不将药用价值和木材价值进行加总核算。因此，在对直接实物价值加总时，只核算了红树林的苗木价值、果实价值和水产品价值。

总体来看，广西红树林资源的直接使用价值最大，占比 67.06%，其次是维持生物多样性价值，占比 16.80%，因此在开发利用红树林资源经济价值的同时要注重对其生态价值的保护，实现可持续利用；从北海、钦州、防城港三市看，由于北海市与钦州市的红树林资源规模比防城港市大，因此北海市和钦州市的红树林资源价值较大，分别为 37 879.39 万元/a 和 39 687.93 万元/a，分别占广西红树林资源价值的 37.25% 和 39.02%，防城港市较小，为 24 134.65 万元/a，仅占广西红树林资源价值的 23.73%。广西红树林资源价值构成与地区分布如图 4-8 所示。

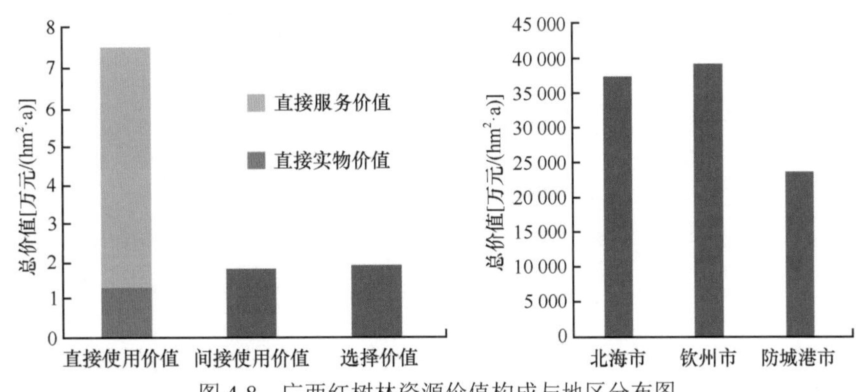

图 4-8　广西红树林资源价值构成与地区分布图

4.3.3　海草床资源价值评估

4.3.3.1　海草床资源价值来源

海草生态系统是典型的海洋生态系统，与红树林生态系统、珊瑚礁生态系统并称为三大典型海洋生态系统。20 世纪末，全球海草床面积约为 0.6×10^6km^2，约占海洋总面积的 0.167%，具有极高的生产力和生物多样性（Charpy，1990）。海草被称为“生态系统工程师”，因为其不仅为海洋生物提供重要食物来源和栖息地，还在全球的碳、氮、磷循环中发挥着重要作用（Unsworth and Cullen-Unsworth，2017）。大量国内外学者的研究表明，海草床在海洋生态系统服务方面具有经济性服务和生态服务等功能。

Ⅰ. 经济性服务

经济性服务功能是海草床资源所提供的实物产品和服务，直接满足人们的生产和生活需要。

ⅰ. 提供实物产品

海草床可以为人类提供软体类、贝类、甲壳类、鱼类等多种经济物种，具有较高的经济价值。海草生态系统中的海草叶、附生生物和大型藻类是某些海洋食草动物的直接摄食来源，一些肉食性动物捕食初级消费者之后又被其他海洋动物捕食，从而形成复杂的海草床食物网，食物网的顶端生物多数是具有重要经济价值的水产品，其中海胆、水鸟、绿龟、海牛、鱼类和儒艮等是海草叶的主要摄食者，螺类、双壳类、等足类和甲壳类动物主要摄食海草床中的附生生物和藻类（李文涛和张秀梅，2009）。因此，海草生态系统对海水养殖和滩涂渔业产品生产具有一定贡献率，可以为消费者提供具有重要经济价值的水产品。

海草的落叶可以用作保温材料，在中国北方，沿海渔民曾用海草建造屋顶。此外，海草的落叶还可以用作绿肥、牲畜饲料等。

ⅱ. 休闲娱乐

在海草床区域分布着多种动植物，构成了独特的景致，游客可以进行休憩、垂钓等娱乐休闲活动，且广西海草床区域还有一级保护动物儒艮和中华白海豚出没，能够给人们提供休闲娱乐享受（Carole et al.，2015）。

ⅲ. 科研教育

随着人类对海洋认识与开发的不断深入，人们对海草重要性的认识不断提高，海草逐渐成为众多科学家和学者的研究对象，其科研服务价值不断提高。例如，海草对海洋环境变化较为敏感，可以作为海洋水质和海洋生态系统健康的生物指标，并且海草具有较高的吸纳重金属的能力，因此又可以作为生态系统中重金属密度及变化的生物指标（Pergent-Martini et al.，2005）。因为海草具有强大的生态功能，所以其可以为海洋环境变化相关研究提供科研服务。

Ⅱ. 生态服务

海草床作为特殊的生物资源，同时是一种生产力极高的生态系统，除了提供直接实物与直接服务，还具有营养物质循环、固碳释氧、护岸减灾及净化水质等重要的生态服务功能。

ⅰ. 营养物质循环

海草脱落的叶、秆、地下茎和地上茎等组织中含有丰富的有机碳、氮、磷等物质，这些物质会被海底的微生物分解，形成无机营养物质之后被其他生物吸收利用，从而形成以海草腐烂分解溶出有机质为起点的营养物质循环。

ⅱ. 护岸减灾

多数海草有发达的根系和根状茎，海草床的存在可以明显减小海流和波浪的水动力，因此海草床的地下结构具有加固海底底质的功能（Gacia et al.，1999）。海草床的地上结构可以沉降悬浮物，具有保护海底底质免受侵蚀的作用，并且海草密度越高，保护效果越明显。因此海草床可以明显改善近岸非生物环境，进而大大提高海岸环境对波浪和潮汐的抵御能力，具有保护近海海岸带、减少自然灾害的功能（Jones et al.，1997）。

ⅲ. 固碳释氧

海草是海洋碳循环中的重要组成部分，是重要的 CO_2 吸收者。海草床总储量的15%左右是被掩埋在海底的，如果被长期掩埋，就会变成海草生态系统的一个碳汇。而且海草也会释放出 O_2，O_2 的释放在渔业生产过程中发挥着重要作用，提升了海草床附近的渔业价值。海草床固碳释氧的功能将在很大程度上起到调节气候的作用，在全球日益变暖的今天也具有非常重要的意义。

ⅳ. 净化水质

海草床可以吸附、降解、排除水中的污染物、悬浮物、营养物，使部分潜在的污染物转化为资源，因此，海草床湿地是一个“沉积箱”“转换器”。海草床的存在，改变了海草床内的流体动力过程，加速了悬浮颗粒的沉降，缓解水体的富营养化，对稳定海底底质和净化水质有积极的作用。

Ⅲ. 维持生物多样性

海草床水域较慢的水流、粒径细小且稳定的泥沙底质、植被所形成的阴影及海草较高的初级生产力，可以为部分海洋动物提供食物和栖息场所，因此吸引大量海洋动物聚集。海草床中栖息的海洋动物种类众多，有大量软体动物、甲壳动物、鱼类、海龟、海牛、水鸟等栖息或滞留在海草床区域，因此海草床生态系统对维持海洋生物多样性具有重要价值。

4.3.3.2 海草床资源价值分类及评估方法

海草床资源持续地为人类提供各种经济产品和生态服务，并构成了人类社会可持续发展的重要物质和能量基础。海草床资源的经济价值同样可以分为直接使用价值、间接使用价值与选择价值。直接使用价值主要是指海草生态系统中产出的可供直接消费的产品或服务的价值，包括海草区域海水养殖和滩涂渔业活动产生的直接实物价值，以及用于科研教育和休闲娱乐所带来的直接服务价值。间接使用价值是指海草资源为人类带来的可供间接享用的功能性价值，包括生态系统营养物质循环、护岸减灾、固碳释氧和净化水质等生态服务功能价值。选择价值指未来潜在的使用价值，指海草床生态系统维持生物多样性的价值。

综上，海草床资源的价值构成见图4-9。

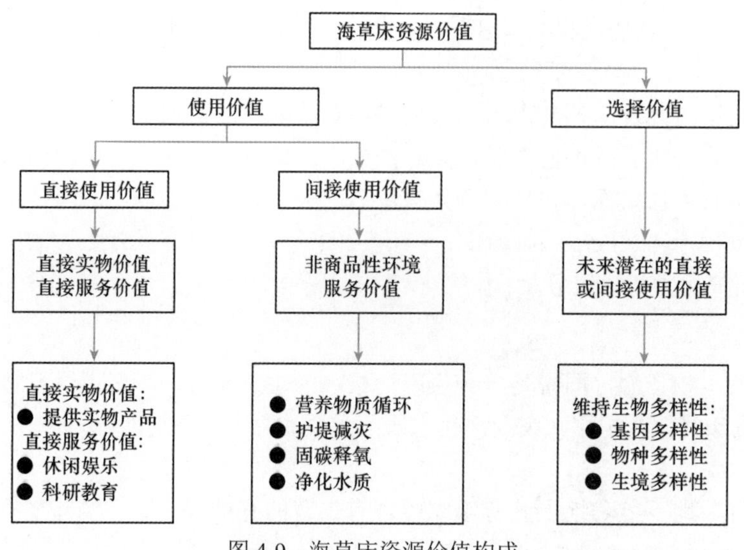

图4-9 海草床资源价值构成

基于以上海草床资源服务功能及价值，选取的价值评估方法如表 4-20 所示。

表 4-20 广西海草床资源服务类型及价值评估方法

价值分类		服务类型		评估方法
使用价值	直接使用价值	直接实物	食物供给	直接市场法
		直接服务	科研教育	成果参照法
			休闲娱乐	成果参照法
	间接使用价值	生态服务	营养物质循环	成果参照法
			护堤减灾	成果参照法
			固碳释氧	替代价格法
			净化水质	替代价格法
选择价值		维持生物多样性		意愿调查法

4.3.3.3 广西海草床资源价值评估

Ⅰ. 海草床资源直接使用价值

ⅰ. 直接实物价值

海草床可以为人类提供贝类、甲壳类等丰富的水产品，这些水产品价值高、市场广，是沿海地区居民收入来源之一。广西海草床提供经济物种的价值可用直接市场法进行计算，通过海草床提供水产品的市场价格来估算海草床价值，公式为

$$\mathrm{VG}_1=\sum_{i=1}^{3}\sum_{j=1}^{4}\left(P_{ji}\times\rho_{ji}\times W_{ji}\times S_{ji}\right) \tag{4-16}$$

式中，VG_1 表示广西海草床提供水产品的总价值，单位为万元/a；P_{ji} 表示 i 地区第 j 种水产品的综合价格，单位为万元/t；ρ_{ji} 表示 i 地区第 j 种水产品的密度，单位为 $\mathrm{t/(hm^2 \cdot a)}$；$W_{ji}$ 表示 i 地区第 j 种水产品中有经济价值的物种所占比重；S_{ji} 表示 i 地区海草床面积，单位为 $\mathrm{hm^2}$；i=1, 2, 3 分别代表北海市、钦州市、防城港市；j=1, 2, 3, 4 分别代表软体动物、多毛类、甲壳类及其他类群。

根据《中国南海海草研究》，2003 年合浦县海草床底栖生物的平均生物量为 70.2g/m^2，其中软体动物占 77.2%，多毛类占 7.9%，甲壳类占 1.7%；其密度分别为 54.19g/m^2、5.55g/m^2、1.19g/m^2，其他类群的密度为 9.27g/m^2（黄小平等，2007）。由于合浦县海草床的面积为 311.4hm^2，占广西海草床总面积的近 1/3，此外考虑北海、钦州、防城港三市海草床生长环境的相近性及数据可获得性，此处将以上数据用于计算广西北海、钦州、防城港三市海草床提供水产品的价值（范航清等，2009）。

通过走访当地农贸市场得出，软体动物、多毛类、甲壳类综合价格分别为 10 元/kg、10 元/kg、26.06 元/kg，其他类的综合价格取前三者的平均值，为 15.35 元/kg。此外，借鉴相关研究成果，软体动物、多毛类、甲壳类、其他类群生物中经济物种所占比重分别取 0.2、0.1、0.9、0.5。

北海市的海草面积为 876.06hm^2，钦州市为 17.25hm^2，防城港市为 64.43hm^2，运用直接市场法，根据公式（4-16）计算得出广西海草床提供经济物种的总价值为 201.12 万元/a，单位价值为 0.21 万元/(hm^2·a)，其中北海市海草床提供经济物种的价值为 183.97 万元/a，钦州市为 3.62 万元/a、防城港市为 13.53 万元/a。

ⅱ. 直接服务价值

A. 科研教育价值

海草床对海洋水质及海域重金属含量变化较为敏感，因此可作为海域环境质量变化的生物指标，为研究其生长区域海洋环境质量提供科研服务。此外，海草生长区域较高的生物多样性也为其科研价值奠定了基础。

广西海草床科研教育价值的计算采用成果参照法。步骤分为以下三步：首先筛选国内外海草床科研教育价值研究成果；然后对参照价值进行调整，使之能够用于所分析的项目区域；最后用调整后的价值乘以北海、钦州、防城港三市海草床面积。成果参照法计算公式为

$$\mathrm{VG}_2=\sum_{i=1}^{3}\left(\mathrm{VG}_{2u}\times S_i\times10^{-4}\right) \tag{4-17}$$

式中，VG_2 表示广西海草床科研教育价值，单位为万元/a；VG_{2u} 表示单位面积海草床科研教育价值，单位为元/(hm²·a)；S_i 表示 i 地区海草床面积，单位为 hm²；i=1, 2, 3 分别代表北海市、钦州市、防城港市。

根据 Costanza 等（1997）的研究，引用 1994 年单位面积海草科研教育价值 29 美元/(hm²·a)。因为经济价值体现着随社会经济和其他特征而异的偏好，我国与美国的社会、经济、文化存在差异，本研究使用人均收入和总人口中高等教育学历者占比计算调整系数，取 0.39①，对此价值数据进行调整，进而得出我国海草床科研教育单位价值，为 93.79 元/(hm²·a)。

根据广西海草床资源分布面积，结合公式（4-17）得广西海草床科研教育总价值为 9.00 万元/a，单位价值为 0.0094 万元/(hm²·a)，其中北海市海草床科研教育价值为 8.23 万元/a，钦州市为 0.16 万元/a，防城港市为 0.61 万元/a。

B. 休闲娱乐价值

海草床的观光旅游、娱乐消遣及休闲垂钓等几方面的休闲娱乐价值同样采用成果参照法进行估算。根据 Costanza 等（1997）的研究，海草床资源休闲娱乐价值为 381 美元/(hm²·a)，依据综合调整系数 0.39，计算休闲娱乐价值，得出我国海草床资源休闲娱乐单位价值为 1232.23 元/(hm²·a)。成果参照法计算公式为

$$\mathrm{VG}_3=\sum_{i=1}^{3}\left(\mathrm{VG}_{3u}\times S_i\times10^{-4}\right) \tag{4-18}$$

式中，VG_3 为广西海草床资源休闲娱乐价值，单位为万元/a；VG_{3u} 为我国海草床资源休闲娱乐单位价值，单位为元/(hm²·a)；S_i 为 i 地区海草床面积，单位为 hm²；i=1, 2, 3 分别代表北海市、钦州市、防城港市。

依据广西海草床资源分布面积，结合公式（4-18）得广西海草床休闲娱乐总价值为 114.93 万元/a，单位价值为 0.12 万元/(hm²·a)，其中北海市海草床资源休闲娱乐价值为 105.13 万元/a，钦州市为 2.07 万元/a，防城港市为 7.73 万元/a。

Ⅱ. 海草床资源间接使用价值

A. 营养物质循环价值

广西海草床生态系统营养物质循环价值的计算采用成果参照法，运用 Costanza 等（1997）的研究成果，海草床生态系统营养物质循环单位价值为 21 100 美元/(hm²·a)。依据综合调整系数 0.39 对 Costanza 等（1997）的研究结果进行调整，进而得到我国海草床生态系统营养物质循环单位价值，为 68 241.38 元/(hm²·a)。成果参照法计算公式为

$$\mathrm{VG}_4=\sum_{i=1}^{3}\left(\mathrm{VG}_{4u}\times S_i\times10^{-4}\right) \tag{4-19}$$

式中，VG_4 为广西海草床生态系统营养物质循环价值，单位为万元/a；VG_{4u} 为我国海草床生态系统营养物质循环单位价值，单位为元/(hm²·a)；S_i 为 i 地区海草床面积，单位为 hm²，i=1, 2, 3 分别代表北海市、钦州市、防城港市。

依据广西海草床资源分布面积，结合式（4-19）得广西海草床生态系统营养物质循环总价值为 6531.79 万元/a，单位价值为 6.82 万元/(hm²·a)，其中北海市海草床生态系统营养物质循环价值为 5974.73 万元/a、钦州市为 117.65 万元/a，防城港市为 439.41 万元/a。

B. 护堤减灾价值

多数海草有发达的根系和根状茎，海草床具有加固海底底质的功能，海草床的地上结构可以沉降悬浮物，具有保护海底底质免受侵蚀的作用。因此海草床可以明显改善近岸非生物环境，具有保护近海海岸带、减少自然灾害的功能。

广西海草床护堤减灾价值通过成果参照法进行计算，公式为

---

① 见附录。

$$VG_5 = \sum_{i=1}^{3}\left(VG_{5u} \times L_i\right) \tag{4-20}$$

式中，VG_5 是广西海草床资源的护堤减灾价值，单位为万元/a；VG_{5u} 是每公顷海草床能为海堤提供非灾害性保护的价值，单位为万元/(hm^2·a)；L_i 是 i 地区海草床的面积，单位为 hm^2；i=1, 2, 3 分别代表北海市、钦州市、防城港市。

根据 Han 等（2008）对广西合浦县海草床护堤减灾价值的研究，每公顷海草床为海堤提供非灾害性保护的价值是 1.45 万元/(hm^2·a)，考虑通货膨胀的影响，按照 5% 的通胀率进行调整，得出广西海草床为海堤提供非灾害性保护的单位价值为 2.25 万元/(hm^2·a)。依据广西海草床资源分布面积，结合公式（4-20）得广西海草床护堤减灾总价值为 2154.92 万元/a，单位价值为 2.25 万元/(hm^2·a)，其中北海市海草床护堤减灾价值为 1971.14 万元/a、钦州市为 38.81 万元/a，防城港市为 144.97 万元/a。

C. 固碳释氧价值

海草床具有较高的初级生产力，通过光合作用吸收 CO_2、释放 O_2，在全球碳循环中发挥着重要作用，其释放的 O_2 溶解于水体，对溶解氧起到补充作用，能极大改善渔业环境。

海草床资源的碳汇价值可使用碳税法进行估算。使用碳税法计算海草床固碳释氧的价值需经过三个步骤：一是通过实地调查得到平均每年单位面积海草床干物质的产量；二是通过光合作用和呼吸作用方程式计算形成单位质量干物质所吸收 CO_2 及释放 O_2 的量，结合单位面积海草床干物质产量及海草床面积可得海草床固碳释氧量；三是查询碳税及人工制氧的单位成本，进而计算海草床固碳释氧的价值。

光合作用的方程式是

$$6CO_2+12H_2O \longrightarrow C_6H_{12}O_6+6O_2+6H_2O \tag{4-21}$$

根据植物光合作用方程式，可以计算出每形成 1g 干物质需要吸收 1.63g CO_2，并释放 1.19g O_2 。根据《中国南海海草研究》，合浦县海草形成干物质的量为 25.5g/(m^2·a)。广西海草床总面积为 957.74hm^2，碳税以 26.52 元/t、工业制氧价格以 376.47 元/t 计算，将生态指标转换为经济指标，用直接市场法可得海草床固碳释氧的价值。计算公式为

$$VG_6 = \sum_{i=1}^{3}\left(A \times P_{CO_2} \times m \times S_i\right) \tag{4-22}$$

式中，VG_6 为碳税法计算所得广西海草床固碳的价值，单位为万元/a；A 为海草床每形成 1t 干物质吸收 CO_2 的量；P_{CO_2} 为碳税价格，单位为万元/t；m 为广西海草床每年形成干物质的量，单位为 t/(hm^2·a)；S_i 为 i 地区海草床面积，单位为 hm^2；i=1, 2, 3 分别代表北海市、钦州市、防城港市。

用工业制氧成本进行替代，计算广西海草床释氧价值的公式为

$$VG_7 = \sum_{i=1}^{3}\left(B \times P_{O_2} \times m \times S_i\right) \tag{4-23}$$

式中，VG_7 为广西海草床释氧的价值，单位为万元/a；B 为海草床每形成 1t 干物质释放 O_2 的量；P_{O_2} 为工业制氧的价格，单位为万元/t；m、S_i 含义同上。

依据广西海草床资源分布面积，结合公式（4-21）～公式（4-23）得广西海草床固碳释氧总价值为 126.23 万元/a，单位价值为 0.13 万元/(hm^2·a)，其中北海市海草床固碳释氧价值为 115.47 万元/a、钦州市为 2.27 万元/a，防城港市为 8.49 万元/a。

D. 净化水质价值

海草床湿地是一个“沉积箱”，它可以吸附、降解、排除水中的污染物、悬浮物、营养物，加速悬浮颗粒的沉降，缓解水体的富营养化；也是一个“转换器”，使部分潜在的污染物转化为资源，对净化水质发挥着重要作用。根据许战州等（2011）的研究，海草床对 Cu、Pb、Zn、Cd 等重金属有很好的富集作用，从而可以净化水质。此处借鉴红树林湿地对重金属的存储量的相关研究，假设海草床对重金属的存储量与红树林植物的存储量大致相当，对此项功能价值进行计算。海草床重金属存储量与活性炭当量如表 4-21 所示。

表 4-21　海草床重金属存储量与活性炭当量

重金属	植物储量（μg/m^2）	活性炭吸附率（mg/g）	活性炭当量（kg/hm^2）
Cu	28 734.1	1.2	239.45
Pb	25 253.4	1.6	157.83
Zn	143 679.1	3.7	388.32
Cd	3 138.3	9.0	3.49

数据来源：范航清等（2015）

根据公式

$$\mathrm{VG}_8 = \sum_{i=1}^{3}\sum_{j=1}^{4}(Q_j \times S_i \times P) \tag{4-24}$$

式中，VG_8 为广西海草床净化水质的价值，单位为万元/a；Q_j 为单位面积海草床吸附第 j 种重金属的活性炭当量，单位为 kg/hm^2；S_i 为第 i 个研究区域的海草床面积，单位为 hm^2；P 为活性炭价格，按照 3000 元/t 计算。

依据广西海草床资源分布面积，结合公式（4-24）得广西海草床净化水质总价值为 229.85 万元/a，单位价值为 0.24 万元/(hm^2·a)，其中北海市海草床净化水质价值为 210.25 万元/a，钦州市为 4.14 万元/a，防城港市为 15.46 万元/a。

Ⅲ. 海草床资源选择价值

海草床不仅可以为海洋生物提供重要的栖息地，还可为许多生物提供重要的食物来源。这些服务不进入生产和消费过程，但却为生产和消费创造了必要条件，也为自己的将来或其他人的将来留下选择使用的空间。本研究将此项服务界定为海草床的选择价值，并使用 CVM 对海草床的选择价值进行评估。

CVM 调查问卷分为四个部分：第一部分向被调查者全面介绍广西海草床资源的概况及其对维持生物多样性的功能，加深被调查者对于海草床资源的认识，降低信息偏差；第二部分询问被调查者对于海草床资源生物多样性价值的认识与态度，主要涉及是否了解海草床资源的维持生物多样性功能及是否应对其进行保护；第三部分询问被调查者对改善海草床资源的维持生物多样性服务功能的支付意愿，在调查时，特别强调支付意愿只是一种意向，以免被调查者故意隐瞒自己的真实想法，造成策略性误差；第四部分是被调查者的社会经济特征，如性别、年龄、受教育程度、职业、收入、在广西居住时间等。

ⅰ. 样本特征

课题组于 2015 年 7 月和 2015 年 11 月前后两次在南宁市、北海市、钦州市、防城港市的各政府部门、居民区、海草床自然保护区等地总共发放 111 份问卷，为保证回收率，本次问卷调查采用面对面的方式，回收有效问卷 111 份，有效回收率 100%，其中愿意支付的有 83 人，支付率为 P=74.8%。具体样本社会经济特征分布见表 4-22。

ⅱ. 支付意愿

本研究的 CVM 调查问卷采用支付卡式问卷，通过直接提供一系列数额让被调查者选择，能够解决被调查者不回答或抗议性回答的问题，提高调查有效反映率。根据广西的经济发展水平，支付最大值设为 1000 元，超过 1000 元的都按 1000 元计算。问卷数据整理结果见表 4-23。

表 4-23　海草床资源支付意愿　（单位：元/a）

项目	支付意愿平均数	支付意愿中位数	人均支付意愿
选择价值	167.3	50	50

从表 4-23 可以看出，支付意愿平均数与支付意愿中位数相差较大，表明支付额度差异较大，平均值产生的误差较高，因此本研究采用中位数作为人均支付意愿，即将累计频度为 50% 的支付意愿作为人均支付意愿，得到保护海草床资源选择价值的人均支付意愿为 50 元/a。

表 4-22　样本社会经济特征统计

性别	男性		女性	
	样本数量	样本比例（%）	样本数量	样本比例（%）
	64	57.7	47	42.3

年龄构成	20 岁及以下		21～30 岁		31～40 岁		41～50 岁		51～60 岁		61 岁及以上	
	样本数量	样本比例（%）	样本数量	样本比例（%）	样本数量	样本比例（%）	样本数量	样本比例（%）	样本数量	样本比例（%）	样本数量	样本比例（%）
	6	5.4	67	60.4	21	18.9	10	9.0	6	5.4	1	0.9

文化程度	高中以下		高中		中专		大专		大学		研究生及以上	
	样本数量	样本比例（%）	样本数量	样本比例（%）	样本数量	样本比例（%）	样本数量	样本比例（%）	样本数量	样本比例（%）	样本数量	样本比例（%）
	1	0.9	6	5.4	1	0.9	9	8.1	64	57.7	30	27.0

职业分布（前三类）	政府行政管理人员		基层保护设施单位人员		科研人员	
	样本数量	样本比例（%）	样本数量	样本比例（%）	样本数量	样本比例（%）
	40	36.0	34	30.6	16	14.4

收入水平	2 万以下		2 万～3 万		3 万～4 万		4 万～5 万		5 万～6 万		6 万～8 万		8 万以上	
	样本数量	样本比例（%）	样本数量	样本比例（%）	样本数量	样本比例（%）	样本数量	样本比例（%）	样本数量	样本比例（%）	样本数量	样本比例（%）	样本数量	样本比例（%）
	23	20.7	22	19.8	22	19.8	18	16.2	16	14.4	3	2.7	7	6.3

ⅲ. 人口基数

北海市海草床面积为 876.06hm^2，占广西海草床总面积的 91.5%，因此以北海市的市镇人口作为人口基数，根据《广西统计年鉴》，2015 年北海市的市镇人口为 87.33 万人。

ⅳ. 海草床资源选择价值核算

广西海草床资源的选择价值（维持生物多样性价值）的计算公式为

$$VG_9=WTP\times N\times P \tag{4-25}$$

式中，VG_9 为广西海草床资源的选择价值（维持生物多样性价值），单位为万元/a；WTP 为被调查者对海草床生物多样性价值进行保护的支付意愿，单位为元/(人·a)；N 为评估区域人口基数，单位为万人；P 为支付率。

广西海草床资源选择价值的支付意愿为 50 元/(人·a)，人口基数为 87.33 万人，支付率 P=74.7%。将数据代入公式（4-25），得广西海草床资源维持生物多样性价值为 3265.89 万元/a，单位价值为 3.41 万元/(hm^2·a)，其中北海市 2987.36 万元/a、钦州市 58.82 万元/a、防城港市 219.71 万元/a。

Ⅳ. 海草床资源价值评估小结

综上，广西海草床资源总经济价值为 12 633.73 万元/a，单位价值为 13.19 万元/(hm^2·a)，直接使用价值共 325.05 万元/a，占总价值的 2.57%；间接使用价值 9042.79 万元/a，占总价值的 71.58%；选择价值（维持生物多样性价值）为 3265.89 万元/a，占总价值的 25.85%。广西海草床资源价值以间接使用价值为主。计算结果如表 4-24 所示。

表 4-24　广西北海、钦州、防城港三市海草床资源价值统计

服务价值分类			总价值（万元/a）				单位价值［万元/(hm^2·a)］
			北海市	钦州市	防城港市	合计	
直接使用价值	直接实物价值	提供经济物种	183.97	3.62	13.53	201.12	0.21
	直接服务价值	科研教育	8.23	0.16	0.61	9.00	0.0094
		休闲娱乐	105.13	2.07	7.73	114.93	0.12
	小计		297.33	5.85	21.87	325.05	0.34
间接使用价值	营养物质循环		5 974.73	117.65	439.41	6 531.79	6.82
	护堤减灾		1 971.14	38.81	144.97	2 154.92	2.25
	固碳释氧		115.47	2.27	8.49	126.23	0.13
	净化水质		210.25	4.14	15.46	229.85	0.24
	小计		8 271.59	162.87	608.33	9 042.79	9.44
选择价值	维持生物多样性		2 987.36	58.82	219.71	3 265.89	3.41
合计			11 556.28	227.54	849.91	12 633.73	13.19

注：表中数据经过数值修约，有进舍误差

广西海草床资源经济价值的空间分布以北海市海草床资源价值为最高，为 11 556.28 万元/a，占比 91%；其次是防城港市，总价值为 849.91 万元/a，占比 7%；钦州市海草床资源价值最低，为 227.54 万元/a，仅占 2%。三市海草床资源价值都以间接使用价值为主，其次是选择价值，最小的是直接使用价值。广西海草床资源价值构成与地区分布如图 4-10 所示。

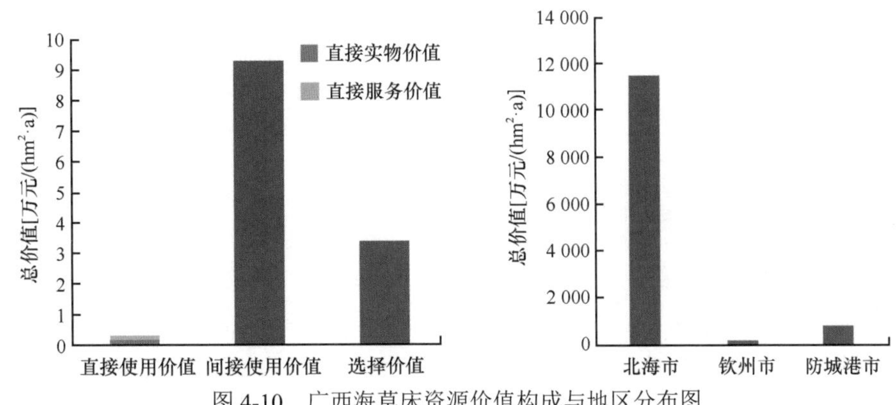

图 4-10　广西海草床资源价值构成与地区分布图

4.3.4　珊瑚礁资源价值评估

珊瑚礁面积虽然仅占海洋面积的 0.1%，却容纳了 25% 的海洋生物种类，拥有海洋中最多的物种，其丰富程度接近陆地上的热带雨林，被称为是“热带海洋沙漠中的绿洲”“海洋中的热带雨林”。珊瑚礁是地球上重要的生态景观和人类最重要的资源之一，由于受人为和自然的双重压力，我国的珊瑚礁出现大面积的损失和退化。广西珊瑚礁作为南海珊瑚礁的重要组成部分，近年来发生了退化且仍处在威胁中，本小节在系统地梳理广西珊瑚礁资源的价值来源与价值构成的基础上，评估其经济价值，提出对广西珊瑚礁资源适度开发和科学保育的政策建议，对实现广西海洋经济的健康可持续发展具有重要意义。

4.3.4.1　珊瑚礁资源价值来源

Ⅰ. 经济性服务

经济性服务功能是指珊瑚礁生态系统所提供的服务，直接满足人们的生产和生活需要，主要包括以下几部分。

ⅰ. 维持渔业资源生长量

珊瑚礁在维持海洋渔业资源方面起着至关重要的作用。研究表明，健康的珊瑚礁生态系统每年每平方千米渔业产量达 35t，全球约 10% 的渔业产量源于珊瑚礁地区，在印度和太平洋沿岸的国家则可高达 25%，珊瑚礁生态系统是人类所需蛋白质的主要来源（赵美霞等，2005）。对许多具有商业价值的鱼类而言，珊瑚礁提供了食物来源及繁衍场所。例如，南海区域海南岛沿岸鱼类在生命周期中与珊瑚礁有联系的达 569 种，沿岸一些重要渔场约 50% 上岸鱼类在其生命周期中的部分时间内是依赖珊瑚礁而生存的（周祖光，2004）。据“908 专项”成果显示，广西珊瑚礁绝大部分分布在涠洲岛附近区域，珊瑚礁分布区及其邻近海域的渔业资源丰富、捕捞产量高、鱼类质量好、名贵鱼类多、经济价值高。

ⅱ. 提供药用资源

珊瑚礁中的软珊瑚、柳珊瑚 、海绵、海鞘、软体动物等是现代海洋天然产物、海洋药物的热点资源，许多海藻、海绵、珊瑚、海葵、软体动物等体内含有高效抗癌、抗菌的化学物质，有广阔的药物开发潜力（邵长伦等，2009；傅秀梅等，2009）。已有许多结构新颖并有强生物活性的化合物从这些海洋低等无脊椎动物中被发现。珊瑚的主要无机化学成分是碳酸钙，含量在 90% 以上，还含有少量的氧化镁、氧化铁、氧化钾、氧化锰，以及微量的钡、镱、铋、锶等稀有元素。目前，珊瑚无机成分最主要的医药用途是用作复合人工骨骼材料。

ⅲ. 提供休闲旅游场所

珊瑚礁是海洋中的奇异景观，为发展滨海旅游业提供了条件。珊瑚礁多姿多彩，颜色各异，有黄、蓝、绿、红、紫等各种不同颜色，五彩缤纷，美丽非凡，构成旖旎的海底生态景观，很有观赏价值。涠洲岛、斜阳岛的海底不同种类的珊瑚呈现出树枝状、叶状、桌形状、盘状、伞状、菊花状、蜂巢状、陀螺状、帽盔状、球状、蔷薇花状、竹笋状等，形状各式各样，千姿百态；同时，水下珊瑚在共生虫黄藻的色素光合作用下，随着水深、地形、生物群落的变化而显示绚丽多姿的海底奇观。结合其复杂的水下地貌、丰富的生物群落，珊瑚礁生态系统形成了独特的珊瑚岸礁景观、火山遗迹地貌景观、海蚀海积景观、岛上森林景观。

ⅳ. 提供科研教育服务

在不同地质年代发育形成的珊瑚礁可作为研究古地理、古气候、古环境、古海平面变化、古海水温度、石油勘探等方面的天然材料；现代活珊瑚的科学研究意义更大、应用范围更广，涉及海洋生物、海洋生态、全球气候变化、海洋环境、医药、生物多样性等诸多方面。珊瑚礁对于环境研究具有很高的科学价值，包括监测污染和气候，如礁栖生物可用作污染监测的指示种，造礁珊瑚特别是滨珊瑚可用来监测热带表层古海水温度等。珊瑚礁的造礁珊瑚对环境变化极其敏感，它不但是全球变化的响应者，而且以其反馈作用成为全球变化的贡献者。因此，珊瑚礁是研究环境变化信息的天然材料库，是重要的海洋生态、海洋环境的科学研究基地。

Ⅱ. 生态服务

珊瑚礁作为特殊的生物资源，同时是一种生产力极高的生态系统，除了提供直接实物与直接服务功能，还具有护岸减灾及固碳等重要的生态服务功能。

ⅰ. 护岸减灾

珊瑚礁拥有坚固的物理特性，如自然的防波堤一般，可以有效地抵御强风巨浪的冲击，从而形成对礁缘海岸地貌、林木及海岸人工建筑物的良好防护，有 70%～90% 的海浪冲击力量被珊瑚礁吸收或减弱，不少地方当珊瑚礁被破坏后才发现人工筑堤费用的昂贵，且珊瑚礁本身具有自我修补的能力，死掉的珊瑚被海浪分解成细砂，取代海滩上被海潮冲走的沙粒（陈刚，1997）。

ⅱ. 固碳

珊瑚礁生态系统的物质循环主要有 C、N、P 和 Si 等 4 种元素的生物地球化学循环，包括固氮、CO_2/Ca 的贮存与控制、废物清洁（转化、解毒和分解人类产生的废物）等过程。由珊瑚礁生物参与的生物化学过程和营养物质循环对于维持和促进全球碳循环有重要作用。珊瑚礁是一种重要的碳吸纳物，CO_2 在空气中的含量日益提高与世界范围内珊瑚礁的破坏有关，珊瑚虫可将 CO_2 转变为碳酸钙骨骼，有助于降低地球大气中的 CO_2 含量，从而减轻温室效应，降低大气温度，同时，这种生物化学过程也维持了全球钙平衡（安晓华，2003）。

Ⅲ. 维持生物多样性

珊瑚礁能在养分不足的水域内进行养分的有效循环，为大量的物种提供广泛的食物，具有极高的生产力水平，拥有海洋中最多的物种；珊瑚礁构造中众多的孔洞和裂隙，为习性相异的生物提供了各种生境，为之创造了栖息、藏身、育苗、索饵的有利条件，具有极高的生物多样性。广西珊瑚礁主要分布在涠洲岛和斜阳岛，涠洲岛、斜阳岛沿岸海域海洋生物资源十分丰富，种类繁多，有浮游植物 87 种、浮游动物 90 种、潮间带生物 109 种、底栖生物 279 种、游泳生物 80 种，生物资源丰富，生物多样性较高，这与珊瑚礁极高的生产力和复杂的构造具有密不可分的关系。

4.3.4.2 珊瑚礁资源价值构成及评估方法

珊瑚礁资源持续地为人类提供各种经济产品和生态服务，构成了人类社会可持续发展的重要物质和能量基础，并且相对于人类需求来说，资源的供给相对不足，因而珊瑚礁资源具有有用性和稀缺性的特点，具有经济价值。珊瑚礁资源经济价值分为使用价值和选择价值，其中使用价值又分为直接使用价值和间接使用价值。直接使用价值来自珊瑚礁经济性服务功能，并可分为实物价值和服务价值。间接使用价值是指人类在利用珊瑚礁的各种生态功能中间接获得的效益，包括珊瑚礁的护岸减灾功能和固碳功能。在本研究中选择价值主要指珊瑚礁生态系统维持生物多样性的功能。珊瑚礁资源价值构成见图 4-11。

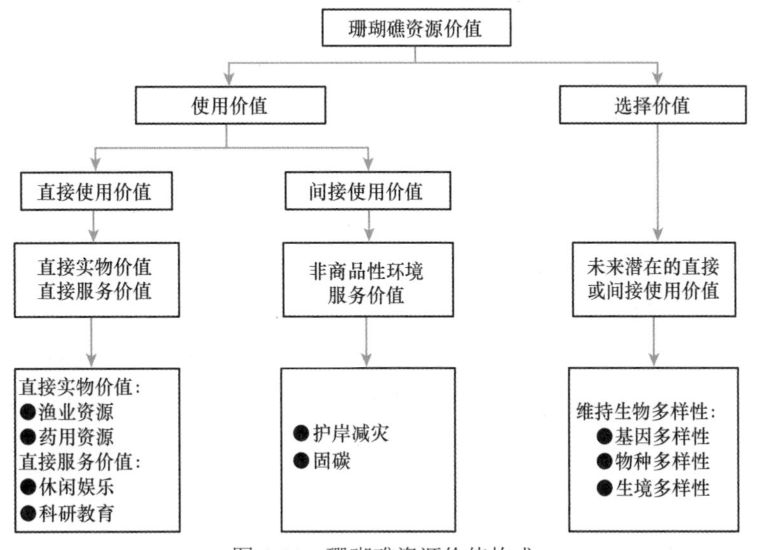

图 4-11　珊瑚礁资源价值构成

基于以上珊瑚礁资源服务类型及价值，选取的价值评估方法如表 4-25 所示。

表 4-25　广西珊瑚礁资源服务类型及价值评估方法

价值分类		服务类型		评估方法
使用价值	直接使用价值	直接实物	渔业资源	直接市场法
			药用资源	——
		直接服务	休闲娱乐	旅行费用法
			科研教育	成果参照法
	间接使用价值	生态服务价值	护岸减灾	成果参照法
			固碳	替代市场法
选择价值		维持生物多样性		意愿调查法

4.3.4.3　广西珊瑚礁资源价值评估

Ⅰ. 珊瑚礁资源直接使用价值

ⅰ. 直接实物价值

A. 渔业资源价值

珊瑚礁是鱼类种群的重要栖息地，据统计，全球约 10% 的经济鱼类来源于珊瑚礁区。广西海域的珊瑚礁分布区及其邻近海域的渔业资源十分丰富，具有捕捞产量高、鱼类质量好、名贵鱼类多、经济价值高等特点。

采用直接市场法评估广西珊瑚礁渔业资源价值，计算公式为

$$VC_1=S\times Q\times P\times I\times 10^{-4} \tag{4-26}$$

式中，VC_1 为珊瑚礁渔业资源价值，单位为万元/a；S 为珊瑚礁的面积，单位为 hm^2；Q 为珊瑚礁的可持续渔业产量，单位为 $t/(hm^2 \cdot a)$；P 为渔业产品的平均市场价格，单位为元/t；I 为扣除渔业捕捞成本的价格折扣系数。

广西珊瑚礁的面积为 $3126.2hm^2$；借鉴王丽荣等（2014）的研究成果，广西珊瑚礁区可持续渔业产量为 $0.185t/(hm^2 \cdot a)$；通过实地走访北海市的水产品市场，取捕捞海产品平均价格为 40 000 元/t；根据 Sarkis 等（2013）的估计，水产品价格中捕捞费用的占比达到了 40%～80%，在此以 0.6 作为水产品的价格折扣系数。

运用直接市场法，结合公式（4-26）计算得广西珊瑚礁渔业资源价值为 1388.03 万元/a，单位价值为 0.44 万元/$(hm^2 \cdot a)$。

B. 药用资源价值

利用珊瑚礁入药在中国已有悠久历史，广西是在民间将珊瑚用作药物的地区之一。评估广西珊瑚礁药用资源价值，需获得珊瑚礁药用资源的蕴藏量、药用资源的开发应用程度以及相关提取物在医学领域的价值等内容，而有关上述内容的研究较为少见或者未公开发表，缺乏相关研究和数据的支撑，故无法量化评估广西珊瑚礁药用资源的价值。

ⅱ. 直接服务价值

A. 休闲娱乐价值

广西涠洲岛珊瑚礁国家级海洋公园位于北海市南部海域，是全国 10 个获批建设的国家级海洋公园之一，总面积 2512.92hm^2，其中重点保护区 1278.08hm^2，适度利用区 1234.84hm^2。涠洲岛珊瑚礁主要分布于涠洲岛北面、东面、西南面，是广西沿海的唯一珊瑚礁群，也是广西近海海洋生态系统的重要组成部分。独特的珊瑚礁景观吸引无数游客前来游玩，采取旅行费用法评估广西珊瑚礁资源的休闲旅游价值，评估步骤如下。

a. 界定评价区域

涠洲岛为广西珊瑚礁主要分布区，客流量大，样本数量多且代表性强，因此本研究选择涠洲岛作为广西珊瑚礁资源休闲娱乐价值的研究区域。

b. 设计调查问卷

旅行费用法调查问卷内容包括游客前来涠洲岛旅游的交通方式，旅行花费（交通费、住宿费、餐饮费等）、停留天数、旅行目的及旅游者的社会经济特征（性别、年龄、文化程度、收入等），同时询问游客对于广西涠洲岛旅游服务质量、接待设施的综合评价等相关问题。

c. 实施调查

课题组于 2015 年 12 月在涠洲岛向岛上游客发放问卷 1200 份，其中有效的问卷 1001 份，问卷有效率 83%。

d. 数据统计分析

根据有效调查问卷的信息及旅行费用法的基本原理，总共划分出 27 个游客出发地区，其中广西以外的客源按照行政省（区、市）划分，广西游客划分为 6 个出游地区（北海、钦州、防城港、南宁、玉林、贵港），并按照红树林资源休闲娱乐价值评估方法计算旅游率和旅行费用，具体划分结果见表 4-26。

表 4-26　各出发地区游客统计数据

出发地区	样本数（份）	城镇人口（人）	涠洲岛旅行费用（元）	旅游率（%）
北海	53	87	446	3.65
防城港	20	49	488	2.45
钦州	40	114	505	2.10
南宁	53	403	551	0.79
贵港	23	194	547	0.71
玉林	20	258	572	0.46
贵州	75	1324	756	0.34
云南	76	1831	812	0.25
海南	16	457	738	0.21
湖南	89	3208	887	0.17
广东	143	7212	881	0.12
陕西	36	1931	908	0.11
湖北	49	3161	898	0.09
四川	51	3640	897	0.08
重庆	24	1732	849	0.08

续表

出发地区	样本数（份）	城镇人口（人）	涠洲岛旅行费用（元）	旅游率（%）
福建	30	2293	929	0.08
江西	27	2210	885	0.07
浙江	30	3461	927	0.05
北京	13	1825	1199	0.04
山西	13	1908	943	0.04
上海	14	2125	929	0.04
辽宁	19	2917	1116	0.04
河南	23	3990	947	0.03
河北	18	3410	993	0.03
安徽	13	2885	1081	0.03
山东	19	5077	1041	0.02
江苏	14	4989	969	0.02

注：表中的城镇人口指出发地区的城镇人口，资料来源于《中国统计年鉴》（2014）和《广西统计年鉴》（2014）；旅游率由下文的公式计算得出；旅行费用是指各出发地区样本的本次旅行费用，包括交通费、餐饮费、住宿费、时间成本、登岛费等

e. ZTCM 模型构建

采用逐步回归的方法对所涉及的变量进行筛选，结合旅游率和旅行费用的散点图（图 4-12），对不同形式下的方程进行拟合优度、自相关、异方差方面的检验和修正，检验结果见表 4-27。通过比较，显然第一个方程的拟合效果最好，因此将其作为涠洲岛旅游的需求函数。因而最终确定的方程形式为

$$R=0.213\ 764-0.031\ 116\ln TC \tag{4-27}$$

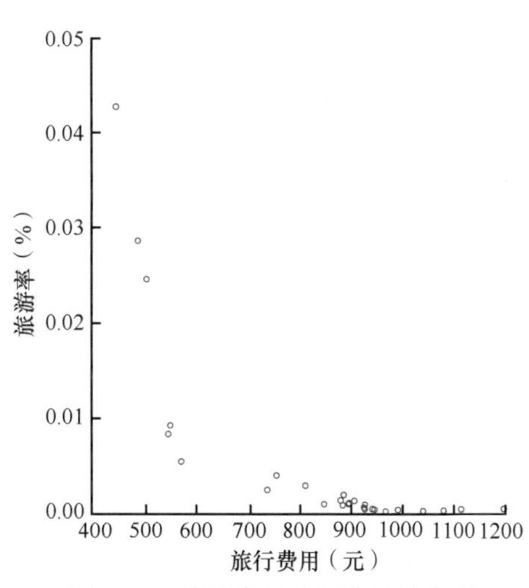

图 4-12　旅游率和旅行费用散点图

表 4-27　方程及检验

方程形式	R^2	F 统计量	D-W 检验值
R=0.213 764–0.031 116lnTC	0.780 9	53.341	0.69
ln$R$=–0.690 32–0.006 905TC	0.872 34	170.832 6	1.872 3
R=0.037 94–3.89×10^{-5}TC	0.588 39	35.86	0.696 438
ln$R$=28.4584–5.2156lnTC	0.899 9	224	1.51

f. 消费者剩余

由于一个地区的旅游率受多种因素的影响，且在一定时期基本保持不变，将方程变形为

$$R=a-0.031\ 116\ln TC \tag{4-28}$$

式中，a 代表除旅行花费之外的其他所有因素，可以由旅行费用和旅游率计算得出。通过逐渐增加旅行费用，可以计算出旅游率为 0 时的最高旅行费用 $P_{\max}$，通过对 $\int_0^{P_{\max}} a-0.031116\ln \mathrm{TC}\mathrm{d}\mathrm{TC}$ 积分计算出各出发地区的消费者剩余，进而加总计算出涠洲岛海洋旅游资源的总消费者剩余，为 16 783.5 万元/a。

g. 休闲娱乐价值核算

涠洲岛的休闲娱乐价值是每个小区的旅行费用与客源市场的消费者剩余加总，实际旅行费用等于所有出发地区旅行花费的均值与实际游客量的乘积：

$$\mathrm{VC}_2=\mathrm{CS}+\sum_{i=1}^{27}\left(\mathrm{TC}_i\times V_i\right) \tag{4-29}$$

式中，VC_2 为涠洲岛的旅游价值，单位为万元/a；CS 为涠洲岛的消费者剩余，单位为万元/a；TC_i 为地区 i 到涠洲岛的旅行费用，单位为元/人；V_i 表示地区 i 到涠洲岛的旅游人数，单位为万人/a。

通过计算，北海涠洲岛海洋旅游资源的总经济价值为 28 080.5 万元/a。

涠洲岛的主要特色在于其独特的火山地貌、独特的珊瑚礁景观及丰富的生态物种，当然还有十分特别的宗教和信仰文化。其价值构成为

$$\mathrm{TTV}=\mathrm{TTV}_1+\mathrm{TTV}_2+\cdots+\mathrm{TTV}_i+\cdots+\mathrm{TTV}_n \tag{4-30}$$

$$f_i=\frac{\mathrm{TTV}_i}{\mathrm{TTV}} \tag{4-31}$$

式中，TTV_i 分别表示珊瑚礁、火山地貌、风土人情等景观的价值；f_i 表示各景点旅游价值占总价值的比例系数。

通过问卷询问游客去珊瑚礁区的旅游价值在涠洲岛总旅游价值中所占有的比重，得出珊瑚礁景点系数为 20%，因此涠洲岛珊瑚礁休闲娱乐价值为 5616.10 万元/a，单位价值为 1.80 万元/(hm^2·a)。

B. 科研教育价值

涠洲岛、斜阳岛珊瑚礁海洋特别保护区是青少年、当地渔民、农民、工人、干部及城镇居民开展海洋生态、珊瑚礁生态科普知识和海洋环境保护宣传教育中心，珊瑚礁保护管理人员和志愿者培训基地，中小学学生课外教育基地，是公众亲临其境、直接了解珊瑚礁科普知识、接受海洋资源和环境保护教育的社会公益事业基地。本研究采用成果参照法评估广西珊瑚礁科研教育价值，计算公式为

$$\mathrm{VC}_3=\mathrm{VC}_{3u}\times S\times\beta \tag{4-32}$$

式中，VC_3 为广西珊瑚礁的科研教育价值，单位为万元/a；VC_{3u} 为广西珊瑚礁科研教育单位价值，单位为万元/(hm^2·a)；S 为珊瑚礁的面积，单位为 hm^2；β 为依据我国广西与美国人均国内生产总值、受教育比例的不同而设置的对科研教育价值差异的调整系数。

参照 Costanza 等（1997）的研究，全球珊瑚礁科研教育价值为 1 美元/(hm^2·a)，采用成果参照法评估资源的价值，根据调整系数 β=0.39①，计算广西珊瑚礁的科研教育价值为 1.01 万元/a，单位价值为 0.0003 万元/(hm^2·a)。

Ⅱ. 珊瑚礁资源间接使用价值

ⅰ. 护岸减灾价值

珊瑚礁能够吸收大部分波浪能量，起到天然防波堤的作用，并有助于保护海岸线免受侵蚀和财产损失。对珊瑚礁海岸保护价值的估算中，使用成果参照法，借鉴王丽荣等（2014）的研究成果，广西珊瑚礁区珊瑚礁资源护岸价值为

$$\mathrm{VC}_4=\mathrm{VC}_{4u}\times S \tag{4-33}$$

式中，VC_4 为广西珊瑚礁资源护岸价值，单位为万元/a；VC_{4u} 是广西珊瑚礁资源护岸的单位价值，单位为万元/(hm^2·a)；S 是涠洲岛珊瑚礁的面积，单位为 hm^2。

根据王丽荣等（2014）的研究成果，靠近海岸或离海岸小于 4km 的珊瑚礁资源的护岸价值较高，经济

① 见附录。

价值为 8800 元/($hm^2·a$)；距离海岸大于 4km 的珊瑚礁资源的护岸价值较低，经济价值为 7200 元/($hm^2·a$)。广西珊瑚礁分布见表 4-28。

表 4-28　广西珊瑚礁分布地统计表

分布地点	面积（hm^2）	离岸最大距离（km）	离岸最小距离（km）	分布岸线（km）
涠洲岛沿岸	2905	2.561	0.098	19.837
涠洲岛猪仔岭	7.2	0.318	0.121	0.118
斜阳岛沿岸	142	0.561	0.025	5.729
白龙尾沿岸	72	0.571	0.236	1.727
总计	3126.2	—	—	27.411

数据来源：范航清等（2015）

由表 4-28 可知，广西的珊瑚礁大多分布于离海岸小于或略微大于 4km 的海域，即广西珊瑚礁均属于护岸价值较高的级别，采纳王丽荣等（2004）的珊瑚礁护岸单位价值为 0.88 万元/($hm^2·a$) 的研究成果，广西瑚礁资源的面积为 3126.2hm^2，计算得珊瑚礁的护岸价值为 2751.06 万元/a。

ⅱ. 固碳价值

涠洲岛珊瑚礁固碳价值的核算采用替代市场法，计算公式为

$$VC_5=W\times P_C\times S \tag{4-34}$$

式中，VC_5 为涠洲岛珊瑚礁的固碳价值，单位为万元/a；W 为珊瑚礁的固碳量，单位为 t/($hm^2·a$)；P_C 为碳交易价格，单位为万元/t；S 为珊瑚礁的面积，单位为 hm^2。

首先取珊瑚礁净初级生产力的平均值 2500g/($m^2·a$)，计算广西珊瑚礁的年固碳量，即每公顷每年的固碳量为 25t（陈国华等，2004）；根据中国碳排放交易网 2015 年平均碳交易价格 26.52 元/t，广西珊瑚礁的面积为 3126.2hm^2，计算珊瑚礁的固碳价值。广西珊瑚礁的固碳价值为 207.27 万元/a，单位价值为 0.066 万元/($hm^2·a$)。

Ⅲ. 珊瑚礁资源选择价值

本研究对广西珊瑚选择价值（礁维持生物多样性价值）的评估采取意愿调查法。先设计问卷。问卷分为四个部分，第一部分向被调查者介绍珊瑚礁的基本情况；第二部分是被调查者对于珊瑚礁生物多样性价值的认识与保护态度；第三部分是询问被调查者对广西珊瑚礁资源维持生物多样性功能进行保护的支付意愿；第四部分是被调查者的社会经济特征，如性别、年龄、受教育程度、职业、收入、在广西居住时间等。

ⅰ. 样本特征

课题组于 2015 年 7 月和 2015 年 11 月前后两次在南宁市、北海市、防城港市、钦州市发放广西珊瑚礁资源维持生物多样性价值支付意愿的调查问卷，问卷调查采用面对面的方式，开展随机抽样调查，样本具有较好的代表性。

两次调查在南宁市、北海市、钦州市、防城港市总共发放 100 份问卷，回收问卷 93 份，有效问卷 88 份，有效回收率 88%，其中愿意支付的有 64 人，支付率为 P=72.7%。在不愿意支付的原因中，选择“个人收入较低，没有能力支付这个费用”的占 29.17%，选择“应该是政府出钱保护珊瑚礁，让我交钱不太公平”的占 25%，还有 18.75% 和 10.42% 分别选择了“担心交了钱会被挪作他用”和“愿意以出工代替”；在具有支付意愿的调查者中，28.57% 和 27.27% 的调查者分别选择了“以旅游的形式支付”和“以现金的形式捐献到国内某一自然保护基金组织并委托专用”，22.1% 和 16.88% 的调查者分别选择了“以纳税的形式上缴国家统一支配”和“以现金的形式交付到广西珊瑚礁保护管理机构”。基于本次调查分析可知，广西沿海地市对于珊瑚礁价值的支付意愿较高，从支付形式的选择上和拒绝支付的原因可以发现，被调查者希望资金能够做到专项专用，对珊瑚礁资源的保护起到实际效果。

通过对调查问卷的统计，得到数据特征，见表 4-29。

ⅱ. 支付意愿

采用支付卡形式询问被调查者的支付意愿，在支付卡设计时，为降低人们不结合实际给出较大支付意

表 4-29　样本社会经济特征统计

性别	男性		女性	
	样本数量	样本比例（%）	样本数量	样本比例（%）
	52	59	36	41

年龄构成	20 岁及以下		21～30 岁		31～40 岁		41～50 岁		51～60 岁		61 岁及以上	
	样本数量	样本比例（%）	样本数量	样本比例（%）	样本数量	样本比例（%）	样本数量	样本比例（%）	样本数量	样本比例（%）	样本数量	样本比例（%）
	5	5.7	53	60.2	16	18.2	8	9.1	5	5.7	1	1.1

文化程度	高中以下		高中		中专		大专		大学		研究生及以上	
	样本数量	样本比例（%）	样本数量	样本比例（%）	样本数量	样本比例（%）	样本数量	样本比例（%）	样本数量	样本比例（%）	样本数量	样本比例（%）
	1	1.1	5	5.7	1	1.1	7	8.0	51	58.0	23	26.1

职业分布	政府行政管理人员		基层保护设施单位人员		科研人员	
	样本数量	样本比例（%）	样本数量	样本比例（%）	样本数量	样本比例（%）
	27	31	19	22	16	18

收入水平	2 万以下		2 万～3 万		3 万～4 万		4 万～5 万		5 万～6 万		6 万～8 万		8 万以上	
	样本数量	样本比例（%）	样本数量	样本比例（%）	样本数量	样本比例（%）	样本数量	样本比例（%）	样本数量	样本比例（%）	样本数量	样本比例（%）	样本数量	样本比例（%）
	18	20.5	17	19.3	18	20.5	14	15.9	12	13.6	3	3.4	6	6.8

愿对结果产生较大影响，结合广西的经济发展水平，我们将最大值设为 1000 元，超过 1000 元的都按 1000 元计算。问卷数据整理结果见图 4-13、表 4-30。

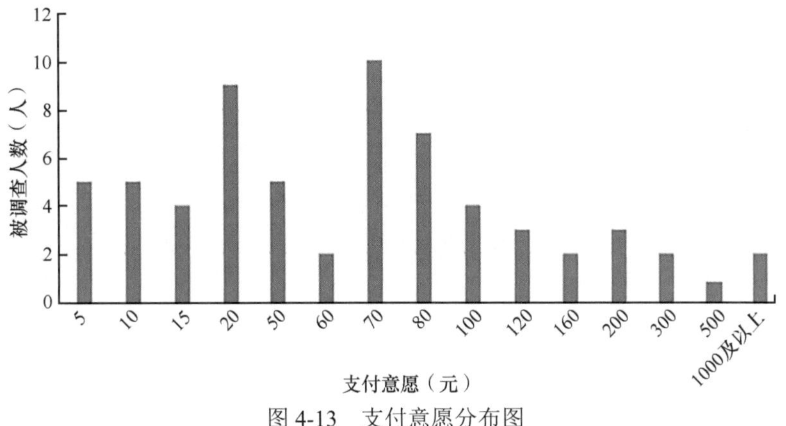

图 4-13　支付意愿分布图

表 4-30　广西珊瑚资源维持生物多样性价值支付意愿　（单位：元/a）

	支付意愿平均数	支付意愿中位数	人均支付意愿
选择价值	105	70	70

从表 4-30 可以看出，支付意愿平均数与支付意愿中位数相差较大，表明支付额度差异较大，平均值产生的误差较高，因此本研究采用中位数作为人均支付意愿，即将累计频度为 50% 的支付意愿作为人均支付意愿，因此为保护珊瑚礁资源维持生物多样性价值的人均支付意愿为 70 元/a。

ⅲ. 珊瑚礁资源选择价值核算

采用 CVM 评估广西珊瑚礁资源的选择价值，公式为

$$VC_5=\mathrm{WTP}\times N\times P \tag{4-35}$$

式中，WTP 为支付意愿，单位为元/(人 · a)；N 为人口基数，单位为万人；P 为支付率。

根据问卷的整理结果，支付意愿为 70 元/(人 · a)。北海市市镇人口基数为 87.33 万人，支付率 P=72.7%。应用 CVM 核算的广西珊瑚礁资源的选择价值为 4444.22 万元/a，单位价值为 1.42 万元/(hm^2·a)。

Ⅳ. 珊瑚礁资源价值评估小结

广西珊瑚礁资源的总经济价值为 14 407.69 万元/a，单位价值为 4.61 万元/(hm^2·a)。珊瑚礁资源直接使用价值为 7005.14 万元/a，占总价值的 48.62%。间接使用价值包括护岸减灾价值和固碳价值，为 2958.33 万元/a，占总价值的 20.53%。其中护岸减灾价值为 2751.06 万元/a，固碳价值为 207.27 万元/a。珊瑚礁维持生物多样性的价值为 4444.22 万元/a，占总价值的 30.85%（表 4-31）。

表 4-31　广西珊瑚礁资源价值统计

价值分类		能否量化	总价值（万元/a）	单位价值［万元/(hm^2·a)］
直接使用价值	渔业资源	是	1 388.03	0.44
	药用资源	否	—	—
	休闲娱乐	是	5 616.10	1.80
	科研教育	是	1.01	0.000 3
	小计		7 005.14	2.24
间接使用价值	护岸减灾	是	2 751.06	0.88
	固碳	是	207.27	0.066
	小计		2 958.33	0.95
选择价值	维持生物多样性	是	4 444.22	1.42
合计			14 407.69	4.61

注：表中数据经过数值修约，有进舍误差

珊瑚礁休闲娱乐的价值最大，为5616.10万元/a，占比38.98%；其次是维持生物多样性价值，为4444.22万元/a，占比30.85%。今后的海域开发利用管理中，要注重对珊瑚礁的保护，实现珊瑚礁资源休闲娱乐服务功能的可持续利用。

4.3.5 海洋药用生物资源价值评估

现代研究发现的海洋药用生物资源中，大部分尚未开发成临床应用的药物，多为具有潜在开发价值的资源。目前以海洋生物制成的单方药物仅有20多种，以海洋生物配伍其他药物支撑的复方中成药有近200种，现代海洋西药有7种，另有20余种新药在临床研究阶段，更多的海洋药用生物资源正在临床前研究。根据资源经济学观点，海洋药用生物资源价值分为两部分：一是已开发为临床应用的海洋药用生物资源的市场价值，二是尚未开发成临床应用的海洋药用生物资源的潜在价值。

4.3.5.1 已被应用于临床的海洋药用生物资源价值

对于已开发为临床应用的海洋药用生物资源的价值，可以采用直接市场法进行评估。此方法通过现实的市场交易行情及价格信息来考察人们对海洋药用生物资源的支付意愿，以此计算其价值，具有广泛的适用性。按如下公式计算（贺义雄和勾维民，2015）：

$$\mathrm{VD} = \sum (Q_i \times P_i) \tag{4-36}$$

式中，VD为海洋药用生物资源价值，单位为元；Q_i为第i类海洋药用生物资源量，单位为kg；P_i为第i类海洋药用生物资源的平均市场价格，单位为元/kg。

在评估广西海洋药用生物资源价值过程中，涉及药用资源的蕴藏系数、在相关利用领域的重要程度和应用程度及相关提取物在医学领域的价值等内容。由于绝大多数海洋药用生物资源仅停留在民间使用阶段，未实现批量开发和生产，海洋药用生物资源市场并未形成，缺乏海洋生物资源药用价值量化评估的数据支撑。因此，此处仅列明海洋药用生物资源市场价值评估方法，无法进行量化分析。

4.3.5.2 海洋药用生物资源的潜在价值

对于尚未开发成临床应用的海洋药用生物资源的潜在价值，决定因素包括药用生物资源供给量充足性、技术可行性、临床应用适宜性和经济可行性（马可·科波拉格瑞，2011）（图4-14），具体如下。

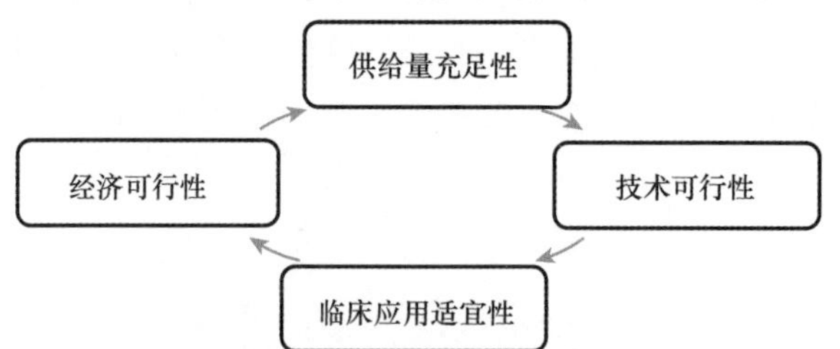

图4-14 未被应用于临床的海洋药用生物资源价值决定因素

第一，供给量充足性。药用生物资源供给量问题是考虑一种新药物源的起点，涉及两个范畴：生物种群量和能够从生物中提取的具有药用价值的化合物数量。大多数生物个体仅含有微量有价值的化合物，单单采集药用生物资源并从其体内提取活性化合物并不可行，可能会迅速导致自然种群过度利用和资源耗竭。因此，海洋药用生物资源潜在价值的实现，需要考虑该资源及其活性化学成分的供给途径或方法。

第二，技术可行性。在海洋药用生物资源供给量得以保证的基础上，现有科技研发的水平也是影响海洋药用生物资源潜在经济价值的重要因素。许多海洋生物或其天然产物具有显著的生物活性，但其结构十分复杂，以现有的技术水平无法通过自然采集或化学合成方式大量获得，或因成本过高无法大规模投入生产。实现此类海洋药用生物资源的潜在价值，依赖于海洋药物研究开发技术的发展，如化学合成方法的改进、人工养殖技术或模拟天然条件进行室内繁殖技术的研究、组织细胞培养和功能基因克隆技术的运用等。

第三，临床应用适宜性。生物活试剂的临床应用适宜性是海洋药用生物资源的潜在价值的另一重要影响因素。并不是每种海洋药用生物资源或其活性物质都适合临床应用，测量生物临床应用适宜性的一个重要标准是定量分析细胞毒素的活力。例如，某些海洋生物毒素的重要衍生物即使是非常低的剂量对人体也是致命的，但是当把这些毒素降解到有效分量时，就可用以生产有效的止痛良药。

第四，经济可行性。尽管人类已经成功发现了大量海洋药用生物资源及其生物活性物质，但是推进其市场化的道路依然漫长且效率极其低下。究其原因，海洋药用生物资源潜在价值的实现依赖于其经济可行性。海洋生物制品的发现和商业开发是一项复杂、耗费时间、消耗巨资且充满风险的工程，只有工业企业为寻求生物技术应用价值而额外投入巨额投资后，海洋生物及其遗传资源的开发才可能具有经济价值。这正是迄今为止，大量海洋药用生物资源作为治疗性药物的研究仍然处于研究阶段，只有为数极少的几种制品进入临床应用阶段和市场化的主要原因。

4.4　广西海洋生物资源优势度评价

资源优势度包括数量和质量两个方面。资源数量优势是一个富集度或资源秩的概念，包括独占性资源数量优势和非独占性资源数量优势。独占性资源为某地区特有资源，而非独占性资源的数量优势表现为本区域资源富集度较高、具有相对优势。资源质量优势有多种特征表现，在生物资源中资源质量优势的具体定义因资源种类不同而不同，但在习惯上都可以根据其特定的用途定义质量或品位，资源的高品位可以表征其质量优势。广西海洋生物资源优势度评价有利于发挥地区资源比较优势，为其资源的合理开发利用提供指导。

4.4.1　红树林资源优势度评价

4.4.1.1　红树林资源优势度分析

1）评价指标体系和数据来源

根据资源优势度的内涵界定，生物资源优势度应该包括数量优势和质量优势两个层面，且一个地区的资源优势与当地社会经济发展密切相关，因此，评价红树林资源数量和质量优势时还应该考虑该地区社会经济状况，构建指标体系如下。

Ⅰ. 数量指标

各地区红树林资源的优势首先体现在红树林资源规模上，北海市、钦州市、防城港市 2007 年红树林资源面积分别为 3411.4hm^2、3419.6hm^2、2366.4hm^2（孟宪伟和张创智，2014），但是三市在海岸线长度、人口等方面都存在很大差异，只看红树林的绝对量没有太大意义，因此本研究中红树林的数量优势主要是指相对数量优势。由于红树林主要生长在海岸线附近，红树林的相对数量优势首先体现在单位长度海岸线分布的红树林面积；此外，红树林资源面临人类开发的威胁，因此评价单元的数量优势也与人口规模密切相关。本研究从三个方面选取指标对北海、钦州、防城港三市红树林资源的数量优势进行评估：评价单元单位长度海岸线红树林资源面积、评价单元人均红树林资源面积以及评价单元红树林资源的相对量（评价单元红树林资源占广西红树林资源的比例）。

（1）评价单元单位长度海岸线红树林资源面积。红树林主要生长在海岸线附近，不同评价单元海岸线长度不同，评价红树林资源的数量优势应该结合评价单元的海岸线长度，比较各地区单位长度海岸线的红树林资源面积，更能体现海岸线附近湿地资源的丰裕度。其计算公式为

$$X_{i1} = \frac{S_i}{L_i} \tag{4-37}$$

式中，X_{i1} 为 i 地区单位长度海岸线红树林资源面积，单位为 hm^2/km；S_i 为 i 地区红树林资源的面积，单位为 hm^2；L_i 表示 i 地区海岸线长度，单位为 km；i 分别为北海市、钦州市、防城港市。

（2）评价单元人均红树林资源面积。不同评价单元人口密度不同，即使红树林面积相同，人均红树林资源拥有量也存在较大差异，如果将人口看成红树林资源承担的压力，则其压力就不同。因此在评价红树林资源数量优势时引入人口密度，考虑单位人口占有的红树林面积，将其作为相对数量优势的一个指标，计算公式为

$$X_{i2}=\frac{S_i}{N_i} \tag{4-38}$$

式中，X_{i2} 为 i 地区人均红树林资源面积，单位为 hm^2/万人；S_i 为 i 地区红树林资源的面积，单位为 hm^2；N_i 为 i 地区人口数量，单位为万人；i 分别为北海市、钦州市、防城港市。

（3）评价单元红树林资源的相对量。该指标是指评价单元 i 地区红树林资源相对于广西红树林总面积的相对优势，计算公式为

$$X_{i3}=\frac{S_i}{S} \tag{4-39}$$

式中，X_{i3} 为 i 地区红树林资源的相对量；S_i 为 i 地区红树林资源的面积，单位为 hm^2；S 为广西红树林资源的总面积，单位为 hm^2；i 分别为北海市、钦州市、防城港市。

Ⅱ. 质量指标

（1）红树林生境破碎化程度。生境破碎化是指人类活动或自然因素导致的景观由简单、均质、连续的整体向复杂、异质、不连续的斑块镶嵌体演化的过程。红树林生境破碎化程度是红树林景观质量的重要体现。表征破碎化的指标主要有斑块个数、斑块密度、平均斑块大小等（张鹤等，2008），而最常用、最具有代表性的是平均斑块大小，因此本研究采用各评价单元红树林平均斑块大小作为其生境破碎化程度的评价指标，并以此体现各地市红树林资源的质量特征。

（2）生物多样性指数。生物多样性指数是一种反映样品信息含量的指数，当物种较少、优势种较多时，抽样过程中某物种出现的确定性较大；当物种较多、各种类个体分配均匀时，抽样过程中某物种出现的不确定性也较大。Shannon-Wiener 多样性指数是种类数和种类中个体分配上的均匀性综合指标。因此，一般来说，Shannon-Wiener 多样性指数越大表示该地区资源优势越大。

（3）红树林生长区域水体污染指数。红树林生长区域的水环境会严重影响红树林的质量，且近几年近岸海域环境污染越来越严重，水环境污染成为破坏近岸生物资源、生态系统健康的重要因素。因此本研究将水环境质量纳入红树林资源质量优势度评价指标体系，以基于各评价单元红树林生长区域年均油类、砷、铅、镉、汞含量建立的综合评价指标为数据基础。

（4）红树林生长区域土壤污染指数。红树林生长区域土壤中的重金属含量是影响生物栖息地的重要因素，也是影响红树林健康程度的重要衡量指标，因此本研究将其纳入红树林资源质量优势度评价指标体系。土壤污染指数采用单项污染指数评价法计算红树林生长区土壤碳、硫化物、油类、铜、铅、锌、镉、汞、镉、砷 10 项指标污染程度。计算公式为

$$P_i=\frac{C_i}{C_S} \tag{4-40}$$

式中，P_i 为标准指数；C_i 为实测浓度，单位为 g/m^3；C_S 为一级标准浓度，单位为 g/m^3。

（5）红树林自然保护区的个数。红树林自然保护区的设立对红树林的保护发挥着重要作用，同时也体现了各地区对于保护本地红树林资源的重视程度。因此，本研究将各研究区域红树林自然保护区的个数纳入红树林资源质量优势度评价指标体系。

Ⅲ. 社会经济指标

红树林资源的优势度与当地社会经济发展状况息息相关。一方面社会经济发展为红树林资源的开发、保护、管理提供物质基础，另一方面伴随着社会经济发展的环境污染、生态破坏、人口增长又会对红树林的健康造成压力。因此，本研究选取适当的社会经济指标纳入红树林资源质量优势度评价指标体系。

（1）接受高等教育的人口比例。总体上讲，居民接受的教育水平越高，其生态保护意识就越强，有利于当地红树林资源保护和长期保持健康，从而能体现当地红树林资源的优势。本研究用各市常住人口中大专及以上人口所占比例衡量接受高等教育的人口比例。

（2）人均 GDP。红树林资源的管理保护都需要一定的经费投入，且经济的发展能在一定程度上提高人们的资源保护意识。因此，某种程度上讲，经济发展是生态保护的基础，能为红树林资源的保护奠定物质基础。此外，经济发展伴随的环境污染、生态破坏可能又会降低各地红树林资源的优势，但是总体来讲，经济发展对红树林资源的正向拉动作用应该大于负向拉动作用。而人均 GDP 是衡量一个地区社会经济发展水平的常用指标，因此，本研究将人均 GDP 纳入红树林资源质量优势度评价指标体系。

综上，红树林资源优势度评价指标体系及数据来源如表 4-32 所示。

表 4-32 红树林资源优势度评价指标体系和数据来源

指标	指标解释	数据来源
数量指标	单位长度海岸线红树林资源面积	北海市、钦州市、防城港市 2014 年统计年鉴，广西“908 专项”综合调查《广西红树林和珊瑚礁等重点生态系统综合评价报告》，广西“908 专项”海岸带综合调查《大陆海岸线修测报告》
	人均红树林资源面积	
	红树林资源的相对量	
质量指标	红树林生境破碎化程度	
	生物多样性指数	
	红树林生长区域水体污染指数	
	红树林生长区域土壤污染指数	
	红树林自然保护区的个数	
社会经济指标	接受高等教育的人口比例	
	人均 GDP	

2）北海、钦州、防城港三市红树林资源数量优势度评价

（1）根据公式（4-37）～公式（4-39），分别计算北海、钦州、防城港三市单位长度海岸线红树林资源面积 X_{i1}、人均红树林资源面积 X_{i2} 及红树林资源的相对量 X_{i3}，计算结果如表 4-33 所示。

表 4-33 北海、钦州、防城港三市红树林资源量

	单位长度海岸线红树林资源面积（hm^2/km）	人均红树林资源面积（hm^2/万人）	红树林资源的相对量（%）
北海市	6.46	0.215	37.09
钦州市	6.08	0.108	37.18
防城港市	4.40	0.263	25.73

（2）将 i 地区红树林资源的三个相对指标进行标准化处理，公式为

$$X'_{ij}=\frac{X_{ij}-X_{\min}}{X_{\max}-X_{\min}} \tag{4-41}$$

式中，X'_{ij} 表示 i 地区第 j 个指标的标准化值；X_{ij} 表示 i 地区第 j 个指标值；$X_{\max}$、$X_{\min}$ 分别表示三地区 j 个指标的最大值和最小值；i 分别为评价区域北海市、钦州市、防城港市；j 分别为评价单元单位长度海岸线红树林资源面积、人均红树林资源面积和红树林资源的相对量。其标准化值见表 4-34。

表 4-34 北海、钦州、防城港三市红树林资源数量优势度指标标准化值

	X_{i1}	X_{i2}	X_{i3}
X_{1j}	1	0.690	0.992
X_{2j}	0.816	0	1
X_{3j}	0	1	0

（3）计算 i 地区红树林资源数量优势度 C_j，公式为

$$C_i = \sum_{j=1}^{3} X'_{ij} \tag{4-42}$$

根据公式（4-42）计算得北海、钦州、防城港三市红树林资源数量优势度分别为 2.68、1.82、1，广西北海市红树林比较优势显著，防城港市红树林的比较优势最低（表 4-35）。

表 4-35　北海、钦州、防城港三市红树林资源数量优势度

	北海市	钦州市	防城港市
数量优势度	2.68	1.82	1

3）北海、钦州、防城港三市红树林资源质量优势度评价

以北海、钦州、防城港三市红树林资源优势度评价的质量指标为基础，质量指标对应的二级指标包括红树林生境破碎化程度、生物多样性指数、红树林生长区域水体污染指数、红树林生长区域土壤污染指数、红树林自然保护区的个数。基于北海、钦州、防城港三市红树林资源优势度评价的指标体系，用熵值法确定各二级指标权重，运用模糊物元模型，结合模糊集和欧氏贴近度评价广西三市红树林资源的质量优势度。具体计算过程如下。

Ⅰ. 建立 7 个质量评价指标的复合模糊物元

$$\boldsymbol{R}_{mn} = \begin{bmatrix} & M_1 & M_2 & M_3 \\ c_1 & 9.65 & 9.7 & 8.2 \\ c_2 & 0.97 & 0.46 & 0.64 \\ c_3 & 13.47 & 13.8 & 13.5 \\ c_4 & 20 & 15 & 18.8 \\ c_5 & 2 & 1 & 1 \\ c_6 & 0.07 & 0.04 & 0.06 \\ c_7 & 46\,560 & 23\,957 & 58\,810 \end{bmatrix}$$

式中，M_1、M_2、M_3 分别代表北海市、钦州市、防城港市三个评价单元；c_1～c_7 分别为红树林生境破碎化程度、生物多样性指数、红树林生长区域水体污染指数、红树林生长区域土壤污染指数、红树林自然保护区的个数、接受高等教育的人口比例、人均 GDP 等 7 个红树林资源质量优势度评价指标。

Ⅱ. 定义标准化复合模糊物元矩阵

由于红树林资源优势度评价所选指标的量纲不同，为了比较分析需要对原始数据进行标准化处理。有别于统计学的归一化处理，模糊物元模型一般采用从优隶属度计算。

红树林资源优势度评价复合模糊物元的从优隶属度将物元模糊特征量值进行归一化处理，其大小刻画了某单一指标的优良，一般为正值，记为 u_{ij}，其遵循的原则为从优隶属度原则。

标准化后的复合模糊物元为

$$\underline{\boldsymbol{R}}_{mn} = \begin{bmatrix} & M_1 & M_2 & M_3 \\ c_1 & 0.97 & 1 & 0 \\ c_2 & 1 & 0 & 0.35 \\ c_3 & 1 & 0 & 0.9 \\ c_4 & 0 & 1 & 0.24 \\ c_5 & 1 & 0 & 0 \\ c_6 & 1 & 0 & 0.59 \\ c_7 & 0.65 & 0 & 1 \end{bmatrix}$$

Ⅲ. 定义最优模糊物元及优距离矩阵

最优模糊物元 $(\boldsymbol{R}_{mn})_0$ 由从优隶属度模糊物元 $\underline{\boldsymbol{R}}_{mn}$ 中量化指标的最大值或最小值构成，其中特征量值同取极大值的为极优标准方案，特征量值同取极小值的为极劣标准方案。按上文特征量值从优隶属度标准化处理原则，当 $(\boldsymbol{R}_{mn})_0$ 为极优标准复合模糊物元时，r=1；当 $(\boldsymbol{R}_{mn})_0$ 为极劣标准复合模糊物元时，r=0。

$$(\boldsymbol{R}_{mn})_0=\begin{bmatrix} & M_1 & M_2 & \cdots & M_m \\ c_1 & r_1 & r_1 & \cdots & r_1 \\ c_2 & r_2 & r_2 & \cdots & r_2 \\ \vdots & \vdots & \vdots & \vdots & \vdots \\ c_n & r_n & r_n & r_n & r_n \end{bmatrix}$$

定义标准化复合模糊物元与最优复合模糊物元特征量值之差作为距离物元，得红树林资源优势度评价的优距离矩阵：

$$\boldsymbol{R}_{\Delta mn}=\begin{bmatrix} & M_1 & M_2 & M_3 \\ c_1 & \Delta_{11} & \Delta_{12} & \Delta_{13} \\ c_2 & \Delta_{21} & \Delta_{22} & \Delta_{23} \\ \vdots & \vdots & \vdots & \vdots \\ c_7 & \Delta_{71} & \Delta_{72} & \Delta_{73} \end{bmatrix}$$

式中，优距离物元 $\Delta_{ij}=|r_i-u_{ij}|$，i=1, 2,⋯, 7，j=1, 2, 3。

Ⅳ. 确定各指标权重

指标权重的确定采用熵值法，具体计算过程如下。

（1）根据标准化矩阵 $\underline{\boldsymbol{R}}_{mn}$ 及公式（2-11）计算第 j 个指标第 i 个项目的指标值的比重。

（2）根据公式（2-12）和公式（2-13）计算第 j 个指标的熵值。计算得各二级指标的熵值 $\boldsymbol{e}_i$ 为

$$\boldsymbol{e}_i=[0.997, 0.959, 0.999, 0.993, 0.946, 0.967, 0.945]$$

（3）根据公式（2-14）计算第 j 个指标的熵权。

计算得各指标的熵权为

$$\boldsymbol{w}_i=[0.014, 0.213, 0.001, 0.034, 0.280, 0.174, 0.284]$$

Ⅴ. 计算优势度

根据公式 $h_i=1-\sqrt{(\sum_{j=1}^{n} w_i\Delta_{ij})}$ 计算所得的北海、钦州、防城港三市红树林资源的欧氏贴近度即为其各自的质量优势度，分别为 0.63、0.02、0.27（表 4-36）。

表 4-36　北海、钦州、防城港三市红树林资源质量优势度

	北海市	钦州市	防城港市
质量优势度	0.63	0.02	0.27

4）北海、钦州、防城港三市红树林资源优势度分析

无论是红树林资源数量优势度指数还是综合红树林资源生态质量及其生长地区的社会经济状况确定的红树林资源质量优势度指数，其目的都是确定北海、钦州、防城港三市红树林资源的优势度排序，其值大小没有太大意义。基于以上计算所得北海、钦州、防城港三市红树林资源的数量优势度、质量优势度，进行如下分析。

Ⅰ. 数量优势度分析

根据计算所得的北海、钦州、防城港三市红树林资源数量优势度，北海、钦州、防城港三市红树林资源数量优势度存在一定差异，北海市红树林资源相对数量具有绝对优势，尤其体现在单位长度海岸线红树

林资源面积上。北海市单位长度海岸线红树林资源面积为6.46hm^2/km，而钦州市、防城港市单位长度海岸线红树林资源面积分别为6.08hm^2/km和4.40hm^2/km，可见北海市海岸带附近红树林资源分布较为密集。一方面，单位长度海岸线红树林资源面积的绝对优势使北海市在由该指标及人均红树林资源面积和红树林资源的相对量确定的数量优势度上领先于其他两市。另一方面，北海市每万人拥有的红树林面积为0.215hm^2，小于防城港市每万人拥有的红树林面积0.263hm^2，这说明北海市红树林资源虽然分布密集，在数量优势综合评价中占有绝对优势，但是其红树林资源面对的人口压力要大于防城港市；北海市红树林资源面积占广西红树林的比例为37.09%，略小于钦州市的37.18%。

Ⅱ. 质量优势度分析

结合北海、钦州、防城港三市红树林资源的生态质量、所在地区社会经济状况和红树林生长区域环境状况，基于模糊物元方法，最终确定的北海、钦州、防城港三市红树林资源的质量优势度分别为0.63、0.02和0.27。可见，北海市在三市红树林资源综合优势度评价中仍占有绝对优势，这说明北海市红树林资源不仅具有相对数量优势，其生物多样性等生态质量状况也较好，并且当地的社会经济状况也优于其他两市。从具体指标来看，北海市红树林资源的生物多样性指数为0.97，远高于钦州市和防城港市的0.46、0.64；其红树林生长区域的水环境略优于钦州市和防城港市；北海市接受高等教育的人口比例高于另外两市；从自然保护区的个数来看，北海市有山口红树林生态国家级自然保护区、北海斜阳岛海洋特别保护区，多于钦州市和防城港市，这些因素都促进了北海市在三市红树林资源综合评价中优势度的提高。但是，不能忽视北海市红树林资源存在的相对劣势：北海市红树林资源的平均斑块面积要小于钦州市，说明其生境破碎化程度较高；红树林生长区域的土壤污染指数高于钦州市和防城港市；其人均GDP较低，这也在某种程度上说明北海市红树林资源保护管理的物质基础较为薄弱，因此其红树林资源优势只是相对优势、一定程度上的优势，绝不能成为加大开发、放松保护的依据，其面临的经济社会发展压力及某些方面的相对劣势不容忽视，否则此种优势只能是暂时的，是不可持续的。

5）结论

以上计算所得北海、钦州、防城港三市红树林资源优势度只是相对的、暂时的，优势度大绝不能成为加大开发的依据，否则可能导致“资源优势陷阱”的悲剧。拥有优势的地区要注意合理开发和保护。海洋生物资源的开发和保护要建立在可持续发展理念之上，如可以发挥其资源优势适当发展生态旅游，增加当地居民收入，这也可以在一定程度上提高当地居民保护红树林、维持其优势的动力，同时通过建立新的自然保护区、划定红树林生态保护红线，控制近岸海洋环境污染，避免过度开发、不合理开发，否则相对优势可能变为劣势。此外，目前处于相对劣势的地区，也可以通过加强对现有资源的保护、加大人工种植等弥补劣势，缩小与优势度较高地区的差距。

4.4.1.2 红树林资源优势度省（区）际分析

我国有红树林分布的省（区）包括广东、广西、海南、福建和浙江，由于资源分布的空间差异性，各地区红树林资源分布的量与质有所差异，因此不能仅从红树林分布的绝对数量判断各地区红树林资源禀赋情况。本小节通过评价省（区）际优势度，更加科学地描述广西红树林资源在我国拥有红树林资源地区中的资源禀赋情况，有助于识别广西红树林资源的比较优势，有利于广西红树林资源的开发与保护。

根据资源优势度的内涵界定，资源优势度包含数量优势度和质量优势度，因此对广西红树林资源省（区）际优势度的评价也从数量优势度和质量优势度两个层面展开。

1）数量优势度省（区）际评价

资源数量优势指自然资源的丰富度，即自然资源丰裕度。本研究所要评价的红树林资源丰裕度是指红树林资源在特定省（区）内的丰富度，特定区域的自然资源禀赋具有绝对性和相对性两个方面的特征，绝对性表明某区域某种自然资源禀赋的绝对量，相对性表明某区域某种自然资源禀赋的相对水平，是进行不同区域自然资源丰裕度比较的基础。

Ⅰ. 指标选取

评价红树林资源数量优势度，即在不同区域进行自然资源丰裕度比较时，要从自然资源综合禀赋的视角，确定既能反映区域自然资源丰裕度的绝对程度，又能反映其相对程度的指标，本研究综合考虑各方面因素，选取的指标如下。

ⅰ. 单位长度海岸线红树林资源面积

由于各省（区）海岸线长度不同，因此红树林资源的绝对量不能完全真实地反映各地区资源的丰富度，本研究选取单位长度海岸线红树林资源面积，即用各省（区）单位长度海岸线所分布的红树林资源面积作为衡量红树林资源丰裕度的相对量指标，能够更加准确地反映不同区域自然资源丰裕的相对程度，计算公式为

$$X_{i1}=\frac{S_i}{L_i} \tag{4-43}$$

式中，X_{i1} 为 i 地区单位长度海岸线红树林资源面积，单位为 hm^2/km；S_i 为 i 地区红树林资源的面积，单位为 hm^2；L_i 为 i 地区海岸线长度，单位为 km；i 表示我国红树林分布省（区），包括广东、广西、海南、福建、浙江。

ⅱ. 人均红树林资源面积

红树林资源分布的省（区）人口密度不同，即使红树林面积相同，红树林资源的人均拥有量也存在差异，而资源的人均拥有量是衡量资源丰裕度的重要指标，因此本研究选取人均红树林资源面积作为反映不同区域自然资源丰裕度的相对指标，计算公式为

$$X_{i2}=\frac{S_i}{N_i} \tag{4-44}$$

式中，X_{i2} 为 i 地区人均红树林资源面积，单位为 hm^2/万人；S_i 为 i 地区红树林资源的面积，单位为 hm^2；N_i 为 i 地区人口数量，单位为万人；i 为我国红树林分布省（区），包括广东、广西、海南、福建、浙江。

ⅲ. 红树林资源的相对量

红树林资源的相对量，即各省（区）红树林资源面积占全国红树林资源总面积的比重，属于相对指标，衡量的是 i 地区红树林资源相对于我国红树林资源的优势，计算公式为

$$X_{i3}=\frac{S_i}{S} \tag{4-45}$$

式中，X_{i3} 为 i 地区红树林资源的相对量；S_i 为 i 地区红树林资源面积，单位为 hm^2；S 为全国红树林资源总面积，单位为 hm^2。

Ⅱ. 数量优势度评价

本研究运用区域自然资源丰裕度估算法来测算全国红树林分布省（区）的红树林资源丰裕度，即数量优势度，具体步骤如下。

（1）确定各省（区）红树林资源的相对量。通过查询统计年鉴，可得到我国红树林分布地区统计数据，见表 4-37。根据指标计算公式和红树林资源分布地区统计数据计算我国红树林分布省（区）的单位长度海岸线红树林资源面积、人均红树林资源面积和红树林资源的相对量，具体指标数值见表 4-38。

表 4-37　红树林资源分布地区统计数据

红树林分布省（区）	红树林资源面积（hm^2）	海岸线长度（km）	常住人口（万人）
广东	9 084	4 144.4	10 724
广西	8 375	1 595	4 754
海南	3 930	1 528	903
福建	615	3 752	3 806
浙江	21	6 486	5 508

数据来源：《中国统计年鉴》（2011）；《中国统计摘要》（2015）；《浙江统计年鉴》（2015）；《广东统计年鉴》（2015）；《广西统计年鉴》（2014）；《福建统计年鉴》（2014）；《海南统计年鉴》（2014）

注：为保证不同地区红树林面积在统计时间、统计口径上具有可比性，此处的红树林资源面积选用《中国统计年鉴》（2011）的数据；福建省海岸线长度不包括岛屿海岸线，海南省海岸线长度为海南岛海岸线长度，不包括海南岛周边岛屿的海岸线

表 4-38　红树林资源数量优势度指标数值

红树林分布省（区）	单位长度海岸线红树林资源面积（hm^2/km）	人均红树林资源面积（hm^2/万人）	红树林资源的相对量（%）
广东	2.19	0.85	41.24
广西	5.25	1.76	38.02
海南	2.57	4.35	17.84
福建	0.16	0.16	2.79
浙江	0.0032	0.0038	0.10

（2）指标数据标准化。由于各个指标的量纲不同，为了使指标之间具有比较的基础，需要对指标数据进行标准化处理，数据的标准化有许多方法，本研究应用的标准化处理公式为

$$X'_{ij}=\frac{X_{ij}-X_{\min}}{X_{\max}-X_{\min}} \tag{4-46}$$

式中，X'_{ij}表示i地区j指标的标准化值；X_{ij}表示i地区j指标值；$X_{\max}$、$X_{\min}$分别表示红树林分布地区j指标的最大值和最小值；i表示我国红树林分布省（区），包括广东、广西、海南、福建、浙江；j表示本研究选取的指标，分别为单位长度海岸线红树林资源面积、人均红树林资源面积和红树林资源的相对量。各指标标准化值见表 4-39。

表 4-39　红树林资源数量优势度指标标准化值

	X_{i1}	X_{i2}	X_{i3}
X_{1j}	0.852	0.194	1
X_{2j}	2.043	0.404	0.922
X_{3j}	1	1	0.431
X_{4j}	0.063	0.036	0.066
X_{5j}	0	0	0

（3）计算i地区红树林资源数量优势度。由于指标标准化指数具有可比性，因此分别确定出i地区红树林资源各指标标准化的和值，即i地区红树林资源数量优势度C_i，计算公式为

$$C_i=\sum_{j=1}^{3}X'_{ij} \tag{4-47}$$

式中，C_i表示i地区红树林资源数量优势度；X'_{ij}表示i地区j指标的标准化值；j表示本研究选取的指标，分别为单位长度海岸线红树林资源面积、人均红树林资源面积和红树林资源的相对量。

根据公式（4-47）计算各地区的红树林资源数量优势度，结果见表 4-40。

表 4-40　红树林资源数量优势度

红树林分布省（区）	广东	广西	海南	福建	浙江
数量优势度	2.05	3.37	2.43	0.16	0

红树林资源数量优势度表示红树林资源的丰裕度，其数值并没有实际意义，应关注数值大小所决定的排序。由表 4-40 可知，红树林资源数量优势度排序为广西＞海南＞广东＞福建＞浙江，这表明我国红树林资源分布地区中，广西红树林资源数量优势度最大，其余依次为海南、广东、福建，浙江红树林资源数量优势度最小。

广东作为我国红树林资源分布绝对量的第一大省，其数量优势度却并未位居我国红树林分布地区的首位，究其原因，广东红树林资源的绝对数量虽然较大，但其红树林每万人拥有量仅为 0.85hm^2，落后于广西每万人拥有量 1.76hm^2 和海南每万人拥有量 4.35hm^2，意味着广东红树林资源面临的人口压力较大，海南红树林资源面临的人口压力较小；就单位长度海岸线红树林资源面积来看，广东平均每千米海岸线红树林资

源面积为 2.19hm^2，广西为 5.25hm^2，海南为 2.57hm^2，由此可见，广东拥有的红树林资源的绝对量较大，但其资源分布的“密度”远不如广西，甚至低于海南，而福建、浙江两省红树林面积绝对量本身处于劣势，其人均面积和单位长度海岸线面积也较低，在红树林资源数量上有劣势。

综合以上因素考虑，广西红树林资源在我国红树林分布地区中具有数量上的优势。

2）质量优势度省际评价

资源禀赋包含数量和质量两个层面，质量优势度是对不同分布地区资源品质的衡量。

Ⅰ. 指标选取

ⅰ. 红树林生态系统健康指数

生态系统健康是指生态系统本身充满活力没有疾病，同时在受到外界压力干扰时，能维持其自身的组织和结构，并且具有强大的抗干扰能力和恢复能力，保持整个生态系统以及系统内各组分稳定且持续的发展（王友绍，2013）。红树林生态系统的健康是整个红树林生态系统得以发展和延续的保证，是衡量红树林资源品质的重要指标，我国沿海省（区）红树林生态系统健康指数如表 4-41 所示。

表 4-41　红树林分布省（区）健康指数

红树林分布省（区）	广东	广西	海南	福建
健康指数	63.5	48.1	61.8	36.5

数据来源：王友绍（2013）

ⅱ. 高品质红树林资源面积

在评价省际红树林资源质量优势度时，高品质红树林的数量是影响各省（区）红树林质量优势度的重要指标。《中华人民共和国自然保护区条例》第二条定义的“自然保护区”为“对有代表性的自然生态系统、珍稀濒危野生动植物物种的天然集中分布区、有特殊意义的自然遗迹等保护对象所在的陆地、陆地水体或者海域，依法划出一定面积予以特殊保护和管理的区域”。由此可知，自然保护区往往是一些珍贵、稀有的动物、植物的集中分布区，是具有典型性或特殊性的生态系统。

这就决定了我国自然保护区是建立在区域高品质资源的基础上，由于本研究评价省际红树林资源质量优势度，因此本研究将高品质红树林定义为省级及以上红树林自然保护区内红树林的面积（表 4-42）。

表 4-42　我国省（区）级及以上红树林自然保护区

自然保护区名称	地点	级别	红树林面积（hm^2）
湛江红树林自然保护区高桥片	广东廉江市	国家级	1388
湛江红树林自然保护区太平片	广东麻章区	国家级	852
湛江红树林自然保护区湖光片	广东麻章区	国家级	600
湛江红树林自然保护区特呈岛	广东霞山区	国家级	44
湛江红树林自然保护区徐闻片	广东徐闻县	国家级	724
淇澳岛红树林自然保护区	广东珠海市	省级	700
福田红树林自然保护区	广东深圳市	国家级	368
北仑河口红树林自然保护区	广西东兴市	国家级	1260
茅尾海红树林自然保护区	广西钦州市	自治区级	1893
山口红树林生态自然保护区	广西合浦县	国家级	806
清澜港红树林自然保护区	海南文昌市	省级	2732
东寨港红树林自然保护区	海南琼山区	国家级	1578
九龙江口红树林自然保护区	福建龙海市	省级	877
泉州湾红树林自然保护区	福建惠安县	省级	1298
漳江口红树林自然保护区	福建云霄县	国家级	420

数据来源：王友绍（2013）

iii. 重金属污染水平

主要来源于工业污染的重金属是一类具有积累效应、毒性较强的污染物质。除极少数物种能够适应较高浓度的重金属外，多数物种在低浓度重金属胁迫下就表现出明显的受害者症状；另外，重金属具有积累效应，往往随着食物链的延伸，逐步在生物体内积累、放大，使污染程度加剧。随着沿海地区社会经济的迅猛发展和各种产业的兴起，大量工业污水源源不断地排放入海，使红树林面临重金属污染的极大威胁，本研究选取各省（区）单位面积红树林承受的废水中重金属污染物排放量作为衡量影响红树林品质的环境因素之一（表 4-43）。

表 4-43　红树林分布省（区）废水中重金属污染物的排放量

红树林分布省（区）	铅（kg）	汞（kg）	镉（kg）	总铬（kg）	合计（kg）	重金属平均污染水平（kg/hm^2）
广东	4 855	34	795	28 454	34 138	3.76
广西	5 418	47	1 406	1 770	8 641	1.03
海南	16	1	5	136	158	0.04
福建	3 093	27	347	11 769	15 236	24.77
浙江	498	10	213	19 520	20 241	963.86

数据来源：《中国环境年鉴》

iv. 生活污水污染水平

红树林湿地长期以来被认为是排放城镇生活污水和各种废水的便利场所，生活污水大多富含 N、P，而红树林生态系统中营养元素（尤指 N、P）是植物生长的限制因子，对红树植物的呼吸根和幼苗的正常发育产生阻滞作用，甚至导致幼苗的窒息死亡，因此必须严格控制生活污水排放量。

作为衡量水体富营养化的主要指标，本研究在评价红树林资源省际质量优势度时，选取单位面积红树林承受的废水中 N、P 的平均排放量作为衡量影响红树林品质的环境因素之一（表 4-44）。

表 4-44　红树林分布省（区）废水中 N、P 的排放量

红树林分布省（区）	总氮（t）	总磷（t）	合计（t）	N、P 平均污染水平（t/hm^2）
广东	194 586	24 970	219 556	24.17
广西	115 852	13 398	129 250	15.43
海南	41 170	5 040	46 210	11.76
福建	95 684	12 098	107 782	175.26
浙江	92 298	10 633	102 931	4 901.48

数据来源：《中国环境年鉴》

v. 红树林资源保护意识

红树林资源保护意识是影响红树林品质的人文因素，当地政府、居民对红树林资源的保护意识和保护程度极大地影响着红树林资源的品质。

红树林资源是一种特殊的海洋生物资源，普通居民对红树林生态功能、保护红树林的重要意义了解较少，相比较而言，涉海就业人员对红树林资源的了解和认知更多一些，因此本研究认为红树林分布地区涉海就业人员数量越多，当地政府、居民对海洋资源的保护意识就越强（表 4-45）。

表 4-45　红树林分布省（区）涉海就业人数

红树林分布省（区）	广东	广西	海南	福建	浙江
涉海就业人数（万人）	842.6	114.9	134.4	433.0	427.5

数据来源：《中国海洋统计年鉴》（2014）

Ⅱ. 质量优势度评价

本研究从当地红树林资源的品质、影响红树林品质的环境因素和人文因素出发，选取红树林生态系统健康指数、高品质红树林资源面积、重金属污染水平、生活污水污染水平、红树林资源保护意识 5 个评价指标，采用熵值法确定权重，结合模糊物元模型计算欧氏贴近度，评价广西红树林资源在我国红树林分布地区的质量优势度。

ⅰ. 确定指标数值

根据指标选取情况，确定指标数值，具体数值见表 4-46。

表 4-46　红树林资源质量优势度指标数值

红树林分布省（区）	红树林生态系统健康指数	高品质红树林资源面积（hm^2）	重金属污染水平（kg/hm^2）	生活污水污染水平（t/hm^2）	红树林资源保护意识（万人）
广东	63.5	4676	3.76	24.17	842.6
广西	48.1	3959	1.03	15.43	114.9
海南	61.8	4310	0.04	11.76	134.4
福建	36.5	2595	24.77	175.26	433
浙江	—	0	963.86	4901.48	427.5

ⅱ. 建立模糊物元模型

建立 5 个评价单元 5 个评价指标的复合模糊物元，即：

$$
\boldsymbol{R}_{mn}=\begin{bmatrix} & M_1 & M_2 & M_3 & M_4 & M_5 \\ c_1 & 63.5 & 48.1 & 61.8 & 36.5 & - \\ c_2 & 4676 & 3959 & 4310 & 2595 & 0 \\ c_3 & 3.76 & 1.03 & 0.04 & 24.77 & 963.86 \\ c_4 & 24.17 & 15.43 & 11.76 & 175.26 & 4901.48 \\ c_5 & 842.6 & 114.9 & 134.4 & 433 & 427.5 \end{bmatrix}
$$

式中，M_1、M_2、M_3、M_4、M_5 分别代表广东、广西、海南、福建、浙江 5 个评价单元；c_1、c_2、c_3、c_4、c_5 分别代表红树林生态系统健康指数、高品质红树林资源面积、重金属污染水平、生活污水污染水平、红树林资源保护意识 5 个评价指标。

由于各个指标的量纲不同，为了使指标之间具有比较的基础，需要对指标数据进行标准化处理，采用从优隶属度原则对复合模糊物元模型进行标准化处理，得到标准化的复合模糊物元，即：

$$
\underline{\boldsymbol{R}}_{mn}=\begin{bmatrix} & M_1 & M_2 & M_3 & M_4 & M_5 \\ c_1 & 1 & 0.43 & 0.94 & 0 & - \\ c_2 & 1 & 0.8467 & 0.9217 & 0.555 & 0 \\ c_3 & 0.9961 & 0.999 & 1 & 0.9473 & 0 \\ c_4 & 0.9975 & 0.9992 & 1 & 0.9666 & 0 \\ c_5 & 1 & 0 & 0.0268 & 0.4371 & 0.4296 \end{bmatrix}
$$

根据标准化复合模糊物元与最优复合模糊物元之差为距离物元，则评价对象的优距离矩阵为

$$
\boldsymbol{R}_{\Delta mn}=\begin{bmatrix} & M_1 & M_2 & M_3 & M_4 & M_5 \\ c_1 & 0 & 0.57 & 0.06 & 1 & - \\ c_2 & 0 & 0.1533 & 0.0783 & 0.4450 & 1 \\ c_3 & 0.0039 & 0.001 & 0 & 0.0257 & 1 \\ c_4 & 0.0025 & 0.0008 & 0 & 0.0334 & 1 \\ c_5 & 0 & 1 & 0.9732 & 0.5629 & 0.5704 \end{bmatrix}
$$

ⅲ. 计算欧氏贴近度

首先根据熵值法确定 $\boldsymbol{e}_i$ 的熵值为

$$\boldsymbol{e}_i=[0.6465, 0.8477, 0.8613, 0.8613, 0.6663]$$

根据熵值计算各指标的熵权为

$$w_i=[0.3165, 0.1364, 0.1242, 0.1242, 0.2988]$$

贴近度是指被评价样本与标准样本两者互相接近的程度，其值越大表示两者越接近，评价样本越具有优势，反之则相离较远，据此可以对被评价对象进行优劣划分。计算模糊物元评价指标的欧氏贴近度为

$$h_i=[0.9718, 0.2927, 0.4339, 0.2566, 0.2549]$$

基于模糊物元模型和熵值法确定权重，结合欧氏贴近度评价我国红树林分布地区的红树林资源质量优势度，得到广东、广西、海南、福建、浙江5个评价单元的质量优势度，分别为0.9718、0.2927、0.4339、0.2566、0.2549。由此可见，广东红树林资源质量优势度最高，其余依次为海南、广西、福建，浙江红树林资源质量优势度最低。广东不仅红树林生态系统健康指数最高，其高品质红树林资源面积及红树林资源保护意识都在评价省（区）中居于首位，因此其红树林资源质量优势度最高。广西作为数量优势度最高的省（区），其质量优势度有所欠缺，一方面红树林生态系统健康指数落后于广东，另一方面其红树林资源保护意识也有待进一步提高。需要特别指出的是，质量优势度并不是一成不变的，随着各省（区）对红树林资源开发、利用、保护程度的调整变化，以及各地区环境污染对红树林生境的影响，质量优势度有可能出现不同程度的改变，各地区应当基于红树林资源的数量与质量禀赋确定适合当地的发展规划，实现资源、环境、经济的可持续发展。

4.4.1.3 红树林资源优势度分析

从省（区）内层面看，无论是数量优势度还是质量优势度，北海市红树林资源都有绝对优势，说明其在北海、钦州、防城港三市的比较中不但数量相对较多，而且质量也相对较高；钦州市红树林数量优势度高于防城港市，但是其质量优势度低于防城港市，生物多样性指数、红树林生长区域水体污染指数、接受高等教育的人口比例及人均GDP等因素共同决定了其相对较低的质量优势度。

从省际层面看，考虑单位长度海岸线红树林资源面积、人均红树林资源面积及红树林资源的相对量，广西红树林数量优势度在沿海省（区）中居第一，远高于广东、海南、福建、浙江，主要原因是广西每千米海岸线红树林资源拥有量高。广东虽然红树林绝对面积较大，但是其每千米海岸线红树林资源面积远低于广西，此外，广东红树林人均拥有量较低，面临的人口压力较大。从质量优势度看，广东红树林质量较高，广西的红树林质量优势度要低于广东和海南，其原因是红树林生态系统健康指数及涉海就业人员数量评价的红树林保护意识较弱。

但是，各地区红树林资源的优势度仅是暂时的、相对的，绝不能成为加大开发的依据。处于相对优势的地区要保持优势，在加强保护的基础上适度开发、利用资源优势，否则，优势可能消失；处于劣势的地区更要通过人工种植等多种方式增加红树林面积，同时对既有资源通过划定自然保护区等方式加大保护力度，缩小与优势地区的差距。

4.4.2 海草床、珊瑚礁资源优势度评价

北海、钦州、防城港三市海草床资源面积差异很大，北海市的海草面积最大，共876.06hm^2，占广西海草总面积的91.5%；防城港市的海草面积为64.43hm^2，占广西海草总面积的6.7%；钦州市海草面积最小，仅17.25hm^2，为广西海草总面积的1.8%（范航清等，2015）。可见，广西海草床主要分布在北海市，钦州市、防城港市海草床面积很小，且为零星分布。基于广西海草床分布集中，北海、钦州、防城港三市差异较大，北海市在海草床资源面积上拥有绝对优势，评价三市海草床资源优势度意义不大，因此本研究未评价。

广西珊瑚礁资源主要分布在涠洲岛，其珊瑚礁资源面积为2912.2hm^2，占广西珊瑚礁总面积的93.15%，因此北海珊瑚礁资源在面积上具有绝对优势，三地市评价意义不大，本研究未对此进行评价。

4.5　广西海洋生物资源开发潜力评价

生物资源潜力是资源用于一定方式或在一定管理实践方面的潜在能力，它是资源要素相互作用所表现出来的固有的潜在生产能力或利用能力。生物资源潜力评价可以分为两类：一类是根据资源生长动态模拟模型或机理模型以及统计资料，建立数学模型来定量计算资源的生物产量的潜力；另一类是根据资源不同利用方式及其限制程度，构建资源开发潜力的评价系统，来说明不同利用方式的经济效用，或称为可持续利用潜力。本节中，对渔业资源使用最大可持续捕捞的生物学模型评价其有效可捕量；对红树林等生物资源则采纳第二类评价方法，评价其开发潜力。评价结果可为宏观的资源开发利用规划、资源管理决策提供依据。

4.5.1　海洋渔业资源开发潜力评价

长期以来，广西传统渔业的生产结构以捕捞为主。随着广西海洋经济的发展，由于捕捞力量发展速度太快，捕捞过度，渔业资源普遍被过度利用。陆源污染的排放，船舶废弃物、倾倒物等污染，以及海水养殖业自身污染等造成海域生态环境质量急剧下降。水域严重污染对部分经济鱼类的近岸产卵场和养殖水域影响巨大，使鱼类等近海生物资源的再生能力严重下降，加剧了海洋生物资源的衰退，使近海经济生物资源的可持续发展面临巨大挑战。海洋渔业资源是人类赖以生存的基础资源，是区域经济繁荣和社会稳定的食物保障，海洋渔业资源的合理利用程度直接关系区域生态环境、经济和社会可持续发展。因此，全面评价广西海洋渔业资源的开发潜力可以客观地反映其开发利用现状和发展潜力，对其可持续利用具有重要的现实意义。

4.5.1.1　最大可持续捕捞量、有效可捕量及其计算方法

渔业资源的可持续利用主要是通过控制使用率和收获率实现最大可持续捕捞量（maximal sustainable yield，MSY）。在生物学中，如果捕捞量等于增长量，则该捕捞量是可持续的，因为这种捕捞量规模下，种群规模可以永远保持（图 4-15）。

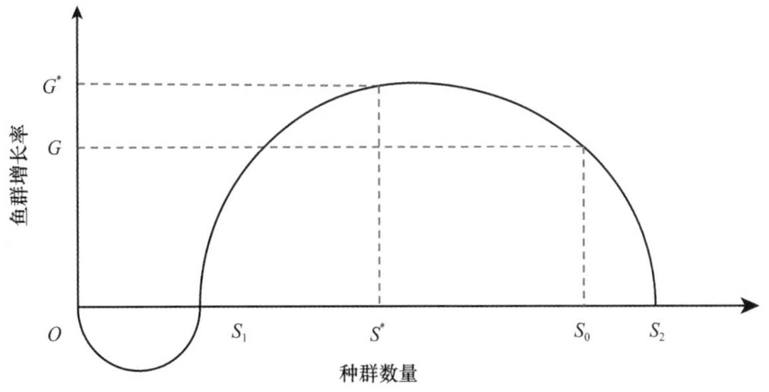

图 4-15　种群数量和增长率之间的关系

图 4-15 中，S^* 为最大可持续捕捞种群数量，此时最大可持续捕捞量等于最大增长量，捕捞量等于增长量时也代表可永久保持的最大捕捞量。S_1 是最小的可变种群数量，种群数量大于 S_1 时种群数量可以实现正增长。S_2 是自然均衡点，在这一点上，由死亡和迁出造成的种群数量减少将由出生和迁入得到补偿。

最大可持续捕捞量的估算可以采用 Cadima 模式和简单模式（虞聪达和俞存根，2009）。

（1）Cadima 模式：

$$\mathrm{MSY}=0.5(C+BM) \tag{4-48a}$$

$$B=c\times A\times 10^{-3} \tag{4-48b}$$

$$c = \frac{d}{a}(1-E) \tag{4-48c}$$

式中，MSY 为最大可持续捕捞量，单位为 t；C 为平均每年的渔获量，单位为 t；B 为现存资源量，单位为 t；M 是主要经济种类平均自然死亡系数；c 为调查海域现存资源密度，单位为 kg/km^2；d 为渔获率，单位为 kg/h；a 为调查船每小时的扫海面积，单位为 km^2/h；E 为逃逸率，取 0.5；A 为调查海域面积，单位为 km^2。

（2）简单模式：

$$\mathrm{MSY}=0.5B \tag{4-49}$$

有效可捕量为

$$Y_{0.1}=0.97\mathrm{MSY} \tag{4-50}$$

4.5.1.2 渔业资源有效可捕量计算：分各类种群

通过查阅相关文献，全国渔业统计指标体系中捕捞产量按照渔船所属地统计，所以《中国渔业统计年鉴》中广西海洋捕捞产量是以广西船籍的海洋捕捞产量为统计对象。广西渔民的捕捞活动区域以北部湾为主。广西北部湾沿海区域、湾西以及湾中区域是广西渔民的传统捕捞区，由于这些区域的渔业资源日益衰退，广西渔民的活动区域从湾中区域扩展到北部湾口，这一区域主要的经济鱼类是蓝圆鲹、金线鱼等，是广西海洋捕捞产量最大的两种经济鱼类。由于广西渔民的捕捞活动区域基本涉及整个北部湾海域，在对广西渔业资源最大可持续捕捞量进行估计时，以北部湾的海域为基础进行估算。据测量，北部湾的海域面积为 128 000km^2。

广西北部湾海域渔业资源各类群密度相关数据按照本研究实物量报告中相关成果，根据公式（4-48b），可得出 2006～2007 年广西北部湾海域渔业资源各类群的现存资源量，见表 4-47。

表 4-47 2006～2007 年广西北部湾海域渔业资源各类群的密度与现存资源量

	鱼类				头足类	甲壳类	总计
	中上层经济鱼类	中上层其他鱼类	底层经济鱼类	底层其他鱼类			
资源密度（kg/km^2）	161.73	50.19	363.84	294.46	78.37	12.16	960.75
现存资源量（t）	20 701.44	6 424.32	46 571.52	37 690.80	10 031.36	1 556.48	122 975.92

使用简单模式，根据公式（4-49）和公式（4-50），估算广西主要捕捞海域渔业资源最大可持续捕捞量与有效可捕量，结果见表 4-48。

表 4-48 广西北部湾海域渔业资源各类群的最大可持续捕捞量与有效可捕量估算

	鱼类		头足类	甲壳类	总计
	中上层经济鱼类	底层经济鱼类			
资源密度（kg/km^2）	161.73	363.84	78.37	12.16	616.10
现存资源量（t）	20 701.44	46 571.52	10 031.36	1 556.48	78 860.80
最大可持续捕捞量（t）	10 350.72	23 285.76	5 015.68	778.24	39 430.40
有效可捕量（t）	10 040.20	22 587.19	4 865.21	754.90	38 247.50
年实际捕捞量（t）	257 196.50	70 907.00	49 160.50	132 691.50	509 955.50

根据《中国渔业统计年鉴》的统计数据，2006～2007 年广西中上层经济鱼类实际捕捞量为 257 196.50t，底层经济鱼类为 70 907.00t，头足类为 49 160.50t，甲壳类为 132 691.50t，可见均高于计算所得的最大可持续捕捞量和有效可捕量。头足类和甲壳类已捕量甚至高于计算所得的资源现存量，一是因为部分数据统计口径、获得渠道不同，以及存在统计遗漏等问题；二是因为已捕量在统计时不仅包括广西海域的渔获量，还包括广西籍渔民渔船在其他海域的渔获量。但计算结果仍有一定借鉴意义。

4.5.1.3　渔业资源有效可捕量总量计算

广西北部湾海域渔业资源各类群密度相关数据按照本研究实物量报告中相关成果，根据公式（4-48b），可得出 2006～2014 年广西北部湾海域渔业资源现存量，见表 4-49。

表 4-49　2006～2014 年广西北部湾海域渔业资源现存资源量

	春季	夏季	秋季	冬季	四季平均
资源密度（kg/km^2）	3 293.85	2 506.64	755.92	312.48	1 717.22
现存资源量（t）	2 019 487.36	2 017 084.10	165 159.55	45 440.00	684 233.41

广西渔民主要捕捞海域渔业资源的有效可捕量分别使用 Cadima 模式和简单模式估算。根据《浙江南部外海渔业资源利用与海洋捕捞作业管理研究》，该海域主要经济渔业种类平均自然死亡系数取 M=0.52。研究海域年总平均渔获量为 659 270t。由于该海域渔业资源密度和资源量呈现较明显的季节变化规律，在计算有效可捕量时分别取每个季节与四季平均的加权平均资源量。

使用 Cadima 模式，根据公式（4-48a）～公式（4-48c）和公式（4-50），估算广西北部湾海域渔业资源最大可持续捕捞量和有效可捕量，结果见表 4-50。

表 4-50　Cadima 模式估算广西北部湾海域渔业资源最大可持续捕捞量和有效可捕量

季节	资源密度（kg/km^2）	现存资源量（t）	最大可持续捕捞量（t）	有效可捕量（t）
春季	3 293.85	2 019 487.36	854 701.71	829 060.66
夏季	2 506.64	2 017 084.10	854 076.87	828 454.56
秋季	755.92	165 159.55	372 576.48	361 399.19
冬季	312.48	45 440.00	341 449.40	331 205.92
四季平均	1 717.22	684 233.41	507 535.69	492 309.62

使用简单模式，根据公式（4-49）和公式（4-50），估算广西北部湾海域渔业资源最大可持续捕捞量和有效可捕量，结果见表 4-51。

表 4-51　简单模式估算广西北部湾海域渔业资源最大可持续捕捞量和有效可捕量

季节	资源密度（kg/km^2）	现存资源量（t）	最大可持续捕捞量（t）	有效可捕量（t）
春季	3 293.85	2 019 487.36	1 009 743.68	979 451.37
夏季	2 506.64	2 017 084.10	1 008 542.05	978 285.79
秋季	755.92	165 159.55	82 579.78	80 102.38
冬季	312.48	45 440.00	22 720.00	22 038.40
四季平均	1 717.22	684 233.41	342 116.70	331 853.20

Cadima 模式与简单模式估算结果比较，见表 4-52。

表 4-52　Cadima 模式与简单估算模式估算结果比较　（单位：t）

现存资源量	Cadima 模式		简单模式	
	最大可持续捕捞量	有效可捕量	最大可持续捕捞量	有效可捕量
684 233.41	507 535.69	492 309.62	342 116.70	331 853.20

由于广西海域渔业资源密度和现存资源量呈现较明显的季节变化规律，而且为了保护渔业资源，国家实行伏季休渔制度，休渔期一般是从每年的 5 月初到 8 月初共 3 个月，季节资源量差异明显，因此不能单以某个季节的有效可捕量作为捕捞参考标准，四季平均的可捕量相对单个季节更具有合理性。据此，Cadima 模式估算的广西北部湾海域渔业资源的最大可持续捕捞量约 51 万 t/a，有效可捕量约 49 万 t/a，简

单模式估算的最大可持续捕捞量约 34 万 t/a，有效可捕量约 33 万 t/a。以广西近 5 年的年均海洋捕捞产量 65 万 t 与 Cadima 模式估算的最大可持续捕捞量约 51 万 t/a、有效可捕量约 49 万 t/a 比较，大大超出估算的最大可持续捕捞量，表明广西渔业资源处于过度捕捞状态。目前北部湾海域的渔业资源衰退愈加严重，过度捕捞是主要原因之一。为了抑制渔业资源衰退态势，应以最大可持续捕捞量作为实际捕捞量的参考标准，制定相关管理政策，从多方面促进渔业资源的可持续利用。

4.5.2 红树林资源开发潜力评价

红树林资源不仅能够为人类带来直接的经济价值，还具有重要的生态学功能。广西是我国红树林分布的主要省（区）之一，红树林的面积位居全国第二，但自 20 世纪 60 年代以来，毁林围海造田、毁林围塘养殖、毁林围海造地等不合理开发利用活动，使红树林面积剧烈减小，其提供多种服务功能的能力也随之减弱。为充分、合理、节约、高效地利用红树林资源，满足当代与后代发展的需要，实现红树林资源的永续利用，急需对广西红树林资源实施开发潜力评价，通过对现行的红树林资源开发利用方式进行成本收益分析，选择最佳的开发利用方式实现红树林资源的可持续利用。

4.5.2.1 红树林资源开发利用

1）红树林资源开发利用方式

多年来，广西红树林资源主要的开发利用方式有采掘经济作物（包括采摘果实、挖掘经济动物等）、围塘养殖、垦林造地、发展生态养殖、发展生态旅游与作为生态资产保护留存等。

（1）采掘经济作物。广西红树林中有鱼、虾、蟹、贝等海洋动物资源，经济价值较高的有弹涂鱼、鲻鱼、中华乌塘鳢、鲍罗豆齿鳗、长毛对虾、青蟹、泥蚶、文蛤、合浦珠贝母、方格星虫、可口革囊虫等。以前常有沿海居民到红树林滩区挖掘贝类、星虫类等海鲜产品，除自己食用外还可以将其贩卖，作为一定的经济来源。正常情况下，只要适当控制采掘强度，采取科学合理的采掘方式，一般不会给红树林资源带来破坏性影响。但是近年来，某些红树林地区的不合理采掘，给红树林资源带来毁灭性的破坏。有研究显示，山口红树林生态国家级自然保护区红树林潮滩内挖掘活动非常频繁，经常挖断树苗树根，造成红树林植株死亡。

（2）围塘养殖。沿海居民人多地少，经济收入主要靠海洋捕捞和海水养殖，由于近年来大量捕捞，各种海洋经济动物产量急剧下降，林内的天然虾、蟹、鱼类难以维持沿海居民生计。为发展经济，一些居民就开始大量砍伐红树林，进行围塘养殖（吕劲，2013），造成红树林大面积被毁。由于养殖系统结构和养殖方式的缺陷，在养殖过程中产生了大量的养殖排泄物、残饵和化学药物等污染物，严重破坏了红树林资源周边的生态环境。

（3）垦林造地。随着北部湾经济区的开放和开发，沿海各类基础设施建设项目及重大工程建设项目不断增多，城镇化建设不断加快，使土地供需矛盾日益尖锐，乱批乱占红树林林地等现象时有发生，造成了红树林林地资源的流失，对沿海生态环境构成了较大威胁。根据测算，广西曾有红树林 23 904hm^2，广西现存红树林面积为 9197.4hm^2，相较历史红树林面积，减少了近 2/3。面积下降幅度最大的三个阶段是 1955～1977 年、1986～1988 年、2001～2004 年，这 3 个阶段分别与广西经济发展过程中的沧海变桑田盐田、海水养殖业大发展和区域建设发展 3 个阶段的时间基本吻合（徐淑庆等，2010）。

（4）发展生态养殖。红树林内凋落物丰富，经微生物分解后可为鱼、虾、蟹等生物提供丰富的饵料，是良好的养殖场所。可在不破坏红树林的前提下，因地制宜，采用合理的方法利用林中潮沟或林中开沟进行人工生态养殖。由此，红树林内的凋落物可为鱼、虾、蟹等经济动物提供饵料，而鱼、虾、蟹等的代谢物可为红树林的生长提供养分，实现经济动物与红树林的互惠互利。

（5）发展生态旅游。发展红树林生态旅游是目前良性利用红树林的方式之一。红树林生长于潮间带，涨潮时没于水面之下，只露出绿色林冠，退潮时露出盘根错节的庞大根系，形成了独特的自然景观。同时，红树林是许多动物的栖息地，有多种珍稀动物，使红树林成为人类休憩娱乐、松弛疲劳的良好场所。目前，广西主要的红树林生态旅游区有北海金海湾红树林生态旅游区等。此外，山口红树林生态国家级自然保护区、北仑河口自然保护区等红树林自然保护区内也分布着大面积的红树林，吸引着慕名而来的各地游客。

（6）作为生态资产保护留存。随着社会经济的发展，红树林的社会价值和生态价值逐渐为社会所认知，建立保护区是保留与保存红树林资源最有效的方法。目前，广西共有 2 个国家级红树林自然保护区和 1 个自治区级红树林自然保护区，分别是山口红树林生态自然保护区、北仑河口红树林自然保护区和茅尾海红树林自然保护区，共保护的红树林面积约 4163.4hm^2，占广西的 45.3%。根据相关研究成果（贾明明，2014），山口红树林生态自然保护区自建立以来，在 1990～2000 年红树林面积增加了 308hm^2，新增的红树林主要生长在丹兜海；2000～2010 年红树林面积增加 83hm^2，丹兜海和英罗湾的红树林均向海扩展；2010～2013 年红树林面积继续增加了 94hm^2，丹兜海原本较为破碎的红树林斑块整体性提高。建立红树林自然保护区，能最大限度地保护留存红树林资源，有利于其充分发挥社会价值和生态价值。

2）红树林资源开发利用方式的兼容性分析

资源开发利用方式的兼容性是指一种资源的多种以上的用途在一定条件下能够同步或分步得到开发利用的性质（郑志国，2008）。由于资源的稀缺性和多用性，某些用途之间的排他性始终是存在的，这就意味着对资源采取某种开发方式必然会对该资源的其他开发方式产生一定的影响。红树林作为一种具有极高生态价值的湿地资源，既可以通过垦林造地发展工业，又可以通过保护留存使其不断提供生态服务功能，因而其在开发利用过程中，各种利用方式存在兼容与排斥。例如，在发展生态养殖的同时可以凭借特色的养殖方式吸引游客，促进旅游业的发展，因此生态养殖与旅游之间具有开发兼容性；而垦林造地势必会对红树林生态系统产生破坏性的影响，使其丧失原有的服务功能，因此垦林造地与红树林的生态系统服务功能是不可兼容的。红树林资源开发利用方式的兼容性分析见表 4-53。

表 4-53　红树林资源开发利用方式兼容性分析表

		采掘经济作物	围塘养殖	垦林造地	发展生态养殖	发展生态旅游	固碳释氧	保持土壤	护岸减灾	净化水质	防治病虫害	维护生物多样性
开发利用	采掘经济作物											
	围塘养殖	–										
	垦林造地	–	–									
	发展生态养殖	–	–	–								
	发展生态旅游	–	–	–	+							
保护留存	固碳释氧	+	–	–	++	+++						
	保持土壤	+	–	–	++	+++	+++					
	护岸减灾	+	+	–	++	+++	+++	+++				
	净化水质	+	–	–	++	+++	+++	+++	+++			
	防治病虫害	+	–	–	++	+++	+++	+++	+++	+++		
	维护生物多样性	+	–	–	++	+++	+++	+++	+++	+++	+++	

注：“–”表示完全不兼容，兼容系数为 0；“+++”表示完全兼容，兼容系数为 1；“++”表示部分兼容，兼容系数为 0.8；“+”表示部分兼容，兼容系数为 0.5

4.5.2.2　红树林资源开发潜力评价

红树林资源开发利用的总体目标是实现红树林资源的可持续利用，本小节针对不同的红树林资源开发利用方式进行综合成本收益分析，运用成本收益分析法估算每种利用方式的经济效益，给出净收益最大化的科学利用方式，据此指导红树林资源的开发利用，实现红树林资源的持续利用。

1）评价方法：成本收益分析

成本收益分析是通过分析某项方案或决策产生的相应收益和成本，来制定最终方案的一种经济学分析方法。它作为一种评估工具，被广泛应用于政策性决策、项目工程效益分析等方面。红树林成本收益分析，是按照资源可持续利用原则，从经济和环境整体角度，考查红树林资源利用中投入的成本和产生的收益，用资源的影子价格和社会折现率等经济参数，计算不同利用方式对社会经济的净贡献，以评价资源利用方式的合理性。其基本步骤是：首先界定红树林利用方式，然后根据不同利用方式的资源环境影响，归类并计算不同利用方式的成本或收益，再计算收益成本比。成本收益分析公式如下：

$$R=\frac{\sum_{i=1}^{n} B_i}{\sum_{j=1}^{m} C_j} \tag{4-51}$$

式中，B_i 为开发利用的第 i 项收益，此处的收益既包括以某种方式开发利用红树林资源所产生的经济收益，又包括该方式在维护红树林生态环境方面的积极影响所产生的新增生态收益；C_j 为开发利用的第 j 项成本，此处的成本既包括开发过程中产生的人力物力损耗等经济性成本，又包括开发利用使得红树林生态功能遭到破坏而产生的生态成本；R 为收益成本比。若 $R>1$，则表明该开发利用方式的收益大于成本，是经济可行的。若 $R\leqslant 1$，则表明该开发利用方式的收益小于等于成本，是经济不可行的。

本小节在识别广西海域红树林资源开发利用方式的基础上，分析红树林资源各种利用方式的成本收益构成，对红树林资源各种利用方式的成本与收益的核算结果，根据净收益最大化原则予以排序，选择最佳的开发利用方式实现红树林资源的可持续利用。

2）开发潜力评价

Ⅰ. 采掘经济作物成本收益分析

红树林资源的传统利用方式为采掘经济作物，包括采摘果实和挖掘经济动物等，而且采摘果实和挖掘经济动物两种利用方式是相互兼容的，因此将这两种利用方式作为传统利用方式进行成本收益分析。

ⅰ. 成本分析

成本主要包括人工成本和对红树林资源损害的生态成本两部分。由于人工成本仅为村民闲暇时间，与生态成本相比很小，因而人工成本在此忽略不计，因此本研究在计算采掘经济作物的成本时主要核算生态成本，计算公式为

$$C_f=\sum_{i=1}^{n} X_i\left(1-P\right) \tag{4-52}$$

式中，C_f 为采掘经济作物的生态成本，单位为万元/(hm^2·a)；X_i 为第 i 种生态服务功能价值，单位为万元/(hm^2·a)；P 表示兼容性系数。

采掘经济作物对红树林资源生态服务功能造成了不良影响。例如，山口红树林生态自然保护区红树林潮滩内挖掘活动非常频繁，经常挖断树苗树根，造成红树林植株死亡，进而导致红树林资源生态服务功能的部分损失，损失的生态服务功能即为传统开发利用方式的生态成本。根据红树林生态服务功能价值核算结果与开发方式兼容性分析，计算得采掘经济作物的成本为 1.82 万元/(hm^2·a)。

ⅱ. 收益分析

采掘经济作物的收益主要是经济收入，即通过果实和经济动物的贩卖获得的货币收入。

$$E_l=\sum_{f=1}^{n} Q_f\times P_f+\sum_{s=1}^{m} Q_s\times P_s \tag{4-53}$$

式中，E_l 为采掘经济作物的收益，单位为万元/(hm^2·a)；Q_f 为第 f 种果实的产量，单位为 t/(hm^2·a)；P_f 为第 f 种果实的平均市场价格，单位为万元/t；Q_s 为第 s 类经济动物的年产量，单位为 t/(hm^2·a)；P_s 为第 s 类经济动物的平均市场价格，单位为万元/t；

根据表 4-19 红树林资源价值评估结果，计算得采掘经济作物的收益为 0.87 万元/(hm^2·a)。

综上成本收益分析，采掘经济作物的收益成本比 R 为 0.48。

Ⅱ. 围塘养殖成本收益分析

ⅰ. 成本分析

围塘养殖的成本主要包括养殖生产成本和由围塘养殖所导致的资源损害生态成本两部分。其中养殖成本包括固定成本、饵料成本、鱼苗成本、人工成本、鱼药费用和其他费用。资源损害生态成本指围塘养殖对红树林资源服务功能产生破坏造成的成本，围塘养殖会破坏红树林生态系统的原有结构，使景观遭到破坏，且在养殖过程中会产生大量的养殖排泄物、残饵和化学药物等污染物，对红树林生态系统的服务功能造成破坏性影响，因此红树林生态系统原有的生态系统服务功能即为围塘养殖的生态成本，计算公式为

$$C_w=C_y+C_e \tag{4-54a}$$

$$C_e=\sum_{i=1}^{n}X_i\left(1-P\right) \tag{4-54b}$$

式中，C_w 表示围塘养殖的总成本，单位为万元/(hm^2·a)；C_y 表示围塘养殖的养殖生产成本，单位为万元/（hm^2·a)；C_e 表示围塘养殖的生态成本，单位为万元/(hm^2·a)；X_i 表示第 i 种生态服务功能价值，单位为万元/(hm^2·a)；P 表示兼容性系数。

根据吕晓婷和温艳萍（2013）的研究结果，计算得围塘养殖的养殖生产成本为 6.5 万元/(hm^2·a)。根据红树林资源生态服务功能价值核算结果与开发方式兼容性分析，计算得围塘养殖的生态成本为 8.5 万元/(hm^2·a)。综上得围塘养殖的成本为 15.0 万元/(hm^2·a)。

ⅱ. 收益分析

围塘养殖的收益主要来源于养殖产物出售带来的经济收益，因此本研究以红树林区域围塘养殖的虾、蟹、经济鱼类等经济产物的市场价值作为围塘养殖的收益，计算公式为

$$E_w=\sum_{i-1}^{n}P_iQ_i \tag{4-55}$$

式中，E_w 为围塘养殖收益，单位为万元/(hm^2·a)；Q_i 为第 i 类养殖产物的产量，单位为 t/(hm^2·a)；P_i 为第 i 类养殖产物的平均市场价格，单位为万元/t。

根据吕晓婷和温艳萍（2013）的研究结果，计算得围塘养殖的收益为 9.7 万元/(hm^2·a)。

综上成本收益分析，围塘养殖的收益成本比 R 为 0.65。

Ⅲ. 垦林造地成本收益分析

ⅰ. 成本分析

垦林造地的成本主要包括造地工程成本和垦林造地对红树林资源生态服务功能造成影响而产生的生态成本两部分。其中造地工程成本是指垦林造地工程实施过程和之后的维护费用的总和，生态成本是指垦林造地对红树林资源的景观产生破坏和使生态服务功能丧失造成的成本，计算公式为

$$C_k=C_y+C_e \tag{4-56a}$$

$$C_y=(C_0+\sum_{t=1}^{50}\frac{C_0\times 2\%}{(1+i)^t})\times S \tag{4-56b}$$

$$C_e=\sum_{i=1}^{n}X_i\left(1-P\right) \tag{4-56c}$$

式中，C_k 表示垦林造地的总成本，单位为万元/(hm^2·a)；C_y 表示垦林造地的工程成本，单位为万元/(hm^2·a)；C_e 表示垦林造地的生态成本，单位为万元/(hm^2·a)；X_i 表示第 i 种生态服务功能价值，单位为万元/(hm^2·a)；P 表示兼容性系数；C_0 表示单位面积的工程成本，单位为万元/hm^2；i 表示贴现率；t 表示土地使用年限；S 为造地面积，单位为 hm^2。

根据熊鹏等（2007）的研究结果，计算得垦林造地的工程成本为 92.5 万元/hm^2；工业用地的使用年限为 50 年，据此将垦林造地的工程成本平摊到使用期，得到工程成本为 1.85 万元/(hm^2·a)。根据红树林资源

生态服务功能价值核算结果与开发利用方式兼容性分析，计算得垦林造地的生态成本为 8.89 万元/(hm^2·a)。综上得垦林造地的成本为 10.74 万元/(hm^2·a)。

ⅱ. 收益分析

垦林造地的收益主要表现为土地的经济收益，将当地土地拍卖价格作为垦林造地的收益，计算公式为

$$E_k=P_d \times S \tag{4-57}$$

式中，E_k 为垦林造地收益，单位为万元/(hm^2·a)；S 为造地面积，单位为 hm^2；P_d 为土地市场价格，单位为万元/hm^2。

根据广西土地网的广西各地市工业用地价格，取沿海地区基准地价的均值为 270 元/m^2。据此垦林造地的收益为 270 万元/hm^2；根据工业土地使用年限，将垦林造地的收益折算为 5.4 万元/(hm^2·a)。

综上成本收益分析，垦林造地的收益成本比 R 为 0.50。

Ⅳ. 发展生态旅游成本收益分析

ⅰ. 成本分析

发展生态旅游的成本主要包括旅游区的建设成本和旅游区设施的维护成本及生态成本，计算公式为

$$C_t=C_1+C_2 \tag{4-58a}$$

$$C_2=\sum_{i=1}^{n} X_i(1-P) \tag{4-58b}$$

式中，C_t 为发展生态旅游成本，单位为万元/(hm^2·a)；C_1 为红树林旅游景区的建设和维护成本，单位为万元/(hm^2·a)；C_2 为红树林的生态成本，单位为万元/(hm^2·a)；X_i 表示第 i 种生态服务功能价值，单位为万元/(hm^2·a)；P 表示兼容性系数。

此处，以北海市“金海湾红树林生态旅游区配套项目”投资作为景区的建设和维护成本。《北海市金海湾红树林生态旅游区配套项目招商项目报告》显示，该项目总投资为 6900 万元；旅游用地的土地使用年限为 40 年，据此推算景区的建设和维护成本为 172.5 万元/a。金海湾红树林生态旅游区内有红树林约 133hm^2，则红树林的建设和维护费用约为 1.3 万元/(hm^2·a)。综合红树林生态旅游区建设和维护成本及生态成本，计算得发展生态旅游成本为 2.8 万元/(hm^2·a)。

ⅱ. 收益分析

发展生态旅游的收益主要来源于红树林生态旅游价值。根据 4.3.2 小节对红树林生态旅游价值的计算结果，核算发展生态旅游的经济性收益为 4.97 万元/(hm^2·a)。

综上成本收益分析，发展生态旅游的收益成本比 R 为 1.78。

Ⅴ. 保护留存成本收益分析

保护留存的方式是建立自然保护区。此处选择山口红树林生态国家级自然保护区进行保护留存方式的成本收益分析。

ⅰ. 成本分析

保护留存成本主要包括红树林自然保护区的建设和维护成本。

本研究根据肖笃宁等（2001）提供的湿地重要物种栖息地功能级别划分标准（表 4-54），估算拟建自然保护区的设施与机构控制成本作为红树林自然保护区的建设和维护成本。

表 4-54 湿地重要物种栖息地功能级别划分标准

级别	面积（hm^2）	珍稀物种数	设施与机构控制成本（$\times 10^4$ 美元）
1	＞100 000	＞10	＞10 000
2	＞10 000	＞8	＞1 000
3	＞1 000	＞4	＞100
4	＞100	＞2	＞10
5	＜100	＜2	＜10

数据来源：肖笃宁等（2001）

根据广西红树林面积及红树林所在地珍稀物种数，自然保护区的设施与机构控制成本为 10^5～10^6 美元。按照山口红树林生态自然保护区内红树林的面积折算，红树林自然保护区建设的设施与机构控制成本为 250 美元/hm^2。鉴于数据的统一性，此处的汇率与前文红树林价值核算时所取汇率一样，同取 6.2。计算得红树林自然保护区的建设和维护成本为 0.155 万元/(hm^2·a)。

ii. 收益分析

通过建立红树林自然保护区，对自然保护区内的红树林资源实施了良好的保护，有利于维护红树林的生态功能。以山口红树林生态自然保护区为例，该保护区是国务院 1990 年批准建立的，在保护区建立之前，红树林面积持续减少，从 1973 年到 1990 年共减少 572hm^2，其中丹兜海沿岸原本大块的红树林斑块明显萎缩。在保护区成立之后，保护区内红树林面积呈持续增加的态势，斑块面积增大且整体性和连通性增强，斑块破碎化程度有所降低。因此建立红树林自然保护区的收益即为自然保护区建立后新增的红树林资源的价值，根据贾明明（2014）的研究结果，山口红树林生态自然保护区在 2010～2013 年平均每年新增的红树林面积为 31.1hm^2，再结合红树林资源价值量核算结果，建立红树林自然保护区的收益为 0.63 万元/(hm^2·a)。

综上成本收益分析，保护留存的收益成本比 R 为 4.1。

根据红树林资源各种开发利用方式的成本收益分析，收益成本比分析结果见表 4-55。基于社会经济效益最大化的红树林资源开发利用的顺序依次应为保护留存—发展生态旅游—围塘养殖—垦林造地—采掘经济作物。

表 4-55　红树林资源主要开发利用方式成本收益分析汇总表

利用方式	收益［万元/(hm^2·a)］	成本［万元/(hm^2·a)］	收益成本比
采掘经济作物	0.87	1.82	0.48
围塘养殖	9.7	15.0	0.65
垦林造地	5.4	10.74	0.50
发展生态旅游	4.97	2.8	1.78
保护留存	0.63	0.155	4.1

4.5.2.3　红树林资源可持续利用的政策建议

红树林资源作为一种特殊的生物资源具有极高的生态价值和社会价值，红树林资源的开发利用能够给广西带来巨大的经济效益。在以往的资源开发过程中，资源保护意识淡薄、资源开发方式落后、技术不成熟、监管不严等致使红树林资源遭到了一定程度的破坏，不利于红树林资源的可持续利用。红树林特殊的生境决定了其具有生态-社会-经济复合功能，它一旦遭到破坏，栖息林中生物赖以生存的环境就会恶化，相应的生物量和物种数都会减少，因此对红树林的开发利用必须以合理开发、永续利用为原则（梁士楚，1993）。本研究对红树林资源的开发利用提出以下建议。

（1）评估红树林资源的生态价值，建立红树林资源资产负债表。充分认识并科学评估红树林资源的生态价值是对其进行有效保护的前提，党的十八届三中全会讨论并通过了对领导干部实行自然资源资产的离任审计，要求通过编制自然资源资产负债表，建立完善的生态文明体系。通过科学评估建立红树林资源资产负债表，实行生态损害赔偿、责任终身追究制度，落实责任，促进生态修复，提高环境质量，保护红树林资源。

（2）统筹规划，合理利用红树林资源。随着经济的发展，广西沿海各类基础设施建设项目及重大工程建设项目不断增多，使土地供给矛盾日益尖锐，乱批乱占红树林林地现象时有发生，对沿海生态环境构成了较大威胁。各地在进行基本建设时，应进行合理的规划，坚持“生态优先，突出重点，合理利用，持续发展”的方针，以不占或尽量少占林地为原则。此外，应重视红树林资源开发的整体规划，从宏观角度整体规划全市红树林资源的开发，避免资源开发无序导致红树林资源及其生境的破坏。

（3）发展红树林生态旅游。根据上述成本收益分析，生态旅游是净收益最大化的开发利用方式，发展生态旅游不仅能发挥红树林资源的经济效益，还能带动当地相关产业的发展，从而促进当地经济的良性发展。例如，游客数量的增加会加大对旅游区饮食及住宿的需求，从而带动住宿、餐饮业的发展；同时，游客的消费需求也会带动当地特色性商业圈的发展，从而带动当地的经济发展。此外，随着外地游客的涌入，旅行社也会成为一个快速发展的服务行业。与此同时，公众在旅游的过程中切身体会到红树林资源的生态效益，有利于加深公众对红树林的认识，加强其保护红树林的观念。

（4）加强红树林资源的造林修复。从前文的成本收益分析得出保护留存是红树林资源最有效的开发利用方式，因此在今后的资源利用中，要优先注重资源保护，促进资源恢复，保证其生态效益的发挥。根据2001年调查结果，广西红树林宜林地面积为9274hm^2，但在红树林宜林地中，有明确规划发展红树林的造林地仅为525hm^2，占5.7%，还有8749hm^{2}宜林地未进行规划（李春干，2004）。政府应多渠道筹措资金，加大红树林资源恢复建设的资金投入，扩大造林种植规模，重视红树林资源的恢复和改良、植树造林等工作，最终实现广西红树林资源的可持续利用（梁维平和黄志平，2003）。

（5）加强红树林资源的保护区建设。建立自然保护区是目前保护红树林资源最有效的方法。虽然造林对红树林的保护和恢复有一定的积极作用，但人工林的生态效益在很多方面都不及天然林。此外，人为破坏导致的红树林物种多样性的降低是人力不能挽回的，建立自然保护区可以对红树林从资源量和物种多样性等方面进行多角度、全方位的保护。因此，为更好地保护现有的红树林，有必要加大红树林自然保护区的建设力度，使红树林得到全面有效的保护。

（6）加强执法与宣传教育。目前广西已经颁布了保护红树林资源的一系列法律法规，但大多是针对个别保护区的地方性法规，目前全区性的湿地保护法规还没有出台。红树林保护的法律体系不完善导致许多对红树林的破坏行为惩治无法可依。此外，管理机构不健全、监督不严、执法不力也导致在红树林的保护实践中存在一些问题。对此，广西政府应出台地方性法律法规，完善红树林保护的法律体系，使红树林的保护有法可依；健全红树林保护的管理体制，明确红树林保护的权责划分，在解决多头管理问题的同时加大执法力度，加强宣传教育，提高公众参与力度，鼓励群众监督和举报不合理利用及破坏红树林湿地的违法行为，充分发挥群众的力量，从而合理有效地保护红树林资源。

4.5.3 海草床资源开发潜力评价

海草床具有极高的生产力和生物多样性，其不仅为海洋生物提供重要食物来源和栖息地，还在全球的碳、氮、磷循环中发挥着重要作用。为充分、合理、节约、高效地利用海草床资源，满足当代与后代发展的需要，实现永续利用，急需对广西海草床资源实施开发潜力评价，通过对现行的海草床资源开发利用方式进行成本收益分析，选择最佳的开发利用方式以实现海草床资源的可持续利用。

4.5.3.1 海草床资源开发利用

1）海草床资源开发利用方式

广西的海草面积约957.74hm^2，占全国海草总面积的10%，作为一种特殊的海洋生态系统，海草床在为周边居民提供经济产品的同时也具有重要的生态价值。目前，广西对海草床资源主要的开发利用方式有渔业捕捞、海水养殖、保护留存等。

Ⅰ. 渔业捕捞

海草床可以为人类提供贝类、甲壳类等丰富的食物产品，这些产品价值高、市场广，是沿海地区居民收入来源之一。其中的方格星虫更是具有较高的营养和药用价值，是广西特产。正常情况下，只要适当控制捕捞强度，采取科学合理的捕捞方式，一般不会给海草床资源带来破坏性影响。但是非法围网、电鱼虾、毒鱼虾等破坏性的生产活动会对海草床资源产生毁灭性的影响。

Ⅱ. 海水养殖

伴随着经济的发展与人民生活水平的提高，人们对海产品的消费量也逐渐增大，常年的捕捞使得海草床区域内动物的产量急剧下降。海草床区域海水养殖条件优越，因此周边居民利用海草床区域发展海水养殖，获得经济收入。由于养殖系统结构和养殖方式的缺陷，在养殖过程中会产生大量的养殖排泄物、残饵和化学药物等污染物，如果能够通过科学的测算，确定最适宜的海水养殖容量、养殖种类、养殖密度和布局，将海水养殖产生的污染控制在海草床的可承受范围之内，就能够实现经济效益与生态效益双赢，实现海草床生态系统的健康和海水养殖业的可持续发展。但是，若是不能够控制好养殖规模与养殖方式，必然会对广西海草床资源产生破坏性的影响。

与世界上很多地区的海草床不同的是，由于广西海草床普遍所处潮带相对较高，离岸距离通常较近，多位于潮间带地区，当地群众可轻易到达，因此经济活动十分频繁。群众保护海草意识相比以前尽管有所提高，但依旧淡薄，沿海不少渔民仍以到海草床地区从事渔业活动为生计，非法围网、毒鱼虾、电鱼虾、炸鱼、底网拖鱼、人为污染、泊船、沿海家禽家畜养殖等活动导致广西海草床资源状况不容乐观。

Ⅲ. 保护留存

海草床作为一种特殊的滨海湿地，拥有独特的自然景观，同时，海草床是许多动物的栖息地，有多种珍稀动物，因此海草床具有很高的科研和娱乐价值。同时，作为一种特殊的生态系统，海草床的生态价值也不容忽视。目前，广西拥有国家级自然保护区——合浦儒艮国家级自然保护区，它是中国唯一的儒艮国家级自然保护区，自然保护区的建立能最大限度地保护海草床资源，有利于其充分发挥社会价值和生态价值。

2）海草床资源开发利用方式的兼容性分析

海草床资源作为一种独特的、具有极高生态价值的生物资源，在其开发利用过程中，每一种开发利用方式都会对其他开发利用方式和海草床资源本身具有的生态服务功能产生一定的影响。海草床资源开发利用方式兼容性分析见表 4-56。

表 4-56 海草床资源开发利用方式兼容性分析表

开发利用	渔业捕捞						
	海水养殖	+					
保护留存	固碳释氧	++	+				
	净化水质	++	–	+++			
	护岸减灾	++	+	+++	+++		
	维护生物多样性	++	+	+++	+++	+++	
		渔业捕捞	海水养殖	固碳释氧	净化水质	护岸减灾	维护生物多样性

注：“–”表示完全不兼容，兼容系数为 0；“+++”表示完全兼容，兼容系数为 1；“++”表示部分兼容，兼容系数为 0.8；“+”表示部分兼容，兼容系数为 0.5

4.5.3.2 海草床资源开发潜力评价

1）渔业捕捞成本收益分析

Ⅰ. 成本分析

渔业捕捞作为一种传统的利用方式，其成本主要有从事渔业捕捞的人工成本和不规范的捕捞导致的生态成本。由于人工成本仅为村民闲暇时间，与生态成本相比很小，因而人工成本在此忽略不计，因此本研究在计算渔业捕捞的成本时主要核算生态成本，计算公式为

$$C_f=\sum_{i=1}^{n}X_i\left(1-P\right) \tag{4-59}$$

式中，C_f 为传统利用方式的生态成本，单位为万元/(hm^2·a)；X_i 为第 i 种生态服务功能价值，单位为万元/(hm^2·a)；P 表示兼容性系数。

不规范的渔业捕捞会对海草床资源生态服务功能造成不良影响，如毒鱼虾、电鱼虾、炸鱼、底网拖鱼等生产方式都将给海草床资源带来毁灭性的影响，使得其生态服务功能丧失。根据海草床资源生态服务功

能价值核算结果与开发方式兼容性分析，计算得渔业捕捞的成本为 1.18 万元/(hm^2·a)。

Ⅱ. 收益分析

渔业捕捞的收益主要是经济收入，即通过经济动物的贩卖获得的货币收入，计算公式为

$$E_l = \sum_{s=1}^{n} Q_s \times P_s \tag{4-60}$$

式中，E_l 为渔业捕捞的收益，单位为万元/(hm^2·a)；Q_s 为第 s 类经济动物的产量，单位为 t/(hm^2·a)；P_s 为第 s 类经济动物的平均市场价格，单位为万元/t。

根据表 4-24 海草床资源价值评估结果，计算得渔业捕捞的收益为 0.21 万元/(hm^2·a)。

综上成本收益分析，渔业捕捞的收益成本比 R 为 0.18。

2）海水养殖成本收益分析

Ⅰ. 成本分析

海水养殖的成本主要包括养殖生产成本和海水养殖的资源损害生态成本两部分。其中养殖生产成本包括固定成本、饵料成本、鱼苗成本、人工成本、鱼药费用和其他费用。资源损害生态成本是指海水养殖对海草床资源服务功能产生破坏造成的成本，由于养殖系统结构和养殖方式的缺陷，在养殖过程中产生了大量的养殖排泄物、残饵和化学药物等污染物，对海草床生态系统的服务功能造成破坏性影响，因此海草床生态系统服务功能的损失即为海水养殖的生态成本，计算公式为

$$C_w=C_y+C_e \tag{4-61a}$$

$$C_e = \sum_{i=1}^{n} X_i \left(1-P\right) \tag{4-61b}$$

式中，C_w 为海水养殖的总成本，单位为万元/(hm^2·a)；C_e 为海水养殖的养殖生产成本，单位为万元/(hm^2·a)；C_e 为海水养殖的生态成本，单位为万元/(hm^2·a)；X_i 为第 i 种生态服务功能价值，单位为万元/(hm^2·a)；P 表示兼容性系数。

根据吕晓婷和温艳萍（2013）的研究结果，计算得养殖生产成本为 6.5 万元/(hm^2·a)。根据海草床资源生态服务功能价值核算结果与开发方式兼容性分析，计算得海水养殖的生态成本为 3.1 万元/(hm^2·a)。综上得海水养殖的总成本为 9.6 万元/(hm^2·a)。

Ⅱ. 收益分析

海水养殖的收益主要来源于养殖产物出售带来的经济收益，因此本研究以海草床区域养殖的虾、蟹、经济鱼类等经济产物的市场价值作为海水养殖的收益，计算公式为

$$E_w = \sum_{i-1}^{n} P_i Q_i \tag{4-62}$$

式中，E_w 为海水养殖收益，单位为万元/(hm^2·a)；Q_i 为第 i 类养殖产物的产量，单位为 t/(hm^2·a)；P_i 为第 i 类养殖产物的平均市场价格，单位为万元/t。

因为数据限制，本研究使用广西滩涂湿地养殖的平均每公顷收益来替代海草床区域海水养殖的每公顷收益，根据北海、钦州、防城港三市水产畜牧兽医局提供的相关统计数据，以及对北海、钦州、防城港三市养殖公司和市场的实地调查数据，计算得海水养殖的收益为 6.7 万元/(hm^2·a)。

综上成本收益分析，围塘养殖的收益成本比 R 为 0.70。

3）保护留存成本收益分析

Ⅰ. 成本分析

保护留存的成本包括建设成本和维护成本两部分，本研究根据肖笃宁等（2001）提供的湿地重要物种栖息地功能级别划分标准（表 4-54），估算拟建保护区的设施与机构控制成本作为海草床保护区的建设和维护成本。

根据广西海草床面积及海草床所在地珍稀物种数，建设保护区的设施与机构控制成本为 10^5～10^6 美元。按照广西合浦儒艮国家级自然保护区面积折算，单位面积海草床保护区建设的设施与机构控制成本为 100 美元/hm^2。鉴于数据的统一性，此处的汇率与前文海草床资源价值核算时所取汇率一样，同取 6.2。计算得海草床保护区的建设和维护成本为 0.062 万元/(hm^2·a)。

Ⅱ. 收益分析

保护留存的收益即为保护区建成后对海草床资源实时保护带来的新增收益，主要指新增的海草床资源带来的收益。通过建立海草床保护区，对保护区内的海草床资源实施了良好的保护，有利于维护海草床的生态功能。以北海市的保护区为例，2008 年广西的海草床恢复实践活动总共恢复海草床 32hm^2，再结合对海草床资源价值量核算结果，建立海草床保护区的收益为 0.08 万元/(hm^2·a)。

综上成本收益分析，保护留存的收益成本比 R 为 1.29。

根据海草床资源各种开发利用方式的成本收益分析，收益成本比分析结果见表 4-57。

表 4-57　海草床资源主要开发利用方式成本收益分析汇总表

利用方式	收益［万元/(hm^2·a)］	成本［万元/(hm^2·a)］	收益成本比
渔业捕捞	0.21	1.18	0.18
海水养殖	6.7	9.6	0.70
保护留存	0.08	0.062	1.29

4.5.3.3　海草床可持续利用的政策建议

广西在我国沿海各省（区）中属于海草总面积较大的省（区），海草主要集中分布在广西的东部海岸尤其是铁山港湾内，具有巨大的生态价值：广西海草床不仅是国际濒危种儒艮的重要取食场所，还是许多具有重要商业价值的鱼类、底栖生物的育苗场、觅食区、栖息地和避难所，是名副其实的“海洋牧场”，但随着不合理的开发利用，广西海草在近 30 年来衰退现象十分明显，面积显著减小，虽然近年来随着人们保护意识的增强，海草床的面积得到了一定程度的恢复，但形势仍然不容乐观，因此为保证广西海草床资源的可持续利用，本研究根据上述开发潜力评价结果对海草床资源的开发利用提出以下建议。

（1）加强保护区建设，促进资源恢复。建立保护区是目前保护海草床资源最有效的方法。从对保护区建设的成本收益分析可以看出，保护区的建立能够有效地促进海草资源的恢复，能够带来巨大的生态效益，是目前对海草床资源最理想的开发利用方式。目前，广西拥有合浦儒艮国家级自然保护区，而且通过近几年的海草恢复工作，海草床资源得到了一定程度的恢复，对海草床资源的可持续利用具有重要意义。

（2）转变传统利用方式，发展生态旅游。传统的渔业捕捞的开发利用方式不但收益低，而且不合理的捕捞活动会对海草床生态系统造成破坏，使得其生态服务功能丧失。海草床生态系统作为特殊的海陆过渡带生态系统，具有独特的自然景观，而且海草床还是一些珍稀物种的栖息地，具有极高的科研和娱乐价值。建设生态公园或示范基地，不仅能够满足全国各地游客观赏独特的海草床生态系统的要求，还能够通过生态旅游的发展带动当地经济的发展，提高人们的保护意识，促进海草床资源的可持续利用。

（3）改善周边环境，减少污染。广西海草床区域的污染主要是陆源污染和海水养殖污染两部分，陆源污染主要是陆源径流输入和养殖排废，潮海流的运输作用也占有一定的地位。随着海水养殖规模的扩大，养殖废水的无度排入以及用于防病治病的药物的投放给海域环境带来巨大压力，加之生活污水、工矿废水随径流涌入，使得海草的生存环境恶化，生存受到极大的威胁。因此要强化矿产资源开发管理，杜绝盲目的无序开发，严格控制工矿废水排放，把污染源控制在萌芽状态。同时要严格规范海水养殖行为，控制海水养殖的投饵与用药，控制海水养殖污染，为海草的生长提供健康的环境，保证海草床资源的可持续利用。

（4）加强立法宣传，提高保护意识。海草床生态系统的保护是一项公共事业。在社会主义市场经济的条件下，制定和完善专门的法律法规是十分必要的，只有制定相关的法律法规，才能使日趋减少、面临威胁的海草床资源得到有效的保护。同时，人民群众是保护海草床资源的行为主体，因此要加强宣传，提高人民群众的保护意识，积极引导周边群众参与到保护工作中来。

4.5.4 珊瑚礁资源开发潜力评价

4.5.4.1 珊瑚礁资源的开发利用

1）珊瑚礁资源的开发利用方式

目前，广西对珊瑚礁资源主要的开发利用方式有渔业资源利用、采挖贩卖、旅游观光、药用开发。

（1）渔业资源利用。珊瑚礁多孔洞和裂隙的构造，为习性相异的生物创造了栖息、藏身、育苗、索饵的有利条件，因此珊瑚礁中的生物种类很复杂，容易形成渔场。广西珊瑚礁绝大部分分布在涠洲岛附近区域，在珊瑚礁分布区及其邻近海域的渔业资源丰富、捕捞产量高、鱼类质量好、经济价值高。常见的渔业资源有金线鱼、短尾大眼鲷、石斑鱼、文蛤、毛蚶、鲍鱼、珍珠贝、栉孔扇贝、锯缘青蟹、梭子蟹、长毛对虾、斑节对虾、日本对虾等。

（2）采挖贩卖。珊瑚礁形态各异，五彩缤纷，用珊瑚礁制成的工艺品极具收藏和观赏价值，因此当地居民会采挖、出售珊瑚。虽然北海市和涠洲地方政府已禁止采挖、贩卖珊瑚，但由于当地居民生态保护意识薄弱，加之经济利益的驱动，该行为时有发生。据当地群众反映，仅滴水村，每年偷采偷运的珊瑚和珊瑚礁就逾千吨，在石螺口、北港水产站长达数千米的沙滩上，采挖珊瑚碎屑已呈公开化（黄晖等，2009）。

（3）旅游观光。珊瑚礁形状各异，不同种类的珊瑚呈树枝状、叶状、桌形状、盘状、伞状、菊花状、蜂巢状、陀螺状、帽盔状、球状、蔷薇花状、竹笋状等。千姿百态的珊瑚礁形成了海洋中的奇异景观，为发展滨海旅游业提供了条件。随着经济的发展和群众生活水平的提高，涠洲岛游客逐年增多，潜水游客也随之增多。

（4）药用开发。珊瑚入药在中国已有悠久的历史。远古时代的中国先民就认识到珊瑚的药用价值。中国最早的国家药典《新修本草》（唐）就有“珊瑚可明目，镇心，止惊等功用”的记载。《本草纲目》对珊瑚的药用做了更为详细的记述。调查显示，目前药用的珊瑚药物有10味，包括青琅玕、海白石、石帆、海铁树、海柳等，其功效主要有清热、解毒、化痰散结、止血、安神镇惊等。许多海藻、海绵、珊瑚、海葵、软体动物等体内含有高效抗癌、抗菌的化学物质，有广阔的药物开发潜力。

此外，珊瑚的主要无机化学成分是碳酸钙，含量在90%以上。目前，珊瑚无机成分最主要的医药用途是用作复合人工骨骼材料。

2）珊瑚礁资源开发利用方式的兼容性分析

珊瑚礁作为一个特殊的海洋生态系统，具有其特定的生态服务功能；主要的生态服务功能有护岸减灾、气候调节和维护生物多样性。在开发利用珊瑚礁资源时，不免会对其生态服务功能产生一定的影响。因此在进行兼容性分析时，要充分考虑不同利用方式与珊瑚礁资源生态服务功能的兼容性（表4-58），为后续的成本收益分析奠定基础。

表4-58 珊瑚礁资源开发利用方式兼容性分析表

		渔业资源利用	采挖贩卖	药用开发	旅游观光	护岸减灾	气候调节	维护生物多样性
开发利用	渔业资源利用							
	采挖贩卖	–						
	药用开发	–	–					
	旅游观光	++	–	–				
保护留存	护岸减灾	+	–	–	++			
	气候调节	+	–	–	++	+++		
	维护生物多样性	+	–	–	++	+++	+++	

注：“–”表示完全不兼容，兼容系数为0；“+++”表示完全兼容，兼容系数为1；“++”表示部分兼容，兼容系数为0.8；“+”表示部分兼容，兼容系数为0.5

4.5.4.2 珊瑚礁资源开发潜力评价

近年来，粗放、不合理的开发利用方式，造成了珊瑚礁资源的严重衰退，主要表现为造礁珊瑚的种类减少、覆盖率降低，珊瑚白化率升高、生长繁殖力降低等。探讨珊瑚资源的可持续利用，就成为红树林资源开发问题的重中之重。

本小节针对不同的珊瑚礁资源开发利用方式进行成本收益分析。分析的过程更加注重生态价值和社会价值，根据分析结果对珊瑚礁资源的开发利用方式进行优化和调整，据此指导珊瑚礁资源的开发利用，以期在发展海洋经济的同时，最大限度地保护珊瑚礁资源及其生境，实现珊瑚礁资源的可持续利用。

1）渔业资源利用成本收益分析

Ⅰ. 成本分析

渔业资源利用的成本主要包括捕捞作业的人力成本和捕捞作业工程中损害珊瑚礁资源所产生的生态成本，其中人力成本忽略不计。渔船抛锚、拖网、炸鱼、弃置渔网以及渔船含油废水排放等行为都会破坏珊瑚礁生态系统，损害其生态服务功能，从而产生生态成本，计算公式为

$$C_s = \sum_{i=1}^{n} X_i \left(1 - P\right) \tag{4-63}$$

式中，C_s 为渔业资源利用的生态成本，单位为万元/(hm^2·a)；X_i 为第 i 种生态服务功能价值，单位为万元/(hm^2·a)；P 表示兼容性系数。

根据珊瑚礁资源的价值评估结果与开发利用方式兼容性分析，计算得渔业资源利用的生态成本为 1.18 万元/(hm^2·a)。

Ⅱ. 收益分析

渔业资源利用的收益即珊瑚礁渔业资源所产生的经济性收益。根据珊瑚礁价值评估结果，广西珊瑚礁渔业资源价值为 0.44 万元/(hm^2·a)，以此作为渔业资源利用的收益。

综上成本收益分析，渔业资源利用的收益成本比 R 为 0.37。

2）采挖贩卖成本收益分析

Ⅰ. 成本分析

采挖贩卖珊瑚礁的成本主要包括人力成本和生态成本。因人力成本相比生态成本较低，此处忽略不计。在珊瑚礁采挖过程中实际破坏的珊瑚比采挖获得的要多得多，造成严重浪费，直接对珊瑚礁生态系统及景观造成严重破坏。与此同时，采挖过程中产生大量的泥沙悬浮物，破坏了珊瑚礁的生境。因此，采挖珊瑚礁会导致珊瑚礁生态系统的严重破坏，从而产生生态成本，计算公式为

$$C_d = \sum_{i=1}^{n} X_i \times \left(1 - P\right) \tag{4-64}$$

式中，C_d 为采挖贩卖的生态成本，单位为万元/(hm^2·a)；X_i 为第 i 种生态服务功能价值，单位为万元/(hm^2·a)；P 表示兼容性系数。

根据珊瑚礁资源的价值评估结果与开发利用方式兼容性分析，计算得采挖贩卖珊瑚礁的生态成本为 4.15 万元/(hm^2·a)。

Ⅱ. 收益分析

采挖贩卖珊瑚礁的经济性收益主要为贩卖珊瑚及珊瑚制品所产生的经济性收益。调查发现在竹蔗寮、滴水村、盛塘天主教堂和五彩滩 4 个景点均有珊瑚制品出售。由于缺乏基础数据，无法计算贩卖珊瑚的经济性收益。

3）旅游观光成本收益分析

Ⅰ. 成本分析

珊瑚礁旅游观光的成本主要为潜水旅游所造成的生态成本。游客在潜水观光的同时，可能踩踏、乱采珊瑚礁，造成对珊瑚礁生态系统的破坏，从而产生生态成本，计算公式为

$$C_t = \sum_{i=1}^{n} X_i \times (1-P) \tag{4-65}$$

式中，C_t 为旅游观光的生态成本，单位为万元/(hm^2·a)；X_i 为第 i 种生态服务功能价值，单位为万元/(hm^2·a)；P 表示兼容性系数。

根据珊瑚礁资源的价值评估结果与开发利用方式兼容性分析，计算得旅游观光开发方式的生态成本为 0.47 万元/(hm^2·a)。

Ⅱ. 收益分析

珊瑚礁旅游观光的收益主要为潜水旅游产生的经济性收益。根据珊瑚礁资源价值评估结果，广西珊瑚礁旅游的经济价值为 1.80 万元/(hm^2·a)。

综上成本收益分析，旅游观光开发方式的收益成本比 R 为 3.83。

4）药用开发成本收益分析

珊瑚礁的药用开发成本收益分析，需要了解药用珊瑚礁应用范围、应用规模、医学价值、研究进展等信息，而有关内容的研究较为少见或者未公开发表。缺乏相关研究和数据的支撑，故无法量化分析珊瑚礁药用开发的成本收益。

根据上述研究中对珊瑚礁资源各种开发利用方式的成本收益分析，收益成本比分析结果见表 4-59。

表 4-59 珊瑚礁资源主要开发利用方式成本收益分析汇总表

利用方式	收益［万元/(hm^2·a)］	成本［万元/(hm^2·a)］	收益成本比
渔业资源利用	0.44	1.18	0.37
采挖贩卖	—	4.15	—
旅游观光	1.80	0.47	3.83

4.5.4.3 珊瑚礁资源可持续利用的政策建议

珊瑚礁生长缓慢且极易受环境影响，由于海水养殖、过度捕捞、潜水旅游及采挖贩卖等行为，珊瑚礁资源面临严重威胁。此外，生活污水和工业废水的排放、沿海工程的建设以及突发性溢油污染都会使珊瑚礁生态系统面临巨大的环境压力。因此，探寻合理、有效的开发利用方式，加强珊瑚礁资源的保护管理，就成为了实现珊瑚礁资源可持续利用的重要途径。

（1）优化开发利用方式，发展生态旅游。珊瑚礁是海洋中的奇异景观，为发展滨海旅游业提供了条件。珊瑚礁多姿多彩，颜色各异，有黄、蓝、绿、红、紫等各种不同颜色，五彩缤纷，美丽非凡，构成旖旎的海底生态景观，很有观赏价值，为生态旅游提供了优良的自然条件。目前，基本的珊瑚礁生态旅游包括潜水观光、珊瑚礁鱼类垂钓、珊瑚礁岛屿观光度假等活动。但在进行此类活动时，对旅游者的活动要加以指导，避免和减少珊瑚礁受垂钓器具以及手脚触碰的损害，同时禁止游客对珊瑚礁的故意切削等行为。此外，应优化生态旅游方式，加强珊瑚礁资源的集约利用；严格禁止采挖贩卖等破坏性利用方式；严格限制礁区捕捞作业强度和捕捞方式，避免和减少过度捕捞作业对珊瑚礁造成的损害。

（2）加强珊瑚礁保护区建设。建立珊瑚礁保护区，是保护珊瑚礁生态环境和生物多样性的有力措施。我国三亚等地建立了国家级珊瑚礁保护区，多年实践证明，保护区的建立能够最大限度地减少人为干扰，全面、有效地保护珊瑚礁资源（邹仁林，1995）。根据《广西海洋生态红线划定方案》，广西建立了海洋特别保护区，即涠洲岛珊瑚礁国家级海洋公园，以加强对珊瑚礁的保护。在加强保护区建设的同时，应对保

护区内的开发活动进行严格的监管，禁止在重点保护区和预留区进行任何形式的开发利用活动，限制适度利用区的利用形式，使保护区对于珊瑚礁资源的保护作用落到实处。

（3）加强宣传，提高公众保护意识。保护珊瑚礁是一项以保护全民利益为目标的长期任务，需要人们共同关注和维护，因此普及珊瑚礁知识必不可少。加强珊瑚礁生态保护的教育工作，让公众了解珊瑚对当地的自然环境和生活质量的长远影响，使其自觉避免破坏并参与保护；只有公众共同参与、共同保护，才能自下而上地完成对珊瑚礁的保护。许多国际组织［国际珊瑚礁倡议（International Coral Reef Initiative，ICRI），联合国环境规划署（United Nations Environment Programme，UNEP），世界自然保护联盟（International Union for Conservation of Nature and Natural Resources，IUCN），政府间海洋学委员会（Intergovernmental Oceanographic Commission，IOC），联合国教育、科学及文化组织（United Nations Educational Scientific and Cultural Organization，UNESCO）等］通过国际研讨会，发表和出版珊瑚礁研究成果资料，引起各国各地区有关部门的重视，为其提供评价和管理的依据。

（4）实行造礁珊瑚生存总体环境质量控制。通过采取必要措施，使保护区的环境等因素达到珊瑚生长的适宜度：平时加强环境监测与管理工作，维持一定的溶解氧（DO）浓度，任何情况下珊瑚礁区 DO 浓度不能低于 5.5mg/L；应断绝影响珊瑚礁区的农业和生活污水入海径流，限制水产养殖过度发展和生物需氧量（biological oxygen demand，BOD）工业源以及挟带高 BOD 负载的住宅区污水直接排入；采用各种手段控制农业、房屋建设的泥沙源，保持海水较高的透明度；控制污水排放，建立相应的污水处理系统，禁止邻近农田过量使用磷肥、氮肥，避免营养盐污染（富营养化），防止物理损伤；禁止涠洲港来往渔船、货船等船舶将含油废水直接排放入海；加强海底输油管、岛上油库等油气设施的管制，配备完善的应急设施，防治油污外泄；开展珊瑚的人工繁殖、移植等生态修复研究。

4.5.5　海洋药用生物资源开发潜力评价

4.5.5.1　海洋药用生物资源开发潜力的制约因素

海洋高压、高盐等特殊生态环境赋予海洋生物特殊的性质，使其具备药用开发潜力。考虑一种海洋生物是否有开发潜力的制约因素包括是否具有足够大的种群、是否适合临床应用和是否有经济开发价值。

第一，是否具有足够大的种群。为支撑海洋药用生物资源的科学研究和商业应用，待研究的生物资源必须有充足而巨大的种群量，如果用这种生物研发的药物发明后，生物种群被迅速消耗而枯竭，就不可能实现科学研究的预期目标。在不能从自然环境条件下直接采集足量的天然生物用于提取活性生物制品时，就应探讨其他的方法与技术以保障天然生物的供给，因此，必须探讨与发明有效的培养技术，为药物市场提供足量的海洋化合物。生产足量生物活性化合物的因素主要有三条：①大量培养生物的能力；②用化学方法合成化合物的能力；③用现代分子生物学技术，从遗传学角度控制生产化合物的培养系统。

第二，是否适合临床应用。海洋生物制药的形成需要药物发现、药物开发、药品生产三个基本阶段，其中药物开发阶段需要经历临床前实验、新药研究申请、临床研究Ⅰ、Ⅱ、Ⅲ期。据统计，一种新提取物最终成为具有市场价值的药物的概率只有 1/250 000。因此，在真正投入市场前的临床研究阶段，是确定海洋生物资源是否具有开发潜力的重要阶段。目前，研究表明，最有开发利用价值的海洋生物大体上可以分为海绵动物、苔藓虫和脊索动物 3 个类群。

第三，是否有经济开发价值。海洋药用生物资源开发利用的最终目的在于形成产业、获得利润，因此产业利润是促进海洋药物研究的动力源泉之一。海洋药用生物资源的科研成果转化为市场产品时，需充分考虑经济因素，即成本和需求因素，这涉及了产业发展的各个环节，如资源供给、产品研发、生产经营等。然而，海洋药用生物资源的开发利用不同于其他产业，新药研发、临床试验都需要刚性的时间和资金成本，进而导致海洋生物医药产业的研发周期相对较长，市场风险较高。推动一个新型药物市场化的过程需要 5～7 年的时间，投入成本为 1500 万美元到 5 亿美元。并且，人用生物制品需要保证绝对安全，因此制品的开发和市场化必须严格加以管理。科研成果的转化由于成本过高而难以产业化，也是制约我国海洋药用生物资源实现开发的因素之一。

4.5.5.2 海洋药用生物资源的开发利用对策

我国海洋药物研究起步较晚，20 世纪 90 年代之前并未引起各有关方面的足够重视。目前国内有不少单位从事海洋药物的研究和开发，也取得了一定的成果，但与发达国家相比差距较大，更存在着一些亟待解决的问题，如对海洋药用生物资源的调查还不完善、海洋生物基础研究不足、研发成果转化脱节等。为使我国以海洋生物资源为依托的海洋生物高新技术产业更好地发展，应针对海洋药用生物资源开发利用的现状进行合理调整。

（1）加强科技研究，建立有效的科研平台。海洋药用生物资源的开发利用具有高技术含量的特点，只有通过不断加强科技研究，开辟新的资源领域，探求新的方法和技术，才能使其得以充分开发利用。另外，海洋药用生物资源的开发利用是一个系统工程，涉及养殖技术、捕捞技术、现代生物技术、制药技术等多种学科，需要各个领域的密切合作，单靠一个领域的投入，很难取得可产业化的成果。因此，制药企业与科研单位、高校的通力合作，是促进我国海洋药用生物资源科研与临床应用相结合的重要途径。应当整合科研力量，将海洋科研与教育机构的科技资源优化配置，与大型药物产业集团形成紧密型一体化体系，建立一个联结多方面科研力量的企业合作开发平台，逐步形成以市场为导向、企业为主体、高校和科研院所为支撑、其他社会资源为补充的技术创新体系。

（2）加大研发投入，创新投资体制。海洋药用生物资源的开发利用属于技术密集型的产业，科研经费的需求比陆地资源的研究要大得多。当前世界上海洋药物研发占先的美国、日本及欧洲共同体的成员国，之所以在海洋药物研发方面取得较快发展，无一不是重视对该领域的大量集中投入。而我国经济实力相对薄弱，对于海洋药物的关键技术攻坚、产品开发和产业化来说，研发资金一直是掣肘难题。发达国家医药工业以销售额的 10%～15% 用于新药研究与开发，而我国仅为 1%～2%，且制药企业大多规模小，没有形成集团优势，每年能拿出 200 万元以上进行新药研究与开发的单位非常之少（罗素兰，2003）。对此，应增加对海洋药物企业及产品开发的财政补贴，对海洋药用生物资源开发企业在贷款及税收方面给予优惠政策，完善信贷担保体系，设立国家海洋药物开发基金，对研发进行资金的扶持。同时鼓励企业多渠道、多方面地筹集研发基金，充分吸引社会风险投资，引导金融机构支持生物产业的发展，支持企业产品研发。努力形成以政府为引导、企业投入为主体、社会投入和外资投入为重要来源的多元化投融资体系，以加大对海洋药用生物资源的研发投入。

（3）加强国际合作，优化资源配置。在经济一体化、国际化、全球化的时代背景下，国际不断加强合作，国家间的生产要素、商品、服务和资金的相互流动，全球经济联系的日益紧密，使得海洋药用生物资源开发利用的国际交流和合作成为必然。国际社会在海洋药用生物资源开发利用领域取得了很多好的经验和成果，值得我国海洋药物科技工作者认真借鉴和吸取。我们要抓住全球重视海洋生物技术开发的有利时机，围绕全球关心的问题，通过政府间直接合作、股份制海洋资源开发合资企业、技术和劳务合作等多种形式，充分利用国际国内市场、各国资源和高新技术，大力开展国际合作，在资金和技术方面取得有效的支持，优化海洋药用生物资源的配置，提高海洋资源的利用率，加快海洋药物的研发速度，促进中国海洋药用生物资源开发利用的发展，同时为全球海洋药物的发展做出更大贡献。

（4）注重知识产权保护，提高从业者积极性。海洋药用生物资源的开发利用属于高技术产业，知识产权的保护是非常重要的。我国知识产权保护意识较差，加之对新药研发资金投入不足，国内大部分生物医药都是模仿而来，这就潜伏着巨大危机。据统计，我国药品（化学药品）生产 97% 以上是仿制品，如我国 1990 年生产的 783 个西药品种中有 97.4% 是仿制品，仿制基因工程药物的比例更高，而大量仿制药物可能会引发大量诉讼，造成巨大损失。因此，要充分借鉴国外发达国家相关的知识产权保护法律、法规和成功经验，完善相关的《知识产权法》和《专利法》，制定专利、产权、商业秘密保护等制度，保护我国的海洋药物研发成果和技术，防止他人无偿仿制，给研制者带来损失，以此提高相关从业者的研发积极性。并借助互联网技术建立知识产权保护网，呼吁政府和企业共同参与知识产权保护和解决对外产权纠纷问题。

4.6 小　　结

广西海域属于热带海洋，生物资源丰富，拥有北部湾渔场和红树林、海草床和珊瑚礁等独特的海洋生物资源，拥有重要的经济价值和生态价值。

广西渔业资源丰富，其资源密度和资源量呈现较明显的季节变化，运用直接市场法求得广西2006～2007年渔业资源价值为24 321万元，且四季当中春季和夏季渔业资源价值较大，分别为29 810万元和19 590万元。为促进渔业资源的可持续利用，Cadima模式估算的广西北部湾海域渔业资源的最大可持续捕捞量约51万t/a，有效可捕量约49万t/a，简单模式估算的最大可持续捕捞量约34万t/a，有效可捕量约33万t/a。

广西是我国红树林分布的主要省（区）之一，红树林的面积位居全国第二，占全国红树林总面积的38.02%（范航清等，2015），截至2007年，广西红树林总面积约9197.4hm^2，其中，北海市红树林面积3411.4hm^2，钦州市3419.6hm^2，防城港市2366.4hm^2。广西红树林资源总价值为101 701.97万元/a，单位价值为11.06万元/(hm^2·a)，直接使用价值为68 204.00万元/a，占总价值的67.06%，其中直接实物价值为19 872.32万元/a，直接服务价值为48 331.68万元/a；间接使用价值为16 409.57万元/a，占总价值的16.13%；选择价值（维持生物多样性价值）为17 088.40万元/a，占总价值的16.80%。在广西红树林资源优势度方面，从省际层面看，广西较其他省（区）较高，从省内层面看，北海市红树林资源优势度较高。根据红树林资源各种开发利用方式的成本收益分析，基于社会经济效益最大化的红树林资源开发利用的顺序依次应为保护留存—发展生态旅游—围塘养殖—垦林造地—采掘经济作物。

广西的海草面积约957.74hm^2，占全国海草总面积的10%。北海市的海草面积最大，共876.06hm^2，占广西海草总面积的91.5%，防城港市的海草面积为64.43hm^2，占广西海草总面积的6.7%，钦州市海草面积最小，仅17.25hm^2，占广西海草总面积的1.8%。广西海草床资源总价值为12 633.73万元/a，单位价值为13.19万元/(hm^2·a)，直接使用价值共325.05万元/a，占总价值的2.57%，其中直接实物价值（提供经济物种价值）为201.12万元/a，直接服务价值为123.93万元/a；间接使用价值为9042.79万元/a，占总价值的71.58%；选择价值（维持生物多样性价值）为3265.89万元/a，占总价值的25.85%。根据海草床资源各种开发利用方式的成本收益分析，基于社会经济效益最大化的海草床资源开发利用的顺序依次应为保护留存—海水养殖—海水捕捞。

广西珊瑚礁资源分布总面积为31.262km^2，主要分布于北海市南面海域的涠洲岛、斜阳岛沿岸浅海区，防城港市江山半岛的白龙尾沿岸浅海仅有零星活珊瑚分布，没有形成珊瑚岸礁。广西珊瑚礁资源的总价值为14 407.69万元/a，单位价值为4.61万元/(hm^2·a)。珊瑚礁资源直接使用价值为7005.14万元/a，占总经济价值的48.62%；间接使用价值为2958.33万元/a，占总价值的20.53%；选择价值（维持生物多样性价值）4444.22万元/a，占总经济价值的30.85%。根据珊瑚礁资源各种开发利用方式的成本收益分析，基于社会经济效益最大化的珊瑚礁资源开发利用的顺序依次应为旅游观光—渔业资源利用。

广西有丰富的海洋药用生物资源，根据《广西海洋药物》收录记载，分布于广西海域的海洋药用生物共404种，其中动物342种、植物29种，其他（主要为非生物和生物部分器官等）33种。由于海洋生物医药的开发与应用需要较长的时间与巨大的投资，目前广西绝大多数海洋药用生物资源仅停留在民间使用阶段，未实现批量开发和生产，但其在未来仍具有巨大的潜在价值。

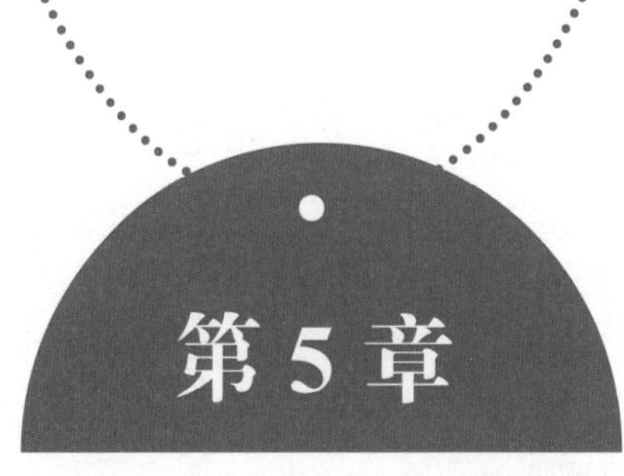

第5章 广西海洋空间资源综合评价

海洋空间资源由海域资源、岸线资源、滩涂资源和海岛资源构成。广西海洋空间资源十分丰富，其中海域面积共 658 200hm^2；大陆海岸线长 1628.59km，占我国大陆海岸线的 9.05%；海岛共计 709 个，占我国总海岛数的 9.71%；广西沿岸天然港湾有 53 个，可开发的大小港口共 21 个。本章综合评价广西海洋空间资源的种类、数量、地域组合、经济价值和开发利用程度，从整体上揭示海洋空间资源的优势与劣势，指出空间资源开发利用的潜力大小、限制性及限制强度，为充分发挥空间资源的多种功能和综合效益的规划与管理提供科学依据。

5.1 广西海洋空间资源概述

5.1.1 海洋空间资源的概念与分类

海洋空间资源是指可供人类利用的海洋三维空间，由一个巨大的连续水体及其上覆大气圈空间和下伏海底空间三大部分组成，在二维平面上它占据地球表面积的 70.8%，广达 3.61×10^8km^2。在垂向上，有平均 3.8km 深的水体空间（辛仁臣和刘豪，2008）。

海洋空间资源十分丰富，种类繁多，其基本属性和用途均具多样性，因此对海洋空间资源还没有形成完善的、公认的分类方案。参考辛仁臣和刘豪（2008）对海洋资源的分类方式将海洋空间资源分类，见表 5-1。

表 5-1 海洋空间资源分类及其利用举例

海洋资源类型	空间资源类型	具体类型
海洋空间资源	海岸与海岛空间资源	包括港口、海滩、潮滩、湿地等，可用于运输、工业、农业、城镇、旅游、科教等
	海面/洋面空间资源	国际、国内海运通道；海上人工岛、海上机场、工厂和城市；广阔的军事试验演习场所；海底旅游和体育运动场所等
	海洋水层空间资源	潜艇和其他民用水下交通工具运行空间；水层观光旅游和体育运动场所；人工渔场等
	海底空间资源	海底隧道、海底居住和观光场所；海底通信枢纽；海底运转管道；海底倾废场所；海底列车；海底城市等

本研究结合广西海洋空间资源的自然属性及开发利用方式，参考以上分类结果，将拟评价的广西海洋空间资源分为海域资源、岸线资源、海岛资源和港址资源 4 种。

5.1.2 海洋空间资源综合评价内容与原则

5.1.2.1 海洋空间资源综合评价内容

依据本课题研究目标，广西海洋空间资源综合评价内容由以下几方面组成。

（1）广西海洋空间资源的实物量评价。全面搜集并更新广西海域、岸线、海岛和港址资源的分类、数量及分布等基本资料，对资料进行可靠性、一致性和代表性审查分析，并进行资料的查补延长，为空间资源的价值评估、开发利用度评价以及开发潜力评价提供科学依据。

（2）广西海洋空间资源开发利用现状评价。梳理广西海域、岸线、海岛和港址资源的开发利用情况，是对实物量评价的进一步补充，为价值评估和开发潜力评价提供现实基础，也是编制空间资源利用总体规划的基础和起点。

（3）广西海洋空间资源价值评估。基于空间资源实物量数据，分别对海域、岸线、海岛和港址资源的经济价值及生态服务价值进行评估，评估结果有助于说明价值与海洋空间资源开发的原则、战略目标之间的关系，为基于海洋资源价值的开发利用与管理提供决策依据。

（4）广西海洋空间资源开发利用度评价。分别对海域资源的布局、利用方式、资源环境消耗量和可持续程度，以及海岛资源优势度、港址资源的等级质量进行评价，以提高海洋空间资源利用效率，提高管理水平，取得良好的经济、社会、生态环境综合效益。

（5）广西海洋空间资源开发潜力评价。评价海洋空间资源用于渔业生产、工业开发或其他利用方面的潜在能力。海洋空间资源开发潜力评价是制定海洋功能区划、选择海洋主导产业、布局产业规划的依据。

5.1.2.2　海洋空间资源综合评价原则

广西海洋空间资源综合评价主要依据以下原则。

（1）综合分析原则。海洋空间资源的评价，不仅要对海洋空间资源的实物量进行评价，还要从空间资源的价值、开发潜力和优势度等不同角度进行评价。通过综合分析，从不同角度进行评价得出结果，使结论更加可信。

（2）地域分异原则。在评价海洋空间资源中，要充分考虑海洋空间资源的地区差异以及不同地区的海洋功能区划差异，在不同的海洋空间采取与其资源特征相适应的评价方法。

（3）系统科学原则。海洋空间资源作为所有海洋资源的载体，是一个三维多层次的概念，包括海洋水体垂直上方的大气、下方的海土与海床和中间的海水三个部分。将广西海洋空间资源作为一个整体来看待，利用系统分析的方法，将海洋空间资源中的海域资源、岸线资源、海岛资源和港址资源作为整个系统内的子系统来评价。同时，在评价过程中，对价值、优势度和开发潜力的评价要有科学依据，准确地评价广西海洋空间资源。

（4）可持续利用原则。海洋空间资源评价应在可持续发展的前提下进行。可持续发展理论的实质是强调资源利用、经济增长、环境保护和社会发展协调一致，既能满足当代人需要，又不损害满足后代人需要的能力。海洋空间资源的可持续利用，就是在保证生态环境不受破坏的情况下，实现海洋空间资源的高效利用。

5.1.3　广西海洋空间资源综合评价数据来源与技术路线

5.1.3.1　数据来源

（1）文章、专著等正式出版物和学术期刊。

（2）广西统计年鉴，北海市、钦州市、防城港市统计年鉴。

（3）北海市、钦州市、防城港市各相关部门的各类统计数据。

（4）“908 专项”调查相关资料及其他专项调查资料。

（5）实地调研数据。

5.1.3.2　技术路线

广西海洋空间资源综合评价技术路线如图 5-1 所示。

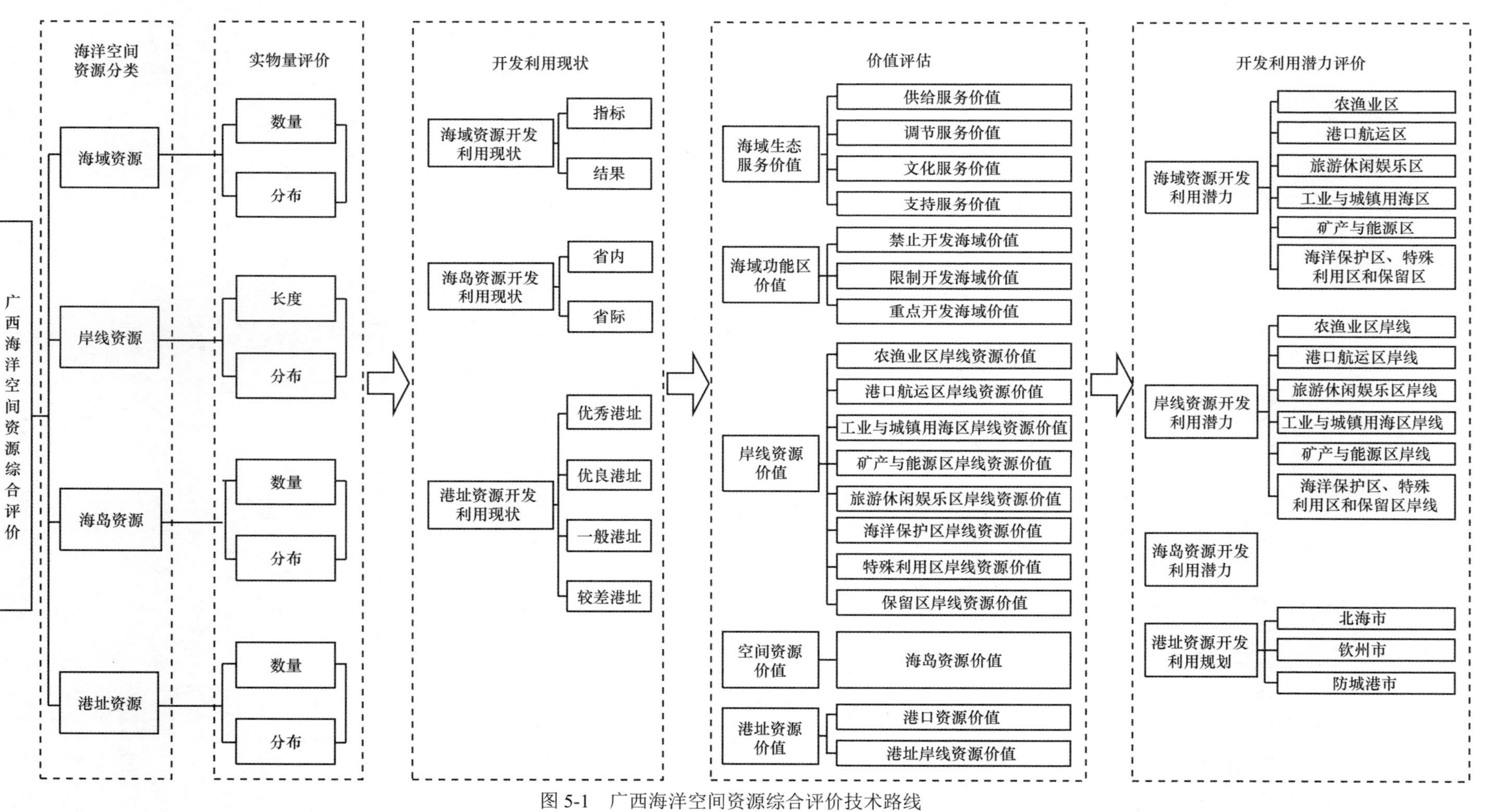

图 5-1　广西海洋空间资源综合评价技术路线

5.2 广西海洋空间资源实物量评价

广西海洋空间资源由海域资源、岸线资源、海岛资源及港址资源构成。

5.2.1 海域资源实物量评价

广西近岸海域空间范围：西起中越北部湾北部海上分界线，东至粤桂海域行政区域界线，向陆一侧至广西壮族自治区人民政府批准的海岸线，向海一侧至粤桂海域行政区域界线南端点向西的直线。涠洲岛和斜阳岛周边海域范围：涠洲岛、斜阳岛向外约 3km 的海域范围。

广西沿海地级市从东往西依次为北海市、钦州市和防城港市，它们之间在上面海域空间范围内的海域界线确定如下：以广西海域勘界界线为基础，向海一侧以海域勘界界线最后一段直接延伸，向陆一侧为正规出版的 1∶50 000 地形图的界线。

广西海域面积共 658 200hm^2，其中 0m 等深线以浅海域 121 800hm^2，0～10m 等深线海域 191 100hm^2，10～15m 等深线海域 135 800hm^2，15～20m 等深线海域 135 700hm^2，20～30m 等深线海域 73 000hm^2，30～40m 等深线海域 800hm^2。表 5-2 为广西海域面积统计表。

表 5-2 广西海域面积统计表 （单位：hm^2）

水深	0m 以浅	0～10m	10～15m	15～20m	20～30m	30～40m	合计
防城港市	30 600	8 800	38 700	53 600	54 900	0	186 600
钦州市	24 900	55 100	25 800	45 400	7 200	0	158 400
北海市	66 300	127 200	71 300	36 700	10 900	800	313 200
广西合计	121 800	191 100	135 800	135 700	73 000	800	658 200

数据来源：国家海洋局第三海洋研究所（2009a，2009b）

注：不包含海岛面积

5.2.1.1 北海市

北海市的海岸线东起山口镇的英罗港口，经沙田、白沙、公馆、闸口、南康、兴港、营盘、福成、银滩、平阳、高德、廉州、党江、沙岗至西北的西场等 15 个镇（街道）。海岸类型主要有砂质海岸、沙坝-潟湖海岸、三角洲海岸、海蚀海岸及珊瑚礁海岸等。沿海岸自东向西海湾有英罗港湾、铁山港湾、营盘港湾、白龙港湾、西村港湾、沙虫寮港湾、电白寮港湾、南沥港湾、北海港湾、廉州港湾等 10 多个港湾。

北海市辖区内及涠洲岛、斜阳岛周边毗邻的海域约 313 200hm^2，0m 等深线以浅海域 66 300hm^2（包括沿岸滩涂和干出沙等），主要分布在廉州湾（北海港）和银滩镇以东沿岸，其中岩滩 0.900hm^2、沙滩 47 800hm^2、砾石滩 200hm^2、泥滩 113.400hm^2、生物滩 39.400hm^2。涠洲岛、斜阳岛周围海域是广西沿海珊瑚礁唯一生长的海区，也是南海北部湾生长珊瑚礁最北的海区；0～10m 等深线海域 127 200hm^2，10～15m 等深线海域 71 300hm^2，15～20m 等深线海域 36 700hm^2，20～30m 等深线海域 10 900hm^2，30～40m 等深线海域 800hm^2（国家海洋局第三海洋研究所，2009b）。

5.2.1.2 钦州市

钦州市自大风江口，过三娘湾至钦州湾的大部分海域，总面积为 158 400hm^2。0m 等深线以浅海域 24 900hm^2（包括沿岸滩涂和干出沙等），其中岩滩 300hm^2、沙滩 10 790hm^2、砂砾滩 250hm^2、淤泥滩 7790hm^2、生物滩 2540hm^2。0～10m 等深线海域 55 100hm^2，10～15m 等深线海域 25 800hm^2，15～20m 等深线海域 45 400hm^2，20～30m 等深线海域 7200hm^2（国家海洋局第三海洋研究所，2009b）。

5.2.1.3 防城港市

防城港市东起防城区的茅岭镇，经港口区的企沙、光坡两镇，防城区的珠河、文昌、水营、江山镇（街道），东兴市的江平镇，西至东兴镇北仑河口止。海湾（河口）主要有防城港湾、珍珠港湾、北仑河口。海域总面积为 186 600hm^2。0m 等深线以浅海域 30 600hm^2（包括沿岸滩涂和干出沙等），其中岩滩 520hm^2、沙滩 20 150hm^2、砂砾滩 400hm^2、泥滩 4150hm^2、生物滩 5380hm^2。0～10m 等深线海域 8800hm^2，10～15m 等深线海域 38 700hm^2，15～20m 等深线海域 53 600hm^2，20～30m 等深线海域 54 900hm^2（国家海洋局第三海洋研究所，2009b）。

5.2.2 岸线资源实物量评价

海岸线是指海陆分界线，其位置的历史变动能客观反映海陆各种动力过程在不同时空尺度上的相互作用。海岸线长度通常用以表征区域海洋资源丰度，海岸线类型在一定程度上反映开发利用的强度和开发利用方向。

5.2.2.1 岸线资源分类

广西岸线东起白沙半岛高桥镇，西至中越边境的北仑河口，大陆海岸线总长 1628.59km。主要岸线类型包括人工岸线、砂质岸线、粉砂淤泥质岸线、生物岸线、基岩岸线和河口岸线。岸线类型中，以人工岸线为主，长度为 1280.21km，占岸线总长度的 78.61%；河口岸线、砂质岸线、粉砂淤泥质岸线、生物岸线、基岩岸线长度分别为 5.72km、111.96km、110.61km、89.30km、30.79km。

根据表 5-3、表 5-4 可知，粉砂淤泥质岸线和基岩岸线主要分布于防城港市管辖岸段；生物岸线主要分布于钦州市和北海市管辖岸段；砂质岸线和河口岸线在三个沿海市管辖岸段分布较平均。

表 5-3 广西岸线类型与长度统计表

岸线类型	长度（km）	所占百分比（%）
人工岸线	1280.21	78.61
河口岸线	5.72	0.35
砂质岸线	111.96	6.88
粉砂淤泥质岸线	110.61	6.79
生物岸线	89.30	5.48
基岩岸线	30.79	1.89
合计	1628.59	100

注：表中数据经过数值修约，存在进舍误差

表 5-4 广西沿海三市岸线类型与长度统计表

	岸线类型	长度（km）	总计（km）
防城港市	人工岸线	395.35	537.79
	河口岸线	1.09	
	砂质岸线	35.22	
	粉砂淤泥质岸线	82.51	
	生物岸线	4.46	
	基岩岸线	19.16	
钦州市	人工岸线	445.47	562.64
	河口岸线	1.55	
	砂质岸线	26.14	
	粉砂淤泥质岸线	23.46	
	生物岸线	57.66	
	基岩岸线	8.35	

续表

	岸线类型	长度（km）	总计（km）
北海市	人工岸线	439.39	528.16
	河口岸线	3.08	
	砂质岸线	50.60	
	粉砂淤泥质岸线	4.64	
	生物岸线	27.18	
	基岩岸线	3.28	
合计			1628.59

注：表中数据经过数值修约，存在进舍误差

5.2.2.2　岸线资源分布

1）防城港市

Ⅰ. 防城港市东兴市

防城港市东兴市位于广西海岸带最西部，岸线以人工岸线为主（表 5-5），在金滩地区、京岛地区有部分砂质岸线及粉砂淤泥质岸线等，其他类型岸线较少，河口岸线是江平江出海口岸线。

表 5-5　防城港市东兴市岸线长度与分类统计

岸线类型	长度（km）	所占百分比（%）
人工岸线	47.04	88.24
河口岸线	0.22	0.41
砂质岸线	3.55	6.66
粉砂淤泥质岸线	2.39	4.48
生物岸线	0.00	0
基岩岸线	0.11	0.21
合计	53.30	100

Ⅱ. 防城港市港口区

防城港市港口区包括港口地区和企沙半岛。港口地区人工岸线广泛分布（表 5-6），以防波海堤和人工填海造陆岸线为主，企沙半岛岸线以自然岸线为主。但是，在港口地区半岛东部，由于人工造陆影像较少，仍然有少量以粉砂淤泥质岸线为主的自然岸线。而港口区的自然岸线大多在企沙半岛地区，以砂质岸线和粉砂淤泥质岸线为主，仅有少量基岩岸线。

表 5-6　防城港市港口区岸线长度与分类统计

岸线类型	长度（km）	所占百分比（%）
人工岸线	266.74	77.81
河口岸线	0.24	0.07
砂质岸线	20.35	5.94
粉砂淤泥质岸线	45.26	13.20
生物岸线	4.05	1.18
基岩岸线	6.19	1.81
合计	342.83	100

Ⅲ. 防城港市防城区

防城港市防城区包括江山半岛和西湾，主要为以围塘为代表的人工岸线（表 5-7）。除了人工岸线，在江山半岛和西湾保留着较完好的自然岸线，包括砂质岸线、粉砂淤泥质岸线和基岩岸线，是北部湾地区自然岸线比重最大的地段。

表 5-7　防城港市防城区岸线长度与分类统计

岸线类型	长度（km）	所占百分比（%）
人工岸线	81.57	57.58
河口岸线	0.63	0.44
砂质岸线	11.32	7.99
粉砂淤泥质岸线	34.86	24.61
生物岸线	0.41	0.29
基岩岸线	12.87	9.09
合计	141.66	100

2）钦州市

钦州市的海域全部属于钦南区，由于范围跨度较大，因此存在各种类型岸线。人工岸线在钦州港口区形状比较复杂，占比很大，同时由于钦州海岸有很多河流汇入，因此拥有一定的河口岸线（表 5-8）。三娘湾、犀牛脚地区自然岸线保护较好，基岩岸线和生物岸线较多。

表 5-8　钦州市岸线长度与分类统计

岸线类型	长度（km）	所占百分比（%）
人工岸线	445.47	79.17
河口岸线	1.55	0.28
砂质岸线	26.14	4.65
粉砂淤泥质岸线	23.46	4.17
生物岸线	57.66	10.25
基岩岸线	8.35	1.48
合计	562.64	100

Ⅰ. 茅尾海沿岸

茅尾海地区位于钦州市的钦南区西部、钦州市的正南方。其岸线分布可以看出，在茅尾海的海湾西部，以人工岸线为主，有少量粉砂淤泥质岸线和基岩岸线，且大多数分布在岸线的“凸”部，岸线走势复杂；在茅尾海的北部湾区域，岸线比较简单，自然岸线占比较少，且以粉砂淤泥质岸线为主，在滩营河、茅岭江和钦江的出海口为河口岸线。

Ⅱ. 钦州港地区

钦州港地区从 20 世纪 90 年代末开始进行大规模港口建设，其范围包括现钦州港所在地的半岛。钦州港地区的岸线分布可以看出，钦州港地区虽然以人工岸线为主，但在西部海岸仍然有总长约 6km 的粉砂淤泥质岸线，而在钦州港地区东部有少量基岩岸线。

Ⅲ. 犀牛脚地区

犀牛脚地区位于钦州市钦南区南部，是钦州地区海洋生态保护较完好的地区。其岸线分布可以发现，犀牛脚地区的自然岸线保存较完好。自然岸线长度占比超过 30%，以砂质岸线为主，有少量基岩岸线，特别是三娘湾旅游区，以砂质岸线为主，旅游资源丰富。

3）北海市

Ⅰ. 北海市合浦县

合浦县岸线占北海市岸线的比例最大，包括北海市东部和西部，包围北海市城区。人工岸线占绝对优势（表 5-9），且以围海造塘岸线为主。在山口镇地区有较大面积的红树林海岸。合浦县的海岸带分为东段和西段（中间被北海市隔开），其中西段是合浦县所在地，东段以公馆镇、白沙镇、山口镇和沙田镇为主。西段岸线比较简单，以人工岸线为主。南流江出海口处岸线稍复杂，由于该出海口淤泥较多，因此自然岸线保存比较好，以粉砂淤泥质岸线为主，有少量的河口岸线；东段海岸带以铁山港沿岸为主，包括丹兜海和英罗港地区，其岸线分布可以看出，在铁山港东面海岸北部，岸线比较复杂，小型海湾很多，以人工岸线为主，仅有少量的生物岸线，而在山口半岛地区，岸线复杂程度较低，岸线平缓，有大量的砂质岸线及少量的基岩岸线分布。

表 5-9　北海市合浦县岸线长度与分类统计

岸线类型	长度（km）	所占百分比（%）
人工岸线	281.08	85.36
河口岸线	1.97	0.60
砂质岸线	16.31	4.95
粉砂淤泥质岸线	4.41	1.34
生物岸线	24.94	7.57
基岩岸线	0.56	0.17
合计	329.27	100

Ⅱ. 北海市海城区

北海市海城区仅包括城市西面临海地区，大多数都是城市海堤，自然岸线很少，主要分布于靠近合浦城市外围海岸带（表 5-10）。北海市海城区的岸线比较平缓，复杂程度较低，由于在城市核心地区，因此需要建设大量防波堤，北部以人工岸线为主。冠头岭地区由于是国家保护的森林公园，自然环境保存较好，是海城区主要的自然岸线区，以基岩岸线为主。

表 5-10　北海市海城区岸线长度与分类统计

岸线类型	长度（km）	所占百分比（%）
人工岸线	22.64	83.51
河口岸线	0.01	0.04
砂质岸线	3.96	14.61
粉砂淤泥质岸线	0.00	0
生物岸线	0.15	0.55
基岩岸线	0.35	1.29
合计	27.11	100

Ⅲ. 北海市银海区

北海市银海区位于北海城区中部，包括银滩旅游区和北暮盐场区，旅游区人工堤坝很多，盐场由围海盐田的堤坝组成。以人工岸线为主（表 5-11），东部有少量的砂质岸线和基岩岸线。在河口出海口有少量河口岸线，冠头岭属于基岩岸线。

表 5-11　北海市银海区岸线长度与分类统计

岸线类型	长度（km）	所占百分比（%）
人工岸线	78.51	87.28
河口岸线	0.66	0.73
砂质岸线	7.99	8.88
粉砂淤泥质岸线	0.23	0.26
生物岸线	0.20	0.22
基岩岸线	2.36	2.62
合计	89.95	100

Ⅳ. 北海市铁山港区

北海市铁山港区位于北海市城区东部，包括铁山港、北暮盐场分场等。自然砂质岸线保存较好，所占比例在各个区中最大（表 5-12）。在铁山港区西南部的岸线复杂程度低，以砂质岸线为主，东部地区有铁山港建设以及一些围海建塘养殖，因此以人工岸线为主。

表 5-12　北海市铁山港区海岸线长度分类统计

岸线类型	长度（km）	所占百分比（%）
人工岸线	57.16	69.86
河口岸线	0.44	0.54
砂质岸线	22.34	27.30
粉砂淤泥质岸线	0.00	0
生物岸线	1.88	2.30
基岩岸线	0.00	0
合计	81.82	100

5.2.3　海岛资源实物量评价

海岛系指四面环水、高潮时露出水面、面积大于 500m^2 的陆地区域，是连接大陆和海洋的“岛桥”，兼具陆海资源优势。海岛深水岸线适于发展港口航运；周边浅海和滩涂适宜海水养殖，独具特色的海岛风光适宜发展海岛旅游。同时，海岛作为独立的生态系统具有较高的自然保护和科学研究价值。

5.2.3.1　海岛资源分类

根据海岛的社会属性、成因、物质组成、所处位置等特征可对海岛进行不同的分类。按社会属性，可分为有居民海岛和无居民海岛；按成因，可分为大陆岛、海洋岛和堆积岛 3 类；按物质组成，可分为基岩岛、沙泥岛和珊瑚岛 3 类；按离岸距离，可分为陆连岛、沿岸岛、近岸岛和远岸岛 4 类；按面积，可分为特大岛、大岛、中岛、小岛和微型岛 5 类；按所处位置，可分为河口岛、海湾岛、海内岛和海外岛 4 类；按有无淡水，可分为有淡水海岛和无淡水海岛；按海岛的分布形态，可分为群岛、列岛和岛。

1）按社会属性分类

Ⅰ. 有居民海岛

有居民海岛为大陆海岸线以外现有或曾有户籍人口的海岛。这类海岛一般面积较大、资源丰富，有人常住并从事开发生产活动。广西有居民海岛共 16 个，占广西海岛总数的 2.26%。其中，北海市有居民海岛 6 个，钦州市有居民海岛 5 个，防城港市有居民海岛 5 个。

Ⅱ. 无居民海岛

无居民海岛是指没有户籍人口的海岛。广西海岛虽然均有不同程度的开发，但绝大多数为无居民海岛。少数海岛虽然长期有养殖户居住，但其户籍不在岛上，仍定为无居民海岛；大陆海岸线附近个别陆连岛或较大的岛屿已有户籍人口（住宅挂有门牌号码），但因没有得到县（市）级以上政府的确认和权威统计，亦暂定为无居民海岛。

2）按成因分类

Ⅰ. 大陆岛

大陆岛系大陆地块延伸到海底并露出海面而形成的岛屿，它原是大陆的一部分，因地壳沉降或海面上升与大陆分离，所以，其地质构造、岩性和地貌等方面与邻近大陆基本相似。广西绝大多数海岛为大陆岛，有大陆岛 676 个，占海岛总数的 95.346%。

Ⅱ. 海洋岛

海洋岛又称大洋岛，是海底火山喷发或珊瑚礁堆积露出海面形成的岛屿。按其成因又可进一步分为火山岛和珊瑚岛两种。火山岛系海底火山喷发物质堆积并露出海面而形成的岛屿。火山岛一般远离大陆，如涠洲岛就是火山岛。广西的火山岛有北部湾外海的涠洲岛、斜阳岛和猪仔岭岛。其中，涠洲岛和斜阳岛是我国最大的两个第四纪火山岛，拥有南湾火山口、横路山火山口和斜阳村火山口等典型的火山地貌景观。珊瑚岛系指由海洋中造礁珊瑚的钙质遗骸和石灰藻类等生物遗骸堆积而形成的岛屿。

Ⅲ. 堆积岛

堆积岛是由于泥沙堆积而形成的海岛。广西有堆积岛 30 个，占海岛总数的 4.231%。堆积岛根据其动力成因，又可进一步划分为海积岛和冲积岛。海积岛的形成以海洋作用为主。广西有海积岛 11 个，主要分布在铁山湾、大风江口、钦州湾等湾口地区，这些地区潮流、沿岸流和风暴潮作用强，动力变化也大，加之泥沙来源丰富，因而形成以沙为主的海积岛。冲积岛的形成以河流冲积作用为主，海洋作用为辅。广西共有冲积岛 19 个，主要分布在南流江口、钦江口、茅岭江口、防城江口、江平江口和北仑河口。

3）按物质组成分类

Ⅰ. 基岩岛

基岩岛系指由固结的沉积岩和火山岩组成的海洋岛屿。广西海岛绝大多数为基岩岛，基岩岛总数达 679 个，占广西海岛总数的 95.769%，主要分布于钦州湾、防城港湾、大风江口、铁山港湾、珍珠港湾等海湾。基岩岛由于港湾交错、深水岸线长，是建设港口和发展海洋交通运输业的理想场所。

Ⅱ. 沙泥岛

沙泥岛系指由砂、粉砂和黏土等碎屑物质经过长期堆积作用形成的岛屿。一般泥岛只形成于河口，而沙岛形成于湾口（徐承德和冯守珍，2008）。广西有沙泥岛 30 个，占海岛总数的 4.231%，主要分布于南流江等河口地区或大陆砂质岸滩之上。其中，铁山湾东南部有沙泥岛 3 个，代表性海岛为斗谷墩；廉州湾有沙泥岛 12 个，代表性海岛为南域岛、渔江岛、七星岛、针鱼漫岛、草鞋墩；大风江口有沙泥岛 5 个，代表性海岛为大辽岛、土地墩、横沙岗墩；钦州湾有沙泥岛 3 个，代表性海岛为石江墩；防城港湾有沙泥岛 5 个，集中分布在防城江口；珍珠港湾有沙泥岛 1 个，即江平江口的山心岛；北仑河口有沙泥岛 1 个，即独墩。

4）按离岸距离分类

Ⅰ. 陆连岛

陆连岛是指以人工修建的道路（单一道路）、堤坝、桥梁、盐田、养殖池塘等形式与大陆相连的海岛。广西共有陆连岛 380个，占海岛总数的 53.60%。其中通过堤坝或公路直接或间接与大陆相连的海岛有 362 个；桥连岛有 13 个，包括渔沥岛和簕沟墩等重要的有居民海岛和个别无居民海岛。另外，还有 5 个无居民海岛被圈闭在养殖池塘内，因为其已经作为陆连体的一部分，亦归入陆连岛。广西陆连岛数量超过一半，侧面反映了广西海岛的开发程度较高，特别是养殖开发相当普遍。

北海市共有陆连岛 44 个，占该市海岛总数的 62.86%，其中海城区有陆连岛 1 个，即外沙岛，合浦县有陆连岛 43 个。钦州市有陆连岛 128 个，占该市海岛总数的 42.11%。防城港市共有陆连岛 208 个，占该市海岛总数的 62.09%，其中防城区有陆连岛 47 个，港口区有陆连岛 160 个，东兴市有陆连岛 1 个，即山心岛。

Ⅱ. 沿岸岛

沿岸岛是指不与大陆相连、沿大陆海岸线分布且距离大陆海岸线不超过 10km 的海岛。广西有沿岸岛 326 个，占海岛总数的 46.0%。沿岸岛在广西沿岸各港湾均有分布，且多分布于水道中央或相对开阔的海域，海岛开发程度较低，基本处于自然状况，典型的如铁山湾的老鸦洲、探箔墩、钓鱼台、红沙墩和茅墩岛等，大风江口的暗沙墩、白沙墩、抄墩、割茅墩、对叉墩、大墩岛群等，钦州湾外湾的大三墩、细三墩、大庙墩、乌雷炮墩和青菜头岛，钦州湾的七十二泾和龙门岛东南部岛群，防城港湾西湾的将军山、龙孔墩、老鼠墩、大独墩等，防城港湾东湾的嘐呃墩、山猪山、老鸦墩等，珍珠港湾东部的大墩、白马墩、白马墩尾、尽尾墩、狗仔墩等。

Ⅲ. 近岸岛

近岸岛是指距离大陆海岸线在 10km 以上、但小于 100km 的海岛。广西有近岸岛 3 个，即北海市的涠洲岛、斜阳岛和猪仔岭岛。

5）按面积分类

海岛按面积可分为特大岛、大岛、中岛、小岛和微型岛 5 类。特大岛是面积大于等于 250 000hm^2 的海岛；大岛是面积为 10 000～250 000hm^2 的海岛；中岛是面积为 500～10 000hm^2 的海岛；小岛是面积为 0.05～500hm^2 的海岛；微型岛为海岛面积小于 0.05hm^2 的海岛。根据上述原则统计，广西没有特大岛和大岛，中岛有 8 个，占海岛总数的 1.1%；小岛有 674 个，占海岛总数的 95.1%；微型岛有 27 个，占海岛总数的 3.8%。

广西面积最大的海岛为防城港市港口区的渔沥岛，面积为 2620.1hm^2；其次是北海市海城区的涠洲岛，面积为 2471.6hm^2；第三是北海市合浦县南流江口的渔江岛，面积为 2187.7hm^2；第四是北海市合浦县南流江口的南域岛，面积为 1640hm^2；第五是钦州市钦江口的犁头咀岛，面积为 1191.4hm^2；第六是钦州市的龙门岛（含西村岛），面积为 1132.6hm^2；第七是钦州市茅岭江口的团和岛，面积为 778.5hm^2；第八是防城港市的山心岛，面积约为 588hm^2。以上 8 个岛均为有居民海岛，其中的渔江岛、南域岛、犁头咀岛、团和岛和山心岛为新增海岛。

6）按所处位置分类

按所处位置，可将海岛分为河口岛、海湾岛、海内岛和海外岛 4 类。

河口岛系指分布在河流入海口附近的岛屿，这些岛屿一般都是由河流挟带来的冲积物经过多年堆积形成的，根据《全国海岛资源综合调查报告》，广西有河口岛 9 个。海湾岛指分布在海湾以内的岛屿，由于许多海湾都是建设和发展海洋渔业的良好场所，因此这些海岛在发展海洋交通运输业和海洋渔业方面有重要作用，广西有海湾岛 22 个。海内岛指分布在海湾以外，距离大陆海岸线 45km 以内的海岛，广西有海内岛 618 个。海外岛指分布在海内岛以外，距离大陆海岸线超过 45km 的海岛，广西有海外岛 5 个①。

5.2.3.2 海岛资源空间分布

1）北海市

北海市海城区和合浦县共有海岛 70 个，占广西海岛总数的 9.87%；海岛总面积为 7187hm^2，占广西海岛总面积的 46.19%；海岛岸线长 153.44km，占广西海岛岸线总长度的 22.86%。

① 面积小于 500 平方米的海岛不属于本书研究范围。

北海市海岛资源统计情况如表 5-13 所示，其中，海城区有 4 个海岛，即外沙岛、涠洲岛、斜阳岛和猪仔岭岛，主要分布于北部湾外海；海岛总面积为 2720hm^2，岸线总长度为 37.07km。合浦县有 66 个海岛，主要分布在铁山港、大风江口东部和南流江口；海岛总面积为 4467hm^2，岸线总长度为 116.38km。

表 5-13　北海市海岛资源统计表

县（区、市）	海岛数量		海岛面积		岸线长度	
	数值（个）	占比（%）	数值（hm^2）	占比（%）	数值（km）	占比（%）
海城区	4	0.56	2720	17.48	37.07	5.52
合浦县	66	9.31	4467	28.71	116.38	17.34
合计	70	9.87	7187	46.19	153.44	22.86

数据来源：孟宪伟和张创智（2014）

2）钦州市

钦州市（钦南区）有海岛 304 个，占广西海岛总数的 42.88%；海岛面积为 4134hm^2，占广西海岛总面积的 26.57%；海岛岸线长 259.52km，占广西海岛岸线总长度的 38.67%。海岛主要分布在钦州湾（包括茅尾海、钦州湾外湾及鹿耳环江、金鼓江）内，共有海岛 218 个；其余在大风江口西部，共有海岛 86 个。钦州市海岛资源统计情况如表 5-14 所示。

表 5-14　钦州市海岛资源统计表

县（区、市）	海岛数量		海岛面积		岸线长度	
	数值（个）	占比（%）	数值（hm^2）	占比（%）	数值（km）	占比（%）
钦南区	304	42.88	4134	26.57	259.52	38.67

数据来源：孟宪伟和张创智（2014）

3）防城港市

防城港市防城区、港口区和东兴市有海岛 335 个，占广西海岛总数的 47.25%；海岛面积为 4237hm^2，占广西海岛总面积的 27.23%；海岛岸线长 258.21km，占广西海岛岸线总长度的 38.47%。

防城港市海岛资源统计情况如表 5-15 所示，其中防城区有海岛 102 个，占广西海岛总数的 14.39%，主要分布在茅尾海西部、珍珠港东部，海岛面积为 413hm^2，海岛岸线长 57.38km。港口区有海岛 231 个，占广西海岛总数的 32.58%，主要分布在钦州湾西部、防城港东湾、防城港西湾，海岛面积为 3224hm^2，海岛岸线长 186.92km。东兴市有海岛 2 个，即珍珠港湾西部的山心岛和北仑河口的独墩，海岛面积为 600hm^2，海岛岸线长 13.91km。

表 5-15　防城港市海岛资源统计表

县（区、市）	海岛数量		海岛面积		岸线长度	
	数值（个）	占比（%）	数值（hm^2）	占比（%）	数值（km）	占比（%）
防城区	102	14.39	413	2.65	57.38	8.55
港口区	231	32.58	3224	20.72	186.92	27.85
东兴市	2	0.28	600	3.86	13.91	2.07
合计	335	47.25	4237	27.23	258.21	38.47

数据来源：孟宪伟和张创智（2014）

5.2.3.3　有居民海岛和无居民海岛

1）有居民海岛

有居民海岛为大陆海岸线以外现有或曾有户籍人口的海岛。经“908专项”海岛综合调查确认，广西有居民海岛共 16 个，占广西海岛总数的 2.26%。北海市有居民海岛 6 个，分别是涠洲岛、斜阳岛、外沙岛、七星岛、渔江岛和南域岛，前 3 个岛属于海城区，后 3 个岛属于合浦县；钦州市有居民海岛 5 个，分别是龙门岛、团和岛、犁头咀岛、簕沟墩和麻蓝岛；防城港市有居民海岛5个，分别是渔沥岛、长榄岛、针鱼岭、大茅岭岛和山心岛，其中渔沥岛属于港口区，长榄岛、针鱼岭和大茅岭岛属于防城区，山心岛属于东兴市。广西有居民海岛的面积、岸线长度、人口及行政级别见表5-16。

表5-16 广西有居民海岛信息统计表

行政区划	海岛名称	面积（hm^2）	岸线长度（km）	人口（人）	行政级别
北海市海城区	涠洲岛	2 471.6	24.672	14 251	镇级
	斜阳岛	182.7	5.981	363	村级
	外沙岛	65.7	6.179	2 450	居委会
北海市合浦县	七星岛	312.9	11.202	1 200	村级
	渔江岛	2 187.7	25.06	12 500	村级
	南域岛	1 640	30.193	10 000	村级
钦州市钦南区	龙门岛	1 132.6	34.864	8 054	镇级
	团和岛	778.5	12.833	4 182	村级
	犁头咀岛	1 191.4	23.07	2 269	村级
	簕沟墩	241	9.159	现为港口	自然村
	麻蓝岛	25.4	2.774	现为旅游区	自然村
防城港市港口区	渔沥岛	2 620.1	50.549	50 659	县市级
防城港市防城区	长榄岛	39.362 3	5.115	350	自然村
	针鱼岭	86.650 9	7.025	450	自然村
	大茅岭岛	139.806 2	7.958	750	村级
防城港市东兴市	山心岛	588.028 4	11.425	4 745	村级
合计		13 703.447 8	268.059	112 223	

数据来源：孟宪伟和张创智（2014）

广西有居民海岛总面积为13 703.4478hm^2，占广西海岛总面积的88.076%；海岛岸线长268.059km，占广西海岛岸线总长度的39.939%。可以看出，有居民海岛数量虽少，但面积和岸线长度所占比重很大。

2）无居民海岛

无居民海岛是指没有户籍人口的海岛。广西海岛虽然均有不同程度的开发，但绝大多数为无居民海岛。根据上述原则统计，广西现有无居民海岛693个，占海岛总数的97.74%；总面积为1855.2493hm^2，占广西海岛总面积的11.924%；海岛岸线长403.110km，占广西海岛岸线总长度的60.061%。其中，北海市共有64个无居民海岛（海城区1个，合浦县63个）；钦州市（钦南区）共有299个无居民海岛；防城港市共有330个无居民海岛（防城区99个，港口区230个，东兴市1个）。沿海各地级市、县（市、区）的无居民海岛数量、面积、岸线长度见表5-17。

表5-17 广西无居民海岛基本信息统计表

地级市	县（市、区）	海岛数量（个）	面积（hm^2）	岸线长度（km）
北海市	海城区	1	0.383	0.239
	合浦县	63	326.687	49.913
	小计	64	327.070	50.152
钦州市	钦南区	299	765.2168	176.817
防城港市	防城区	99	146.8824	37.281
	港口区	230	603.8691	136.371
	东兴市	1	12.211	2.489
	小计	330	762.9625	176.141
总计		693	1855.2493	403.110

数据来源：孟宪伟和张创智（2014）

5.2.3.4　广西海岛自然资源

海岛资源泛指分布在海洋岛屿上的、可以被人类利用的物质、能量和空间。广西近海海岛星罗棋布，是广西重要的海洋资源。广西海岛资源丰富，主要的自然资源有土地资源，植被资源，淡水资源，矿产资源，港口、航道资源和生物资源。另外，广西海岛还有丰富的旅游资源，如北海市的涠洲岛于 1994 年被设立为自治区级旅游度假区，目前已建设有国家级地质公园和海底珊瑚公园等。

1）土地资源

由于广西海岛主要沿大陆海岸线分布，因此海岛土地资源充裕，利用程度或可利用程度较高。根据土地资源类型，广西海岛土地资源可分为农用地、建设用地和未利用地三类。

农用地包括耕地、园地、林地和草地（不包括陆地水域，如养殖池塘等），根据孟宪伟和张创智（2014）的统计，海岛农用地总面积为 6910hm^2，约占广西海岛陆域面积的 44.4%。

建设用地指以人工建筑或人工地貌为主，主要用于商业与服务业、工矿仓储、住宅、公共管理与公共服务、交通运输、水域及水利设施和其他特殊用途的土地。广西海岛建设用地面积为 8245.6hm^2，约占海岛陆域面积的 53.0%。

未利用地指除上述地类以外的其他类型的土地，共 403hm^2，约占海岛陆域面积的 2.6%，按照四级分类可分为空闲地、沙地、裸地、河流、湖泊，其面积分别为 345hm^2、12hm^2、1.3hm^2、41hm^2 和 3.4hm^2，各占海岛陆域面积的 2.22%、0.08%、0.01%、0.26% 和 0.02%。

2）植被资源

广西海岛植被分为天然林和经济林。其中，天然林主要有针叶林、常绿季雨林、红树林、草丛、灌草丛、滨海沙生植被；人工林主要由经济林、防护林、农作物群落和草本性果园组成。

Ⅰ. 天然林

根据孟宪伟和张创智（2014）的统计，广西海岛的针叶林主要是马尾松林，总面积为 1690.38hm^2，分布于龙门西村群岛、七十二泾、渔沥岛、防城港部分岛屿和企沙半岛北部的小岛屿等，其中龙门西村群岛针叶林面积最大。常绿季雨林原生林已不复存在，只有少量次生林残存。红树林的主要树种有白骨壤、桐花树、秋茄树、红海榄和木榄等，总面积为 5112hm^2，主要分布于山心岛、渔沥岛、长榄岛、大新围岛、南流江诸岛等周围。草丛是广西海岛荒坡荒地的主要植被之一，但分布零散，不成片。灌草丛在广西海岛上没有原生丛，只有分布广泛但零散的次生丛，如岗松、桃金娘-铁芒萁、鹧鸪草群落、仙人掌群落等，总面积为 577.68hm^2。滨海沙生植被有厚藤、单叶蔓荆、露兜簕、仙人掌等，该植被类型主要见于涠洲岛，呈不连续带状分布且面积小。广西各类型天然林面积及分布情况如表 5-18 所示。

表 5-18　广西天然林面积及分布

植被种类	主要树种	面积（hm^2）	分布
针叶林	马尾松林	1690.38	龙门西村群岛等
常绿季雨林	红鳞蒲桃片林等	—	—
红树林	白骨壤等	5112	山心岛、渔沥岛等
草丛	禾本科植物	—	广泛零散分布
灌草丛	岗松等	577.68	广泛零散分布
滨海沙生植被	单叶蔓荆等	—	涠洲岛

数据来源：孟宪伟和张创智（2014）

Ⅱ. 人工林

广西海岛的经济林主要为桉树，经济林总面积为 455.12hm^2，较大面积的经济林见于龙门西村群岛、七十二泾和大风江中游的岛屿以及大新围岛、渔沥岛和山心岛等。防护林主要有木麻黄林、台湾相思林和银合欢灌丛，总面积为962.32hm^2。木麻黄林主要见于涠洲岛、麻蓝岛、马岭口、大三墩等；台湾相思林、银合欢灌丛仅见于涠洲岛和斜阳岛，总面积为762hm^2。斜阳岛除小面积灌草丛外，基本为防护林，总面积为149hm^2。农作物群落主要由旱地作物甘蔗、木薯和红薯以及蔬菜瓜果类、豆类等组成，总面积为493.23hm^2。涠洲岛农作物群落分布最广，面积为260hm^2，主要种植木薯，与香蕉园相间分布，遍及整个岛屿；其次为山心岛，面积为138.71hm^2。海岛的草本性果园仅见香蕉园，分布于涠洲岛，面积为1121.44hm^2。广西人工林面积及分布情况如表5-19所示。

表5-19 广西人工林面积及分布

植被种类	主要树种	面积（hm^2）	分布
经济林	桉树	455.12	龙门西村群岛等
防护林	木麻黄林	200.32	涠洲岛等
	台湾相思林、银合欢灌丛	762	涠洲岛和斜阳岛
农作物群落	甘蔗、木薯和红薯等	493.23	涠洲岛、山心岛等
草本性果园	香蕉园	1121.44	涠洲岛

数据来源：孟宪伟和张创智（2014）

3）淡水资源

淡水是海岛一切生命的命脉，是海岛其他资源开发、利用的基本保障。广西海岛的淡水资源类型主要包括地表水和地下水，主要分布在涠洲岛、斜阳岛、渔沥岛等。

Ⅰ.海岛地表水

广西海岛地表水主要分布在涠洲岛。涠洲岛西角水库的集水面积为550hm^2，总库容为241万m^3，有效库容为188万m^3；小山塘集水面积为1800hm^2。

Ⅱ.海岛地下水

由降水渗透形成的地下水是广西海岛的主要淡水资源，主要分布在广西涠洲岛、斜阳岛、渔沥岛、山心岛、巫头岛和沥尾岛。涠洲岛地下水可开采量为1.27万m^3，日开采量为1100t；斜阳岛地下水补给量约为1331t/d，日开采量为263m^3；渔沥岛地下水补给量约为5990m^3/d，日开采量为2517m^3；山心岛、巫头岛和沥尾岛的地下水补给量分别为11 200t/d、9770t/d和16 400t/d，日开采量分别为1797t、1560t和2630t。

4）矿产资源

广西海岛及周边潮间带目前尚未发现有大型的、工业价值比较突出的固体矿产资源。但是，在海岛潮间带和涠洲岛西南已经发现重矿物异常和油气资源。

在广西部分海岛潮间带已经发现赤铁矿、褐铁矿、锆石、电气石和钛铁矿等重矿物；广西非金属矿产包括玄武岩、火山碎屑岩、珊瑚礁海滩岩、砂岩和玻璃石英等。玄武岩资源主要分布于涠洲岛和斜阳岛；广西海岛分布最广的当属石英矿产，主要分布于涠洲岛西南、巫头岛和沥尾岛滨海沙堤及潮间带海滩。主要矿物组成为石英砂，并伴生锆石、金红石、独居石、钛铁矿及橄榄石。

北部湾含油盆地面积为3 200 000hm^2，为新生代沉积盆地，已发现油田5个、含油构造5个、含气构造3个；油气总资源量为石油15.07亿t、天然气0.72万亿m^3。其中，涠西南油气田面积为376 000hm^2，石油资源量4亿t，已探明石油地质储量7965万t，涠10-3油田占一半，另一半在涠11-4油田。

5）旅游资源

广西海岛海洋风景秀丽，环境优美。旅游资源比较丰富的海岛有涠洲岛、斜阳岛、外沙岛、七十二泾、麻蓝岛、渔沥岛、火山岛、蝴蝶岛、珍珠港湾三岛等。

Ⅰ. 北海市海岛旅游资源

ⅰ. 涠洲岛-斜阳岛

涠洲岛是中国最大最年轻的火山岛、国家火山地质公园、自治区级旅游度假区，素有“人间蓬莱”之盛誉。岛上有海蚀景观、海积景观、火山口景观、生物景观等 40 多个景点，旅游资源丰富。主要景点有火山口公园、石螺口海滨浴场、滴水丹屏、龟豚拱碧、芝麻滩、天主教堂、圣母堂、三婆庙等，其中龟豚拱碧、滴水丹屏位列北海八景，涠洲天主教堂、涠洲圣母堂为 19 世纪法国传教士建造，属国家级重点文物保护单位。

斜阳岛史称“小蓬莱”，岛上发育的火山地貌、海蚀地貌极具观赏价值，如天涯路、羊咩岭、仙人密洞和逍遥台等。

此外，在涠洲岛和斜阳岛周边的海域构建了一系列海洋旅游俱乐部，包括游艇俱乐部、潜水俱乐部、深海垂钓俱乐部、帆船俱乐部等，这些俱乐部推出一系列海洋娱乐项目，包括深潜、浮潜、半潜式海上观光艇、海上巡游等。

ⅱ. 外沙岛

外沙岛位于北海市的北部岸线，距市中心 1.5km，是离市区最近的一个小岛。外沙岛张扬海鲜美食文化，构筑世界级的开放式海鲜主题乐园，是广西最大的海鲜集散地和海鲜餐饮区，每年均举行两届海鲜美食节，属集海鲜饮食、旅游度假、购物观光、休闲娱乐于一体的多功能旅游区。

Ⅱ. 钦州市海岛旅游资源

ⅰ. 七十二泾

七十二泾位于钦州市区南面的钦州湾中部的茅尾海南端，共有大小岛屿 100 多个，总面积约 980hm^2，众多岛屿参差错落分布在海面上，形成许多回环往复、曲折多变的水道，共有 72 条之多，众多海岛的集群分布形成了七十二泾独特的自然景观。泾内生长着大片的红树林，形成独特的岩生红树林和岛群红树林景观。

ⅱ. 麻蓝岛

麻蓝岛处于钦州港区七十二泾与三娘湾景区之间，总面积约 28.67hm^2。该岛有一个面积 8hm^2 的小山，海拔 21.8m，登上山顶可饱览大海的奇观异彩；岛上马尾松、木麻黄、美国湿地松等生长茂密、绿树成荫，岛上植被覆盖率在 80% 以上；岛的西北面为一大片沙滩，是天然海滨浴场，西南面为礁石群，东面则为一大片极为壮观的红树林。经过政府投资建设，麻蓝岛已成为人们旅游、观光、娱乐、餐饮、住宿、度假的好场所。

Ⅲ. 防城港市海岛旅游资源

ⅰ. 渔沥岛

渔沥岛旅游资源具有较大的开发价值，已开发的景点有防城港、牛头岭风景区和红树林风景区。渔沥岛上旅游观光景点包括“海上胡志明小道”起点、防城港“0 号泊位”、仙人山公园、桃花湖公园和明珠广场。

ⅱ. 火山岛

火山岛，当地俗称“六墩岛”，由 6 座相连的小岛组成。火山岛的条件得天独厚，周围海水湛蓝清澈，沙滩细软柔和，岛上树木青翠，是白鹭的长居之所。岛上有平常不多见的亚热带水果，具有独特的亚热带海岛风光，是休闲度假胜地。2007 年起，防城港市港口区政府把火山岛附近海域和山丘立为生态保护区，同时，开辟以绿色环保、生态旅游为主题的“火山岛渔鹭园生态旅游”。

ⅲ. 蝴蝶岛

蝴蝶岛位于企沙镇西边，沿岛沙滩长约 3.5km，滩宽 250m，沙滩平缓，水浅流缓，没有旋涡。沙子银白洁净，海水清澈透底，涨潮时成为海岛，退潮时与大陆相连。蝴蝶岛是日本入侵中国内陆西南第一登陆点，在此处留下了中国军队抗战日军的史篇，是开展爱国主义教育的极佳场所。蝴蝶岛四面临海，渔产丰富，还是极佳的钓鱼场所。

ⅳ. 珍珠港湾三岛

珍珠港湾三岛（山心岛、巫头岛和沥尾岛）位于防城港市东兴国家重点开发开放试验区的东面，东临珍珠港，南濒北部湾，西与越南隔海相望，岸边10km以上的木麻黄林带风景秀丽，素有“小北戴河”之美称。岛的周边有“南国雪原”“万鹤山”“红树林自然保护区”“大清一号界碑”“贝丘遗址”等景点，旅游资源丰富多彩，基础设施配套齐全，现已成为广西旅游热点之一。此外，该岛与越南的沥柱、下龙湾隔海相望，可开发通往芒街、鸿基、海防及胡志明市的国际旅游线，是一处具有很高开发价值的海滨国际旅游区。

6）港口、航道资源

广西沿海地理位置优越，是我国西南地区最便捷的出海通道。广西沿岸岛屿岸线曲折，港湾水道众多，港口资源较为丰富，拥有自然条件优越、港口依托城市基础良好、腹地广阔、资源丰富等特点，为港口建设奠定了基础。

Ⅰ. 涠洲岛和斜阳岛港口、航道资源

涠洲岛拥有南湾港、西角沟港、南油终端厂码头，有90t运输船8艘。南湾港地处21°02′N、109°05′E，由东、西拱手屈抱而成，呈半月形，具有避风、水深、不淤积、常年不冻的特点；港口岸线长4.7km，东西宽0.9～1.9km，南北长1.4km，面积270hm^2；水深2～10m，5m等深线距岸120～500m；锚地面积约90hm^2，可锚泊1000～5000t级船舶5艘和若干小型渔船，是小型综合性港口。有老客运码头、渔用码头和军用码头3座，泊位3个，最大泊位停靠能力800t级，仓库堆场面积8874m^2，年客运量近4万人次。西角沟港是涠洲岛新客运码头所在地，位于涠洲岛北面的后背塘村附近海域，在南海油气码头东北侧，北距北海市客运码头约30n mile（1n mile≈1.852km）；码头全长120m，实体引堤长292.72m，总宽度12.5m，包括一个客运码头泊位和一个滚装船泊位，最大靠泊能力为2000t级，年吞吐能力为25万人次、车辆1.23万余辆。南油码头（南油终端厂码头）位于涠洲岛西部松木湾附近海域，石螺口海滩和涠洲终端处理厂以北。

斜阳岛现有2个小码头，即北部的灶门港和南部的婆湾港。

Ⅱ. 渔沥岛港口、航道资源

渔沥岛是防城港主港区所在地。防城港是中国大陆海岸线最西南端的深水良港，是全国25个沿海主要港口之一，是中国西部地区第一大港，是东进西出的桥头堡，是西南地区走向世界的海上主门户，是连接中国与东盟、服务西部的物流大平台。截至2006年底，防城港有码头泊位35个，其中生产性泊位31个，万吨级以上深水泊位21个，最大设计靠泊能力为20万t级。现有库场面积超过200万m^3，建有散粮、散水泥、成品油、植物油、液化气、磷酸、沥青等大型专用仓储和装卸设施，具备装卸各种杂货、散货、集装箱、石油化工产品的能力及仓储、中转、联运功能，港口年实际通过能力超过3000万t，其中集装箱年通过能力为25万TEU。“十一五”期间防城港全面提升港口功能和物流系统的专业化、现代化水平。

Ⅲ. 龙门群岛港口、航道资源

龙门群岛位于钦州湾内、外湾过渡带，海岛众多，港汊水道纵横，潮流流速大，泥沙回淤少，天然蔽障良好，水深条件优良，自亚公山岛至青菜头岛的潮汐通道两侧的观音堂岛、樟木环岛、簕沟墩，钦州湾口东侧的细三墩和大三墩一带，深水线离岸较近，具有建设深水良港的自然条件。当前，钦州港规划码头岸线长86.08km，其中深水岸线长54.49km，可建1万～30万t级深水泊位200个以上，可形成亿吨以上的吞吐能力。

Ⅳ. 珍珠港湾三岛港口、航道资源

珍珠港湾三岛（山心岛、巫头岛和沥尾岛）的港口仅在巫头村东北部有一江平港，港口门向东敞开，直接与珍珠港湾相连，其北有山心岛，南有沥尾岛环抱，距江平镇所在地3km，一般船只需乘潮进出港口，港口发展潜力不大。目前开发有码头岸线100m以上，最大泊位为40t级。

7）生物资源

广西海岛生物资源主要有渔业资源、鸟类资源和珊瑚礁资源。渔业资源主要有鱼类、贝类、虾类、蟹类等。

广西海岛区邻近海域常见鱼类有近 300 种，近岸的珍珠港湾三岛、渔沥岛和龙门岛群区周围海域的鱼类主要有定居类群及洄游类群两种类型，由于洄游性鱼类的进出，近岸岛区鱼类数量的季节变化十分明显，春夏季明显高于秋冬季。离岸远的涠洲岛-斜阳岛海岛区鱼类种类和数量均比近岸岛区多，个体也比较大，季节变化不明显，种类和数量比较稳定。除鱼类之外，海岛区已知的贝类有 200 多种，虾蟹类有 100 多种，大型海藻有 30 多种，目前基本上未利用。海岛区可开发利用的渔业资源还有沙蚕、方格星虫及文昌鱼等。广西沿岸近岸海域的海岛现有相当一部分海岛，一般通过人工堤坝或填海工程连接各岛屿围海建成海水养殖场，如铁山港、大风江河口湾、钦州湾、防城港湾等有部分海岛周边已围海开发建成池塘海水养殖场。

鸟类资源主要分布在涠洲岛-斜阳岛海岛区，该区鸟类有 50 科 179 种，其中繁殖鸟 19 种、候鸟 48 种、旅鸟 112 种。广西 7 个海岛区中仅涠洲岛-斜阳岛海岛区有鸟类资源。

珊瑚礁资源主要分布在涠洲岛-斜阳岛海岛区，根据“908 专项”研究报告《广西红树林珊瑚礁等重点生态系统综合评价》，该区有珊瑚虫纲 5 目 18 科 66 种，其中造礁珊瑚为 1 目 10 科 22 属 46 种及 9 个未定种。

5.2.4　港址资源实物量评价

至 2008 年底，广西沿海港口共有泊位 212 个，其中万吨级以上泊位有 40 个，码头岸线总长 21.357km，综合通过能力达到 9206 万 t。

根据《广西壮族自治区沿海港口布局规划》和《广西北部湾港总体规划》（2010 年批复），广西北部湾港打造“一港、三域、八区、多港点”的港口布局体系。“一港”即广西北部湾港；“三域”指防城港域、钦州港域和北海港域；“八区”指规划期内重点发展的 8 个枢纽港区（渔沥港区、企沙西港区、龙门港区、金谷港区、大榄坪港区、石步岭港区、铁山港西港区、铁山港东港区）；“多港点”指主要为当地生产生活及旅游客运服务的规模较小的港点。因此，广西的港址资源主要分布在防城港域、钦州港域和北海港域的 8 个港区和多个港点，其岸线分布和主要港址分布分别如表 5-20 所示。

表 5-20　广西主要港址岸线长度统计表

地级市	主要港址	岸线长度（km）
北海市	铁山湾港址	25
	石步岭港址	4
	涠洲岛港址	4
	大风江东岸港址	5
钦州市	大风江西岸港址	15.3
	钦州湾东岸港址	28.9
	钦州湾北岸港址	19.7
	钦州湾西北岸港址	6
防城港市	红沙沥港址	6
	赤沙港址	6.6
	蝴蝶岭港址	6
	企沙半岛西岸港址	20.8
	渔沥半岛东岸港址	7.6
	渔沥老港址	6.2
	马鞍岭港址	1.8
	防城白龙半岛南端港址	—
	东兴潭吉港址	—
	京岛港址	—
	竹山港址	0.75

数据来源：广西壮族自治区交通规划勘察设计研究院（2009）；国家海洋局第三海洋研究所（2010）

注：“—”表示无数据

5.2.4.1 北海港域

北海市海岸自粤桂交界的洗米河口至大风江口东侧，有雷州半岛和海南岛掩护，外海波浪影响较小。主要港湾有英罗湾、铁山湾、廉州湾。湾内具有良好的港址。

1）铁山湾港址

铁山湾港址自彬塘至雷田，岸线长 25km。岸线附近的天然深槽水深 5～15m，铁山港口外有拦门沙，水深小于 5m 段约 4km；8m 深槽基本贯通，宽度为 700～1600m，是铁山湾的潮汐通道。铁山港潮差较大，平均潮差接近 2.5m，水动力较强，深槽长期稳定。该港址波浪影响较小，推算的 50 年一遇波浪 H1% 仅 4m。基岩埋深一般在 30m 左右，个别区段较浅，最浅为 13m，航道易于开挖。铁山湾及口门附近水域泥沙来源少，每年约 30 万 t；沿岸输沙每年约 9 万 t；据预测，航道回淤轻微，年回淤量在 100 万 m^3 左右（航道长约 27km）。岸线后方陆域宽阔，为大片的盐田和农田，地势平坦。

2）石步岭港址

石步岭港址位于北海市区的西部、半岛的端部，自地角海军码头至石步岭，岸线长 4km。岸线附近的自然水深 5～8m，5m 等深线平均距岸约 500m；水域较宽阔，有最大水深达 8.8m、宽 800～1600m 的深槽横贯岸线水域，陆域除石步岭和地角岭为低丘外，大多为平地，后方有较大的陆域空间。该港址泥沙来源少，水动力较弱，港池、航道泥沙淤积轻微，稳定性较好；现有航道淤积强度为 0.2～0.4m/a，3～5 年疏浚一次。该岸线有半岛掩护，主要受偏北向小风区波浪和偏西向波浪的影响，但这些方向水域的水深较浅，难以生成大浪，总体上波浪影响不大。

3）涠洲岛港址

涠洲岛距岸约 50km，港址位于涠洲岛西北部梓桐木至大岭北，岸线长 4km。10m 等深线距岸约 0.2km，20m 等深线距岸约 2km；水域宽阔，地势平坦，陆域纵深大，海床长期稳定；NE-SW 向有涠洲岛掩护，主要受偏北向风浪影响。

4）大风江东岸港址

大风江东岸港址位于大风江出海口东侧，岸线长 5km。岸线走向为 NW-SE 向，临近大风江口深槽，深槽长约 12km、水深 5～8m，最大水深为 8.5m；深槽南端距外海 5m 等深线约 5.5km，由于大风江年径流量仅 6 亿 m^3，来沙较少，该深槽长期稳定。影响该地的主要波浪是 SE 向，50 年一遇波浪 H1% 为 2.4m。

5.2.4.2 钦州港域

钦州市海岸从大风江口西岸至钦州湾的西侧。该海区外海波浪影响不大；沿岸可利用的土地宽阔，具有较好的建港条件。

1）大风江西岸港址

该岸段位于钦州市东部大风江口西岸，走向为 NW-SE 向，岸线长 15.3km。岸线外深槽、泥沙条件与北海市大风江东岸相同。

2）钦州湾东岸港址

钦州湾东岸港址位于钦州湾东南侧、金鼓江以东，包括大榄坪岸线、大环岸线和三墩岸线，岸线长 28.9km；靠近钦州港出海航道，水深条件好，主要受 S 向波浪影响，50 年一遇波浪 H1% 为 2.0～2.2m；附近水域无大河注入，陆源泥沙少，以海相来沙为主，水体含沙量低，泥沙淤积较轻微，预测港池航道回淤强度为 0.15～0.38m/a；受潮汐通道涨落潮流的作用，深槽水深稳定；岸线后方为低丘，近岸滩涂可供填海，陆域空间较大，适于开发临港工业；基岩埋深大榄坪一带为 10～20m，大环一带为 10～16m。

3）钦州湾北岸港址

钦州湾北岸港址位于钦州湾口门的东北部、金鼓江西侧，岸线长 19.7km，自北向南依次为簕沟岸线、果子山岸线、鹰岭岸线和金鼓江岸线。该港址靠近钦州湾口门的潮汐通道，大部分为深水岸线，可经深水航道直通外海，掩护条件较钦州湾东岸港址略好；在潮汐通道潮流作用下，深槽稳定；以海相来沙为主，水体含沙量低，港池、航道的回淤强度仅 0.1m/a 左右；近岸滩涂可供填海造地，陆域空间较大。基岩埋深一般为 10～15m，金鼓江岸线在 7～17m。

4）钦州湾西北岸港址

钦州湾西北岸港址位于钦州湾口门西岸，包括龙门岸线、观音堂岸线，岸线长 6km；掩护条件较其他港址好，但水深条件略差、水域面积较窄。该港址的开发对茅尾海的水动力条件影响较大，应给予足够的重视。

5.2.4.3　防城港域

防城港市海岸从钦州湾西侧至中越交界的北仑河口，由企沙半岛、渔沥半岛、白龙半岛等分割成企沙湾、防城港湾、珍珠港湾等海湾，各海湾的岬角水深条件较好，5m 等深线贯穿各湾口；湾口有深槽，湾内水域宽阔，外海波浪影响较小；无大河注入，泥沙淤积轻微；岸线后方多为低丘和平原，为港口建设提供了较好的条件。

1）红沙沥港址

红沙沥港址位于钦州湾外湾西岸、红沙沥至榄埠，岸线长 6km。岸线蜿蜒曲折，有较多岛礁形成，对外海波浪具有一定掩护作用；距钦州湾西航道约 2.5km，通海条件较好，但离岸 2km 的水域中岛礁较多，航路较复杂。后方低丘，易形成陆域。

2）赤沙港址

赤沙港址位于企沙半岛端部、防城东湾口门东侧赤沙至石龟头，岸线长 6.6km。岸线前方 3km 处有暗埠江深槽，是防城港入海的东航道，港池、航道的可挖性与老港岸线基本相同；港址后方是低丘，易填海造陆，但因位于东港的口门处，大规模填海可能对全湾的水动力条件和港口发展环境产生不利影响。

3）蝴蝶岭港址

蝴蝶岭港址位于企沙半岛南端、石龟头至蝴蝶岭以西，岸线长 6km，走向为 E-W 向，该港址直面北部湾，掩护条件较差；10m 等深线距岸 4～4.5km，15m 等深线距岸 8～9km，水域宽阔，陆域地势平坦，利用空间较大，适于建设大型深水开敞式码头，但码头离岸较远。

4）企沙半岛西岸港址

企沙半岛西岸港址位于防城东湾东北部、葫芦岭至企沙半岛的赤沙，岸线长 20.8km，岸线曲折，有榕木江、风流岭江和云约江等小河流入；该港址平均水深小于 5m，水域宽阔，湾汊较多，掩护条件较好，基本不受外海波浪的影响；沿岸陆域多为低丘，开发程度较低。

5）渔沥半岛东岸港址

渔沥半岛东岸港址位于渔沥半岛东侧、防城东湾西岸规划的第四港区北端至葫芦岭，岸线长 7.6km，自然水深较浅；距岸 7km 有 NE-SW 向暗埠江深槽，水深 5～13m，其南端可与 5m 等深线连接，但尚有 3km 水深不足 5m 的浅段。该港址的掩护条件较好，主要受外海 SW 向波浪影响，南侧水域 50 年一遇波浪 H1% 为 2.8m；水体含沙量较低，淤积轻微。

6）渔沥老港址

渔沥老港址位于渔沥半岛的西侧南端，呈 S-N 走向；自北端的第一作业区至暗埠江南口（规划的第四作业区南端），岸线长 6.2km，基本与进港航道平行。该港址有港区陆域和白龙半岛的掩护，泊稳条件较好；港池和航道具有可挖性，航道夏淤冬冲，全年冲淤平衡，回淤量较少，回淤强度约 0.1m/a，水深长期稳定。港区南部水域较宽阔，北部受防城西湾湾口约束，相对较窄；陆域基本由填海形成，后方为城市，比较拥挤。基岩埋深为 9.9～21.5m，由北向南逐渐变深。

7）马鞍岭港址

马鞍岭港址位于防城港西湾跨海桥西岸至牛头岭之间，岸线长 1.8km，近南北走向，临近防城港西湾水道，可建 3 个 5 万～10 万 t 级邮轮泊位。

8）防城白龙半岛南端港址

防城白龙半岛南端港址现已建设渔货两用港，有大量的渔船、大型货船在此停泊靠岸，港口繁忙；拟建设面向越南的边贸码头、海警码头等。

9）东兴潭吉港址

东兴潭吉港址现有一小型码头，主要从事杂货和对越南的边境贸易；拟建设东兴江平工业集中区的配套港口，服务于地方工业经济发展。

10）京岛港址

京岛港址位于东兴京岛天鹅湾口门外南侧，主要为当地生产生活及旅游客运服务，可建万吨级以下泊位。

11）竹山港址

竹山港址位于东兴竹山海域沿岸，主要为当地生产生活及旅游休闲服务，岸线长 750m，可建 500t 级以下泊位 5 个。

5.3 广西海洋空间资源开发利用现状

5.3.1 海域资源开发利用现状

5.3.1.1 海域使用现状

广西海域以渔业用海为主，港口用海（含港区填海和港池用海）居第二位，还有一些临海工业用海和海底工程用海、旅游娱乐用海、排污倾废用海、保护区用海等。广西总用海面积为 40 001.81hm^2，广西确权海域使用面积为 35 001.09hm^2。

1）渔业用海

渔业用海为广西海域使用的主要用海类型，海域使用面积为 13 531.67hm^2，主要有围塘养殖、底播养殖、设施（插柱、围网、筏式、网箱）养殖及渔港，除港口作业区外沿岸近海均有养殖用海分布。北海市合浦县、海城区、银海区是广西主要的渔业用海地区，渔业用海面积占广西总渔业用海面积的比重均超过 1/5，养殖的种类主要有珍珠、虾、海蛎、象鼻螺、藻类。

2）交通运输用海

交通运输用海包括港口用海、航道、锚地、陆岛交通码头及路桥用海。随着广西港口体系的不断建设和完善，广西的交通运输用海不断增多。目前港口用海主要有防城港、钦州港、北海港、铁山港及一些地方渔货两用港，总用海面积为 790.16hm^2，主要分布于钦南区、港口区和铁山港区。航道、锚地及一些公务码头和公用交通码头，属公共用海。路桥用海属于公益性用海，主要有防城港西海湾跨海大桥用海、钦州金鼓江大桥和市政道路建设用海、北海市滨海大道用海。

3）工矿用海

工矿用海包括盐业用海、临海工业用海、固体矿产开采用海、油气开采用海。广西目前工矿用海尚比较少，总面积为 1000.09hm^2，主要分布于钦南区和铁山港区。

4）旅游娱乐用海

旅游娱乐用海包括滨海旅游和海上运动娱乐，目前广西的滨海旅游开发尚处于粗放型状态，大部分属于公益旅游基础设施，主要有北海银滩和涠洲岛、钦州三娘湾和龙门七十二泾、防城港白龙半岛大坪坡和沥尾岛金滩，总面积为 106.50hm^2，主要分布于钦南区和海城区。

5）海底工程用海

海底工程用海包括电缆管道用海、海底隧道用海、海底仓储用海。目前广西没有海底隧道用海、海底仓储用海，电缆管道用海仅有钦州市沙井港蚝山墩海域的输水干管用海和涠洲岛西侧的海底电缆用海，海域使用面积为 15.61hm^2。

6）排污倾废用海

排污倾废用海包括污水排放用海和废物倾倒用海，目前广西没有废物倾倒用海。根据 2015 年《中国海洋生态环境状况公报》，广西现有 36 个排污口，大多超标排放污染物，排污口邻近海域的海水水质大多劣于四类海水水质标准，沉积物劣于三类海洋沉积物标准。

7）填海造地用海

填海造地用海包括港口建设填海、城镇建设填海（含临海工业区填海）和围垦填海。截至 2015 年，广西填海面积为 7648.79hm^2，主要分布于铁山港区、钦南区、港口区。

8）特殊用海

特殊用海包括科研教学用海、军事设施用海、保护区用海和海岸防护工程用海。广西目前没有科研教学用海；军事设施用海不予对外；海岸防护工程用海未确权，没有明确的范围；保护区用海有北仑河口红树林自然保护区、钦州茅尾海红树林自然保护区（由康熙岭片、坚心围片、七十二泾片和大风江片四大片组成）、合浦营盘马氏珍珠贝自然保护区、合浦儒艮自然保护区、山口红树林生态自然保护区、涠洲岛-斜阳岛珊瑚礁自然保护区。其中，防城港市保护区用海有北仑河口红树林自然保护区，面积为 3000hm^2；钦州市保护区用海有钦州茅尾海红树林自然保护区，面积为 2784hm^2；北海市保护区用海有山口红树林生态自然保护区、合浦儒艮自然保护区、合浦营盘马氏珍珠贝自然保护区、涠洲岛-斜阳岛珊瑚礁自然保护区，面积分别为 8000hm^2、35 000hm^2、1125hm^2、2500hm^2。

5.3.1.2　沿海地市海域使用结构与布局

广西沿海地市有北海市、钦州市和防城港市，其中北海市大陆海岸线 528.16km，岛屿海岸线 153.44km，海岸线总长 681.60km，占广西海岸线总长的 29.64%；钦州市海岸线东起大风江口，西至茅岭江口及龙门岛，大陆海岸线 562.64km，岛屿海岸线 259.52km；防城港市东起防城区的茅岭镇，经港口区的企沙、光坡两镇，防城区的珠河、文昌、水营、江山镇（街道），东兴市的江平镇，西至东兴镇北仑河口止，大陆海岸线 537.79km，岛屿海岸线 258.21km。除了填海造地用海和特殊用海，三个沿海市海域使用类型都以渔业用海为主，其次是工矿用海和交通运输用海。各沿海市海域使用面积及比例如表 5-21 所示。

表 5-21　广西沿海三市海域使用情况统计表

	北海市		钦州市		防城港市		广西全区	
	面积（hm^2）	比例（%）	面积（hm^2）	比例（%）	面积（hm^2）	比例（%）	面积（hm^2）	比例（%）
确权用海	21 884.18	3.32	6 848.96	1.04	6 267.96	0.95	35 001.09	5.32

续表

	北海市		钦州市		防城港市		广西全区	
	面积（hm^2）	比例（%）	面积（hm^2）	比例（%）	面积（hm^2）	比例（%）	面积（hm^2）	比例（%）
未确权用海	2 254.38	0.34	1 583.71	0.24	1 162.62	0.18	5 000.72	0.76
总海域	313 200	47.58	158 400	24.07	186 700	28.37	658 200	100

数据来源：国家海洋局第三海洋研究所（2009a）

5.3.2 岸线资源开发利用现状

5.3.2.1 广西岸线分布情况

广西岸线东起与广东交界处的白沙半岛高桥镇，西至中越边境的北仑河口，总长1628.59km，其中北海市、钦州市、防城港市的岸线长度分别为528.16km、562.64km、537.79km。

1）基于自然属性的岸线分类与长度

砂质岸线主要分布于防城港市企沙半岛地区和江山半岛东部、钦州市犀牛脚地区、北海市铁山港地区以及沙田半岛地区；粉砂淤泥质岸线主要分布于防城港市管辖岸段；生物岸线以红树林岸线为主，主要分布在钦州市和北海市管辖岸段；基岩岸线集中分布于防城港市江山半岛地区和北海市冠头岭地区；河口岸线在3个沿海市管辖岸段分布较平均。广西岸线类型与长度统计具体见表5-22。

表5-22 广西岸线类型与长度统计表

	岸线类型	长度（km）	总长度（km）	总计（km）
北海市	人工岸线	439.39	439.39	528.16
	河口岸线	3.08	88.78	
	砂质岸线	50.60		
	粉砂淤泥质岸线	4.64		
	生物岸线	27.18		
	基岩岸线	3.28		
钦州市	人工岸线	445.47	445.47	562.64
	河口岸线	1.55	117.16	
	砂质岸线	26.14		
	粉砂淤泥质岸线	23.46		
	生物岸线	57.66		
	基岩岸线	8.35		
防城港市	人工岸线	395.35	395.35	537.79
	河口岸线	1.09	142.44	
	砂质岸线	35.22		
	粉砂淤泥质岸线	82.51		
	生物岸线	4.46		
	基岩岸线	19.16		
合计				1628.59

2）基于功能区划的岸线分布现状

为合理开发利用广西海洋资源，规范海域使用秩序，保护和改善海洋生态环境，提高海洋开发、控制、综合管理能力，促进海洋经济可持续发展，根据《广西壮族自治区海洋功能区划（2011—2020年）》，将广西岸线资源划分为农渔业区岸线、港口航运区岸线、工业与城镇用海区岸线、矿产与能源区岸线、旅游休闲娱乐区岸线、海洋保护区岸线、特殊利用区岸线和保留区岸线共 8 个类别的功能岸线，各功能岸线长度具体情况统计如表 5-23 所示。

表 5-23　各功能区海岸线长度统计（单位：km）

岸线类型	岸线长度
农渔业区岸线	235.252
港口航运区岸线	324.251
工业与城镇用海区岸线	164.213
矿产与能源区岸线	—
旅游休闲娱乐区岸线	307.083
海洋保护区岸线	337.815
特殊利用区岸线	—
保留区岸线	261.844
总计	1630.458

数据来源：广西壮族自治区海洋局（2012b）
注：“—”表示无数据

5.3.2.2　广西岸线开发利用情况

1）广西岸线开发利用情况

近 50 年来，由于人类对岸线资源的开发利用，广西岸线资源发生了显著变化，具体如表 5-24 所示：① 1958～1970 年，广西岸线长度锐减；② 1970～1990 年，岸线小幅度增长；③ 1990～2003 年，岸线长度变短；④从 2003 年至 2007 年，岸线少量增加。

表 5-24　1958～2007 年广西海岸线总长度变化统计

序号	时间	岸线长度（km）	序号	时间	岸线长度（km）	序号	时间	岸线长度（km）
1	1958	1834.41	4	1990	1726.19	7	2007	1628.82
2	1970	1537.18	5	1998	1453.18			
3	1980	1666.73	6	2003	1595.43			

2）广西典型岸段开发利用情况

北仑河口—防城港西湾地区、防城港区、钦州港区、北海银海区、铁山港区和英罗港区 6 个区段是广西岸线开发利用活动最活跃的岸段，主要为虾塘、盐场、港口工程围填海和人工堤坝等利用方式，近年各岸段变动情况见表 5-25。

表 5-25　6 个区段的岸线类型及长度统计（单位：km）

时间	岸线类型	北仑河口—防城港西湾地区	防城港区	钦州港区	北海银海区	铁山港区	英罗港区	总计
1958	自然岸线	119.0	—	#	57.7	51.9	31.4	260
	人工岸线	41.6	—	#	30.2	50	0	121.8
1970	自然岸线	122.6	—	#	60.3	44.6	14.1	241.6
	人工岸线	37.2	—	#	25.9	34.2	13.4	110.7
1980	自然岸线	123.6	46.2	51.5	52.2	54	12.2	339.7
	人工岸线	48.6	9.1	17.2	49.7	60.4	16.2	201.2
1990	自然岸线	128.2	46.7	47.8	46.3	42.7	11.6	323.3
	人工岸线	70.2	18.7	21.4	34.7	37.2	18.4	200.6

续表

时间	岸线类型	北仑河口—防城港西湾地区	防城港区	钦州港区	北海银海区	铁山港区	英罗港区	总计
1998	自然岸线	92.2	40.8	46.2	39.2	43.0	9.3	270.7
	人工岸线	71.5	27.4	25.2	24.6	40.0	20.8	209.5
2003	自然岸线	107.2	36.9	46.7	49.5	37.4	9.2	286.9
	人工岸线	73.2	31.0	28.2	37.6	69.5	23.9	263.4
2007	自然岸线	62.4	37.0	51.2	40.3	14.6	4.2	209.7
	人工岸线	81.5	33.4	30.6	41.8	70.5	20.1	277.9

注：“—”表示当时防城港的长榄岛未划归海岸线；“#”表示钦州港尚未开始建设

自1970年以来，广西北仑河口—防城港西湾地区、钦州港区、北海银海区、铁山港区和英罗港区5个区段虾塘、盐场围垦和港口工程导致的围填海面积呈增加趋势，特别是北仑河口—防城港西湾地区和钦州港区增加的较为明显，而在防城港区，围填海面积则呈现减少的趋势。6个区段人工海堤的长度则明显增大，其中以1980～2000年的修建速度为最快；2000年之后，人工海堤的修建速度明显放缓，见表5-26。

表5-26　广西六个区段围填海面积和人工海堤岸线长度随时间的变化趋势

类型	年代	北仑河口—防城港西湾地区	防城港区	钦州港区	北海银海区	铁山港区	英罗港区
虾塘面积（hm^2）	1970	27.47	245.70	0.00	536.93	162.04	0.00
	1980	167.24	321.45	0.00	529.21	175.42	179.28
	1990	656.60	—	63.75	841.27	187.25	234.15
	1998	1119.78	—	328.14	1248.93	365.35	272.43
	2003	1275.48	—	518.36	1123.24	278.35	272.43
	2007	1314.43	—	521.43	1047.41	254.78	272.43
盐场面积（hm^2）	1970	24.51	—	—	1167.40	468.94	—
	1980	2.45	—	—	1167.40	468.94	—
	1990	—	—	—	1167.40	468.94	—
	1998	—	—	—	1167.40	468.94	—
	2003	193.45	—	—	1167.40	468.94	—
	2007	193.45	—	61.07	1167.40	468.94	—
港口工程（hm^2）	1970	—	—	—	—	—	—
	1980	—	—	—	—	—	—
	1990	—	46.98	—	—	—	—
	1998	—	242.32	136.79	—	—	—
	2003	—	169.42	110.63	—	103.56	—
	2007	—	222.68	45.55	100.39	160.63	—
人工海堤长度（km）	1970	32.05	—	—	19.25	16.72	2.45
	1980	43.47	9.15	—	20.11	18.45	2.89
	1990	52.12	18.71	9.21	25.10	23.20	5.67
	1998	49.87	26.59	23.24	31.04	27.43	7.41
	2003	54.52	31.45	26.51	33.02	31.55	7.85
	2007	67.54	33.06	27.47	33.02	31.55	7.85

随着人类开发利用活动的增加（围塘养殖、盐场建设、港口围填以及人工岸堤的修建等），自然岸线的长度总体呈现逐年递减的趋势，而人工岸线的长度呈逐年增加的趋势。但是，岸线总长度却有不同程度的表现：①钦州港区和防城港区在人工岸线增加的同时，岸线总长度也呈逐年增加的趋势，表现在推进式围填海导致的岸线突飞猛进；②其余几段的人工岸线虽有不同程度的增加，但总岸线增加趋势不明显，表现在岸线原有形式的改变，如在原地修建人工岸堤、围塘养殖等，并无大型的涉海工程围填。这几段的人类活动强度相对钦州港区和防城港区而言较弱，尚处于滩涂利用的初级阶段。

5.3.3　海岛资源开发利用现状

广西沿岸海域的海岛共 646 个，其中有居民海岛 14 个，无居民海岛 632 个，主要分布于钦州湾、防城港湾、大风江河口湾、廉州湾南流江口、铁山港湾、珍珠港湾、涠洲岛-斜阳岛等 7 个海区。

5.3.3.1　广西海岛资源开发利用现状

广西的海岛资源，虽然开发利用层次较低，但是大多数海岛资源已经开发利用，且用途呈现多元化态势，主要用于城镇建设、旅游、围海养殖、农林种植等。

1）北海市

北海市沿海地区海岛共 68 个，其中有居民海岛 6 个，无居民海岛 62 个。有居民海岛分别为涠洲岛、斜阳岛、外沙岛、七星岛、南域岛、更楼围。目前，已有开发利用的无居民海岛 34 个，占无居民海岛总数的 54.8%，其中渔业用岛 19 个，林业用岛 9 个，交通运输用岛 1 个，其他类型 5 个（广西壮族自治区海洋局，2012a）。

Ⅰ. 农林牧渔业用岛开发现状

涠洲岛是一个以农业、渔业为主的镇级岛屿，农业以种植业为主，主要农作物包括香蕉、水稻、蔬菜、红薯、花生及其他经济作物等，渔业以海洋捕捞为主。七星岛、南域岛、更楼围等河口区海岛陆域均被开发为水稻田和海水养殖场及其他作物耕地、村庄等。大风江河口湾海岛区有少数岛屿的局部岸段开发建设有海水养殖池塘和滩涂养殖场，如北海大墩、龟头、盘鸡岭、九渡河口的部分海岛局部岸段等。铁山港湾北部海岛区部分海岛局部岸段有由人工海堤围海建成的海水养殖场，主要养殖对虾、青蟹、鱼等。

Ⅱ. 旅游用岛开发现状

涠洲岛具有独特的旅游资源优势，2005 年 10 月涠洲岛被《国家地理杂志》评为“中国最美十大海岛”第二位，经过多年的发展，涠洲岛已经发展成为广西滨海旅游和北海旅游的核心景区之一。岛上的珊瑚礁生态旅游，以装备潜水观光为主，辅以浮式潜水、游艇岛屿观光的形式。

Ⅲ. 交通运输用岛开发现状

涠洲岛南湾沿岸建有客运码头，渔、商兼用码头，军用码头各 1 个；涠洲岛的西北岸建有中国海洋石油南海西部有限公司码头和新奥客运码头及中国石油化工原油码头各 1 个。斜阳岛西北灶门湾和东南婆湾各建有一个简易小型码头。北海外沙岛目前已建有 1000t 级泊位 2 个，200t 级泊位 1 个，1000t 级客运滚装泊位 1 个。

Ⅳ. 挖砂采石

南流江口的海岛均为砂泥岛，挖砂等人为活动的干扰，易导致面积较小海岛的灭失。

2）钦州市

钦州市海岛共 294 个，其中有居民海岛 6 个，无居民海岛 288 个。钦州市管辖范围内的有居民海岛分别是龙门岛、团和岛、西村岛、沙井岛、簕沟墩和麻蓝岛。目前，已有开发利用活动的无居民海岛共 212 个，占无居民海岛总数的 73.6%，其中渔业用岛 139 个，林业用岛 18 个，渔业、林业综合用岛 42 个，公共服务用岛 6 个，旅游用岛 5 个，其他类型 2 个。渔业用岛和林业用岛为主要的用岛类型，海岛渔业和林业发展初具规模。

Ⅰ. 渔业和林业用岛开发现状

钦州市海岛渔业生物资源和海水养殖资源优势突出，以海岛岸线为依托的围塘养殖、底播养殖和吊排养殖等活动十分普遍。位于金鼓江等支汊港湾或大陆岸滩之上的基岩岛，以及七十二泾和龙门岛东南的部分海岛，海岛周边很大一部分潮间带被围垦成养殖池塘。其中，七十二泾和龙门岛南部岛群的海岛之间岬湾众多，由于围垦养殖池塘，海岛海湾被封闭，海岛之间的部分水道被截断，一些海岛成为岛连岛。例如，七十二泾的对面江岭—田口岭—孔脚潭岛—长岭—白坟墩已连成一体，老鸦环岛—堪冲岭—虾箩沟墩已连成一体，摩沟岭—黄泥沟岭已连成一体。此外，一些海岛被用作桉树等经济林的种植场所，如大双连岛、黄姜山、大三墩、四方岛、土地田岛、南丹江岛、割茅墩、鸡笼山等，大面积种植经济林使海岛原生植被被摧毁。

Ⅱ. 旅游用岛开发现状

钦州市海岛旅游资源丰富，龙门岛、七十二泾、麻蓝岛、乌雷炮墩与大庙墩等岛屿依托岩滩、沙滩、红树林滩等特色海岸地貌景观成为旅游休闲的良好场所，尤其是钦州七十二泾是广为人知的旅游景点。

Ⅲ. 交通运输用岛开发现状

簕沟墩西岸、东南岸已建成钦州港簕沟作业区，目前有散杂货、集装箱码头多个，其中，1 万 t 级泊位 2 个，5 万 t 级泊位 2 个；建成植物液料、沥青、食糖、粮食等仓储群，库容共 10 万 m^3，初步成为钦州港的物流中心。龙门岛南部沿岸已开发成为渔、商兼用港口，是国家一级渔港，建有渔业码头 2 个、商贸码头 1 个。沙井岛西南岸已开发成为渔、商兼用港口，建有 500t 级渔、商兼用码头 2 个。

Ⅳ. 沿海工程建设

沿海工程建设导致了部分海岛的灭失，如在钦州港建设过程中，钦州湾中部东岸的鹰岭岛、虾塘岛、老颜车岛、鲎壳山岛、马口岭等海岛已被摧毁，填海建设码头和临海工业区。

3）防城港市

防城港市管辖范围内的海岛共 284 个，其中有居民海岛 2 个，无居民海岛 282 个。有居民海岛分别是长榄岛、针鱼岭。目前，已有开发利用活动的无居民海岛 191 个，占无居民海岛总数的 67.7%。其中，渔业用岛 99 个，农林牧业用岛 4 个，渔业和农林牧业综合用岛 57 个，交通运输用岛 6 个，公共服务用岛 3 个，旅游用岛 3 个，其他类型 1 个。渔业用岛和农林牧业用岛为主要的用岛类型，海岛渔业和农林牧业发展初具规模。

Ⅰ. 渔业用岛开发现状

防城港市大部分海岛沿大陆海岸线分布，海岛及周边滩涂、浅海是开展海水养殖的良好区域。目前，防城港市近岸海域有相当一部分海岛，通过人工堤坝或填海工程连接各岛屿围海建成海水养殖场，有部分海岛周边已围海开发建成池塘海水养殖场；一部分海岛上种有大片桉树。随着海水养殖业的迅速发展，沿海地区将近岸分布的岛屿采用人工海堤连接起来，围垦滩涂开辟海水养殖场，使部分岛屿失去了岛屿独立于海中的自然属性，如防城港湾、珍珠港湾等港湾中的部分海岛。

Ⅱ. 旅游用岛开发现状

防城港市海岛区旅游资源较丰富，但开发利用程度较低，企沙半岛目前开发有沙耙墩旅游景区，岛上建有游览栈道和凉亭，岛上树林茂密，东南沿岸沙滩洁白，海水清澈，为岛屿旅游理想去处。红沙六墩岛建有客栈和游览栈道，主要为农家乐。有居民海岛针鱼岭和长榄岛上自然景观优美，周边海滩红树林环绕，该资源是防城港市旅游发展的重要资源。

Ⅲ. 交通运输用岛开发现状

部分海岛如防城龟墩、龙孔墩、北风脑岛等海岛上建有桥梁，大双墩上建有简易码头。

Ⅳ. 公共服务用岛开发现状

防城茅墩、龙孔墩、小双墩上建有气象观测站，冬瓜山上建有航标。

Ⅴ. 挖砂采石

频繁的挖砂采石等开采活动改变了海岛的地形地貌，造成了岛上自然资源的损失，甚至造成部分海岛的灭失。

5.3.3.2　广西海岛资源保护现状

1）北海市

近年来，北海市越来越重视海岛资源保护工作。涠洲岛、斜阳岛已建立国家地质公园、自然保护区、国家级海洋公园各 1 个，即广西北海涠洲岛火山国家地质公园、广西涠洲岛自治区级自然保护区和广西涠洲岛珊瑚礁国家级海洋公园。

广西涠洲岛自治区级自然保护区建于 1982 年，是沿太平洋西海岸迁飞候鸟的重要中途驿站，主要保护对象为各种候鸟和旅鸟。据调查，涠洲岛鸟类自然保护区共有鸟类 179 种，隶属 15 目 50 科，占广西鸟类种数 543 种的 32.97%。保护区总面积为 2382.1hm^2，其中涠洲岛部分 2193.1hm^2，斜阳岛部分 189.0hm^2；保护区核心区面积为 284.4hm^2，缓冲区面积为 190.6hm^2，实验区面积为 1907.1hm^2。该自然保护区的建立不仅可以维护自然生态平衡，还对开展科学研究和发展经济、文化、教育、卫生事业以及对美化自然环境、丰富群众文化生活等方面，都具有重要的意义。

广西北海涠洲岛火山国家地质公园建于 2004 年 1 月，国土资源部发布了《关于批准河南王屋山等 41 处国家地质公园的通知》，将广西北海涠洲岛火山地貌遗迹自然保护区划入第三批国家地质公园名单。广西北海涠洲岛火山国家地质公园位于涠洲岛南部西拱手一带，陆域面积及其潮间带面积为 50 000hm^2，以地质遗迹和火山遗迹景观、海岸海蚀地貌景观为特色。典型的火山机构、火山构造、火山碎屑岩、海蚀和海积地貌在岛上共存实属罕见。

近年来，北海市加强了对珊瑚礁资源的保护管理力度，1999 年北海市人大常委会通过了《关于加强涠洲岛珊瑚礁资源保护的决定》，2000 年北海市政府又颁布了《关于加强珊瑚礁资源保护和管理的通告》。2001 年 4 月，国家海洋局在涠洲岛建立了海洋生态站，该站的主要任务是对涠洲岛周边海域两个点的珊瑚礁及其生态环境进行定期（每年 1～3 次）的调查和监测。2013 年 1 月，国家海洋局批复同意建立广西涠洲岛珊瑚礁国家级海洋公园。

2）钦州市

钦州市有自治区级自然保护区 1 个，即茅尾海红树林自治区级自然保护区。该保护区建于 2005 年 1 月，总面积为 2784hm^2，分别由康熙岭片、坚心围片、七十二泾片和大风江片共 4 个片区组成，保护红树林生物群落及其生态系统，覆盖约 20 个海岛。

针对生态遭受破坏的海岛，钦州市积极开展整治修复工作，2010 年以来，积极申请中央分成海域使用金支出项目海岛整治修复项目，相继开展了龙门岛、沙井岛的整治修复工作，总投资逾 6000 万元，对改善海岛人居环境起到了积极作用，并计划在七十二泾岛群开展整治修复项目。

3）防城港市

防城港市海岛分布于不同岸段的海区，其保护与利用情况也有差异。近年来，国家和当地政府越来越重视海岛资源的保护，并采取了相应的措施对防城港市海岛资源进行保护。防城港市积极开展海岛保护与开发利用工作，相继开展了大墩、老鸦墩、蝴蝶岭（含蝴蝶墩）的海岛保护与利用规划工作，并在长榄岛开展整治修复项目。

5.3.4 港址资源开发利用现状

广西沿海共有19处港址资源，主要分布在北海港域、钦州港域、防城港域。其中，北海港域港址资源包括铁山湾港址、石步岭港址、涠洲岛港址、大风江东岸港址4处港址；钦州港域包括大风江西岸港址、钦州湾东岸港址、钦州湾北岸港址、钦州湾西北岸港址4处港址；防城港域包括红沙沥港址、赤沙港址、蝴蝶岭港址、企沙半岛西岸港址、渔沥半岛东岸港址、渔沥老港址、马鞍岭港址、防城白龙半岛南端港址、东兴潭吉港址、京岛港址、竹山港址11处港址。

5.3.4.1 北海港域港址资源开发利用现状

北海港域是广西沿海港口建设历史最悠久的一个，早在秦汉时期，合浦就是“海上丝绸之路”的始发港之一。北海港域东起英罗湾，西至大风江，港口岸线总长87km。主要港湾有英罗湾、铁山湾、廉州湾。湾内具有良好的港址4处，分别是铁山湾港址、石步岭港址、涠洲岛港址、大风江东岸港址，港址资源岸线总长为38km。目前共有43个泊位，其中万吨级以上泊位7个，设计吞吐能力710万t。至2014年，码头岸线总长6040m，全港完成货物吞吐量2275.52万t，同比增长9.5%，主要在石步岭港区、铁山港区、侨港港区和涠洲岛港区完成，港口以外贸和陆岛车、客运输为主。

北海港域港址资源的开发利用目前划分为石步岭、铁山港、涠洲岛、大风江、海角、侨港、榄根、沙田等8个港区，在北海港域8个港区中的主要港区包括北海老港区、石步岭港区、铁山港港区和大风江港区。其中，北海老港区、石步岭港区是在营运港区，铁山港港区在建设中，大风江港区是规划建设港区。石步岭港区共有9个泊位，其中3.5万t级泊位1个、2万t级泊位1个、万吨级泊位2个、5000t级泊位3个、3000t级泊位2个，年通过能力为货物323万t，码头岸线长1717m；铁山港区现有地方码头泊位9个，其中5万t级泊位1个、5000t级泊位1个、500t级泊位7个，码头岸线长832m，年通过能力为货物175万t；涠洲岛港区共有泊位5个，其中500t级客货泊位2个、2000t级液化气泊位1个、5000t级原油泊位1个、6万t级单点系泊油气泊位1个，码头岸线长344m，年通过能力为货物140万t、客运12万人次；大风江港区目前基本未开发，将作为预留发展港区；海角港区有生产性泊位5个，其中2000t级泊位2个、1000t级泊位1个、700t级泊位2个，码头岸线长346m，年通过能力为货物42万t、客运30万人次、车辆2万辆；侨港港区现有国际客运码头3个泊位，其中客滚泊位2个、辅助泊位1个，均为2000t级，码头岸线长278m，年通过能力为客运108万人次、车辆6.5万辆；沙田港区现有10个泊位，其中500t级泊位2个、300t级泊位8个，码头岸线长343m，年通过能力为货物30万t。

5.3.4.2 钦州港域港址资源开发利用现状

钦州港域港址资源主要分布在钦州湾内，港域港池地形隐蔽宽阔，避风条件良好，航道水深，可挖性好，潮差大，回淤少，是全国为数不多的深水良港之一。钦州港域海岸线西起钦州防界茅岭江口，东至北钦界大风江口，港口岸线总长约80km，已利用14km。港口规划码头岸线74.54km，其中深水码头岸线45.29km，可建深水泊位163个。全港已建成投产泊位40个，其中万吨级以上泊位11个，码头岸线总长4874m，泊位年通过能力为货物2361万t、客运5万人次、车辆5万辆。截至2014年，钦州港全年完成货物吞吐量6413万t，同比增长6.2%；集装箱吞吐量70.2万TEU，同比增长16.8%。

该港域港口为服务临港工业为主的地区性重要港口，近期主要依托临港工业开发，形成能源、原材料等大宗物资运输为主的规模化、集约化港区；远期发展呈以服务临港工业为主，兼顾为港口腹地利用国际国内两个市场、两种资源服务的多功能现代化港口。

钦州港域港址资源的开发利用被划分为簕沟作业区、果子山作业区、鹰岭作业区、金鼓江作业区，以及龙门、茅岭、沙井等港点。其中，簕沟作业区现有建成投产泊位10个，其中万吨级泊位2个、5万t级泊位3个、5000t级以下泊位5个，码头岸线长1505m，年通过能力为货物334万t；果子山作业区已建成泊位10个，其中7万t级泊位1个、3000t级泊位3个、2000t级泊位4个、1500t级泊位2个，码头岸线长 987m，年通过能力为货物 540 万 t、客运 5 万人次、车辆 5 万辆；鹰岭作业区已建成泊位 6 个，为油气和煤炭泊位，其中 1 万 t 级、3 万 t 级、7 万 t 级泊位各 1 个，还有 5 万 t 级泊位 2 个、5000t 级泊位 1 个，码头岸线长 1500m，年通过能力为货物 1259 万 t；金鼓江作业区现有恒荣码头的 5000 吨级泊位 1 个，岸线长 150m，年通过能力为货物 85 万 t。钦州港沙井、沙坪港点各有 2 个 500t 级泊位，龙门港点有 1 个 5000t 级泊位，茅岭港点有 5 个 500t 级泊位，以及 3 个地方小码头，码头岸线长 732m，年通过能力为货物 143 万 t。各港区状况如表 5-27 所示。

表 5-27　钦州港域港址资源开发利用状况

港区名称	泊位数	吞吐能力	码头岸线长度（m）	港区功能
簕沟作业区	10	货物 334 万 t	1505	从事件杂货、散货及集装箱的运输
果子山作业区	10	货物 540 万 t、客运 5 万人次、车辆 5 万辆	987	从事件杂货和散货的运输
鹰岭作业区	6	货物 1259 万 t	1500	经营油气、液体化工品和煤炭业务
金鼓江作业区	1	货物 85 万 t	150	从事件杂货的运输
其余小港点	13	货物 143 万 t	732	—

资料来源：广西壮族自治区交通规划勘察设计研究院（2009）；国家海洋局第三海洋研究所（2010）

5.3.4.3　防城港域港址资源开发利用现状

该港域港口可开发利用的深水岸线达 30km 以上，可建设近 100 个 0.5 万～20 万 t 级泊位。目前共有生产性泊位 82 个、非生产性泊位 4 个，其中万吨级以上泊位 15 个，码头岸线总长 8087.4m（生产性泊位长 7767.4m，非生产性泊位长 320m），年通过能力为货物 3370 万 t、客运 69 万人次。防城港已发展成为以大宗散货为主，同时具备集装箱、件杂货、油气等货种装卸储运、中转换装、物流配送等多功能的综合性港口。

交通部公布的《全国沿海港口布局规划》已将防城港规划为我国的主要港口和综合运输体系的重要枢纽，是我国西南地区实施西部大开发战略和连接国际市场、发展外向型经济的重要支撑，是西南地区出海大通道的重要口岸，是国家一类对外贸易口岸。

目前，防城港域港址资源的开发利用被划分为渔沥、企沙、茅岭、白龙、东兴等 5 个港区，预留企沙半岛南段岸线和大小冬瓜岸线为远景港口发展区。根据运输社会化、规模化、专业化的要求，将通过政府的宏观调控、引导，对港口功能进行合理布局。其中，渔沥港区现有生产性泊位 26 个、非生产性泊位 4 个，其中万吨级以上泊位 15 个，最大设计靠泊能力为 20 万 t 级散货船，码头岸线总长 4852m（生产性泊位长 4532m，非生产性泊位长 320m），年通过能力为货物 2416 万 t，其中集装箱年通过能力为 13 万 TEU；企沙港区现有泊位 20 个，其中 10 万 t 级泊位 1 个、1200t 级泊位 1 个、1000t 级泊位 2 个、500t 级泊位 11 个，码头岸线长 1600m，年通过能力为货物 732 万 t；茅岭港区有泊位 7 个，其中 500t 级泊位 4 个、300t 级泊位 2 个、200t 级泊位 1 个，码头岸线长 346m，年通过能力为货物 9 万 t；白龙港区有泊位 4 个，其中 5000t 级泊位 2 个、400t 级泊位 1 个，码头岸线长 300m，年通过能力为货物 14 万 t；东兴港区现有泊位 25 个，其中 1000t 级和 500t 级泊位各 1 个、150～200t 级泊位 20 个，码头岸线长 989.4m，年通过能力为货物 199 万 t、客运 69 万人次。各港区状况如表 5-28 所示。

表 5-28　防城港域港址资源开发利用状况

港区名称	泊位数	吞吐能力	码头岸线长（m）	港区功能
渔沥港区	30	货物 2416 万 t	4852	装卸各种件杂货、散货、集装箱、石油化工产品及其仓储、中转、联运的综合性港区
企沙港区	20	货物 732 万 t	1600	主要经营散货和杂货业务
茅岭港区	7	货物 9 万 t	346	主要经营散货业务
白龙港区	4	货物 14 万 t	300	主要从事煤炭等散货的装卸业务
东兴港区	25	货物 199 万 t、客运 69 万人次	989.4	主要从事煤炭、件杂货的装卸及客运

资料来源：广西壮族自治区交通规划勘察设计研究院（2009）；国家海洋局第三海洋研究所（2010）

5.4 广西海洋空间资源价值评估

本节分别从海域作为空间资源和海域作为生态系统两个维度评估海域资源的经济价值，为海域开发中权衡不同利用方式的经济收益和生态收益，为实现海岸带资源的生态化管理和空间规划提供决策依据。

5.4.1 海域资源价值评估

海域资源不仅具有空间资源所能提供的使用价值特征，还具有生态服务功能。评估海域资源的生态服务价值，是开展海域资源核算评估、实施海域资源资产审计的根本性前提，也为海域资源的科学开发利用和合理配置提供依据。

5.4.1.1 海域生态系统服务价值评估

海洋生态系统作为地球上重要的生态类型之一，对人类生存和发展具有重要的意义。它不仅提供美味、有营养的海产品，还帮助我们获得更适宜的气候、领略海洋美景等。同时，海洋生态系统也是各种物质进行生物化学循环的必要环节，为生物圈内其他生态系统提供了广泛支持。海洋生态系统服务价值评估可以为海洋资源可持续开发利用与管理提供科学依据。

1）概述

海洋生态系统服务是指以海洋生态系统及其生物多样性为载体，通过系统内一定生态过程来实现的对人类有益的所有效应集合。而这些服务又具有重要的经济价值和生态价值。

Ⅰ. 海洋生态系统服务分类

联合国《千年生态系统评估》（*The Millennium Ecosystem Assessment*）及我国《海洋生态资本评估技术导则》（GB/T 28058—2011）将海洋生态系统服务分为供给、调节、文化、支持服务四大基本类型，每一基本类型提供多种不同服务。

（1）供给服务：从海洋生态系统中收获产品或物质，包括食品供给、原材料供给、基因资源供给。其中食品供给是指海洋生态系统为人类直接提供养殖和捕捞产品；原材料供给是指海洋生态系统为人类间接提供食物及日常用品、燃料、药物等生产性原材料和生物化学物质，将人类不能直接食用的部分转化为可间接利用的各种物质；基因资源供给是指海洋生态系统能提供动植物繁育和生物技术的基因与基因信息。

（2）调节服务：从海洋生态系统过程的调节作用中获得收益，海洋生态系统包括固碳释氧、净化水质、保持土壤、病虫害防治、护岸减灾五种调节服务。

（3）文化服务：通过精神满足、发展认知、思考、消遣等使人类从海洋生态系统中获得非物质收益，海洋生态系统可以提供休闲娱乐服务、科研教育服务等。休闲娱乐服务是指由海岸带和海洋生态系统所形成的独有景观和美学特征提供的服务；科研教育服务是指海洋生态系统因复杂性和多样性而产生和吸引的科学研究以及对人类知识的补充等贡献。

（4）支持服务：产生其他生态系统服务所必需的基础性服务，包括初级生产、物质循环、维持生物多样性和提供生境四种。初级生产是指有机体对能量和养分的吸收与累积，并为其他生态过程提供初始能量；物质循环是指一切生态过程中所需物质不断进行形式转换和流转的过程；维持生物多样性是指由海洋生态系统产生并维持遗传多样性、物种多样性与系统多样性；提供生境主要是指由海洋大型底栖植物所形成的海藻森林、盐沼群落等，可为其他生物提供生存生活空间和庇护场所。

Ⅱ. 海洋生态系统服务价值评估方法

海洋生态系统服务是人类生存和提高福利的基础，因而具有经济价值。海洋生态系统服务价值可分为使用价值和选择价值。使用价值是指被人类用于消费或生产的海洋生态系统服务的价值，包括有形和无形、当前或将来、直接或者间接使用的生态系统服务价值。

海洋生态系统服务价值的评估需要借助一定的量化评估方法，如直接市场法、替代成本法等，海洋生态系统服务价值评估的常用方法如表 5-29 所示。

表 5-29　海洋生态系统服务价值评估常用方法

生态系统服务		经济价值分类	评估方法
供给服务	食品供给	直接使用价值	直接市场法
	原材料供给		直接市场法
	基因资源供给		机会成本法
调节服务	固碳释氧	间接使用价值	防护费用法
	净化水质		防护费用法
	保持土壤		防护费用法
	病虫害防治		意愿调查法
	护岸减灾		防护费用法
文化服务	休闲娱乐	直接使用价值	旅行费用法
	科研教育		替代成本法
支持服务	初级生产	间接使用价值	直接市场法
	物质循环		替代成本法
	提供生境		影子工程法
	维持生物多样性	选择价值	意愿调查法

2）广西海域生态系统服务类型

广西海域位于北回归线以南的低纬度海区，生态系统类型丰富，包括滩涂湿地、河口水域、红树林、海草床等，本研究中生态系统类型概念如下。

红树林生态系统：红树林生长于高温、低盐的热带和亚热带低能海岸潮间带低潮线以上，为常绿灌木和小乔木，落潮后暴露于淤泥质海滩上，涨潮时又被海水淹没。红树林是世界上最多产、生物种类最繁多的生态系统之一，为众多鱼类、甲壳类及鸟类等物种提供繁殖栖息地和觅食地，还提供木材、食物、药材和其他化工原料，并被认为是二氧化碳的容器，同时兼具旅游景观（左玉辉和林桂兰，2008）。

海草床生态系统：海草是一类适应海洋环境的导管生物，在世界各地滨海地带均有分布。海草床生态系统是指在近岸浅水区域砂质或泥质海底生长的高等植物海草群落，以及其他生物群落与环境所构成的统一自然整体（王其翔和唐学玺，2010）。

珊瑚礁生态系统：由利用二氧化碳和积聚碳酸钙（钙化）的造礁珊瑚与造礁藻类形成的珊瑚礁以及栖息于礁中的动植物共同组成，往往纵深达几百米，具有坚固的物理特性，坚强地附着在海底；珊瑚礁坪构成护岸屏障，可有效抵御强风巨浪的冲击，是天然的防波堤（王其翔和唐学玺，2010）。

滩涂湿地生态系统：是指广泛分布于沿海海陆交接、咸淡水交汇地带的生态系统，兼有陆地生态系统和海洋生态系统的过渡相特征，是重要的滨海湿地生态系统之一。根据海岸地貌类型、沉积体系和动力因素，可将广西沿海滩涂分为基岩海岸、砂质海岸和粉砂淤泥质海岸。

河口水域生态系统：是由内陆河流在入海口形成的一种独特的生态系统，河流带来的大量营养元素使这里的浮游植物繁盛发育，大量淤泥和有机碎屑在河口区沉淀，为许多底栖生物提供良好的生息地。众多的生物种类构成了复杂的食物链网，使河口保持了特别高的生物生产力水平并发挥着重要的生态作用（王其翔和唐学玺，2010）。

需要特别说明的是，海域生态系统的划分存在许多重叠，甚至相互冲突，如湿地亦包括红树林、河口水域等，目前学术界还没有统一的海岸带生态系统的划分标准，本研究依据广西海域的实际情况，尽可能对各生态系统的分类进行调整，但是仍难免存在重复。

基于《海岸带生态系统服务价值评估理论与应用研究》中对海洋生态系统进行识别与分类的研究成果

(彭本荣和洪华生，2006)，结合广西海域资源实际，将广西各种海域资源所提供的生态系统服务类型分类，如表 5-30 所示。

表 5-30　广西海域生态系统服务类型　　（单位：hm^2）

	广西海域生态系统									
	红树林	海草床	珊瑚礁	基岩海岸	砂质海岸	粉砂淤泥质海岸	滨海沼泽	海岸潟湖	河口水域	三角洲湿地
面积	9 197.4	957.74	3 126.2	1 108.4	57 549.7	12 729.26	350.23	111.07	34 597.24	20 899.23
	供给服务									
食品供给	*	*	*	*	*	*	*	*	*	*
原材料供给	*		*		*	*	*	*	*	*
基因资源供给	*	*	*				*		*	*
	调节服务									
固碳释氧	*	*	*			*	*	*	*	*
水质净化	*	*		*	*	*	*		*	*
保持土壤	*						*			*
病虫害防治	*						*	*	*	*
护岸减灾	*	*			*		*			
	文化服务									
休闲娱乐	*		*	*	*			*	*	*
科研教育	*	*	*	*	*	*	*	*	*	*
	支持服务									
维持生物多样性	*	*	*	*	*	*	*	*	*	*

数据来源：国家海洋局第一海洋研究所（2010）；广西壮族自治区海洋局（2012b）；范航清等（2009）

注："*" 表示广西海域生态系统提供该项服务功能

3）广西海域生态系统服务价值评估

基于广西海域生态系统的识别和分类，分别评估红树林、海草床、珊瑚礁、滩涂湿地、河口水域等生态系统服务价值。

Ⅰ. 广西红树林生态系统服务价值评估

红树林生态系统服务价值来源于其多种生态系统服务功能，包括：①供给服务，指红树林能够提供建材、苗木、药材、水产品、果实以及为近海生物提供饵料的功能；②调节服务，红树林能够固碳释氧、保持土壤、护岸减灾等，具有重要的调节功能；③文化服务，红树林自身特性及其生长区域内丰富的生物多样性使其兼具较高的科研教育功能和休闲娱乐功能；④支持服务，红树林生态系统为其生长区域内的动物提供觅食、避难、栖居、繁殖的场所，有利于动植物物种多样性和基因资源的保存。

广西红树林生态系统服务价值参考第 4 章红树林资源价值评估结果，见表 4-19 所示。总体来看，红树林直接服务价值最大，其次是直接实物价值。另外，钦州市红树林生态系统服务价值最大，北海市次之，防城港市最小。

Ⅱ. 广西海草床生态系统服务价值评估

海草床生态系统在供给服务、调节服务、文化服务、支持服务方面发挥着重要作用：①供给服务，海草床可以为人们提供软体类、贝类、甲壳类等多种经济物种，具有较高的经济价值；②调节服务，海草床作为陆海过渡的生态系统能够固碳释氧、净化水质、护堤减灾等，具有极高的调节服务价值；③文化服务，海草床区域具有丰富的水生生物，而且海草自身对环境变化极为敏感，能够为海洋生物和海洋环境变化相关研究提供科研教育服务；④支持服务，海草床是高生产力区，为一些海洋动物提供了庇护和栖息场所，其维持生物多样性的作用不可忽视。

广西海草床生态系统服务价值参考第 4 章海草床资源价值评估结果，具体见表 4-24。总体来看，海草床生态系统间接使用价值最大，其次是选择价值，直接使用价值最小。另外，北海市海草床生态系统服务价值最大，防城港市次之，钦州市最小。

Ⅲ. 广西珊瑚礁生态系统服务价值评估

珊瑚礁被称为“热带海洋沙漠中的绿洲”“海洋中的热带雨林”，是一种重要的生物资源。研究表明，珊瑚礁资源具有重要的生态功能和经济价值，具体体现在：①供给服务，珊瑚礁中的生物种类很复杂，鱼类物种多样性较高，容易形成渔场；②调节服务，珊瑚礁生态系统能够固碳释氧、净化水质、保护海岸等，具有重要的调节服务功能；③文化服务，珊瑚礁极其复杂的水下地貌、丰富的生物群落，使珊瑚礁生态系统形成了沿岸珊瑚岸礁景观、火山遗迹地貌景观、海蚀海积景观、岛上森林景观等具有多样性和独特性的天然景观，具有重要的科研教育和休闲娱乐功能；④支持服务，珊瑚礁为习性相异的生物提供了各种生境，为之创造了栖息、藏身、育苗、索饵的有利条件，具有极高的生物多样性。

广西珊瑚礁生态系统服务价值参考第 4 章评估结果，具体见表 4-31。总体来看，珊瑚礁休闲娱乐价值最大，其次是选择价值。

Ⅳ. 广西滩涂湿地生态系统服务价值评估

ⅰ. 滩涂湿地概况

A. 滩涂湿地类型

广西滩涂湿地总面积为 71 387.38hm^2，各滩涂湿地类型的底部基质和植被覆盖情况见表 5-31。

表 5-31　广西滩涂湿地类型体系表

滩涂类型	含义说明
基岩海岸	底部基质 75% 以上是岩石，盖度＜ 30% 的植被覆盖的硬质海岸，包括岩石性沿海岛屿、沿海峭壁
砂质海岸	潮间带植被盖度＜ 30%，底质以砂、砾石为主
粉砂淤泥质海岸	潮间带植被盖度＜ 30%，底质以淤泥为主

B. 滩涂湿地的空间分布

广西基岩海岸主要分布于白龙半岛、三娘湾、冠头岭等，一般岩滩比较狭窄，例如，三娘湾滩涂不到 200m，大庙墩一带仅宽几米。基岩海岸总面积为 1108.42hm^2，仅占滩涂湿地的 1.55%。砂质海岸分布较广，见于营盘至高德沿岸、西场、巫头到沥尾沿岸、湾口及湾之间地带，总面积为 57 549.70hm^2，占滩涂湿地的 80.62%。粉砂淤泥质海岸主要分布于铁山港、廉州湾、大风江口等湾顶及河口地区，总面积为 12 729.26hm^2，占滩涂湿地的 17.83%。广西滩涂湿地空间分布见表 5-32。

表 5-32　广西滩涂湿地空间分布表

滩涂类型	面积（hm^2）	占比（%）	分布
基岩海岸	1 108.42	1.55	白龙半岛、三娘湾、冠头岭等
砂质海岸	57 549.70	80.62	营盘至高德沿岸、西场、巫头到沥尾沿岸、湾口及湾之间地带等
粉砂淤泥质海岸	12 729.26	17.83	铁山港、廉州湾、大风江口等湾顶及河口地区

数据来源：范航清等（2009）

广西沿海三市都有滩涂湿地的分布，但各市间滩涂湿地面积存在一定的差异，具体见表 5-33。北海市滩涂湿地面积最大，占广西滩涂湿地总面积的 57.46%；其中又以砂质海岸为主，占北海市滩涂湿地面积的 86.62%。防城港市次之，占广西滩涂湿地总面积的 24.49%；其中以砂质海岸为主，占防城港市滩涂湿地面积的 88.96%。钦州市滨海湿地面积最小，占广西滩涂湿地总面积的 18.05%；其中以砂质海岸和粉砂淤泥质海岸为主，分别占钦州市滩涂湿地面积的 50.21% 和 46.66%。

表 5-33　广西沿海各市滩涂湿地面积统计表

滩涂类型	北海市		钦州市		防城港市	
	面积（hm^2）	占比（%）	面积（hm^2）	占比（%）	面积（hm^2）	占比（%）
基岩海岸	38.67	0.09	403.98	3.13	665.77	3.81
砂质海岸	35 525.99	86.62	6 470.79	50.21	15 552.92	88.96
粉砂淤泥质海岸	5 451.19	13.29	6 013.25	46.66	1 264.82	7.23
合计	41 015.85	100	12 888.02	100	17 483.51	100

数据来源：范航清等（2009）

ⅱ. 滩涂湿地服务功能及价值评估

滩涂湿地作为广西重要生态系统之一，具有不可替代的生态价值。根据生态系统的功能体系，将滩涂湿地生态系统的价值评估分为 4 个方面，分别是供给服务价值、调节服务价值、文化服务价值和支持服务价值。

A. 供给服务价值

滩涂湿地生态系统的供给服务价值主要体现在鱼类、蟹类、贝类、珍珠等水产品的供给。来源主要是滩涂养殖，此处的滩涂养殖既包括滩涂沿海的浅海开发养殖，又包括在滩涂上的路基池塘养殖等。广西潮间带部分高潮位泥滩、沙泥混合滩和少量的沙滩滩涂已被开发为养殖区（虾池、养鱼池等），部分中潮位沙泥混合滩和低潮位沙滩、沙泥混合滩被开发为牡蛎养殖区和贝类围网养殖区。在此，依据北海市、钦州市、防城港市水产畜牧兽医局水产养殖数据（表 5-34），使用直接市场法，计算广西滩涂湿地生态系统的供给服务价值，计算公式为

$$\mathrm{VT}=\sum_{i=1}^{4}\left(Q_i \times P_i\right)-\sum\left(Q_i \times \bar{C}_i\right) \tag{5-1}$$

式中，VT 表示滩涂湿地生态系统的供给服务价值；Q_i 表示第 i 类经济动物的滩涂养殖产量；P_i 表示第 i 类经济动物的市场平均价格；$\bar{C}_i$ 表示第 i 类经济动物的平均生产成本。

表 5-34　广西滩涂养殖类别及产量表

养殖种类	滩涂养殖面积（hm^2）	海水养殖产量面积比（t/hm^2）	滩涂养殖产量（t）	市场平均价格（元/kg）
鱼类	1.2	51.86	62.24	70
文蛤	6.4	27.32	174.84	50
牡蛎	5.84	27.762	162.12	40
珍珠	2.6	6.18	16	60 793

数据来源：国家海洋局第一海洋研究所等（2010）

由于养殖产业总值并不能代表海湾为养殖所提供的空间和载体功能价值，需扣除养殖投入成本和必要的利润，2012 年广西渔民家庭渔业总支出占家庭渔业总收入的比值为 0.71（中华人民共和国农业部渔业局，2013），据此取 71% 将成本从养殖市场价值中扣除，计算得广西滩涂湿地供给服务价值为 28 775.88 万元/a。养殖产品价格来自三市水产品市场调查、中国食品产业网、中国水产网；滩涂养殖单位面积产量来自北海市、钦州市、防城港市水产畜牧兽医局的统计数据。

B. 调节服务价值

a. 固碳释氧价值

固碳释氧一般是通过浮游植物及其他生物的光合作用吸收 CO_2 释放 O_2 实现。滩涂生态系统作为海洋与陆地交接地带，浮游植物分布广泛。滩涂水域的浮游植物通过光合作用，在固定 CO_2 的同时释放 O_2。根据光合作用方程式，每生产 1g 干物质可以固定 1.63g 的 CO_2 同时释放 1.19g 的 O_2，即每固定 1g 的 C 可释放 2.677g 的 O_2。

采用重置成本法对滩涂湿地生态系统的固碳和释氧功能价值进行计算，计算公式为

$$VC=Q_C \times P_C \quad VO=Q_O \times P_O \tag{5-2}$$

式中，VC 表示滩涂湿地生态系统的固碳价值；Q_C 表示滩涂湿地生态系统中浮游植物的固碳量；P_C 为单位固碳成本；VO 表示滩涂湿地生态系统的释氧价值；Q_O 表示研究区域浮游植物的释氧量；P_O 表示工业制氧的成本。

根据广西科学院调查实测，北部湾海域浮游植物初级生产力为 300g/(m^2·a)（以 C 计）（赖俊翔等，2013）。北海市、钦州市、防城港市的滩涂湿地面积分别为 41 015.85hm^2、12 888.02hm^2、17 483.51hm^2，据此可得北海市、钦州市、防城港市滩涂湿地的固碳量分别为 123 047.55t/a、38 664.06t/a、52 450.53t/a，释氧量分别为 329 398.29t/a、103 503.69t/a、140 410.07t/a。据中国碳排放交易网，2015 年平均碳交易价格为 26.52 元/t，可得北海市、钦州市、防城港市滩涂湿地固碳价值分别为 326.32 万元/a、102.54 万元/a 和 139.10 万元/a，广西合计 567.96 万元/a。通过市场调查，工业制氧价格取 376.47 元/t，计算得北海市、钦州市、防城港市滩涂湿地的释氧价值分别为 12 400.86 万元/a、3 896.60 万元/a 和 5 286.02 万元/a，合计 21 583.48 万元/a。综合滩涂湿地的固碳价值和释氧价值，可得北海市、钦州市、防城港市滩涂湿地的固碳释氧价值分别为 12 727.18 万元/a、3 999.14 万元/a、5 425.12 万元/a，合计 22 151.44 万元/a。

b. 净化水质服务价值

滩涂湿地生态系统净化水质服务主要体现在浮游植物对 N、P 的吸收，浮游植物通过光合作用固碳释氧的同时还会按一定比例吸收 N、P，能够对水体起到净化作用（傅明珠等，2009）。采用影子工程法，计算广西滩涂湿地生态系统净化水质的价值，计算公式为

$$VW=Q_N \times P_N+Q_P \times P_P \tag{5-3}$$

式中，VW 表示滩涂湿地生态系统的净化水质价值；Q_N、Q_P 分别表示研究海域滩涂湿地净化 N、P 的数量；P_N、P_P 分别表示替代价格，即污水处理厂处理 N、P 的单位成本。

浮游植物对营养盐的吸收总体上遵循 Redfield 比值，即 C∶N∶P=106∶16∶1（Redfield et al.，1963），因此可以根据其固碳量得到 N、P 的吸收量，见表 5-35。

表 5-35　沿海三市滩涂湿地 N、P 吸收量

	北海市	钦州市	防城港市	合计
固碳量（t/a）	123 047.55	38 664.06	52 450.53	214 162.14
N 吸收量（t/a）	18 573.22	5 836.08	7 917.06	32 326.36
P 吸收量（t/a）	1 160.83	364.76	494.82	2 020.41

参考郑耀辉和王树功（2008）的研究成果，污水处理厂处理 N、P 的成本分别为 1.5 元/kg 和 2.5 元/kg。根据公式（5-3）计算北海、钦州、防城港三市滩涂湿地的净化水质价值，分别为 3076.19 万元/a、966.60 万元/a 和 1311.26万元/a，广西合计 5354.05 万元/a。

c. 护岸减灾价值

护岸减灾是指海洋生态系统对影响人类生存环境因素的调节，如对风暴潮和台风灾害的缓解作用。采用成果参照法对广西海域生态系统的护岸减灾价值进行计算。

Costanza 等（1997）提出，滩涂湿地护岸减灾的单位价值为 1839 美元/(hm^2·a)。考虑到中美经济发展水平及居民受教育水平的差异对海域生态系统服务价值评估的影响，采用综合调整系数予以调整（具体调整过程详见附录），最终得到我国滩涂生态系统护岸减灾的单位价值为 5947.64 元/(hm^2·a)。广西滩涂湿地总面积为 71 387.38hm^2，则广西滩涂湿地生态系统的护岸减灾价值为 42 458.64 万元/a。

d. 病虫害防治价值

病虫害防治是指通过生物种群的营养动力学机制，海洋生态系统所提供的控制有害生物、降低相关灾害损失的服务。de Groot 等（2002）提出的全球生态系统病虫害防治的单位价值为 2～78 美元/(hm^2·a)，而 Costanza 等（1997）提出海岸带病虫害防治的单位价值为 38 美元/(hm^2·a)。考虑到广西滩涂湿地生物资源实际情况，取 de Groot 等（2002）提出的最高价值与 Costanza 等（1997）提出价值的均值 58 美元/(hm^2·a)，即 377 元/(hm^2·a）作为研究区域病虫害防治的单位价值。广西滩涂湿地总面积为 71 387.38hm^2，则广西滩涂

湿地生态系统的病虫害防治价值为 2691.30 万元/a。

C. 文化服务价值

a. 科研教育服务价值

滩涂湿地位于海陆交接地带，具有特殊的水文特征和物理、化学、生物特性，成为科学研究的极佳场所。采用成果参照法对广西海域滩涂湿地生态系统的科研教育服务价值进行计算。

Costanza（1997）提出滩涂湿地的科研教育单位价值为 574 美元/(hm^2·a)。调整后滩涂湿地的科研教育单位价值为 1856.41 元/(hm^2·a)。广西滩涂湿地总面积为 71 387.38hm^2，则广西滩涂湿地生态系统的科研教育服务价值为 13 252.42 万元/a。

b. 休闲娱乐服务价值

滩涂湿地中提供休闲娱乐服务的主要有基岩海岸和砂质海岸，比较著名的旅游景点如北海市的银滩、侨港沙滩，防城港市的金滩、大平坡、玉石滩、怪石滩，钦州市的三娘湾沙滩等。北海银滩、防城港金滩、钦州三娘湾沙滩滩涂湿地的休闲娱乐服务价值见表 5-36。

表 5-36　滩涂湿地休闲娱乐服务价值　　（单位：万元/a）

沙滩	娱乐休闲服务价值
北海银滩	41 800.28
防城港金滩	10 131.59
钦州三娘湾沙滩	10 977.63

本研究选取北海银滩、防城港金滩、钦州三娘湾沙滩的旅游价值作为广西滩涂湿地的休闲娱乐服务价值，可得广西滩涂湿地的休闲娱乐服务价值为 62 909.50 万元/a。

D. 支持服务价值

支持服务是产生其他生态系统服务所必需的基础服务，海洋生态系统的支持服务包括初级生产、物质循环、提供生境、维持生物多样性四种。本研究在计算广西滩涂湿地生态系统支持服务价值时主要考虑其维持生物多样性的价值。

本研究运用意愿调查法，于 2015 年 11 月在广西北海市、钦州市、防城港市等地共发放 200 份问卷，为保证回收率，调查采取面对面方式，共回收有效问卷 190 份，问卷有效率达 95%，得到了广西滩涂湿地生态系统维护生物多样性的价值，即 1.96 万元/(hm^2·a)。广西粉砂淤泥质滩涂总面积为 12 729.26hm^2，则广西滩涂湿地生态系统维护生物多样性的价值为 24 949.43 万元/a。

ⅲ. 广西滩涂湿地生态系统服务价值小结

广西滩涂湿地生态系统服务价值见表 5-37，总体来看，广西滩涂湿地生态系统提供的休闲娱乐服务价值最高，其次是护岸减灾价值，病虫害防治价值最低。

表 5-37　广西滩涂湿地生态系统服务价值

服务价值分类		总价值（万元/a）	单位价值 [万元/(hm^2·a)]
供给服务	水产品供给	28 775.88	0.40
调节服务	固碳释氧	22 151.44	0.31
	净化水质	5 354.05	0.07
	护岸减灾	42 458.64	0.59
	病虫害防治	2 691.30	0.04
	小计	72 655.43	1.02
文化服务	科研教育	13 252.42	0.19
	休闲娱乐	62 909.50	0.88
	小计	76 161.92	1.07
支持服务	维持生物多样性	24 949.43	0.35
总价值		202 542.66	2.84

Ⅴ. 广西河口水域生态系统服务价值评估

ⅰ. 广西河口水域及其空间分布

根据范航清等（2009）编写的《广西海岸带滨海湿地调查研究报告》，以不同大潮时海水影响的相对稳定的近口段河流水域为潮区界（一般以盐度＜ 5% 为准），以低潮时潮沟中淡水舌锋为外缘，两者之间的永久性水域为河口水域。广西河口水域面积达 34 597.22hm^2，占广西滨海湿地总面积的 16.67%，是广西典型且重要的生态系统之一。

根据《广西海岸带滨海湿地调查研究报告》的数据，对北仑河、九曲江、防城江、茅岭江、钦江、大风江、南流江和那交河 8 条河的河口水域面积进行梳理汇总，其中茅岭江和钦江入海后汇集形成的河口水域面积最大，其次是南流江，北仑河的最小。广西河口水域面积分布及特点见表 5-38～表 5-40。

表 5-38　广西河口水域面积　（单位：hm^2）

河流名称	北仑河	九曲江	防城江	茅岭江+钦江	大风江	南流江	那交河
面积	130.04	203.50	1 724.40	22 253.53	3 525.63	5 464.85	1 295.29

数据来源：范航清（2009）

表 5-39　按地区统计的广西河口水域面积　（单位：hm^2）

地区	北海市	钦州市	防城港市
河口水域面积	8 395.86	9 392.28	16 809.08

数据来源：范航清（2009）

表 5-40　广西重要河口特点

河口	特点
南流江口	红树林分布区，滩涂养殖区。南流江口水域是我国重要的文蛤养殖基地，养殖总面积为 2800hm^2，区域内有红树林湿地，面积为 8.17hm^2
大风江口	红树林分布区，海水养殖区。大风江口至金鼓江一带沿岸有 7 个主要的红树林群丛，面积为 1538.9hm^2
钦江口	红树林分布区，海水养殖区
茅岭江口	红树林分布区，海水养殖区
防城江口	红树林分布区，海水养殖区
江平江口	红树林分布区，海水养殖区
北仑河口	红树林分布区，海水养殖区

数据来源：范航清（2009）

ⅱ. 广西河口水域生态系统服务价值评估

河口水域是由河流、海洋和陆地等多系统水文过程交互作用形成的生态系统，既是许多迁徙水禽的栖息地、生物多样性的保护基地，又是维护海陆动态平衡的缓冲地区，因此河口水域生态系统具有重要的生态系统服务价值。

A. 供给服务价值

广西北仑河、防城江、茅岭江、钦江、大风江、南流江等的河口水域均分布有大面积海水养殖区或滩涂养殖区，广西河口水域的供给服务主要体现在为养殖提供空间和载体。采用直接市场法，对河口水域供给服务进行评估。计算公式如下：

$$\mathrm{VF}=\sum_{i=1}^{4}Q_i\times P_i\text{，}\ Q_i=Q_i^*\times S_i/S^* \tag{5-4}$$

式中，VF 表示河口水域的供给服务价值，单位为亿元/a；Q_i 表示河口水域养殖的第 i 类经济物种的产量，单位为 t/a；P_i 表示第 i 类经济物种的市场价格，单位为亿元/t；Q_i^* 表示研究海域所在地区的第 i 类经济物种的总产量，单位为 t/a；S_i 表示河口水域第 i 类经济物种的养殖面积，单位为 hm^2；S^* 表示河口水域的养殖总面积，单位为 hm^2；i 为 1～4，分别代表养殖种类，包括鱼类、甲壳类、贝类和其他类。

根据《广西海洋生态红线区划定研究成果报告》（广西红树林研究中心 2015 年编写），南流江口水域养殖总面积为 2800hm^2，约占南流江水域面积的 51.24%，其余河口水域的养殖面积尚无准确统计资料，考虑到南流江口水域是我国重要的文蛤养殖基地，养殖面积比例较高，本研究基于南流江口水域养殖面积，根据北海市、钦州市、防城港市水产畜牧兽医局提供的渔业统计数据，推算其他河口水域养殖面积为其河口面积的 30%。

广西北仑河、九曲江、防城江、茅岭江、钦江、大风江、南流江、那交河等的河口水域水产品养殖产量及价格见表 5-41。

表 5-41　各地区河口水域水产品养殖产量及价格

经济物种	养殖产量（t）							综合价格（元/kg）
	北仑河	九曲江	防城江	茅岭江+钦江	大风江	南流江	那交河	
鱼类	15.30	23.95	202.91	2 618.51	414.85	643.04	152.42	15
甲壳类	84.75	132.62	1 123.79	14 502.54	2 297.64	3 561.42	844.14	21
贝类	280.48	438.92	3 719.24	47 997.13	7 604.20	11 786.77	2 793.73	12
其他类	1.05	1.65	13.95	179.94	28.51	44.19	10.48	27

数据来源：广西红树林研究中心（2015）

注：相关水产品价格来自广西沿海三地市水产品市场调查、中国食品产业网、中国水产网

养殖产业总值并不能代表河口为养殖所提供的空间和载体功能价值，需扣除养殖投入成本和必要的利润，2012 年广西渔民家庭渔业总支出占家庭渔业总收入的比值为 0.71，据此取 71% 将成本从养殖市场价值中扣除，则得到广西河口水域生态系统养殖服务价值，见表 5-42。

表 5-42　广西河口水域生态系统供给服务价值

河流名称	北仑河	九曲江	防城江	茅岭江+钦江	大风江	南流江	那交河	总计
面积（hm^2）	130.04	203.50	1 724.40	22 253.53	3 525.63	5 464.85	1 295.29	34 597.24
供给服务价值（万元/a）	156.7	245.22	2 077.87	26 814.99	4 248.31	6 585.02	1 560.81	41 688.92

B. 调节服务价值

a. 固碳释氧价值

河口水域生态系统对气体的调节主要源于生态系统对温室气体 CO_2 的固定，广西河口水域通过光合作用固定 CO_2 气体主要有浮游植物和贝类两个途径。

浮游植物通过光合作用固定水体中的 CO_2 并产生有机物质，并将固定的碳带入更高的营养级或形成水体中的颗粒有机碳，最终被其他生物利用或沉降。另外，浮游植物在进行光合作用固定 CO_2 的同时释放 O_2，根据光合作用方程式：

$$6CO_2+12H_2O \longrightarrow C_6H_{12}O_6+6O_2+6H_2O$$

每生产 1g 干物质可以固定 1.63g 的 CO_2 同时释放 1.19g 的 O_2，即每固定 1g 的 C 可释放 2.677g 的 O_2。

贝类主要是通过吸收海水中的碳酸氢根（HCO_3^-）形成碳酸钙（$CaCO_3$）来固定水体中的碳，其反应方程式为

$$Ca^{2+}+2HCO_3^- = CaCO_3+CO_2+H_2O$$

根据此方程式，每形成 1mol 的碳酸钙，就形成 1mol 的 CO_2，同时可以吸收 2mol 碳酸氢根。其重要意义在于通过此方式固定在贝壳中的碳将会随着贝类的收获而彻底消除（张继红等，2005）。

根据广西科学院调查实测，广西北部湾海域营养物质丰富，浮游植物生长繁殖旺盛，其初级生产力较高，约为 300g/(m^2·a)（以 C 计）（赖俊翔等，2013）。在此基础上计算广西河口水域生态系统浮游植物的固碳量，见表 5-43。

表 5-43　广西河口水域浮游植物固碳量

河流名称	北仑河	九曲江	防城江	茅岭江+钦江	大风江	南流江	那交河
面积（hm^2）	130.04	203.50	1 724.40	22 253.53	3 525.63	5 464.85	1 295.29
固碳量（t/a）	390.12	610.50	5 173.20	66 760.59	10 576.89	16 394.55	3 885.87

基于贝类反应方程式，根据贝类产量和干壳质量折算系数 0.5514（张朝晖等，2008），可得广西河口水域生态系统贝类的固碳量，如表 5-44 所示。

表 5-44　广西河口水域贝类固碳量　（单位：t/a）

河流名称	北仑河	九曲江	防城江	茅岭江+钦江	大风江	南流江	那交河
贝类产量	560.95	877.83	7 438.48	95 994.26	15 208.39	23 573.53	5 587.45
干壳质量	309.31	484.04	4 101.58	52 931.23	8 385.91	12 998.44	3 080.92
固碳量	37.12	58.08	492.19	6351.75	1 006.31	1 559.81	369.71

采用重置成本法对广西河口水域生态系统的固碳价值进行计算，计算公式为

$$VC=\sum Q_i \times P_C \tag{5-5}$$

式中，VC 表示河口水域生态系统固碳价值，单位为万元/a；Q_i 表示河口水域浮游植物、贝类固碳量，单位为 t/a；P_C 为单位固碳成本，单位为万元/t。

据中国碳排放交易网，2015 年平均碳交易价格为 26.52 元/t。将以上数据代入公式（5-5），可得广西河口水域生态系统固碳的价值，见表 5-45。

表 5-45　广西河口水域生态系统固碳价值

河流名称	北仑河	九曲江	防城江	茅岭江+钦江	大风江	南流江	那交河
固碳量（t）	427.24	668.58	5 665.39	73 112.34	11 583.20	17 954.36	4 255.58
固碳价值（万元）	1.13	1.77	15.02	193.89	30.72	47.62	11.29

根据光合作用方程式，计算广西重要河口浮游植物释氧量，如表 5-46 所示。

表 5-46　广西河口水域浮游植物释氧量　（单位：t）

河流名称	北仑河	九曲江	防城江	茅岭江+钦江	大风江	南流江	那交河
固碳量	390.12	610.50	5 173.20	66 760.59	10 576.89	16 394.55	3 885.87
释氧量	1 044.3	1 634.3	13 848.7	178 718.1	28 314.4	43 888.3	10 402.6

采用重置成本法，使用工业制氧的价格计算河口水域生态系统释氧的价值，计算公式如下：

$$VO=Q_O \times P_O \tag{5-6}$$

式中，VO 表示河口水域生态系统的释氧价值，单位为万元/a；Q_O 表示河口水域浮游植物释氧量，单位为万 t/a；P_O 表示工业制氧的成本，取 376.47 元/t。

最终计算所得的广西河口水域生态系统的释氧价值见表 5-47。

表 5-47　广西河口水域生态系统释氧价值

河流名称	北仑河	九曲江	防城江	茅岭江+钦江	大风江	南流江	那交河
释氧量（t）	1 044.3	1 634.3	13 848.7	178 718.1	28 314.4	43 888.3	10 402.6
释氧价值（万元/a）	39.31	61.53	521.36	6 728.20	1 065.95	1 652.26	391.62

广西河口水域生态系统调节服务的固碳释氧价值为固碳与释氧价值的总和，结果见表 5-48。

表 5-48　广西河口水域生态系统固碳释氧价值　（单位：万元/a）

河流名称	北仑河	九曲江	防城江	茅岭江+钦江	大风江	南流江	那交河	总计
固碳价值	1.13	1.77	15.02	193.89	30.72	47.62	11.29	301.44
释氧价值	39.31	61.53	521.36	6 728.20	1 065.95	1 652.26	391.62	10 460.24
合计	40.44	63.30	536.38	6 922.09	1 096.67	1 699.88	402.91	10 761.67

广西河口水域分布有大量的红树林资源，红树林资源具有固碳释氧的调节功能，为避免重复计算，不再计算红树林的固碳释氧价值。综上，广西河口水域生态系统的固碳释氧价值为 10 761.67 万元/a。

b. 净化水质服务价值

河口水域生态系统的净化水质服务主要是通过物理、化学、生物净化等方式对进入海域的各种污染物质的消除分解，由于污染物质种类繁多形态各异，且受资料限制，本研究仅考虑对 N 和 P 的生物净化调节服务。广西河口水域生态系统净化水质服务主要体现在红树林、浮游植物和贝类对 N、P 的吸收，由于贝类都是以浮游植物等生物为食，为避免重复计算，对贝类对于 N、P 的吸收不予计算。海洋浮游植物通过光合作用固碳释氧的同时会按一定比例吸收 N、P，能够对水体起到净化作用。浮游植物对营养盐的吸收总体上遵循 Redfield 比值，即 C∶N∶P=106∶16∶1（Redfield et al.，1963），因此可以根据其固碳量计算得到 N、P 吸收量，如表 5-49 所示。

表 5-49　广西河口水域 N、P 吸收量　（单位：t/a）

河流名称	北仑河	九曲江	防城江	茅岭江+钦江	大风江	南流江	那交河
N 吸收量	58.89	92.15	780.86	10 077.07	1 596.51	2 474.65	586.55
P 吸收量	3.68	5.76	48.80	629.82	99.78	154.67	36.66

采用影子工程法，将广西河口水域生态系统净化水质的价值转化为污水处理厂处理污水的成本，计算公式为

$$\mathrm{VM}=Q_{\mathrm{N}}\times P_{\mathrm{N}}+Q_{\mathrm{P}}\times P_{\mathrm{P}} \tag{5-7}$$

式中，VM 表示研究海域净化水质服务的价值，单位为万元/a；Q_{N}、Q_{P} 分别表示研究海域的 N、P 吸收量；P_{N}、P_{P} 分别表示污水处理厂处理 N、P 的成本，分别为 1.5 元/kg、2.5 元/kg。

综上，广西河口水域净化水质单位价值为 750 元/(hm^2·a)，河口水域生态系统净化水质服务总价值为 2594.79 万元/a，见表 5-50。

表 5-50　广西河口水域生态系统净化水质服务价值

河流名称	北仑河	九曲江	防城江	茅岭江+钦江	大风江	南流江	那交河	总计
面积（hm^2）	130.04	203.50	1 724.40	22 253.53	3 525.63	5 464.85	1 295.29	34 597.24
净化水质服务价值（万元/a）	9.75	15.26	129.33	1 669.02	264.42	409.87	97.15	2 594.79

广西河口水域分布有大量的红树林资源，红树林资源也具有净化水质的生态服务功能，但为避免重复计算，在此不再计算红树林的净化水质服务价值。

c. 护岸减灾服务价值

护岸减灾是指海洋生态系统对影响人类生存环境因素的调节，如对风暴潮和台风灾害的缓解作用（王其翔和唐学玺，2010）。由于缺乏计算所必需的数据，采用成果参照法对广西河口水域生态系统护岸减灾的生态价值进行评估。Costanza 等（1997）指出，海域生态系统护岸减灾的单位价值为 567 美元/(hm^2·a)，考虑到中美经济发展水平及居民受教育水平的差异对海域生态系统服务价值评估的影响，此处按照第 4 章计算生物资源服务价值时的调整方法对该值进行调整，得出我国海域生态系统护岸减灾服务的单位价值为 0.18 万元/(hm^2·a)。根据广西河口水域面积，其护岸减灾服务的价值为 6227.50 万元/a，见表 5-51。

表 5-51　广西河口水域生态系统护岸减灾服务价值

河流名称	北仑河	九曲江	防城江	茅岭江+钦江	大风江	南流江	那交河	总计
面积（hm^2）	130.04	203.50	1 724.40	22 253.53	3 525.63	5 464.85	1 295.29	34 597.24
护岸减灾价值（万元/a）	23.41	36.63	310.39	4 005.64	634.61	983.67	233.15	6 227.50

C. 文化服务价值

a. 科研教育服务价值

广西河口水域生态系统的科研教育服务价值主要体现在河口水域红树林湿地的科研教育服务，同样参照 Costanza 等（1997）提出的红树林湿地科研教育服务的单位价值 881 美元/(hm^2·a)，并使用本研究制定的调整系数，得到广西海域科研教育服务单位价值为 0.29 万元/(hm^2·a)，根据广西河口水域面积，其河口水域科研教育服务价值为 10 033.20 万元/a，见表 5-52。

表 5-52　广西河口水域生态系统科研教育服务价值

河流名称	北仑河	九曲江	防城江	茅岭江+钦江	大风江	南流江	那交河	总计
面积（hm^2）	130.04	203.50	1 724.40	22 253.53	3 525.63	5 464.85	1 295.29	34 597.24
科研教育服务价值（万元/a）	37.71	59.02	500.08	6 453.52	1 022.43	1 584.81	375.63	10 033.20

b. 休闲娱乐服务价值

广西河口水域生态系统的休闲娱乐服务价值主要体现在河口水域红树林湿地的旅游价值，根据第 4 章中对红树林生态系统休闲娱乐服务价值的核算结果，结合广西河口水域的红树林分布面积核算广西河口水域生态系统的休闲娱乐服务价值，为 38 845.62 万元/a，见表 5-53。

表 5-53　广西河口水域生态系统休闲娱乐服务价值

河流名称	北仑河	九曲江	防城江	茅岭江+钦江	大风江	南流江	那交河	总计
红树林面积（hm^2）	145.26	125.44	715.55	3 181.69	1 538.00	748.17	1 361.91	7 816.02
休闲娱乐服务价值（万元/a）	721.94	623.44	3 556.28	15 813.00	7 643.86	3 718.40	6 768.69	38 845.62

数据来源：广西红树林研究中心（2015）

D. 支持服务价值

支持服务是生态系统的基础服务功能，海洋生态系统的支持服务包括初级生产、物质循环、提供生境、维持生物多样性四种，海洋生态系统的支持服务相互依存，难以分割。为避免重复计算，本研究在评估河口水域生态系统支持服务价值时只考虑其维持生物多样性的价值。

鉴于广西河口水域中分布有红树林生态系统和相应的海洋保护区，红树林生态系统对于维持生物多样性具有极其重要的作用，因此本研究主要评估在河口水域分布的红树林生态系统维持生物多样性的价值，计算公式如下：

$$\mathrm{VS}=\mathrm{VM}\times S \tag{5-8}$$

式中，VS 为河口水域生态系统维持生物多样性的价值，单位为万元/a；VM 为红树林系统维持生物多样性的单位价值，单位为万元/(hm^2·a)；S 为广西河口水域红树林的面积，单位为 hm^2。

根据第 4 章中对红树林生态系统维持生物多样性价值的评估结果，依据河口水域红树林的面积，计算得河口水域生态系统维持生物多样性的价值，为 14 537.80 万元/a，见表 5-54。

表 5-54　广西河口水域生态系统维持生物多样性价值

河流名称	北仑河	九曲江	防城江	茅岭江+钦江	大风江	南流江	那交河	总计
红树林面积（hm^2）	145.26	125.44	715.55	3 181.69	1 538.00	748.17	1 361.91	7 816.02
支持服务价值（万元/a）	270.18	233.32	1 330.92	5 917.94	2 860.68	1 391.60	2 533.15	14 537.80

数据来源：广西红树林研究中心（2015）

ⅲ. 广西河口水域生态系统服务价值小结

广西河口水域生态系统服务价值见表 5-55，总体来看，广西河口水域生态系统养殖供给服务价值最高，其次是休闲娱乐服务价值，净化水质服务价值最低。

表 5-55　广西河口水域生态系统服务价值

服务价值分类		价值（万元/a）	单位价值［万元/(hm²·a)］
供给服务	养殖供给	41 688.92	1.20
调节服务	固碳释氧	10 761.67	0.31
	净化水质	2 594.79	0.07
	干扰调节	6 227.50	0.18
	小计	19 583.96	0.57
文化服务	科研教育	10 033.20	0.29
	休闲娱乐	38 845.62	1.12
	小计	48 878.82	1.41
支持服务	维持生物多样性	14 537.80	0.42
总价值		124 689.50	3.60

4）海域生态系统价值总结

汇总红树林、海草床、珊瑚礁、滩涂湿地及河口水域生态系统服务价值评估结果，广西海域生态系统服务总价值为 455 975.55 万元/a。其中，滩涂湿地生态系统服务价值最大，占海域生态系统服务总价值的 44.42%，海草床生态系统服务的单位价值最大，为 13.19 万元/(hm²·a)。广西海域各类型生态系统服务价值如表 5-56 所示。

表 5-56　广西海域各生态系统服务价值

服务价值分类	红树林生态系统		海草床生态系统		珊瑚礁生态系统		滩涂湿地生态系统		河口水域生态系统	
	总价值（万元/a）	单位价值［万元/(hm²·a)］	总价值（万元/a）	单位价值［万元/(hm²·a)］	总价值（万元/a）	单位价值［万元/(hm²·a)］	总价值（万元/a）	单位价值［万元/(hm²·a)］	总价值（万元/a）	单位价值［万元/(hm²·a)］
供给服务	19 872.32	2.16	201.12	0.21	1 388.03	0.44	28 775.88	0.40	41 688.92	1.20
调节服务	16 409.57	1.79	9 042.79	9.44	2 958.33	0.95	72 655.43	1.02	19 583.96	0.57
文化服务	48 331.68	5.25	325.05	0.34	5 617.11	1.81	76 161.92	1.07	48 878.82	1.41
支持服务	17 088.40	1.86	3 265.89	3.41	4 444.22	1.42	24 949.43	0.35	14 537.80	0.42
合计	101 701.97	11.06	12 633.73	13.19	14 407.69	4.61	202 542.66	2.84	124 689.50	3.60
比例（%）	22.30		2.77		3.16		44.42		27.35	

5.4.1.2　基于开发利用方向的海域资源价值评估

1）概述

Ⅰ. 海域价值

《中华人民共和国海域使用管理法》对海域给予了明确的界定，海域是指“中华人民共和国内水、领海的水面、水体、海床和底土”，是与陆地相连的一定界限内的边缘区域。海域是海洋资源一定范围内的载体，是海洋的组成部分，具有资源性、立体性、特定性及专属性等特点。

海域资源满足人类生产生活需要，具有经济价值。其经济价值包括渔业捕捞、港口运输、海洋旅游等直接经济价值，也包括废弃物处理、生物控制、气候调节等间接使用价值。正确评价海域的经济价值，揭示海域在质量、区位和使用效益上的差异性，力求使海域开发利用的规模、强度与海洋资源的价值、环境承载能力相适应，不仅是合理开发利用海域的前提，还能使有限的、稀缺的海域产生不断增长的经济效益和生态效益。

Ⅱ. 海域价值评估范围与依据

国务院 2015 年 8 月印发的《全国海洋主体功能区规划》按开发内容将海域功能分为产业与城镇建设、农渔业生产、生态环境服务三种功能。依据主体功能，将海洋空间划分为优化开发区、重点开发区、开发区及禁止开发区四类区域。

根据《广西壮族自治区海洋功能区划（2011—2020 年）》，海洋生态红线区指为维护海洋生态健康和生态安全而划定的海洋生态红线区的边界线及其管理指标控制线，用以实施分类指导、分区管理、分级保护具有重要保护价值和生态价值的海域，可分为一级红线管控区和二级红线管控区两类。其中，一级红线管控区是指海洋生态红线区内禁止一切开发活动的区域，二级红线管控区是指海洋生态红线区内除禁止开发区以外的其他区域。根据上述两个文件的相应内容，海域类型的具体划分如表 5-57 所示。

表 5-57　海域具体类型划分

《全国海洋主体功能区规划》		《广西壮族自治区海洋功能区划（2011—2020 年）》	
海域类型	说明	海域类型	说明
优化开发区	—	禁止开发区（一级红线管控区）	国家级海洋自然保护区的核心区和缓冲区
重点开发区	城镇建设用海区		海洋特别保护区的重点保护区和预留区
	港口和临港产业用海区		国家海洋公园的重点保护区、预留区
	海洋工程和资源开发区		国家湿地公园生态保护区
限制开发区	海洋渔业保障区	限制开发区（二级红线管控区）	海洋自然保护区的实验区
	海洋特别保护区		海洋特别保护区的适度利用区和生态与资源恢复区
	海岛及其周边海域		国家级海洋公园的适度利用区
禁止开发区	海洋自然保护区		国家湿地公园的恢复重建区
	领海基点所在岛礁		水产种质资源保护区
			生态与资源恢复区
			重要渔业水源区
			广西海洋功能区划中的保留区
			重要河口水域
			重要滨海湿地
			重要渔业海域
			特殊保护海岛
			红树林/珊瑚礁/海草床分布区
			珍稀濒危物种分布区

本研究主要依据上述两份文件的相关内容，将广西海域划分为禁止开发海域、限制开发海域和重点开发海域，并分别对以上三类海域的经济价值和生态价值进行评估。

禁止开发海域是指对维护海洋生物多样性、保护典型海洋生态系统具有重要作用的海域，划定禁止开发区的目的在于保护海洋生态系统的多样性，在此则评估其生态服务价值；限制开发海域是指以提供水产品为主要功能的海域，包括用于保护海洋渔业资源和海洋生态功能的海域，主要评估相应海域的生态服务价值和农渔业养殖等经济价值；重点开发海域是指在沿海经济社会发展中具有重要地位、发展潜力较大、资源环境承载能力较强、可以进行高强度集中开发的海域，评估以其经济价值为重点，并将开发过程中的生态损害价值考虑在内。海域资源价值评估通过对不同开发利用方向的价值评估，展示海域不同利用方式的经济价值，为科学有效合理配置海域资源提供依据。

Ⅲ. 价值评估的技术路线

本研究的价值评估技术路线见图 5-2。

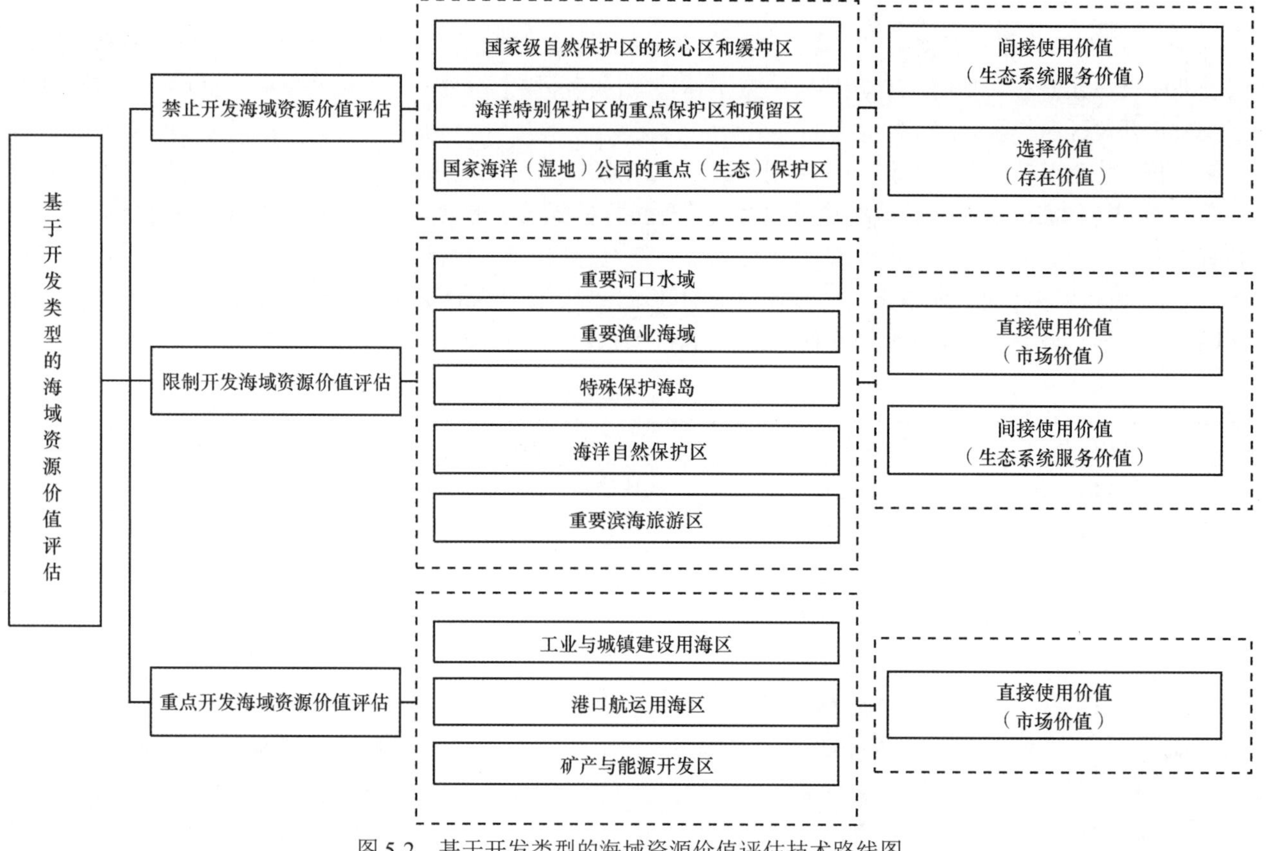

图 5-2　基于开发类型的海域资源价值评估技术路线图

2）禁止开发海域资源价值评估

依据国务院颁布的《全国海洋主体功能区规划》，禁止开发海域是指对维护海洋生物多样性、保护典型海洋生态系统具有重要作用的海域，包括海洋自然保护区、领海基点所在岛屿等；依据《广西海洋生态红线区划定研究报告》，禁止开发区即一级红线管控区，是指海洋生态红线区内禁止一切开发活动的区域。本研究参照《广西海洋生态红线区划定研究报告》，界定的禁止开发区具体海域范围包括国家级自然保护区的核心区和缓冲区、海洋特别保护区的重点保护区和预留区、国家海洋公园的重点保护区、国家湿地公园的生态保护区。具体类型详见表 5-58。

表 5-58　广西禁止开发海域类型及面积

类型	区域名称	区域类型	区域面积（hm^2）
国家级自然保护区	广西山口红树林生态国家级自然保护区	核心区	824.1
		缓冲区	355.8
	广西北仑河口国家级自然保护区	核心区	1 406.7
		缓冲区	1 260
	广西合浦儒艮国家级自然保护区	核心区	35 000
		缓冲区	
海洋特别保护区	钦州大风江红树林海洋特别保护区	重点保护区	3 313
		预留区	
	防城港东湾红树林海洋特别保护区	重点保护区	314
		预留区	

续表

类型	区域名称	区域类型	区域面积（hm^2）
海洋特别保护区	广西茅尾海红树林自然保护区	重点保护区 预留区	2 784
	防城港针鱼岭-长榄岛海洋特别保护区	重点保护区 预留区	270
	北海斜阳岛海洋特别保护区	重点保护区 预留区	142
	钦州三娘湾海洋特别保护区	重点保护区 预留区	8 972
国家海洋（湿地）公园	广西钦州茅尾海国家海洋公园	重点保护区	990.5
	广西涠洲岛珊瑚礁国家海洋公园	重点保护区	911.4
	广西北海滨海国家湿地公园	生态保护区	1 929.5

数据来源：广西红树林研究中心（2015）

Ⅰ. 国家级自然保护区的核心区和缓冲区资源价值评估

广西国家级自然保护区有广西山口红树林生态国家级自然保护区、广西北仑河口国家级自然保护区和广西合浦儒艮国家级自然保护区。

ⅰ. 区域概况

A. 广西山口红树林生态国家级自然保护区

广西山口红树林生态国家级自然保护区位于广西合浦县东南部沙田半岛的东西两侧，由合浦县沙田半岛东侧的英罗港和西侧的丹兜海两个区域组成。其岸线长度为63.189km，面积为4073hm^2，保护物种为红树林。

核心区由3个保存较完整、发育良好的红树林小区组成，分别是高坡北界核心小区（面积为321.7hm^2）、马鞍岭核心小区（面积为234.6hm^2）和丹兜海核心小区（面积为267.8hm^2）。核心区内生长的红树林面积为441.2hm^2，占核心区总面积的53.5%。丹兜海核心小区内生长着全保护区连片面积最大、自然恢复良好的红树林（面积为247.8hm^2），将之列为核心区具有重大的生态意义。

缓冲区分为英罗缓冲区和丹兜海缓冲区。缓冲区总体上为滩涂海域，散生355.8hm^2的红树林。

该保护区的核心区和缓冲区总面积为1179.9hm^2，其中红树林总面积为797.0hm^2，见表5-59。

表 5-59　广西山口红树林生态国家级自然保护区核心区与缓冲区

	区域	面积（hm^2）	红树林面积（hm^2）
核心区	高坡北界核心小区	321.7	193.4
	马鞍岭核心小区	234.6	
	丹兜海核心小区	267.8	247.8
缓冲区	英罗缓冲区 丹兜海缓冲区	355.8	355.8
	总计	1179.9	797.0

数据来源：广西红树林研究中心（2015）

B. 广西北仑河口国家级自然保护区

广西北仑河口国家级自然保护区位于北仑河口浅滩及珍珠港湾顶海域。岸线长度为44.42km，面积为3299hm^2。

核心区包括北仑河口核心区、珍珠港湾核心区及黄竹江核心区三个区域。保护物种为红树林。其中，北仑河口核心区主要位于独墩—竹山水利门闸、榕树头和巫头的红树林滩涂地，该核心区的面积为270.3hm^2，该岸段为中越北仑河口国界滩涂，现有红树林面积50hm^2。珍珠港湾核心区位于白龙半岛与沥尾岛之间的珍珠港湾内，湾内的滩涂总面积约 4400hm^2，红树林面积为 1081hm^2，核心区面积为 1130.7hm^2，且珍珠港湾内的海草床分布区域也为核心区。保护目标是维护海湾红树林生态系统和海草床生态系统的自然性和完整性。黄竹江核心区位于距黄竹江口约 4km 处，面积为 5.7hm^2。保护目标是保存和发展广西大陆海岸唯一幸存的银叶树林。重点保护对象是银叶树林及其生态环境。

缓冲区为核心区的外围地带，缓冲区总面积为 1260hm^2，对核心区起保护作用，包括海上缓冲区和陆上缓冲区两大部分。

该保护区的核心区和缓冲区总面积为 2666.7hm^2，其中红树林的面积为 1131hm^2。

广西北仑河口国家级自然保护区的重点保护对象为红树林，核心区和缓冲区面积见表 5-60。

表 5-60　广西北仑河口国家级自然保护区核心区和缓冲区

区域		保护对象	面积（hm^2）	红树林面积（hm^2）
核心区	北仑河口核心区	红树林	270.3	50
	珍珠港湾核心区	红树林和海草床	1130.7	1081
	黄竹江核心区	银叶树林	5.7	
缓冲区	海上缓冲区		1260	
	陆上缓冲区			
总计			2666.7	1131

数据来源：广西红树林研究中心（2015）

C. 广西合浦儒艮国家级自然保护区

广西合浦儒艮国家级自然保护区位于广西北海市合浦县内，东起合浦县山口镇英罗港，西至沙田镇海域，岸线长度为 9.703km，面积为 35 000hm^2，是我国唯一的儒艮自然保护区。保护区及其附近海域海草床面积为 271hm^2。

ⅱ. 价值评估

广西山口红树林生态国家级自然保护区和广西北仑河口国家级自然保护区两个区域主要由红树林生态系统组成，其保护价值主要表现为红树林系统的生态服务价值；广西合浦儒艮国家级自然保护区的主要保护对象是儒艮和海草床，因保护区内儒艮的数量稀少且难以估量，所以其价值主要表现为海草床系统的生态服务价值。

在评估时，由于可获得数据有限，因此对各自然保护区取其保护对象的相应价值，且因广西合浦儒艮国家级自然保护区总面积相比于其保护对象的面积非常大，所以此处仅考虑其保护对象的面积。参考海域各类型生态系统服务价值部分的数据，得出禁止开发区中国家级自然保护区的核心区和缓冲区的生态服务价值，结果见表 5-61。

表 5-61　国家级自然保护区核心区和缓冲区的生态服务价值

保护区名称	核心区和缓冲区面积（hm^2）	主要资源类型	总价值（万元/a）	单位价值［万元/(hm^2·a)］
广西山口红树林生态国家级自然保护区	1 179.9	红树林	8 814.82+∞	7.47+∞
广西北仑河口国家级自然保护区	2 666.7	红树林	12 508.86+∞	4.69+∞
广西合浦儒艮国家级自然保护区	271	儒艮及海草床	3 574.49+∞	13.19+∞
总计	4 117.6		24 898.17+∞	6.05+∞

需要特别说明的是，我国建立各类海洋保护区的目的在于重点保护珍稀濒危海洋生物及典型海洋生态系统，确保其资源价值永存并为后代所享用。自然保护区除具有已经量化的使用价值外，还具有无价且不可量化的非使用价值，主要体现为存在价值。为体现珍稀濒危海洋生物及典型海洋生态系统贵极无价的原则，本研究中以无穷大符号 ∞ 的方式体现。下文中的海洋特别保护区及海洋公园珍稀濒危海洋生物及典型海洋生态系统价值以同样的方式处理。

Ⅱ. 海洋特别保护区的重点保护区和预留区资源价值评估

海洋特别保护区，是指对具有特殊地理条件、生态系统、生物与非生物资源及海洋开发利用特殊需要的区域采取有效的保护措施和科学的开发方式进行特殊管理的区域。

ⅰ. 区域概况

广西共有钦州大风江红树林海洋特别保护区、防城港东湾红树林海洋特别保护区、广西茅尾海红树林自然保护区、防城港针鱼岭-长榄岛海洋特别保护区、北海斜阳岛海洋特别保护区和钦州三娘湾海洋特别保护区等 6 个海洋特别保护区。具体情况见表 5-62。

表 5-62 广西海洋特别保护区的重点保护区和预留区

保护区名称	重点保护区和预留区面积（hm^2）	保护对象
钦州大风江红树林海洋特别保护区	3313	红树林
防城港东湾红树林海洋特别保护区	314	红树林
广西茅尾海红树林自然保护区	2784	红树林
防城港针鱼岭-长榄岛海洋特别保护区	270	红树林与河口水域生态系统
北海斜阳岛海洋特别保护区	142	珊瑚礁
钦州三娘湾海洋特别保护区	8972	中华白海豚

数据来源：广西红树林研究中心（2015）

ⅱ. 价值评估

钦州大风江红树林海洋特别保护区等 6 个海洋特别保护区主要保护对象为红树林、珊瑚礁和中华白海豚等资源，本研究以其主要保护对象的价值作为海洋特别保护区海域资源的价值。

A. 钦州三娘湾海洋特别保护区重点保护区和预留区资源价值评估

a. 旅游观光价值

钦州三娘湾海洋特别保护区的建立是为加强对中华白海豚（*Sousa chinensis*）及其栖息环境的保护，中华白海豚属于国家一级重点保护动物，素有“美人鱼”和“水上大熊猫”之称。三娘湾海域一直都是中华白海豚重要的栖息地之一，因此，乘坐观光船出海看中华白海豚是当地开发利用中华白海豚资源的主要模式。

据调查，在三娘湾乘坐观光船看中华白海豚的价格为 158 元/人，2013 年全年中华白海豚观光游快艇总出海的船次为 3884 次（彭重威等，2014），平均每次乘坐观光快艇的人数为 13 人，其中 7～10 月出海船次较多，10 月出海船次最多，为平均每天 16.5 次。

则中华白海豚的观光经济价值为

$$\mathrm{VH}_1=P\times N\times D \tag{5-9}$$

式中，VH_1 为中华白海豚的观光经济价值，单位为万元；P 为乘坐观光游艇的价格；N 为观光游艇出海次数；D 每次出海平均观光人次。

则钦州三娘湾海洋特别保护区的观光旅游价值为

$$\mathrm{VH}=\mathrm{VH}_1=P\times N\times D\approx 798\text{（万元/a）}$$

b. 物种多样性价值

中华白海豚作为钦州三娘湾海洋特别保护区的主要珍稀濒危物种，其存在价值的估算参考对厦门湾中华白海豚物种支付意愿的调查结果，其价值为 3533.33 万元/a。

综上，钦州三娘湾海洋特别保护区重点保护区和预留区的价值为 4331.33 万元/a，其单位价值为 0.48 万元/(hm^2·a)。

B. 其他海洋特别保护区重点保护区和预留区价值评估

依据红树林生态系统服务价值的评估结果可得出钦州大风江红树林海洋特别保护区、防城港东湾红树林海洋特别保护区、广西茅尾海红树林自然保护区及防城港针鱼岭-长榄岛海洋特别保护区等 4 个红树林保护区中重点保护区和预留区的价值；同时依据珊瑚礁生态系统服务价值评估结果可知北海斜阳岛海洋特别保护区重点保护区和预留区的价值。

广西海洋特别保护区重点保护区和预留区价值评估结果见表 5-63。

表 5-63　海洋特别保护区重点保护区和预留区价值评估

海洋保护区	重点保护区和预留区面积（hm^2）	主要资源类型	总价值（万元/a）	单位价值［万元/(hm^2·a)］
钦州大风江红树林海洋特别保护区	3 313	红树林	36 641.78+∞	11.06+∞
防城港东湾红树林海洋特别保护区	314	红树林	3 472.84+∞	11.06+∞
广西茅尾海红树林自然保护区	2 784	红树林	30 791.04+∞	11.06+∞
防城港针鱼岭-长榄岛海洋特别保护区	270	红树林	2 986.20+∞	11.06+∞
北海斜阳岛海洋特别保护区	142	珊瑚礁	654.62+∞	4.61+∞
钦州三娘湾海洋特别保护区	8 972	中华白海豚	4 331.33+∞	0.48+∞
总计	15 795		78 877.81+∞	4.99+∞

数据来源：红树林和珊瑚礁的相应数据均来自本研究海域生态系统服务价值评估部分

Ⅲ. 国家海洋（湿地）公园的重点（生态）保护区资源价值评估

广西国家海洋（湿地）公园包括广西钦州茅尾海国家海洋公园、广西涠洲岛珊瑚礁国家海洋公园和广西北海滨海国家湿地公园。

ⅰ. 区域概况

A. 广西钦州茅尾海国家海洋公园

广西钦州茅尾海国家海洋公园于 2011 年 5 月 19 日入选首批国家级海洋公园，位于钦州市茅尾海海域，边界南为七十二泾南缘，西临防城港市与钦州市的海域行政界线，北端延伸至广西茅尾海红树林自然保护区南缘，东接茅尾海辣椒槌片区，总面积为 10 664.9hm^2。

广西钦州茅尾海国家海洋公园拥有处于原生状态的红树林和盐沼等典型海洋生态系统，也是近江牡蛎的全球种质资源保留地和我国最重要的养殖区与采苗区。钦州茅尾海国家海洋公园划分为重点保护区、生态与资源恢复区和适度利用区三个功能分区：重点保护区严格保护红树林、盐沼生态系统及其海洋环境，控制陆源污染和人为干扰，维持典型海洋生态系统的生物多样性；生态与资源恢复区修复和恢复物种多样性与天然景观，保护近江牡蛎天然母贝生态环境；适度利用区开展海上观光旅游、休闲渔业、海上运动和渔业资源养殖增殖等，促进生态环境与经济的和谐发展。

位于海洋公园顶部连片面积较大的红树林和红树林—盐沼生长区及牡蛎区为重点保护区，其面积为 990.5hm^2，占国家海洋公园总面积的 9.3%，其中红树林面积为 148.5hm^2，盐沼草面积为 5.7hm^2，牡蛎采苗区面积为 483.3hm^2。

B. 广西涠洲岛珊瑚礁国家海洋公园

广西涠洲岛珊瑚礁国家海洋公园位于涠洲岛东部、东北侧近岸海域，面积约为 911.4hm^2，其中珊瑚礁覆盖面积为 854.9hm^2。

据“908 专项”珊瑚礁调查资料，涠洲岛珊瑚礁有 10 科 22 属 46 种和 9 个未定种。广西涠洲岛珊瑚礁国家海洋公园生态保护区范围内活石珊瑚的平均覆盖度为 24.58%，是涠洲岛珊瑚礁分布较好的海域。

C. 广西北海滨海国家湿地公园

广西北海滨海国家湿地公园位于北海市银海区，北至鲤鱼地水库，西接银滩白虎头，东抵大观沙，湿地公园生态保护区面积为 1929.5hm^2。

红树林是北海湿地的主要植被类型，其面积为 183.02hm^2，主要的组成群落有卤蕨群落、白骨壤群落、桐花树群落、白骨壤+秋茄树群落、桐花树+秋茄树群落、海漆群落、苦槛蓝群落、阔苞菊群落、苦榔树群落等。广西北海滨海国家湿地公园具体湿地类型及面积见表 5-64。

表 5-64　广西北海滨海国家湿地公园生态保护区情况一览表

湿地类型	面积（hm^2）	占湿地总面积的比例（%）	占土地总面积的比例（%）
沙石海滩	1304.56	67.61	64.94
粉砂淤泥质海滩	54.33	2.82	2.7
红树林	183.02	9.49	9.11
河口水域	68.2	3.53	3.4
永久性河流	3.22	0.17	0.16
人工湿地	316.17	16.39	15.74
总计	1929.5	100	96.05

数据来源：王广军等（2014）

ⅱ. 价值评估

根据《广西海洋生态红线区划定研究报告》，此处仅评估重点（生态）保护区资源价值。

根据已有数据，取各国家海洋公园的主要保护对象的价值进行价值核算。广西钦州茅尾海国家海洋公园也是近江牡蛎的采苗区和红树林保护区，其中红树林生态系统的价值参考本研究红树林生态系统服务价值评估部分；广西涠洲岛珊瑚礁国家海洋公园的主要保护对象为珊瑚礁生态系统，其价值参考本研究珊瑚礁生态系统价值评估部分；广西北海滨海国家湿地公园生态保护区主要是保护湿地生态系统，其价值参考本研究滩涂湿地生态系统价值评估部分。

近江牡蛎的全球种质资源保留地是我国最重要的养殖区与采苗区，位于广西钦州茅尾海国家海洋公园重点保护区内，牡蛎采苗区面积为 483.3hm^2。对牡蛎种苗区的经济价值，采用替代市场法进行评估，具体公式为

$$V=P\times Q\times 10^{-4} \tag{5-10}$$

式中，V 为牡蛎采苗价值，单位为万元/a；P 为牡蛎种苗的市场价格，单位为元/t；Q 为牡蛎采苗产量，单位为 t/a。

牡蛎苗种市场价格为 3000 元/t，由于采苗区产量数据缺乏，本研究根据钦州市牡蛎养殖面积及产量数据对钦州茅尾海国家海洋公园牡蛎采苗区产量进行估算，钦州市牡蛎养殖面积为 0.75 万 hm^2，产量为 17.53 万 t（庞耀珊等，2012），估算得钦州茅尾海国家海洋公园牡蛎采苗区产量约为 11 296.33t。则广西钦州茅尾海国家海洋公园牡蛎采苗价值为 3388.90 万元/a，单位价值为 7.01 万元/(hm^2·a)。

广西国家海洋公园重点保护区资源价值计算结果见表 5-65。

表 5-65　广西国家级海洋公园重点保护区资源价值

海洋公园名称	重点保护区面积（hm^2）	主要资源类型	总价值（万元/a）	单位价值［万元/(hm^2·a)］
广西钦州茅尾海国家海洋公园	990.5	牡蛎采苗	3 388.90+∞	5.08+∞
		红树林	1 642.41+∞	
广西涠洲岛珊瑚礁国家海洋公园	911.4	珊瑚礁	4 201.55+∞	4.61+∞
广西北海滨海国家湿地公园	1 929.5	滩涂湿地	6 695.37+∞	3.47+∞
总计	3 831.4		15 928.23+∞	4.16+∞

综上，广西禁止开发区海域各海域类型的具体价值见表 5-66。

表 5-66　广西禁止开发海域资源价值一览表

海域类型	海域名称	总价值（万元/a）	单位价值［万元/(hm^2·a)］
国家级海洋自然保护区核心区和缓冲区	广西山口红树林生态国家级自然保护区	8 814.82+∞	7.47+∞
	广西北仑河口国家级自然保护区	12 508.86+∞	4.69+∞
	广西合浦儒艮国家级自然保护区	3 574.49+∞	13.19+∞

续表

海域类型	海域名称	总价值（万元/a）	单位价值［万元/(hm²·a)］
海洋特别保护区重点保护区和预留区	钦州大风江红树林海洋特别保护区	36 641.78+∞	11.06+∞
	防城港东湾红树林海洋特别保护区	3 472.84+∞	11.06+∞
	广西茅尾海红树林自然保护区	30 791.04+∞	11.06+∞
	防城港针鱼岭—长榄岛海洋特别保护区	2 986.20+∞	11.06+∞
	北海斜阳岛海洋特别保护区	654.62+∞	4.61+∞
	钦州三娘湾海洋特别保护区	4 331.33+∞	0.48+∞
国家海洋（湿地）公园重点（生态）保护区	广西钦州茅尾海国家海洋公园	5 031.31+∞	5.08+∞
	广西涠洲岛珊瑚礁级海洋公园	4 201.55+∞	4.61+∞
	广西北海滨海国家湿地公园	6 695.37+∞	3.47+∞

3）限制开发海域资源价值评估

根据《全国海洋主体功能区规划》，限制开发区域是指以提供海洋水产品为主要功能的海域，包括用于保护海洋渔业资源和海洋生态功能的海域。该区域的发展方向与开发原则是实施分类管理：在海洋渔业保障区，实施禁渔区、休渔期管制，加强水产种质资源保护，禁止开展对海洋经济生物繁殖生长有较大影响的开发活动；在海洋特别保护区，严格限制不符合保护目标的开发活动，不得擅自改变海岸、海底地形地貌及其他自然生态环境状况；在海岛及其周边海域，禁止以建设实体坝方式连接岛礁，严格限制无居民海岛开发和改变海岛自然岸线的行为，禁止在无居民海岛弃置或者向其周边海域倾倒废水和固体废物。

依据《广西海洋生态红线区划定研究报告》，本研究中评估的限制开发区包括重要河口水域、特殊保护海岛、海洋自然保护区的实验区、海洋（湿地）公园的适度利用区和生态与资源恢复区、重要渔业海域（重要渔业产卵区域）及重要滨海旅游区等海域。

Ⅰ. 重要河口水域资源价值评估

河口水域是一个与开阔海洋自由相通的半封闭的海岸水体，其中的海水在一定程度上为陆地排出的淡水冲淡（Pritchard，1967）。广西河口水域生态系统位于河流与海洋生态系统的交汇处，是河流与海洋物质交换的主要通道，兼有河流与海洋生态系统特征。其生态系统功能与服务具有多样性，因而具有较大的生态服务价值及经济价值。

i. 区域概况

广西重要河口主要有 7 个，即南流江口、大风江口、钦江口、茅岭江口、防城江口、江平江口和北仑河口，广西大部分河口为红树林湿地覆盖区和水产养殖区，具有重要的生态服务价值和经济价值，其具体情况见表 5-67。

表 5-67　广西重要河口情况一览表

河口名称	地理位置	面积（hm²）	岸线长度（km）	功能定位
南流江口	廉州湾北部	7 376	33.9	红树林分布区、海水养殖区
大风江口	钦州湾与廉州湾间	8 729	328.2	红树林分布区、海水养殖区
钦江口	茅尾海东北部	5 034	76	红树林分布区、海水养殖区
茅岭江口	茅尾海西北部	1 675	25.7	红树林分布区、牡蛎增殖区
防城江口	防城港西岸	273	11.4	红树林分布区、海水养殖区
江平江口	珍珠港湾西北部	103	11.9	红树林分布区、海水养殖区
北仑河口	北仑河口北部	731	4.3	红树林分布区、海水养殖区
总计		23 921	491.4	

数据来源：广西红树林研究中心（2015）

ⅱ. 价值评估

根据广西重要河口水域生态系统的特点，河口主要的资源分布区为水产养殖区和红树林分布区两部分。

A. 水产养殖区资源价值

根据北海市、钦州市、防城港市水产畜牧兽医局提供的水产品统计数据，采用直接市场法，对广西重要河口水域水产养殖区价值进行评估，计算公式如下：

$$\mathrm{VF}=\sum_{i=1}^{4} Q_i \times P_i\text{，}\ Q_i=Q_i^{*} \times S/S^{*} \tag{5-11}$$

式中，VF 为研究水产养殖区水产品价值，单位为亿元/a；Q_i 为研究海域养殖的第 i 类经济物种的产量，单位为 t/a；P_i 表示第 i 类经济物种的市场价格，单位为亿元/t；i 分别为鱼类、甲壳类、贝类、其他类；Q_i^{*} 为研究海域所在地区的第 i 类经济物种的总产量，单位为 t/a；S 为评估海域的养殖面积，单位为 hm^2；S^{*} 为研究海域所在地区的养殖总面积，单位为 hm^2。

根据《广西海洋生态红线区划定研究成果报告》，南流江口水域养殖总面积为 2800hm^2，约占南流江水域面积的 51.24%，由于缺乏其余河口水域的养殖面积，本研究采用南流江口水域养殖面积比例进行推算，由于南流江口海域是我国重要的文蛤养殖基地，养殖规模大，在选取河口水域养殖比例时，听取相关专家意见，其他河口水域养殖面积占其河口总面积的比例取 30%。广西重要河口水域水产品养殖产量及价格见表 5-68。

表 5-68　广西河口水域水产品养殖产量及价格

经济物种	养殖产量（t）	综合价格（元/kg）
鱼类	4 070.98	15
甲壳类	22 546.9	21
贝类	74 620.47	12
其他类	279.77	27

数据来源：相关价格来自广西沿海三地市水产品市场调查、中国食品产业网、中国水产网；养殖产量根据北海、钦州、防城港三市水产畜牧兽医局的原始数据计算所得

根据 2012 年广西渔民家庭渔业总支出占家庭渔业总收入的比值为 0.71，取市场均价的 71% 作为各类经济动物的平均生产成本，将成本从海产品市场价值中扣除，则得到广西重要河口水域生态系统水产品供给价值为 41 688.92 万元/a，单位面积价值为 1.74 万元/(hm^2·a)。

B. 红树林分布区资源价值

根据《广西海洋生态红线区划定研究成果报告》，大风江口水域红树林面积为 1538.9hm^2，约占大风江口总面积的 17.6%。采用大风江口水域红树林面积比例 17.6% 对其他河口红树林覆盖率进行估算，得广西重要河口水域红树林分布面积为 4210.1hm^2。参考海域生态系统服务价值评估部分的计算结果，可知广西重要河口水域红树林分布区的价值为 46 563.71 万元/a，单位面积价值为 1.95 万元/(hm^2·a)。

综上，广西重要河口水域的价值主要包括水产养殖区的渔业养殖价值和红树林分布区的生态服务价值，总价值为 88 252.63 万元/a，单位价值为 3.69 万元/(hm^2·a)。广西重要河口水域生态服务价值见表 5-69。

表 5-69　广西重要河口水域生态服务价值

价值构成	总价值（万元/a）	单位价值［万元/(hm^2·a)］
水产养殖区直接使用价值	41 688.92	1.74
红树林分布区间接使用价值	46 563.71	1.95
总计	88 252.63	3.69

Ⅱ. 特殊保护海岛资源价值评估

根据《广西海洋生态红线区划定研究报告》，领海基点所在海岛、国防用途海岛、海洋自然保护区内海岛为特殊保护海岛。

ⅰ. 区域概况

根据《广西海洋生态红线区划定研究报告》，广西共有 8 个特殊保护海岛，总面积约为 2933hm^2，具体包括涠洲岛、斜阳岛、龙门岛、针鱼岭、长榄岛、独墩、尖山小墩岛、尖山大墩岛，各海岛具体情况见表 5-70。

表 5-70 广西特殊保护海岛情况一览表

名称	岸线长度（km）	面积（hm^2）	属性
涠洲岛	24.85	2 478	有居民、珊瑚礁分布区、自然保护区
斜阳岛	6.13	185	有居民、珊瑚礁分布区、特别保护区
针鱼岭	7.025	86.67	有居民、红树林分布区、旅游区海岛
长榄岛	5.115	39.4	有居民、红树林分布区、旅游区海岛
独墩	2.489	12.2	无居民、红树林分布区、自然保护区、国土安全
尖山小墩岛	0.097 1	0.056 89	无居民、红树林分布区、自然保护区、国土安全
尖山大墩岛	0.777 4	1.691 95	无居民、红树林分布区、自然保护区、国土安全
龙门岛	9.124	129.6	有居民、国防用海岛

数据来源：广西红树林研究中心（2015）

ⅱ. 价值评估

A. 自然保护区海岛资源价值评估

自然保护区内海岛的生态服务价值主要选取涠洲岛和斜阳岛对珊瑚礁资源进行价值评估。根据“908 专项”相关资料，涠洲岛珊瑚礁覆盖率为 93.8%，推算涠洲岛和斜阳岛珊瑚礁面积为 2497.9hm^2。

参照珊瑚礁生态系统服务价值评估部分的结果，计算得自然保护区内的涠洲岛和斜阳岛生态服务价值为 11 515.32 万元/a，单位价值为 4.32 万元/(hm^2·a)。

B. 旅游区海岛资源价值评估

广西重要保护海岛中属旅游区海岛的为针鱼岭和长榄岛两个岛屿，二者均为河口海湾的有居民海岛，位于规划的防城港西湾旅游休闲娱乐区内，两个海岛的总面积为 126.07hm^2。

参考第 4 章旅游资源价值评估结果，针鱼岭和长榄岛两个海岛的休闲娱乐价值为 544.70 万元/a。

C. 国防用海岛资源价值评估

《全国海岛保护规划》指出，要积极保护国防用海岛，任何单位和个人不得非法登临、占用、破坏国防用海岛，体现了国防用海岛极高的战略地位。

龙门岛、独墩、尖山小墩岛及尖山大墩岛的特殊地理位置造就了其不可估量的政治、经济、社会及军事价值，为我国国家主权维护、国防安全保障和社会经济发展提供了重要支撑。然而由于相关数据不可获得，将其相关价值进行量化存在较大难度，因此暂不对其价值进行货币化评估。

综上所述，广西自然保护区内海岛和旅游区内海岛的总价值为 12 060.02 万元/a，其单位价值为 4.11 万元/(hm^2·a)，见表 5-71。

表 5-71 广西特殊保护海岛资源价值

特殊保护海岛类型	面积（hm^2）	总价值（万元/a）	单位价值 [万元/(hm^2·a)]
自然保护区内海岛	2 663	11 515.32	4.32
旅游区内海岛	126.07	544.70	4.32
国防用海岛	143.55	—	—
总计	2 932.62	12 060.02	4.11

Ⅲ. 海洋自然保护开发区资源价值评估

根据《广西海洋生态红线区划定研究报告》的相关规定，海洋自然保护区中的限制开发区包括海洋自然保护区的实验区和海洋（湿地）公园的生态与资源恢复区及适度利用区。

ⅰ. 国家级自然保护区的实验区资源价值评估

根据《中华人民共和国自然保护区条例》，实验区即外围区，位于缓冲区周围，是一个多用途的地区，可以进入从事科学试验、教学实习、参观考察、旅游以及驯化、繁殖珍稀和濒危野生动植物等活动。

广西山口红树林生态国家级自然保护区的实验区为核心区和缓冲区外围的陆域及海域。在海域边界上，英罗港实验区的东边为广西—广东海域分界线，西边以现有的陆基海水养殖以及紧邻海域的部分丘陵、沙丘沙坝、农田、林地等作为实验区的陆域边界（亦即保护区边界）。该实验区总面积为 2893.1hm^2。

广西北仑河口国家级自然保护区实验区总面积约为 333.3hm^2，主要有：①竹山村白沙仔至巫头岸段及海上缓冲区外与红树林密切相关的区域；②山心到交东岸段与红树林密切相关的区域；③凤凰头至新基岸段与红树林密切相关的区域。

广西山口红树林生态国家级自然保护区和广西北仑河口国家级自然保护区的实验区分布有红树林，其价值主要体现为红树林的休闲娱乐和科研教育价值。参照本研究红树林生态系统价值评估部分的估算结果，休闲娱乐和科研教育总价值为 16 938.60 万元/a，单位价值为 5.25 万元/(hm^2·a)，详见表 5-72。

表 5-72　国家级自然保护区实验区资源价值评估结果

价值类型	总价值（万元/a）	单位价值［万元/(hm^2·a)］
休闲娱乐价值	16 035.21	4.97
科研教育价值	903.39	0.28
总计	16 938.60	5.25

ⅱ. 海洋特别保护区的生态与资源恢复区及适度利用区资源价值评估

海洋特别保护区的生态与资源恢复区及适度利用区是指除重点保护区和预留区之外的区域。由于广西海洋特别保护区的生态与资源恢复区、适度利用区相应的基础数据不可获得，因此此处不再评估。

ⅲ. 国家海洋公园的生态与资源恢复区及适度利用区资源价值评估

广西钦州茅尾海国家海洋公园生态与资源恢复区面积为 3768.2hm^2，占海洋公园总面积的 35.3%，其中近江牡蛎采苗区面积为 581.6hm^2，天然牡蛎分布区面积为 691.9hm^2，红树林面积为 138.3hm^2。此外，该区域可适当进行景观生态旅游的开发。适度利用区面积为 5906.2hm^2，占海洋公园总面积的 55.4%，其中牡蛎采苗区面积为 1291.5hm^2，海草面积为 10.7 hm^2，红树林面积为 498.9hm^2，盐沼草面积为 15.3hm^2，见表 5-73。

表 5-73　广西钦州茅尾海国家海洋公园限制开发区情况一览表　（单位：hm^2）

区域	区域面积	红树林面积	牡蛎采苗及分布区面积
生态与资源恢复区	3768.2	138.3	1273.5
适度利用区	5906.2	498.9	1291.5
总计	9674.4	637.2	2565

数据来源：广西红树林研究中心（2015）

广西钦州茅尾海国家海洋公园限制开发区的价值主要体现为红树林的生态服务价值、牡蛎采苗及养殖的经济价值。

红树林价值参照本研究红树林资源价值评估部分的估算结果，牡蛎采苗区的价值参照上文国家海洋公园重点保护区牡蛎采苗区价值评估结果，则广西钦州茅尾海国家海洋公园生态与资源恢复区及适度利用区的总经济价值为 19 121.24 万元/a，单位价值为 1.98 万元/(hm^2·a)，见表 5-74。

表 5-74　广西钦州茅尾海国家海洋公园限制开发区资源价值评估结果

价值类型	面积（hm^2）	总价值（万元/a）	单位价值（万元/hm^2）
红树林间接使用价值	637.2	1 140.59	1.79
牡蛎采苗区直接市场价值	2 565	17 980.65	7.01
总计	3 202.2	19 121.24	1.98

Ⅳ. 重要渔业海域资源价值评估

ⅰ. 区域概况

重要渔业海域是指重要渔业经济生物的产卵场和育幼场范围，广西主要有北部湾二长棘鲷长毛对虾国家级水产种质资源保护区、北海珍珠贝海洋特别保护区、茅尾海中部海洋特别保护区和广西近海南部海洋特别保护区等 4 个重要渔业海域，具体情况见表 5-75。

表 5-75　广西重要渔业海域情况一览表

名称	位置	保护对象	面积（hm^2）
北部湾二长棘鲷长毛对虾国家级水产种质资源保护区	北部湾东北部沿岸	二长棘鲷和长毛对虾	808 771.36
北海珍珠贝海洋特别保护区	广西近海南部海域	马氏珠母贝、大珠母贝、黑蝶贝等及其生境	1 336
茅尾海中部海洋特别保护区	茅尾海中部海域	牡蛎及其生境	3 480
广西近海南部海洋特别保护区	广西近海南部海域	二长棘鲷等渔业资源	300

数据来源：广西红树林研究中心（2015）

ⅱ. 价值评估

A. 北部湾二长棘鲷长毛对虾国家级水产种质资源保护区资源价值评估

a. 渔业价值

水产种质资源保护区是指为保护水产种质资源及其生存环境，在具有较高经济价值和遗传育种价值的水产种质资源的主要生长繁育区域，依法划定并予以特殊保护和管理的水域、滩涂及其毗邻的岛礁、陆域。水产种质资源保护区主要是养护水产种质资源及其栖息地，其价值主要表现为保护的种质资源的经济价值，采用直接市场法对其进行估算，具体计算公式如下：

$$\mathrm{VF}=\sum_{i=1}^{n}P_i\times Q_i \tag{5-12}$$

式中，VF 是指保护区内的经济价值，单位为万元/a；P_i 是指第 i 种种质资源的价格，单位为万元/t；Q_i 是指第 i 种种质资源的产量，单位为 t/a。

对广西沿海三地市水产畜牧兽医局的相关数据进行整理得二长棘鲷的产量为 21 428t/a，市场价格约为 100 元/kg；长毛对虾的产量为 134 944t/a，市场价格约为 40 元/kg，计算得北部湾二长棘鲷长毛对虾国家级水产种质资源保护区的渔业价值为 754 056 万元/a。

b. 原材料价值

保护区的原材料供给服务价值通过替代市场法计算：

$$\mathrm{VY}=\sum_{i=1}^{n}\left(Q_i\times P_i\right)-\sum_{i=1}^{n}\left(Q_i\times C_i\right) \tag{5-13}$$

式中，VY 为原材料供给服务的价值；Q_i 为保护区内第 i 类海产原材料产量；P_i 为第 i 类海产原材料的市场价格；C_i 为单位数量海产原材料 i 进入市场的成本。

北部湾二长棘鲷长毛对虾国家级水产种质资源保护区的原材料供给服务主要为提供海洋药用动植物，如甲壳类提供甲壳素（几丁聚糖）用于医药、食品、化工、化妆品等；牡蛎是广西海水养殖的主导产品，利用牡蛎壳生产开发具有药用价值和保健价值的活性钙也是广西海洋产业经济发展的重点，其养殖产量及价值见表 5-76。

表 5-76　北部湾二长棘鲷长毛对虾国家级水产种质资源保护区原材料供给服务的价值

项目	养殖产量（t/a）	价格（元/t）	供给服务价值（万元/a）
牡蛎壳	429 932.8	1 000	42 993.28
虾蟹壳	15 220.2	1 500	2 283.03
总计			45 276.31

数据来源：相关价格来自广西沿海三地市水产品市场调查、中国食品产业网、中国水产网；养殖产量根据北海市、钦州市、防城港市水产畜牧兽医局的原始数据计算所得

综上，北部湾二长棘鲷长毛对虾国家级水产种质资源保护区的价值为 799 332.31 万元/a，其面积为 808 771.36hm^2，故单位价值为 0.9883 万元/(hm^2·a)。

B. 北海珍珠贝海洋特别保护区资源价值评估

北海珍珠贝海洋特别保护区总面积为 1336hm^2，保护对象为马氏珠母贝、大珠母贝、黑蝶贝等及其生境。

使用直接市场法，以珍珠贝产出品珍珠的价值作为北海珍珠贝海洋特别保护区的价值，计算公式为

$$\mathrm{VN}=P\times Q \tag{5-14}$$

式中，VN 为珍珠的价值；P 为珍珠的市场价格；Q 为珍珠的产量。

北海珍珠贝海洋特别保护区海水珍珠 2009～2013 年的年均产量为 1544.6kg，海水珍珠的市场价格为 15 000 元/kg（廖国一，2001）。将数据代入公式（5-14），可得北海珍珠贝海洋特别保护区的价值为 2316.9 万元/a，单位价值为 1.7342 万元/(hm^2·a)。

C. 茅尾海中部海洋特别保护区资源价值评估

茅尾海中部海洋特别保护区总面积为 3480hm^2，保护对象主要为牡蛎及其生境。采用替代市场法对茅尾海中部海洋特别保护区价值进行评估，具体公式为

$$V=P\times Q\times 10^{-1} \tag{5-15}$$

式中，V 为牡蛎价值，单位为万元/a；P 为牡蛎的市场价格，单位为元/kg；Q 为牡蛎产量，单位为 t/a。

牡蛎市场价格为 6 元/kg，按钦州市牡蛎养殖面积 0.75 万 hm^2、产量 17.53 万 t/a 计算，茅尾海中部海洋特别保护区牡蛎产量约为 81 339.2t/a。

将以上数据代入公式（5-15），计算得茅尾海中部海洋特别保护区价值为 48 803.52 万元/a，单位价值为 14.024 万元/(hm^2·a)。

D. 广西近海南部海洋特别保护区资源价值评估

参考北部湾二长棘鲷长毛对虾国家级水产种质资源保护区中二长棘鲷以及长毛对虾和原材料价值的单位价值 0.9883 万元/(hm^2·a)，计算得此海域总价值量为 296.49 万元/a。

除上述可量化的渔业资源的经济价值外，广西重要渔业海域还具有重要的遗传育种价值。我国建立种质资源保护区的目的是期望重要种质资源及珍稀濒危海洋生物可以得到重点保护，确保其资源价值永存并为后代所享用，重要渔业海域的种质资源价值是贵极无价。

综上，重要渔业海域的总价值为 850 749.22+∞ 万元/a，单位价值为 1.0453+∞ 万元/(hm^2·a)，具体情况见表 5-77。

表 5-77　广西重要渔业海域价值评估一览表

名称	面积（hm^2）	总价值（万元/a）	单位价值［万元/(hm^2·a)］
北部湾二长棘鲷长毛对虾国家级水产种质资源保护区	808 771.36	799 332.31+∞	0.988 3+∞
北海珍珠贝海洋特别保护区	1 336	2 316.9+∞	1.734 2+∞
茅尾海中部海洋特别保护区	3 480	48 803.52+∞	14.024+∞
广西近海南部海洋特别保护区	300	296.49+∞	0.988 3+∞
总计	813 887.36	850 749.22+∞	1.045 3+∞

V. 重要滨海旅游区资源价值评估

i. 区域概况

广西重要滨海旅游区共 15 个，具体情况见表 5-78。

表 5-78　广西重要滨海旅游区情况一览表

滨海旅游区	岸线长度（km）	面积（hm^2）	位置
防城港金滩旅游休闲娱乐区	11.07	1648	江平镇沥尾半岛海岸
江山半岛东岸旅游休闲娱乐区	27.920	2485	江山半岛东岸海域
防城港西湾旅游休闲娱乐区	38.454	2284	防城港西湾海域
防城港东湾旅游休闲娱乐区	5.908	117	防城港渔沥岛北岸海域
沙井西侧旅游休闲娱乐区	—	586	沙井岛西侧
茅尾海东岸旅游休闲娱乐区	12.229	456	茅尾海东岸
七十二泾旅游休闲娱乐区	14.631	1846	茅尾海东岸七十二泾海域
龙门及观音堂旅游休闲娱乐区	—	315	—
鹿耳环至三娘湾旅游休闲娱乐区	59.132	3811	钦州湾东岸鹿耳环至三娘湾沿岸
三娘湾旅游休闲娱乐区	13.560	2495	—
廉州湾旅游休闲娱乐区	47.090	8611	廉州湾北侧海域
北海银滩旅游休闲娱乐区	72.488	8677	北海市区南部冠头岭至营盘港沿岸
闸口至公馆港旅游休闲娱乐区	6.244	255	铁山港北部闸口港至公馆港沿岸
沙田东岸旅游休闲娱乐区	2.357	408	沙田镇东岸沿海
涠洲岛旅游休闲娱乐区	—	2325	涠洲岛周围海域

ii. 价值评估

广西重要滨海旅游区已经定位其旅游功能，其价值主要体现为娱乐休闲价值，故对重要滨海旅游区的游憩价值和文化价值进行评估。

A. 游憩价值

本研究采用成果参照法对广西重要滨海旅游区游憩价值进行评估，具体计算公式为

$$\mathrm{VT}=A\times S \tag{5-16}$$

式中，VT 为该区域的游憩价值，单位为万元/a；A 为广西滨海旅游区游憩单位价值，单位为万元/(hm^2·a)；S 为研究区域面积，单位为 hm^2。

此处参考第 4 章旅游资源价值评估部分的研究结果，以广西沙滩和红树林的单位面积旅游价值的均值 5.94 万元/(hm^2·a) 作为广西平均单位面积旅游区的游憩价值，滨海旅游区面积为 36 319hm^2，代入公式（5-16），计算得广西重要滨海旅游区游憩价值为 215 734.86 万元/a。

B. 文化价值

文化价值指生态系统的美学、艺术、教育、精神及科学价值。重要滨海旅游区的文化价值可以采用成果参照法进行评估，具体计算公式为

$$\mathrm{VC}=A\times S \tag{5-17}$$

式中，VC 为滨海旅游区的文化价值，单位为万元/a；A 为调整后单位面积滨海旅游区文化价值，单位为万元/(hm^2·a)；S 为研究区域面积，单位为 hm^2。

根据 Costanza 等（1997）的研究，美国单位面积海岸文化价值（包括美学、艺术、教育、精神及科学价值）为 62 美元/(hm^2·a)，本研究结合中美人均收入和总人口中受过高等教育者占比得到综合调整系数 0.39，最终所得广西旅游区单位面积文化价值为 0.0201 万元/(hm^2·a)，滨海旅游区面积为 36 319hm^2，代入公式（5-17），计算得广西重要滨海旅游区文化价值为 730.01 万元/a。综上，广西重要滨海旅游区的价值为 216 461.24 万元/a，单位价值为 5.96 万元/(hm^2·a)，见表 5-79。

表 5-79　广西限制开发区海域资源价值一览表

海域类型	海域名称	价值（万元/a）	单位价值［万元/(hm^2·a)］
重要河口	南流江口	27 217.44	3.69
	大风江口	32 210.01	
	钦江口	18 575.46	
	茅岭江口	6 180.75	
	防城江口	1 007.37	
	江平江口	380.07	
	北仑河口	2 697.39	
特殊保护海岛	涠洲岛	10 704.96	4.32
	斜阳岛	799.2	
	针鱼岭	374.5	4.32
	长榄岛	170.2	
	独墩	—	—
	尖山小墩岛	—	—
	尖山大墩岛	—	—
	龙门岛	—	—
自然保护区（实验区）	广西山口红树林生态国家级自然保护区	15 188.78	5.25
	广西北仑河口国家级自然保护区	1 749.83	
国家海洋公园（生态与资源恢复区及适度利用区）	广西钦州茅尾海国家海洋公园	19 121.24	1.98
重要渔业海域	北部湾二长棘鲷长毛对虾水产种质资源保护区	799 332.31+∞	0.9883+∞
	北海珍珠贝海洋特别保护区	2 316.9+∞	1.734 2+∞
	茅尾海中部海洋特别保护区	48 803.52+∞	14.024+∞
	广西近海南部海洋特别保护区	296.49+∞	0.9883+∞
重要滨海旅游区	防城港金滩旅游休闲娱乐区	9 822.08	5.96
	江山半岛东岸旅游休闲娱乐区	14 810.60	
	防城港西湾旅游休闲娱乐区	13 612.64	
	防城港东湾旅游休闲娱乐区	697.32	
	沙井西侧旅游休闲娱乐区	3 492.56	
	茅尾海东岸旅游休闲娱乐区	2 717.76	
	七十二泾旅游休闲娱乐区	11 002.16	
	龙门及观音堂旅游休闲娱乐区	1 877.40	
	鹿耳环至三娘湾旅游休闲娱乐区	22 713.56	
	三娘湾旅游休闲娱乐区	14 870.20	
	廉州湾旅游休闲娱乐区	51 321.56	
	北海银滩旅游休闲娱乐区	51 714.92	
	闸口至公馆港旅游休闲娱乐区	1 519.80	
	沙田东岸旅游休闲娱乐区	2 431.68	
	涠洲岛旅游休闲娱乐区	13 857.00	

4）重点开发海域资源价值评估

根据《全国海洋主体功能区规划》，重点开发区域是指在沿海经济社会发展中具有重要地位，发展潜力较大，资源环境承载能力较强，可以进行高强度集中开发的海域，包括工业与城镇用海区、港口航运用海区及矿产与能源区。

Ⅰ. 工业与城镇用海区资源价值评估

i. 区域概况

根据《广西壮族自治区海洋功能区划（2011—2020 年）》，工业与城镇用海区是指适于发展临海工业与滨海城镇建设的海域，包括工业用海区和城镇用海区。广西工业与城镇用海区共 9 个，总面积为 20 037hm^2，具体情况见表 5-80。

表 5-80　工业与城镇用海区具体情况统计表

地区	功能区	面积（hm^2）	岸线长度（km）
北海市	廉州湾工业与城镇用海区	2 312	17.31
	营盘彬塘工业与城镇用海区	1 786	6.76
钦州市	茅尾海东岸工业与城镇用海区	1 024	10.694
	金鼓江工业与城镇用海区	1 003	64.397
	大榄坪工业与城镇用海区	1 887	7.934
防城港市	白龙工业与城镇用海区	128	2.328
	企沙半岛工业与城镇用海区	2 795	12.26
	企沙半岛东侧工业与城镇用海区	2 901	42.53
	企沙半岛南侧工业与城镇用海区	6 201	—
总计		20 037	164.213

数据来源：广西壮族自治区海洋局（2012b）

ii. 价值评估

本研究使用收益还原法对工业与城镇用海区海域资源价值进行评估。收益还原法是指通过估算被评估海域的未来预期收益并折算成现值，借以确定被评估资产价值的一种方法。此处将工业与城镇用海区通过围填海工程获得的土地资源的价值作为其海域价值，因围填海过程涉及海域的使用，并且围填海工程会损害当地的生态环境和生态功能，所以运用收益还原法评估的资源价值结果需减去海域使用金和围填海生态损害成本，公式为

$$V_B=V_l-V_f-V_e \tag{5-18}$$

$$V=\frac{V_B}{(1+r)^n} \tag{5-19}$$

式中，V_B 为工业与城镇用海区海域资源收益；V_l 为土地资源价值；V_f 为海域使用金；V_e 为围填海生态损害成本；V 为工业与城镇用海区海域资源价值；r 为土地收益还原率；n 为土地使用年限。

A. 土地资源价值 V_l

V_l 为通过围填海获得的土地资源的价值，取广西工业用地的基准地价来表示。广西防城港市、北海市、钦州市的一级工业用地地价分别为 490 万元/hm^2、586 万元/hm^2 和 581 万元/hm^2，此处取三者平均值 552 万元/hm^2，广西工业与城镇用海区总面积为 20 037hm^2，故总土地资源价值为 11 060 424 万元。

B. 海域使用金 V_f

广西海域等别为四、五、六等，四、五、六等海域建设填海造地分别需一次性征收 75 万元/hm^2、45 万元/hm^2 和 30 万元/hm^2 的海域使用金。这里海域使用金征收标准取三者平均值 50 万元/hm^2，广西工业与城镇用海区总面积为 20 037hm^2，故总海域使用金为 1 001 850 万元。

C. 围填海生态损害成本 V_e

工业与城镇用海区主要通过填海造地活动解决海岸带地区用地不足的问题，建设各种工业区和城镇区，实现巨大的经济价值。但是填海造地活动破坏水系特征，减少生物多样性，影响海洋生态系统的调节功能，增加潮灾隐患，改变海岸地形地貌，破坏海洋旅游资源等，给海洋生态系统带来了巨大的影响，因此工业与城镇用海区海域经济价值应减去因填海造地所导致的资源和生态损害成本。对于围填海造成的生态损害

成本，目前我国已有较多学者进行研究和量化，本研究列出具有代表性的研究成果，见表 5-81。

表 5-81 围填海生态损害成本量化研究成果

用海方式	用海地点	用海面积（hm^2）	生态损害成本（元/m^2）	作者
填海造地	厦门	9 774	279	彭本荣等（2005）
填海造地	福建罗源湾	94.52	377.7	李京梅和刘铁鹰（2010b）
填海造地	青岛前湾	641	219.5	张慧和孙英兰（2009）
围填海	连云港和南通	5 504.66	263.5	肖建红等（2011）
围填海	青岛胶州湾	18 662	361.5	李京梅和刘铁鹰（2010b）

注：部分文献中生态损害成本以年为单位，为统一单位，本研究以围填海用海期限 50 年为期进行单位统一

因各工业与城镇用海区相关具体数据不可获得，采用成本借鉴法，此处取表 5-81 中各学者计算结果的平均值 300.24 元/m^2 作为广西工业与城镇用海区围填海的生态损害成本。广西工业与城镇用海区总面积为 20 037hm^2，故总生态损害成本为 6 015 908.88 万元。

D. 工业与城镇用海区海域收益 V_B

根据公式（5-18），广西工业与城镇用海区收益为 4 042 665.12 万元。

E. 工业与城镇用海区海域资源价值 V

根据公式（5-19），此处土地收益还原率 r 取 6%，工业用地使用期限 n 取 50 年，得广西工业与城镇用海区海域资源总价值为 219 469.67 万元，单位价值为 10.95 万元/hm^2。工业与城镇用海区价值主要体现为土地资源的价值，故其总价值和单位价值均为总使用年限内的价值。

Ⅱ. 港口航运用海区资源价值评估

ⅰ. 区域概况

港口航运区是指适于开发利用港口航运资源，可供港口、航道和锚地建设的海域，包括港口区、航道区和锚地区。根据《广西壮族自治区海洋功能区划（2011—2020 年）》，广西共有港口航运区 15 个，总面积为 57 927hm^2，具体情况见表 5-82。

表 5-82 广西港口航运区概况

地区	港口航运区	面积（hm^2）	岸线长度（km）
北海市	北海港口航运区	12 242	11.727
	铁山港港口航运区	22 087	93.48
	涠洲岛港口航运区	1 201	—
钦州市	沙井港口航运区	132	—
	大榄坪至三墩港口航运区	5 578	0.682
	鹰岭-果子山-金鼓江港口航运区	1 772	46.771
	那丽港口航运区	71	1.908
	茅岭港口航运区	213	8.177
	三墩外港口航运区	266	—
防城港市	竹山港口航运区	60	1.33
	京岛港口航运区	235	4.557
	潭吉港口航运区	74	2.73
	白龙港口航运区	492	9.857
	防城港西湾港口航运区	275	5.245
	防城港港口航运区	13 229	137.767

数据来源：广西壮族自治区海洋局（2012b）；广西壮族自治区交通规划勘察设计研究院（2009）；国家海洋局第三海洋研究所（2010）

ⅱ. 价值评估

港口航运区是具有自然和人工双重属性的不可再生资源，对促进区域对外贸易和保障经济发展具有重要的战略意义。港口航运区价值体现在流通和盘活过程中产生的价值、在被利用和占有中获得增值和效益及以产权的形式表现出来并得到法律保障的价值。

参考港址资源价值评估部分的计算结果，2015 年广西三地市港口资源总价值为 885 000 万元。港口航运区占用大量滩涂湿地资源，使湿地系统丧失了原有的生态服务功能，故此处应予以扣除。根据北海、钦州及防城港三市的港口总体布局，港口航运区占用的滩涂湿地面积为 7482.6hm^2，此处广西滨海典型滩涂湿地的单位生态服务价值取 8.85 万元/hm^2（彭在清等，2012），则广西港口航运区生态损害总价值为 66 221.01 万元。

综上，考虑生态损害后，广西港口航运区资源总价值为 818 778.99 万元，单位价值为 14.13 万元/hm^2。港口航运区海域资源价值和工业与城镇用海区海域资源价值相同，其总价值和单位价值均为总使用年限内的价值。

Ⅲ. 矿产与能源区资源价值评估

矿产与能源区是指适于开发利用矿产资源与海上能源，可供油气和固体矿产等勘探、开采作业，以及盐田和可再生能源等开发利用的海域，包括油气区、固体矿产区、盐田区和可再生能源区。

ⅰ. 区域概况

A. 海洋油气资源概况

广西海洋油气田主要分布在北部湾盆地地区，截至 2010 年，石油探明地质储量为 20 825.84 万 t，天然气探明地质储量为 243.6 亿 m^3（贺佩，2012）。

B. 海洋固体矿产资源概况

广西沿海三市的固体矿产资源包括金属矿产和非金属矿产，其中金属矿产主要是钛铁、铅锌、锡、锑等，非金属矿产主要是高岭土、石英砂、石膏、各类黏土、石灰石、花岗岩等。具体资源状况参见表 5-83。

表 5-83 广西海洋固体矿产资源情况一览表 （单位：万 t）

矿产类型	位置	探明储量	小计
钛铁	北海市	136	1 136
	钦州市	1 000	
	防城港市	用尽	
石膏	北海市	27 100	58 525.5
	钦州市	31 425.5	
高岭土	北海市	24 100	24 100
石英砂	北海市	1 982	6 416.49
	防城港市	4 434.49	
黏土	北海市	8 388.4	11 388.4
	钦州市	3 000	
锰矿	钦州市	509.5	555.7
	防城港市	46.2	

数据来源：国家海洋局第三海洋研究所（2010）

C. 海洋可再生能源概况

广西海洋可再生能源包括潮汐能、潮流能、波浪能、海水温（盐）差能和海洋风能。由于受水文环境的制约，不同类型能源的潜力存在显著差别，其中开发潜力较大的为海洋风能发电和潮汐能发电。广西海洋风能理论年发电量为 4741.9×10^4kW·h，技术年发电量为 2970.5×10^4kW·h；潮汐能理论年发电量为 34.61×10^8kW·h，技术年发电量为 9.66×10^8kW·h（国家海洋局第三海洋研究所，2009a）。

D. 海洋盐田概况

广西沿海三市共有 6 座盐场，盐田总面积为 4096hm^2，其中生产面积为 2403hm^2。6 座盐场年生产能力为 154 716t，年产量为 111 642t，6 座盐场的具体情况见表 5-84。

表 5-84　广西盐田情况一览表

地区名称	盐场名称	盐田总面积（hm^2）	生产面积（hm^2）	年产量（t）	年生产能力（t）
海城区	竹林盐场	957	628	45 806	80 000
合浦县	榄子根盐场	527	305	12 129	15 000
铁山港区	北暮盐场	541	369	22 319	17 000
防城港市	企沙盐场、江平盐场	1 346	743	23 288	27 716
钦州市	犀牛脚盐场	725	358	8 100	15 000
总计		4 096	2 403	111 642	154 716

数据来源：国家海洋局第三海洋研究所（2009c）

ⅱ. 价值评估

采用直接市场法对该海域的油气资源、固体矿产资源、可再生能源及盐田资源进行价值评估，具体计算公式如下：

$$V_{KI}=\sum_{i=1}^{4}P_i\times Q_i \tag{5-20}$$

式中，V_{KI} 表示资源的总价值；P_i 表示各项资源的市场价格；Q_i 表示各项资源的产量或存量；i 为资源种类，i=1 代表海洋油气资源，i=2 代表海洋固体矿产资源，i=3 代表海洋可再生能源，i=4 代表海洋盐田资源。

当前世界石油价格约为 1.52 元/kg，天然气的市场价格约为 1.15 元/m^3，可求得广西海洋油气资源价值为 3445.67 亿元。

采用上述公式计算广西海洋固体矿产资源的价值，结果见表 5-85。

表 5-85　广西海洋固体矿产资源价值

矿产类型	钛铁矿	石膏	高岭土	石英砂	锰矿	总计
储量（万 t）	1 136	58 525.5	24 100	6 416.49	555.7	—
市场价格（万元/t）	0.2	0.03	0.035	0.02	0.09	—
价值量（亿元）	227.2	1 755.765	843.5	128.329 8	50.013	3 004.808

数据来源：各海洋固体矿产资源的市场价格参考阿里巴巴网站价格，经调整而得

由表 5-85 可知广西海洋固体矿产资源的总价值为 3004.808 亿元。

海洋可再生能源的价值可利用发电量与电的市场价格相乘得出，参考 2015 年 1～6 月全国电力工业统计数据与青岛市电价标准，取平均电价为 0.69 元/(kW·h)，则广西海洋可再生能源总价值为 6.87 亿元/a。

盐田区资源的经济价值可利用盐田区海盐的年产量与海盐的平均市场价格获得，取海盐的平均市场价格为 280 元/t，年产量为 111 642t，故其经济价值约为 3126 万元/a。

综上，广西重点开发区海域资源价值包括工业与城镇用海区价值、港口航运用海区价值和矿产与能源区价值。工业与城镇用海区、港口航运用海区、矿产与能源区中的固体矿产与油气资源价值为使用年限总价值，不可分割，只有矿产与能源区中的可再生能源可评估其每年的价值量。工业与城镇用海区单位价值为 10.95 万元/hm^2，总价值为 219 469.67 万元；港口航运用海区单位价值为 14.13 万元/hm^2，总价值为 818 778.99 万元；矿产与能源区价值为海洋固体矿产、油气、可再生能源和盐田等 4 种资源的总价值，其中固体矿产与油气为不可再生资源，总价值为 64 504 780 万元，可再生能源与盐田资源为可再生资源，总价值为 71 826 万元/a。

广西重点开发海域各类型海域资源的具体价值见表 5-86。

表 5-86　广西重点开发海域资源价值一览表

用海类型	海域名称	总价值（万元）	单位价值（万元/hm²）
工业与城镇用海区	廉州湾工业与城镇用海区	25 316.4	10.95
	营盘彬塘工业与城镇用海区	19 556.7	
	茅尾海东岸工业与城镇用海区	11 212.8	
	金鼓江工业与城镇用海区	10 982.85	
	大榄坪工业与城镇用海区	20 662.65	
	白龙工业与城镇用海区	1 401.6	
	企沙半岛工业与城镇用海区	30 605.25	
	企沙半岛东侧工业与城镇用海区	31 765.95	
	企沙半岛南侧工业与城镇用海区	67 900.95	
港口与航运用海区	北海港口航运区	172 979.46	14.13
	铁山港港口航运区	312 089.31	
	涠洲岛港口航运区	16 970.13	
	沙井港口航运区	1 865.16	
	大榄坪至三墩港口航运区	78 817.14	
	鹰岭-果子山-金鼓江港口航运区	25 038.36	
	那丽港口航运区	1 003.23	
	茅岭港口航运区	3 009.69	
	三墩外港口航运区	3 758.58	
	竹山港口航运区	847.8	
	京岛港口航运区	3 320.55	
	潭吉港口航运区	1 045.62	
	白龙港口航运区	6 951.96	
	防城港西湾港口航运区	3 885.75	
	防城港港口航运区	186 925.77	
矿产与能源区	不可再生资源	64 504 780	
	可再生资源	71 826*	

* 可再生能源总价值单位为万元/a

5）小结

特别指出，评估中除了重点开发海域资源价值（不包括矿产与能源区的可再生能源价值），其余海域资源价值均需要贴现，即将流量价值转化为存量价值，才使得各区域的价值有可比性。按照禁止开发区、限制开发区和重点开发区三种分类，广西各开发类型海域资源价值总结如表 5-87 所示。

表 5-87　广西各开发类型海域资源价值

海域开发类型	海域类型	流量价值（贴现前）		存量价值（贴现后）	
		总价值（万元/a）	单位价值［万元/(hm²·a)］	总价值（万元）	单位价值（万元/hm²）
禁止开发海域	国家级自然保护区核心区和缓冲区	24 898.17+∞	6.05+∞	414 969.50+∞	100.83+∞
	海洋特别保护区重点保护区和预留区	78 877.81+∞	4.99+∞	1 314 630.17+∞	83.17+∞
	国家海洋（湿地）公园重点（生态）保护区	15 928.23+∞	4.16+∞	265 470.50+∞	69.33+∞

续表

海域开发类型	海域类型	流量价值（贴现前）		存量价值（贴现后）	
		总价值（万元/a）	单位价值［万元/(hm²·a)］	总价值（万元）	单位价值（万元/hm²）
限制开发海域	重要河口水域	88 252.63	3.69	1 470 877.17	61.50
	特殊保护海岛	12 060.02	4.11	201 000.33	68.50
	海洋自然保护区	36 059.84+∞	2.80+∞	600 997.33+∞	46.67+∞
	重要渔业海域	850 749.22+∞	1.05+∞	14 179 153.67+∞	17.50+∞
	重要滨海旅游区	216 464.87	5.96	3 607 747.83	99.33
重点开发海域	工业与城镇用海区		—	219 469.67	10.95
	港口航运用海区		—	818 778.99	14.13
	矿产与能源区	不可再生资源	—	64 504 780	
		可再生资源	71 826	1 197 100	

注：①禁止开发海域价值的+∞代表珍稀濒危海洋生物及典型海洋生态系统的存在价值，限制开发海域价值的+∞代表重要种质资源及珍稀濒危物种的遗传育种价值；②贴现值为使用期限内各海域类型资源总价值，此处使用期限按无限期计算，贴现公式为 $VP=\frac{V}{r}$，其中 V 为总价值，r 为贴现率，此处取 6%

需要特别指出的是，广西禁止开发海域的价值主要体现为其生态系统服务价值，保护区建立的目的是保护海洋珍稀濒危物种及典型海洋生态系统，二者具有极大的非使用价值，而本节内容仅仅量化的是其使用价值中的一部分，而对于非使用价值，由于方法、技术和数据的限制，甚至经济社会方面的其他原因，无法对非使用价值进行评价。无法完成量化评价绝非无价值，反而应遵循贵极无价原则，加强立法保护，规范保护区的管理，为子孙后代留下宝贵的海洋资源。

对于限制开发海域，其开发利用方向是渔业和生态保护，渔业开发与生态保护有较大的兼容性和适宜性，渔业开发除可以获得经济效益之外，还可以最大限度地释放海域生态服务功能的潜力，为人类谋取更多的利益。因此限制开发海域价值兼有生态系统服务价值和经济价值。

重点开发海域的价值则主要体现为资源开发利用的经济价值。虽然其经济价值较高，但工业与城镇建设用海改变海域自然属性，使海域生态服务功能消失，周边海域生态环境受损，水质恶化，生物多样性下降，产生生态环境损害成本。因而，重点开发海域的价值评估必须减除生态损害成本，真实反映工业与城镇用海的资源与生态损害代价，以实现海域资源的可持续利用。

广西海域资源价值评估的结果可以为今后广西海洋资源的开发利用提供一定的指导，在今后的广西海域使用和海洋资源利用的过程中，应进一步加强功能区划的论证。在追求经济效益的同时应考虑其对环境造成的影响，加强生态保护修复，使开发利用和生态保护协调进行，在不超过生态系统承载力的条件下，最大限度地发挥其服务功能。

5.4.2 岸线资源价值评估

广西大陆海岸带地处环北部湾地区，是广西经济最发达地区之一，随着国家北部湾经济区建设的战略出台和实施，北部湾将成为中国经济最热的地带之一，北部湾经济区建设将会使广西海岸带开发利用不断增多，很多原有自然海岸线将逐渐由人工海岸线替代，导致海岸线不断发生变化。广西海岸线的开发利用，将可能对广西海岸带的生态环境、居民活动和海洋环境都产生重要影响。因此，对广西海岸线资源进行价值评估，揭示海岸开发的经济、社会和生态服务价值，对于广西海岸带的综合规划治理、岸滩合理开发利用，乃至海岸带地区社会经济可持续发展都具有重大的现实意义。

岸线的不同功能基于各段岸线本身所具有的不同价值，岸线资源价值是指岸线本身所具有的能够满足人类生存和发展的客观属性，主要包含经济价值、生态服务价值及社会价值。经济价值是指用于生产开发活动所能获得的价值；生态服务价值是指岸线自然属性所能提供的调节当地水资源及水动力、减轻及减缓气候变化、预防侵蚀、风暴防护和维持空气质量等方面的价值；社会价值是指岸线资源开发活动所能提供的就业保障、维护社会稳定等方面的价值。本研究从经济价值和海域生态服务价值两个层面评估广西岸线资源价值。

依据《广西壮族自治区海洋功能区划（2011—2020 年）》中岸线和海域的功能划分，广西岸线资源的主要功能为发展农渔业和港口航运，开发工业与城镇建设，进行矿产与能源的开发，发展旅游休闲娱乐，为建设海洋保护区、特殊利用区及保留区等提供保障。其中农渔业区岸线是进行农业围垦、渔港和育苗场等渔业基础设施建设、海水增养殖和捕捞生产，以及重要渔业品种养护的海域的岸线；港口航运区岸线是供港口、航道和锚地建设的海域的岸线；工业与城镇用海区岸线主要包括工业用海区和城镇用海区的岸线；矿产与能源区岸线是供油气和固体矿产等勘探、开采作业，以及盐田和可再生能源等开发利用的海域的岸线；旅游休闲娱乐区岸线是供旅游景区开发和海上文体娱乐活动场所建设的海域的岸线；海洋保护区岸线是主要包括海洋自然保护区、海洋特别保护区的岸线；特殊利用区岸线是包括军事区，以及用于海底管线铺设、路桥建设、污水达标排放、倾倒等的其他特殊利用区的岸线；保留区岸线主要包括由于经济社会因素暂时尚未开发利用或不宜明确基本功能的海域，限于科技手段等因素目前难以利用或不能利用的海域，以及从长远发展角度应当予以保留的海域的岸线。

5.4.2.1 农渔业区岸线资源价值评估

广西农渔业区岸线资源的具体情况见表 5-88。

表 5-88 广西农渔业区岸线资源状况

地区	农渔业区	面积（hm^2）	岸线长度（km）
北海市	廉州湾农渔业区	11 361	0.08
	营盘农渔业区	4 471	37.121
	白沙头至红坎农渔业区	359	19.795
	沙膣至闸口农渔业区	656	14.393
	根竹山至良港村农渔业区	1 616	22.306
	廉州湾西南部浅海农渔业区	13 373	
	电建南部浅海农渔业区	14 290	
	白虎头南部浅海农渔业区	15 243	
	西村港至营盘南部浅海农渔业区	43 273	
	营盘至彬塘南部浅海农渔业区	13 347	
	广西近海南部农渔业区	177 038	
防城港市	珍珠港湾农渔业区	5 312	22.67
	企沙农渔业区	1 742	43.78
	防城港红沙农渔业区	692	4.028
	茅尾海西岸农渔业区	2 484	66.777
	北仑河口农渔业区	3 078	
	防城港金滩南部农渔业区	6 415	
	江山半岛南部农渔业区	13 283	
	企沙半岛南部农渔业区	12 547	
钦州市	茅尾海农渔业区	1 852	4.302
	茅尾海东部农渔业区	1 386	
	三娘湾农渔业区	269	
	钦州湾外湾农渔业区	19 968	
	钦州湾东南部农渔业区	16 684	
	大风江航道南侧农渔业区	10 859	

广西农渔业区岸线资源的经济价值主要包括海水养殖价值、区内渔港的价值和区内育鱼苗区的价值三部分，但由于广西农渔业区育鱼苗区的经济价值比例相对较小，且相关数据不易获得，因此本研究暂不对其进行评估。

1）海水养殖

广西沿海地区海水养殖发展较快，充分发挥资源优势，潮上带、潮间带和浅海开发同步发展，养殖面积逐年增加，养殖品种主要有文蛤、近江牡蛎、珍珠、对虾、青蟹、石斑鱼、墨西哥湾扇贝、中华乌塘鳢、罗非鱼、栉江珧等 10 余种。海水养殖方式分为围垦池塘养殖、非围垦滩涂养殖、网箱养殖三种。养殖地区分布上遍及广西沿海地区，各个沿海城市形成了各自的养殖基地。防城港市形成了三大养殖区：一是东兴市竹山—江平沿海对虾、文蛤优势养殖区；二是防城区江山—防城沿海对虾养殖区；三是港口区的镇—光坡沿海对虾、文蛤、近江牡蛎海水网箱养殖区。钦州市有两大养殖基地：一是尖山、康熙岭、沙埠、大番坡对虾养殖基地；二是犀牛脚、龙门港大蚝、鱼（网箱养殖）、文蛤养殖基地。北海市养殖区主要有三部分：一是在南流江入海口附近的党江、沙岗、西场一带；二是山口、沙田、白沙、公馆一带沿海地区；三是南康、营盘、兴港沿海地区。

本研究采用直接市场法评估农渔业区岸线资源的海水养殖经济价值，具体计算公式为

$$V=\sum_{i=1}^{n}P_i\times Q_i \tag{5-21}$$

式中，V 为海水养殖产品的经济价值，单位为万元/a；Q_i 为第 i 种海水养殖经济生物的产量，单位为 t/a；P_i 为第 i 种海水养殖经济生物的价格，单位为万元/t。

广西海水养殖的鱼类主要有鲈鱼、鲆鱼、大黄鱼、军曹鱼、鲷鱼、美国红鱼、石斑鱼等，其中经济价值较高的有鲈鱼、鲷鱼、美国红鱼和石斑鱼；甲壳类主要是虾和蟹，虾主要包括南美白对虾、斑节对虾、日本对虾，蟹主要是青蟹；贝类主要有牡蛎、螺、蚶、扇贝、蛤和蛏等；其他海水养殖产品主要有海参、海水珍珠和海蜇等。广西北海、防城港和钦州三市 2009～2013 年平均的海水养殖产量及价格统计见表 5-89。

表 5-89　广西沿海三市 2009～2013 年平均的海水养殖产量及价格

养殖生物种类		产量（t）				价格（元/kg）
		北海市	防城港市	钦州市	总计	
鱼类	鲈鱼	1 745.8	1 144.4	5 482.6	8 372.8	24
	军曹鱼	0	53.6	134.4	188	40
	鲷鱼	2 314.8	367.8	3 271.4	5 954	100
	美国红鱼	939.2	1 020.6	2 132.4	4 092.2	22
	石斑鱼	359	323.4	1 606.6	2 289	146
甲壳类	南美白对虾	98 936.8	31 332.4	32 484.6	162 753.8	50
	斑节对虾	8 335.2	301.6	3 083.8	11 720.6	40
	日本对虾	154.6	20.8	0	175.4	40
	青蟹	9 989.2	3 447.2	210.6	13 647	75
贝类	牡蛎	94 152.2	135 915	187 617.2	417 684.4	10
	螺	33 411.6	0	0	33 411.6	10
	蚶	2 437.2	684.6	538.6	3 660.4	7
	贻贝	9 279.6	0	0	9 279.6	19
	扇贝	1 820.6	0	0	1 820.6	16
	蛤	142 281.4	68 857.8	5 076	216 215.2	8
	蛏	1 079.4	0	0	1 079.4	10

续表

养殖生物种类		产量（t）				价格（元/kg）
		北海市	防城港市	钦州市	总计	
其他	海参	0	0.4	10.4	10.8	90
	海水珍珠	1.544 6	0.370	0	1.914 6	25 000
	海蜇	0	0	168.6	168.6	21

数据来源：相关价格来自广西沿海三市水产品市场调查、中国食品产业网、中国水产网；海水养殖产量根据北海、钦州、防城港三市水产畜牧兽医局的原始数据计算所得

根据公式（5-21），计算广西北海、钦州和防城港三市每年海水养殖总经济价值，即：

$$V_{海水养殖}=V_1+V_2+V_3=1\ 737\ 029.2（万元/a）$$

用于海水养殖的岸线资源的纯收益可由海水养殖的总收益和海水养殖的总成本之差获得。由于缺乏海水养殖的年支出数据，本研究借用了 2012 年广西渔民家庭渔业总支出占家庭渔业总收入的比值 0.71，将此比值作为海水养殖的总支出占总收入的比值，即已开发用于海水养殖的岸线资源的价值为海水养殖总收益的 0.29。

$$V_{净养殖}=0.29V_{海水养殖}=0.29\times1\ 737\ 029.2\approx503\ 738（万元/a）$$

即广西农渔业区岸线资源海水养殖的经济价值为 503 738 万元/a。

2）渔港

渔港是渔业生产的重要依托，是渔区经济社会发展的重要基础设施，其所具有的避风功能更是渔业安全生产的重要保障。广西农渔业区现有渔港 25 个，其中中心渔港 5 个，一级渔港 4 个，二级渔港 1 个，三级渔港 3 个，其余为未评级的自然港湾。多年来，经过各级政府、社会各界和渔民群众等多方筹集资金投入，尤其是国家 1991 年采取民办公助的方式对群众渔港进行资金扶持、1998 年启动利用国债资金建设渔港、2002 年启动新一轮渔港建设规划，广西农渔业区渔港建设取得实质性进展。1991～2011 年，广西农渔业区共投入渔港建设资金 26 104 万元，建设码头 2000m、防波堤 2800m、新改建护岸 7500m、围堰 1350m、港池航道疏浚 340 万 m^3、陆域回填 65 万 m^3、综合执法办公用房 0.2 万 m^3、沉箱 42 个，以及水电、通信导航等配套设施一批。广西渔港具体情况见表 5-90。

表 5-90　广西渔港情况一览表

所在地	渔港名称	等级	港池面积（m^2）	容纳渔船（艘）	避台风（级）
北海市	南沥渔港	中心渔港	400 000	1 000	7
	北海港渔业港	中心渔港	550 000	2 000	12
	电建渔港	一级渔港	250 000	600	12
	咸田渔港	—	100 000	150	—
	高德渔港	—	170 000	200	—
	涠洲渔港	三级渔港	260 000	300	—
	营盘渔港	中心渔港	1 200 000	2 000	—
	沙田渔港	一级渔港	40 000	300	—
	大风江渔港	三级渔港	300 000	500	—
	水儿渔港	—	75 000	100	—
	小苏江渔港	—	—	—	—
	金滩渔港	—	—	—	—
钦州市	犀牛脚渔港	中心渔港	600 000	1 000	6
	龙门渔港	一级渔港	60 000	600	9

续表

所在地	渔港名称	等级	港池面积（m^2）	容纳渔船（艘）	避台风（级）
防城港市	企沙渔港	中心渔港	2 000 000	800	8
	渔沥渔港	二级渔港	150 000	300	—
	渔州渔港	一级渔港	500 000	—	—
	双墩渔港	三级渔港	420 000	300	—
	沥欧渔港	—	400 000	100	—
	红沙渔港	—	—	—	—
	红星渔港	—	—	—	—
	茅岭渔港	—	640 000	—	—
	潭吉渔港	—	600 000	100	—
	京岛渔港	—	940 000	—	—
	玉石潭渔港	—	—	—	—

数据来源：广西壮族自治区水产畜牧兽医局（2011）

注："等级"无说明表示没有定级；"港池面积"无数据表示未界定或无法界定；"容纳渔船"无数据表示不具备停泊条件；"避台风"无数据表示不避台风

本研究以广西农渔业区渔港的建设投入成本作为相应渔港的经济价值，即区内渔港的价值为26 104万元。

综上所述，广西农渔业区岸线资源的可量化价值为海水养殖的经济价值和渔港资源的经济价值之和，即529 842万元/a。广西农渔业区的岸线总长度为235.252km，则农渔业区岸线资源可量化的年单位价值为2252.23万元/(km·a)。

5.4.2.2 港口航运区岸线资源价值评估

港口航运区是指适于开发利用港口航运资源，可供港口、航道和锚地建设的海域，包括港口区、航道区和锚地区。广西共有港口航运区15个，总面积为57 927hm^2。其中海岸基本功能区13个，分别是竹山港口、京岛港口、潭吉港口、白龙港口、防城港西湾港口、防城港港口、茅岭港口、沙井港口、鹰岭-果子山-金鼓江港口、大榄坪至三墩港口、那丽港口、北海港口和铁山港港口等航运区，海岸基本功能区主要用于近岸港口陆域、码头、港池等航运设施建设，重点保障铁山港区、北海港区、钦州港区、防城港区等的发展需要；近海基本功能区2个，分别是三墩外港口航运区和涠洲岛港口航运区，近海基本功能区主要用于港外航道、锚地等航运用海。

港口航运区是具有自然和人工双重属性的不可再生资源，对促进区域对外贸易和保障经济发展具有重要的战略意义。港口航运区价值体现在流通和盘活过程中产生的价值、在被利用和占有中获得增值和效益及以产权的形式表现出来并得到法律保障的价值。

综上，考虑生态损害后，广西港口航运区资源总价值为818 778.99万元，则单位价值为2525.3万元/km。

5.4.2.3 工业与城镇用海区岸线资源价值评估

工业与城镇用海区是指适于发展临海工业与滨海城镇建设的海域。近年来，广西凭借其丰富的海洋资源优势，大力发展海洋事业，不断提升海洋经济对国民经济的贡献率。在广西对海洋资源尤其是岸线资源的利用中，工业与城镇建设用海方式成为主导。

据《广西壮族自治区海洋功能区划（2011—2020年）》，广西工业与城镇用海区共9个，总面积20 037hm^2。其中海岸工业与城镇用海区8个，分别是白龙、企沙半岛、企沙半岛东侧、茅尾海东岸、金鼓江、大榄坪、廉州湾和营盘彬塘等工业与城镇用海区；近海工业与城镇用海区1个，为企沙半岛南侧工业与城镇用海区。

根据《广西壮族自治区海洋功能区划（2011—2020年）》，工业与城镇用海区重点保障国家产业政策鼓励类产业用海，优先满足铁山港工业区、钦州港工业区、企沙半岛工业区用海需求，适度支持北海、钦州、防城港三市城市空间拓展需要。对海洋工程装备、生物医药等战略性新兴产业予以优先保障。工业与城镇用海区的选划与土地利用总体规划及城市规划相衔接，切实贯彻了节约、集约用海原则，提高了海域空间资源的整体使用效能。

结合广西工业与城镇用海区海域资源价值计算结果，得广西工业与城镇用海区海域资源总价值为219 469.67万元，则岸线资源单位价值为1336.49万元/km。

5.4.2.4 矿产与能源区岸线资源价值评估

矿产与能源区是指适于开发利用矿产资源与海上能源，可供油气和固体矿产等勘探、开采作业，以及盐田和可再生能源等开发利用的海域，包括油气区、固体矿产区、盐田区和可再生能源区。

广西海洋功能区划划分的矿产与能源区共有3个，总面积为2190hm^2。其中海岸矿产与能源区1个，为铁山港矿产与能源区；近海矿产与能源区2个，为钦州湾和大风江东岸矿产与能源区，具体情况见表5-91。

表5-91 广西矿产与能源区具体情况统计表

地区	功能区名称	地理范围	面积（hm^2）	用途管制
北海市	铁山港矿产与能源区	铁山湾南侧海域	630	海砂开采区
北海市合浦县	大风江东岸矿产与能源区	大风江航道东侧海域	1392	采砂区
钦州市	钦州湾矿产与能源区	钦州湾外湾伞沙附近	168	采砂区

数据来源：广西壮族自治区海洋局（2012b）

上述功能区主要用于海砂开采。滨海矿产在浅海矿产资源中，其价值仅次于石油、天然气，居第二位。广西海岸带处于华南褶皱系的西南端，区内广泛发育富含钛铁矿、锆石和电气石等金属矿物的下古生界变种岩系、华力西期和燕山期的酸性与中酸性侵入岩及第四纪松散沉积物。该区自中更新世以来处于构造上升状态，导致富含金属矿物的岩系普遍遭受强烈风化剥蚀，岩石风化产物由河流挟带入海，为滨海矿产的形成提供了丰富的物源。广西滨海矿产资源已知的有28种，主要有钛铁矿、金红石、锆英石、独居石、石英砂等。

广西近海的矿产资源主要为建筑砂资源和石英砂资源。广西近海建筑砂的潜在资源区主要分布于铁山港湾、钦州湾、防城港湾、珍珠港湾和南流江口两侧，总面积为134 312hm^2，潜在资源储量为1074.496Mt；石英砂主要分布于珍珠港湾和铁山港湾两地，其中，珍珠港湾石英砂分布面积为7888hm^2，储量为63.104Mt，铁山港湾石英砂分布面积为3725hm^2，储量为29.8Mt。广西近海沉积物钛铁矿、锆石等虽有广泛分布，但是品位较低，达不到工业品位要求。

上述3个矿产与能源区主要用于海砂开采，海砂属于岸线资源，故该部分岸线资源价值直接用海砂资源的价值来衡量。海砂资源具有直接的市场价格，因此通过直接市场法估算该项资源的价值，具体计算公式为

$$V=Q\times P\times 10^{-4} \tag{5-22}$$

式中，V为海砂资源的价值，单位为亿元；Q为海砂资源量，单位为万t；P为海砂资源价格，单位为元/t。

根据《广西沿海地区社会经济基本情况调查研究报告》，铁山港矿产与能源区建筑砂储量约为252万t，石英砂储量约为252万t；大风江东岸矿产与能源区建筑砂储量约为556.8万t，石英砂储量约为556.8万t；钦州湾矿产与能源区建筑砂储量约为134.4万t。建筑砂市场均价为100元/t，石英砂市场均价为500元/t。

由此，计算可得各矿产与能源区已探明资源储量价值，也即该区域岸线资源价值，结果见表5-92。

表5-92 广西矿产与能源区岸线资源价值

地区	功能区名称	面积（hm^2）	价值（亿元）
北海市	铁山港矿产与能源区	630	15.12
	大风江东岸矿产与能源区	1392	33.408
钦州市	钦州湾矿产与能源区	168	1.344
总计		2190	49.872

5.4.2.5　旅游休闲娱乐区岸线资源价值评估

旅游休闲娱乐岸线主要是供游客观光度假、娱乐运动、休闲疗养等的旅游基础设施。广西的旅游休闲娱乐区实施旅游精品战略，充分开发广西的沙滩、海岛风光、自然生态、人文历史遗迹、民族风情、珍稀生物旅游资源，提供滨海休闲度假、滨海文化体验、滨海生态观光三大主导旅游功能，把沿海地区建成南疆特色滨海旅游区，其滨海旅游岸线的长度为 307.083km。

此处参考第 4 章旅游资源价值评估部分的研究结果，广西滨海旅游区的生态旅游价值为 273 842 万元/a，则岸线资源单位价值为 891.75 万元/(km·a)。

5.4.2.6　海洋保护区岸线资源价值评估

广西海洋保护区共有 12 个，总面积为 102 296hm^2。其中海岸海洋保护区 8 个，分别是北仑河口红树林、防城港东湾、茅尾海红树林、茅尾海中部、三娘湾、大风江红树林、山口红树林和合浦儒艮等海洋保护区；近海海洋保护区 4 个，分别是涠洲岛、斜阳岛、北海珍珠贝和广西近海南部等海洋保护区，具体见表 5-93。

表 5-93　广西海洋保护区概况

地区	功能区名称	海域面积（hm^2）	岸线长度（km）	生态保护目标
防城港	北仑河口红树林海洋保护区	3 299	44.42	保护红树林生态系统
	防城港东湾海洋保护区	314	3.956	保护红树林生态系统
钦州市	茅尾海红树林海洋保护区	2 308	13.829	保护红树林生态系统
	大风江红树林海洋保护区	3 313	202.718	保护红树林生态系统
	茅尾海中部海洋特别保护区	3 480	—	保护南部近江牡蛎种质资源
	三娘湾海洋保护区	8 972	—	加强对中华白海豚及其栖息环境的保护
北海市	山口红树林海洋保护区	4 073	63.189	保护红树林生态系统
	合浦儒艮海洋保护区	35 000	9.703	保护儒艮及海草床
	涠洲岛海洋保护区	2 572	—	保护珊瑚礁及其生境
	斜阳岛海洋保护区	142	—	保护珊瑚礁及其生境
	北海珍珠贝海洋保护区	1 336	—	保护珍珠贝资源及生境
	广西近海南部海洋保护区	37 487	—	保护近海生物资源及其产卵场

在对海洋保护区的岸线资源进行价值评估时，根据不同功能区的主要生态目标，对其主要保护目标的价值进行评估，以此作为该功能区段岸线资源的价值。对各保护区的生态保护目标进行分类，分为红树林保护区岸线、珊瑚礁保护区岸线、海草床保护区岸线和其他保护区岸线。其中，红树林面积为 8619.8hm^2，珊瑚礁面积为 3054hm^2，海草床面积为 271hm^2，同时，参考海域生态系统服务价值及海域开发类型中海洋保护区海域和重要渔业海域的相应结果，得出各类型海洋保护区岸线资源价值，结果见表 5-94。

表 5-94　广西海洋保护区岸线资源价值

岸线类型	保护区名称	岸线长度（km）	总价值（万元/a）	单位价值［万元/(km·a)］
红树林保护区岸线	北仑河口红树林海洋保护区	44.42	92 229.34	281.09
	防城港东湾海洋保护区	3.956		
	茅尾海红树林海洋保护区	13.829		
	大风江红树林海洋保护区	202.718		
	山口红树林海洋保护区	63.189		
珊瑚礁保护区岸线	涠洲岛海洋保护区	—	14 078.94	
	斜阳岛海洋保护区	—		
海草床保护区岸线	合浦儒艮海洋保护区	9.703	3 574.49	368.39

续表

岸线类型	保护区名称	岸线长度（km）	总价值（万元/a）	单位价值［万元/(km·a)］
其他保护区岸线	北海珍珠贝海洋保护区	—	2 316.9	
	广西近海南部海洋保护区	—	298.14	
	茅尾海中部海洋特别保护区	—	48 803.52	
	三娘湾海洋保护区	—	4 306.56	
总计		337.815	165 607.89+∞	490.23+∞

同时，海洋保护区作为广西主要红树林、珊瑚礁、海草床及渔业种质资源的保护区，其对于维护种质资源多样性方面的价值是不易量化且贵极无价的。

5.4.2.7 保留区岸线资源价值评估

保留区是指为保留海域后备空间资源，专门划定的在区划期限内限制开发的海域。保留区主要包括由于经济社会因素暂时尚未开发利用或不宜明确基本功能的海域，限于科技手段等因素目前难以利用或不能利用的海域，以及从长远发展角度应当予以保留的海域。

广西共有保留区 16 个，总面积为 81 998hm²。其中海岸保留区 11 个，分别是北仑河口、大小冬瓜、茅岭江、茅尾海北部、沙井北岸、大风江口西岸、大风江、大风江口东岸、西场、廉州湾和公馆港至根竹山等保留区；近海保留区 4 个，分别是企沙半岛东侧、老人沙、铁山港和涠洲岛-斜阳岛等保留区，具体情况见表 5-95。

表 5-95 广西保留区概况

地区	功能区	面积（hm²）	岸线长度（km）
防城港市	北仑河口保留区	23 754	1.28
	大小冬瓜保留区	1 630	40.186
	企沙半岛东侧保留区	2 342	
钦州市	茅岭江保留区	290	11.282
	茅尾海北部保留区	435	21.861
	沙井北岸保留区	322	29.701
	大风江口西岸保留区	1 780	49.765
	大风江保留区	320	34.460
	老人沙保留区	828	
北海市	大风江口东岸保留区	2 119	16.69
	西场保留区	6 091	11.23
	廉州湾保留区	149	23.004
	公馆港至根竹山保留区	621	22.385
	铁山港保留区	24 105	
	涠洲岛-斜阳岛保留区	16 990	

数据来源：广西壮族自治区海洋局（2012b）

保留区为目前尚未利用开发的海域，因为其功能尚不明确，所以本研究在对该区域岸线资源进行价值评估时，利用广西 5 种海域生态系统单位面积服务价值的平均值进行评估，即 7.18 万元/(hm²·a)，则广西保留区总价值为 588 745.64 万元/a，保留区岸线总长度为 261.844km，即单位岸线资源每年的价值为 2248.46 万元/(km·a)。

根据上述对广西各功能区岸线资源价值的评估结果，将广西各功能区的岸线资源价值情况总结如表 5-96 所示。

表 5-96 广西各功能区岸线资源价值一览表

功能区	岸线长度（km）	流量价值（贴现前）		存量价值（贴现后）	
		总价值（万元/a）	单位价值［万元/(km·a)］	总价值（万元）	单位价值［万元/(km·a)］
农渔业区	235.252	529 842	2 252.23	8 830 700	37 537.17
港口航运区	324.251	—	—	818 778.99	2 525.3
工业与城镇用海区	164.213	—	—	219 469.67	1 336.49
矿产与能源区	—	—	—	498 720	—
旅游休闲娱乐区	307.083	273 842	891.75	4 564 033.33	14 862.5
海洋保护区	337.815	165 607.89+∞	490.23+∞	2 760 131.5+∞	8 170.5+∞
特殊利用区	—	—	—	—	—
保留区	261.844	588 745.64	2 248.46	9 812 427.33	37 474.33

注：贴现值为使用期限内各岸线类型总价值，此处使用期限按无限期计算，贴现公式为 $VP=\frac{V}{r}$，其中 V 为总价值，r 为贴现率，此处取 6%

5.4.3 海岛资源价值评估

广西海岛资源十分丰富，具有很高的经济价值，但是广西的有居民海岛共 14 个，占海岛总数的 2.17%，占海岛总面积的近 90%，绝大多数海岛都是面积较小的无居民海岛。进行海岛资源价值评估时，面积较小的无居民海岛的数据获得存在困难，因此本研究主要对面积较大的有居民海岛——涠洲岛进行海岛资源价值评估。

5.4.3.1 广西海岛资源价值评估

随着《广西北部湾经济区发展规划》的出台，广西北部湾经济区的发展由地区战略上升为国家战略，广西沿海经济建设不断加快，海洋开发利用程度逐步加深，土地资源日趋紧张，广西丰富的海岛资源能够为其未来海洋经济的发展提供强有力的土地资源支撑。根据《广西壮族自治区海岛保护规划（2011—2020年）》，广西有居民海岛共 14 个，虽然数量不多，但海岛总面积为 11 425hm^2，占广西海岛总面积的 87.4%。因此本研究以广西有居民海岛为研究对象，采用基准价格修正法对海岛空间资源价值进行评价。

1）基准价格修正法

基准价格修正法是我国土地估价中重要的应用估价方法之一，它是利用城镇基准地价和基准地价修正系数等评估成果，按照替代原理，将待估宗地的区域条件和个别条件等与其所处区域的平均条件相比较，并对照修正系数表选取相应的修正系数对基准地价进行修正，从而求取待估宗地在估价基准日价格的一种估价方法。

本研究以海岛周边城镇的基准地价为基础，采用海岛土地价格与城镇土地价格调整系数和价格修正系数对其进行修正，得到各海岛土地价格，以此来评估海岛资源价值，计算公式为

$$V=V_b\times K_j\times K_i \tag{5-23}$$

式中，V 为海岛土地价格；V_b 为邻近城镇基准地价；K_j 为海岛土地价格与城镇土地价格调整系数；K_i 为价格修正系数。

基准价格修正法基本步骤如下。

（1）收集各海岛周边城镇基准地价资料。

（2）确定不同类型用地准地价。

（3）分析待估海岛地价影响因素，依据影响因素指标确定待估海岛地价修正系数。

（4）求出海岛土地价格，并评估海岛资源价值。

2）海岛资源价值评估

Ⅰ. 建立修正指标体系

建立修正指标体系，是基准价格修正法的核心环节。指标体系是否科学、合理，直接关系到海岛空间资源价值评估的准确性。为此，指标体系必须科学地、客观地、合理地、尽可能全面地反映影响海岛土地价格的所有因素。

鉴于不同海岛的地理条件、基础设施条件及旅游资源不尽相同，离岸距离小、海岛面积大、基础设施完善、景观优美的海岛空间价值更大，上述条件都是修正系数的决定因素。因此，本研究根据科学性、全面性、合理性及可操作性等原则，建立修正指标体系，见图 5-3。

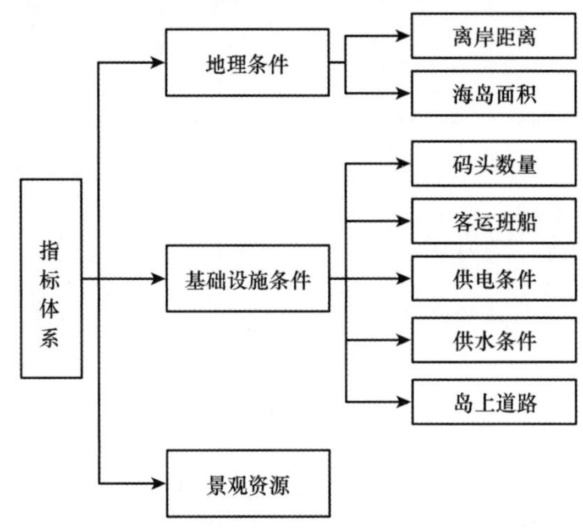

图 5-3　海岛资源价值评价修正指标体系

Ⅱ. 指标权重确定

权重是在评价过程中，对被评价对象不同侧面重要程度的定量分配，是对各评价因子在总体评价中的作用进行区别对待，本研究根据层次分析法综合确定指标权重。根据专家打分表，最终得到的权重结果如表 5-97 所示。

表 5-97　海岛土地资源价格修正系数指标权重结果

	一级指标	一级指标权重	二级指标	二级指标权重	指标性质
评价指标体系	地理条件	0.48	离岸距离	0.36	负向
			海岛面积	0.12	正向
	基础设施条件	0.41	码头数量	0.06	正向
			客运班船	0.06	正向
			供电条件	0.12	正向
			供水条件	0.12	正向
			岛上道路	0.05	正向
	景观资源	0.11	—	—	正向

Ⅲ. 计算修正系数

本研究以广西有居民海岛为研究对象，依据每个海岛地理条件、基础设施条件及旅游资源情况的不同，确定不同的价格修正系数。广西有居民海岛指标数据及指标量化评分标准分别见表 5-98 和表 5-99。

表 5-98　广西有居民海岛指标数据

行政区划		海岛名称	海岛面积（hm^2）	离岸距离（km）	码头数量（个）	客运班船	供电条件	供水条件	岛上道路	景观资源
北海市	北海市海城区	涠洲岛	2472	36.85	2	有	有	有	有	有
		斜阳岛	183	53.81	1	无	无	有	有	有
		外沙岛	66	0.03	1	无	有	有	有	无
	北海市合浦县	七星岛	313	0.25	1	无	有	有	有	无
		更楼围	2187	0.07	0	无	有	有	有	无
		南域岛	1640	0.08	0	无	有	有	有	无
钦州市	钦州市钦南区	龙门岛	1133	3.45	1	无	有	有	有	无
		团和岛	779	0.03	0	无	有	有	无	无
		西村岛	1070	0.05	1	无	有	有	有	无
		沙井岛	1190	0.11	1	无	无	无	无	无
		簕沟墩	241	0.12	太多	无	有	有	有	有
		麻蓝岛	25	0.75	1	无	无	无	有	有
防城港市	防城港市防城区	长榄岛	39	1.15	0	无	有	无	无	无
		针鱼岭	87	0.12	0	无	有	无	有	无

数据来源：广西壮族自治区海洋局（2012a）

表 5-99　指标量化评分标准

指标	评分标准			
离岸距离（km）	$L > 10$	$1 < L \leqslant 10$	$0.5 < L \leqslant 1$	$L \leqslant 0.5$
海岛面积（hm^2）	$S \leqslant 1$	$1 < S \leqslant 10$	$10 < S \leqslant 20$	$S > 20$
码头数量（个）	无	1	2	＞2
赋值	0.25	0.50	0.75	1.00
客运班船	无		有客运班船或旅游季节开通	
供电条件	无电力供应		满足电力供应	
供水条件	无淡水		满足淡水供应	
岛上道路	基本没有道路或不具备行车条件		有水泥或硬质道路，满足机动车通行	
景观资源	无		至少有一种景观资源（珊瑚礁、林地、宗教、废弃非民用设施等）	
赋值	0.00		1.00	

参照《城镇土地估价规程》（GB/T 18508—2014），计算影响评估价格的修正系数，本研究中各海岛资源评价指标综合值即为修正系数，计算公式如下：

$$K = \sum_{i=1}^{n} W_i P_i \tag{5-24}$$

式中，K 为价格修正系数；W_i 为指标权重；P_i 为各海岛评价指标评分。

参照表 5-99 指标量化评分标准，对广西有居民海岛指标数据进行评分，再根据价格修正系数公式计算价格修正系数。广西有居民海岛指标评分结果及价格修正系数见表 5-100。

表 5-100　广西有居民海岛指标评分结果及价格修正系数

行政区划		指标评分结果									价格修正系数
		海岛名称	海岛面积	离岸距离	码头数量	客运班船	供电条件	供水条件	岛上道路	景观资源	
北海市	海城区	涠洲岛	1	0.25	0.75	1	1	1	1	1	0.72
		斜阳岛	0.50	0.25	0.50	0	0	1	1	1	0.46
		外沙岛	0.25	1	0.50	0	1	1	1	0	0.71
	合浦县	七星岛	0.50	1	0.50	0	1	1	1	0	0.74
		更楼围	1	1	0.25	0	1	1	1	0	0.79
		南域岛	0.75	1	0.25	0	1	1	1	0	0.76
钦州市	钦南区	龙门岛	0.75	0.50	0.50	0	1	1	1	0	0.59
		团和岛	0.50	1	0.25	0	1	1	0	0	0.68
		西村岛	0.75	1	0.50	0	1	1	1	0	0.77
		沙井岛	0.75	1	0.50	0	0	0	0	0	0.48
		簕沟墩	0.50	1	1	0	1	1	1	1	0.88
		麻蓝岛	0.25	0.75	0.50	0	0	0	1	1	0.49
防城港市	防城区	长榄岛	0.25	0.50	0.25	0	1	0	0	0	0.35
		针鱼岭	0.25	1	0.25	0	1	0	1	0	0.58

Ⅳ. 海岛土地资源价值存量

根据广西 2014 年公布的《广西基准地价信息表》可知广西有居民海岛周边地区的基准地价。由于基准地价为各类型用地最高出让年限的土地价格，而资源存量为无限年期地价，因此，需要将其转换为无限年期地价，计算公式为

$$V_e = \frac{V_m}{\left(1 - \frac{1}{(1+r)^n}\right)} \tag{5-25}$$

式中，V_e 为无限年期地价；V_m 为各类用地最高出让年限的土地权价格；m 为各类土地最高使用年限；r 为土地还原利率。

根据 2014 年《金融机构人民币存款基准利率调整表》，一年定期存款利率为 2.75%，考虑土地投资风险，商业用地风险调整值取 5%，居住用地风险调整值取 4%，工业用地风险调整值取 3.5%（陈尚，2015），得到广西有居民海岛土地收益还原率，见表 5-101。由于海岛的开发利用方向尚未确定，采用海岛邻近地区的三类用地类型无限年期地价的平均值作为计算标准，计算得出的有居民海岛邻近地区三种用地类型无限年期土地价格见表 5-102。

表 5-101　三种用地类型还原利率

用地类型	最高使用年限	土地收益还原率（%）
商业用地	40	7.75
居住用地	70	6.75
工业用地	50	6.25

表 5-102　广西有居民海岛邻近地区三种用地类型无限年期土地价格　（单位：万元/hm^2）

用地类型	北海市海城区		钦州市		防城港市港口区	
	基准地价	无限年期地价	基准地价	无限年期地价	基准地价	无限年期地价
商业用地	740	779.36	670	705.64	865	911.01
居住用地	300	303.13	200	202.09	370	373.86

续表

用地类型	北海市海城区		钦州市		防城港市港口区	
	基准地价	无限年期地价	基准地价	无限年期地价	基准地价	无限年期地价
工业用地	200	210.14	175	183.87	240	252.17
平均值	413.33	430.88	348.33	363.87	491.67	512.35

V. 广西有居民海岛空间资源价值核算

依据《海南省三亚市基准地价评估报告》，属于岛屿成片出让开发用地的基准地价按邻近陆地区片生地基准地价的 25%～35% 计算。由于海岛远离大陆、交通不便、开发成本高，相对于邻近地区生地的条件较为恶劣，因此，本研究在对广西各有居民海岛基准地价进行核算时，按照该海岛邻近陆地区片生地基准地价的 25% 确定，海岛无限年期地价也按照该海岛邻近陆地区片生地无限年期地价的 25% 确定。由于海岛的开发利用方向尚未确定，采用海岛邻近地区三种用地类型无限年期地价的平均值作为计算标准，得到广西有居民海岛空间资源价值约为 81.57 亿元，具体结果见表 5-103。

表 5-103　广西有居民海岛空间资源价值

行政区划	海岛名称	邻近陆地无限年期地价（万元/hm²）	海岛无限年期地价（万元/hm²）	海岛空间资源单位价值（万元/hm²）	面积（hm²）	海岛空间资源总价值（万元）
北海市	涠洲岛	430.88	107.72	77.56	2 472	191 724.36
	斜阳岛			49.55	183	9 067.87
	外沙岛			76.48	66	5 047.76
	七星岛			79.71	313	24 950.11
	更楼围			85.10	2 187	186 111.08
	南域岛			81.87	1 640	134 262.21
钦州市	龙门岛	363.87	90.97	53.67	1 133	60 809.04
	团和岛			61.86	779	48 187.30
	西村岛			70.04	1 070	74 948.12
	沙井岛			43.66	1 190	51 960.64
	簕沟墩			80.05	241	19 292.39
	麻蓝岛			44.57	25	1 114.35
防城港市	长榄岛	512.35	128.09	44.83	39	1 748.39
	针鱼岭			74.29	87	6 463.30
合计						815 686.92

5.4.3.2　涠洲岛资源价值评估

涠洲岛是广西较大的有居民海岛之一，是广西众多海岛中资源比较丰富、开发利用程度较高的海岛，评估涠洲岛的价值有利于更深入地了解涠洲岛的发展现状，促进涠洲岛的合理开发，也为广西众多无居民海岛的开发提供重要的借鉴。

涠洲岛在行政区划上属北海市海城区涠洲镇。涠洲镇是一个以农业、渔业为主的镇级岛屿，农业以种植业为主，渔业以海洋捕捞为主，工业基础薄弱，旅游资源丰富，2005 年被《国家地理杂志》评为“中国最美十大海岛”第二位。涠洲岛沿岸建有客运码头，渔、商兼用码头，军用码头，还建有中国海洋石油南海西部有限公司码头和新奥客运码头及中国石油化工原油码头，斜阳岛建有两处简易小型码头。

考虑涠洲岛的开发利用现状，结合广西海岛的资源分类，对涠洲岛主要评估其土地资源价值、生物资源价值、油气资源价值、淡水资源价值。除涠洲岛外，斜阳岛也属于涠洲镇管辖范围，由于斜阳岛所占的面积比例较小，在涠洲岛价值评估的过程中，以涠洲镇的统计数据替代涠洲岛的统计数据。

1）土地资源价值评估

Ⅰ. 土地利用概况

2009年涠洲镇土地总面积为2689.18hm^2，其中农用地面积为2101.13hm^2，占土地总面积的78.13%，建设用地面积为456.21hm^2，占土地总面积的16.97%，其他土地面积为131.84hm^2，占土地总面积的4.90%，具体情况见表5-104。

表5-104　2009年涠洲镇土地利用情况

土地利用	面积（hm^2）	占土地总面积比例（%）
农用地	2101.13	78.13
建设用地	456.21	16.97
其他土地	131.84	4.90
合计	2689.18	100

数据来源：涠洲镇人民政府（2011）

ⅰ. 农用地

2009年涠洲镇农用地面积为2101.13hm^2，其中耕地面积为545.48hm^2（其中水田面积为100.10hm^2，占耕地面积的18.35%；水浇地面积为2.37hm^2；旱地面积为443.01hm^2，占耕地面积的81.21%），占农用地总面积的25.96%，占土地总面积的20.28%；园地面积为1146.99hm^2，占土地总面积的42.65%；林地面积为368.96hm^2，占土地总面积的13.72%；其他农用地面积为39.70hm^2，占土地总面积的1.48%，具体情况见表5-105。

表5-105　2009年涠洲镇农用地利用情况

农用地		面积（hm^2）	占农用地的比例（%）
耕地	水田	100.10	4.76
	水浇地	2.37	0.11
	旱地	443.01	21.09
	园地	1146.99	54.59
	林地	368.96	17.56
	其他农用地	39.70	1.89
合计		2101.13	100

数据来源：涠洲镇人民政府（2011）

ⅱ. 建设用地

2009年涠洲镇建设用地456.21hm^2，城乡建设用地343.42hm^2，占全镇建设用地总面积的75.28%。其中城镇建设用地107.34hm^2，占城乡建设用地总面积的31.26%；农村居民点236.08hm^2，占城乡建设用地总面积的68.74%；采矿与独立用地0.86hm^2。交通、水利设施及其他建设用地面积为111.93hm^2，其中交通用地28.61hm^2，水利设施用地20.62hm^2，风景名胜及特殊用地62.70hm^2，具体情况见表5-106。

表5-106　2009年涠洲镇建设用地利用情况

建设用地	面积（hm^2）	占建设用地的比例（%）
城镇建设用地	107.34	23.53
农村居民点	236.08	51.75
采矿与独立用地	0.86	0.19
交通用地	28.61	6.27
水利设施用地	20.62	4.52
风景名胜及特殊用地	62.70	13.74
合计	456.21	100

数据来源：涠洲镇人民政府（2011）

ⅲ. 其他土地

涠洲镇其他土地面积为 131.84hm^2，其中水域面积为 1.12hm^2，占其他土地的 0.85%，全部为河流水面；自然保留地面积为 130.72hm^2，占其他土地的 99.15%，其中荒草地面积为 61.31hm^2，沙地面积为 7.02hm^2，裸地面积为 62.39hm^2。

Ⅱ. 土地资源价值评估

在评估涠洲岛土地资源价值的过程中，舍弃对采矿与独立用地、交通用地、水利设施用地、风景名胜及特殊用地和其他农用地的价值评估。原因有以下两点：其一，交通用地、特殊用地和其他农用地的数据可获性低；其二，若评估采矿与独立用地、水利设施用地及风景名胜的价值，在评估油气矿产资源、淡水资源和旅游资源的价值时，会出现重复性评估。考虑到数据的可获性和土地资源价值评估的合理性，主要评估了耕地、林地、园地、城镇建设用地、农村居民点用地的价值。此外，耕地、林地、园地、城镇建设用地、农村居民点用地的面积之和占广西土地面积的 89.42%，从面积占比上看，评估这 5 项土地资源的价值，也具有合理性。

ⅰ. 耕地价值

目前涠洲镇面临人增地减、人均耕地资源匮乏的形势，耕地价值突出。涠洲镇耕地面积为 545.48hm^2，占土地总面积的 20.28%，其中水田面积为 100.10hm^2，占耕地面积的 18.35%；水浇地面积为 2.37hm^2；旱地面积为 443.01hm^2，占耕地面积的 81.21%（涠洲镇人民政府，2011）。耕地分为水田、旱地和水浇地三种类型，各土地类型种植的作物不同会导致其价值上的差异，由于水浇地面积较小，同园地一样主要种植香蕉，本研究将其纳入园地价值核算部分，在此不再单独计算。因此通过收益还原法分别计算水田、旱地的价值，加总得到涠洲岛的耕地价值，计算公式如下：

$$V_i = \frac{a_i}{r} \times S_i \tag{5-26}$$

式中，i 取值为 1、2，分别表示水田、旱地；V_i 为涠洲岛水田、旱地的总价值，单位为万元；a_i 为每公顷水田、旱地年纯收益，单位为万元/(hm^2·a)；S_i 为涠洲岛水田、旱地面积，单位为 hm^2；r 为土地收益还原率。

A. 水田

根据《涠洲镇土地利用总体规划（2010—2020 年）》，涠洲岛水田共 100.10hm^2，主要种植水稻。因此，本研究对涠洲岛水田价值的评估是根据种植水稻的纯收益所得。

根据《全国农产品成本收益资料汇编 2014》，广西主要种植的水稻包括早籼稻和晚籼稻，2013 年广西早籼稻和晚籼稻的纯收益如表 5-107 所示。

表 5-107　2013 年广西水田纯收益

	主产品产量（kg/hm^2）	主产品产值（元/hm^2）	副产品产值（元/hm^2）	物质与服务费用（元/hm^2）	人工成本（元/hm^2）	纯收益（元/hm^2）
早籼稻	6 285.6	17 235	315.3	7 672.05	8 286.3	1 591.95
晚籼稻	5 849.7	17 558.4	331.2	7 662	8 054.4	2 173.2

数据来源：国家发展和改革委员会价格司（2014）

取 2013 年广西早籼稻和晚籼稻纯收益的平均值 1882.65 元/hm^2 作为水田纯收益。此外，由中国银行官网查得 2014 年 11 月 22 日之前 5 年以上贷款利率为 6.15%，以贷款利率作为还原率。由于各种农用土地最高承包年限不同[①]，为便于土地估算及衔接一致性，涠洲岛土地价格按无限期计算。根据公式（5-26）计算得，涠洲岛水田的总价值为 306.43 万元，水田的单位价值为 3.06 万元/hm^2。

B. 旱地

根据《涠洲镇土地利用总体规划（2010—2020 年）》，涠洲岛旱地共 443.01hm^2，主要种植甘蔗。由《全国农产品成本收益资料汇编 2014》可知 2013 年广西甘蔗纯收益情况，见表 5-108。

①《中华人民共和国物权法》第一百二十六条规定：耕地的承包期为三十年。草地的承包期为三十年至五十年。林地的承包期为三十年至七十年；特殊林木的林地承包期，经国务院林业行政主管部门批准可以延长。

表 5-108　2013 年广西旱地纯收益

	主产品产量（kg/hm²）	主产品产值（元/hm²）	副产品产值（元/hm²）	物质与服务费用（元/hm²）	人工成本（元/hm²）	纯收益（元/hm²）
甘蔗	78 532.05	34 715.7	444.45	13 261.8	17 236.65	4 661.7

数据来源：国家发展和改革委员会价格司（2014）

根据公式（5-26）计算得涠洲岛旱地的价值为 3358.02 万元，旱地的单位价值为 7.58 万元/hm^2。

综合以上结果，涠洲岛耕地的单位价值为 6.72 万元/hm^2。

ⅱ. 园地价值

根据《涠洲镇土地利用总体规划（2010—2020 年）》，涠洲岛园地和水浇地面积分别为 1146.99hm^2、2.37hm^2，主要种植香蕉。2010～2011年广西种植香蕉的纯收益情况如表 5-109 所示。

表 5-109　2010～2011 年广西水浇地和园地种植纯收益

	产量（kg/hm²）	价格（元/kg）	产值（元/hm²）	物质与服务费用（元/hm²）	人工成本（元/hm²）	纯收益（元/hm²）
香蕉	51 930	3.38	175 523.4	48 885	18 330	108 308.4

数据来源：何国玲等（2015）

根据公式：

$$V_i = \frac{a_i}{r} \times S_i \tag{5-27}$$

式中，i 取值范围为 3～4，分别表示水浇地、园地；V_i 为涠洲岛水浇地、园地的价值，单位为万元；a_i 为每公顷水浇地、园地纯收益，单位为万元/(hm^2·a)；S_i 为涠洲岛水浇地、园地面积，单位为 hm^2；r 为土地收益还原率。

根据公式（5-27）计算得涠洲岛水浇地的价值为 417.38 万元，水浇地的单位价值为 176.11 万元/hm^2；园地的总价值为 201 997.81 万元，园地的单位价值为 176.11 万元/hm^2。

ⅲ. 林地价值

根据《涠洲镇土地利用总体规划（2010—2020 年）》，涠洲岛林地共 368.96hm^2。陈贵梅（2014）的调查研究认为，广西桂南地区包括北海、钦州、防城港等市的商品林地中，能形成规模性流转的林地主要是用于种植桉树速生丰产林。因此，本研究在计算涠洲岛林地价格时将桉树作为其主要树种。

根据广西林业勘测设计院编制的 12 个《桉树速生丰产林基地建设可行性研究报告》中的林木木材产量调查数据和木材价格市场调查数据，2013 年广西桉树经济材平均产量为 98m^3/hm^2，薪材平均产量为 7.5t/hm^2；桉树经济材平均价格为 670 元/m^3，桉树薪材平均价格为 330 元/t。桉树林的营林投资由工程费用、工程建设其他费用和基本预备费用三部分构成，分别为 19 635 元/hm^2、1345 元/hm^2、1116 元/hm^2；桉树林的木材生产成本为 15 113 元/hm^2，两者合计为 37 209 元/hm^2。2013 年广西桉树种植纯收益情况如表 5-110 所示。

表 5-110　2013 年广西桉树种植纯收益表

	经济材产量（m³/hm²）	经济材价格（元/m³）	薪材产量（t/hm²）	薪材价格（元/t）	总成本（元/hm²）	纯收益（元/hm²）
桉树	98	670	7.5	330	37 209	30 926

数据来源：根据《桉树速生丰产林基地建设可行性研究报告》及市场调查数据资料整理所得

由表 5-110 可知，该经营周期广西桉树种植的纯收益为 30 926 元/hm^2，约 2061.73 元/亩。此外，陈贵梅（2014）的研究表明，广西桉树速生丰产林的经营周期一般为 5 年，因此，桉树种植的年纯收益为 6185.2 元/hm^2。利用收益还原法计算涠洲岛林地的价值，公式为

$$V_5 = \frac{a_5}{r} \times S_5 \tag{5-28}$$

式中，V_5 为涠洲岛林地的价值，单位为万元；a_5 为每公顷林地年纯收益，单位为万元/(hm^2·a)；S_5 为涠洲岛

林地面积，单位为 hm^2；r 为土地收益还原率。

计算得涠洲岛林地的价值为 3710.75 万元，林地的单位价值为 10.06 万元/hm^2。

ⅳ. 城镇建设用地价值

采用现金流折现法对涠洲岛城镇建设用地进行估价，该方法首先以一定的税前收益率对房屋建设完成后的价值进行折现作为城镇建设用地的收益，同时计算房屋销售税金及附加、土地开发费、房屋建安费、管理费和销售费、城镇建设购买土地应缴纳税费的现值，作为城镇建设用地的成本，将两者之差作为城镇建设用地的价值。

根据《涠洲镇土地利用总体规划（2010—2020 年）》，2009 年涠洲岛城镇建设用地为 107.34hm^2。由《北海市 2021 年第 14 期国有建设用地使用权挂牌出让公告》查得北海市用于城镇住宅建设的用地容积率不得超过 3.0，出让年限为 70 年。由当地房地产交易中心查得 2015 年 8 月北海市房价平均为 4464 元/m^2，土地开发费和房屋建安费为 1500 元/m^2。根据魏兵（2004）的研究，管理费和销售费分别为土地开发费和房屋建安费之和的 3% 和 6%，销售税金及附加为销售额的 5.5%，当地购买土地应缴纳税费，其为购买价格的 3%，正常开发期为 2 年，税前收益率按 15% 计算。

房屋建设完成后的净现值计算公式如下：

$$\mathrm{PV}=\frac{S\times \mathrm{vr}\times P}{(1+\mathrm{dr})^2} \tag{5-29}$$

式中，PV 为房屋建设完成后的净现值，单位为万元；S 为涠洲岛城镇建设用地面积，单位为 m^2；vr 为北海市规定的用地容积率；P 为北海市房价，单位为万元/m^2；dr 为房屋建设税前收益率。

则涠洲岛城镇建设用地开发完成后价值现值为 1 086 954 万元。

房屋销售税金及附加现值计算公式如下：

$$t_1=\mathrm{PV}\times 5.5\% \tag{5-30}$$

式中，t_1 为销售税金及附加现值，单位为万元；PV 为房屋建设完成后的净现值，单位为万元。

则涠洲岛城镇建设用地销售税金及附加现值为 59 782.47 万元。

土地开发费、房屋建安费、管理费和销售费现值计算公式如下：

$$f=\frac{S\times \mathrm{vr}\times f_1\times(1+3\%+6\%)}{(1+\mathrm{dr})^2} \tag{5-31}$$

式中，f 为土地开发费、房屋建安费、管理费和销售费现值，单位为万元；f_1 为单位面积土地开发费和房屋建安费，单位为万元/m^2；S、vr、dr 含义同上。

则涠洲岛城镇建设土地开发费、房屋建安费、管理费和销售费现值为 398 111.7 万元。

购买土地应缴纳税费的现值计算公式如下：

$$t_2=V_6\times 3\% \tag{5-32}$$

式中，t_2 为涠洲岛城镇建设购买土地应缴纳税费的现值，单位为万元；V_6 为现金流折现法所得涠洲岛城镇建设土地价值，单位为万元。

用现金流折现法计算涠洲岛城镇建设土地价值，计算公式如下：

$$V_6=\mathrm{PV}-t_1-f-t_2 \tag{5-33}$$

式中，V_6、PV、t_1、f、t_2 含义同上。

则涠洲岛城镇建设用地的价值为 610 737.7 万元，单位面积城镇建设用地价值为 5689.75 万元/hm^2。

ⅴ. 农村居民点用地价值

根据《涠洲镇土地利用总体规划（2010—2020 年）》，2009 年涠洲镇农村居民点用地 236.08hm^2，农村人口为 9652 人，人均农村居民点用地 244.59m^2/人。

宅基地是国家为保障农民基本居住权利而赋予的一项重要福利，所有权属于集体，流转受到限制。宅基地的这一特性决定不能采用一般估价方法来测算其价值。本研究从农村宅基地基本住房保障功能出发测算宅基地价值，此外，考虑到部分农村居民点用地被开垦种植经济作物，因此本研究对农村居民点用地价值的核算包括住房保障价值和经济作物价值。

A. 住房保障价值

宅基地住房保障价值参照廉租房租赁住房补贴进行测算。廉租房租金补贴标准包括两方面内容：一是廉租房保障面积标准，即补贴后达到的人均最低住房面积；二是以保障面积为准，每人每月每平方米补贴额度。则宅基地住房保障价值计算公式如下：

$$V_7 = \frac{12 \times S_1 \times c \times A \times 10^{-4}}{r} \tag{5-34}$$

式中，V_7 为宅基地住房保障功能的价值，单位为万元；S_1 为人均住房保障面积，单位为 m^2/人；c 为每月每平方米住房补贴，单位为元/(m^2·月)；A 为涠洲岛农村总人口，单位为人；r 同上。

《2008 年北海市实施城市最低生活保障家庭住房困难户租赁住房补贴和实物配租工作方案》规定廉租房保障面积标准是家庭成员人均住房使用面积为 $10m^2$，由政府按家庭成员每人每月每平方米住房使用面积发放租赁住房补贴 8 元。根据《涠洲镇土地利用总体规划（2010—2020 年）》，2009 年涠洲镇农村人口为 9652 人。则涠洲岛农村居民点用地住房保障价值为 15 066.54 万元，单位面积农村居民点用地住房保障价值为 63.82 万元/hm^2。

B. 经济作物价值

农村居民点用地种植经济作物的价值计算公式如下：

$$V_8 = \frac{V_u \times S_2}{r} \tag{5-35}$$

式中，V_u 为单位面积经济作物的价值，单位为万元/hm^2；S_2 为农村居民点种植经济作物的面积，单位为 hm^2。

本研究假设农村居民点用地除住宅外全部用于种植经济作物，单位面积经济作物的价值用单位面积耕地、园地、林地价值的平均值替代。单位面积经济作物价值计算公式如下：

$$V_u = \frac{\sum_{i=1}^{5} V_i}{\sum_{i=1}^{5} S_i} \tag{5-36}$$

式中，V_u 为单位面积经济作物的价值，单位为万元/hm^2；V_i 为第 i 种用地的总价值，单位为万元；S_i 为第 i 种用地的总面积，单位为 hm^2。

计算所得涠洲岛单位面积种植经济作物的价值为 101.77 万元/hm^2，即 V_u 为 101.77 万元/hm^2。

农村居民点种植经济作物面积是农村居民点用地总面积减住房保障总面积，计算公式如下：

$$S_2 = S - S_1 \times A \times 10^{-4} \tag{5-37}$$

式中，S_2 为农村居民点种植经济作物的面积，单位为 hm^2；S 为农村居民点用地总面积，单位为 hm^2；S_1 为人均住房保障面积，单位为 m^2/人；A 为涠洲镇农村总人口，单位为人。

计算得涠洲岛农村居民点种植经济作物的面积约为 $226.43hm^2$，即 S_2 约为 $226.43hm^2$。

根据公式（5-35），得到涠洲岛农村居民点用地种植经济作物的价值为 374 695.6 万元，单位面积农村居民点用地种植经济作物的价值为 1654.8 万元/hm^2。

综上，涠洲岛农村居民点用地总价值为 389 762.14 万元，单位价值为 1650.98 万元/hm^2。

Ⅲ. 土地资源价值核算

根据以上评估结果，涠洲岛耕地价值为 6.72 万元/hm^2，园地价值为 176.11 万元/hm^2，林地价值为 10.06 万元/hm^2，城镇建设用地价值为 5689.75 万元/hm^2，农村居民点用地价值为 1650.98 万元/hm^2，合计广西土地资源价值为 7537.54 万元/hm^2。土地资源价值核算见表 5-111。

表 5-111　涠洲岛土地资源价值核算表

土地类型	价值（万元/hm^2）
耕地	6.72
园地	176.11
林地	10.06
城镇建设用地	5689.75
农村居民点用地	1650.98

2）油气资源价值评估

北部湾盆地是我国六大油气盆地之一，油气总资源量为石油 15.07 亿 t、天然气 0.72 万亿 m^3。其中，涠洲岛西南海区蕴藏着丰富的油气资源，含油气面积约 380 万 hm^2，预测油气资源量 22.59 亿 t。其中，涠西南油气田面积为 376 000hm^2，已探明石油地质储量 7965 万 t，涠 10-3 油田占一半，另一半在涠 11-4 油田。油气资源具有直接的市场价格，因此通过直接市场法估算该项资源的价值，具体计算公式为

$$V_9=Q\times P_9\times 10^{-4} \tag{5-38}$$

式中，V_9 为石油资源的价值，单位为亿元；Q 为石油资源量，单位为万 t；P_9 为世界原油价格，单位为元/t。

根据原油石油价格网，原油价格为 2243.60 元/t，结合涠西南油气田已探明石油地质储量 7965 万 t，根据直接市场法计算得涠洲岛石油资源的价值为 1787 亿元。

3）生物资源价值评估

涠洲岛生物资源主要有渔业资源、鸟类资源和珊瑚礁资源。其中，渔业资源主要有鱼类、贝类、蟹类、虾类等。考虑到价值评估过程中的可操作性和数据可获性，涠洲岛生物资源的价值评估主要评估的是渔业资源的经济价值。

Ⅰ. 海洋捕捞

涠洲岛、斜阳岛常见的捕获对象为鱼类、贝类、蟹类、虾类等，其中，鱼类主要有金线鱼、短尾大眼鲷、蓝圆鲹、印度鰤、鹦嘴鱼（青衣）、细纹鲾、黄斑鲾、截尾白姑鱼、触角尖尾鱼、马鲛鱼、石斑鱼、鹤海鳗等；贝类主要有文蛤、泥蚶、鲍鱼、珍珠贝、栉孔扇贝等；蟹类主要有锯缘青蟹、梭子蟹等；虾类主要有长毛对虾、斑节对虾、日本对虾、短沟对虾、新对虾、须赤虾、长足鹰爪虾等，涠洲西南虾场主捕须赤虾、斑节对虾、长足鹰爪虾。

表 5-112 为涠洲岛（镇）管理委员会 2006～2008 年海洋捕捞产量及产值统计。2008 年海洋捕捞产量为 11 005t，产值为 10 536 万元。利用价格指数对 2008 年的产值进行调整，推算出 2013 年海洋捕捞的产值为 11 866 万元。

表 5-112　涠洲岛（镇）管理委员会 2006～2008 年海洋捕捞产量及产值统计

年份	产量（t）	产值（万元）
2006	10 220	6 689
2007	10 797	10 000
2008	11 005	10 536

数据来源：范航清等（2015）

注：产值以当年价格计

Ⅱ. 海水养殖

海水养殖的主要品种为鱼类和贝类，其中，鱼类主要有鲈鱼、二长棘鲷、石斑鱼等，贝类主要有墨西哥扇贝、栉孔扇贝、鲍鱼、巴非蛤等。表 5-113 为涠洲岛（镇）管理委员会 2006～2008 年海水养殖产量及产值统计。2008 年海水养殖产量为 1745t，产值为 954 万元。利用价格指数对 2008 年的产值进行调整，推算出 2013 年海水养殖的产值为 1074 万元。

表 5-113 涠洲岛（镇）管理委员会 2006～2008 年海水养殖产量及产值统计

年份	产量（t）	产值（万元）
2006	1227	665
2007	1461	783
2008	1745	954

数据来源：范航清等（2015）
注：产值以当年价格计

综合海水养殖和海洋捕捞的经济价值，2013 年涠洲岛渔业资源价值为 12 940 万元，具体见表 5-114。

表 5-114 2009～2013 年年末海洋捕捞产值推算结果

年份	CPI	海洋捕捞产值（万元）	海水养殖产值（万元）
2009	97.9	10 315	934
2010	103	10 624	962
2011	105.9	11 251	1 019
2012	103.2	11 611	1 051
2013	102.2	11 866	1 074

资料来源：范航清等（2015）；广西壮族自治区统计局（2014）

4）淡水资源价值评估

淡水是海岛一切生命的命脉，是海岛其他资源开发、利用的基本保障。涠洲岛上降水量偏少，年降水量为 1365mm，比北海市少 400mm 左右，约为北海陆地的 75%，由于受地形限制，东、南、西三面临海地势较低，降水迅速汇入大海，实际利用率低。全年降水分布不均，5～9 月降水量占全年的 80%，冬春季降水少，是主要干旱季节（莫义斌，2005）。

Ⅰ. 涠洲岛淡水资源基本情况

ⅰ. 淡水资源分布情况

涠洲岛远离大陆，四面环海，是一个独立的水文地质单元。岛上无长年性河流，只有一些季节性水沟，淡水资源缺乏。涠洲岛淡水资源类型主要包括地表水和地下水，降水是涠洲岛地表水和地下水补给的主要来源。

A. 涠洲岛地表水

岛上多年（1957～2011 年）平均降水量为 1372.1mm，地表径流量为 1493.7 万 m^3，扣除入海排泄量后，地表水资源总量为 1343.6 万 m^3。

涠洲岛上水利基础设施薄弱，仅有一座小（Ⅰ）型水库涠洲水库，水库集水面积为 5.5km^2，无基流，水库来水主要靠自然降水，水库总库容为 241 万 m^3，有效库容为 187 万 m^3；另外有山塘 52 处，总容量为 16.5 万 m^3；有 58 个地头水柜，每个容积约为 60m^3，总容量为 3480m^3（王浩，2013）。

B. 涠洲岛地下水

涠洲岛由于其独特的地质构造特性，地下含水量低，主要由上部火山裂隙—孔隙水与下部湛江组、雷琼组孔隙承压水构成，是孤立于大海之中的一个完整的水文地质体系，地下淡水为蛋形体，浮于大海之中，最大厚度为 170m 左右，地下水埋藏较深。涠洲岛上层土壤为亚黏土，有微膨胀性，下层为凝灰质砂岩和玄武岩，有较好的防渗性和隔水性，地下水补给困难，部分沿海浅井已受海水倒灌，无法使用。

涠洲岛地下水资源量等于潜水层、第Ⅰ承压含水层受到地表降水入渗的补给量扣除地下水排泄入海量。2000 年广西地质环境监测总站在编制《北海市涠洲岛地下水资源详查及开发利用规划报告》中，评价涠洲岛地下水年补给量为 733.8 万 m^3（2.01 万 m^3/d），可开采量取地下水补给量的 50% 计，大约为 1.0 万 m^3/d。

ⅱ. 淡水资源利用现状

A. 2010 年供水情况

涠洲岛有小（Ⅰ）型水库 1 座，年供水量 26.3 万 m^3（含向涠洲水库水厂的供水量）；小山塘、地头水柜及提水工程（机井）年供水量 87.9 万 m^3。另有自来水厂 2 座，包括 1989 年建设的平顶山水厂，水源是地下水，取自海岛中央的平顶山一带，挖有深井 3 眼，设计供水能力 2000m^3/d，该厂一直是岛上城镇生活、生产的主要供水厂，目前供水量约 1300m^3/d，年实际供水量 47.5 万 m^3；2008 年建设的涠洲水库水厂，水源是地表水，设计供水能力 1800m^3/d，由于管网配套不完善，该水厂自建成以来，一直不能正常供水，目前供水量只有 500m^3/d，年实际供水量 18.3 万 m^3。此外，南油终端处理厂、驻岛部队和部分村庄、驻岛单位等有自用地下深水井 10 处，日开采地下水量约 2000m^3，年供水量 73 万 m^3。全岛各类供水工程年总供水量为 253 万 m^3，具体情况见表 5-115。

表 5-115　2010 年涠洲岛各类供水工程年供水情况

供水工程	水源	日供水量（m^3）	年供水量（$\times10^4m^3$）
小（Ⅰ）型水库	地表水	—	26.3
小山塘、地头水柜及提水工程（机井）	地表水	—	87.9
平顶山水厂	地下水	1300	47.5
涠洲水库水厂	地表水	500	18.3
南油终端处理厂、驻岛部队和部分村庄、驻岛单位等自用地下深水井	地下水	2000	73
合计			253

数据来源：杨珊（2012）

B. 2010 年用水情况

涠洲岛总用水量 235 万 m^3，按水源分，地表水 115 万 m^3，地下水 120 万 m^3；按用途分，工业用水量为 37 万 m^3，生活用水量为 96 万 m^3，农业用水量为 102 万 m^3，具体情况见表 5-116。

表 5-116　2010 年涠洲岛用水情况　（单位：$\times10^4m^3$）

用途	农业用水	生活用水	工业用水
用水量	102	96	37

数据来源：杨珊（2012）

a. 农业用水现状

涠洲岛农作物种植以水稻和香蕉种植为主，同时种植有甘蔗、菠萝、花生等，其中水稻主要分布在东角山、公山、牛角坑等低洼地带，主要引用涠洲水库及山塘水灌溉，香蕉和花生等农作物主要靠自然降水和少量地下水灌溉，先期建成的地头水柜和原有的山塘也发挥一定的作用，因灌溉程度差，产量受影响较大。

b. 城乡生活用水及工业用水现状

涠洲岛平顶山水厂主要供应南湾街及竹蔗寮村、石螺村、滴水村、盛塘村等的生活用水，靠抽取地下水作为供水水源，南湾街一带无地下水，居民的生产生活用水均使用自来水。岛上的几个用水大户涠洲中学、中国海洋石油南海西部有限公司和驻岛部队都有自己独立的供水系统。

目前，岛上工业用水只有中国海洋石油南海西部有限公司一家，该公司打有 6 口井，现由其中 4 口井供水，每天抽取的地下水约为 1200m^3，抽取的地下水主要用于该公司的生产和生活。

涠洲中学和驻岛部队也打有机井，用水尚能满足，但有超采现象，岛上其他村庄的生活用水也主要是地下水，岛上 52 个自然村中，几乎家家户户有浅井或手摇井，全岛共有浅井、手摇井 2685 个，地下水开采量为 3620m^3/d，其中机井开采量为 2820m^3/d，浅井开采量 800m^3/d。

Ⅱ. 涠洲岛淡水资源价值评估

涠洲岛远离大陆，淡水资源稀缺。目前，岛上的工业、旅游业和居民生活用水主要依靠地下水资源。随着近年旅游业的发展，涠洲岛用水需求增幅较大，在旅游旺季，岛上供水出现严重短缺现象，缺水问题已严重制约了涠洲岛的发展。因此，对涠洲岛淡水资源的价值评估有利于涠洲岛水资源的管理和合理配置，促进涠洲岛的发展。由于资源的价值只有在使用的过程中才能体现出来，因此本研究所评估的涠洲岛水资源的价值仅为涠洲岛每年使用的水资源的价值，与涠洲岛水资源存量仍有一定的差距，水资源只要存在就具有价值，涠洲岛水资源存在却未使用的水资源价值将根据水资源具体的应用方向而决定。

根据 2010 年的数据，涠洲岛年用水量中，28% 的供水量来源于自来水厂，31.06% 的供水量来源于南油终端处理厂、驻岛部队和部分村庄、驻岛单位等自用的地下深水井，14.55% 的供水量来源于水库、小山塘、地头水柜等。涠洲岛的水资源作为一种稀缺资源具有重要的价值，在使用过程中却没有体现出资源应有的价格。

按照社会主义市场经济规律，公平市场价格应该反映其价值，因此，水资源资产价格的确定，应该在成本加合理利润的基础上考虑供需市场经济规律和水质，它既反映供水部门的成本收益，又反映用水部门的成本，从投入、产出相平衡的角度考虑，用水部门的水资源资产所产生的收益不应低于购置这些资产所花费的成本。由于我国目前水价制定政策、体制、收费制度不尽完善，水价不能真正反映水资源资产成本，也不能真实反映其价值（邱德华和沈菊琴，2011）。但在海岛水资源价值评估的过程中，由于涠洲岛大部分用水量缺乏直接的市场价格，处于一种无市场规范的状态，因此采用目前北海市自来水价格对涠洲岛水资源进行价值评估仍有一定的参考价值，通过直接市场法评估涠洲岛水资源价值的具体计算公式为

$$V_{\mathrm{w}} = \sum_{i}^{n} P_i Q_i \times 10^{-4} \tag{5-39}$$

式中，V_{w} 为涠洲岛水资源的价值，单位为万元/a；Q_i 为第 i 种用水类型的用水量，单位为 m^3/a；P_i 为第 i 种用水类型的用水价格，和 Q_i 相对应，单位为元/m^3；n 为用水类型的种类数。

根据表 5-117 可知，居民生活用水一阶梯价格为 2.62 元/m^3，非居民用水（包括行政事业用水、工业用水、建筑用水、经营用水、船只用水）价格为 2.94 元/m^3，由于涠洲岛农业主要靠自然降水和少量地下水灌溉，地头水柜和原有的山塘也发挥一定的作用，因此不计算其市场价格，根据表 5-116 中 2010 年涠洲岛用水情况，计算得涠洲岛淡水资源的价值为 360.3 万元/a。

表 5-117　北海市自来水公司供水价格及代收费价目表　　（单位：元/m^3）

用水分类			水价（1）	污水处理费（2）	水资源费（3）	价格调节基金（4）	合计价（1）+(2)+(3)+（4）
居民生活用水	一户一表	一阶梯	1.53	0.97	0.09	0.03	2.62
		二阶梯	2.30	0.97	0.09	0.03	3.39
		三阶梯	3.06	0.97	0.09	0.03	4.15
	趸售水价		1.43	0.97	0.09	0.03	2.52
非居民用水			1.85	0.97	0.09	0.03	2.94
特种用水			3.30	0.97	0.09	0.03	4.39

数据来源：北海市供水有限责任公司

5.4.4　港址资源价值评估

港址资源是港口建设、开发的物质基础。港址资源的价值评价是海洋资源开发及区域经济发展的前提。港址资源一经规划建成不同功能的港口，通过港口发挥其辐射和聚集作用，促进海洋经济和陆地经济的共同协调发展，形成的港口经济便会支持沿海地区多项产业的发展，从而带来巨大的经济效益和社会效益，因此对于港址资源的价值评估主要为港口资源的经济价值评估，这里采用经济价值链估算的方法对港口资源的经济价值进行评估。

港址资源的价值评估分为两个层面：港口资源价值评估和港址岸线资源价值评估。港口资源的价值就是港口作为水陆运输的枢纽、货物的集散地及船舶与其他运输工具的衔接点，对带动港口相关产业及周边产业的发展，同时辐射港口所在城市及面向的广大腹地的经济发展所创造的经济价值。港址岸线资源的价值由两部分组成：一部分是岸线的物质价值，岸线的物质价值来源于岸线潜在的功能性、稀缺性和有限性，

港址岸线资源是建设港口、发展水陆运输必要的物质条件，同时，港址岸线的形成依赖于苛刻的水域条件和后方陆域条件，港址岸线资源的存量又是有限的，因此，使用价值和其稀缺性决定了港址岸线资源的物质价值；另一部分是岸线资本价值，它是人类对岸线资源的劳动投入，包括物化劳动和活劳动投入，作为岸线的固定资本而形成的价值。上述两种价值量，前者是租金量，后者是资本回收量。

港址资源是一种实体存在的海洋资源，是陆域和水域的综合，具有陆域和水域一体性的特征。与此同时，港址资源是一种重要的、有价值的、稀缺的资源。

港址资源可以规划用于港口码头及有关水域工程设施建设，而且港址资源的合理利用和保护在很大程度上决定港口的运作效率和发展规模，而港口是城市的交通枢纽，是城市经济的命脉，因此应在市场经济环境下评价港址资源的价值，以便充分、合理地利用岸线资源。

5.4.4.1　港口资源价值评估

1）港口资源现状

广西港址资源较为丰富，从数量上来看，广西的北海港域、钦州港域、防城港域共有港址 19 处，已建港口 22 个。北海港域的 4 处港址资源中已经被开发利用建成的港口有 9 个，其中，综合性港口 1 个，为北海港；渔、商港 6 个，分别是沙田港、公馆港、石头埠港、营盘港、英罗港、铁山港；渔、军港 1 个，为涠洲南湾港；渔港 1 个，为白龙港。钦州港域 4 处港址资源中已经被开发利用建成的港口有 6 个，其中，综合性港口 1 个，为龙门港；渔、商港 2 个，分别为茅岭港、大风江港；商港 1 个，为钦州港；渔港 2 个，分别为大香坡港、犀牛脚港。防城港域 11 处港址资源中已经被开发利用建成的港口有 7 个，其中，渔、商港 4 个，分别为京岛港、江平港、东兴港、企沙港；渔、军港 1 个，为珍珠港；商港 1 个，为防城港；渔港 1 个，为红湾港。这些港址资源的开发建设对于促进广西海洋经济的发展起着举足轻重的作用，具体情况见表 5-118。

表 5-118　广西港口资源

	港口数目	港口功能	港口名称
北海港域	9	综合性港口	北海港
		渔、商港	沙田港、公馆港、石头埠港、营盘港、英罗港、铁山港
		渔、军港	涠洲南湾港
		渔港	白龙港
钦州港域	6	综合性港口	龙门港
		渔、商港	茅岭港、大风江港
		商港	钦州港
		渔港	大香坡港、犀牛脚港
防城港域	7	渔、商港	京岛港、江平港、东兴港、企沙港
		渔、军港	珍珠港
		商港	防城港
		渔港	红湾港

资料来源：广西壮族自治区交通规划勘察设计研究院（2009）；国家海洋局第三海洋研究所（2010）

2）港口资源价值评估方法与指标

价值量核算的方法有很多种，主要有替代市场法、收益还原法（收益倍数法）、替代市场法、成果参照法、或然价值法等。针对港址资源经济价值评估，由于港址资源包括已经开发利用的港址资源和未被开发利用的港址资源，而且港址资源经开发建设后成为港口，港口便具有了经济价值，因此在这里采用收益还原法评估已被开发建设成为港口的港址资源的价值。

在这里假设港口运营收入扣除运营总成本（投资成本、生产成本、税费、劳动者报酬等）后的年纯收益和还原利率不变，港址资源价值评估的计算公式如下：

$$P = \frac{A}{i} = \frac{R - C}{i} \tag{5-40}$$

式中，P 为港址资源价值；A 为港口运营的年纯收益；R 为港口运营的年总收入；C 为港口运营的年总成本；i 为还原利率。

3）港口资源价值评估结果

由于广西北部湾国际港务集团有限公司于 2009 年 10 月通过北海市政府无偿划转持有公司的控股股权，实现北部湾三港整合。因此本研究先通过广西北部湾国际港务集团有限公司年度报告公布的数据整体计算广西北部湾港的港口资源价值，然后再对各港进行单独计算，计算年份从 2010 年公司重组开始。

2013 年，广西北部湾港共完成货物吞吐量 18 674 万 t，同比增长 7.09%，其中，外贸货物 11 548 万 t，比上年增长 9.81%；出港货物 5274 万 t，同比增长 121.42%；集装箱吞吐量 100 万 TEU，同比增长 21.71%。2014 年，广西北部湾国际港务集团有限公司年度报告显示，公司实现营业收入 42.38 亿元，同比增长 13.87%；净利润 7.08 亿元，同比增长 2.78%。参照《建设项目经济评价方法与参数》（第三版），港址资源开发类建设项目的还原率为 8%。将数据代入公式（5-40），可得 2014 年广西北部湾港港口资源经济价值为 88.50 亿元。

以同样的计算方法，查得 2010～2014 年广西北部湾国际港务集团有限公司营业收入及净利润，还原率取 8%，可以估算出 2010～2014 年广西北部湾港港口资源经济价值，如表 5-119 所示。

表 5-119　2010～2014 年广西北部湾港港口资源经济价值　（单位：亿元）

年份	营业收入	净利润	港口资源经济价值
2010	4.05	0.40	5.00
2011	10.19	0.39	4.88
2012	42.08	5.50	68.75
2013	37.22	5.80	72.50
2014	42.38	7.08	88.50

数据来源：广西北部湾国际港务集团有限公司（2014）

由表 5-119 可以看出，广西北部湾港的港口资源经济价值呈上升的趋势，且发展态势良好。下面计算各港的港口资源经济价值。由于公司年度报告中没有各港的净利润数据，因此对已有的北部湾港的数据进行处理。我们认为港口货物吞吐量的多少可以在较大程度上反映港口的营业收入，而港口的营运成本则主要受泊位数、泊位长度、库场面积、装卸设备数量等因素的影响，所以将北部湾港的营业收入按照各港货物吞吐量的占比情况进行拆分。而营运成本则按照泊位数、泊位长度、库场面积和装卸设备数量这 4 个影响因素的占比平均值进行拆分。具体拆分结果见表 5-120。

表 5-120　2010～2013 年广西港口资源经济价值　（单位：亿元）

年份	北海港域	钦州港域	防城港域
2010	1.30	0.90	2.80
2011	1.27	0.87	2.73
2012	17.88	12.38	38.50
2013	18.85	13.05	40.60
2014	23.01	15.93	49.56

由表 5-120 可以看出，三大港域港口的经济价值呈上升的趋势，且增长速度比较快。从 2014 年经济价值来看，防城港域的港口资源经济价值最高，其次是北海港域，钦州港域价值最低。

5.4.4.2　港址岸线资源价值评估

港址岸线是指一些可以用于各种港口码头建设的岸线，可以包括供船舶停靠的深水区域，也可以包括可供货物装卸、堆场等相关业务的陆地区域。它是具有自然和人工双重属性的不可再生资源，对促进区域对外贸易和保障经济发展具有重要的战略意义。优良的岸线资源是港口建设的必要支撑。为保证港址岸线资源的有效利用，提高港址岸线的利用效率，首先必须做好港址岸线资源价值评估的控制管理工作。

港址岸线资源价值化使岸线资源具有自然属性，同时具有资产属性、商品属性和法律属性。港址岸线资源不仅可以在流通过程中体现其价值，还可以在被利用和占有中获得增值和效益，在经济上得以体现。可以说，港址岸线资源的价值体现在对港址岸线资源的利用从静态到动态、从资源到资产和从无偿到有偿的过程，是将岸线资源客观存在的价值得以实现、量化和计量的过程。

1）港址岸线资源现状

广西沿岸天然港湾有 53 个，近海有铁山港湾、廉州湾、大风江口、钦州湾、防城港湾、珍珠港湾和北仑河口 7 处重要海湾（河口）。优良的港湾内有丰富的港址资源，各港址资源沿广西海岸线分布，而港湾内的港址资源可被划分为多处岸段。

铁山港湾和廉州湾大陆海岸线总长 497km，规划港口岸线 79.6km，港口岸线规划主要包括铁山港岸线、石步岭岸线、榄根岸线、涠洲岛岸线；钦州湾大陆海岸线总长 518km，规划港口岸线 126.5km，港口岸线规划主要包括东港区岸线、中港区岸线、西港区岸线、企沙半岛东岸线；珍珠港湾和防城港湾大陆海岸线总长 580km，规划港口岸线 52.3km，港口规划岸线主要包括老港区岸线、渔沥半岛东岸线、企沙半岛西岸线、赤沙岸线、蝴蝶岭岸线。

2）港址岸线资源价值评估方法与指标

从评估操作角度出发，还原收益法适合于评估港址岸线资源的价值。还原收益法适用于生产型、物流型和娱乐设施型三种使用方式的岸线资源价值评估，基本思路是：通过企业调查，获得占用岸线的企业年创造的价值总量，其主要由生产经营利润、土地收益、建筑物收益和岸线收益四部分构成，从企业所创造价值总量中剥离出生产经营利润、土地收益、建筑物收益，就能得到岸线资源创造的收益，从而进一步求取岸线价格，计算公式如下：

$$P_{岸线}=\frac{\pi-R_{营业}-R_{地}-R_{建}}{L\times r_{岸线}}=\frac{\pi-s_{营业}r_{营业}-s_{地}p_{地}r_{地}-s_{建}p_{建}r_{成}r_{建}}{L\times r_{岸线}} \tag{5-41}$$

式中，$P_{岸线}$表示岸线价格；π 表示企业年利润总额；$R_{营业}$表示营业收益；$R_{地}$表示土地收益；$R_{建}$表示建筑物收益；$s_{营业}$表示企业年主营业务收入；$r_{营业}$表示未占用岸线的同类型、同规模企业年平均营业利润；$s_{地}$表示企业占用的土地面积；$p_{地}$表示企业占用的土地的单位地价，这里取基准地价；$r_{地}$表示土地收益还原率；$s_{建}$表示企业使用的建筑物面积；$p_{建}$表示建筑物重置价；$r_{成}$表示建筑物平均成新率；$r_{建}$表示房屋还原利率；L 表示企业占用岸线长度；$r_{岸线}$表示岸线还原利率。

3）港址岸线资源价值评价结果

一般情况下，港口物流公司及港口油轮码头公司年主营业务收入大约为 2.95 亿元，利润大约为 0.54 亿元，未占用岸线的同类型、同规模企业年平均营业利润取 15%。土地面积大约为 66 500m^2，土地收益还原率取 8%，企业使用的建筑物面积为 1300m^2，房屋还原利率取 8%，根据土地、建筑物评估，土地单价评估值为 391.46 元/m^2，建筑物重置价为 2783 元/m^2，建筑物平均成新率为 90%，利用岸线长度大约为 140m，岸线还原利率取 8%。则港址岸线资源价值如下：

$$P_{岸线}=\frac{\pi-R_{营业}-R_{地}-R_{建}}{L\times r_{岸线}}=\frac{\pi-s_{营业}r_{营业}-s_{地}p_{地}r_{地}-s_{建}p_{建}r_{成}r_{建}}{L\times r_{岸线}}=637\,430.71\ 元/m$$

港址岸线资源实际价值除了受营业收入、岸线长度影响，还受到岸线水域深度、陆域地质基础条件（自然条件指标）、距离高等级公路入口处里程、距离主要市级工业区里程、码头陆域纵深、码头运输货物构成

（码头公司经营效益潜力空间的综合指标）、邻近地区级差地租等级（主要反映码头所处地区的通信、金融保险、生态环境保护等综合市政设施水平及繁华程度）等多种要素的综合影响。这就是说，港址岸线资源实际价值的确定应建立在对港址岸线资源价值理论值进行调整的基础上。具体计算公式为

$$E_u = \sum V_G \left(A_T \cdot T + A_G \cdot G + A_S \cdot S + A_D \cdot D + A_V \cdot V + A_B \cdot B + A_W \cdot W + A_I \cdot I \right) \tag{5-42}$$

式中，E_u 表示港址岸线资源实际价值；T 表示水域深度标准值；G 表示码头地质基础条件标准值；S 表示距离高等公路入口处里程标准值；D 表示距离主要市级工业区里程标准值；V 表示邻近地区道路交通便捷程度标准值；B 表示码头陆域纵深标准值；W 表示码头运输货物构成标准值；I 表示邻近地区级差地租等级标准值；V_G 表示港址岸线资源基准值；A_T、A_G、A_S、A_D、A_V、A_B、A_W、A_I 分别表示水深、地质条件、公路、运距、通过性、陆域纵深、货物构成、地租等指标对岸线价值的影响度大小（权重）。每个指标数都小于 1，同时 A_T+A_G+A_S+A_D+A_V+A_B+A_W+A_I=1。

各指标权重值、实际数值与标准值分别见表 5-121、表 5-122。

表 5-121　广西港口航运区岸线资源价值构成中各项指标权重值　（单位：%）

指标	A_T	A_G	A_S	A_D	A_V	A_B	A_W	A_I
权重	30	5	15	5	5	15	10	15

表 5-122　港口航运区岸线资源实际数值与标准值

自然条件	水深 T	≤ 5m	0.5	码头盈利空间	陆域纵深 B	≥ 500m	1.2
		5～10m	1			300～500m	1
		10～13m	1.2			100～300m	0.8
		≥ 13m	1.5			≤ 100m	0.4
	地质条件 G	侵蚀岸线	0.8		货物构成 W	农产品	1
		淤积岸线	0.5			工业制成品	1.2
		平衡岸线	1.2			矿物	0.5
						石油及其制品	0.8
集疏运条件	公路 S	≤ 5km	1.2	配套设施水平	地租等级 I	一级地段	1.5
		5～10km	1			二级地段	1
		＞ 10km	0.8			三级地段	0.8
	运距 D	≤ 10km	1.2			四级地段	0.5
		10～20km	1				
		＞ 20km	0.8				
	通过性 V	无明显塞车现象	1.2				
		塞车时间每天累积小于 0.5h	1				
		塞车时间每天累积大于 0.5h	0.8				

根据廉州湾、铁山湾、钦州湾、珍珠港湾和防城港湾内港址岸线资源的实际状况，对其赋予相应的标准值，然后将每一项指标的标准值再分别乘上其权重值，结果如表 5-123 所示。

表 5-123　港址岸线资源价值调整系数

港址岸线资源			水深	地质条件	公路	运距	通过性	陆域纵深	货物构成	地租等级	调整系数
北海市	铁山湾 廉州湾	石步岭岸线	0.3	0.025	0.15	0.05	0.05	0.15	0.08	0.12	0.925
		涠洲岛岸线	0.45	0.025	0.12	0.04	0.06	0.06	0.08	0.075	0.91
		铁山港岸线	0.36	0.06	0.15	0.05	0.05	0.15	0.12	0.15	1.09

续表

港址岸线资源			水深	地质条件	公路	运距	通过性	陆域纵深	货物构成	地租等级	调整系数
钦州市	钦州湾	企沙半岛东岸线	0.15	0.04	0.12	0.04	0.05	0.12	0.08	0.12	0.72
		钦州湾西北岸线	0.3	0.025	0.15	0.05	0.04	0.12	0.12	0.12	0.925
		钦州湾北岸线	0.45	0.06	0.15	0.06	0.04	0.18	0.1	0.225	1.265
		钦州湾东岸线	0.45	0.04	0.18	0.06	0.04	0.18	0.08	0.225	1.255
		大风江岸线	0.3	0.04	0.15	0.04	0.05	0.12	0.08	0.15	0.93
防城港市	珍珠港湾 防城港湾	老港区岸线	0.3	0.04	0.15	0.06	0.04	0.15	0.08	0.15	0.97
		渔沥半岛东岸线	0.36	0.06	0.12	0.06	0.04	0.15	0.08	0.225	1.095
		企沙半岛西岸线	0.15	0.06	0.12	0.05	0.06	0.12	0.1	0.12	0.78
		赤沙岸线	0.3	0.04	0.15	0.04	0.05	0.06	0.12	0.12	0.88
		蝴蝶岭岸线	0.36	0.04	0.15	0.04	0.05	0.06	0.1	0.075	0.875

通过还原收益法得到港址岸线资源的名义价值，然后通过系数修正得到港址岸线资源的实际价值。从表 5-124 可以看出，铁山湾、廉州湾内铁山港岸线资源价值最高，其次是石步岭岸线，涠洲岛岸线资源价值最低；钦州湾内港址岸线资源价值由高到低依次为钦州湾北岸线、钦州湾东岸线、大风江岸线、钦州湾西北岸线、企沙半岛东岸线；珍珠港湾、防城港湾内港址岸线资源价值由高到低依次为渔沥半岛东岸线、老港区岸线、赤沙岸线、蝴蝶岭岸线、企沙半岛西岸线。

表 5-124　港址岸线资源实际价值　　（单位：元/m）

港址岸线资源			岸线资源价值
北海市	铁山湾、廉州湾	石步岭岸线	589 623.4
		涠洲岛岸线	580 061.9
		铁山港岸线	694 799.5
钦州市	钦州湾	企沙半岛东岸线	458 950.1
		钦州湾西北岸线	589 623.4
		钦州湾北岸线	806 349.8
		钦州湾东岸线	799 975.5
		大风江岸线	592 810.6
防城港市	珍珠港湾、防城港湾	老港区岸线	618 307.8
		渔沥半岛东岸线	697 986.6
		企沙半岛西岸线	497 196.0
		赤沙岸线	560 939.0
		蝴蝶岭岸线	557 751.9

5.5　广西海洋空间资源开发利用度评价

5.5.1　海域资源集约利用评价

广西海域资源丰富，近几年海洋经济不断发展，沿海地区工业化进程加快，城市人口也进一步向沿海地区聚集，海域资源需求不断加大，围填海规模扩大，海岸线人工化趋势明显。然而沿海地区对海域和海岸线资源的开发利用却存在着不同程度的效率低下、闲置浪费等诸多问题。同时，粗放的海洋经济发展方式也给海洋生态环境造成压力，这都阻碍了海域资源的可持续利用。在集约、高效、科学用海已引起各地政府及相关部门高度关注的今天，转变海域利用方式、坚持集约用海、以长远的目光科学合理配置海域资源对于解决以上问题具有重要意义。这就要求对广西海域目前的集约利用水平进行评价，发现海域利用中的问题，进而制定、实施科学合理的海域资源开发和管理对策，实现海域资源可持续利用。

5.5.1.1 海域资源集约利用内涵的界定

目前空间集约利用的研究主要集中在土地集约利用方面，与土地相比，海域利用具有其独特性。海域资源集约利用的内涵可以界定为，在一定的自然、经济、技术和社会条件下，根据沿海地区海域功能规划及发展目标，以海域利用合理布局、优化海域利用方式、资源环境消耗最小化和可持续发展为前提，通过适当增加资金投入、改进技术、提高管理水平等途径，不断提高海域资源利用效率，以期取得良好的经济、社会、生态环境综合效益（王晗和徐伟，2015）。

具体来说，海域资源集约利用的内涵包括以下几个方面。

（1）海域资源集约利用是以节约利用海域面积和海岸线长度为目的，以海洋功能区划和资源环境承载力为基础，着眼于以人为本和全面协调可持续发展。

（2）海域资源集约利用的目标应该是追求综合效益的最大化，涵盖资源效益、经济效益、社会效益和生态效益等方面。这就要求人类做到物尽其用、用尽其利、实现资源最大价值，海域利用投入产出经济效率高，顾及当代人及后代人海洋资源利用的公平公正，同时尽量减小对海洋生态环境的破坏，实现海洋资源开发利用过程中经济、社会、生态效益的协调。

（3）海域利用的独特性是只有内边界（海岸线），没有外边界。通过优化海域利用方式和布局，适当加大离岸开发、外海发展，减小对近海及自然岸线等有限海域资源过度开发的压力，同时通过技术进步等提高海域资源使用效率，以实现海域资源集约利用。

（4）海域资源集约利用程度的评价具有动态性。不同历史时期海域利用方式、结构和空间布局等方面存在差异，所以集约判断的标准也是相对的。此外，受技术进步、经济发展等因素的制约，海域资源集约利用程度也是逐步提高的。

（5）海域资源集约利用有合理限度。集约利用应该符合社会经济发展规律，受自然生态规律和社会经济规律的限制，海域资源中资本等要素的投入应该有合理限度，并非单位面积或岸线长度上投入的资本和劳动力越多集约度就越高、效果就越好。

（6）不同地区海域资源集约利用的措施和方法存在差异，具有灵活性。海域的集约利用受自然、经济、社会、技术、历史等所在地区自身特点的约束，同时各地海洋功能区划和地区海域发展目标不同，这都导致了地区之间海域资源集约利用的差异。因此，海域资源集约利用不应遵循相同模式，要因“海”制宜。

5.5.1.2 海域资源集约利用评价指标体系的构建

Ⅰ. 海域资源集约利用评价指标体系构建原则

运用层次分析法、多指标综合评价法对海域资源集约利用进行评价，评价指标体系的构建过程必须遵循以下原则。

（1）科学性。指标体系的构建应立足于海域资源集约利用理论框架，并能科学准确地反映出海域资源集约利用的内涵和本质。

（2）体现海域特色。由于海域利用的特殊性，即只有内边界（海岸线）而没有外边界，海岸线和近岸资源是有限的，因此构建指标体系要考虑海域的利用方式和布局特点，从海岸线和海域两方面制定指标。

（3）层次性。海域利用本身是一种极其复杂、多因素、多变量、多层次的等级体系，应根据系统层次建立评价指标体系，使其层次分明，结构清晰，便于操作。

（4）全面性与代表性。选取评价指标时应注重全面性，能涵盖海域资源赋存、海域利用结构及其变化、海域利用综合效益等方面的内容，同时也应该注重代表性，因为增强评价结果的可信度主要依靠指标对评价目标的贡献度及相关指标间的联动程度。

（5）动态与静态评价相结合。动态评价主要从某沿海地区海域利用在时间序列上的动态变化角度，分析海域利用演进、经济发展、环境质量变化等方面的协调程度，为海域利用决策或改进提供依据；静态评价主要从同类型、同级别沿海地区某一时期海域使用状态横向对比入手，分析海域利用程度及其与先进地区的差距或可取之处。

（6）指导性与弹性。海域资源集约利用评价的目的在于引导海域向高效、协调的方向发展，因此要求指标体系必须具有前瞻性，要求评价结果对海域管理能起到指导作用。此外，海域资源集约利用评价指标的选取和评价过程应遵循弹性原则，即在相对稳定的基础上，指标体系能随客观实际的变化和人们认知水平的提高进行阶段性调整。

（7）指标量化及评价操作可行性。必须考虑指标是否可量化和数据统计是否连贯、真实。只有确保数据获取渠道畅通并选取适当的评价方法，评价操作才可行。

Ⅱ. 海域资源集约利用评价指标体系的构建

依据海域资源集约利用内涵和指标体系构建原则，设计海域投入强度、海域产出效益、海域利用方式和布局、海域利用强度、生态环境效益 5 个能反映海域资源集约利用程度的准则层。海域投入强度是通过单位海域使用面积和单位占用岸线长度的固定资产投入、劳动力投入来体现海域资源的集约利用程度；海域产出效益是通过单位海域使用面积和单位占用岸线长度的海洋生产总值体现；海域利用方式和布局是通过海域使用区位指数等反映海域利用方式及空间布局的相关指标体现；海域利用强度是通过海域利用率等指标体现；生态环境效益是从海域使用过程中对海洋生态环境影响的角度评价海域资源的集约利用程度，体现经济、环境协调发展理念。海域资源集约利用评价指标体系见表 5-125。

表 5-125　海域资源集约利用评价指标体系

目标层	准则层	指标层	极性
海域资源集约利用程度	海域投入强度 A_1	海域固定资产投入强度 B_1	+
		海域劳动力投入强度 B_2	+
		岸线固定资产投入强度 B_3	+
		岸线劳动力投入强度 B_4	+
	海域产出效益 A_2	海域海洋生产总值产出强度 B_5	+
		岸线海洋生产总值产出强度 B_6	+
		海洋生产总值增长与海域使用面积增长弹性 B_7	+
	海域利用方式和布局 A_3	海域使用区位指数 B_8	–
	海域利用强度 A_4	围填海开发指数 B_9	+
		海域利用率 B_{10}	+
		岸线利用率 B_{11}	+
	生态环境效益 A_5	自然岸线保有率 B_{12}	+
		海水水质达标率 B_{13}	+
		海域生态系统健康指数 B_{14}	+

5.5.1.3　海域资源集约利用评价指标计算

Ⅰ. 海域投入强度

海域固定资产投入强度，是指单位海域使用面积的海洋固定资产投入，是正向指标，反映该地区海域利用的资金投入强度。

海域劳动力投入强度，是指单位海域使用面积的涉海就业人员数，是正向指标，反映该地区海域吸纳就业人员的能力。

岸线固定资产投入强度，是指单位占用岸线长度的海洋固定资产投入，是正向指标，反映该地区占用岸线的资金投入强度。

岸线劳动力投入强度，是指单位占用岸线长度的涉海就业人员数，是正向指标。

Ⅱ. 海域产出效益

海域海洋生产总值产出强度，是指单位海域使用面积的海洋生产总值，是正向指标，反映该地区海域利用的产出强度。

岸线海洋生产总值产出强度，是指单位占用岸线长度的海洋生产总值，是正向指标，反映该地区岸线利用的产出强度。

海洋生产总值增长与海域使用面积增长弹性，是指海洋生产总值增长速度与海域使用面积增长速度的比值，是正向指标，反映该地区海洋产业集约用海的发展趋势。

Ⅲ. 海域利用方式和布局

海域使用区位指数，是指单位海域使用面积占用岸线长度，是负向指标，反映该地区的用海布局。

Ⅳ. 海域利用强度

围填海开发指数，是指围填海建设面积占围填海总面积的比例，是正向指标，反映该地区围填海的开发强度。

海域利用率，是指海域使用面积占海域总面积的比例，是正向指标，反映该地区海域利用水平。

岸线利用率，是指使用岸线长度占岸线总长度的比例，是正向指标，反映该地区岸线利用情况。

Ⅴ. 生态环境效益

自然岸线保有率，是指自然岸线长度占岸线总长度的比例，是正向指标，反映该地区自然岸线保留情况和变化趋势。

海水水质达标率，是指水质达标海域面积占海域总面积的比例，是正向指标，反映该地区海域水质状况。

海域生态系统健康指数，反映研究海域生态系统的重要性及保持自然属性、维持生物多样性和关键生态过程并稳定持续发挥其服务功能的能力，综合生态系统重要性、生物多样性、生态系统结构稳定性而确定。

根据以上指标含义，计算海域资源集约利用评价指标体系各指标数据，结果见表 5-126。

表 5-126　广西海域资源集约利用评价指标数据

准则层	指标层	北海市	钦州市	防城港市
海域投入强度 A_1	海域固定资产投入强度 B_1	638.44	1 170.12	778.00
	海域劳动力投入强度 B_2	19.22	72.45	62.59
	岸线固定资产投入强度 B_3	32 393.77	15 455.38	9 247.35
	岸线劳动力投入强度 B_4	975.44	956.97	743.90
海域产出效益 A_2	海域海洋生产总值产出强度 B_5	154.75	584.64	504.35
	岸线海洋生产总值产出强度 B_6	7 851.79	7 722.18	5 994.69
	海洋生产总值增长与海域使用面积增长弹性 B_7	0.85	0.59	0.81
海域利用方式和布局 A_3	海域使用区位指数 B_8	0.019 7	0.075 7	0.084 1
海域利用强度 A_4	围填海开发指数 B_9	1.95	18.79	5.67
	海域利用率 B_{10}	7.116	3.712	2.517
	岸线利用率 B_{11}	83.19	79.17	73.51
生态环境效益 A_5	自然岸线保有率 B_{12}	16.81	20.83	26.49
	海水水质达标率 B_{13}	100	100	91.22
	海域生态系统健康指数 B_{14}	0.8	0.57	0.75

数据来源：广西壮族自治区海洋局（2012b，2015b）；国家海洋局第三海洋研究所（2009a，2009b）

5.5.1.4　广西海域资源集约利用评价

运用层次分析法确定广西海域资源集约利用评价指标体系各指标权重，并根据多指标综合评价法公式

$V=\sum_{i=1}^{14}(x_i \times w_i)$ 及各评价指标标准化值，计算北海市、钦州市、防城港市海域资源集约利用评价值，结果如表 5-127 所示。

表 5-127　广西海域资源集约利用评价值

	北海市	钦州市	防城港市
集约利用评价值	0.827	0.576	0.249

可见，北海市海域资源集约利用程度最高，其次是钦州市，防城港市海域资源集约利用程度最低。究其原因，从评价指标对海域资源集约利用程度的贡献度来看，岸线固定资产投入强度、岸线劳动力投入强度、岸线海洋生产总值产出强度、海洋生产总值增长与海域使用面积增长弹性、海域利用率、岸线利用率、海水水质达标率、海域生态系统健康指数等指标对海域资源集约利用评价的影响较大。北海市在以上几个方面均占有绝对优势，因此，北海市海域在三地市海域资源集约利用评价中集约利用度最高；相反，防城港市在岸线固定资产投入强度、岸线劳动力投入强度、岸线海洋生产总值产出强度、岸线利用率、海域利用率等多个方面都有绝对劣势，这使得其海域资源集约利用程度最低。因此，北海市今后应继续保持优势，坚持集约用海、科学用海，而钦州市、防城港市更应该改变传统粗放的用海方式，通过适当加大单位面积岸线和海域资金、技术等要素投入，提高集约用海的程度，避免只占海而不用海、浪费海域资源的行为，走可持续的海洋经济发展之路。

此外，应该注意集约利用程度的评价是相对的，也是动态变化的，北海市只是相对于钦州市、防城港市海域资源集约利用程度较高，而和其他沿海地市相比集约利用评价值可能会发生改变；随着用海方式随时间的变化，三地市海域资源集约利用程度也可能发生变化。因此，暂时有优势的地市只有通过更合理的用海方式才能保持其优势，并使自己在更大范围的比较中仍有优势；而暂时处于劣势的海域也可以通过制订并实施一系列科学用海措施提高自己的集约利用程度。

5.5.2　海岛资源优势度评价

通过对广西海岛资源进行综合调查、优势度评价，分析北海、钦州、防城港三个沿海地市海岛资源开发过程的优劣势，对于制定海岛总体开发与保护发展规划、实现海岛资源可持续利用和保护生态环境具有重要意义。

本研究对广西海岛资源优势度的评价分区内、省（区）际两个层面。海岛资源区内优势度评价即通过构建一系列评价指标体系，综合测算、分析、比较广西北海、钦州、防城港三个沿海地市的海岛资源开发利用优势；海岛资源省（区）际优势度评价即将广西海岛资源与其他沿海省（区）海岛资源进行比较，分析其优劣势。此外，考虑到资源数量是优势度的基础，因此，省（区）内、省（区）际海岛资源优势度评价均从数量优势度和质量优势度两个层面进行。

5.5.2.1　广西海岛资源区内优势度评价

广西沿海地市主要是北海市、钦州市、防城港市，其社会经济发展状况、海洋资源环境等各方面都存在很大差异。通过对北海市、钦州市、防城港市海岛资源优势度进行评价，分析各自海岛资源优劣势，对于北海市、钦州市、防城港市海岛资源的开发、利用及保护具有重要意义和价值。

I. 广西海岛资源数量优势度评价

广西海岛资源数量优势度评价即选取能体现海岛资源数量禀赋的基础指标数据，对三地市海岛资源数量优势度进行比较。

i. 指标选取

海岛数量。海岛数量的多少是体现各地区海岛资源数量优势度高低的最基本指标，在其他条件一致的情况下，海岛数量多的地区海岛资源数量优势度高。

海岛面积。广西海岛大小不一，面积最大的海岛渔沥岛 2620.1hm^2，其次是涠洲岛 2471.6hm^2，但是多数无居民海岛面积较小。海岛土地面积是海岛资源开发的基础支撑，因此，三地市海岛面积应该纳入优势度评价指标体系。

海岛岸线长度。海岛岸线作为一类特殊的国土资源、海洋资源，兼具港口、旅游、生态、养殖等多种功能，是现在和未来海洋经济发展的重要活动空间和载体。因此，在评价海岛资源优势度时也应当考虑各地市海岛岸线长度。

中岛数量。海岛按照面积大小可划分为五大类：特大岛（面积≥ 250 000hm^2）、大岛（10 000hm^2 ≤面积＜ 250 000hm^2）、中岛（500hm^2 ≤面积＜ 10 000hm^2）、小岛（500m^2 ≤面积＜ 500hm^2）、微型岛（面积＜ 500m^2）。广西没有特大岛和大岛，共有中岛 8 个，占海岛总数的 1.1%，占广西海岛总面积的 81.1%；小岛和微型岛共 701 个，占海岛总数的 98.9%，但是面积仅占广西海岛总面积的 18.9%。因此，评价海岛资源优势度时，不仅要考虑海岛总个数，还要考虑面积达到一定标准的海岛个数，面积太小在某种程度上会限制海岛资源的开发。

有居民海岛面积占该地市海岛总面积的比重。根据“908 专项”海岛综合调查，在当前大陆海岸线以外现有或曾有户籍人口的有居民海岛共 16 个，占广西海岛总数的 2.26%。广西有居民海岛总面积为 13 703.4478hm^2，占海岛总面积的 88.076%；海岛岸线长度为 268.059km，占广西海岛岸线总长度的 39.939%。有居民海岛数量虽少，但面积占比不大，有居民海岛占了 88.076%。此外，有居民海岛资源环境及社会经济条件总体要好于无居民海岛。有居民海岛在广西海岛开发和沿海地区经济社会建设中起着举足轻重的作用。因此，有居民海岛面积占该地市海岛总面积的比重也是各地市海岛资源数量优势度的重要体现。

ⅱ. 北海市、钦州市、防城港市海岛资源数量优势度评估

根据建立的海岛资源数量优势度评估指标体系，查找各指标数据，如表 5-128 所示。

表 5-128　广西沿海三市海岛资源数量优势度评估指标及数据

	海岛数量	海岛面积（hm^2）	海岛岸线长度（km）	中岛数量	有居民海岛面积占该地市海岛总面积的比重（%）
北海市	70	7187.5	153.438	3	95.45
钦州市	304	4134.1	259.516	3	81.49
防城港市	335	4236.8	258.214	2	81.99

数据来源：国家海洋局第一海洋研究所（2010）

将以上指标数据进行标准化处理，并计算各地区海岛资源禀赋指数，计算公式为

$$C_i = \sum_{j=1}^{3} X'_{ij} \tag{5-43}$$

式中，C_i 为 i 地区海岛资源禀赋指数，i=1, 2, 3 分别代表北海市、钦州市、防城港市；X'_{ij} 为 i 地区第 j 个指标的标准化值；j 为评价单元数量优势度指标，即分别为海岛数量、海岛面积、海岛岸线长度、中岛个数、有居民海岛面积占该地市海岛总面积的比重。

根据以上指标数据及计算公式，计算得北海市、钦州市、防城港市海岛资源禀赋指数（表 5-129），即为三地市海岛资源数量优势度。其中，北海市海岛资源数量优势度最大，原因是其海岛面积在三地市对比中占绝对优势，且其中岛个数和有居民海岛面积占比都比较大，但是其海岛数量较少、海岛岸线较短，这也是其劣势所在。防城港市海岛资源数量优势度最小，原因是在三地市对比中只有海岛数量占优势，其他指标数值相对较低。

表 5-129　广西海岛资源数量优势度

	北海市	钦州市	防城港市
优势度	3.000	2.883	2.057

Ⅱ. 广西海岛资源质量优势度评价

数量优势度只是海洋资源优势度的直观体现，海洋资源优势度不仅包括数量优势度，还包括质量优势度，质量优势度是海洋资源优势度更高层次的体现。

ⅰ. 指标选取

基于科学性、可操作性等原则，选取海岛资源质量优势度评估指标，构建海岛资源质量优势度评估指标体系，具体如下。

A. 海岛自然资源

1972 年联合国环境规划署提出：“自然资源是指在一定时间条件下，能够产生经济价值以提高人类当前和未来福利的自然环境因素的总称。”具体来说，海岛自然资源是指存在于海岛陆域和海域的自然界中能被人类利用作为生产、生活原材料的自然物质和能量。海岛自然资源是海岛开发利用的基础。本研究中评价的海岛自然资源包括海洋生物资源、海岛耕地资源、海岛淡水资源和海岛森林资源。

a. 海岛生物资源

海岛潮滩湿地的底栖动物资源中有很多种类具有较高的经济利用价值，它们主要是软体动物和甲壳类。此外，生物资源多样性也是海岛生态系统健康的重要体现，因此，本研究将生物资源多样性纳入指标体系。根据《中国海岛志 · 广西卷》，北海市海岛区海洋生物多年平均浮游植物 115 种，浮游动物 48 种，潮间带生物 234 种；钦州市海岛区海洋生物多年平均浮游植物 95 种，浮游动物 85 种，底栖生物 17 种，潮间带生物 43 种；防城港市海岛区海洋生物多年平均浮游植物 100 种，浮游动物 65 种，底栖生物 92 种，潮间带生物 108 种。鉴于数据可获得性，海岛生物资源多样性主要由三地市海岛区域潮间带底栖生物种类数体现。

b. 海岛耕地资源

土壤尤其是耕地资源是海岛自然环境的重要因素，是有居民海岛居民生产生活的物质条件，也是无居民海岛可开发利用的宝贵资源。由于海岛经济一般以第一产业为主，耕地资源显得尤为重要，因此有必要将耕地面积纳入质量优势度评估指标体系。

北海市、钦州市、防城港市海岛总面积差异较大，耕地面积差异也较大。北海市海岛土地利用类型中，耕地面积仅次于水域及水利设施用地面积，耕地资源较为丰富；钦州市海岛土地利用类型中，耕地面积少于北海市、防城港市。

c. 海岛淡水资源

淡水是整个生物圈中最重要的物质之一，它维系着自然界中所有动植物的生长和平衡。多数海岛分散孤立于海中，风力较大，日照强烈，净蒸发量较大，加之地下水资源不足等，海岛淡水资源成为海岛开发利用的重要条件之一。由于广西三地市多数海岛地表及地下淡水稀少且淡水资源统计数据稀缺，本研究用三地市海岛附近区域河流多年平均径流量指标衡量淡水资源丰富程度。

根据调查资料，注入广西沿岸浅海的中小型河流有 120 余条，其中 95% 为季节性的小河流，常年性的主要河流有南流江、大风江、钦江、茅岭江、防城江、北仑河等 6 条。

d. 海岛森林资源

海岛森林资源是海岛生物赖以生存的基础资源，同时，海岛森林还具有维护地球生命、改善人类生存环境的生态价值。具体来说，海岛森林资源可以提供木材和林副产品，对保持海岛生态系统的整体功能起着中枢和杠杆作用，能够遏制土地荒漠化和沙尘暴，能涵养水源和防治水土流失，能有效保护生物多样性，能缓解温室效应、净化空气等。因此，本研究将森林覆盖率纳入海岛资源质量优势度评估指标体系。

北海、钦州、防城港三地市海岛土地利用类型中，林地面积都较大，其中北海市海岛林地面积为 1311.8hm^2，钦州市、防城港市海岛林地面积分别为 1438hm^2、1144.1hm^2。

B. 海岛气候条件及气象灾害

自然环境是海岛生物资源赖以生存的物质基础，也是海岛价值形成的基础，而气候条件是海岛自然环境条件的重要内容。由于海岛所处地理位置的差别，不同区域海岛形成了各自的气候特征。广西海岛区域位于北回归线以南，按《中国气候区划》，属于南亚热带季风气候。该区域的主要气候特征是季风显著，雨量集中，光照充足，热量丰富，夏热而无酷暑，冬冷而无严寒，气候资源比较丰富，同时灾害性天气较多。考虑三地市气温差异不大及淡水资源对海岛的重要性，本研究在该一级指标下选取三地市海岛区域多年平均降水量和降水天数两个气候条件二级指标。此外，频繁的灾害性天气加剧了海岛生产和生活的难度，是其开发利用的重要限制性因素。广西海岛区域灾害性天气主要有台风、暴雨、干旱、雷暴、大风、冰雹、雾、霜冻、低温阴雨等。考虑灾害发生频率及其影响程度、数据可获得性，本研究选取大暴雨和雷暴两个气象灾害指标。

a. 多年平均降水量

降水量是表征一个地区湿润状况的重要因素，是重要的气候特征之一。海岛区域淡水资源十分珍贵，降水是很多海岛主要的淡水来源，是植被和农作物生长的基本条件，也是海岛海水养殖业的决定性因素。因此，本研究将海岛区域多年平均降水量纳入广西三地市海岛资源质量优势度评估指标体系。

自 1953 年至 2009 年，广西海岛区各地年平均降水量绝大多数年份在 1000mm 以上，大部分地区在 1700mm 以上。据“908 专项”调查，涠洲岛多年平均降水 1385.4mm，东部沿岸和西部沿岸降水存在地区差异。本研究分别取三地市各海岛区多年平均降水量作为指标值。

b. 多年平均降水天数

各地年降水天数（日降水量≥ 0.1mm）的差异与降水量分布大体相对应。海岛区年降水日数地区分布特点为西部沿海地区最多，东部沿海地区次之，涠洲岛最少。本研究取三地市海岛区多年平均降水天数作为指标值。

c. 大暴雨

日降水量≥ 50mm 称为暴雨日。广西海岛区多年平均降水日数为 6.8～14.9d；日降水量≥ 100mm 的大暴雨多年平均日数为 2.0～5.2d。大暴雨会使海岛区生产生活难以进行，甚至承受超出内陆和沿海地区的巨大的、覆灭性的损失和灾害。本研究取北海市、钦州市、防城港市各海岛区多年平均大暴雨日数作为指标值，是优势度评估的负向指标。

d. 雷暴

雷暴是伴有雷击和闪电的局地对流性天气，常伴有强烈的阵雨或暴雨，有时伴有暴雨和龙卷风，属强对流天气系统。雷暴是一种严重的灾害性天气，具有极强的破坏性和杀伤力，直接威胁着人们的生命和财产安全。对于海岛区相对脆弱的生态系统，雷暴更是一种严重的自然灾害。因此，本研究将海岛区域年雷暴日数作为负向指标列入三地市海岛资源质量优势度评估指标体系。

C. 海岛邻近海域海水环境质量

随着海岛周边开发和工业化，人为排污日益增多，工业废水、生活污水排放量越来越大，船舶废油排入水域也日益增加，造成海岛附近海域污染问题日益加剧。因此，在评估三地市海岛资源质量优势度时有必要将各海岛区域邻近海域海水环境质量纳入评估指标体系。根据相关调查，广西各海岛区附近海域主要入海污染物有石油类、悬浮物、重金属等。具体来说，本研究选取以下指标评价海岛区海水环境质量。

a. 石油类

随着海岛邻近海域经济的发展，航运越来越发达，海上运输量加大，石油类成为各海岛区主要入海污染物。

b. 悬浮物

海岛区海水中悬浮物不断增加，严重破坏海水环境、威胁海洋生物。因此，本研究将三地市海岛区域海水中的悬浮物含量作为海水环境质量评估的指标之一。

c. 溶解氧

海水中的溶解氧和海洋生物生长有着十分密切的关系，其分布是海水运动的一个重要间接标志。海水中溶解氧含量是其来源与消耗平衡的结果。水中溶解氧的主要来源是大气中氧的溶解，这取决于水温、盐度和大气中氧的分压；其次是海洋植物（主要是浮游植物）在光合作用时产生的氧。水中的溶解氧能为海洋生物的呼吸作用和有机物的分解氧化提供氧气来源，溶解氧含量也是海水环境质量的重要体现。因此，本研究将三地市海岛区附近海水中溶解氧含量纳入海岛资源质量优势度评估指标体系，作为海水环境质量的评价指标。

D. 社会经济支撑能力

海岛资源优势度评估的目的在于为海岛开发、利用、保护提供指导，而海岛资源的开发利用是一项涉及社会、经济、科技发展的系统工程。海岛周边的社会经济发展、基础设施完善和开发海岛的科技水平，都是海岛开发的基础支撑，对其可持续利用保护产生重要的影响。由于海岛区自身经济基础薄弱，尤其是大量无居民海岛，其开发需要依靠所在地市的支持，海岛的经济发展与对所在地市的依托性及其自主性并存。由于海岛资金、技术和经济发展对所在地市依赖性较大，众多海岛的开发需依托所在地市进行。基于此，本研究在评估海岛资源质量优势度时考虑的社会经济指标为涉及海岛所在市社会经济发展状况的指标数据。

a. 人均 GDP

人均 GDP 是衡量一个地区社会经济发展水平最基础的指标，是一个地区经济发展水平的主要体现。总体来说，人均 GDP 较高的地区，经济实力相对较强，可以为当地海岛资源开发保护提供更有利的基础支撑，促进该地海岛资源的开发保护。因此，本研究将北海、钦州、防城港各市人均 GDP 作为社会经济支撑能力的二级指标之一。

b. 所在市接受高等教育的人口比例

由于广西目前多数尚未开发的海岛资源的开发和保护需要依赖于其所在地市经济社会实力的支撑，因此，将三地市接受高等教育的人口比例作为当地海岛资源优势度评估的指标之一纳入质量优势度评估指标体系。

c. 交通通达性

交通是社会经济发展的基础条件。海岛，尤其是发展外向型经济和旅游业的海岛，路桥的通达性是对进入便捷性的辅助说明，路桥通达的海岛，增加了与内陆联系的可能，增加了游客进入的途径，使得海岛旅游产品更具有吸引力和可获性。因此，海岛交通通达性也是评估海岛资源质量优势度必不可少的因素之一。本研究中交通通达性指标用三地市海岛土地利用方式中交通运输用地面积占比表示，计算公式为

$$\mathrm{TA}_i = \frac{S_{ti}}{S_i} \tag{5-44}$$

式中，TA_i 为 i 地市海岛区域交通通达性；S_{ti} 为 i 地市海岛区域土地利用类型中交通基础设施占地面积；S_i 为 i 地市海岛土地总面积。

d. 水利基础设施

淡水资源短缺是多数海岛面临的共同问题，严重制约着有居民海岛经济发展和人民生活水平提高，更制约着无居民海岛的开发利用。此外，海岛由于其特殊的地势特征，如果没有良好的水利基础设施，一旦出现大暴雨就会形成强大的地面径流，暴涨暴落、冲毁农田、水土流失的现象严重，甚至影响海岛自身的长期存在。因此，将海岛地区水域水利基础设施纳入指标体系是有必要的。据调查，北海市、钦州市海岛土地利用中，水域水利基础设施面积均居第一位。本研究用三地市海岛土地利用方式中水域水利基础设施面积占比作为海岛区域水利基础设施完善程度的评估指标，计算公式为

$$\mathrm{WF}_i = \frac{S_{wi}}{S_i} \tag{5-45}$$

式中，WF_i 为 i 地市海岛区域水域水利基础设施完善程度；S_{wi} 为 i 地区海岛土地利用类型中水域水利基础设施面积；S_i 为三地市海岛土地总面积。

e. 港口码头数量

港口码头是能够创造就业和促进经济增长的众多海洋活动的中心，涉及外贸的海港更是一个国家国际贸易的门户和终端。海岛港口是海岛对外交往和连接水陆交通的重要枢纽，对海岛经济和社会发展起着重要作用。在对外贸易中，80% 以上的贸易量和 90% 以上的贸易吨公里都是通过港口转运的（张耀光等，2013）。因此，港口码头与交通、水利基础设施一样，也是海岛区域优势度的重要体现。

E. 海岛资源数量禀赋

各地市海岛数量、面积、岸线长度等基本的数量指标是当地海岛资源优势最直接的体现，因此，在评估海岛资源质量优势度时将数量优势度作为指标之一纳入质量优势度评估指标体系。

综上，广西三地市海岛资源质量优势度评估指标体系如表 5-130 所示。

表 5-130　三地市海岛资源质量优势度评估指标体系

目标层	准则层	指标层
广西海岛资源质量优势度	海岛自然资源	海岛生物资源
		海岛耕地资源
		海岛淡水资源
		海岛森林资源
	海岛气候条件及气象灾害	多年平均降水量
		多年平均降水天数
		大暴雨
		雷暴
	海岛邻近海域海水环境质量	石油类
		悬浮物
		溶解氧
	社会经济支撑能力	人均 GDP
		所在市接受高等教育的人口比例
		交通通达性
		水利基础设施
		港口码头数量
	海岛资源数量禀赋	数量优势度指数

数据来源：国家海洋局第一海洋研究所（2010）；孟宪伟和张创智（2014）；《中国海岛志》编纂委员会（2014）；广西壮族自治区统计局（2014）；广西壮族自治区海洋局（2014b）

ⅱ. 北海市、钦州市、防城港市海岛资源质量优势度评估

以上文建立的指标体系为基础，对广西三个沿海地市海岛资源质量优势度进行评估。在研究方法上，运用模糊物元方法，并结合层次分析法及熵值法确定各一级及二级指标权重，计算评估对象的模糊集及欧氏贴近度，以评估海岛资源质量优势度。计算得 2014 年北海、钦州、防城港三市海岛资源质量优势度，如表 5-131 所示。可见，根据所选指标，从海岛资源质量优势度评估看，防城港市海岛资源综合质量优势度最大，其次为钦州市，北海市海岛资源虽然数量优势度略大于钦州市、防城港市，但是其质量优势度最小。

表 5-131　广西海岛资源质量优势度

	北海市	钦州市	防城港市
优势度	0.195	0.383	0.812

ⅲ. 小结

无论是海岛资源数量优势度还是质量优势度的计算，其目的都是确定北海市、钦州市、防城港市海岛资源保护开发的优势度排序，其值大小没有太大意义。基于以上计算所得三地市海岛资源的数量优势度、质量优势度，进行如下分析。

A. 数量优势度分析

从数量优势度计算结果看，北海市略大于钦州市，两地市海岛资源数量优势度分别为 3.000 和 2.883，而防城港市海岛资源数量优势度最小。北海市海岛总面积为 7187.5hm^2，接近广西海岛总面积的一半，在三地市海岛面积对比中占绝对优势，中岛个数为 3 个，有居民海岛面积占比为 95.45%，都优于另外两市，因

此其在三地市海岛资源数量优势度对比中占有绝对优势。防城港市虽然海岛总个数最多，为 335 个，但其面积大于 500hm^2 的中岛只有 2 个，有居民海岛面积占该地市海岛总面积的比重也比较低，因此其在三地市海岛资源数量优势度对比中不占优势。

B. 质量优势度分析

考虑三地市海岛资源数量禀赋、海岛自然资源、海岛气候条件及气象灾害、海岛邻近海域海水环境质量及海岛开发保护的社会经济支撑能力综合指标，并根据各指标的相对重要性赋予其不同权重，分析所得质量优势度指数分别为 0.195、0.383、0.812。可见，从质量优势度来看，防城港市海岛资源质量优势度在三地市对比中占有绝对优势。原因是防城港市海岛区多年平均降水量为 2611.47mm，远大于北海市、钦州市；其雷暴天数较少，气候条件相对较好，气象灾害相对较少；其所在地市人均 GDP 为 58 810 元，远大于北海市（46 560 元）、钦州市（23 957 元），海岛区交通通达性为 0.1175，同北海市（0.0169）和钦州市（0.0739）相比占有绝对优势，这说明防城港市海岛资源开发保护的社会经济支撑能力较强。北海市森林覆盖率仅为 0.183，远低于钦州市的 0.348 和防城港市的 0.27；多年平均降水量和平均降水天数都比较少，对于淡水资源稀缺的海岛而言，气候条件劣势明显；海岛邻近海域海水中石油类污染物含量较高，也不利于其可持续开发利用；社会经济指标中的交通通达性指数仅为 0.0169，而防城港市为 0.1175，说明其交通基础设施方面劣势明显。所有这些因素共同导致北海市在三地市质量优势度评估中居于劣势地位。

海洋资源优势度评估中，无论是优势还是劣势，都是相对的，优势度大不能成为海岛资源无限制开发利用的依据，否则，优势可能变成劣势，导致“资源优势陷阱”的悲剧。拥有优势的地区要注意合理开发和保护。海洋资源的开发和保护要建立在可持续的发展理念之上，如可以发挥海岛资源优势适当发展生态旅游，增加当地居民收入，这也可以在一定程度上增强当地居民保护海岛资源、维持其优势的动力，同时可以通过建立新的海岛自然保护区、维护改善现有的海岛保护区，加强对海岛资源的维护，控制近岸海洋环境污染，避免过度开发、不合理开发，避免相对优势变为绝对劣势。此外，目前处于相对劣势的地区，也可以通过加强对现有海岛资源的保护、完善海岛基础设施等途径，缩小与优势度较高地区的差距。

5.5.2.2　广西海岛资源省际优势度评价

海岛资源在政治、军事、经济、战略、海洋权益等方面具有非常重要的地位。从海岛本身来说，按照《联合国海洋法公约》，它决定了国家对海岛及其周边一定范围海域的资源权属，或者说海域权属，海岛及其 200n mile 半径范围内的水体海域归属都取决于海岛，所以海岛资源在国家政治、军事和海洋权益方面具有重要意义。从海岛本身的资源来说，它兼有陆地和海洋的特点，在陆地上有的资源，绝大多数在岛上都有，无非就是岛的规模大与小、资源量的多与少的差别。近年来，随着经济社会的飞速发展，陆地资源越来越匮乏，向海洋拓展，向海洋要资源、要空间的需求越来越强烈，海岛作为陆地的延伸，同时也是陆域经济向海洋经济发展的踏板，在社会经济的发展中具有越来越重要的地位。

改革开放以来，尤其是近年来，党和国家对海岛工作越来越重视，海岛的保护与管理首次列入《全国海洋经济发展“十二五”规划》。党中央、国务院对海岛越来越重视，要求各沿海省（区、市）加快海岛的开发建设、保护和管理工作（徐文斌和林宁，2013）。2012 年 2 月 29 日，国务院正式批准《全国海岛保护规划》，随后，沿海各省（区、市）陆续颁布了地方海岛保护规划条例。2012 年 11 月 2 日国务院正式批准实施第二次全国海岛资源综合调查，作为《全国海岛保护规划》的重点工程，二次海岛调查肩负着摸清我国海岛“家底”、为国家海洋强国战略的实施和“十三五”规划纲要的制定提供决策依据的重任，海岛资源的开发管理上升到国家层面。

广西于 2012 年发布了《广西壮族自治区海岛保护规划（2011—2021 年）》，体现了广西响应国家政策，重视海岛资源开发与保护。广西海岛资源丰富，但经济发展尤其是海洋经济发展在沿海地区处于落后地位，一方面，许多丰富的海洋资源没有得到有效的利用，无法起到带动地区经济发展的作用，另一方面，海洋资源的开发利用存在污染海洋环境、资源过度开发、管理无序等问题。海岛资源作为广西丰富的海洋资源之一，除少数海岛资源有开发之外，大部分海岛，尤其是绝大多数无居民海岛仍处于尚未开发状态，因此广西海岛资源的保护、开发与利用具有较大的发展空间。

对广西海岛资源省际优势度的评估，有利于了解广西海岛资源在我国沿海地区中的禀赋状况及其他沿海省（区、市）海岛资源开发利用现状，为广西海岛资源未来的开发、利用与保护提供借鉴。

Ⅰ.我国沿海省（区、市）海岛基本现状

我国海域有众多海岛，星罗棋布，本研究的评估对象为广西海岛资源在我国沿海地区中的优势度，因此研究范围包括辽宁、河北、天津、山东、江苏、上海、浙江、福建、广东、广西、海南等11个省（区、市）。

ⅰ.辽宁

辽宁海岛资源丰富，全省海岛总面积约50 600hm^2，总人口180 247人，海岛岸线总长约922km。辽宁有海岛636个，其中有居民海岛44个，占海岛总数的7%，无居民海岛592个，占海岛总数的93%；面积大于500m^{2}的海岛379个，占海岛总数的60%，面积小于500m^{2}的海岛257个，占海岛总数的40%。辽宁海岛基本围绕辽东半岛分布，辽东半岛沿岸分布的海岛占全省海岛总数的88%；大连市是海岛分布最为集中的沿海地区，所辖海岛占总数的85%；长海县是辽宁唯一的海岛县，有海岛195个，占辽宁海岛总数的31%。辽宁海岛多为近岸岛和沿岸岛，海岛的空间分布多呈以大岛、中岛为中心，周边聚集小岛和微型岛的格局。

辽宁十分重视海岛保护工作。已经建立涉及海岛的保护区12处，其中国家级6处，省级1处，市县级5处，含海岛123个，其中有居民海岛9个，无居民海岛114个，另有涉岛国家级森林公园1处，即辽宁长山群岛国家海岛森林公园。

辽宁无居民海岛592个，规划为特殊保护类、保留类、适度利用类3个二级类，国防用途海岛、海洋保护区内海岛、保留类海岛、旅游娱乐用岛、工业交通用岛、农林牧渔业用岛、公共服务用岛等7个三级类，其中，特殊保护类海岛169个，保留类海岛120个，适度利用类海岛303个。已有开发利用活动的无居民海岛200个（不包括仅为保护区用途的海岛），占无居民海岛总数的34%，其中，农林牧渔业用岛124个，旅游娱乐用岛35个，公共服务用岛16个，工业交通用岛4个，其他类型21个。农渔业用岛和旅游用岛为主要的用岛类型，海岛农渔业和旅游业发展用岛初具规模（辽宁省海洋与渔业局，2013）。

ⅱ.河北

河北有海岛92个，集中分布于滦河口和曹妃甸海域。92个海岛的面积总计为9547.75hm^2，海岛岸线长252.07km，其中约106.79km被辟为人工岸线，海岛自然岸线长145.28km（河北省海洋局，2013b）。

根据河北海岛陆域土地利用状况，耕地面积为13.08hm^2，占海岛陆域总面积的0.34%，植被覆盖面积为217.06hm^2，占海岛陆域面积的5.69%，未利用土地面积为1042.11hm^2，占海岛陆域总面积的27.32%（河北省海洋局，2013a）。

河北有涉及海岛的省级自然保护区1个，即河北乐亭菩提岛诸岛省级自然保护区，保护面积4281.55hm^2，主要保护对象为由海岛及周边海域自然生态环境、岛陆及海洋生物共同组成的海岛生态系统。区内有菩提岛和月岛2个海岛，海岛面积为989.92hm^2。

ⅲ.天津

天津目前在册的唯一海岛三河岛，又称炮台岛，位于天津滨海新区的古镇北塘，因地处永定新河、潮白河和蓟运河三河交汇入海处而得名。其基址本与陆地连在一起，1973年蓟运河拓宽时，北营炮台地基与陆地间的联系被割断，此后，由于潮汐和水流的作用，泥沙不断淤积在岛周围，形成了淤泥质潮滩。经20世纪80年代初的“天津市海岸带资源调查”后，天津市地名委员会于1983年12月正式将其命名为“三河岛”。三河岛东临渤海，面积为1.59hm^2，海岛岸线长562.5m，最高5.81m。

特殊的地理位置，使三河岛形成了特殊的景观，三河岛不仅可作为观潮、观海、观日出的好去处，同时还因其非同寻常的历史，成为具有教育意义的旅游观光点，滨海新区北塘经济区近年来在永定新河上架起一座步行桥，将三河岛打造成旅游景点。

ⅳ.山东

目前山东共有海岛456个，分布在渤海和黄海两个海区，其中面积在500m^{2}及以上的海岛有320个，面积在500m^{2}以下的海岛136个；海岛总面积约为11 121.2hm^2，其中，烟台市海岛面积最大，为 6792.4hm²，占山东总岛陆面积的 61.1%，其次为青岛市和威海市，岛陆面积分别为 1431.1hm² 和 1320.5hm²，其余依次为东营市、滨州市、潍坊市和日照市；山东海岛岸线长 561.44km（马德毅和侯英民，2013）。

山东海岛分布范围大，具有明显的“团组”和岛链状分布特点。山东共有有居民海岛 32 个，以渤海海峡的庙岛群岛分布最为集中，构成我国为数不多的海岛县，隶属于烟台市长岛县，该群岛具有重要的战略地位，也是优良的海水养殖基地。另外，还有桑岛、崆峒岛、养马岛、刘公岛、田横岛、灵山岛等有居民海岛，这些海岛都是所在海域的中心海岛，在交通建设、资源开发等方面都起着必不可少的作用。

山东已建立涉及海岛的自然保护区 11 个，包括山东长岛国家级自然保护区、山东黄河三角洲国家级自然保护区等；海洋特别保护区 7 个，包括长岛长山尾海洋地质遗迹海洋特别保护区、威海刘公岛海洋生态国家级海洋特别保护区等；地质公园 2 个，为山东长山列岛国家地质公园和山东牟平养马岛省级地质公园（山东省海洋与渔业厅，2013）。

ⅴ. 江苏

江苏共有海岛 26 个，其中有居民岛 6 个，有居民海岛面积为 4842hm²，无居民海岛 20 个（含人工岛 1 个），另外还有堆积沙洲或低潮高地 67 个、基岩干出礁与暗礁 10 个。江苏的无居民海岛面积普遍较小，海岛生态系统比较脆弱，主要从事海水养殖、采捕贝类等各项活动。在北部海州湾，近岸 8 个无居民海岛上岛从事海水养殖、采捕贝类等各项活动相对方便，8 个近海无居民海岛面积小，处于未开发状态。中部辐射沙脊群岛区无居民海岛 3 个，外磕脚和麻菜珩主要用于科研和领海基点，太阳岛用于码头仓储用途，长江口北支无居民海岛 1 个（带鱼沙），尚未开发。

江苏主要海岛岸线总长为 84.744km，主要海岛总面积为 5914.86hm²。江苏 11 个主要调查海岛，土地利用面积为 4889.8hm²，其中耕地面积为 2895.25hm²，占统计面积的 59.21%，植被面积为 500.44hm²，占统计面积的 10.23%（江苏省 908 专项办公室，2012）。

ⅵ. 上海

上海有 25 个海岛，包括 3 个有居民海岛，即崇明岛、长兴岛、横沙岛，以及 22 个无居民海岛。上海市海岛岸线总长 458.41km，其中崇明岛 221.47km，长兴岛 79.80km，横沙岛 32.10km，22 个无居民海岛岸线总长 125.04km。

上海海岛调查总面积为 152 519hm²，其中，崇明岛面积为 129 228hm²，长兴岛面积为 10 540hm²，横沙岛面积为 5291hm²，22 个无居民海岛总面积为 7460hm²。上海有居民海岛土地利用总面积为 142 502hm²，其中耕地面积共 78 345hm²。上海海岛植被总面积为 41 823hm²，其中有居民海岛和无居民海岛中植被面积分别为 23 585hm² 和 18 238hm²。

根据气象站 1996～2006 年资料统计，上海海岛年平均气温 16.2℃，年日照时数 2000～2200h，日照百分比为 40%～52%，1949～2008 年影响长江口与杭州湾的热带气旋为 128 个，年均 2.13 个；根据 1996 年～2006 年的统计资料，上海市海岛年均有雷暴日 30d，上海市海岛年均暴雨过程 5～8 次（徐韧，2013）。

ⅶ. 浙江

据“908 专项”海岛综合调查统计，浙江共有海岛 3820 个，分布区南北跨距 420km，东西跨距约 250km，北起灯城礁，南至横屿，西始木林屿，东迄东南礁，分别隶属于嘉兴市、舟山市、宁波市、台州市和温州市的 27 个县（市、区），海岛总面积为 181 802.5hm²，海岛岸线总长 4496.706km。

按照社会属性划分，浙江全省有居民海岛 254 个，其中地市级岛 1 个、县（市、区）级岛 3 个、乡（镇、街道）级岛 59 个、村（社区）级和自然村岛 192 个，无居民海岛 3565 个。浙江全省有居民海岛数量仅占海岛总数的 7%，却占海岛总面积的 91.4%，体现了浙江海岛的鲜明特点。

浙江海岛土地总面积为 181 982.01hm²，其中农用地 122 997.41hm²，建设用地 30 937.12hm²，未利用土地 28 047.48hm²。海岛岸线 4496.707km，其中有居民海岛岸线 2885.918km，无居民海岛岸线 1610.787km；按照岸线类型（自然岸线、人工岸线）划分，全省海岛岸线以基岩岸线为主，占岸线总长度的 78.03%，人工岸线次之，占 20.35%，砂砾质岸线长度为 72.755km，占总长度的 1.62%，粉砂淤泥质岸线已几乎没有（张海生，2013）。

viii. 福建

福建海岛总数2204个（不含目前由台湾管辖的10个有居民海岛），其中有居民海岛90个，无居民海岛2114个（福建省海洋与渔业厅，2013）。福建500m^{2}以上海岛共1374个，面积为116 100hm^2，海岛岸线总长为2504km。福建海岛土地利用类型中，林地有33 859hm^2，占29.2%，其次为耕地（22.9%）和建设用地（17.7%），其他类型用地都低于10%。福建海岛植被总面积为76 871hm^2（许德伟等，2011）。

福建海域北部和中部海岛分布多，南部海岛分布少，兴化湾湾口南岸南日群岛以北（含南日群岛）的海岛数量占全省的约72%，且北部和中部海岛大多距离大陆海岸较远，一般在大陆海岸线以外至20m等深线范围之内，有少数分布在30m等深线附近。而南日群岛以南海域海岛分布少，且距离大陆海岸远的海岛较少。

全省有居民海岛中乡（镇）以上建制的海岛有19个，包括厦门岛1个市级岛，海坛岛、东山岛、金门岛3个县级海岛和三都岛、西洋岛等15个乡（镇、街道）建制海岛，还有86个村级海岛（包括行政村和自然村）（吴耀建，2012）。

截至2011年底，福建海域内已建5个国家级自然保护区、6个省级自然保护区、3个市级自然保护区和6个市级特别保护区、4个县级自然保护区和26个县级海洋特别保护区，其中涉及海岛保护的保护区共有42个。

福建沿海岛屿、半岛年有效风速利用时数可达7000～8000h。福建海岛地下水和地表水资源均缺乏，普遍的淡水资源短缺已成为海岛开发和发展的制约因素之一。多数有居民海岛需引入客水以满足岛上居民生产生活用水；无居民海岛淡水资源更为缺乏。

ix. 广东

广东海岛东起南澎列岛，西至徐闻县的赤豆寮岛，北抵饶平县的东礁屿，南达徐闻县的二墩，海岛分布的海域广阔，主要集中在离岸30n mile内的区域，呈列岛、群岛分布，是中国南大门的海防前沿。

根据“908专项”调查，广东共有海岛1350个，全部海岛中面积在500m^{2}以上的有734个（不含49个干出沙），总面积为147 200hm^2；面积大于500m^{2}海岛的海岸线总长2126km，以基岩岸线为主，占54%，其次是人工岸线和砂砾质岸线。主要的大岛有东海岛、上川岛、南三岛、南澳岛、海陵岛、下川岛等，东海岛面积最大，为28 900hm^2。广东有居民海岛46个，其中村级岛29个，乡级岛13个，县级岛4个；无居民海岛1304个，占全省海岛总数的96.6%。广东海岛森林总面积超过42 000hm^2，其中自然林约12 000hm^2，占28.6%；人工林约30 000hm^2，占71.4%（詹文欢等，2013）。

x. 广西

广西有海岛709个，海岛总面积为15 558hm^2，海岛岸线长671.17km。广西海岛基本上沿大陆海岸线分布，远离大陆海岸的岛屿极少；海岛在中部的钦州湾分布较为密集，其次是大风江口、防城港湾、珍珠港湾、铁山港湾和廉州湾。广西有居民海岛共16个，占广西海岛总数的2.26%；海岛面积为13 703.4478hm^2，占广西海岛总面积的88.076%；海岛岸线长268.059km，占广西海岛岸线总长度的39.939%；无居民海岛共693个，占广西海岛总数的93.74%；海岛面积为1855.2493hm^2，占广西海岛总面积的11.924%；岸线长403.110km，占广西海岛岸线总长度的60.061%。

广西海岛土地利用类型为农用地、建设用地和未利用地三个二级类。农用地面积为6911.3hm^2，约占海岛陆域面积的44.4%；建设用地面积为8244.2hm^2，约占海岛陆域面积的53.0%；未利用地面积为403.03hm^2，约占海岛陆域面积的2.6%。除土地资源外，广西海岛具有丰富的植被资源、旅游资源和珍稀鸟类资源；海岛周边海域也具有丰富的港口航道资源、生物和渔业资源。

广西海岛区各地年平均气温为21.1～24.2℃，表现出由南向北递减的趋势。涠洲岛区是广西年平均气温最高的地方，达24.2℃；东部沿岸区（北海）较西部沿岸区（钦州、防城港）高；防城港、钦州等地纬度相对较高，年平均气温较低，为21.1～23.4℃。

xi. 海南

海南陆地主体海南岛，东西宽约240km，南北长约210km，呈雪梨状，面积约3.38×10^{6}hm^2，仅次于台湾岛，是我国第二大岛屿，海岸线长1855.27km。

在海南岛沿岸，分布有 329 个大小岛屿，海岛岸线长 267.20km，岛屿面积为 4232hm^2，环海南岛的 12 个沿海市（县）均有海岛分布。三沙市所管辖的西沙群岛、中沙群岛和南沙群岛位于海南岛的东南面和南面海域，习惯上合并称为西南中沙群岛，由 403 个岛、礁、沙、滩组成，总面积为 238 581.053hm^2（依据"908 专项"遥感调查成果），其中海岛 90 个，面积约 1637.865hm^2；干出礁（沙）54 个，面积约 62 056.443hm^2；暗礁（沙）259 个，面积为 174 886.745hm^2。

在海南岛沿岸的 329 个海岛中，只有 5 个有居民海岛，分别是海口市的海甸岛、新埠岛和北港岛，以及三亚市的西瑁洲岛和儋州市的海头岛。有居民海岛总面积为 2375.03hm^2，占海南岛沿岸海岛总面积的 56.12%；海岛岸线长 45.871km，占海南岛沿岸海岛岸线总长度的 17.17%。海南岛沿岸主要海岛虽然有不同程度的开发，但绝大多数为无居民海岛。海南岛沿岸共有 324 个无居民海岛，海岛总面积为 1856.99hm^2，占海南岛沿岸海岛总面积的 43.88%；海岛岸线长 221.322km，占海南岛沿岸海岛岸线总长度的 82.83%（夏小明，2015）。

Ⅱ. 广西海岛资源省际优势度评估

资源分布具有空间上的差异性，因此各地区海岛资源的禀赋存在差异，本研究从省际角度对广西海岛资源的数量和质量优势度进行评估，明确广西海岛资源在我国沿海地区海岛资源的禀赋状况，方便广西和其他沿海地区海岛资源的开发与保护进行比较，为广西海岛资源的开发利用提供借鉴。

需要特别指出的是，由于天津只有一个海岛，属于无居民海岛，与其他沿海地区海岛资源从数量、质量上的差距较大，可比性较弱，为了使评估结果更加客观准确，因此，在下文省际优势度的评估过程中，并未将天津纳入评估范围。

ⅰ. 广西海岛资源省际数量优势度评估

本研究所评估的数量优势度，是指广西海岛资源在我国沿海省（区、市）中海岛资源的丰裕度。对广西海岛资源省际数量优势度的评估，有助于了解广西海岛资源在全国沿海地区中的分布状况，为广西海岛资源的进一步开发与保护提供决策上的依据。

A. 指标选取

海岛作为一个相对独立的个体，具有陆地面积、海岸线长度、是否有居民居住等属性，本研究所要评估的海岛资源省际数量优势度，是将整个省（区、市）所有的海岛当作一个主体，在省（区、市）之间进行比较，因此海岛资源省际数量优势度或者说海岛资源丰裕度是一个多维属性的综合概念，并不能简单将单一的指标作为衡量标准，因此，本研究考虑海岛资源的属性，选取以下指标作为海岛资源数量优势度的衡量标准。

a. 海岛数量

根据《联合国海洋法公约》的规定，岛屿是四面环水并在高潮时高于水面的自然形成的陆地区域。海岛数量是指各沿海省（区、市）拥有的岛屿的个数，海岛数量是判断一个地区拥有海岛资源数量的最直接、最直观的指标，也是沿海省（区、市）海岛资源数量作为整体评估的重要的数量指标。沿海省（区、市）拥有的海岛个数越多，其海岛资源的数量优势度就越大。

b. 海岛总面积

海岛总面积指各沿海省（区、市）拥有的海岛面积之和，海岛的陆域面积是影响海岛资源可开发利用程度的重要因素，也影响海岛蕴藏资源的储量，同时关系到海域归属的面积。而海岛作为一个相对独立的个体，其陆域面积存在差异，海岛数量多的省（区、市），海岛总面积不一定大，因此，在评估沿海省（区、市）海岛资源数量优势度时，不仅需要考虑海岛数量，海岛总面积也是影响海岛资源数量优势度的重要指标。沿海省（区、市）拥有的海岛总面积越大，其海岛资源的数量优势度就越大。

c. 海岛岸线总长度

海岸线是陆地与海洋的交界线，是一种重要的海洋资源。海岸线一般分为岛屿海岸线和大陆海岸线，我国拥有海岸线 32 000km 以上，其中大陆海岸线为 18 000km 以上，岛屿海岸线约 14 000km，岛屿海岸线是我国海岸线的重要组成部分。海岸线是发展优良港口的先天条件，曲折的海岸线极有利于发展海上交通运输。各沿海省（区、市）岛屿海岸线的长度作为海岛资源相对稳定的自然属性，也是影响海岛资源数量优势度的重要指标。沿海省（区、市）拥有的海岛岸线总长度越大，其海岛资源的数量优势度就越大。

d. 500m^2 以上海岛数量

海岛的法学定义通常引用 1994 年《联合国海洋法公约》的规定。在我国，根据《海洋学术语 海洋地质学》（GB/T 18190—2017），海岛指散布于海洋中面积不小于 500m^2 的小块陆地。因此面积在 500m^2 以上的海岛在地质学上具有重要意义，与此同时，面积在 500m^2 以上的海岛无论是在军事上还是经济上都具有更大的价值，因此本研究在评估省际海岛资源数量优势度的时候引入 500m^2 以上海岛数量作为评估省际海岛资源数量优势度的指标之一。沿海省（区、市）拥有 500m^2 以上海岛的数量越大，其海岛资源的数量优势度就越大。

B. 广西海岛资源省际数量优势度计算

以上述建立的综合指标体系为基础，查找各指标数据，如表 5-132 所示，对各沿海省（区、市）海岛资源丰裕度进行评估。在研究方法上，运用区域自然资源丰裕度估算法来测算各省（区、市）海岛资源丰裕度，即数量优势度，计算得海岛资源分布地区的资源禀赋相对指数，见表 5-133。

表 5-132　各沿海省（区、市）海岛资源数量优势度指标数据

地区	辽宁	河北	山东	江苏	上海	浙江	福建	广东	广西	海南
海岛数量（个）	636	92	456	26	25	3 820	2 204	1 350	709	329
海岛总面积（hm^2）	50 600	9 547.75	11 121.2	5 914.86	152 519	181 802.5	116 100	147 200	15 558	4 232
海岛岸线总长度（km）	922	252.07	561.44	84.744	458.41	4 496.706	2 504	2 126	671.17	267.20
500m^2 以上海岛数量（个）	379	85	320	18	24	3 453	1 374	734	709	296

数据来源：各地海岛保护规划（2012—2020 年）

注：各省（区、市）海洋资源调查，部分数据在统计口径上略有不同，其中广西海岛数量、海岛总面积、海岛岸线总长度均为面积在 500m^2 以上海岛的统计数据，福建、广东两省的海岛总面积和海岛岸线总长度为面积在 500m^2 以上海岛的统计数据。由于面积在 500m^2 以下的海岛面积和岸线长度数值较小，因此统计上的差异不会对计算结果造成较大差异，因此下文不再进行区分和说明

表 5-133　海岛资源分布地区资源禀赋相对指数

地区	辽宁	河北	山东	江苏	上海	浙江	福建	广东	广西	海南
指数	0.72	0.11	0.35	0.01	0.92	4.00	2.15	1.83	0.58	0.20

根据计算结果可知，沿海省（区、市）海岛资源数量优势度为浙江＞福建＞广东＞上海＞辽宁＞广西＞山东＞海南＞河北＞江苏，其中浙江海岛资源禀赋相对指数最大，其值为 4.00，远大于其他沿海省（区、市），说明其海岛资源数量具有绝对优势，原因是浙江海岛总面积、海岛数量、海岛岸线总长度及 500m^2 以上海岛数量 4 个评估指标在沿海省（区、市）中都居首位，其次为福建，海岛资源禀赋相对指数最小的为江苏，原因是在评估省（区、市）中，其海岛岸线总长度最短、500m^2 以上海岛数量最少，海岛数量及海岛总面积也相对较小，这使得江苏海岛资源禀赋相对指数最小，数量优势度相对最低。

广西海岛资源在沿海省（区、市）海岛资源数量优势度中处于中间位置，一方面广西海岛资源数量仅统计面积在 500m^2 以上的海岛数量，使得海岛资源在海岛数量指标上不具有优势，再者虽然上海海岛数量远低于广西，但其数量优势度却高于广西，主要是由于上海海岛总面积居沿海省（区、市）的第二位，远高于广西。通过计算广西海岛资源省际数量优势度，发现广西海岛资源数量方面的特征多处于沿海省（区、市）的中间位置，海岛数量、海岛总面积、海岛岸线总长度、500m^2 以上海岛数量都没有太突出的特征，说明广西海岛资源数量在沿海省（区、市）中并没有明显优势。

ⅱ. 广西海岛资源省际质量优势度评估

资源禀赋包含数量和质量两个层面，数量优势度指自然资源的丰富程度，即自然资源丰裕度，质量优势度是对同种资源不同分布地区资源品质的衡量。本研究所要评估的广西海岛资源的省际质量优势度是从沿海省（区、市）海岛资源的数量禀赋、海岛资源开发的资源环境基础、海岛资源开发现状、海岛资源保护现状四个方面综合衡量广西海岛资源的禀赋状况。

A. 指标选取

a. 海岛资源的数量禀赋

海岛资源的数量、岸线长度、面积是海岛资源的自然属性，不随人类活动而改变，是海岛资源最基本的属性。海岛资源的数量禀赋也是海岛资源质量优势度的组成部分，因此本研究选取上文计算的数量优势度作为评估海岛资源质量优势度的指标之一。

b. 海岛资源开发的资源环境基础

海岛的资源储量一定程度上决定海岛资源的开发利用价值，一些人类活动必需的资源如淡水资源、可再生能源、人力资源、港口建设资源等的资源量是海岛资源开发的资源环境基础；另外，海岛的气候和自然灾害也在极大程度上影响着海岛资源的开发，结合各指标省际数据的可获性，本研究选取以下指标作为海岛资源开发的资源环境基础。

（1）海岛耕地面积占比。耕地面积与提供维持人类生存的必需品粮食产量息息相关，我国在世界范围内属于耕地面积稀缺的国家，尤其是近年来受土地污染、水土流失、城镇化等因素的影响，耕地面积大幅下降，直接影响了我国粮食的自给率。海岛作为远离陆地的个体，陆地资源相对稀缺，粮食产量一方面与耕地面积息息相关，另一方面也是维持人类生存的必需品。因此海岛耕地面积占比是衡量海岛粮食供给的重要指标，也是支撑海岛开发的重要资源基础。

（2）海岛植被覆盖率。海岛的生态环境影响海岛资源的开发利用，由于海岛远离陆地，因此沿海省（区、市）海岛资源较少用于工业用途，工业污染情况较为少见，本研究在衡量海岛资源的生态环境时，选取海岛植被覆盖率作为评估指标，海岛植被覆盖率越高，说明海岛资源的生态环境越好。

（3）海岛年均降水量。淡水资源是人类生存的必需资源，也是海岛资源开发利用的重要基础。一般来讲，海岛淡水资源十分有限，除部分近陆海岛有条件引入内陆客水外，大部分海岛的淡水来源主要是大气降水。因此本研究引入海岛年均降水量作为衡量海岛淡水资源的指标，海岛年均降水量越多，海岛淡水资源就越丰富。

（4）海岛年均自然灾害发生次数。海洋灾害的发生会给沿海地区造成巨大的经济损失，制约沿海地区对外开放和社会经济可持续发展。海岛一般独立位于不同海域，海洋自然灾害一旦发生，就使得海岛成为孤立的个体，无法得到来自陆地的补给，因此海洋自然灾害对海岛的危害程度远大于陆地。风暴潮灾害是发生在沿海地区的一种来势迅猛、破坏力强的严重海洋灾害。剧烈的大气扰动如强风和气压骤变（通常指热带和温带气旋等灾害性天气系统）导致海水异常升降，使受影响的海区的潮位大大地超过平常潮位，风暴潮伴随着狂风巨浪，可引起海潮暴涨、堤岸决口、船舶倾覆、农田受淹及房屋被毁等，给人民生命财产和工农业生产造成巨大损失。由于风暴潮来势猛、速度快、强度大、破坏力强，对海岛资源影响巨大，因此本研究采用风暴潮年均发生次数衡量海岛年均自然灾害发生次数。

c. 海岛资源开发现状

本研究所评估的海岛资源的优势度是海岛资源现状的优势度，海岛资源的开发利用现状、海岛资源开发利用基础都属于海岛资源质量优势度的一部分，本研究选取的评估海岛资源开发现状的指标如下。

（1）有居民海岛数量占比。我国各沿海省（区、市）的海岛中，绝大多数海岛为无居民海岛，有居民海岛数量较少。与无居民海岛相比，绝大多数有居民海岛具有距离大陆近、海岛面积较大、资源量丰富等特点，且有居民海岛的开发程度明显高于无居民海岛，因此本研究选取有居民海岛数量占比作为衡量各沿海省（区、市）海岛资源开发现状的指标之一。

（2）已开发无居民海岛数量占比。近几年，国家对于海岛资源的重视程度越来越高，党中央要求沿海地区加快海岛资源的开发利用，特别是无居民海岛的开发利用。为了更好地保护和合理利用我国无居民海岛资源，2011 年 4 月 12 日，国家海洋局联合沿海有关省、自治区海洋厅（局），向社会公布《我国第一批开发利用无居民海岛名录》，涉及辽宁、山东、江苏、浙江、福建、广东、广西、海南等 8 个省（区）176 个无居民海岛。海岛开发主导用途涉及旅游娱乐、交通运输、工业、仓储、渔业、农林牧业、可再生能源、城乡建设、公共服务等多个领域。公布首批开发利用无居民海岛名录，旨在积极发挥政府在无居民海岛开发建设活动中的引导作用，并加强海岛巡航执法检查，监督开发利用单位和个人严格依照国家法律政策及开发利用具体方案等开发建设海岛，以实现海岛开发和保护并举，推动海岛经济又好又快发展。因此本研究选取各沿海省（区、市）首批开发利用无居民海岛名录中开发利用的无居民海岛个数占各省（区、市）无居民海岛数量的比重作为各沿海省（区、市）无居民海岛开发利用状况的衡量指标。

（3）边远海岛数量占比。边远海岛，一般是指交通不便、经济社会基础薄弱的海岛。边远海岛占沿海省（区、市）海岛数量的比重越大，说明沿海省（区、市）海岛资源的开发利用状况越差。

（4）人均 GDP。沿海省（区、市）人均 GDP 是衡量地区经济发展状况的指标，人均 GDP 越高，代表地区经济发展水平越高。由于开发利用海岛需要一定规模的资金作为支持，本研究认为经济发展水平越高的地区，对海岛开发利用的支撑程度越高，因此采用人均 GDP 作为衡量各沿海省（区、市）对海岛开发的经济支撑程度。

d. 海岛资源保护现状

资源的可持续利用是资源开发利用的重要准则之一，在评估海岛资源优势度时，沿海地区海岛资源的保护状况也应当纳入考量，海岛资源保护力度强的省（区、市），其海岛资源的优势度就大。本研究选取的评估海岛资源保护现状的指标为涉及海岛的保护区（含森林公园、地质公园、海洋保护区、海洋特别保护区）个数。

B. 广西海岛资源省际质量优势度计算

以上述建立的海岛资源省际质量优势度评估指标体系为基础，查找各指标数据，如表 5-134 所示，对各沿海省（区、市）海岛资源丰裕度进行评估。在研究方法上，运用模糊物元方法，并结合层次分析法及熵值法确定各一级及二级指标权重，计算评估对象的模糊集及欧氏贴近度来评估海岛资源质量优势度，计算结果见表 5-135。

表 5-134　各沿海省（区、市）海岛资源质量优势度指标数据

一级指标	二级指标	辽宁	河北	山东	江苏	上海	浙江	福建	广东	广西	海南
海岛资源的数量禀赋	海岛资源数量优势度	0.72	0.11	0.35	0.01	0.92	4	2.15	1.83	0.58	0.20
海岛资源开发的资源环境基础	海岛耕地面积占比（%）	—	0.34	—	59.21	51.37	—	22.87	—	19.25	2.37
	海岛植被覆盖率（%）	—	5.69	—	10.23	27.42	—	66.21	28.53	66.94	48.68
	海岛年均降水量（mm）	788	508	736	898	1 173	1 521	1 138	2 095	1 569	2 067
	海岛年均自然灾害发生次数（次）	—	0.25	0.2	2.78	2.13	5.2	2.3	3.38	5.2	3.5
海岛资源开发现状	有居民海岛数量占比（%）	0.07	0	0.07	0.23	0.12	0.07	0.04	0.03	0.02	0.02
	已开发无居民海岛数量占比（%）	0.018 6	0	0.011 8	0.10	0	0.008 7	0.023 7	0.046 0	0.015 9	0.018 5
	边远海岛数量占比（%）	0.047	0.000	0.033	0.077	0.000	0.035	0.025	0.019	0.006	0.012
	人均 GDP（元）	61 686	38 716	56 323	74 607	90 092	68 462	57 856	58 540	30 588	35 317
海岛资源保护现状	涉及海岛的保护区个数（个）	13	1	20	0	0	—	42	13	3	18

数据来源：各地海岛保护规划（2012—2020 年）；中华人民共和国国家统计局（2015）；国家海洋局（2011，2012，2015）；广西壮族自治区统计局（2014）

注：部分省份无数据

表 5-135　沿海省（区、市）海岛资源质量优势度

地区	辽宁	河北	山东	江苏	上海	浙江	福建	广东	广西	海南
质量优势度	0.116	0.035	0.093	0.177	0.175	0.307	0.334	0.197	0.120	0.095

质量优势度的数值本身并没有实际意义，由质量优势度所决定的顺序，即福建＞浙江＞广东＞江苏＞上海＞广西＞辽宁＞海南＞山东＞河北，代表我国沿海省（区、市）海岛资源综合优势度的排序。受制于

数据的可获性，在评估过程中浙江缺失了海岛耕地面积占比、海岛植被覆盖率和涉及海岛的保护区个数等数据，使得浙江综合优势度略低于福建，本质上，浙江的海岛资源优势度无论是在数量上还是质量上都居我国沿海地区首位。

广西海岛资源综合优势度与数量优势度相同，都居沿海地区的中等位置，主要原因是广西海岛资源各指标都在沿海地区的中间位置，并没有表现突出或者过于落后的情况，说明广西海岛资源的开发基础与开发条件良好。与此同时，广西也应当意识到所拥有海岛资源的优势与劣势，广西海岛中有居民海岛数量少，已开发的无居民海岛数量少，边远海岛数量少，说明广西海岛资源开发利用前景广阔。但是，广西经济发展水平相对较低，对海岛资源开发的支撑偏弱，且对海岛资源的保护力度较弱，在开发利用过程中容易产生生态破坏、开发秩序混乱等情况。

海岛是经济社会发展中一个非常特殊的区域，在国家权益、安全、资源、生态等方面具有十分重要的地位。当前，党中央、国务院高度重视海岛的保护与发展，对建设海洋强国、实施海洋战略、发展海洋产业、保护海洋资源做了一系列决策部署，为海岛保护与管理及经济社会发展提供了有利条件。未来十年是我国经济社会发展的重要战略机遇期，也是资源环境约束加剧的矛盾凸显期。海岛保护的挑战和机遇并存，广西应本着对国家、人民高度负责的态度，立足保障科学发展，增强海岛保护的国家意识、战略意识、危机意识，统筹海岛保护和开发利用，积极探索海岛发展新模式，改善海岛人居环境，促进海岛权益、安全、资源、生态及经济社会的协调发展。

5.5.3　港址资源开发等级评价

港址资源的质量评价就是利用模糊综合评价法，兼顾港址资源的自然条件和相关的社会经济条件，建立包括自然条件和社会经济条件两个层面的评价指标，并根据广西港址资源的实际情况，确定各个因子的评价标准，经过专家打分法，对其结果运用层次分析法，确定各个因子的权重，得到各个港址资源的质量，计算综合评价得分并划分港址资源的质量等级。

在广西港址资源质量等级评价指标体系中，一方面，各个指标表现出明显的层次性；另一方面，不同层次间因子的相互影响程度不能全部用精确的量来衡量，具有非常明显的模糊性特征。基于此，本研究在对广西港址资源各个指标定性和定量分析的基础上，建立起模糊综合评价模型，对港址资源质量等级进行了综合评判。

5.5.3.1　评价指标的选择与模型的建立

选取自然条件和社会经济条件作为港址资源评价的一级指标。自然条件中选取水域规模、可利用岸线长度、回淤程度、波浪状况、平均水深、掩护条件为二级指标；社会经济条件中选取腹地经济实力、依托城镇规模、交通运输条件为二级指标，建立港址资源质量等级评价指标体系。结合各港址的实际情况，把二级指标分为 3 个或 4 个等级，具体指标及赋值方法见表 5-136。

表 5-136　广西港址资源评价赋值表

一级指标	二级指标	赋值方法
自然条件（ω_1=0.57）	水域规模（ω_{11}=0.19）	水域面积广阔，可容纳 30t 级以上船只 500 艘以上（A_1=9）
		水域面积较为广阔，可容纳 30t 级以上船只 100～500 艘（B_1=5）
		水域面积小，可容纳船只 100 艘以下（C_1=3）
	可利用岸线长度（ω_{12}=0.24）	岸线长度在 10km 以上（A_2=9）
		岸线长度为 5～10km（B_2=5）
		岸线长度在 5km 以下（C_2=3）
	回淤程度（ω_{13}=0.09）	回淤程度轻（A_3=9）
		回淤程度较重（B_3=5）
		回淤程度重（C_3=3）

续表

一级指标	二级指标	赋值方法
自然条件（ω_1=0.57）	波浪状况（ω_{14}=0.10）	好（A_4=9） 中（B_4=5） 差（C_4=3）
	平均水深（ω_{15}=0.28）	10 万 t 以上泊位建设标准（A_5=9） 5 万～10 万 t 级泊位建设标准（B_5=5） 5 万 t 以下泊位建设标准（C_5=3）
	掩护条件（ω_{16}=0.11）	封闭性强、掩护条件好（A_6=9） 封闭性较好、掩护条件较好（B_6=5） 封闭性差、掩护条件差（C_6=3）
社会经济条件（ω_2=0.43）	腹地经济实力（ω_{21}=0.30）	腹地广大、经济实力强（A_7=9） 腹地较大、经济实力强（A_7=7） 腹地较小、经济实力一般（C_7=5） 腹地较小、经济实力弱（D_7=3）
	依托城镇规模（ω_{22}=0.33）	主要依托中等城市（A_8=9） 主要依托小城市（B_8=7） 主要依托县区（C_8=5） 主要依托乡镇（D_8=9）
	交通运输条件（ω_{23}=0.37）	港址内有铁路、公路和高速公路主干线相连（A_9=9） 港址内有铁路和公路干线相连（B_9=7） 港址内有铁路或公路干线相连（C_9=5） 港址仅连接一般公路（D_9=3）

基于以上指标数据，利用层次分析法确定各指标权重，并运用模糊综合评价法对广西港址资源进行综合评价，计算公式为

$$S=\sum \omega_{\alpha}\omega_{\beta}E \tag{5-46}$$

式中，S 为各港址资源的综合评价得分；E 为各港址在某项评价指标中的质量等级（优秀、优良、一般、较差）；ω_α 为自然条件和社会经济条件的权重；ω_β 分别代表 9 个评价指标权重。

各个港址的综合得分如表 5-137 所示。

表 5-137　广西港址资源综合评价

港址名称	水域规模	可利用岸线长度	回淤程度	波浪状况	平均水深	掩护条件	腹地经济实力	依托城镇规模	交通运输条件	综合得分
铁山湾港址	0.55	1.24	0.47	0.52	1.45	0.32	1.14	0.70	1.10	7.49
石步岭港址	0.55	0.41	0.47	0.29	0.48	0.57	0.89	0.98	0.78	5.42
涠洲岛港址	0.98	0.41	0.47	0.29	1.45	0.57	0.64	0.98	0.78	6.58
大风江东岸港址	0.98	0.69	0.47	0.52	0.48	0.32	0.89	0.42	0.78	5.56
大风江西岸港址	0.98	1.24	0.47	0.29	0.48	0.32	0.89	0.42	1.41	6.51
钦州湾东岸港址	0.98	1.24	0.47	0.29	1.45	0.32	1.14	0.70	1.41	8.01
钦州湾北岸港址	0.98	1.24	0.47	0.29	1.45	0.57	1.14	1.26	1.41	8.82
钦州湾西北岸港址	0.33	0.69	0.16	0.52	0.81	0.57	0.89	0.42	1.41	5.79
红沙沥港址	0.33	0.69	0.26	0.29	0.48	0.19	0.38	0.70	1.11	4.42
赤沙港址	0.55	0.69	0.26	0.29	0.48	0.19	0.89	0.70	1.10	5.15

续表

港址名称	水域规模	可利用岸线长度	回淤程度	波浪状况	平均水深	掩护条件	腹地经济实力	依托城镇规模	交通运输条件	综合得分
蝴蝶岭港址	0.98	1.24	0.26	0.29	1.45	0.57	1.14	0.70	1.10	7.74
企沙半岛西岸港址	0.98	1.24	0.26	0.52	0.48	0.57	1.14	0.98	1.10	7.28
渔沥半岛东岸港址	0.55	0.69	0.26	0.29	0.81	0.57	0.89	1.26	1.10	6.41
渔沥老港区	0.98	0.69	0.47	0.52	0.48	0.57	1.14	1.26	1.10	7.22
马鞍岭港址	0.33	0.41	0.26	0.29	0.81	0.19	0.64	0.42	1.10	4.44
防城白龙半岛南端港址	0.33	0.41	0.26	0.29	0.81	0.19	0.38	0.70	1.10	4.47
东兴潭吉港址	0.33	0.41	0.26	0.29	0.48	0.19	0.64	0.98	1.10	4.67
京岛港址	0.33	0.41	0.26	0.29	0.48	0.19	0.38	0.42	1.10	3.86
竹山港址	0.33	0.41	0.26	0.29	0.48	0.19	0.38	0.42	1.10	3.86

5.5.3.2　广西港址资源开发等级评价结果

根据得分状况，把广西沿海港址资源分为 4 个等级，如表 5-138 所示。

表 5-138　港址资源开发等级评价结果

级别	综合得分	港址
优秀级港址	＞ 7.0	铁山湾港址、钦州湾东岸港址、钦州湾北岸港址、蝴蝶岭港址、企沙半岛西岸港址、渔沥老港区
优良级港址	6.0～7.0	涠洲岛港址、大风江西岸港址、渔沥半岛东岸港址
一般级港址	4.5～6.0	石步岭港址、大风江东岸港址、钦州湾西北岸港址、赤沙港址、东兴潭吉港址
较差级港址	＜ 4.5	红沙沥港址、马鞍岭港址、防城白龙半岛南端港址、京岛港址、竹山港址

Ⅰ. 优秀级港址

综合得分大于 7.0 的包括铁山湾港址、钦州湾东岸港址、钦州湾北岸港址、蝴蝶岭港址、企沙半岛西岸港址、渔沥老港区等 6 处港址。与其他港址相比，质量优秀级港址在自然条件和社会经济条件方面存在明显的优势，如波浪状况好、平均水深大、可利用岸线长、掩护条件好、交通便利、基础设施和配套设施齐全等；不利条件是依托城镇规模、水域规模没有达到理想的规模，掩护条件不佳，这些不利条件都会影响其向更大、更强的综合性港址方向发展。

6 处质量优秀级港址虽然有很高的相似性，但它们之间的差异性也非常明显。钦州湾东岸港址、钦州湾北岸港址两处开发较早的港址在自然条件和社会经济条件方面整体状况优良，因而得分都大于 8 分。钦州湾东岸港址、铁山湾港址、企沙半岛西岸港址 3 处港址在可利用岸线长度和腹地经济实力方面具有明显的优势，企沙半岛西岸港址的平均水深条件较差，钦州湾北岸港址整体条件优良。蝴蝶岭港址平均水深条件较好，水域规模方面优势明显，而且腹地经济实力较强，因此综合评价得分较高。

Ⅱ. 优良级港址

综合得分为 6.0～7.0 的包括涠洲岛港址、大风江西岸港址、渔沥半岛东岸港址 3 处港址。质量优良级港址在自然条件方面存在比较明显的优势，其可利用岸线长、回淤程度较轻，除涠洲岛港址外，其余两处港址的平均水深小于 5m，不利于 5 万 t 以上泊位的建设。

涠洲岛港址水域广阔，回淤程度轻，平均水深大，掩护条件好，但是受偏北方向风浪的影响，且腹地经济实力、依托城镇规模和交通运输条件等社会经济条件较差，但由于社会经济条件权重小于自然条件权重，因而其质量等级评价处于第二等级。大风江西岸港址在依托城镇规模方面不如其他两处港址，但是其水域规模大、可利用岸线长、回淤程度轻。渔沥半岛东岸港址的社会经济条件优于其他两处港址，但是其自然条件各项指标都属于良好级别，因而质量评价等级处于第二级。总的来说，这一等级的港址综合资源条件较好，具有较大的发展潜力。

Ⅲ. 一般级港址

综合得分为4.5～6.0的包括石步岭港址、大风江东岸港址、钦州湾西北岸港址、赤沙港址、东兴潭吉港址5处港址。质量一般级港址综合条件一般，且都具有明显的限制性因素，因此只适合于建设小型地方性港口，主要满足当地渔船停泊、避风和补给的需要。5处港址除东兴潭吉港址以外，其他港址综合得分均大于5分。

石步岭港址的有利条件是回淤程度较轻、掩护条件好，但是在可利用岸线长度、平均水深、交通运输条件方面状况不佳，由于其在权重较小的指标方面质量较好，但是在重要指标方面质量较差，因此综合质量等级评价处于第三级。大风江东岸港址的自然条件状况较好，如水域规模大、回淤程度轻、波浪状况好，但是社会经济条件差，尤其是依托城镇规模小。钦州湾西北岸港址限制因素是依托城镇规模小、可利用岸线长度短、回淤程度严重，但是波浪状况好、掩护条件佳。赤沙港址自然条件和社会经济条件均处于质量一般级水平，缺少某些优秀的条件，整体质量一般。东兴潭吉港址可利用岸线长度小于1km，水域规模小，掩护条件差，而且平均水深浅，只适合建1000t级以下的泊位，社会经济条件方面腹地经济实力较差，依托城镇规模和交通运输条件也不具备优势。

Ⅳ. 较差级港址

综合得分小于4.5分的包括红沙沥港址、马鞍岭港址、防城白龙半岛南端港址、京岛港址、竹山港址5处港址。质量较差级港址水深大部分不足以建设万吨级以上泊位，水深条件成为制约这些港址开发的因素，这些港址规模小，提供的渔业产品主要用于满足当地需要，对区域发展的贡献不大。以红沙沥港址为例，该港址可利用岸线长度在同类港址中表现较好，处于中等水平，但是平均水深、腹地经济实力差，造成了整体水平偏低。

5.6 广西海洋空间资源开发潜力评价与规划

海域空间资源潜力是指用于一定方式或在一定管理实践方面的潜在能力。它是资源各要素相互作用所表现出来的固有的潜在生产能力和利用能力。空间资源开发潜力评价是根据空间资源利用方式自然限制因素和限制程度，构建潜力评价系统，分别进行利用潜力或综合潜力评价。评价结果可为海洋资源的空间规划、岸线利用、海域功能区划提供依据。

5.6.1 海域资源开发潜力评价

广西沿海区域位于我国最南端，面向东南亚，背靠大西南，是我国大西南地区的交汇地带和最便捷的出海通道，是环北部湾经济区的前沿，地理位置独特，自然资源丰富，是推动广西经济社会发展的重要引擎。为了科学利用海洋国土空间，使广西海洋环境更加优美、生态更加安全、资源更加富饶、发展更加和谐，急需对广西海域资源开发潜力做出评价，以此为依据对不同海域进行有区别的开发利用管理，实现广西海洋经济可持续、健康发展。《国务院关于编制全国主体功能区规划的意见》（国发〔2007〕21号）指出，“编制全国主体功能区规划，就是要根据不同区域的资源环境承载能力、现有开发密度和发展潜力，统筹谋划未来人口分布、经济布局、国土利用和城镇化格局，将国土空间划分为优化开发、重点开发、限制开发和禁止开发四类，确定主体功能定位，明确开发方向，控制开发强度，规范开发秩序，完善开发政策，逐步形成人口、经济、资源环境相协调的空间开发格局。”可见，海洋资源开发潜力与海洋功能区划密切相关，海洋资源开发潜力是制定、完善海洋功能区划的依据，而一旦海洋功能区划确定后，功能区不同潜力亦存在差别，科学合理的海洋资源开发潜力评价应该是基于目前不同的海洋功能区而进行的潜力评价，因此本研究的海域资源开发潜力评价是基于特定海洋功能区的潜力评价。

5.6.1.1　基本理论及评价意义

1）海洋功能区开发潜力的概念与内涵

海洋功能区，是根据海域及海岛的自然资源条件、环境状况、地理区位、开发利用现状，并考虑国家或地区经济与社会持续发展的需要，所划定的具有最佳功能的区域（国家海洋局，2006）。广西海洋功能区是在以自然属性为基础、科学发展为导向、保护渔业为重点、保护环境为前提、海陆统筹为准则、国家安全为关键为基本原则的基础上划定的，目前包括农渔业区、港口航运区、工业与城镇用海区、矿产与能源区、旅游休闲娱乐区、海洋保护区、特殊利用区和保留区共 8 个类别 74 个海岸基本功能区（广西壮族自治区海洋局，2012b）。

潜力是潜在的能力。特定区域的发展潜力是该区域未来所能够达到的最大开发密度，或者说开发极限（杜黎明，2007）。而海洋功能区开发潜力就是指在海洋功能区范围内特定的海洋开发方向上的潜在可持续利用能力，由于海洋功能区限定了海域的开发方向，也就是说，海洋功能区开发潜力是在限定开发方向上整个海域的支持系统的潜在可持续利用能力，因此海洋功能区开发潜力评价，也就是对此支持系统的潜在可持续利用能力的评价。

海洋功能区开发潜力概念应包含以下几方面含义。

（1）海洋功能区开发潜力应为海域可持续利用基础上的海洋开发，而海洋可持续利用指人类必须了解海洋资源环境的现状与未来，掌握海洋经济发展规律，维护海洋生态环境健康与平衡，确保海洋资源的增长与可持续利用，既能满足当代人对海洋资源的需求，又不损害后代人发展需求的能力。

（2）海洋功能区开发潜力不是针对过去和现在，而是指基于当前的资源、环境、社会条件，特定海洋功能区在未来一段时间内是否具有开发潜力、具有多大潜力。

（3）海洋功能区开发潜力是指在既定开发方向上的开发潜力，而这种海洋开发方向是由海洋功能区划确定的最佳开发方式，只有在这种方向上海洋开发才具有相对最大的开发潜力。

2）评价背景与意义

（1）海洋经济可持续发展的需要。近几年广西海洋经济快速发展，据 2014 年《广西海洋经济统计公报》统计，2014 年广西海洋生产总值为 926 亿元，比上年增长 9.1%，占广西地区生产总值的比重为 5.9%，占广西北部湾经济区四城市（南宁市、北海市、钦州市、防城港市）生产总值的比重约为 17%，其中主要海洋产业增加值占沿海三市（北海市、钦州市、防城港市）生产总值的比重为 21%。可见，海洋已经成为广西经济社会可持续发展的重要资源和战略空间，当前北部湾经济区发展战略也已进入全面实施的新阶段，广西海洋空间开发规模逐步加大、开发强度不断加强，同时海洋开发利用与海洋资源环境承载能力之间的矛盾也进一步凸显。因此，应在海洋功能区划支撑能力范围内根据海洋功能区开发潜力大小统筹规划、有所侧重、合理有序地利用各地市海洋资源，在缓解海洋资源和环境压力的前提下实现海洋经济可持续发展的目标。

（2）主体功能区划进一步修订完善的要求。《国务院关于编制全国主体功能区规划的意见》指出，编制全国主体功能区规划，就是要根据不同区域的资源环境承载能力、现有开发密度和发展潜力，明确开发方向，控制开发强度，规范开发秩序，完善开发政策，逐步形成人口、经济、资源环境相协调的空间开发格局。《国务院关于印发全国主体功能区规划的通知》明确要求，到 2020 年海洋主体功能区战略格局基本形成。因此，基于目前各海洋功能区划评价其既定开发利用方向上的潜力大小，对于进一步修订完善海洋主体功能区规划，统筹谋划广西海洋空间利用，推动形成与海洋资源、海洋环境和海洋生态相协调的海洋空间开发格局具有重要意义。

（3）集约高效用海理念。海域尤其是近岸海域是海洋经济发展的重要载体，某种程度上也是稀缺和不可再生的空间资源，但是目前简单、粗放、低水平重复利用岸线和海域资源的现象大量存在，因此通过对各沿海地市不同功能区开发潜力进行评价，鼓励合理、科学、高效利用各地区各海域优势资源，提高海洋开发集约利用水平，避免资源浪费，同时降低对生态脆弱地区海洋生态和环境的影响。因此，海域开发潜力评价对于促进海洋开发集约利用水平、形成集约用海理念也是非常有必要的。

5.6.1.2 评价方法与指标体系

运用层次分析法、数据标准化方法、综合评价中的合成方法对广西海域资源开发潜力进行评价。

1）评价指标体系构建原则

科学合理、简单易行的评价指标体系是海域资源开发潜力评价的基础，直接关系到海洋功能区开发潜力评价的质量。海域资源开发潜力评价是一项系统性工作，涉及经济、社会、生态、环境等诸多方面，其评价指标的选取应遵循以下原则。

（1）一致性原则。所谓一致性原则是指所选指标要紧紧围绕“海域资源开发潜力”这一目标，与其内涵相一致，多方位、多角度地反映区域海洋功能区开发潜力。从评价内容上看，该指标确实能反映有关内容，指标体系中绝不能包含与评价对象和内容无关的指标。

（2）系统性、全面性原则。指标体系要包括海洋功能区开发潜力所涉及的众多方面，尽可能涵盖所有方面，并使其成为一个系统，要符合层次性、整体性、综合性要求。层次性——指标体系要形成阶层性的功能群，层次之间要相互适应并具有一致性，要具有与其相适应的导向作用，即每项上层指标都要有相应的下层指标与其相适应；整体性——不仅要注意指标体系整体的内在联系，还要注意整体的功能和目标；综合性——指标体系的设计要有反映海洋功能区运行现状的指标，更重要的是要有反映总体结构的指标，整体与部分综合才能更为客观和全面。

（3）科学性与可操作性原则。评价指标体系的选取要立足于客观实际，以海洋功能区划、可持续发展理论等为指导，科学反映评价对象的开发利用现状和未来发展潜力；要保证数据来源的准确可靠、测算方法标准可信，同时，要考虑到指标数据获取的难易程度，数据分析处理方法要科学合理，具有实际可操作性。

（4）可持续发展原则。海域资源开发潜力评价的实质是为了科学合理、集约高效地利用各地海洋资源，促进海洋经济可持续发展。因此，评价指标的选取要能充分体现可持续发展理念，重视评价指标体系中资源环境现状指标及海洋开发强度相关指标的选取，以不损害当前生产生活及子孙后代的海洋需求为基础，实现海洋资源的高效利用。

（5）可比性原则。指标体系中同一层次的指标应该满足可比性的原则，即具有相同的计量范围、计量口径和计量方法；指标选取和计算宜采用相对值，尽可能不采用绝对值，使所选指标既能反映实际情况，又便于比较优劣、发现不足。

2）建立海洋功能区评价指标体系

根据指标体系建立的可持续发展原则及系统性、全面性原则，确定评价单元的资源潜力、环境潜力、海洋开发水平和经济社会发展需求四个基本的准则层，在准则层下进一步确定子准则层和指标层。在具体评价不同功能区时根据各功能区特点适当调整准则层和指标层。这里仅对共同的准则层及指标进行说明。

（1）资源潜力。海洋经济的发展依托于特定的海洋资源，其反映可供开发利用或具有潜在利用价值的海洋空间资源的利用程度，因此海洋资源的数量和质量均是决定海域发展潜力的重要方面，资源数量越多，质量越高，其潜力也就越大，相关具体指标根据评价海洋功能区的不同而不同。

（2）环境潜力。特定地区海洋生态质量、环境容量是决定海域发展潜力的重要方面，反映某海域内环境质量对经济社会发展的适宜程度或制约程度。该准则层下又设海洋生态环境综合质量和海洋灾害风险两个子准则层。海洋生态环境综合质量子准则层包括评价单元海水水质达标率、海洋沉积物质量达标率和生物多样性指数三个具体评价指标，海洋生态环境质量越高，对海洋开发约束程度就越小，相应开发潜力就越大；相反，较差的海洋生态环境质量将成为今后海洋经济发展的重要约束指标。海洋灾害风险是作为评估特定海域自然灾害发生可能性和灾害损失严重性而设计的指标，根据《海洋主体功能区区划技术规程》（HY/T 146—2011）中推荐的海洋灾害风险指标的计算方法，该指标可通过风暴潮、海浪、赤潮、海岸带地质灾害等灾害等级指数和评价海域的经济强度系数计算得到，作为海域可持续发展的负向指标纳入指标体系。

（3）海洋开发水平。海域资源开发潜力评价离不开各海域目前的开发强度及科技创新能力、技术水平。依据国家海洋局发布的《海洋主体功能区区划技术规程》（HY/T 146—2011），海洋开发强度综合考虑海域使用程度、海洋经济发展水平等众多因子，是海洋主体功能区的综合评价指标之一，具体评价指标包括管辖海域开发程度、围填海强度、海洋经济效能（单位岸线的海洋生产总值）、海洋经济年均增长率；海洋科技创新能力体现海洋科技和教育及人才队伍建设水平，是影响海洋开发潜力的重要方面，相应指标的建立参考《广西海洋主体功能区规划专题研究》。管辖海域开发程度越高、围填海强度越大，所剩余资源量就越小，今后开发利用空间也就越小，所以是成本型指标；海域经济效能、海洋经济年均增长率越高，说明其产出能力越强，支撑可持续发展的物质基础越强，因此潜力越大；海洋科技创新能力越强，潜力就越大。

（4）经济社会发展需求。邻近地区的经济社会发展水平也会影响海洋开发规模、水平及效益等，进而影响海域资源开发潜力。经济社会从两个方面影响海域资源开发潜力：第一，经济社会发展需要海洋提供资源和生产、生活、交通运输的空间，经济社会需求是海洋开发的动力，没有需求的海洋开发项目是没有生命力的；第二，经济社会发展是海洋开发的主要制约因素，缺乏资金支持、交通闭塞是无法大规模进行现代海洋开发的，因此在评价海洋功能区的开发潜力时应考虑经济社会需求。经济社会需求越大，该区域海洋功能区开发潜力就越大。此外，对于土地利用需求来说，由于海洋开发成本比土地开发成本高，如果土地资源丰富，开发海洋的动力就相对小，因此土地利用需求指数是成本型指标，指数越小海洋功能区开发潜力越大。经济社会需求指标包括区域年末常住人口、人均 GDP、海洋交通优势度，土地利用需求指标用人均耕地面积代替。

3）共同指标的计算及数据来源

海洋功能区潜力评价的资源数量和质量指标因评价功能区的不同而不同，因此资源潜力准则层下具体指标的计算将在具体评价各功能区潜力时分别进行；而各海洋功能区所依托环境潜力、海洋开发水平、经济社会发展需求主要是在地市之间存在差别，即同一地市不同功能区均依托于该地市相似的环境潜力、海洋开发水平、经济社会发展需求，因此，本研究在此部分对这三个准则层下的具体指标统一计算说明，在具体评价不同功能区时再根据所评价功能区的要求适当调整准则层和指标层，并对各准则层和指标取不同权重，使其适用于所评价的功能区。

Ⅰ. 环境潜力

ⅰ. 海洋生态环境综合质量

（1）海水水质达标率。水质达标率越高则海水环境容量越大，相应海域发展潜力就越大。计算公式如下：

$$C_1 = \sum \left(B_s \times S_p \right) \Big/ \sum S_p \tag{5-47}$$

式中，S_p 为评价区域某类水质所对应的海域面积；B_s 为某类水质达标系数。水质达标系数 B_s 根据海域水质现状与海域水质功能标准的比较结果确定，具体见表 5-139；功能区标准依据《海水水质标准》（GB 3097—1997）和《广西壮族自治区海洋功能区划（2011—2020 年）》。

表 5-139　水质达标系数确定方法

达标系数	对应达标状况
2	现状水质高于功能区标准 2 个等级
1.5	现状水质高于功能区标准 1 个等级
1	所有指标稳定达标
0.8	所有指标达标
0.6	存在超标指标，超标指标数≤ 3，且无严重超标指标

续表

达标系数	对应达标状况
0.4	存在超标指标，超标指标数＞3，且无严重超标指标
0.2	存在严重超标指标，且超标指标数≤3
0	存在严重超标指标，且超标指标数＞3

注：稳定达标，指标全年平均值及最劣值均达功能区标准要求；达标，指标全年平均值达功能区标准要求；超标，指标全年平均值未达功能区标准要求；严重超标，指标全年平均值未达功能区标准要求，且平均值超功能区标准要求3倍以上

综上，北海市、钦州市、防城港市海水水质达标率如表5-140所示。

表5-140　广西沿海三市海水水质达标率

	北海市	钦州市	防城港市
达标率（%）	100	100	91.22

数据来源：广西壮族自治区海洋局（2014b）

（2）海洋沉积物质量达标率。海洋沉积物质量也是反映海洋环境质量的重要指标，评价单元沉积物质量达标率越高，海域发展潜力就越大，其计算公式为

$$C_2 = \sum\left(B_s \times S_p\right)\Big/\sum S_p \tag{5-48}$$

式中，S_p为评价区域某类沉积物质量所对应的海域面积；B_s为某类沉积物质量达标系数。达标系数B_s根据海域沉积物现状与《海洋沉积物质量标准》（GB 18668—2002）的比较结果确定，具体见表5-141。

表5-141　海域沉积物质量达标系数确定方法

达标系数	对应达标状况
1	达第一类标准
0.6	达第二类标准
0.3	达第三类标准
0	劣于第三类标准

综上，北海市、钦州市、防城港市海域沉积物质量达标率如表5-142所示。

表5-142　广西沿海三市沉积物质量达标率

	北海市	钦州市	防城港市
达标率（%）	79.75	73.00	57.67

数据来源：广西壮族自治区海洋局（2014b）

（3）生物多样性指数。生物多样性指数统一采用香农-维纳多样性指数（Shannon-Wiener's diversity index），该指数越大说明相应海域环境质量越好，承载未来经济社会发展的潜力越大，其计算公式为

$$C_3 = -\sum_{i=1}^{S} P_i \log_2 P_i \tag{5-49}$$

式中，P_i表示第i种的个数与该样方总个数之比；S表示样方种数。

该指数应用于浮游生物方面时，由于其个体较小而均匀，以个体数来计算，误差不大。但在底栖生物和游泳生物的计算中，因每个种的个体相差可能很大，以个体数计算不准确，此时，可用生物量来代替个体数，计算公式为

$$C_3 = -\sum_{i=1}^{S}\left(\frac{w_i}{w}\right) \times \log_2\left(\frac{w_i}{w}\right) \tag{5-50}$$

式中，w_i表示第i种的生物量；w表示样方总生物量；S表示样方种数。

计算得广西海域生物多样性指数，结果如表5-143所示。

表 5-143　广西沿海三市生物多样性指数

	北海市	钦州市	防城港市
叶绿素 a	4.79	6.7	5.76
浮游植物	3.93	6.1	6.4
浮游动物	7.23	8.2	6.6
潮间带生物	6.7	7.3	5.4
潮下带生物	3.88	3.2	3.73
综合评分（标准化）	0.53	0.63	0.56

数据来源：孟宪伟和张创智（2014）

ⅱ. 海洋灾害风险

沿海地区风暴潮、海浪、海冰、赤潮、海雾、海平面上升、海岸带地质灾害等对沿海地区造成风险损失的程度，反映海洋自然灾害对沿海地区人民生活和海洋经济发展产生的负面影响的程度与限制程度。其计算方法为灾害等级指数乘以经济强度系数，各评价因子指标权重确定宜采用德尔菲法。其具体指标如下。

（1）突发性灾害指数。突发性灾害包括风暴潮、海雾、海啸、海浪、海岸带地质灾害等各种海洋自然灾害，该指数计算公式如下：

$$C_4=\mathrm{Max}[V_{Hi}\times V_{Sj}\times(1-V_{Rj})] \tag{5-51}$$

式中，V_{Hi} 表示某类突发性灾害的危险性指数，由统计数据得到；V_{Sj} 表示承灾地区的脆弱性指数，由地区人均 GDP 对应取得；V_{Rj} 表示承灾地区的防灾减灾能力指数，采用德尔菲法确定。

本研究只对历年来给广西海岸带来严重损失的灾害风暴潮、海啸、海雾进行计算，各地人均 GDP 及脆弱性指数如表 5-144 所示。

表 5-144　广西沿海三市人均 GDP 及脆弱性指数

	北海市	钦州市	防城港市
人均 GDP（元）	53 636	26 971	65 178
脆弱性指数	1.4	1.1	1.4

数据来源：广西壮族自治区统计局（2014）

基于统计数据及专家调查，综合得到北海市、钦州市、防城港市各类突发灾害危险性指数和防灾减灾能力指数，如表 5-145 所示。

表 5-145　广西沿海三市危险性指数和防灾减灾能力指数赋值

	风暴潮		海啸		海雾	
	危险性指数	防灾减灾能力指数	危险性指数	防灾减灾能力指数	危险性指数	防灾减灾能力指数
北海市	7	0.8	1	0.9	2	0.9
钦州市	5	0.5	1	0.9	2	0.9
防城港市	5	0.5	1	0.9	2.5	0.9

数据来源：国家海洋局（1989—2010）；广西壮族自治区海洋局（2010）；专家问卷调查结果

根据以上数据及公式，计算的广西沿海三市海洋突发性灾害指数如表 5-146 所示。

表 5-146　广西沿海三市突发性灾害指数

	北海市	钦州市	防城港市
突发性灾害指数	1.96	2.75	3.5

（2）缓发性灾害指数。缓发性灾害包括赤潮、海岸侵蚀、海水入侵等。具体计算公式如下：

$$C_5=\mathrm{Max}[V_{Hi}\times V_{Sj}\times(1-V_{Rj})] \tag{5-52}$$

式中，V_{Hi} 表示某类缓发性灾害的危险性指数，由统计数据得到；V_{Sj} 表示承灾地区的脆弱性指数，由地区人均 GDP 对应取得；V_{Rj} 表示承灾地区的防灾减灾能力指数，采用德尔菲法确定。

基于以上数据及专家问卷调查结果，得到广西沿海三市缓发性灾害危险性指数、防灾减灾能力指数，结果如表 5-147 所示。

表 5-147　广西沿海三市缓发性灾害危险性指数与防灾减灾能力指数

	海岸侵蚀		赤潮		海水入侵	
	危险性指数	防灾减灾能力指数	危险性指数	防灾减灾能力指数	危险性指数	防灾减灾能力指数
北海市	2.75	0.9	6	0.9	2	0.83
钦州市	4	0.5	2	0.7	1	0.6
防城港市	5.33	0.5	1	0.7	1	0.6

数据来源：国家海洋局（1989—2010）；广西壮族自治区海洋局（2010）；专家问卷调查结果

根据以上数据及计算公式得广西沿海三市缓发性灾害指数，如表 5-148 所示。

表 5-148　广西沿海三市缓发性灾害指数

	北海市	钦州市	防城港市
缓发性灾害指数	0.84	2.20	3.73

综上，广西北海、钦州、防城港三市海域环境质量各指标值如表 5-149 所示。

表 5-149　广西沿海三市海域环境质量指标值

		北海市	钦州市	防城港市
海洋生态环境综合质量指标	海水水质达标率（%）	100	100	91.22
	海洋沉积物质量达标率（%）	79.75	73.00	57.67
	生物多样性指数	0.53	0.63	0.56
海洋灾害风险指标	突发性灾害指数	1.96	2.75	3.50
	缓发性灾害指数	0.84	2.20	3.73

数据来源：国家海洋局（1989—2010）；广西壮族自治区海洋局（2010）；专家问卷调查结果

Ⅱ. 海洋开发水平

海洋开发主体自身素质等方面的差异造成不同海域海洋开发水平存在差异，即海洋开发强度不同、海洋科技创新能力不同，因此不同地市同种功能区开发潜力也不同。

ⅰ. 海洋开发强度

（1）海洋经济年均增长率。年均增长率越高，相应地区海洋功能区发展潜力就越大。计算公式为

$$\overline{a} = \sqrt[i]{\mathrm{GOP}_n / \mathrm{GOP}_{n-i}} \tag{5-53}$$

式中，$\overline{a}$ 表示研究区域海洋经济年均增长率；GOP_n 表示研究区域第 n 年海洋生产总值，单位为亿元；GOP_{n-i} 表示研究区域第 $n-i$ 年海洋生产总值，单位为亿元。

（2）海洋经济效能（单位岸线海洋生产总值）。海洋经济效能越高，相应地区海洋功能区发展潜力越大。计算公式为

$$e_i = \frac{\mathrm{GOP}_i}{l_i} \tag{5-54}$$

式中，e_i 表示研究区域海洋经济效能；GOP_i 表示研究区域海洋生产总值，单位为亿元；l_i 表示研究区域岸线长度，单位为 km。

（3）管辖海域开发程度。该值越高说明未来可利用海域空间越小，则海洋功能区发展潜力越小。

（4）围填海强度。围填海强度越大则为未来海洋经济发展预留的海域空间资源越少，功能区发展潜力就越小。计算公式为

$$b_i = \frac{S_{i1}}{S_{i2}} \tag{5-55}$$

式中，b_i 表示研究区域围填海强度；S_{i1}、S_{i2} 分别表示研究区域围填海面积和海域总面积。

ⅱ. 海洋科技创新能力

海洋科技创新能力是指科技对海洋发展的支持力度，反映海域的科技发展潜力，其值越大表明支持海洋功能区未来发展潜力的科技能力越强。该指标值的计算借鉴《广西海洋主体功能区规划专题研究》的研究成果，其计算方法是由科技经费筹集额、海洋科研机构从事科技活动人数、海洋科研机构科技课题数、海洋科研机构发表科技论文数、海洋科研机构专利授权数要素加权和计算而得。

综上，广西北海、钦州、防城港三市海洋开发水平指标值如表 5-150 所示。

表 5-150 广西沿海三市海洋开发水平指标值

		北海市	钦州市	防城港市
海洋开发强度指标	海洋经济年均增长率（%）	22	25	23
	海洋经济效能（亿元/km）	2.47	1.31	0.49
	管辖海域开发程度（%）	43.34	3.43	2.85
	围填海强度（%）	0.18	0.89	2.60
海洋科技创新能力指标		0.39	0.14	0.02

数据来源：广西壮族自治区统计局（2014）；广西壮族自治区海洋局（2015c）；国家海洋局第三海洋研究所（2009b）

Ⅲ. 经济社会发展需求

经济社会发展需求一方面是海洋经济发展的动力，另一方面社会经济发展也为相应区域海洋经济发展提供支撑。此外，在该准则层下考虑海洋资源的土地利用需求，土地资源作为海洋资源的替代资源会影响海洋的开发需求，地区土地资源尤其是耕地资源越丰富，人们开发利用海洋的动力就越小，因此本研究将其作为负向指标纳入指标体系。

ⅰ. 区域发展需求指标

（1）常住人口。一般来说地区人口数量越多对海洋的开发需求就越大，有利于提高相应海域开发潜力，因此本研究将广西沿海三市年末常住人口指标纳入指标体系。

（2）人均 GDP。人均 GDP 为地区经济发展水平的衡量指标，该值越大，一方面说明人们的消费需求越大，开发利用海洋的动力也就越大，海洋发展潜力就越大；另一方面，较高的经济发展水平也为开发海洋提供坚实的物质基础，推动当地海洋经济发展，因此该指标是正向指标。

（3）海洋交通优势度。海洋交通对于沟通广西和大西南及其他地区贸易往来，开发利用丰富的海洋资源有非常重要的战略意义。海洋交通优势度越大，相应海域开发潜力越大。

ⅱ. 土地利用需求指标

选取人均耕地面积衡量该指标，计算公式为

$$\overline{S_i} = \frac{S_i}{P_i} \tag{5-56}$$

式中，$\overline{S}_i$ 表示研究区域人均耕地面积，单位为 hm^2/人；S_i 表示研究区域耕地总面积，单位为万 hm^2；P_i 表示研究区域年末总人口，单位为万人。

基于以上数据及公式，计算得广西沿海三市经济社会发展需求指标值，结果如表 5-151 所示。

表 5-151　广西沿海三市经济社会发展需求指标值

		北海市	钦州市	防城港市
区域发展需求指标	常住人口（万人）	160.37	318.06	90.80
	人均 GDP（元）	53 636	26 971	65 178
	海洋交通优势度	0.46	0.50	0.41
土地利用需求指标	人均耕地面积（hm^2）	0.093 3	0.062 0	0.102 7

数据来源：广西壮族自治区统计局（2014）；广西壮族自治区海洋局（2015c）；国家海洋局第三海洋研究所（2009b）

5.6.1.3　海域资源开发潜力评价

海岸基本功能区具有相对完整的自然地理单元，依托陆域并与近海紧密联系，是海洋功能区的主体部分，是促进沿海经济带发展和保障海洋生态安全的重要区域。《广西壮族自治区海洋功能区划（2011—2020年）》划分了农渔业区、港口航运区、工业与城镇用海区、矿产与能源区、旅游休闲娱乐区、海洋保护区、特殊利用区和保留区共 8 个类别 74 个海岸基本功能区。近海基本功能区是海岸基本功能区向海的自然延伸，海洋自然资源丰富，生态环境功能显著，是海洋食品生产、海洋战略性资源开发的基地，是维护国家海洋安全、保障近岸海域生态环境健康发展的重要区域。此次区划划分了农渔业区、港口航运区、工业与城镇用海区、矿产与能源区、旅游休闲娱乐区、海洋保护区、特殊利用区和保留区共 8 个类别 29 个近海基本功能区。本研究的评价单元即北海市、钦州市、防城港市的主要功能区。

1）广西海域农渔业区海域资源开发潜力评价

Ⅰ. 建立评价指标体系

ⅰ. 资源数量指标

（1）农渔业区面积。面积越大，开发潜力就越大。

（2）农渔业区岸线长度。岸线越长，开发潜力就越大。由于功能区岸线长度数据缺失，本研究取各沿海地市人工岸线、粉砂淤泥质岸线和生物岸线长度之和代替该指标。

ⅱ. 资源质量指标

（1）优势经济物种占比。在北海、钦州、防城港三市养殖和捕捞海产品以鱼类为主，且鲷鱼和石斑鱼是其中价格相对较高的经济物种，因此以各地市这两种海产品产量占总养殖捕捞产量的比重代表优势经济物种占比。优势经济物种占比越大，其开发潜力就越大。

（2）优势功能区面积占比。生态养殖、休闲渔业作为一种可持续的养殖方式，其本身具有很大开发潜力，有利于促进经济与环境协调发展，因此将各评价单元农渔业区中适宜发展休闲渔业的功能区面积占比作为资源质量指标纳入指标体系，该值越大开发潜力就越大。

综上，北海市、钦州市、防城港市农渔业区海域资源开发潜力评价指标值如表 5-152 所示。

表 5-152　广西沿海三市农渔业区海域资源开发潜力评价指标值

准则层	指标层	北海市	钦州市	防城港市
资源潜力	农渔业区面积（hm^2）	117 989	51 018	45 553
	农渔业区岸线长度（km）	471.21	526.59	482.32
	优势经济物种占比（%）	0.32	0.88	0.19
	优势功能区面积占比（%）	0	6.35	20.94
环境潜力	海水水质达标率（%）	100	100	91.22
	海洋沉积物质量达标率（%）	79.75	73.00	57.67
	生物多样性指数	0.53	0.63	0.56
	突发性灾害指数	1.96	2.75	3.50
	缓发性灾害指数	0.84	2.20	3.73

续表

准则层	指标层	北海市	钦州市	防城港市
海洋开发水平	海洋经济年均增长率（%）	22	25	23
	海洋经济效能（亿元/km）	2.47	1.31	0.49
	管辖海域开发程度（%）	43.34	3.43	2.85
	围填海强度（%）	0.18	0.89	2.60
	海洋科技创新能力	0.39	0.14	0.02
经济社会发展需求	常住人口（万人）	160.37	318.06	90.80
	人均 GDP（元）	53 636	26 971	65 178
	海洋交通优势度	0.46	0.50	0.41
	人均耕地面积（亩）	1.40	0.93	1.54

数据来源：广西壮族自治区海洋局（2012b，2015c）；广西壮族自治区统计局（2014）；国家海洋局第三海洋研究所（2009b）

Ⅱ. 农渔业区海域资源开发潜力评价值

根据综合评价合成方法公式计算：

$$X = \sum_{i=1}^{n} W_i X_i \tag{5-57}$$

式中，X 为研究区域农渔业区海域资源开发潜力评价值；X_i 为单个评价指标的标准化值；W_i 为各评价指标的权重值；n 为评价指标的个数。

运用层次分析法确定各指标权重，基于各指标标准化值，运用评价公式计算广西沿海三市农渔业区海域资源开发潜力评价值，结果如表 5-153 所示。

表 5-153　广西沿海三市农渔业区海域资源开发潜力评价值

	北海市	钦州市	防城港市
开发潜力评价值	0.54	0.65	0.21

从广西农渔业区海域资源开发潜力评价看，钦州市农渔业区海域资源开发潜力最大，其次是北海市，防城港市农渔业区海域资源开发潜力最小。究其原因，从各评估指标对农渔业区海域资源开发潜力评价值的贡献度看，各海域资源潜力是影响农渔业区未来开发潜力最重要的因素，从功能区面积看，北海市农渔业区面积占绝对优势，是钦州市和防城港市农渔业区面积的 2 倍多，有利于其未来农渔业的发展。但是北海市农渔业区海洋资源质量并不占优势，首先，从历年养殖和捕捞经济物种类别看，价值较高的经济物种占比相对钦州市较低；其次，从《广西壮族自治区海洋功能区划（2011—2020 年）》提到的鼓励发展休闲渔业的功能区个数看，北海市最少。而钦州市农渔业区岸线长度最大，且其优势经济物种占比高，资源数量和质量都较高，因此，钦州市农渔业区海域资源开发潜力相对最大。防城港市除适宜发展休闲渔业的功能区数量较多外，资源数量和质量都不占优势，且支撑农渔业区未来发展的海洋生态环境、海洋开发水平及地区经济社会发展需求等都处于劣势，这导致其开发潜力最小。

2）广西海域港口航运区海域资源开发潜力评价

Ⅰ. 建立评价指标体系

ⅰ. 资源数量指标

（1）港口航运区面积。港口航运区面积越大，其开发潜力越大。

（2）港口航运区岸线长度。岸线越长，其开发潜力越大。

ⅱ. 资源质量指标

该指标的选取借鉴了《广西海洋主体功能区规划专题研究》的成果，选择港口吞吐量密度和港口泊位密度指数，海域港口吞吐量密度越大、港口泊位密度越大，港口航运区开发潜力越大。

综上，北海市、钦州市、防城港市港口航运区海域资源开发潜力评价指标值如表 5-154 所示。

表 5-154　广西沿海三市港口航运区海域资源开发潜力评价指标值

准则层	指标层	北海市	钦州市	防城港市
资源潜力	港口航运区面积（hm^2）	35 530	8 032	14 365
	港口航运区岸线长度（km）	110.011	57.538	161.506
	港口吞吐量密度（万 t）	0.278	0.38	0.48
	港口泊位密度指数	0.13	0.62	0.33
环境潜力	海水水质达标率（%）	100	100	91.22
	海洋沉积物质量达标率（%）	79.75	73.00	57.67
	生物多样性指数	0.53	0.63	0.56
	突发性灾害指数	1.96	2.75	3.50
	缓发性灾害指数	0.84	2.20	3.73
海洋开发水平	海洋经济年均增长率（%）	22	25	23
	海洋经济效能（亿元/km）	2.47	1.31	0.49
	管辖海域开发程度（%）	43.34	3.43	2.85
	围填海强度（%）	0.18	0.89	2.60
	海洋科技创新能力	0.39	0.14	0.02
经济社会发展需求	常住人口（万人）	160.37	318.06	90.80
	人均 GDP（元）	53 636	26 971	65 178
	海洋交通优势度	0.46	0.50	0.41
	人均耕地面积（亩）	1.40	0.93	1.54

数据来源：广西壮族自治区海洋局（2012b，2015c）；广西壮族自治区统计局（2014）；国家海洋局第三海洋研究所（2009b）

Ⅱ. 港口航运区海域资源开发潜力评价值

根据综合评价合成方法公式计算：

$$X=\sum_{i=1}^{n}W_iX_i \tag{5-58}$$

式中，X 为研究区域港口航运区海域资源开发潜力评价值；X_i 为单个评价指标的标准化值；W_i 为各评价指标的权重值；n 为评价指标的个数。

运用层次分析法确定各指标权重，基于各指标标准化值，运用评价公式计算广西沿海三市港口航运区海域资源开发潜力评价值，结果如表 5-155 所示。

表 5-155　广西沿海三市港口航运区海域资源开发潜力评价值

	北海市	钦州市	防城港市
开发潜力评价值	0.62	0.48	0.41

可见，北海市港口航运区海域资源开发潜力最大，其次是钦州市，防城港市港口航运区海域资源开发潜力最小。究其原因，从各评估指标对港口航运区海域资源开发潜力综合评价值的贡献度来看，各地市海域适宜发展港口航运的资源潜力、海洋灾害风险及海洋交通优势度是影响海域港口航运区未来开发潜力的重要因素。首先，根据《广西壮族自治区海洋功能区划（2011—2020 年）》，北海市适宜发展港口航运的海洋功能区面积最大，占绝对优势；其次，由于北海市抗风险能力较强，其海洋突发性和缓发性灾害指数最小，发展港口航运的安全性相对最高；最后，北海市已经具有一定的海洋交通基础优势，因此，其发展港口航

运的潜力最大。而防城港市虽然目前港口航运区岸线长度最大，但是其海洋灾害风险较大、已有海洋交通优势度较低，支撑未来港口航运发展的环境等条件相对处于劣势，因此开发潜力最小。

3）广西海域旅游休闲娱乐区海域资源开发潜力评价

Ⅰ. 建立评价指标体系

旅游休闲娱乐区的发展对旅游相关基础设施的完善程度要求较高，因此该功能区开发潜力评价指标体系中除公共指标外，在经济社会发展需求准则层下增加旅游基础设施完善度子准则层，并进一步选取相关指标。旅游休闲娱乐区海域资源的开发潜力评价指标体系中特有指标如下。

ⅰ. 资源潜力

A. 资源数量

（1）旅游休闲娱乐区面积，面积越大开发潜力越大。

（2）旅游休闲娱乐区岸线长度，长度越大开发潜力越大。

B. 资源质量

（1）滨海地区 A 级以上景点个数，个数越多表明该海域海洋旅游资源开发潜力越大。

（2）3A 级景点及国家公园个数，个数越多说明该海域景点质量越高，则开发潜力越大。

ⅱ. 旅游基础设施完善度

在该子准则层下具体设旅游管理部门个数、星级饭店和旅行社个数、公路网密度三个指标以体现各地市旅游基础设施对滨海旅游休闲娱乐区发展的支撑扶持力度，三个指标值越大表示旅游基础设施越完善，则该地市海域旅游休闲娱乐区海域资源开发潜力越大。

综上，北海市、钦州市、防城港市旅游休闲娱乐区海域资源开发潜力评价指标值如表 5-156 所示。

表 5-156 广西沿海三市旅游休闲娱乐区海域资源开发潜力评价指标值

准则层	子准则层	指标层	北海市	钦州市	防城港市
资源潜力	资源质量	旅游休闲娱乐区面积（hm^2）	20 276	9 509	6 534
		旅游休闲娱乐区岸线长度（km）	147.602	105.815	79.352
		滨海地区 A 级以上景点个数	8	7	10
		3A 级景点及国家公园个数	7	5	8
环境潜力	海洋生态环境综合质量	海水水质达标率（%）	100	100	91.22
		海洋沉积物质量达标率（%）	79.75	73.00	57.67
		生物多样性指数	0.53	0.63	0.56
	海洋灾害风险	突发性灾害指数	1.96	2.75	3.50
		缓发性灾害指数	0.84	2.20	3.73
海洋开发水平	海洋开发强度	海洋经济年均增长率（%）	22	25	23
		海洋经济效能（亿元/km）	2.47	1.31	0.49
		管辖海域开发程度（%）	43.34	3.43	2.85
		围填海强度（%）	0.18	0.89	2.60
	海洋科技创新能力	海洋科技创新能力	0.39	0.14	0.02
经济社会发展需求	区域发展需求	常住人口（万人）	160.37	318.06	90.80
		人均 GDP（元）	53 636	26 971	65 178
		海洋交通优势度	0.46	0.50	0.41
	土地利用需求	人均耕地面积（亩）	1.40	0.93	1.54
	旅游基础设施完善度	旅游管理部门个数	6	9	8
		星级饭店和旅行社个数	84	46	60
		公路网密度（km/km^2）	0.122 3	0.038 6	0.046 4

数据来源：广西壮族自治区海洋局（2012b，2015c）；广西壮族自治区统计局（2014）；国家海洋局第三海洋研究所（2009b）

Ⅱ. 旅游休闲娱乐区开发潜力评价值

根据综合评价合成方法公式计算：

$$X = \sum_{i=1}^{n} W_i X_i \quad (5\text{-}59)$$

式中，X 为研究海域旅游休闲娱乐区海域资源开发潜力评价值；X_i 为单个评价指标的标准化值；W_i 为各评价指标的权重值；n 为评价指标的个数。

运用层次分析法确定各指标权重，基于各指标标准化值，运用评价公式计算广西沿海三市旅游休闲娱乐区海域资源开发潜力评价值，结果如表 5-157 所示。

表 5-157　广西沿海三市旅游休闲娱乐区海域资源开发潜力评价值

	北海市	钦州市	防城港市
开发潜力评价值	0.74	0.43	0.36

可见，北海市旅游休闲娱乐区海域资源开发潜力最大，其次是钦州市，防城港市最小。究其原因，从各评估指标对旅游休闲娱乐区海域资源开发潜力评价值的贡献度来看，各海域旅游资源潜力及海洋生态环境质量是影响旅游休闲娱乐区开发潜力最重要的因素，北海市旅游休闲娱乐区面积最大、岸线最长，滨海旅游所依托海域海水水质达标率及沉积物质量达标率在三地市中都最高，推动旅游发展的海洋环境质量较高，且该市旅游基础设施最完善，因此，北海市旅游休闲娱乐区开发潜力最大。防城港市旅游休闲娱乐区面积最小，岸线长度最小，且该市海洋生态环境质量较差，导致其旅游休闲娱乐区开发潜力的评价值最小。

4）广西海域工业与城镇用海区海域资源开发潜力评价

Ⅰ. 建立评价指标体系

各海域工业与城镇用海区海域资源开发潜力与其所依托陆地工业与城镇的发展息息相关，因此，在对各海域工业与城镇用海区海域资源开发潜力进行评价时，除使用各功能区共同评价指标外，在经济社会发展需求准则层下增加工业与城镇发展基础设施完善度子准则层，并建立相关指标进行说明。此外，工业与城镇用海区对功能区的资源质量禀赋更多地通过其所依托海域的环境、依托陆域的社会经济发展水平体现，因此指标体系中不再设资源质量子准则层。工业与城镇用海区海域资源开发潜力评价指标体系中特有指标如下。

ⅰ. 资源潜力（资源数量）

（1）工业与城镇用海区面积。该区面积越大，开发潜力就越大。

（2）工业与城镇用海区岸线长度。该区岸线越长，开发潜力就越大。

ⅱ. 工业与城镇发展基础设施完善度

（1）全社会固定资产投资额。该指标值越大，工业与城镇发展的基础设施越完善，越有利于推动该地市海域工业与城镇用海区的发展，开发潜力就越大。

（2）城市维护建设资金支出。该指标值越大，说明城市发展的基础设施越完善，越有利于提高海域工业与城镇用海区的开发潜力。

（3）公路网密度（每平方千米公路里程）。公路作为最重要的交通基础设施，是工业与城镇发展的重要支撑，对其开发潜力有重要影响。公路网密度越大，功能区开发潜力就越大。

综上，北海市、钦州市、防城港市工业与城镇用海区海域资源开发潜力评价指标值如表 5-158 所示。

表 5-158　广西沿海三市工业与城镇用海区海域资源开发潜力评价指标值

准则层	子准则层	指标层	北海市	钦州市	防城港市
资源潜力	资源数量	工业与城镇用海区面积（hm^2）	4 098	3 914	12 025
		工业与城镇用海区岸线长度（km）	24.070	83.025	57.118

续表

准则层	子准则层	指标层	北海市	钦州市	防城港市
环境潜力	生态环境综合质量	海水水质达标率（%）	100	100	91.22
		海洋沉积物质量达标率（%）	79.75	73.00	57.67
		生物多样性指数	0.53	0.63	0.56
	海洋灾害风险	突发性灾害指数	1.96	2.75	3.50
		缓发性灾害指数	0.84	2.20	3.73
海洋开发水平	海洋开发强度	海洋经济年均增长率（%）	22	25	23
		海洋经济效能（亿元/km）	2.47	1.31	0.49
		管辖海域开发程度（%）	43.34	3.43	2.85
		围填海强度（%）	0.18	0.89	2.60
	海洋科技创新能力	海洋科技创新能力	0.39	0.14	0.02
经济社会发展需求	区域发展需求	常住人口（万人）	160.37	318.06	90.80
		人均 GDP（元）	53 636	26 971	65 178
		海洋交通优势度	0.46	0.50	0.41
	土地利用需求	人均耕地面积（亩）	1.40	0.93	1.54
	工业与城镇发展基础设施完善度	全社会固定资产投资额（亿元）	674.90	609.72	475.45
		城市维护建设资金支出（万元）	117 603	28 642	103 195
		公路网密度（km/km^2）	0.122 3	0.038 6	0.046 4

数据来源：广西壮族自治区海洋局（2012b，2015c）；广西壮族自治区统计局（2014）；国家海洋局第三海洋研究所（2009b）

Ⅱ. 工业与城镇用海区海域资源开发潜力评价值

根据综合评价合成方法公式计算：

$$X=\sum_{i=1}^{n}W_iX_i \tag{5-60}$$

式中，X 为研究海域工业与城镇用海区海域资源开发潜力评价值；X_i 为单个评价指标的标准化值；W_i 为各评价指标的权重值；n 为评价指标的个数。

运用层次分析法确定各指标权重，基于各指标标准化值，运用评价公式计算广西沿海三市海域工业与城镇用海区海域资源开发潜力评价值，结果如表 5-159 所示。

表 5-159　广西沿海三市工业与城镇用海区海域资源开发潜力评价值

	北海市	钦州市	防城港市
开发潜力评价值	0.51	0.48	0.49

可见，北海市工业与城镇用海区海域资源开发潜力最大，其次是防城港市，钦州市最小，但是钦州市与防城港市工业与城镇用海区海域资源开发潜力评价值相差不大。究其原因，从各评估指标对工业与城镇用海区海域资源开发潜力评价值的贡献度来看，各市海域工业与城镇用海区面积大小、岸线长度、突发性海洋灾害指数、围填海强度、海洋科技创新能力、所依托陆域的社会经济发展水平等都是影响工业与城镇用海区开发潜力的重要因素。虽然北海市工业与城镇用海区面积及岸线长度都不占优势，但是其海洋灾害风险最小、围填海强度最低、海洋科技创新能力最强、支撑海域工业与城镇发展的社会经济基础深厚，这使得其功能区海域资源开发潜力最大。钦州市不但工业与城镇用海区面积最小，而且其陆域交通条件相对较差、城市基础设施薄弱等，这都使其在开发潜力评价中不占优势。

5）广西海域矿产与能源区海域资源开发潜力评价

矿产与能源区是指适于开发利用矿产资源与海上能源，可供油气和固体矿产等勘探、开采作业，以及盐田和可再生能源等开发利用的海域，包括油气区、固体矿产区、盐田区和可再生能源区。广西沿海三市矿产与能源区统计数据如表 5-160 所示。广西矿产与能源区主要用于海砂开采。根据《广西壮族自治区海洋功能区划（2011—2020 年）》，为保护海洋生态、防止海岸侵蚀的发生、防止影响海上交通安全，广西严格控制近岸海域海砂开采的数量、范围和规模，且矿产与能源区的开发潜力主要取决于矿产与能源储量和开采强度等，而相关数据缺乏，因此在此不对其进行开发潜力评价。

表 5-160　广西沿海三市矿产与能源区统计数据

	北海市	钦州市	防城港市
功能区名称	铁山港矿产与能源区、大风江东岸矿产与能源区	钦州湾矿产与能源区	—
面积（hm^2）	2022	168	—

数据来源：广西壮族自治区海洋局（2012b）

6）广西海域海洋保护区、特殊利用区和保留区海域资源开发潜力评价

海洋保护区是指专供海洋资源、环境和生态保护的海域，包括海洋自然保护区、海洋特别保护区，其目的是保护和修复红树林、海草床、珊瑚礁、滨海湿地等典型海洋生态系统，实现生态、环境、经济协调发展。

特殊利用区是指供军事及其他特殊用途排他使用的海域，包括军事区，以及用于海底管线铺设、路桥建设、污水达标排放、倾倒等的其他特殊利用区。

保留区是指为保留海域后备空间资源，专门划定的在区划期限内限制开发的海域。保留区主要包括由于经济社会因素暂时尚未开发利用或不宜明确基本功能的海域，限于科技手段等因素目前难以利用或不能利用的海域，以及从长远发展角度应当予以保留的海域。

广西沿海三市海洋保护区、特殊利用区和保留区见表 5-161。

表 5-161　广西沿海三市海洋保护区、特殊利用区和保留区统计表

	北海市	钦州市	防城港市
海洋保护区	合浦儒艮海洋保护区、山口红树林海洋保护区	茅尾海红树林海洋保护区、茅尾海中部海洋特别保护区、三娘湾海洋保护区、大风江红树林海洋保护区	北仑河口红树林海洋保护区、防城港东湾海洋保护区
特殊利用区	北海特殊利用区	海底光缆特殊利用区、龙门特殊利用区	北仑河口特殊利用区、白龙特殊利用区、江山半岛特殊利用区
保留区	大风江口东岸保留区、西场保留区、廉州湾保留区、公馆港至根竹山保留区	茅岭江保留区、茅尾海北部保留区、沙井北岸保留区、龙门及观音堂保留区、大风江口西岸保留区、大风江保留区	北仑河口保留区、大小冬瓜保留区

数据来源：广西壮族自治区海洋局（2012b）

由于这三类功能区划定的目的是保护生态或军事等特殊用途，而不是发展经济，因此在此不对其进行开发潜力评价。

5.6.1.4　小结

从广西海域农渔业区、港口航运区、旅游休闲娱乐区、工业与城镇用海区四类海洋功能区海域资源开发潜力的评价结果看，其开发潜力评价值如表 5-162 所示。

表 5-162　广西沿海三市海洋功能区海域资源开发潜力评价值

功能区	北海市	钦州市	防城港市
农渔业区	0.54	0.65	0.21
港口航运区	0.62	0.48	0.41
旅游休闲娱乐区	0.74	0.43	0.36
工业与城镇用海区	0.51	0.48	0.49

由表 5-162 可知，除农渔业区外，北海市港口航运区、旅游休闲娱乐区、工业与城镇用海区海域资源开发潜力评价值都最大，可见由于海洋资源潜力较好、陆域经济社会发展水平较高等，北海市海域资源开发潜力最大，尤其是旅游休闲娱乐区评价值远高于其他两市。钦州市发展农渔业的海洋资源数量和质量都较高，其农渔业区开发潜力最大；工业与城镇用海区面积最小，而且其陆域交通条件相对较差、城市基础设施薄弱等，都使其在工业与城镇用海区开发潜力评价中处于劣势。防城港市除工业与城镇用海区外，其他功能区开发潜力评价值都最小。综上，北海市海域资源开发潜力最大，今后尤其应当注重促进其最具有优势又符合可持续发展理念的滨海旅游业的发展；钦州市应当发挥其农渔业优势，发展休闲渔业；防城港市在保证海洋资源、环境可持续健康的条件下，适当推动临海工业与城镇建设，带动本市海洋经济发展。这样，三地市可以根据本市海洋资源禀赋，发挥各自优势，有所侧重，协调发展。

5.6.2　岸线资源开发潜力评价

岸线资源是海洋资源的重要组成部分，也是海洋经济发展的重要载体。因此，对广西岸线资源开发潜力进行研究，对于广西岸线的综合规划治理、岸滩合理开发利用，乃至岸线地区社会经济可持续发展都具有重大的现实意义。

5.6.2.1　岸线资源开发潜力

1）岸线资源开发潜力的概念与内涵

岸线资源开发潜力是指在海洋功能区划划定的海洋开发方向上潜在的可持续发展的能力，由于海洋功能区的划定限定了岸线的利用方向，因此岸线的开发潜力即在限定的开发方向上岸线资源潜在的可持续利用能力，因此岸线资源的开发潜力评价即对其在特定方向上的潜在可持续利用能力的评价。

岸线资源开发潜力概念应包含以下几方面含义。

（1）岸线资源开发潜力应为岸线可持续利用基础上的开发利用，而岸线可持续利用指人类必须了解岸线资源环境的现状与未来，掌握经济发展规律，维护海洋生态环境健康与平衡，确保岸线资源的增长与可持续利用，既能满足当代人对岸线资源的需求，又不损害后代人发展需求的能力。

（2）岸线资源开发潜力不是针对过去和现在，而是指基于当前的资源、环境、社会条件，特定岸线在未来一段时间内是否具有开发潜力、具有多大潜力。

（3）岸线资源开发潜力是指在既定开发方向上的开发潜力，而这种开发方向是由海洋功能区划确定的最佳开发方式，只有在这种方向上海洋开发才具有相对最大的开发潜力。

2）岸线资源开发潜力评价意义

广西地处华南经济圈、西南经济圈和东盟经济圈的结合部，是我国西部大开发地区唯一的沿海区域，也是我国与东盟国家既有海上通道、又有陆地接壤的区域，港口资源有非常重要的战略意义，铁山港、钦州、企沙临海工业区的建设对促进当地经济发展意义重大；同时，滨海旅游、渔业也是海洋经济的重要组成部分，红树林和海草床生态系对于海岸保护具有重要作用。广西岸线资源的合理开发利用能够带来巨大的经济效益，为北部湾经济区的发展注入巨大动力，推动其持续稳定的发展。

与此同时，伴随着国家北部湾经济区建设的战略出台和实施，广西岸线的开发利用程度进一步加深，随之而来的不合理的开发利用使得广西岸线资源的开发形势不容乐观，很多原有自然岸线将逐渐由人工岸线替代，导致岸线不断发生变化。广西岸线的巨大变化，使得海岸带的生态环境发生变化，这严重影响了其原有的生态服务功能，而且必将对周边居民的正常生活产生影响。随着生活水平和环保意识的提高，人们越来越关注生态环境的保护，以往一些对资源的破坏性开发方式已经不被人们所接受，因此从资源可持续利用的角度出发，对广西岸线资源开发潜力进行研究，实现对广西岸线的综合规划治理，对岸线地区社会经济可持续发展具有重大的现实意义。

5.6.2.2 广西岸线资源开发潜力

评价岸线资源的开发潜力，首先应建立科学、合理的综合评价指标体系。在此基础上，本研究运用层次分析法，通过专家打分，计算指标体系的权重。继而结合各类海洋功能区岸线的利用现状，分类评价岸线资源的开发潜力。

1）岸线资源开发潜力评价指标体系构建

确定评价指标体系，是岸线资源开发潜力评价的核心问题。指标体系是否科学、合理，直接关系到岸线资源开发潜力评价的质量。为此，指标体系必须科学地、客观地、合理地、尽可能全面地反映影响岸线资源开发潜力的所有因素。

根据科学性、全面性、合理性及可操作性等原则，综合考虑岸线资源在资源总量、开发利用现状、社会、环境等方面的因素，选取岸线资源供给、岸线开发水平、环境约束和社会经济需求作为岸线资源开发潜力评价的一级指标。

Ⅰ. 岸线资源供给

岸线资源是岸线开发利用的基础，对于岸线资源的开发利用，应建立在岸线资源自然属性的基础上，岸线资源的数量和质量综合反映了岸线资源的自然属性，是影响岸线资源开发潜力的重要因素。对此，引入岸线长度和优势资源量 2 个二级指标。

岸线长度从数量方面反映岸线的资源潜力，在其他条件相同时，岸线长度越大，则资源潜力越大，岸线资源的开发潜力越大。

优势资源量从质量方面反映岸线的资源潜力，优势资源量越多，资源的开发潜力越大。港口航运区可用深水岸线长度表示岸线资源的优势资源量。

Ⅱ. 岸线开发水平

对岸线资源开发认识及工作方式的不同，会导致岸线开发规模、水平上的差异，从而使不同地区岸线资源的开发潜力存在差异。岸线开发水平反映目前对岸线资源的开发利用程度，该地区对岸线资源的开发程度越大，则资源开发潜力就越小。因此，引入岸线开发程度、岸线开发产出物质数量和岸线开发效益水平 3 个二级指标。

岸线开发程度反映了岸线资源的开发程度，岸线开发程度越高，所剩余的岸线资源量就越小。在其他条件相同时，岸线开发程度越高，岸线资源的开发潜力就越小，计算公式如下：

$$\text{岸线开发程度}=\frac{\text{已开发岸线长度}}{\text{岸线总长度}}\times 100\% \tag{5-61}$$

岸线开发产出物质数量反映岸线开发产出物质数量的规模程度，如港口航运区可用年吞吐量，养殖区可用年产量等。岸线开发产出物质数量越多，开发潜力就越大。

岸线开发效益水平从开发效益角度反映岸线资源的开发潜力，岸线开发效益水平越高，岸线资源的开发潜力就越大，计算公式如下：

$$\text{岸线开发效益水平}=\frac{\text{岸线开发物质产出价值量}}{\text{岸线总长度}}\times 100\% \tag{5-62}$$

Ⅲ. 环境约束

随着海洋经济的发展，海洋资源开发和海洋环境之间的矛盾也日益凸显。在开发岸线资源的同时，也对海洋环境造成了一定的污染。而海洋环境质量与岸线资源开发潜力之间有紧密的关系。若海洋环境质量优越，对岸线资源开发的环境约束就相对较小，则岸线资源的开发潜力就较大。对此，引入海水环境质量、单位岸线污染物入海量、入海排污口排放达标率和生物多样性指数 4 个二级指标（图 5-4）。

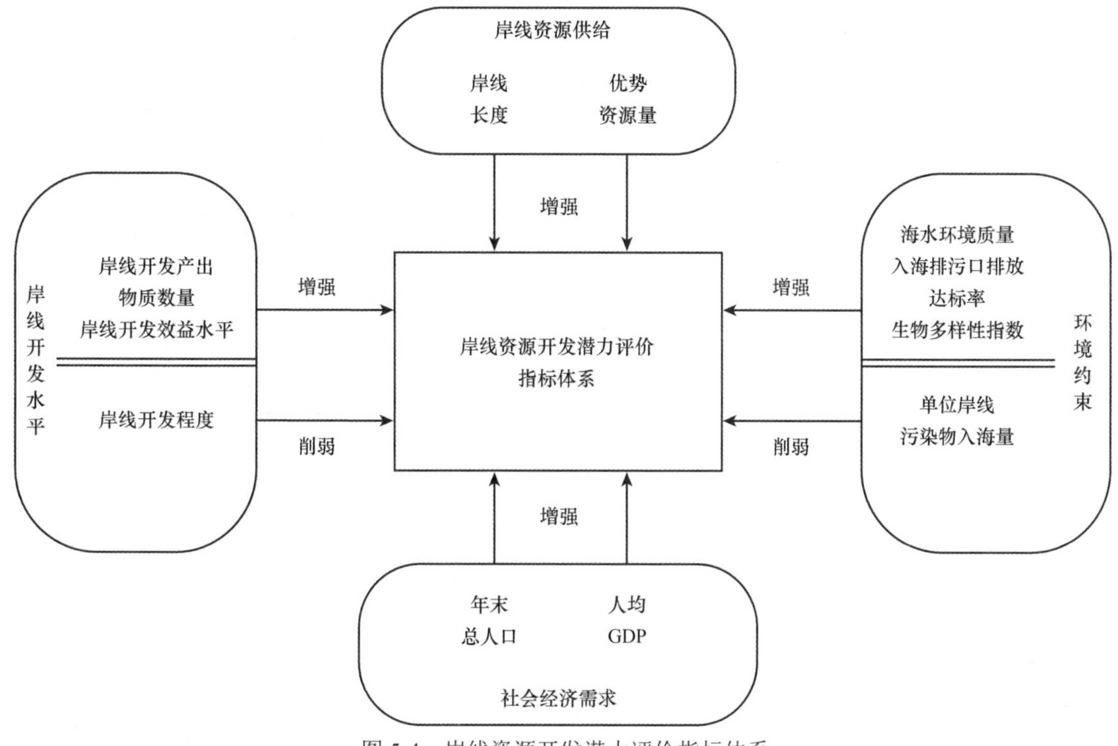

图 5-4　岸线资源开发潜力评价指标体系

海水环境质量反映研究区域的海水环境质量情况，并用一、二类水质海域面积占比量化评估，海水环境质量越高，岸线资源的开发潜力就越大。

单位岸线污染物入海量从入海污染物的角度反映海洋环境的污染情况，单位岸线污染物入海量越小，岸线资源的开发潜力就越大。

入海排污口排放达标率反映了一个地区对海洋环境污染治理的重视程度及执行力，入海排污口排放达标率越高，对改善海洋环境的正向作用就越大，相应的岸线资源开发潜力就越大。

生物多样性指数统一采用香农-维纳多样性指数（Shannon-Wiener’s diversity index），该指数越大说明相应海域环境质量越好，相应岸线资源的开发潜力就越大。

Ⅳ. 社会经济需求

岸线资源的开发潜力除受其资源量、开发水平、邻近海域环境质量影响外，也受邻近地区经济、社会等因素的影响。邻近地区的社会经济差异必将影响岸线资源的开发规模、开发速度和开发效益等。对此，引入年末总人口、人均 GDP 两个二级指标。

年末总人口一定程度上反映了对岸线资源开发的需求程度，年末总人口越多，岸线资源的开发潜力就越大。

人均 GDP 反映了对岸线资源开发的社会经济支撑作用，人均 GDP 越大，岸线资源的开发潜力就越大。

2）农渔业区岸线资源开发潜力评价

Ⅰ. 开发现状

广西渔业资源优势突出，根据《广西渔业发展“十二五”规划》，20m 等深线以内浅海滩涂达

942 020hm^2，适宜渔业养殖的面积为636 500hm^2。目前，5m以内浅海处于基本饱和开发状态，虽然农渔业区岸线资源开发利用程度较大，但开发方式粗放，集约化程度不高，资源浪费严重。为发展海洋渔业、促进渔业资源集约化利用，广西采取措施，合理规划利用岸线资源。根据《广西壮族自治区海洋功能区划（2011—2020年）》，广西现规划有25个农渔业区，其中北海市11个、钦州市8个、防城港市6个，总面积为391 589hm^2，以此加强渔业资源的有序、有度利用。

Ⅱ. 开发潜力评价

ⅰ. 指标体系

针对农渔业区岸线的具体情况细化二级指标含义，得到评价指标体系及指标数据，见表5-163。

表5-163 广西沿海三市农渔业区岸线资源开发潜力评价指标值

一级指标	二级指标	北海市	钦州市	防城港市
岸线资源供给	农渔业区岸线长度（km）	93.7	4.3	137.3
	养殖区面积（hm^2）	295 027	45 553	51 018
岸线开发水平	岸线开发程度（%）	69.50	56.60	71.20
	农渔业年产值（亿元）	148.23	61.85	53.69
	单位岸线价值量（万元/km）	2 798.33	29 905.59	822.58
环境约束	一二类水质海域面积占比（%）	72	76	93
	单位岸线污染物入海量（t/km）	463	541	48
	入海排污口排放达标率（%）	21.00	41.70	61.10
	生物多样性指数	0.53	0.63	0.56
社会经济需求	年末总人口（万人）	169.31	402.00	94.24
	人均GDP（元）	46 560	23 957	58 810

ⅱ. 开发潜力计算

农渔业区岸线资源开发潜力受众多因素影响，因此本研究采用加权线性法对各指标数据进行综合分析，评价其开发潜力，评价公式如下：

$$X=\sum_{i=1}^{n}W_iX_i \tag{5-63}$$

式中，X为农渔业区岸线资源开发潜力评价值；X_i为单个评价指标的标准化值；W_i为各评价指标的权重值；n为评价指标的个数。

运用层次分析法确定各指标权重，基于各指标标准化值，运用评价公式计算广西沿海三市农渔业区岸线资源开发潜力评价值，结果如表5-164所示。

表5-164 广西沿海三市农渔业区岸线资源开发潜力评价值

	北海市	钦州市	防城港市
开发潜力评价值	0.56	0.33	0.40

可见，北海市的农渔业区岸线资源开发潜力最大，防城港市次之，钦州市农渔业区岸线资源开发潜力最小。这主要是因为北海市海水养殖业相较其他两个地市发展得比较好，无论是养殖区面积还是农渔业产值，北海市都是三个地市中最大的。而钦州市在资源潜力方面与其他两市相比较低，而资源潜力是岸线资源开发潜力的基础，因此钦州市的农渔业区岸线资源开发潜力最小。

3）港口航运区岸线资源开发潜力评价

Ⅰ. 开发现状

广西岸线东起粤桂交界的英罗港洗米河口，西至中越边境的北仑河口，大陆海岸线1628.59km，岸线曲折比高达 11.2∶1，形成了为数众多的海湾，其中铁山湾、钦州湾、防城港湾、珍珠港湾、大风江口等海湾（河口）均有较好的建港条件，可建港的深水岸线约 168.5km，约占全区岸线总长的 10.34%。根据《广西北部湾经济区沿海港口总体规划》，广西岸线开发利用中港口和临港工业占用岸线约 17.2km，约占广西大陆海岸线的 1.06%，其中深水码头岸线 9.5km，占港口和临港工业岸线的 55.2%，港口岸线主要集中在防城港、钦州港和北海港的现有港区。

Ⅱ. 开发潜力评价

ⅰ. 指标体系

针对港口航运区岸线的具体情况细化二级指标含义，得到评价指标体系及指标数据，见表 5-165。

表 5-165　广西沿海三市港口航运区岸线资源开发潜力评价指标值

一级指标	二级指标	北海市	钦州市	防城港市
岸线资源供给	港口岸线长度（km）	105	58	161
	深水岸线长度（km）	35.1	81.4	52.0
岸线开发水平	岸线开发程度（%）	3.29	9.11	10.70
	港口年吞吐量（万 t）	2 276	6 412	11 501
	单位岸线价值量（万元/km）	1 028	892	1 457
环境约束	一二类水质海域面积占比（%）	72	76	93
	单位岸线污染物入海量（t/km）	463	541	48
	入海排污口排放达标率（%）	21.00	41.70	61.10
	生物多样性指数	0.53	0.63	0.56
社会经济需求	年末总人口（万人）	169.31	402.00	94.24
	人均 GDP（元）	46 560	23 957	58 810

数据来源：广西壮族自治区海洋局（2012b，2015a，2015c）；广西壮族自治区统计局（2014）；国家海洋局第三海洋研究所（2009b）

ⅱ. 开发潜力计算

港口航运区岸线资源开发潜力受众多因素影响，因此本研究采用加权线性法对各指标数据进行综合分析，评价其开发潜力，评价公式如下：

$$X=\sum_{i=1}^{n}W_iX_i \tag{5-64}$$

式中，X 为港口航运区岸线资源开发潜力评价值；X_i 为单个评价指标的标准化值；W_i 为各评价指标的权重值；n 为评价指标的个数。

运用层次分析法确定各指标权重，基于各指标标准化值，运用评价公式计算广西沿海三市港口航运区岸线资源开发潜力评价值，结果如表 5-166 所示。

表 5-166　广西沿海三市港口航运区岸线资源开发潜力评价值

	北海市	钦州市	防城港市
开发潜力评价值	0.36	0.38	0.63

可见，防城港市的港口航运区岸线资源开发潜力最大，北海市与钦州市基本持平，这主要是因为防城港市的港口岸线长度最大，而且其港口年吞吐量也是三个地市中最高的，这为其港口航运岸线的开发提供了巨大的市场需求。从环境承载的角度看，防城港市的周边海域一二类水质海域面积占比、入海排污口排放达标率都是三个地市中最高的，为其未来港口岸线的开发提供了环境支持，因此开发潜力最大。

4）工业与城镇用海区岸线资源开发潜力评价

Ⅰ. 开发现状

近年来，广西凭借其丰富的海洋资源优势，大力发展海洋事业，不断提升海洋经济对国民经济的贡献率。在广西对海洋资源尤其是岸线资源的利用中，工业与城镇建设用海方式成为主导。目前，广西工业与城镇用海区共 9 个，其中 8 个为海岸工业与城镇用海区，分别是白龙、企沙半岛、企沙半岛东侧、茅尾海东岸、金鼓江、大榄坪、廉州湾和营盘彬塘等工业与城镇用海区；企沙半岛南侧工业与城镇用海区为近海工业与城镇用海区。海岸工业与城镇用海区岸线总长 164.213km。

Ⅱ. 潜力评价

ⅰ. 指标体系

针对工业与城镇用海区岸线的具体情况细化二级指标含义，得到评价指标体系及指标数据，见表 5-167。

表 5-167　广西沿海三市工业与城镇用海区岸线资源开发潜力评价指标值

一级指标	二级指标	北海市	钦州市	防城港市
岸线资源供给	工业与城镇用海区岸线长度（km）	24	83	57
	工业与城镇用海区面积（hm^2）	4 098	3 914	12 025
岸线开发水平	岸线开发程度（%）	69.50	56.60	71.20
	单位工业岸线价值（万元/m）	44.0	6.7	17.0
	单位岸线价值量（亿元/km）	57 365.78	3 421.28	44 428.67
环境约束	一二类水质海域面积占比（%）	72	76	93
	单位岸线污染物入海量（t/km）	463	541	48
	入海排污口排放达标率（%）	21.00	41.70	61.10
	生物多样性指数	0.53	0.63	0.56
社会经济需求	年末总人口（万人）	169.31	402.00	94.24
	人均 GDP（元）	46 560	23 957	58 810

数据来源：广西壮族自治区海洋局（2012b，2015a，2015c）；广西壮族自治区统计局（2014）；国家海洋局第三海洋研究所（2010）

ⅱ. 开发潜力计算

工业与城镇用海区岸线资源开发潜力受众多因素影响，因此本研究采用加权线性法对各指标数据进行综合分析，评价其开发潜力，评价公式如下：

$$X = \sum_{i=1}^{n} W_i X_i \tag{5-65}$$

式中，X 为工业与城镇用海区岸线资源开发潜力评价值；X_i 为单个评价指标的标准化值；W_i 为各评价指标的权重值；n 为评价指标的个数。

运用层次分析法确定各指标权重，基于各指标标准化值，运用评价公式计算广西各市工业与城镇用海区岸线资源开发潜力评价值，结果如表 5-168 所示。

表 5-168　广西沿海三市工业与城镇用海区岸线资源开发潜力评价值

	北海市	钦州市	防城港市
开发潜力评价值	0.23	0.52	0.55

可见，防城港市的工业与城镇用海区岸线资源开发潜力最大，钦州市次之，北海市的岸线资源开发潜力最小。这主要是因为防城港市周边海域的污染控制与治理较其他两市具有优势，所以其环境承载能力较强，因此开发潜力最大。而北海市的岸线分布中，工业与城镇用海区岸线较短，资源潜力较小，因此岸线资源开发潜力最小。

5）旅游休闲娱乐区岸线资源开发潜力评价

Ⅰ. 开发现状

广西岸线旅游资源丰富，每年都能吸引数以万计的国内外游客慕名而来，广西岸线景观按海岸自然属性类型可分为基岩海岸景观、砂质海岸景观和河口海岸景观三类，尤其以滨海沙滩资源为代表，其中开发较为成熟的是享誉“天下第一滩”的北海银滩，其他已开发的岸线景观见表 5-169。

表 5-169　广西旅游休闲娱乐区岸线景观

景观类型		景点
海岸旅游景观	基岩海岸景观（海蚀地貌景观）	出水灵芝、平台观海、蛙守南海、滴水丹屏、月门奇趣、百兽闹海、龙宫探奇、龟豚拱碧、抗风城堡、仙人密洞、羊咩洞
	砂质海岸景观（海积地貌景观）	白虎头银滩、沥尾金滩、沙堤绵亘、沙滩拾宝（贝壳类）、海滩彩带
	河口海岸景观	南流江口、大风江口、钦江口、北仑河口等景点

Ⅱ. 潜力评价

ⅰ. 指标体系

针对旅游休闲娱乐区岸线的具体情况细化二级指标含义，得到评价指标体系及指标数据，见表 5-170。

表 5-170　广西沿海三市旅游休闲娱乐区岸线资源潜力评价指标值

一级指标	二级指标	北海市	钦州市	防城港市
岸线资源供给	旅游休闲娱乐区岸线长度（km）	128.2	99.6	79.3
	旅游休闲娱乐区面积（hm^2）	17 951	9 509	6 534
岸线开发水平	岸线开发程度（%）	70	57	71
	接待旅游人数（万人）	873.34	1 792.95	1 175.80
	单位岸线价值量（亿元/km）	1.82	0.35	2.11
环境约束	一二类水质海域面积占比（%）	72	76	93
	单位岸线污染物入海量（t/km）	463	541	48
	入海排污口排放达标率（%）	21.00	41.70	61.10
	生物多样性指数	0.53	0.63	0.56
社会经济需求	年末总人口（万人）	169.31	402.00	94.24
	人均 GDP（元）	46 560	23 957	58 810

数据来源：广西壮族自治区海洋局（2012b，2015a，2015c）；广西壮族自治区统计局（2014）；国家海洋局第三海洋研究所（2010）

ⅱ. 潜力计算

旅游休闲娱乐区岸线资源开发潜力受众多因素影响，因此本研究采用加权线性法对各指标数据进行综合分析，评价其开发潜力，评价公式如下：

$$X = \sum_{i=1}^{n} W_i X_i \tag{5-66}$$

式中，X 为旅游休闲娱乐区岸线资源开发潜力评价值；X_i 为单个评价指标的标准化值；W_i 为各评价指标的权重值；n 为评价指标的个数。

运用层次分析法确定各指标权重，基于各指标标准化值，运用评价公式计算广西各市旅游休闲娱乐区岸线资源开发潜力评价值，结果如表 5-171 所示。

表 5-171　广西沿海三市旅游休闲娱乐区岸线资源开发潜力评价值

	北海市	钦州市	防城港市
开发潜力评价值	0.66	0.45	0.25

可见，北海市的旅游休闲娱乐区岸线资源开发潜力最大，钦州市次之，防城港市的岸线资源开发潜力最小。这主要是因为资源潜力是影响旅游休闲娱乐发展潜力最重要的因素，北海市旅游休闲娱乐区岸线最长、面积最大，且滨海旅游起步早，发展较为成熟，因此，北海市旅游休闲娱乐区岸线资源开发潜力最大。防城港市旅游休闲娱乐区岸线长度最短、面积最小，且滨海旅游发展较弱，游客数量较少，因此旅游休闲娱乐区岸线资源开发潜力最小。

6）矿产与能源区岸线资源开发潜力评价

广西海洋功能区划划分的矿产与能源区共有 3 个，总面积为 2190hm^2。其中海岸矿产与能源区 1 个，为铁山港矿产与能源区；近海矿产与能源区 2 个，为钦州湾和大风江东岸矿产与能源区，具体见表 5-172。上述 3 个矿产与能源区主要用于海砂开采，海砂属于岸线资源，鉴于矿产与能源岸线的开发潜力主要取决于矿产与能源储量和开采强度等因素，但是相关数据缺乏，而且无法获得准确的岸线长度，因此在此不再对矿产与能源区岸线资源开发潜力进行评价。

表 5-172　广西矿产与能源区具体情况统计表

地区	功能区名海	地理范围	面积（hm^2）	用途管制
北海市铁山港区	铁山港矿产与能源区	铁山湾南侧海域	630	海砂开采区
北海市合浦县	大风江东岸矿产与能源区	大风江航道东侧海域	1392	海砂开采区
钦州市	钦州湾矿产与能源区	钦州湾外湾伞沙附近	168	海砂开采区

数据来源：广西壮族自治区海洋局（2015c）

7）海洋保护区、特殊利用区及保留区岸线资源开发潜力评价

根据《广西壮族自治区海洋功能区划（2011—2020 年）》，广西海洋保护区共有 12 个，总面积为 86 351hm^2。其中，海岸海洋保护区 8 个，分别是北仑河口红树林、防城港东湾、茅尾海红树林、茅尾海中部、三娘湾、大风江红树林、山口红树林和合浦儒艮等海洋（特别）保护区。广西特殊利用区共有 8 个。其中，海岸特殊利用区 6 个，分别是北仑河口、白龙、江山半岛、龙门、北海和海底光缆等特殊利用区；广西共有保留区 16 个，总面积为 81 998hm^2。其中，海岸保留区 12 个，分别是北仑河口、大小冬瓜、茅岭江、茅尾海北部、沙井北岸、龙门及观音堂、大风江口西岸、大风江、大风江口东岸、西场、廉州湾和公馆港至根竹山等保留区，具体见表 5-173。海洋保护区、特殊利用区及保留区岸线的利用方向以保护生态或特殊用途为主，并非进行经济开发，因此在此不对其进行开发潜力评价。

表 5-173　海岸海洋保护区、特殊利用区及保留区统计表

	地区	功能区名称	海域面积（hm^2）	岸线长度（km）	用途
海岸海洋保护区	防城港市	北仑河口红树林海洋保护区	3 299	44.420	保护红树林及其海洋自然生态系统
		防城港东湾海洋保护区	314	3.956	保护红树林及其海洋自然生态系统
	钦州市	茅尾海红树林海洋保护区	2 308	13.829	保护红树林及其海洋自然生态系统
		大风江红树林海洋保护区	3 313	202.718	保护红树林及其海洋自然生态系统
		茅尾海中部海洋特别保护区	3 480	—	保护南部近江牡蛎种质资源
		三娘湾海洋保护区	8 972	—	加强对中华白海豚及其栖息环境的保护
	北海市	山口红树林海洋保护区	4 073	63.189	保护红树林及其海洋自然生态系统
		合浦儒艮海洋保护区	35 000	9.703	保护儒艮及海草床
海岸特殊利用区	北海市	北海特殊利用区	—	—	维持现状，保护区域设施和效能
	钦州市	海底光缆特殊利用区	—	—	海底光缆保护
		龙门特殊利用区	—	—	维持现状，保护区域设施和效能
	防城港	北仑河口特殊利用区	—	—	维持现状，保护区域设施和效能
		白龙特殊利用区	—	—	
		江山半岛特殊利用区	—	—	

续表

	地区	功能区名称	海域面积（hm^2）	岸线长度（km）	用途
海岸保留区	防城港	北仑河口保留区	23 754	1.280	尚不明确
		大小冬瓜保留区	1 630	40.186	
	钦州市	茅岭江保留区	290	11.282	
		茅尾海北部保留区	435	21.861	
		沙井北岸保留区	322	29.701	
		龙门及观音堂保留区	222	—	
		大风江口西岸保留区	1 780	49.765	
		大风江保留区	320	34.460	
	北海市	大风江口东岸保留区	2 119	16.690	
		西场保留区	6 091	11.230	
		廉州湾保留区	149	23.004	
		公馆港至根竹山保留区	621	22.385	

数据来源：广西壮族自治区海洋局（2012b）

5.6.2.3　小结

综合上述岸线资源开发潜力评价结果，因为岸线资源开发潜力的评价结果仅仅能够比较不同地区同种岸线资源潜力的大小，而不同种岸线资源潜力评价结果数值的大小并没有可比性，所以本研究根据岸线资源开发潜力评价结果对各岸线资源开发潜力进行排序，以此对各地区不同岸线资源进行综合分析，广西沿海三市各岸线资源开发潜力排序见表 5-174。

表 5-174　广西沿海三市岸线资源开发潜力排序

岸线类型	北海市	钦州市	防城港市
农渔业区岸线	1	3	2
港口航运区岸线	3	2	1
工业与城镇用海区岸线	3	2	1
旅游休闲娱乐区岸线	1	2	3

由表 5-174 可知，北海市的农渔业区岸线和旅游休闲娱乐区岸线相比其他两市具有优势，这主要是因为北海市海水养殖无论是养殖区面积还是农渔业收入都高于其他两市，且北海市滨海旅游发展起步早，较为成熟，享有较高的国内外知名度，因此其农渔业区岸线资源与旅游休闲娱乐区岸线资源开发潜力最大。防城港市的港口航运区岸线和工业与城镇用海区岸线相比其他两市具有优势，这主要是因为随着北部湾经济圈的建立，铁山港经济开发区石化、能源等重大项目推进迅速，《广西北部湾经济区发展规划》规划在企沙工业区和铁山港工业区建设面积为 8600hm^2 的临海重化工业集中区，这对防城港港口岸线和工业岸线提出了重大的需求，因此岸线资源开发潜力巨大。钦州市各种岸线资源开发潜力一般，主要是因为钦州市的海岸线中工业与城镇用海区岸线比例较大，工业发展较为成熟，这导致钦州市工业与城镇用海区岸线开发程度较高，同时使得钦州市周边海域海水质量较差，环境承载能力较弱，因此岸线资源开发潜力较小。

综上，在今后的发展中，北海市应继续发挥其旅游优势，在科学规划、合理控制的基础上促进旅游岸线的可持续开发利用，发展大众化旅游和营造跨境旅游的环境，建成集观光、休闲、康复、度假、会议等功能于一体的国际性滨海旅游城市。全面推进水产业结构优化，改善渔港网络体系，发展水产品深加工，形成水产品流通基地。加大对外海和南沙海域的渔业资源开发力度，而对于北部湾内捕捞海域，则划定为限制开发区，以保护和恢复北部湾渔业资源。

钦州市应加快产业布局调整，立足于原有的工业基础，在钦州湾口附近建设大型临海工业园区，主要发展油气加工及石化、天然气发电、火电、铝材加工、林浆纸一体化等大型重化工项目，但同时要着眼于集中建设布局，尽力减少占用海域，为其他海洋产业预留发展空间。在滨海旅游方面，以麻蓝岛旅游度假村为龙头，以开发建设大环——麻蓝岛旅游区（休闲度假区）为突破口，拉动七十二泾（自然生态风景旅游区）、三娘湾滨海景点的开发建设，形成钦州湾口滨海旅游格局。

防城港市应该抓住北部湾经济区发展的机遇，发挥区位优势，突出枢纽物流中心的地位，全力建设出海主枢纽，配套城市基础设施。在临海工业方面，企沙半岛设立的沿海工业园区具备临港、海域开阔、陆地平整等发展临海大工业的基础条件，可落户千万吨级钢铁厂项目；白龙尾半岛具有人口稀疏、海域宽敞的有利条件，可作为核电项目基地。在海洋交通运输方面，防城港市应重点建设专业码头和集装箱码头，疏浚深水航道，扩大港口规模以适应货物结构性变化和港口码头专业化、大型化的要求，逐步由单输运功能向现代港口业务物流化转变，由“运输中心”向“配送中心”乃至“综合物流中心”转变。

5.6.3 海岛资源开发潜力评价

海岛是四面环（海）水并在高潮时高于水面的自然形成的陆地区域。海岛空间位置特殊，既是我国领土的重要组成部分，又是划分领海及管辖海域的重要基点，具有十分显著的生态、资源和权益价值，在经济、社会和国防安全等方面扮演着重要的角色。近 20 年来，随着广西沿海经济的快速发展，海岛开发活动日益加剧，极大地改变了海岛的资源环境条件，甚至使海岛自然景观、生态系统和资源遭受严重破坏。通过新一轮的海岛综合研究，全面、系统地查明我国海岛环境与资源的开发利用现状，对广西海岛资源开发潜力进行科学全面的客观评价，是制定海岛总体开发与保护发展规划、实现海岛资源的可持续利用和生态环境保护的重要前提。

5.6.3.1 海岛资源开发潜力评价必要性及意义

当前的广西海岛资源开发利用存在诸多问题，导致海岛资源面临巨大压力，为了在保证资源不被破坏的基础上，合理有效地开发利用广西海岛资源，需要研究海岛资源开发潜力，以此来指导广西海岛资源的可持续开发利用。

海岛资源开发潜力是立足于广西海岛资源当前开发利用现状与最优的资源可持续开发状态之间的差距，综合资源禀赋、开发利用现状、开发条件、环境承载和社会经济保障的多方面影响因素，在考虑资源今后开发利用方向的基础上对未来资源可持续开发利用的潜在能力的评价。

通过广西海岛资源开发潜力评价，能够在不同地区之间进行对比，使得各地区按照本地区的客观实际情况合理地对海岛资源进行开发利用。同时，海岛资源开发潜力评价也可以比较一个地区影响海岛资源开发潜力的各个因素的相对情况，使得各地区了解本地区海岛资源开发潜力的大小是受哪种因素的制约，对今后本地区海岛资源的开发利用具有重要的指导意义。

5.6.3.2 海岛资源开发潜力评价指标体系

根据可行性、客观性和全面性原则，综合考虑海岛资源禀赋、开发利用现状、开发条件、环境承载和社会经济保障等因素，建立如下指标体系。

1）资源禀赋

资源禀赋是指该地区资源的丰裕度，它直接反映了资源的数量和质量，是影响资源开发潜力的重要指标，因此将资源禀赋作为一级指标引入资源开发潜力评价指标体系。

在对海岛资源禀赋进行评价时，从数量和质量两个方面进行评价。在数量方面引入海岛资源数量、海岛资源面积和海岛岸线长度 3 个二级指标。

海岛资源数量、海岛资源面积和海岛岸线长度都是反映海岛资源数量多少的指标，反映了一个地区海岛资源的丰富程度，一个地区海岛资源数量越多、面积越大、岸线越长，则这个地区的海岛资源数量禀赋越大，海岛资源开发潜力越大。

在质量方面引入有居民海岛数量和中岛数量 2 个二级指标。

海岛按其社会属性分为有居民海岛和无居民海岛，有居民海岛指有或曾有户籍人口的海岛。相对于无居民海岛，有居民海岛的开发条件和海岛上的资源条件较好，海岛资源的质量较高。因此，海岛资源中有居民海岛数量越多，表明海岛资源的质量禀赋越大，海岛资源开发潜力越大。

广西海岛面积总体较小，按照上述原则，广西没有特大岛和大岛，有中岛 8 个，占海岛总数的 1.1%；小岛 674 个，占海岛总数的 95.1%；微型岛 27 个，占海岛总数的 3.8%。中岛面积相对较大，便于整体规划，开发利用条件相对于小岛和微型岛具有优势，因此中岛数量越多，海岛资源开发潜力越大。

2）开发利用现状

海岛资源开发利用现状指当前状态下海岛资源的开发利用程度，海岛资源开发潜力是基于海岛资源的当前开发利用现状与可持续的最优开发利用状态之间的差距，因此开发利用现状对海岛资源开发潜力具有直接影响，故将开发利用现状作为一级指标引入资源开发潜力评价指标体系。

在对海岛资源的开发利用现状进行评价时引入海岛开发程度、海岛岸线开发程度、海岛空间开发程度和海岛灭失数量 4 个二级指标。

海岛开发程度、海岛岸线开发程度和海岛空间开发程度是指一个地区海岛资源的开发比例，其中本研究使用已开发海岛数量占研究区域海岛总数的比例来衡量海岛开发程度，使用已开发海岛岸线长度占研究区域海岛岸线总长度的比例来衡量海岛岸线开发程度，使用已开发海岛空间面积占研究区域海岛空间总面积的比例来衡量海岛空间开发程度：

$$\text{海岛开发程度}=\frac{\text{已开发海岛数量}}{\text{研究区域海岛总数}}\times 100\% \tag{5-67}$$

$$\text{海岛岸线开发程度}=\frac{\text{已开发海岛岸线长度}}{\text{研究区域海岛岸线总长度}}\times 100\% \tag{5-68}$$

$$\text{海岛空间开发程度}=\frac{\text{已开发海岛空间面积}}{\text{研究区域海岛空间总面积}}\times 100\% \tag{5-69}$$

海岛开发程度、海岛岸线开发程度和海岛空间开发程度越高，表明海岛资源当前的开发利用程度越大，则海岛资源开发潜力越小。

无居民海岛是重要的自然资源，具有稀缺性和不可再生性，无居民海岛灭失具有不可逆性，对海岛资源开发潜力具有极大的负面影响。广西海岛灭失的主要原因是养殖开发使海岛并入大陆，成为陆连岛，使海岛及其周边水动力、沉积动力和生态环境等迅速恶化，海岛及海洋优势资源遭受毁灭性的破坏，极大地降低了海岛资源开发潜力。因此海岛灭失数量越多，表明对海岛资源破坏性开发的规模越大，不利于海岛资源的可持续开发利用，资源开发潜力越小。

3）开发条件

资源开发潜力评价的是资源未来的开发能力，因此必然会受到开发条件的制约，开发条件将直接影响资源未来开发的最优可持续发展状态，因此将开发条件作为一级指标引入资源开发潜力评价指标体系。

本研究从资源开发条件、自然开发条件和区位交通条件三个方面对海岛资源开发条件进行评价。

在资源开发条件方面，本研究引入适度利用类海岛数量 1 个二级指标，适度利用类海岛是指具有开发利用条件，根据各海湾海岛的分布特点、自然环境条件、资源优势、开发利用和社会经济发展现状，可以适度合理地对其进行开发利用的海岛。适度利用类海岛数量越多，表明具有开发条件的海岛数量越多，海岛资源开发潜力就越大。

在自然开发条件方面，海岛作为一个相对独立的个体，在开发利用时难以依靠周边地区的资源进行发展，因此资源条件对海岛开发利用具有比对内陆地区更加重要的影响。由于海岛自身蓄水条件的限制，淡水资源是影响海岛资源开发利用的重要因素，因此本研究引入海岛年均降水量 1 个二级指标来衡量海岛资源自然开发条件，降水量越多，自然开发条件越好，海岛资源开发潜力就越大。

在区位交通条件方面，海岛与周边地区，尤其是与周边内陆地区的通达性直接关系到海岛资源的开发潜力，本研究引入港口码头客运量和万吨以上港口码头数量2个二级指标，分别从人员周转能力和货物周转能力两个方面来衡量海岛资源区位交通条件，区位交通条件越好，陆岛通达性越高，海岛资源开发潜力就越大。

4）环境承载

环境承载就是确定生态系统对人类活动的最大承受能力，所谓对人类活动的最大承受能力是指在不破坏生态系统服务功能的前提下，生态系统所能承受的人类活动的强度。环境承载直接影响资源可持续利用的最优开发利用状态，因此将环境承载作为一级指标引入资源开发潜力评价指标体系。

对环境承载的因素分为生态压力和生态支撑两个方面，在生态压力方面，引入径流入海污染物排放量1个二级指标。

径流入海污染物排放量是影响一个海域生态环境承载力的重要指标，排放量越大，海岛周围海域生态环境承载力越低，海岛资源开发潜力就越小。

在生态支撑方面，引入植被覆盖率、一二类水质海域面积占比和入海排污口排放达标率3个二级指标。

$$\text{植被覆盖率}=\frac{\text{海岛植被覆盖面积}}{\text{海岛总面积}}\times 100\% \tag{5-70}$$

$$\text{一二类水质海域面积占比}=\frac{\text{一二类水质海域面积}}{\text{研究区域海域总面积}}\times 100\% \tag{5-71}$$

$$\text{入海排污口排放达标率}=\frac{\text{排放达标排污口个数}}{\text{排污口总个数}}\times 100\% \tag{5-72}$$

植被覆盖率能够反映一个地区的生态环境承载力，该指标数据越大，承载力越大，资源开发潜力就越大。一二类水质海域面积占比和入海排污口排放达标率反映一个地区对污染的治理能力，能够有效地提高区域生态环境承载力，这两个指标数据越大，表明承载力越大，海岛资源开发潜力就越大。

5）社会经济保障

资源是社会经济发展的基础，同时，资源的可持续开发利用离不开社会的需要、技术的支撑和公众对资源的认可程度，社会的需要决定资源的开发利用方向，技术的支撑直接影响资源的开发利用能力，公众对资源的认可程度直接影响资源的开发利用力度与开发方式，因此将社会经济保障作为一级指标引入资源开发潜力评价指标体系。

在衡量社会经济保障时引入经济发展程度、社会认可度和基础设施建设3个二级指标。

本研究使用人均GDP衡量经济发展程度，人均GDP越高，经济发展程度越高，资源开发潜力就越大。

社会认可度衡量一个地区对海岛资源的认可程度，反映了海岛资源在各地区的受重视程度，这与一个地区的受教育程度、宣传力度、各部门的规章制度和对海岛资源开发保护的资金投入有关，考虑到数据的可获性，本研究使用普通高校在校生人数来衡量受教育程度，以此来衡量社会认可度。普通高校在校生人数直接影响科学技术的发展水平和对海岛资源的认识，普通高校在校生人数越多，资源开发潜力就越大。

广西海岛资源开发普遍存在基础设施落后的问题，广西海岛经济基础薄弱，水、电、交通等基础设施建设滞后，政府公共服务保障能力不足，防灾减灾能力缺乏，居民生活与生产条件艰苦，边远海岛的困难尤其突出，因此基础设施建设对于海岛资源的开发极其重要，基础设施投资越多，海岛资源开发潜力就越大。

综上，海岛资源开发潜力评价指标体系见表5-175。

表 5-175　海岛资源开发潜力评价指标体系

	一级指标	二级指标	指标性质
指标体系	资源禀赋	海岛资源数量	支撑
		海岛岸线长度	支撑
		海岛资源面积	支撑
		有居民海岛数量	支撑
		中岛数量	支撑
	开发利用现状	海岛岸线开发程度	压力
		海岛灭失数量	压力
		海岛开发程度	压力
		海岛空间开发程度	压力
	开发条件	适度利用类海岛数量	支撑
		海岛年均降水量	支撑
		港口码头客运量	支撑
		万吨以上港口码头数量	支撑
	环境承载	植被覆盖率	支撑
		一二类水质海域面积占比	支撑
		径流入海污染物排放量	压力
		入海排污口排放达标率	支撑
	社会经济保障	社会认可度	支撑
		经济发展程度	支撑
		基础设施建设	支撑

数据来源：国家海洋局第一海洋研究所（2010）；广西壮族自治区海洋局（2012a，2015a）；孟宪伟和张创智（2014）；广西壮族自治区统计局（2014）

5.6.3.3　海岛资源开发潜力测算

运用层次分析法确定各指标权重，基于各指标标准化值，运用 Vague 值相似度综合评价模型测算海岛资源开发潜力，北海市、钦州市、防城港市海岛资源开发潜力测算结果见表 5-176～表 5-178。

表 5-176　北海市海岛资源开发潜力测算结果

	一级指标 e_i	潜力状态 S_i	二级指标 e_{ij}	相似度 $N(e_{ij})$
开发潜力 0.51	资源禀赋	0.78	海岛资源数量	0.033
			海岛岸线长度	0.195
			海岛资源面积	1.000
			有居民海岛数量	1.000
			中岛数量	1.000
	开发利用现状	0.61	海岛岸线开发程度	0.389
			海岛灭失数量	0.946
			海岛开发程度	0.554
			海岛空间开发程度	0.485
	开发条件	0.31	适度利用类海岛数量	0.031
			海岛年均降水量	0.095
			港口码头客运量	1.000
			万吨以上港口码头数量	0.125

续表

	一级指标 e_i	潜力状态 S_i	二级指标 e_{ij}	相似度 $N(e_{ij})$
开发潜力 0.51	环境承载	0.24	植被覆盖率	0.372
			一二类水质海域面积占比	0.370
			径流入海污染物排放量	0.125
			入海排污口排放达标率	0.006
	社会经济保障	0.29	社会认可度	0.232
			经济发展程度	0.627
			基础设施建设	0.028

表 5-177　钦州市海岛资源开发潜力测算结果

	一级指标 e_i	潜力状态 S_i	二级指标 e_{ij}	相似度 $N(e_{ij})$
开发潜力 0.43	资源禀赋	0.67	海岛资源数量	0.831
			海岛岸线长度	1.000
			海岛资源面积	0.164
			有居民海岛数量	0.792
			中岛数量	1.000
	开发利用现状	0.35	海岛岸线开发程度	0.588
			海岛灭失数量	0.038
			海岛开发程度	0.317
			海岛空间开发程度	0.497
	开发条件	0.37	适度利用类海岛数量	0.580
			海岛年均降水量	0.417
			港口码头客运量	0.000
			万吨以上港口码头数量	0.475
	环境承载	0.38	植被覆盖率	0.850
			一二类水质海域面积占比	0.460
			径流入海污染物排放量	0.000
			入海排污口排放达标率	0.150
	社会经济保障	0.15	社会认可度	0.196
			经济发展程度	0.100
			基础设施建设	0.145

表 5-178　防城港市海岛资源开发潜力测算结果

	一级指标 e_i	潜力状态 S_i	二级指标 e_{ij}	相似度 $N(e_{ij})$
开发潜力 0.61	资源禀赋	0.64	海岛资源数量	0.945
			海岛岸线长度	1.000
			海岛资源面积	0.194
			有居民海岛数量	0.792
			中岛数量	0.583
	开发利用现状	0.47	海岛岸线开发程度	0.362
			海岛灭失数量	0.491
			海岛开发程度	0.413
			海岛空间开发程度	0.609

续表

	一级指标 e_i	潜力状态 S_i	二级指标 e_{ij}	相似度 $N(e_{ij})$
开发潜力 0.61	开发条件	0.74	适度利用类海岛数量	0.771
			海岛年均降水量	0.736
			港口码头客运量	0.745
			万吨以上港口码头数量	0.708
	环境承载	0.73	植被覆盖率	0.622
			一二类水质海域面积占比	0.847
			径流入海污染物排放量	1.000
			入海排污口排放达标率	0.433
	社会经济保障	0.46	社会认可度	0.014
			经济发展程度	0.967
			基础设施建设	0.381

5.6.3.4　海岛资源开发潜力评价

根据测算结果，对广西沿海三市海岛资源开发潜力进行评价。结果显示，北海市海岛资源开发潜力值为 0.51，钦州市为 0.43，防城港市为 0.61。为了更加直观清晰地体现各沿海地市海岛资源开发潜力差异，基于发展阶段论，本研究将开发潜力划分为四个等级（表 5-179）。

表 5-179　开发潜力等级划分

潜力值	潜力等级	含义
0～0.25	四级	不具开发潜力
0.25～0.5	三级	初具开发潜力
0.5～0.75	二级	具有开发潜力
0.75～1	一级	极具开发潜力

由广西沿海三市海岛资源开发潜力（表 5-180）可知，防城港市海岛资源开发潜力属于二级，相对来说，防城港市海岛资源的开发潜力较大。北海市海岛资源的开发潜力与防城港市一样同属二级，区别在于北海市海岛资源的开发潜力处于二级的底端，刚刚跨入二级的门槛。钦州市红树林资源的开发潜力属于三级，且潜力值接近二级，对于合理开发利用海岛资源，钦州市还有较大的改进空间。

表 5-180　广西北海市、钦州市、防城港市海岛资源开发潜力评价

地市	资源禀赋	开发利用现状	开发利用条件	生态环境承载	社会经济保障	开发潜力	潜力分级
北海市	0.78	0.61	0.31	0.24	0.29	0.51	二级
钦州市	0.67	0.35	0.37	0.38	0.15	0.43	三级
防城港市	0.64	0.47	0.74	0.73	0.46	0.61	二级

需要注意的是，开发潜力值越大并不代表可以无节制地开发利用海岛资源。对于海岛资源的开发利用需要在保证资源可持续利用的基础上，合理有序地开发利用海岛资源。

5.6.4　港址资源开发利用规划

20 世纪 90 年代，中共中央提出要充分发挥广西作为西南地区出海通道的作用，广西沿海港口建设步伐加快，防城港、钦州、北海三港公用码头和商贸、企业专用码头并重的总体格局初步形成，逐步形成以防城港为枢纽港、钦州港和北海港共同发展的格局。港口规模的扩大，以及港口功能的多样化促进了广西港口经济的发展，而沿海港口作为广西经济竞争的重要战略资源和资源配置平台，若想实现港口经济更好更快地发展，以满足广西腹地经济发展的需求，为国民经济发展做出更大贡献，就必须加大资源开发力度，实现资源的合理配置，最大限度地发挥资源效益。

在今后一个时期内，广西港口建设应全面贯彻落实科学发展观，坚持速度、质量、效益和可持续发展相统一，以国际、国内航运市场为导向，优化布局，整合资源，逐步形成以防城港为主要港口，钦州港、北海港共同协调发展，满足腹地经济及临港产业发展对以矿石、石油、煤炭、集装箱等大宗型货物为主的货物运输需求，具备综合运输枢纽、现代物流、临港工业、商贸服务和现代信息服务等功能，机制顺畅、能力充分、布局合理、资源集约、环境友好、服务高效的现代化港口群，更好地发挥港口对区域经济的带动作用，充分发挥西南地区出海通道的作用。

基于此，广西港址资源开发应着力做好以下几个方面的工作。

一是要充分发挥其作为西南地区出海通道的作用，加快石化等临港重化工业的发展，重点建设大型煤炭、原油专业化深水码头，满足腹地经济及临港产业发展对以矿石、石油、煤炭、集装箱等大宗型货物为主的货物运输需求，包括渔沥港区的第二、第三和第四作业区大型专业化深水泊位的建设和企沙西港区的钢铁企业配套码头作业区的建设等。

二是增加广西沿海三市海湾的航道数量，扩大航道规模，如防城港港域的三牙航道、钦州港域的钦州湾东航道和北海港域的铁山湾进港航道等。

三是推进港口经济对腹地经济的辐射带动作用，扩大港口腹地范围。

四是加大港口环保设施的投入力度，造就文明、环保、整洁的港口城市，实现港口的可持续发展。

广西港址资源主要分布于铁山港湾、廉州湾、大风江口、钦州湾、防城港湾、珍珠港湾和北仑河口 7 处重要海湾（河口）内。广西港址资源已被规划成为多个港区及港点，其中，北海港域 4 处港址资源总体规划布局是 3 个主要港区、1 个预留港区及多个小港区和小港点；钦州港域 4 处港址资源总体规划布局是 3 个主要港区、1 个预留港区、1 段预留岸线和多个小港区及小港点；防城港港域 11 处港址资源总体规划布局是 2 个主要港区、8 个小港点、1 个预留港区及 1 段预留岸线。广西沿海三大港域港口航运区规划见表 5-181。

表 5-181　广西沿海三大港域港口航运区规划

北海港域	规划港区	主要港区	石步岭港区、铁山港西港区、铁山港东港区
		小港区	沙田港区、涠洲岛港区
		小港点	海角港点、侨港港点
	预留港区	大风江港区	
钦州港域	规划港区	主要港区	龙门港区、金谷港区、大榄坪港区
		小港区	茅岭港区、那丽港区
		小港点	麻蓝岛港点、东场港点
	预留港区	大风江港区	
	预留岸线	鹿耳环江坪山岸线	
防城港域	规划港区	主要港区	渔沥港区、企沙港区
		小港点	竹山港点、京岛港点、潭吉港点、白龙港点、榕木江港点、风流岭江港点、大小冬瓜港点、茅岭港点
	预留港区	企沙东港区	
	预留岸线	外海 30 万 t 级以上码头岸线	

5.6.4.1　北海港域港口发展规划

北海港域应建设以商贸和旅游服务、临港工业为主的地区性港口。近期根据北海市生态环境保护和旅游资源开发的要求，北海港域以外向型加工业为依托，重点发展现代物流，形成以商贸旅游和清洁型物资运输为主的集约化程度较高的综合性港口；结合广西沿海重化工业布局拓展临港工业的发展空间，远期将发展成为内外贸物资运输结合、商贸和旅游及工业开发并重的多功能综合性港口，逐步发展成为西南地区出海大通道的重要口岸之一。

北海港域港址资源被规划为：石步岭港区、铁山港西港区、铁山港东港区 3 个主要港区和海角港点、侨港港点、沙田港区、涠洲岛港区等小港点、小港区及远景预留的大风江港区。北海港域港址资源岸线长 38km，但是港区规划岸线长 87.591km，其中深水码头岸线长 72.794km；可建泊位 361 个，其中深水泊位 253 个，通过能力分别为货物 67 312 万 t、人数 292 万人次、汽车 43 万辆；用地规模为 10 084hm^2。其中，规划港区岸线长 79.321km，其中深水码头岸线长 64.524km；可建泊位 322 个，其中深水泊位 214 个；通过能力分别为货物 63 662 万 t、人数 292 万人次、车辆 43 万辆；用地规模为 8474hm^2。预留港区即大风江港区岸线长 8.270km；可建泊位 39 个；货物通过能力为 3650 万 t；用地规模为 1610hm^2。

在规划港区中，石步岭港区、铁山港西港区、铁山港东港区 3 个主要港区中铁山港西港区规模最大，岸线长 55.802km，其中深水码头岸线长 52.220km，港口用地规模为 6654hm^2；其次是铁山港东港区，岸线长 13.162km，其中深水码头岸线长 6.720km，港口用地规模为 1192hm^2；石步岭港区规模最小，岸线长 5.781km，其中深水码头岸线长 4.549km，港口用地规模为 470hm^2。3 个主要港区所建码头主要为集装箱码头和客运码头，石步岭港区码头主要为集装箱码头和客运码头，通过能力分别为货物 2100 万 t、200 万人次；铁山港西港区、铁山港东港区码头为集装箱码头，货物通过能力分别为 52 500 万 t、5100 万 t。海角港点、侨港港点、沙田港区、涠洲岛港区等小港点、小港区所建码头主要为货运、客运和汽车码头。其中涠洲岛港区为千吨级油品码头和客货滚装码头，客、货通过能力分别为 62 万人次、3000 万 t；侨港港点码头主要为汽车码头和客运码头，汽车通过能力为 40 万辆。北海港域港口航运区规划见表 5-182。

表 5-182 北海港域港口航运区规划

港区		岸线长度（km）		可建泊位数量（个）		通过能力			港口用地规模（hm^2）
		合计	深水码头岸线	合计	深水泊位	货运（万 t）	客运（万人次）	汽车（万辆）	
主要港区	石步岭港区	5.781	4.549	17	17	2 100	200		470
	铁山港西港区	55.802	52.220	192	166	52 500			6 654
	铁山港东港区	13.162	6.720	74	28	5 100			1 192
	小计	74.745	63.489	283	211	59 700	200	0	8 316
小港区、小港点	海角港点	0.507		6		62	30	2	19
	侨港港点	0.480		9		400		40	13
	沙田港区	1.924		14		500			75
	涠洲岛港区	1.665	1.035	10	3	3 000	62	1	51
	小计	4.576	1.035	39	3	3 962	92	43	158
预留港区	大风江港区	8.270	8.270	39	39	3 650			1 610
	小计	8.270	8.270	39	39	3 650			1 610
总计		87.591	72.794	361	253	67 312	292	43	10 084

5.6.4.2 钦州港域港口发展规划

钦州港是为临港工业开发服务的地区性重要港口，近期主要依托临港工业开发，形成以能源、原材料等大宗物资运输为主的规模化、集约化港区，为钦州市及广西加快工业化进程、改善重化工业布局创造条件；远期将成为广西重化工业产业带的重要支撑，发展成为以服务临港工业为主，兼顾为西南地区利用国际国内两个市场、两种资源服务的多功能现代化港口，成为西南地区出海大通道的重要口岸之一。

钦州港域港址资源被规划为：龙门港区、金谷港区、大榄坪港区 3 个主要港区和茅岭港区、那丽港区、麻蓝岛港点、东场港点等小港点、小港区及预留的大风江港区。钦州港域港址资源岸线长 69.9km，但是港区规划岸线长 69.9395km，其中深水码头岸线长 45.289km；可建泊位 301 个，其中深水泊位 163 个，通过能力分别为货物 39 505.6 万 t、人数 130 万人次；用地规模为 7503.3hm^2。其中，规划港区岸线长 57.3445km，其中深水码头岸线长 35.666km；可建泊位 242 个，其中深水泊位 117 个；通过能力分别为货物 35 155.6 万 t、人数 130 万人次；用地规模为 5912.3hm^2。预留港区即大风江港区岸线长 12.595km；可建泊位 59 个，其中深水泊位 46 个；货物通过能力为 4350 万 t；用地规模为 1591hm^2。

在规划港区中，龙门港区、金谷港区、大榄坪港区 3 个主要港区中大榄坪港区规模最大，其岸线长 26.296km，其中深水岸线长 21.492km，港口用地规模为 4235hm^2；其次是金谷港区，岸线长 20.537km，其中深水岸线长 12.834km，港口用地规模为 1017hm^2；龙门港区规模最小，岸线长 3.642km，其中深水岸线长 1.34km，港口用地规模为 179hm^2。3 个主要港区所建码头主要为集装箱码头和客运码头，金谷港区码头主要为集装箱码头和客运码头，通过能力分别为货物 11 280 万 t、130 万人次；大榄坪港区、龙门港区码头为集装箱码头，货物通过能力分别为 20 950 万 t、1100 万 t。茅岭港区、那丽港区、麻蓝岛港点、东场港点等小港区、小港点所建码头主要为货运，通过能力分别为 900 万 t、850 万 t、0.6 万 t、75 万 t。钦州港域港口航运区规划见表 5-183。

表 5-183　钦州港域港口航运区规划

港区		岸线长度（km）		可建泊位数量（个）		通过能力		港口用地规模（hm^2）
		合计	深水码头岸线	合计	深水泊位	货运（万 t）	客运（万人次）	
主要港区	龙门港区	3.642	1.34	9	4	1 100	0	179
	金谷港区	20.537	12.834	100	48	11 280	130	1 017
	大榄坪港区	26.296	21.492	76	65	20 950	0	4 235
	小计	50.475	35.666	185	117	33 330	130	5 431
小港区、小港点	麻蓝岛港点	0.033 5		1		0.6	0	0.3
	东场港点	0.485		5		75		24
	茅岭港区	2.536		21		900		125
	那丽港区	3.815		30		850		332
	小计	6.869 5	0	57	0	1 825.6	0	481.3
预留港区	大风江港区	12.595	9.623	59	46	4 350	0	1 591
	小计	12.595	9.623	59	46	4 350	0	1 591
总计		69.939 5	45.289	301	163	39 505.6	130	7 503.3

5.6.4.3　防城港域港口发展规划

防城港是我国沿海主要港口之一和综合性运输体系的重要枢纽，是防城港市发展外向型经济和推进工业化进程的重要依托，是加快广西经济和社会全面发展的重要条件，是我国西南地区实施西部大开发战略和连接国际市场、发展外向型经济的重要支撑，是西南地区出海大通道的重要口岸之一。随着腹地经济发展和综合运输体系逐步完善，防城港域将以大宗散货运输为主，加快发展集装箱运输，逐步成为具有运输组织、装卸储运、重装换装、临港工业、现代物流、信息服务及保税、加工、配送等多功能、现代化的综合性港口。

防城港域港址资源被规划为：渔沥港区、企沙港区 2 个主要港区和竹山港点、京岛港点、潭吉港点、白龙港点、榕木江港点、风流岭江港点、大小冬瓜港点、茅岭港点等小港点及远景预留的企沙东港区。防城港域港址资源岸线长 55.79km，但是港区规划岸线长 132.40km，其中深水码头岸线长 70.319km；可建泊位 516 个，其中深水泊位 258 个，通过能力分别为货物 98 950 万 t、人数 580 万人次；用地规模为 7882hm^2。其中，规划港区岸线长 104.50km，其中深水码头岸线长 70.319km；可建泊位 516 个，其中深水泊位 258 个；通过能力分别为货物 98 950 万 t、人数 580 万人次；用地规模为 7882hm^2。预留港区即企沙东港区形成码头岸线长 27.90km。

在规划的主要港区中，企沙港区规模大于渔沥港区，企沙港区岸线长 52.837km，其中深水码头岸线长 46.549km，港口用地规模为 4515hm^2；渔沥港区岸线长 25.133km，其中深水码头岸线长 21.920km，港口用地规模为 2820hm^2。2 个主要港区所建码头主要为集装箱码头和客运码头，企沙港区码头为货运码头，通过能力为 65 650 万 t，渔沥港区通过能力分别为货物 24 030 万 t、200 万人次。竹山港点、京岛港点、潭吉港点、白龙港点、榕木江港点、大小冬瓜港点、茅岭港点等港点除了大小冬瓜港点所建码头主要为货运、客运码头，其他港点所建码头均为货运码头。其中大小冬瓜港点客、货通过能力分别为 7 万人次、66 万 t；竹山港点、京岛港点、潭吉港点、白龙港点、榕木江港点、茅岭港点通过能力分别为 8 万 t、13 万 t、33 万 t、37 万 t、21 万 t、37 万 t。防城港港域港口航运区规划见表 5-184。

表 5-184　防城港港域港口航运区规划

港区		岸线长度（km）		可建泊位数量（个）		通过能力		港口用地规模（hm^2）
		合计	深水码头岸线	合计	深水泊位	货运（万 t）	客运（万人次）	
主要港区	渔沥港区	25.133	21.920	86	75	24 030	200	2 820
	企沙港区	52.837	46.549	217	176	65 650		4 515
	小计	77.970	68.469	303	251	89 680	200	7 335
小港点	竹山港点	0.75		8		145		
	京岛港点	1.50		13		200	80	
	潭吉港点	4.00		33		1 000		
	白龙港点	4.50		37		1 050	300	
	榕木江港点	0.80		6		210		
	风流岭江港点	2.00		13		600		
	大小冬瓜港点	8.43	1.850	66	7	4 700		547
	茅岭港点	4.55		37		1 365		
	小计	26.53	1.850	213	7	9 270	380	547
预留港区	企沙东港区	27.90						
	小计	27.90						
总计		132.40	70.319	516	258	98 950	580	7 882

5.7　小　　结

本章在空间资源实物量、开发利用现状、价值量、开发利用度及开发潜力等方面对广西海域、岸线、海岛及港址等海洋空间资源进行了综合评价，从整体上揭示广西海洋空间资源的优势与劣势，指出空间资源开发利用的潜力大小、限制性及限制强度，从而提出开发利用和治理保护的建议，为充分发挥空间资源的多种功能和综合效益的规划与管理提供科学依据。

在实物量评价方面，广西海域面积共 658 200hm^2，大陆海岸线总长 1628.59km，沿岸海域海岛 646 个，海岛总面积为 15 558hm^2，沿岸天然港湾 53 个。

在开发利用现状方面，广西海域以渔业用海为主，港口用海（含港区填海和港池用海）居第二位；还有一些临海工业用海和海底工程用海、旅游娱乐用海、排污倾废用海、保护区用海等；岸线开发主要体现为虾塘、盐场、港口工程围填海和人工堤坝等利用方式，且自然岸线的长度总体呈现逐年递减的趋势，而人工岸线的长度呈逐年增加的趋势；海岛资源主要用于城镇建设、旅游、围海养殖、农林种植等；沿海港址资源主要分布在北海港域、钦州港域、防城港域，北海港域以外贸和陆岛车、客运输为主，钦州港域港口是以服务临港工业为主的地区性重要港口，防城港域港口为以大宗散货运输为主，同时具备集装箱、件杂货、油气等货种装卸储运、中转换装、物流配送等多功能的综合性港口。

在开发利用度评价方面，从海域资源集约利用程度来看，北海市海域资源集约利用程度最高，其次是钦州市，防城港市海域资源集约利用程度最低；从海岛数量优势度来看，北海市略大于钦州市，防城港市最小；从海岛质量优势度来看，防城港海岛资源质量优势度在三地市对比中占有绝对优势，而北海市处于劣势；从海岛省际优势度来看，海岛资源数量优势度排序依次为浙江＞福建＞广东＞上海＞辽宁＞广西＞山东＞海南＞河北＞江苏，海岛资源质量优势度排序依次序为福建＞浙江＞广东＞江苏＞上海＞

广西＞辽宁＞海南＞山东＞河北；从港址资源开发等级评价来看，铁山湾港址等 6 个港址属于优秀级港址，涠洲岛港址等 3 个港址属于优良级港址，石步岭港址等 5 个港址属于一般级港址；红沙沥港址等 5 个港址属于较差级港址。

在开发潜力评价方面，对于海域资源开发潜力，钦州市农渔业区海域资源开发潜力最大，北海市海域港口航运区、旅游休闲娱乐区、工业与城镇用海区海域资源开发潜力最大，防城港市各类海域资源开发潜力一般；对于岸线资源开发潜力，北海市农渔业区与旅游休闲娱乐区岸线资源相比其他两市具有优势，防城港市的港口航运区和工业与城镇用海区岸线资源相比其他两市具有优势，钦州市各种岸线资源开发潜力一般；对于海岛资源开发潜力，北海市海岛资源的开发潜力与防城港市一样同属二级，钦州市海岛资源的开发潜力属于三级，且潜力值接近二级；对于港址资源开发利用规划，北海港域应建设以商贸和旅游服务、临港工业为主的地区性港口；钦州港是为临港工业开发服务的地区性重要港口，应发展成为以服务临港工业为主，兼顾为西南地区利用国际、国内两个市场、两种资源服务的多功能现代化港口；防城港应以大宗散货运输为主，加快发展集装箱运输，逐步成为具有运输组织、装卸储运、重装换装、临港工业、现代物流、信息服务及保税、加工、配送等多功能、现代化的综合性港口。

广西海洋旅游资源综合评价

广西海洋旅游资源丰富，既有风光旖旎的红树林景观，又有千奇百怪的海蚀地貌、火山口地貌、海积地貌，而且少数民族风情浓郁，滨海旅游业已经成为广西海洋经济增长的重要支柱产业之一。

科学合理的旅游资源评价是科学开发利用旅游资源的重要依据和手段，是合理配置区域资源、科学安排项目空间布局、准确进行产品设计的保证。本章依据《广西壮族自治区海洋功能区划（2011—2020 年）》《广西壮族自治区旅游业发展“十二五”规划》和我国近海海洋综合调查与评价专项（简称“908 专项”）系列研究成果及实地调研数据，对广西海洋旅游资源的数量、类型、丰度、级别构成、空间组合情况及开发利用现状进行梳理总结，评价广西海洋旅游资源的价值量、优势度、承载力，明确广西海洋旅游资源开发潜力的大小、限制性及限制强度，在此基础上提出合理的开发利用建议，以期为广西进一步提升滨海旅游业的竞争力提供决策依据。

6.1 广西海洋旅游资源综合评价概述

6.1.1 海洋旅游资源的概念、分类与特征

6.1.1.1 海洋旅游资源的概念

自然界和人类社会凡能对旅游者产生吸引力，可以为旅游业所利用，并可产生经济效益、社会效益和环境效益的各种事物和因素即为旅游资源（国家旅游局，2003）。

科学界定滨海旅游和海洋旅游资源的概念是海洋旅游资源规划开发及分析评价的基础。Mliier 和 Auyong（1991）认为，滨海旅游（coastal tourism）是指发生在滨海区域和临近滨海区域的旅游、休憩及休闲活动。Wong（1998）则指出，滨海旅游是一系列广泛的活动开展、环境影响和沿海管理等问题的综合定义。Hall（2001）认为，海洋和滨海旅游（ocean and coastal tourism）包括发生在滨海地区和沿海水域的所有旅游、休闲及娱乐导向的活动，其中包括住宿、食品工业、度假别墅和滨海旅游业的基本支持，如零售业、码头及活动提供者等，也包括一些旅游活动，如划船、游泳、钓鱼、潜水等。海洋旅游资源是存在于海岸线及向海和内陆两侧延伸一定范围（含海洋岛屿）内，经过合理开发和有效保护，对旅游者产生旅游吸引力、激发旅游者的旅游动机，并能为滨海旅游业所利用以产生经济效益、社会效益和生态环境效益的有形及无形要素。也有部分学者将滨海旅游资源表述为海洋旅游资源，并将海洋旅游资源定义为能为旅游者提供观光游览、知识乐趣、度假疗养、娱乐休息、商务交往等服务，并具有开发价值的海洋资源（《旅游概论》编写组，1983）。

6.1.1.2 海洋旅游资源的分类

海洋旅游资源的分类是对其进行评价及开发利用的依据，一般而言，可根据海洋旅游资源自身属性、空间属性、重要性等进行分类。

1）海洋旅游资源按自身属性分类

根据海洋资源的滨海属性，将海洋旅游资源分为滨海自然旅游资源和滨海人文旅游资源，由于沙滩类和岛屿类旅游资源在滨海旅游中的地位突出，因此将其分别列为一类，具体分类见表 6-1（佟玉权，2007）。

表 6-1　海洋旅游资源按自身属性分类

旅游资源类	细类	具体类型
滨海自然旅游资源	滨海沙滩类	水体沙滩-民俗风情组合型
		水体沙滩-城市风光组合型
		水体沙滩-自然生态组合型
	滨海岛屿类	滨海岛屿类旅游资源
	滨海生态类	滨海红树林湿地类生态旅游资源
		滨海陆地植物类生态旅游资源
		珍稀野生动物栖息地类生态旅游资源
滨海人文旅游资源	滨海人文类	文物古迹
		史前遗迹
		边疆要塞与地标
		民俗风情
		滨海港口工业旅游与城市风情

资料来源：佟玉权（2007）

2）海洋旅游资源按空间属性分类

按照人类海洋旅游活动所依托海洋空间环境的差异，海洋旅游资源可分为海岸带旅游资源、海岛旅游资源、深远海旅游资源、海洋专题旅游资源等四类（褚夫秋，2006），如表 6-2 所示。

表 6-2　海洋旅游资源按空间属性分类

旅游资源类型	基本类型
海岸带旅游资源	海岸生态观光与考察、海底观光、海洋水体观光、海滨休闲和娱乐、海滨休疗养、水上体育活动、海洋经济体验和考察、海滨城市观光
海岛旅游资源	海岛度假休闲、海岛生态观光与考察、海岛探险、海岛文化考察、岛礁景观观光
深远海旅游资源	远洋科学考察、航海体育竞技、海底探险
海洋专题旅游资源	海洋科普、海洋节庆活动（旅游节、体育节、商贸节等活动）、海洋特色商品、海洋博物馆和水族馆参观、海洋美食体验、游艇巡游和环游

资料来源：褚夫秋（2006）

3）海洋旅游资源按重要性及其开发意义分类

根据海洋旅游资源重要性及其开发意义，海洋旅游资源可以分为三类：基本旅游资源、潜在旅游资源、扩充旅游资源（表 6-3）。

表 6-3　海洋旅游资源按重要性及其开发意义分类

旅游资源类型	基本特征	典型资源
基本旅游资源	直接体现滨海特色的最基本的旅游资源	海岸沙滩、海岸景观、阳光与海风、海水等
潜在旅游资源	能够间接体现滨海特色且具有舒适性特征，能为旅游者提供休闲娱乐服务功能的旅游资源	滨海湿地公园、红树林景观、港湾等
扩充旅游资源	与滨海自然形象的关系不密切，是对滨海形象的扩展	海洋类风土人情、名胜古迹

资料来源：褚夫秋（2006）

基本旅游资源是直接体现滨海特色的最基本的旅游资源，也就是说，只要一提起这些资源，就能够联想到海洋，如海岸沙滩、海岸景观、阳光与海风、海水，以及其他可以用于游乐的近海陆域与近岸水体等。潜在旅游资源是能够间接体现滨海特色且具有舒适性特征，能为旅游者提供休闲娱乐服务功能的旅游资源，这些资源与海洋的特性联系紧密。扩充旅游资源与滨海自然形象的关系不密切，是对滨海形象的扩展，如海洋类风土人情、名胜古迹等。扩充旅游资源通常不反映海洋旅游资源的主要特征，但是这些资源的存在与否对旅游区的游览价值与吸引力有明显的影响。

本研究使用海洋旅游资源这一概念，并根据广西海洋资源禀赋状况和开发潜力，将其划分为基本海洋旅游资源和潜在海洋旅游资源。基本海洋旅游资源一般是指经开发利用已形成旅游景区（点）并带来旅游收入的滨海资源，具有开发较为成熟、知名度高、经济带动效应强等特点；潜在海洋旅游资源是指能为人类提供舒适性服务、满足人类精神需求，处于尚未开发或规划状态的，具备为滨海旅游业所利用以产生经济效益、社会效益和生态环境效益的滨海资源，该类资源具有资源类型丰富、开发潜力较大、异质性强等特点。具体分类如图 6-1 所示。

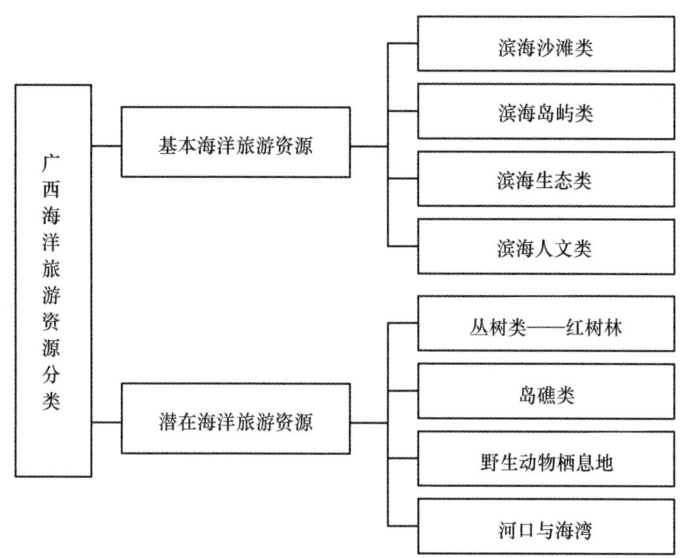

图 6-1　广西海洋旅游资源分类示意图

6.1.1.3　海洋旅游资源的特征

基本海洋旅游资源和潜在海洋旅游资源都具有舒适性特征，这两类资源都能带给人们安谧性、运动性、持续性及舒适性的美学享受和精神体验，并且基本海洋旅游资源和潜在海洋旅游资源也都具有以下特征。

1）一般特征

Ⅰ. 唯一性

海洋旅游资源所提供的服务是其他类型资源所不能替代的，这就是海洋旅游资源的唯一性。它满足的是人类对海洋的好奇心，对开阔壮观的滨海特色资源的向往。

Ⅱ. 真实性

绝大多数海洋旅游资源（主要是自然生态型的海洋旅游资源）是亿万年来自然力作用的结果，以人类目前所掌握的科学技术，还无力复制宏观的自然景观，即使是在局部或是微观上复制了，也不可能包含自然界的全部信息。

Ⅲ. 不确定性

由于认识能力的局限性，迄今为止，人类对自然的认识仍十分有限。随着对自然界的不断探索，人类总是能够发现新的信息，这种认知的不确定性使得海洋旅游资源的价值也存在诸多不确定性。

Ⅳ. 破坏的不可逆性

海洋旅游资源是自然力长期作用的结果，一旦造成破坏，就不可逆转，因为这种改变往往是单向的。从这个意义上来说，海洋旅游资源的损失是永久的，因而导致海洋旅游资源总量的绝对减少。

2）经济特征（马中，2000）

Ⅰ. 外部性

外部性是指在没有市场交换的情况下，一个生产单位的生产行为（或消费者的消费行为）影响了其他生产单位（或消费者）的生产过程（或生活标准）。海洋旅游资源多数在没有市场交换的情况下，为大众提供休闲、舒适性和生活支持等功能，因此其具有外部性特征。

Ⅱ. 稀缺性

稀缺性是大自然提供的各种资源的共同属性，因为各类资源无论多么丰富都有数量和质量上的限制。伴随着工业经济迅猛发展，人类面临日益严重的海洋环境污染和海洋生态系统退化问题，清洁的海水资源等传统自由取用之物，如今也逐渐变成稀缺资源。同样，因为空气质量变差、海水污染严重等，海洋旅游资源也逐渐变为稀缺环境资源，具有稀缺性特征。

6.1.2　海洋旅游资源的评价内容和评价原则

6.1.2.1　评价内容

1）海洋旅游资源的实物量评价

梳理广西滨海地区基本旅游资源及具有舒适性特征的潜在旅游资源，包括数量和空间布局，为旅游资源的评价及开发利用奠定基础。

2）海洋旅游资源的价值评估

海洋旅游资源的经济价值是旅游者通过消费这些旅游资源或服务所创造的效益，或者说旅游者对这些旅游资源的支付意愿（旅游者对这些环境商品或服务的价值认同）。对海洋旅游资源的经济价值进行货币化衡量可以明确海洋旅游资源的经济价值及构成，有助于相关部门在进行资源开发利用决策时更全面合理地比较不同方案的机会成本。

3）海洋旅游资源的优势度评价

旅游资源优势度是区域旅游资源类型与品质的优势程度。本章从广西不同种类海洋旅游资源及广西沿海三市各类海洋旅游资源两个维度，分别评价质量优势度和数量优势度，评价结果有助于地方政府制定旅游资源开发规划。

4）海洋旅游资源的承载力评价

旅游资源的承载力是衡量旅游发展与旅游环境是否协调的重要尺度。确定旅游资源所能容纳的最大人数，可有效防止游客过多给景区（点）带来压力，维持旅游资源的持续健康发展。海洋旅游资源的承载力评价包括旅游景区（点）的承载力评价和旅游资源所在地的区域承载力评价。

5）开发潜力评价

海洋旅游资源开发潜力指资源是否具备发展旅游业的条件并进而获取经济效益的能力，对旅游资源开发潜力进行评价是对旅游资源开发和规划的重要环节。

6.1.2.2　评价原则

1）客观科学原则

从实际出发，实事求是地进行如实、科学的评价，综合运用经济学、管理学、统计学等多方面的理论和知识，对旅游资源的本质、属性、价值等核心内容做出科学合理的评价。

2）全面系统原则

综合衡量并全面进行系统评价，准确反映旅游资源的整体价值，要求不仅要考虑旅游资源本身的特征，还应考虑所涉及旅游资源开发的自然、社会、经济环境和区位、投资、客源、基础建设水平等开发利用条件。

3）定性和定量相结合原则

运用定性和定量相结合的方法来全面分析海洋旅游资源。运用定性分析，对海洋旅游资源的性质、特征做出判断；运用定量分析，建立数学模型，量化评估结果。

6.1.3　海洋旅游资源的评价数据来源和技术路线

6.1.3.1　数据来源

（1）“908 专项”调查资料及其他相关调查数据。

（2）广西统计年鉴，北海市、钦州市、防城港市统计年鉴，广西政府网站，广西北海市、钦州市、防城港市政府网站等其他网站。

（3）实地调查及问卷调查结果，如对涠洲岛、北海银滩等景区（点）进行实地调查的结果。

（4）文献、专著等资料及正式出版物和学术期刊。

6.1.3.2　技术路线

本研究的技术路线如图 6-2 所示。

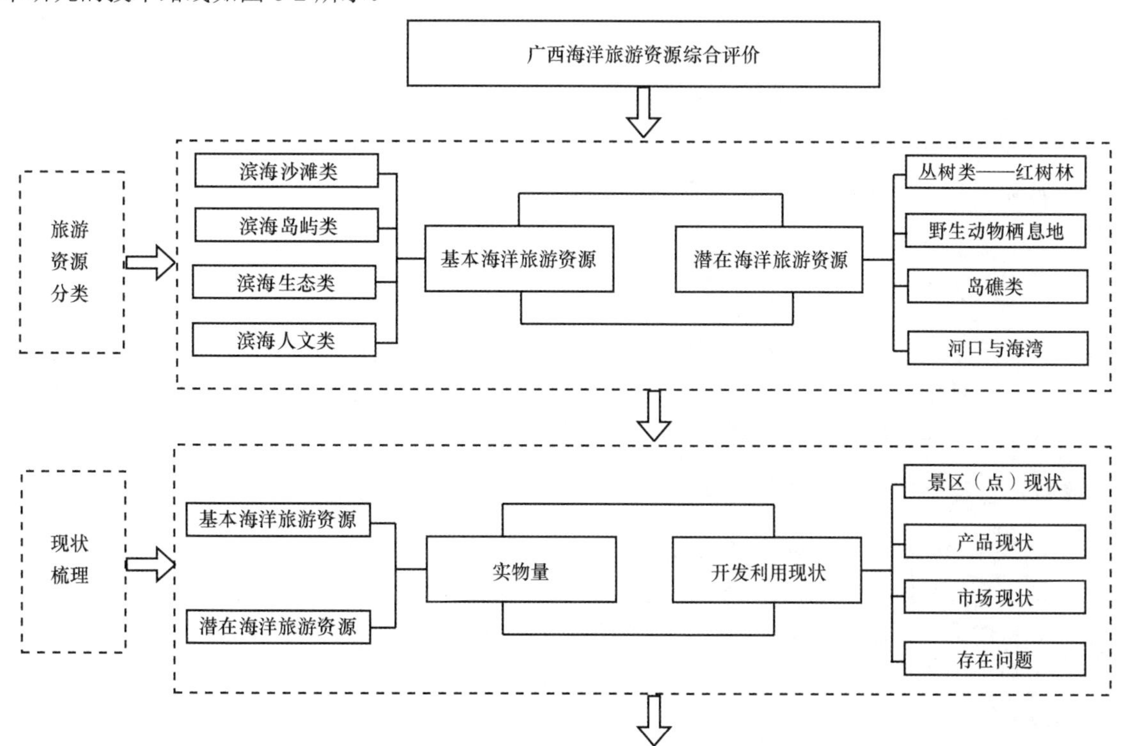

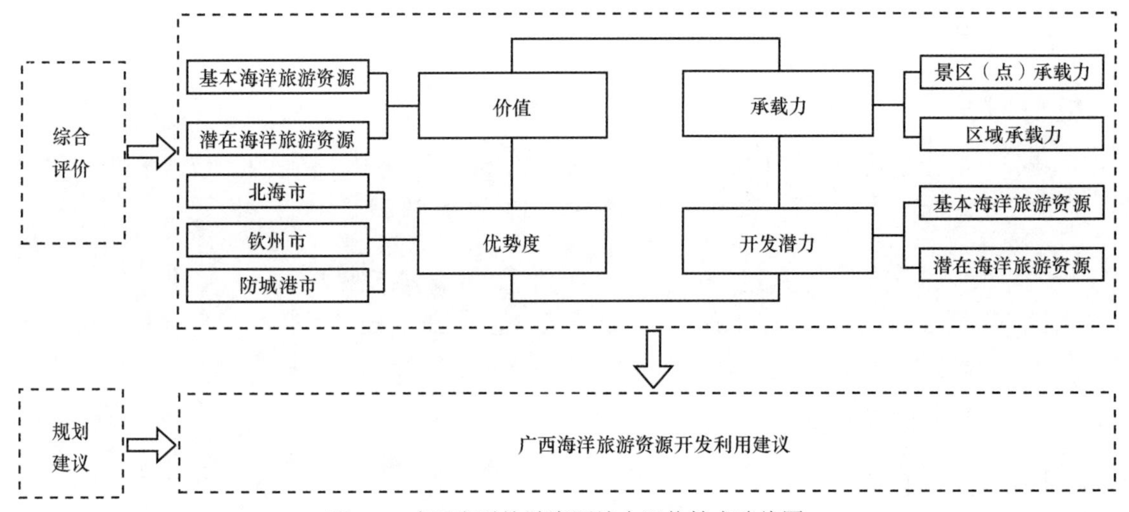

图 6-2　广西海洋旅游资源综合评价技术路线图

6.2　广西海洋旅游资源的实物量评价

旅游资源的实物量主要包括资源数量及空间布局两个指标。旅游资源的数量是指一个地区可供浏览的景区（点）的多少，空间布局则是指景观资源的空间分布和组合特征，它是资源优势和特色的重要表现。旅游资源的数量和空间布局是区域旅游资源开发规模和可行性的重要决定因素。

6.2.1　广西基本海洋旅游资源储量

本研究依据海洋旅游资源自身属性的分类标准，参照《广西滨海旅游产业现状调查研究报告》《广西潜在滨海旅游区评价与选划研究总报告》《广西潜在滨海旅游区评价与选划研究子报告（六）——广西滨海潜在旅游资源开发评价研究报告》等，对广西基本海洋旅游资源进行梳理总结，得到广西的四类基本海洋旅游资源的储量及分布。

1）滨海沙滩类旅游资源

滨海沙滩类旅游资源具有典型的“3S”（阳光、沙滩和海洋）特征，是休闲娱乐的极佳选择。其环境质量较好，阳光充足，空气清新，风光秀丽。广西冬无严寒夏无酷暑，使其海洋旅游资源更具吸引力，主要的滨海沙滩旅游资源有：北海银滩、海城区侨港、大坪坡沙滩、怪石滩、月亮湾沙滩、沥尾金滩及涠洲岛西部海岸。

2）滨海岛屿类旅游资源

岛屿是广西沿海重要的旅游资源，目前已经形成了独特的海岛生态系统，它是综合各种不同旅游资源单体的综合体。广西沿海地区大大小小分布有600多个岛屿，其中一些岛屿具有丰富的旅游资源，对游客具有很大的吸引力，已被开发为成熟景区（点）的主要是涠洲岛和斜阳岛等。

3）滨海生态类旅游资源

滨海生态类旅游资源具有丰富多样的海洋生物物种、生态类型和群落结构，形成了奇特的生物景观，具有美化环境、塑造意境、保护生态平衡等功能，尤其是海洋动植物对人们更有吸引力，能激发人们的兴趣。广西由于其独特的地理环境和气候条件，形成了具有地域性特点的滨海植物群落，成为各种动物适宜的栖息地。广西滨海生态旅游资源主要有：三娘湾、五皇山、屏峰雨林、十万大山百鸟乐园、灵山六峰山、北海市槐园、园博园等。

4）滨海人文类旅游资源

广西位于西南边陲，古代称为“楚越之地”，其西南地区主要为西楚、南越人，少数民族主要是壮族，其中京族为广西独有的少数民族。该地区很早就与中原有不可分离的关系，在交流、发展中走向统一，构成多元一体的中华民族的重要组成部分，在交流和融合中形成了多元的文化。合浦汉墓群、合浦文昌塔、东坡亭、白龙珍珠城遗址、冯子材故居和墓、刘永福故居和墓、北海近代建筑群等都是具有重要开发价值的旅游资源。

6.2.2 广西潜在海洋旅游资源储量

本研究根据《广西海洋生态红线划定方案》，将报告中列明的重要河口、海湾、滨海湿地、特殊保护海岛、海洋保护区等进行梳理总结，按照上述海洋旅游资源是否间接体现滨海特色且具有舒适性特征、能给旅游者带来休闲娱乐功能的标准，筛选出本研究潜在海洋旅游资源，并将其细分为丛树类资源、野生动物栖息地、岛礁及河口与海湾空间资源（表 6-4）。

表 6-4 潜在海洋旅游资源分布表

潜在海洋旅游资源种类	分布
丛树类——红树林	广西山口红树林生态国家级自然保护区 广西茅尾海红树林自然保护区 钦州大风江红树林海洋特别保护区 防城港东湾红树林海洋特别保护区
野生动物栖息地	广西合浦儒艮国家级自然保护区 广西北海滨海国家湿地公园 北海珍珠贝海洋特别保护区 北海冠头岭风景旅游区
岛礁类	麻蓝岛、七十二泾、巫头岛、针鱼岭、长榄岛
河口与海湾	廉州湾海域、钦州湾海域、大风江—三娘湾海域、珍珠港湾海域

资料来源：阳国亮（2009）

1）丛树类——红树林

红树林是热带、亚热带海岸潮间带特有的胎生木本植物群落，素有“森林卫士”之称，是国家级重点保护的珍稀植物。它幽秘神奇、依海而生，随潮涨而隐、潮退而现，同时也是各种海鸟的栖息地，婀娜的树姿及百鸟飞翔的景象，营造出了原生态美景和美好意境，是不可多得的旅游资源。广西红树林分布广，有红海榄树、秋茄树、桐花树等多种红树林植物，发育好，连片大，结构较为典型。目前，主要分布在以下保护区。

广西山口红树林生态国家级自然保护区内有红树植物 10 种，伴生植物 22 种，鱼类和鸟类物种丰富，也是国家一级保护动物儒艮栖息的好场所。广西茅尾海红树林自然保护区是一个以保护红树林为主的南亚热带河口、港湾和海岸滩涂湿地生态系统及越冬鸟类栖息地的自然保护区。钦州大风江红树林海洋特别保护区拥有 7 个主要的红树林群丛，桐花树群丛是该红树林保护区的主要群落类型。防城港东湾红树林海洋特别保护区拥有多种红树林类型，渔洲坪的白骨壤群落是该片红树林的主要群落类型，构成了红树林植被的基调。另外，它还包括秋茄树、桐花树等群落。这些保护区内的实验区可以适度开发成旅游观光景区（点），这可以为保护区的开发和持续利用提供支撑。

2）野生动物栖息地

野生动物栖息地是野生动物生存、繁衍的自然环境地域空间，栖息着各类珍稀动物，种类丰富，极具观赏游览价值。广西拥有多个自然保护区及湿地公园，其实验区可开发成人们休闲观光的旅游景区（点）。目前，这些野生动物栖息地主要分布在如下区域。

广西合浦儒艮国家级自然保护区是我国唯一的儒艮国家级自然保护区，保护对象主要有儒艮、中华白海豚、红树林生态系统及海草床生态系统。广西北海滨海国家湿地公园以我国南方典型的复合生态系统为主，以独特的湿地生态景观和悠久的湿地文化为特色，集红树林、滩涂、海岸、河口、湿地田园风光为一体，集湿地保护与修复、湿地科研与科普宣传教育、湿地生态体验为一体。北海珍珠贝海洋特别保护区主要的保护对象为马氏珠母贝、大珠母贝、黑蝶贝等及其生境。北海冠头岭风景旅游区是东亚—澳大利亚候鸟迁徙通道的候鸟停歇地。

3）岛礁类

岛礁是海中的“陆地”，是海洋旅游者能够在海上不借助工具、随心所欲游玩的基地。岛礁按成因可分为大陆岛、海洋岛和堆积岛 3 类。广西海岛区风光旖旎，气候宜人，火山地貌、海岸地貌、生物景观和人文资源丰富，为发展海洋旅游提供了丰厚的资源。广西主要的旅游类海岛有涠洲岛、斜阳岛、麻蓝岛、七十二泾、巫头岛、针鱼岭、长榄岛等，其中涠洲岛和斜阳岛开发较为成熟，因此不再将其归为潜在岛礁类旅游资源，而是作为基本旅游资源的滨海岛屿类。

七十二泾是钦州湾众多海岛集群分布形成的独特自然景观。麻蓝岛处于钦州港区七十二泾与三娘湾景区之间，形如牛轭，岛上植被覆盖率在 80% 以上，岛上既有宽阔平坦的沙滩，又有茂盛的红树林带。巫头岛是由海水冲积而成的沙岛，岛上风光优美，且自然资源丰富。针鱼岭和长榄岛均属于河口海湾，目前被规划建设成为防城港西湾旅游休闲娱乐区。

4）河口与海湾

广西廉州湾海域、钦州湾海域、大风江—三娘湾海域、珍珠港湾海域风光优美，可以进行观光游憩活动，水质较好的区域还可以开展潜水和滑水等海上运动。但是，目前上述 4 个海域与北海银滩、涠洲岛—斜阳岛等海域相比，还未充分发挥其旅游娱乐用海功能，因此被划分为潜在海洋旅游资源。

6.3 广西海洋旅游资源开发利用现状分析

6.3.1 广西海洋旅游资源景区（点）现状

经过 30 多年的开发，目前广西已经形成了一批以北海银滩、涠洲岛、三娘湾等为龙头的特色鲜明的滨海旅游景区（点）。广西滨海地区的国家 A 级旅游景区（点）数量较多，且总体级别较高。依据国家《旅游区（点）质量等级的划分与评定》（GB/T 17775—2003）标准，截至 2015 年底，广西滨海地区 A 级以上的景区（点）共有 44 处，其中滨海沙滩类旅游景区（点）共有 3 处，滨海岛屿类旅游景区（点）共有 1 处，滨海生态类旅游景区（点）共有 19 处，滨海人文类旅游景区（点）共有 21 处。

广西海洋旅游资源保护较好，截至 2009 年，广西滨海地区有 1 个国家级旅游度假区、2 个国家森林公园、1 个国家火山地质公园和 4 个国家级自然保护区（表 6-5），这些景区（点）基本上均处于较好的资源保护状态，但目前尚有较多景区（点）尚未得到充分的开发利用。

表 6-5 广西滨海旅游景区（点）品位度情况统计表

类型	国家级景区（点）	自治区级景区（点）
旅游度假区	1	3
风景名胜区	—	3
国家森林公园	2	—
国家火山地质公园	1	—
自然保护区	4	—

资料来源：程胜龙（2009）

6.3.2　广西海洋旅游资源产品现状

广西目前拥有基础层次、提高层次和专项层次等三个层次的海洋旅游资源产品。基础层次以滨海观光旅游、延伸跨国观光旅游、领略异国民族风情游为主打，提高层次以滨海休闲度假产品为主，组合海上休憩、观光、度假、健身、会议、婚庆、潜水、探险等内容，专项层次目前相对发展较弱，产品组合较少。

广西北海、钦州和防城港三市在大力发展滨海旅游的过程中，成功推出了一批以自然山水、滨海休闲、边关览胜、京族风情为主题特色的旅游景区（点），打造了一批市场竞争力强、规模大、档次高的旅游产品。北海市的滨海休闲、钦州市的滨海观光和防城港市的滨海养生，三者在主打产品上具有互补性。同时，北海、钦州、防城港三市还加大了主题特色精品旅游线路的开发和配套设施的完善，推出了环北部湾滨海休闲度假游，初步构建了特色突出、竞争力强的旅游产品体系。

虽然广西旅游产品多样，但是整体旅游形象不鲜明，区域品牌效应不显著。广西滨海旅游产品整体上缺乏长远计划，对外没有形成统一的旅游品牌形象，对不同的国家、地区及不同的客源群体，缺乏深入细致的市场调研，缺乏富于整体旅游形象的宣传口号、形象标识和促销手段。再者，旅游资源整合开发程度较低，各景区（点）间的合作不紧密，“单兵作战”的局面还未打破，还远未达到产品连线、资源共享、市场共享和品牌共建的目的。

6.3.3　广西滨海旅游市场现状

广西北海、钦州、防城港三市在发展旅游业过程中，通过各自的市场定位、市场营销、市场对接等措施，使广西滨海旅游区域国内旅游市场迅速拓展，入境旅游市场一直保持着良好的发展势头。国内旅游市场总体规模逐步扩大。经过多年基础设施的建设及旅游资源的开发，广西旅游业发展迅速，其滨海旅游游客量呈稳定增长的趋势。

1）滨海旅游客源情况

近年来，广西滨海旅游业发展呈稳定增长趋势。2014 年，广西北海、钦州、防城港三市共接待游客约 3807 万人次。其中，北海、钦州、防城港三市的旅游人数分别为 1770.67 万人次、868.31 万人次、1168.4 万人次，分别比上一年增长 14.1%、10.8%、17.4%。表 6-6 统计了 2008～2014 年广西北海、钦州、防城港三市的旅游人数情况。

表 6-6　2008～2014 年广西北海、钦州、防城港三市国内旅游人数统计表　　（单位：万人次）

	2008	2009	2010	2011	2012	2013	2014
北海市	694.97	815.8	938.43	1100.79	1311.2	1521.16	1770.67
钦州市	—	—	469.33	570.41	692.74	774.25	868.31
防城港市	222.62	418.09	550.08	675.59	806.53	965.11	1168.4

数据来源：广西壮族自治区统计局（2011，2014）

如图 6-3 所示，广西北海、钦州、防城港三市的旅游人数都呈快速上升趋势。但是，北海市国内旅游者接待人次总量以绝对优势领先于钦州和防城港两市。在全国滨海旅游地形象的认知度上，国内旅游者认为北海市滨海度假旅游地形象明显高于钦州和防城港两市，这使得北海市接待国内游客数量的基数明显高于其他两市。

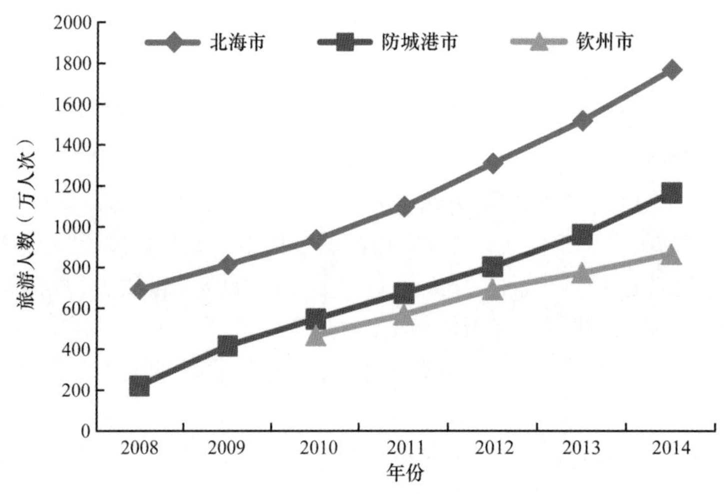

图 6-3　2008～2014 年广西北海、钦州、防城港三市国内旅游人数折线图

数据来源：广西壮族自治区统计局（2011，2014）；广西壮族自治区旅游局统计数据

2）滨海旅游收入状况

近年来，广西滨海旅游收入增长势头明显，2011～2014 年广西北海、钦州、防城港三市滨海旅游业增加值分别为 32.61 亿元、43 亿元、52 亿元和 71 亿元，占海洋经济的比重不断提高。如表 6-7 所示，2011～2014 年广西滨海旅游业增加值占海洋经济的比重从 4.99% 上升到了 7.67%。

表 6-7　2011～2014 年广西北海、钦州、防城港三市滨海旅游收入表

年份	滨海旅游业增加值（亿元）	海洋经济产值（亿元）	滨海旅游业增加值占海洋经济的比重（%）
2011	32.61	654	4.99
2012	43	693	6.20
2013	52	899	5.78
2014	71	926	7.67

数据来源：广西壮族自治区海洋局（2011—2014）

6.3.4　广西海洋旅游资源开发利用中存在的问题

近年来，广西滨海旅游业发展较好，在一定程度上带动了当地经济增长，但在旅游资源开发中还存在着一些问题。

（1）滨海旅游业资源被挤占。近年来，滨海城市港口建设突出，石油、化工等经济效益较高的产业逐渐崛起，加之沿海岸段渔业增养殖业发展迅速，许多具有舒适性特征的滨海旅游岸段和海域被港口、工厂、养殖业等占用，使滨海旅游业资源和环境不能充分发挥其最优功能。

（2）旅游资源整合能力不强，主要表现在旅游产品雷同化和海洋旅游整体形象模糊。旅游产品的同质化和旅游资源开发的深度不够是造成旅游产品雷同的主要因素。各景区（点）的开发定位是以资源为基础，虽然考虑了市场，但是资源的同质和各地合作程度较浅，使得旅游产品缺乏差异和创新。同时，北海市旅游业发展较早，以滨海旅游为突破口，建立了以北海银滩为龙头的旅游产品，但其形象的辐射作用未得到有效发挥，钦州、防城港两市旅游资源开发较晚，两地旅游资源呈现综合性，滨海旅游的形象在其中并未凸显。广西北海、钦州、防城港三市之间由于争夺客源而没有进行形象的整体塑造，因此广西海洋旅游整体形象模糊。

（3）旅游市场开发创新不足。北海、钦州、防城港三市在发展旅游业的过程中，其定位尚未突破“空间距离决定旅游市场”的传统观念，三者市场定位存在重叠，缺乏创新，这也加剧了旅游市场的同质竞争；同时，旅游产品同质化模糊了旅游者对广西滨海旅游的全面认识。市场营销缺乏创新，广西旅游市场营销理念比较狭隘，手段比较传统，营销的力度也不够，这些因素制约着广西海洋旅游市场的发展。

（4）旅游服务的质量较差，旅游设施不完善，旅游人才素质参差不齐。广西海洋旅游区内高档次的旅游酒店、宾馆、饭店数量较少，旅游交通建设虽已形成海陆空立体交通格局，但整个海洋区域内部的交通建设限制性因素较多，交通便捷性不足，旅行社的硬件设施也比较落后。旅游人才知识储备不足，缺乏学历高、熟悉国际规则和国际惯例、具有开拓能力和现代管理水平的旅游人才。

6.4　广西海洋旅游资源经济价值评估

海洋旅游资源的经济价值是指当海洋旅游资源被旅游者消费时，满足旅游者旅游需求所创造的效益。对广西海洋旅游资源价值进行评估不仅包括基本海洋旅游资源，还应包括那些具有舒适性功能的潜在海洋旅游资源，如具有休闲娱乐功能的河口岸线及自然保护区中的红树林资源。全面评估海洋旅游资源的经济价值，有助于在做出资源开发利用决策时，更全面地比较不同方案的机会成本，实现海洋旅游资源的合理开发和利用。

本研究对广西海洋旅游资源价值的评估分为两部分，一部分是基本海洋旅游资源经济价值，主要包括滨海沙滩类、滨海岛屿类及滨海人文类景区（点）；另一部分是具有舒适性功能的潜在海洋旅游资源经济价值，主要有红树林、野生动物栖息地、岛礁类景区（点）。

6.4.1　海洋旅游资源经济价值概念

海洋旅游资源的经济价值是旅游者通过消费这些旅游资源或服务所创造的效益，由于效益可以通过消费者的支付意愿来表示，因此，海洋旅游资源的经济价值可以视为消费者对旅游资源的支付意愿总和。支付意愿等于消费者的实际支付与其消费这些资源所获得的消费者剩余之和，旅游资源的经济价值构成如图 6-4 所示，对于少数收取门票的旅游资源而言，*B* 代表的是收取的门票收入，*A* 代表消费者剩余，该旅游资源的经济价值为 *A*、*B* 之和；而对于绝大多数没有门票的旅游资源来说，其经济价值为图中的 *A*、*B*、*C* 之和，即消费者剩余。

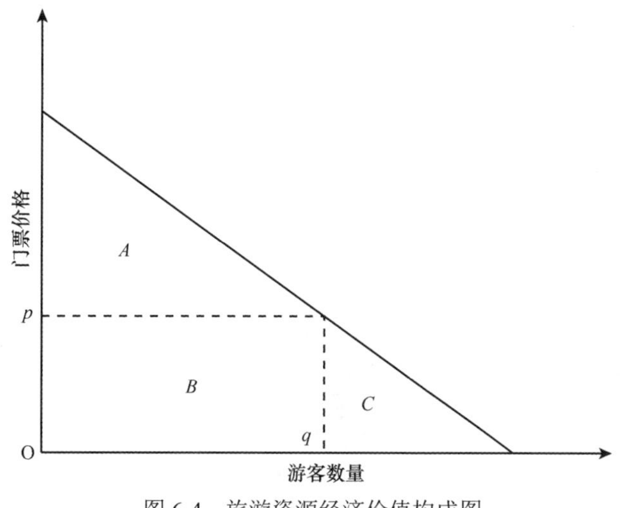

图 6-4　旅游资源经济价值构成图

6.4.2　广西基本海洋旅游资源经济价值评估

1）滨海沙滩类旅游资源的经济价值

广西滨海地区砂质岸线长，其中可供进行海水浴的海滩众多，主要有：北海银滩、沥尾金滩、天堂湾—蝴蝶岛沙滩、江山半岛东岸沙滩、麻蓝岛沙滩、西湾城市沙滩等。

沙滩类景观作为一种公共物品，不收取门票，在此采取旅行费用法评估沙滩类旅游资源经济价值。其中北海银滩是广西主要旅游景区（点）、国家级旅游度假区，每到旺季，全国各地的游客前来沙滩，在蓝天白云下沐浴着灿烂的阳光，在轻柔的波浪中尽情畅游。由于广西滨海地区沙滩类资源娱乐效用具有相同性，对于其他沙滩资源如沥尾金滩、大坪坡沙滩等，考虑到时间成本和费用成本，使用成果参照法，将北海银滩每公顷的旅游经济价值作为替代，推算到其他具有相同属性的沙滩。

通过实地问卷调查获得相关数据，本课题组分别于 2015 年 7 月和 12 月两次前往广西北海进行实地调研和问卷调查。在问卷调查之前对问卷发放者进行了相关培训，问卷发放地点为北海银滩景区，两次发放调查问卷共计 1200 份，其中有效问卷 1044 份，问卷有效率为 87%。

运用旅行费用法得到，北海银滩的旅游资源经济价值为 4.18 亿元/a，北海银滩面积为 $3800hm^2$，推算出北海银滩的单位经济价值为 11 万元/(hm^2·a)。评估其他沙滩资源的经济价值时，由于是相似资源，而且当地人口的社会经济状况是一致的，因此使用成果参照法，基于北海银滩的研究成果估计其他沙滩资源的经济价值。由于滨海银滩是国家级旅游区，被移植到其他滨海沙滩旅游经济价值评估时，使用调整系数予以调整，以反映各个不同沙滩旅游资源基础条件的差异。根据景区（点）的等级标准，将调整系数定在 0.4～0.6，即北海银滩的单位旅游经济价值乘以调整系数即得到其他沙滩的单位旅游经济价值。

由表 6-8 可知广西滨海沙滩类旅游资源的总经济价值约为 8.6995 亿元/a。

表 6-8　广西滨海沙滩类旅游资源经济价值

旅游资源名称	占地面积（hm^2）	单位经济价值［万元/(hm^2·a)］	总经济价值（万元/a）
北海银滩	3 800	11	41 800
沥尾金滩 ***	1 520	6.6	10 032
江山半岛东岸沙滩 **	2 485	5.5	13 667.5
天堂湾—蝴蝶岛沙滩 **	120	5.5	660
大坪坡沙滩 *	1 140	4.4	5 016
麻蓝岛沙滩 *	160	4.4	704
西湾城市沙滩 *	30	4.4	132
三娘湾沙滩 *	2 495	4.4	10 978
廉州湾沙滩 *	450	4.4	1 980
沙田东岸沙滩 *	408	4.4	1 795.2
合计	12 608	6.9	86 995.2

注：“***”代表调整系数为 0.6；“**”代表调整系数为 0.5；“*”代表调整系数为 0.4

2）滨海岛屿类旅游资源经济价值

广西滨海岛屿类旅游资源是各种不同旅游资源单体的综合体，目前已形成了独特的海岛生态系统。广西滨海已开发发展为成熟景区（点）的滨海岛屿类旅游资源主要是涠洲岛和斜阳岛。

涠洲岛在广西众多岛屿中面积较大，旅游资源开发最为成熟，虽然涠洲岛对游客收取登岛费及景区（点）门票，通过将门票收入与游客量相乘可得到其经济价值（即图 6-4 中区域 *B* 的面积），但该部分价值仅仅是其旅游经济价值的一部分，因此本研究采用旅行费用法计算图 6-4 中区域 *A*、*B*、*C* 的面积之和，从而得到涠洲岛的旅游资源经济价值。对于斜阳岛，考虑到时间成本和费用成本，使用成果参照法，将涠洲岛的单位经济价值作为替代，推算到斜阳岛。

本课题组于 2015 年 12 月前往涠洲岛发放调查问卷 300 份，其中有效问卷 263 份，问卷有效率为 87.67%。通过对问卷调查结果整理分析，最后计算得到涠洲岛的旅游经济价值为 2.808 05 亿元/a，涠洲岛面积为 $2485hm^2$，则涠洲岛的旅游资源单位经济价值为 11.3 万元/(hm^2·a)。根据各滨海岛屿旅游资源基础条件的差异，将调整系数定为 0.4，即涠洲岛的旅游资源单位经济价值乘以调整系数可得到斜阳岛的旅游资源单位经济价值。

以涠洲岛和斜阳岛为代表的广西滨海岛屿类旅游资源的总经济价值约为 2.8917 亿元/a，见表 6-9。

表 6-9　广西滨海岛屿类旅游资源经济价值

海岛名称	海岛面积（hm^2）	单位经济价值［万元/($hm^2 \cdot a$)］	总经济价值（万元/a）
涠洲岛	2 485	11.3	28 080.5
斜阳岛	185	4.52	836.2
合计	2 670	10.83	28 916.7

资料来源：海岛面积数据来自国家海洋局第一海洋研究所（2010）

注：调整系数为 0.4

3）滨海人文类旅游资源经济价值

广西滨海地区位于中国内陆最南端，濒临南亚诸多国家，具有浓郁的少数民族风情、边关风情，人文类景区（点）特点突出，主要有北海市的海底世界、海洋之窗、近代建筑群和钦州市的刘冯故居等。

广西滨海人文类旅游资源主要分为两类：一类是北海市的海底世界、海洋之窗和园博园景区（点）等人工建设的景区（点），对于这些景区（点）的经济价值，可以直接通过门票收入来计算；另一类则为文物古迹、博物馆，如北海老城历史文化旅游区、汉代文化博物馆、刘冯故居等，或为公共资源，或为免费参观，使用旅行费用法计算得出。

有门票人文类旅游资源的经济价值主要通过以下步骤进行计算：①首先通过查询景区（点）网站、旅游年鉴等统计各个景区（点）的门票价格和旅游人数；②将每个景区（点）的旅游人数与对应门票价格相乘得到该景区（点）旅游资源经济价值；③将所有有门票人文类旅游资源经济价值加总后得到人文类旅游资源总经济价值。经计算，有门票人文类旅游资源的总经济价值为 0.9108 亿元/a，见表 6-10。

表 6-10　广西北海海底世界、海洋之窗及园博园景区（点）的经济价值

景区（点）名称	门票价格（元/人次）	旅游人数（万人次/a）	经济价值（万元/a）
海底世界	138	10	1380
海洋之窗	138	36	4968
园博园景区（点）	60	46	2760
总计	—	—	9108

资料来源：广西滨海旅游单体调查统计表及各旅游景区（点）网站

对于北海老城历史文化旅游区经济价值，由于是免费开放的景区（点），并无门票，因此我们采用旅行费用法对其价值进行计算。根据北海银滩的调查数据，考虑到游客来北海市旅游的多目的性及客源量，将剥离系数定为 0.1，得出北海老城历史文化旅游区的总经济价值，为 3.1000 亿元/a。

北海老城历史文化旅游区 2015 年游客量为 180 万人，则可知人均旅游经济价值约为 172 元。使用成果参照法来评估其他没有门票的历史文化景区（点）经济价值。根据相应景区（点）的年旅游人数，并参照北海老城历史文化旅游区的人均旅游经济价值计算景区（点）经济价值，最后得出这些无门票收入景区（点）的经济价值，为 3.9980 亿元/a（表 6-11）。

表 6-11　广西无门票滨海人文类旅游资源经济价值

景区（点）名称	旅游人数（万人/a）	经济价值（万元/a）
北海老城历史文化旅游区	180	31 000
刘冯故居	40	6 880
汉代文化博物馆	12	2 100
总计	232	39 980

资料来源：广西滨海旅游单体调查统计表及各旅游景区（点）网站

最后汇总得到广西滨海人文类旅游资源的经济价值为 4.9088 亿元/a。

4）广西基本海洋旅游资源总经济价值

通过上文的计算，广西滨海沙滩类、滨海岛屿类和滨海人文类海洋旅游资源的经济价值分别为8.6995亿元/a、2.8917亿元/a、4.9088亿元/a，汇总得到广西基本海洋旅游资源经济价值，为16.5000亿元/a（表6-12）。

表6-12 广西基本海洋旅游资源经济价值

自身属性	单位经济价值［万元/(hm^2·a)］	总经济价值（亿元/a）
滨海沙滩类	6.9	8.6995
滨海岛屿类	10.83	2.8917
滨海人文类	—	4.9088
合计	—	16.5000

6.4.3 广西潜在海洋旅游资源经济价值评估

1）红树林旅游资源经济价值

广西红树林资源中已开发成为景区（点）的主要是北海金海湾红树林生态休闲度假旅游区，而绝大多数红树林生长地区都已建成自然保护区，如山口红树林生态自然保护区、北仑河口红树林自然保护区、茅尾海红树林自然保护区。本研究主要对金海湾及自然保护区内具有旅游开发潜力的红树林资源的经济价值进行评估。

对于金海湾红树林的旅游经济价值，采用旅行费用法计算。课题组于2015年7月和12月两次到北海金海湾景区（点）发放调查问卷，共发放调查问卷1000份，其中有效问卷912份，有效率为91.2%。通过问卷调查获取了游客来源地、花费、游玩时间等数据，通过旅行费用法计算得到该景区（点）旅游总经济价值为1.4900亿元/a，红树林生态旅游单位经济价值为7.45万元/(hm^2·a)。

因为在北仑河口红树林、山口红树林、茅尾海红树林和钦州大风江河口红树林景区开展问卷调查需要耗费大量的人力物力，受数据、时间、经费所限，本研究采用成果参照法，将金海湾红树林生态旅游单位经济价值作为替代，计算以上4个红树林景区的旅游经济价值。由于金海湾红树林属于国家级旅游景区，其旅游条件与尚未完全开发的北仑河口红树林、山口红树林、茅尾海红树林和钦州大风江河口红树林景区不具有可比性，因此对金海湾红树林单位经济价值进行调整，通过咨询人员，将调整系数定为0.5～0.7，以反映区域资源基础条件差异。

根据各红树林自然保护区面积及调整系数，广西滨海红树林旅游资源的总经济价值为6.9274亿元/a，单位经济价值为4.97万元/(hm^2·a)，见表6-13。

表6-13 广西滨海红树林资源旅游价值

资源名称	面积（hm^2）#	单位经济价值［万元/(hm^2·a)］	总经济价值（万元/a）
金海湾红树林	2 000	7.45	14 900
北仑河口红树林***	1 260	5.2	6 552
山口红树林***	3 600	5.2	18 720
茅尾海红树林**	3 768.2	4.47	16 844
钦州大风江河口红树林*	3 313	3.7	12 258
总计	13 941.2	4.97	69 274

数据来源：广西红树林研究中心（2015）

注："#"表示适度开发区可开展旅游活动的红树林面积；"***"表示调整系数为0.7，"**"表示调整系数为0.6，"*"表示调整系数为0.5

2）野生动物栖息地旅游资源经济价值

野生动物及其栖息地是大自然赋予人类的宝贵资源，给人类提供丰富的精神享受，具有潜在的旅游价值。合浦沙田儒艮自然保护区、北海珍珠贝海洋保护区等未能形成旅游景区（点），无法通过旅行费用法等直接市场法评估其旅游资源经济价值，本研究继续使用意愿调查法，即通过假想市场，引导受访者明确陈述其自身对于保护动物栖息地用于精神享受的支付意愿（WTP），进而定量评估研究对象的经济价值。

本研究通过意愿调查法获取旅游资源经济价值的景区为合浦沙田儒艮自然保护区。

课题组于 2015 年 7 月和 11 月两次在当地发放调查问卷。总共发放 200 份问卷，回收有效问卷 190 份，有效回收率为 95%。问卷内容分为三部分：第一部分主要考察被调查者对合浦儒艮自然保护区的认识与态度；第二部分调查为了保护动物及动物的栖息地，个人每年最多愿意为此付出多少钱；第三部分询问被调查者的基本信息，如居住地、经济状况、受教育程度等。其中，有支付愿意的有 129 人，支付率为 P=68%。根据数据得出平均支付意愿为 167.3 元/a，支付意愿中位数为 50 元/a，本研究采用中位数作为人均支付意愿，即将累计频度为 50% 的支付意愿作为人均支付意愿，因此得到人均支付意愿为 50 元/a。

北海滨海国家湿地公园、茅尾海国家海洋公园和钦州三娘湾海洋特别保护区潜在旅游资源的人均支付意愿则借助成果参照法进行替代，根据保护区所在地的人口基数，即可得到其他潜在海洋旅游资源的经济价值，即北海滨海国家湿地公园、合浦沙田儒艮自然保护区、茅尾海国家海洋公园和钦州三娘湾海洋特别保护区等动物栖息地旅游资源的经济价值约为 3.1095 亿元/a，见表 6-14。

表 6-14　广西野生动物栖息地旅游资源经济价值

名称	人均支付意愿（元/a）	人口基数（万人）	支付率（%）	CVM 价值（万元/a）
北海滨海国家湿地公园	100	148	68	10 064
合浦沙田儒艮自然保护区	50	148	68	5 527.8
茅尾海国家海洋公园	80	148	70	8 288
钦州三娘湾海洋特别保护区	75	148	65	7 215
合计	—	—	—	31 094.8

资料来源：2015 年广西北海市、钦州市、防城港市统计年鉴

3）岛礁类旅游资源经济价值

广西沿海岛礁众多，除涠洲岛和斜阳岛外，大多数岛礁的海洋旅游资源并未得到充分开发，如麻蓝岛、巫头岛、七十二泾、长榄岛和针鱼岭等。对于这些具有潜在旅游经济价值的岛礁进行经济价值评估，有利于海岛旅游资源的开发。

对于这些岛礁旅游资源经济价值的评估，同样采用成果参照法，将涠洲岛的单位经济价值作为替代，推算到这些具有相同属性的岛礁上。由于涠洲岛是国家 4A 级景区，又具有特殊的地质地貌，其旅游经济价值高于这些岛礁，进行推算时，可使用调整系数予以调整，以反映景区（点）旅游资源基础条件的差异。本研究根据各岛屿通航能力、设施接待条件的差异将调整系数定为 0.4～0.6，即涠洲岛的旅游单位经济价值乘以调整系数即可得到其他岛礁的旅游单位经济价值。

广西岛礁类旅游资源的经济价值约为 0.8769 亿元/a，单位经济价值为 5.33 万元/(hm^2·a)，见表 6-15。

表 6-15　广西岛礁类旅游资源经济价值

岛礁名称	面积（hm^2）	单位经济价值［万元/(hm^2·a)］	总经济价值（万元/a）
麻蓝岛	25	6.48	162
巫头岛	513	5.40	2770
七十二泾	980	5.40	5292
长榄岛	39.4	4.32	170.2
针鱼岭	86.7	4.32	374.5
合计	1644.1	5.33	8768.7

数据来源：国家海洋局第一海洋研究所（2010）

注：对于岛礁的调整系数，主要是根据这些岛礁至大陆架的距离，越靠近大陆架的岛礁，调整系数越高

4）广西潜在旅游资源经济价值

通过上文的计算，广西红树林、野生动物栖息地和岛礁类潜在海洋旅游资源的总经济价值分别为6.9274 亿元/a、3.1095 亿元/a 和 0.8769 亿元/a，加总得到广西潜在海洋旅游资源的总经济价值为10.9138 亿元/a（表 6-16）。

表 6-16　广西潜在海洋旅游资源经济价值

资源分类	单位经济价值［万元/(hm²·a)］	总经济价值（亿元/a）
丛树类——红树林	4.97	6.9274
野生动物栖息地	—	3.1095
岛礁类	5.33	0.8769
合计	—	10.9138

6.4.4　广西海洋旅游资源总经济价值评估

通过计算广西基本和潜在海洋旅游资源的经济价值，得出广西海洋旅游资源的总经济价值为 27.4138 亿元/a，其中基本海洋旅游资源的总经济价值为 16.5000 亿元/a，占总经济价值的 60%，潜在海洋旅游资源的总经济价值为 10.9138 亿元/a，占总经济价值的 40%。广西海洋旅游资源经济价值见表 6-17。

表 6-17　广西海洋旅游资源经济价值

	自身属性	单位经济价值［(万元/hm²·a)］	总经济价值（亿元/a）
基本海洋旅游资源经济价值	滨海沙滩类	6.9	8.6995
	滨海岛屿类	10.83	2.8917
	滨海人文类	—	4.9088
潜在海洋旅游资源经济价值	丛树类——红树林	4.97	6.9274
	野生动物栖息地	—	3.1095
	岛礁类	5.33	0.8769
合计	—	—	27.4138

2015 年，广西海洋旅游资源的经济价值占广西北海、钦州、防城港三市海洋经济产值的比重接近 3%，且这个比重近几年以较高的速度增长，海洋旅游资源对于广西海洋经济发展的重要性越来越突出。因此，广西北海、钦州、防城港三市在开发海洋旅游资源的过程中，要摒弃过去的破坏式开发方式，注重滨海生态环境的保护，不断创造旅游资源的经济价值，促进滨海旅游业的发展。

6.5　广西海洋旅游资源优势度评价

6.5.1　旅游资源优势度概念和评价意义

旅游资源优势度是指区域旅游资源类型与品质的优势程度。开展旅游资源优势度评价，有助于了解广西北海、钦州、防城港三市海洋旅游资源的优势度水平，可以基于各地旅游资源优势度，制定相关滨海旅游规划，从而实现合理开发利用优势旅游资源、保护滨海旅游生态环境的目标，进而获得最大经济效益。

6.5.2　广西海洋旅游资源优势度评价内容

海洋旅游资源优势度包括数量优势度和质量优势度。数量优势度是指景区（点）数量上大于比较对象，使用海洋旅游资源数量禀赋的基础指标数据，对广西北海、钦州、防城港三市海洋旅游资源数量优势度进行比较。质量优势度是海洋旅游资源更高层次的体现，因此将体现海洋旅游资源质量状况的指标纳入质量优势度的比较中。某地区的海洋旅游资源具有较高数量优势度和质量优势度时才能在地区对比中占有优势。

6.5.2.1　评价指标

本研究从旅游资源数量优势度和质量优势度两个层面对广西海洋旅游资源进行分析。根据可行性、客观性和全面性原则，综合考虑旅游资源数量和质量等因素，建立如下指标体系。

1）数量优势度

本研究选取旅游资源丰度作为数量优势度指标，按如下公式计算各类旅游资源的丰度：

$$R=2.5X_1+1.5X_2+0.75X_3+0.25X_4 \tag{6-1}$$

式中，R 为丰度；对于现有的景区（点）来说，X_1、X_2、X_3、X_4 分别为 4A、3A、2A、A 级景区（点）个数；对于潜在旅游资源来说，X_1、X_2、X_3、X_4 分别为国家级、自治区级、市级、地区级保护区的个数；2.5、1.5、0.75、0.25 分别为 X_1、X_2、X_3、X_4 景区（点）的权数。

2）质量优势度

Ⅰ. 品位度

旅游资源品位度是衡量旅游资源质量水平的指标，可以反映各类旅游资源的质量优势，用公式表示为

$$Q_i=\frac{P_i}{\sum P_i} \tag{6-2}$$

式中，Q_i 为 i 类旅游资源品位度；P_i 代表 i 类高级别旅游资源［景区（点）］的数量。

选取国家 5A 和 4A 级景区、国家级风景名胜区、国家级重点文物保护单位、国家级自然保护区、国家级森林公园、全国工业旅游示范区、国家历史文化名城为高级别景区（点），计算旅游资源品位度。其中，高品质旅游资源［景区（点）］的数量等于高级别资源数的加权求和，即 5A 和 4A 级景区分别乘以 5 和 4；国家级风景名胜区、国家级自然保护区和国家级森林公园、全国工业旅游示范区、国家历史文化名城乘以 1；国家级重点文物保护单位中有较高游览价值的乘以 1，其余乘以 0.5。

Ⅱ. 知名度

知名度是表示一个组织被公众知道、了解的程度，以及社会影响的广度和深度，是评价名气大小的客观尺度。知名度是利用中文网络三大搜索引擎——百度、360、必应，分别查找关键词“** 类旅游+省市”，在同一时间进行搜索，通过计算该城市在三个网站搜索到的结果个数的平均值得出。

Ⅲ. 经济价值

旅游资源的经济价值是指当海洋旅游资源被旅游者消费时满足旅游者旅游需求所带来的收益。各类旅游资源的经济价值高低体现了其竞争的优劣势和发展潜力的大小。广西各类旅游资源的经济价值即为 6.4 节的评估结果。

本研究运用模糊物元法将 3 个指标进行汇总以评价各地区海洋旅游资源质量优势度评价。

6.5.2.2　评价方法

1）数量优势度评价方法

将广西北海、钦州、防城港三市各类海洋旅游资源的丰度进行标准化处理，得到各地区具有数量优势的旅游资源类别，同时计算各类别旅游资源的数量优势度。标准化公式如下：

$$X'_{ij}=\frac{X_{ij}-X_{\min}}{X_{\max}-X_{\min}} \tag{6-3}$$

式中，X'_{ij} 表示 j 地区海洋旅游资源的标准化值；X_{ij} 表示 j 地区 i 类海洋旅游资源的丰度；$X_{\max}$、$X_{\min}$ 分别表示 j 地区 i 类海洋旅游资源丰度的最大值和最小值；i 分别为滨海沙滩类、滨海岛屿类、滨海生态类、滨海人文

类和潜在海洋旅游资源；j 分别为广西北海市、钦州市和防城港市。

2）质量优势度评价方法

以五类海洋旅游资源优势度评估的质量指标为基础，质量指标对应的二级指标包括品位度、知名度、经济价值。基于五类海洋旅游资源优势度评估的指标体系，用熵值法确定各二级指标权重，运用模糊物元模型，结合模糊集和欧氏贴近度评估广西五类海洋旅游资源的质量优势度，具体计算过程如下。

Ⅰ. 建立 3 个质量评价指标的复合模糊物元

$$\boldsymbol{R}_{mn}=\begin{bmatrix} & M_1 & M_2 & M_3 & M_4 & M_5 \\ C_1 & X_{11} & X_{12} & X_{13} & X_{14} & X_{15} \\ C_2 & X_{21} & X_{22} & X_{23} & X_{24} & X_{25} \\ C_3 & X_{31} & X_{32} & X_{33} & X_{34} & X_{35} \end{bmatrix} \tag{6-4}$$

式中，M_1、M_2、M_3、M_4、M_5 分别代表滨海沙滩类、滨海岛屿类、滨海生态类、滨海人文类和潜在海洋旅游资源；$C_1 \sim C_3$ 分别为品位度、知名度、经济价值 3 个海洋旅游资源质量优势度评价指标。

Ⅱ. 定义标准化复合模糊物元矩阵

由于海洋旅游资源优势度评价所选指标的量纲不同，为了比较分析需要对原始数据进行标准化处理。有别于统计学的归一化处理，模糊物元模型一般采用从优隶属度计算，将物元模糊特征量值进行归一化处理，其大小刻画了某单一指标的优良，一般为正值，记为 U_{ij}。

Ⅲ. 定义最优模糊物元、优距离矩阵

最优模糊物元 $\boldsymbol{R}_{\mathrm{MN0}}$ 由从优隶属度模糊物元 $\boldsymbol{R}_{\mathrm{MN}}$ 中量化指标的最大值或最小值构成，其中特征量值同取极大值的为极优标准方案，特征量值同取极小值的为极劣标准方案。根据特征量值从优隶属度标准化处理原则，当 $\boldsymbol{R}_{\mathrm{MN0}}$ 为极优标准复合模糊物元时，r=1；当 $\boldsymbol{R}_{\mathrm{MN0}}$ 为极劣标准复合模糊物元时，r=0。

定义标准化复合模糊物元与最优复合模糊物元特征量值之差作为距离物元，得海洋旅游资源优势度评价的优距离矩阵：$\Delta_{ij}=|r_i-u_{ij}|$，其中 i=1, 2, …, 5，j=1, 2, 3。

Ⅳ. 确定各指标权重

指标权重的确定采用熵值法，熵值法具体计算过程见本书第 2 章。

Ⅴ. 计算欧氏贴近度

计算滨海沙滩类、滨海岛屿类、滨海生态类、滨海人文类等四类基本海洋旅游资源和潜在海洋旅游资源质量优势度的欧氏贴近度 h_i：

$$h_i=1-\sqrt{\left(\sum_{j=1}^{n} w_i\Delta_{ij}\right)} \tag{6-5}$$

式中，w_i 表示指标 i 的权重，（i=1, 2, …5，包括滨海沙滩类、滨海岛屿类、滨海生态类、滨海人文类等四类基本海洋旅游资源和潜在海洋旅游资源）；Δ_{ij} 表示海洋旅游资源优势度评价的优距离矩阵（i=1, 2, …, 5；j=1, 2, 3）。

Ⅵ. 评价

根据计算的欧氏贴近度结果，得出各类旅游资源在质量优势度上的排序，同时也可以得到广西北海、钦州、防城港三市在何种海洋旅游资源上具有质量优势度。

6.5.3 广西海洋旅游资源优势度评价结果

6.5.3.1 海洋旅游资源数量优势度评价

本研究首先选取海洋旅游资源数量优势度指标。选取广西梧州市旅游发展委员会发布的《2015 年广西国家 A 级旅游景区一览表》和中华人民共和国国务院批复的《广西壮族自治区海洋功能区划（2011—2020年）》中的基本景区和潜在景区为评价指标，按地区和旅游资源类别进行分类，统计海洋旅游资源的数量优势度（表 6-18）。

表 6-18　五类海洋旅游资源数量优势度

旅游资源类别		数量优势度			
		北海市	钦州市	防城港市	各类旅游资源
基本类	滨海沙滩类海洋旅游资源	3.25	2.5	5.75	11.5
	滨海岛屿类海洋旅游资源	2.75	0	0	2.75
	滨海生态类海洋旅游资源	11.5	15.75	17	44.25
	滨海人文类海洋旅游资源	15.73	14.5	3	33.23
潜在类	潜在海洋旅游资源	8.25	4.75	5	18

数据来源：广西梧州市旅游发展委员会（2015）；广西壮族自治区海洋局（2012b）

然后，本研究将表 6-18 中的五类海洋旅游资源的数量优势度指标进行标准化处理，得到海洋旅游资源数量优势度的标准化值，具体见表 6-19。可知，各类海洋旅游资源的数量优势度按照从高到低依次排序分别为：滨海生态类海洋旅游资源＞滨海人文类海洋旅游资源＞潜在海洋旅游资源＞滨海沙滩类海洋旅游资源＞滨海岛屿类海洋旅游资源。就各类海洋旅游资源的地区分布而言，在数量优势度方面，北海市滨海岛屿类海洋旅游资源、滨海人文类海洋旅游资源和潜在海洋旅游资源较好，钦州市滨海人文类海洋旅游资源较好，防城港市滨海沙滩类海洋旅游资源和滨海生态类海洋旅游资源较好。

表 6-19　广西北海、钦州、防城港三市五类海洋旅游资源丰度标准化表

海洋旅游资源类别		丰度			
		北海市	钦州市	防城港市	各类旅游资源
基本类	滨海沙滩类海洋旅游资源	0.23	0	1	0.21
	滨海岛屿类海洋旅游资源	1	0	0	0
	滨海生态类海洋旅游资源	0	0.77	1	1
	滨海人文类海洋旅游资源	1	0.90	0	0.73
潜在类	潜在海洋旅游资源	1	0	0.07	0.37

6.5.3.2　海洋旅游资源质量优势度评价

在广西海洋旅游资源质量优势度评价中，本研究也是首先选取海洋旅游资源质量优势度指标。根据公式（6-2）计算各类海洋旅游资源的品位度，通过搜索引擎得到广西北海、钦州、防城港三市海洋旅游资源的知名度，根据 6.4 节的价值量计算结果得到海洋旅游资源的价值，从而得到广西各类海洋旅游资源的质量优势度指标值（表 6-20）。运用模糊物元法计算欧氏贴近度，进而评价广西北海、钦州、防城港三市各类海洋旅游资源的质量优势度（表 6-21）。

表 6-20　广西各类海洋旅游资源的质量优势度

类别	滨海沙滩类海洋旅游资源	滨海岛屿类海洋旅游资源	滨海生态类海洋旅游资源	滨海人文类海洋旅游资源	潜在海洋旅游资源
质量优势度	0.20	0.99	0.35	0.16	0.24

表 6-21　广西北海、钦州、防城港三市各类海洋旅游资源的质量优势度

类别	北海市	钦州市	防城港市
滨海沙滩类海洋旅游资源	0.28	0.56	0.41
滨海岛屿类海洋旅游资源	0.55	0.21	0.12

续表

类别	北海市	钦州市	防城港市
滨海生态类海洋旅游资源	0.10	0.18	0.78
滨海人文类海洋旅游资源	0.03	0.66	0.03
潜在海洋旅游资源	0.09	0.59	0.21

注：表内的数字是某一市的各类海洋旅游资源的比较，不涉及市级之间各类海洋旅游资源的比较

由表 6-21 可知，北海市滨海岛屿类和滨海沙滩类海洋旅游资源质量优势度较高，钦州市滨海人文类海洋旅游资源质量优势度较高，防城港市滨海生态类海洋旅游资源质量优势度较高。

需要特别指出的是，优势度并不是一成不变的，随着各地区对滨海各类旅游资源的开发、利用、保护的程度变化，以及各地区经济发展对滨海各类旅游资源的影响，质量优势度有可能出现不同程度的改变，各地区应当基于海洋旅游资源的数量与质量禀赋确定适合自己的发展规划，实现资源、环境、经济的可持续发展。

6.6 广西海洋旅游资源承载力评价

6.6.1 旅游资源承载力概念和评价意义

旅游资源承载力又称旅游资源饱和度，指在一定时间条件下和旅游资源的空间范围内的旅游活动能力，旅游资源的特质和空间规模所能容纳的游客活动量。我们知道旅游地所能接纳的旅游人数不是无限度的，而是有一定的阈值，超过了这个阈值，不但旅游地的生态系统会遭到破坏，甚至无法恢复，而且游客的旅游质量也会下降，最后旅游地的旅游产业会随之衰退。因此，我们需要对旅游资源进行承载力评价，确定合理的承载水平，这对于保护景区（点）生态与社会环境，指导景区（点）的经营管理，实现景区（点）经济、社会、生态效益的统一及可持续发展具有重要意义。

6.6.2 旅游资源承载力评价内容与方法

旅游资源承载力不是个体概念，而是一个概念体系。依据其影响因子可以将旅游资源承载力划分为以下四个基本分量：空间容量、经济设施容量、生态容量、社会心理容量。其中，考虑到滨海旅游地区空间规模较大的特点，社会心理容量远远高于其他三个分量指标，一般倾向于无穷大，所以，在本研究有关承载力的测算中，对该分量不做考虑。

因此，旅游资源承载力的计算公式如下：

$$\mathrm{TEBC}=\mathrm{RSBC}\times K_1+\mathrm{EEBC}\times K_2+\mathrm{ZEBC}\times K_3 \tag{6-6}$$

式中，TEBC 为旅游资源承载力；RSBC 为空间容量；EEBC 为经济设施容量；ZEBC 为生态容量；K_1、K_2、K_3 为权重。其中，三个基本分量的含义和计算公式如下。

1）空间容量

空间容量是一定旅游地域单元在其旅游特定阶段的某一时间范围内，可供游览地域在空间上的容量，即旅游景区（点）的空间面积及景区（点）游览的道路长度等所能容纳的适量人数。

一般而言，旅游资源空间的大小和质量水平直接决定其承载力。无论是何种类型的旅游资源，空间容量都是旅游资源承载力的主要决定因素。用旅游资源空间规模除以每人基本空间标准，再乘以旅游资源的日周转率，就可以得到旅游资源的日空间容量，计算公式表示为

$$\mathrm{RSBC}=\sum_{i=1}^{n} X_i \div Y_i \times Z \tag{6-7}$$

式中，RSBC 为旅游资源的日空间容量（人/d）；X_i 为 i 景区（点）的可游览面积；Y_i 为平均每位游客占用的基本空间标准；Z 为资源空间的日周转率。

2）经济设施容量

经济设施容量是指该旅游城市旅游接待设施规模的大小，主要包括供水、供电、住宿和交通运输等设施。住宿设施主要为旅游活动服务，其建设规模直接影响旅游业的发展，是经济设施容量的主要衡量指标。

经济设施容量的测算公式可以表示为

$$\mathrm{EEBC}=\mathrm{Min}(\mathrm{EEBC}_1, \mathrm{EEBC}_2, \cdots, \mathrm{EEBC}_n) \tag{6-8}$$

$$\mathrm{EEBC}_n=S_n \div D_n \tag{6-9}$$

式中，EEBC 表示经济设施容量（人/d）；EEBC_n 表示第 n 种要素的经济设施容量；S_n 表示第 n 种要素的日供给量；D_n 表示第 n 种要素的人均日需求量。

3）生态容量

生态容量是指旅游目的地的生态环境不发生不可接受的破坏条件下所接纳的游客数量。一般来讲，旅游活动中对生态环境影响较大的有固体废弃物数量、生活污水排放量、景区绿化率等。

生态容量的测算公式可以表示为

$$\mathrm{ZEBC}=\mathrm{Min}(\mathrm{ZEBC}_1, \mathrm{ZEBC}_2, \cdots, \mathrm{ZEBC}_n) \tag{6-10}$$

式中，ZEBC 表示生态容量（人/d）；ZEBC_n 表示第 n 个要素的生态容量。

6.6.3 广西北海、钦州、防城港三市滨海旅游景区（点）的承载力评价

因为广西北海、钦州和防城港三市旅游景区（点）属于基本海洋旅游资源，所以本节对广西北海、钦州和防城港三市滨海旅游景区（点）承载力的评价可以理解为对广西北海、钦州、防城港三市基本海洋旅游资源承载力的评价。广西北海、钦州、防城港三市基本滨海旅游景区（点）中，A 级景区（点）由于知名度较高，在旅游旺季会吸引大批游客来参观，但是这往往也会给景区（点）带来负面影响，造成景区不同程度的破坏。因此，我们选取三个城市中典型的 A 级旅游景区（点）进行承载力测算，明确其承载力水平，防止这些著名景区（点）在旅游旺季超出承载力红线，为各景区（点）的科学管理和可持续发展提供依据。

6.6.3.1 北海市滨海旅游景区（点）承载力

北海市拥有得天独厚、禀赋优异的海洋旅游资源，其中北海银滩、北海涠洲岛、北海金海湾红树林景区较为著名，游览人数也较多，每到旅游旺季，三个景区的旅游人数激增，给景区带来巨大压力。因此我们对这三个景区的承载力进行测算，为景区（点）的规划管理和发展提出建议。

1）北海银滩承载力测算

北海银滩是 4A 级景区，景区内的海域水体纯净，陆岸植被丰富，环境幽雅宁静，空气格外清新，是中国南方最理想的滨海浴场和海上运动场所，被称为“中国第一滩”。因此，确定该景区的最大承载力，对景区人数进行合理管控，对景区保护具有重要意义。

依据旅游承载力的计算方法，分别计算出空间容量、经济设施容量、生态环境容量三个分量，然后根据各分量指标的权重，计算出该景区（点）的综合承载力。

Ⅰ. 空间容量

根据空间容量测算公式（6-7）和《风景名胜区总体规划标准》（GB/T 50298—2018），将人均基本空间标准（Y_i）确定为 0.002hm^2/人；参考景区的开放时间和人均游览时间，将资源空间的日周转率（Z）取为 1。

因此，北海银滩空间容量的最大值为 12 万人/d（表 6-22）。

表 6-22 广西北海银滩的空间容量

景区名称	可游览面积（hm^2）	人均基本空间标准（hm^2/人）	日周转率（%）	空间容量（万人/d）
北海银滩	240	0.002	100	12

数据来源：涠洲岛旅游网

Ⅱ. 经济设施容量

住宿设施建设规模直接影响旅游业发展，是经济设施容量的主要衡量指标。考虑到广西海洋旅游资源数据的可获得性，本研究选取较有代表性的住宿接待能力作为经济设施承载力的测定因素。根据旅游局调查原始数据，北海住宿设施共有 734 座，总床位数为 55 700 张。因此，北海银滩的经济设施容量估值为 5.57 万人/d①。

Ⅲ. 生态容量

北海银滩空间规模大，植被覆盖少，生态环境方面的压力主要来源于游客产生的垃圾。因此，生态容量的测算主要选用对北海银滩环境影响较大的垃圾处理状况作为生态容量的指标因素。利用北海银滩垃圾的日处理量除以人均垃圾产生量，就可以得到北海银滩的日生态容量。

北海银滩共有 60 个垃圾筐、150 多个垃圾桶和 30 多个垃圾池，清理垃圾的周转率为 3 次/d，按照一般情况计算，每个垃圾筐和垃圾桶的容量为 22.5kg，垃圾池的容量为 340kg。所以，垃圾日处理量为（60+150）个×22.5kg/个×3+30 个×340kg/个=24 375kg。根据肖思思等（2015）的研究成果，将游客人均产生的垃圾量定位为 0.5kg/d，桶外垃圾量所占比例定为 13.6%。由于游客在北海银滩的活动时间基本为半日，游客人均的垃圾产生量即为 0.25kg/d。所以，人均垃圾产生量为 0.25kg×(1−13.6%)=0.216kg。因此，北海银滩的生态容量估值为 ZEBC=24 375kg/d÷0.216kg/人=11.28 万人/d。

Ⅳ. 综合承载力

参考已有研究和专家意见，估算指标的权重分别为：北海银滩资源空间容量为 0.35，经济设施容量为 0.35，生态容量为 0.3（李俊，2007）。

根据综合承载力计算公式（6-6）得到北海银滩的综合承载力估值为

$$\text{TEBC}=12\times0.35+5.57\times0.35+11.28\times0.3\approx9.53\ (\text{万人/d})$$

2）北海金海湾红树林景区承载力测算

北海金海湾红树林景区是国家 4A 级景区，是极富滨海湿地风情和渔家文化内涵的黄金景区。景区内拥有一片海上“森林卫士”——红树林，百种鸟类、昆虫、贝类、鱼、虾、蟹等生物在此处繁衍生息，是我国罕见的海洋生物多样性保护区。由此可见，对该景区最大承载力的测定，对保护景区生态环境乃至生物多样性都具有十分重要的作用。

参照前文对承载力的计算方法，我们依次从空间容量、经济设施容量、生态容量三个方面对综合承载力进行测算。

Ⅰ. 空间容量

根据空间容量测算公式（6-7）和《风景名胜区总体规划标准》（GB/T 50298—2018），将人均基本空间标准（Y_i）确定为 0.05hm^2/人；参考景区的开放时间和人均游览时间，将资源空间的日周转率（Z）取为 1。

因此，北海金海湾红树林景区空间容量的最大值为 1.2 万人/d（表 6-23）。

表 6-23 北海金海湾红树林景区空间容量②

景区名称	可游览面积（hm^2）	人均基本空间标准（hm^2/人）	日周转率（%）	空间容量（万人/d）
北海金海湾红树林景区	600	0.05	100	1.2

数据来源：北海金海湾红树林生态旅游区管理有限公司官网. http://www.beihaijhw.com/ [2018-9-10]

Ⅱ. 经济设施容量

根据旅游局调查原始数据，北海住宿设施共有 734 座，总床位数为 55 700 张。因此，北海金海湾红树林景区的经济设施容量估值为 5.57 万人/d。

① 考虑到游客住宿的地点是不会受景点区位限制的，所以，我们认为以北海市总的住宿接待能力作为各景点的经济设施承载力是可取的。

② 结合金海湾红树林的实际情况，我们认为取其景区总面积的 30% 作为可游览面积是合理的。因此，表中可游览面积为 2000 万 m^2×30%=600hm^2。

Ⅲ. 生态容量

考虑到北海金海湾红树林景区属于生态类旅游资源，旅游区绿化率对生态环境有较大的影响，同时也影响旅游区内可容纳的最大人数。所以，此处选取景区内绿化率作为衡量生态容量的主要指标。

根据专家研究，每人须平均拥有 0.003～0.004hm^2 的森林绿地，才可能维持空气中的氧气和二氧化碳的正常比例，保持空气清新（张钦凯和唐铭，2010）。所以，根据金海湾红树林数据的可获得性，本研究根据如下方法计算红树林的生态容量。

生态容量的测算公式：

$$\mathrm{ZEBC} = \left(\frac{A_\mathrm{a}}{A_\mathrm{t}}\right) \times \phi \tag{6-11}$$

式中，ZEBC 是生态容量；A_a 为可游览面积；A_t 是人均绿地面积；ϕ 是景区内绿地覆盖率（%）。考虑到景区自然环境的具体状况，取人均绿地面积为 0.004hm^2。

因此，该景区的生态容量为 10.00 万人/d（表 6-24）。

表 6-24　北海金海湾红树林景区生态容量

景区	可游览总面积（hm^2）	绿地覆盖率（%）	人均绿地面积（hm^2/人）	生态容量（万人/d）
北海金海湾红树林景区	600	66.7	0.004	10.00

数据来源：北海金海湾红树林生态旅游区管理有限公司官网. http://www.beihaijhw.com/ [2018-9-10]

Ⅳ. 综合承载力

参考已有研究和专家意见，估算指标的权重分值为：资源空间容量为 0.35，经济设施容量为 0.35，生态容量为 0.3。

根据综合承载力计算公式（6-6），得到北海金海湾红树林景区的综合承载力估值为

$$\mathrm{TEBC}=1.2\times0.35+5.57\times0.35+10.00\times0.3\approx5.37\ （万人/d）$$

3）北海涠洲岛承载力测算

涠洲岛总面积为 2474hm^2，最高海拔达 0.079km，该岛是火山喷发堆凝而成的岛屿。目前，涠洲岛由于垃圾、污水处理不当等问题，生态环境遭遇前所未有的挑战。因此，我们需要对涠洲岛进行环境承载力测算，确定其最大容量，以期对景区的合理开发与保护提供指导。

对承载力依次从空间容量、经济设施容量、生态容量三个方面来测算。

Ⅰ. 空间容量

根据空间容量测算公式（6-7）和《风景名胜区总体规划标准》（GB/T 50298—2018），结合涠洲岛的实际情况，将人均基本空间标准（Y_i）确定为 0.05hm^2/人；参考景区的开放时间和人均游览时间，将资源空间的日周转率（Z）取为 1。

因此，涠洲岛空间容量的最大值为 1.48 万人/d（表 6-25）。

表 6-25　涠洲岛空间容量①

景区名称	可游览面积（hm^2）	人均基本空间标准（hm^2/人）	日周转率	空间容量（万人/d）
涠洲岛	741.6	0.05	100	1.48

数据来源：涠洲岛旅游网

Ⅱ. 经济设施容量

据统计，现在岛上有近 500 家家庭旅馆，加上一些规模较大的旅馆酒店，全岛总客房数量已超过 15 000 间。按照每个客房两个床位计算，床位数大约为 3 万。因此，北海涠洲岛的经济设施容量估值为 3 万人/d。

① 与红树林景区测算方法一样，涠洲岛的可游览面积 X_i 为：2472 万 m^2×30%=742.2 万 m^2。

Ⅲ. 生态容量

旅游活动对旅游接待地所产生的生态影响是多方面的，对于处于海面之上的涠洲岛来说，随着旅游人数的增加，污水排放和处理成为主要的限制因素。因此本研究选用对生态环境影响较大的污水处理作为涠洲岛生态容量的指标因素。

根据北海晚报的报道，涠洲岛污水处理厂于 2015 年 11 月完成了主体建设和设备调试投入使用。该项目分两期进行建设，远期规划日处理污水能力 20 000t，目前已建成并投入使用的是一期工程，一期工程日处理污水能力为 4 000t。涠洲岛已有居民 1.6 万多人，因此其目前可容纳的外来人口为 1.73 万人/d，涠洲岛目前污水处理容量为 3.33 万人/d。

Ⅳ. 综合承载力

参考已有研究和专家意见，估算指标的权重分值为：资源空间容量为 0.35，经济设施容量为 0.35，生态容量为 0.3。

根据综合承载力计算公式（6-6），得到涠洲岛综合承载力估值为

$$\text{TEBC}=1.48\times0.35+3\times0.35+1.73\times0.3\approx2.09 \text{ 万人/d}$$

6.6.3.2 防城港市滨海旅游景区（点）承载力评价

防城港市滨海旅游的发展已经初具规模，形成了沥尾金滩、江山半岛旅游度假区、屏峰雨林景区等著名景区（点），我们运用对北海各景区（点）的测算方法对防城港市三个景区（点）的承载力进行测算，测算结果如表 6-26 所示。

表 6-26 防城港市景区（点）的旅游资源承载力 （单位：万人/d）

景区（点）	沥尾金滩	江山半岛	屏峰雨林
空间容量	4.2	5.76	6.96
经济设施容量	3.6	3.6	3.6
生态容量	3.1	4.5	3.9
综合承载力	3.66	4.63	4.87

数据来源：防城港市新闻网、博雅旅游网——防城港旅游

6.6.3.3 钦州市滨海旅游景区（点）承载力评价

同理，对钦州市的三娘湾、八寨沟这两个景区（点）的承载力进行测算，结果如表 6-27 所示。

表 6-27 钦州市景区（点）的旅游资源承载力 （单位：万人/d）

景区（点）	三娘湾	八寨沟
空间容量	2.76	1.96
经济设施容量	1.30	1.00
生态容量	3.68	1.40
综合承载力	2.52	1.46

数据来源：人民网广西频道钦州要闻；钦州市旅游局调查数据

6.6.3.4 滨海旅游景区（点）承载力评价

由表 6-28 可以看出，北海、防城港和钦州三市各景区（点）接待的游客量远远低于各景区（点）可以承载的最大游客量，说明景区（点）的接待能力强，开发潜力巨大。

表 6-28 各景区（点）日游客量和最大承载力统计表 （单位：万人/d）

景区（点）	北海市			防城港市			钦州市	
	北海银滩	金海湾红树林	涠洲岛	沥尾金滩	江山半岛	屏峰雨林	三娘湾	八寨沟
游客量（实际值）	1.9	0.06	0.29	0.47	2.38	0.1	1.01	0.14
综合承载力（临界值）	9.53	5.37	2.09	3.66	4.63	4.87	2.52	1.46
是否有承载空间	有	有	有	有	有	有	有	有

数据来源：广西旅游局、北海市旅游局、防城港市旅游局、钦州市旅游局调查数据

尽管各旅游景区（点）的承载力大，但也不能忽视个别景区（点）在旅游旺季超出最大承载力的事实。各旅游景区（点）要做到保护与开发相结合，避免旅游区的旅游资源超负荷运转。旅游区内每个景区（点）必须严格控制游客数量，合理调控客源，避免过多游客同时间进入旅游区游览。

6.6.4 广西滨海旅游地区承载力综合评价

除了对旅游景区（点）的承载力进行测算，我们还需要对整个旅游地区的承载力进行测算。因为，旅游区游客过多涌入，不但对景区（点）的生态环境造成破坏，同时，游人的超负荷涌入也会给旅游地的交通、住宿等基础设施及治安诸多方面带来诸多问题。因此，合理界定这一承载力的数值，有助于滨海地区旅游资源的科学利用和管理，有利于城市旅游的可持续发展。本研究中，我们分别对北海、钦州、防城港三市的承载力进行测算。

6.6.4.1 北海市承载力

北海市旅游资源承载力分解为空间容量、经济设施容量和生态容量 3 个承载分量，在分别计算 3 个承载分量的基础上估算北海市的旅游承载力。

1）空间容量

由于 A 级景区知名度较高，游客旅游一般以 A 级景区为主。因此，本研究以 15 个 A 级景区的面积来代替北海市旅游景区（点）的总面积。考虑到滨海岛屿这类特色景区（点），我们也同时增加了岛屿类景区（点）的面积作为总面积的一部分。我们知道可供游人游览的面积远远低于旅游资源的总面积，生态类旅游景观更是如此。因此，考虑旅游地的实际自然状况，我们取滨海沙滩类、滨海岛屿类、滨海生态类、滨海人文类资源总面积的 60%、30%、30%、90% 为可游览面积。

根据空间容量测算公式（6-7）和《风景名胜区总体规划标准》（GB/T 50298—2018），确定人均基本空间标准（Y_i）；参考景区（点）的开放时间和人均游览时间，将滨海沙滩类、滨海岛屿类、滨海生态类、滨海人文类资源的资源空间的日周转率（Z）分别设定为 1、1、1 和 2。

由表 6-29 可知，北海市旅游资源的空间容量为 44.20 万人/d。

表 6-29 北海市旅游资源空间容量

资源类型	总游览面积（hm^2）	可游览面积（hm^2）	人均基本空间标准（hm^2/人）	日周转率	空间容量（万人/d）
滨海沙滩类	1200	720	0.002	1	36
滨海海岛类	6860.5	2058.15	0.05	1	4.12
滨海生态类	2556.24	766.87	0.05	1	1.53
滨海人文类	70.74	63.67	0.005	2	2.55
总计	—	—	—	—	44.20

数据来源：广西旅游局原始统计资料

2）经济设施容量

考虑到广西旅游资源数据的可获得性，本研究选取较有代表性的住宿接待能力作为经济设施承载力的测定因素。根据北海市旅游局调查原始资料，北海市各级别旅馆拥有大约 5.57 万张床位。因此，北海市经济设施容量为 5.57 万人/d。

3）生态容量

广西北海市的污水处理率均未达到 100%，因此，污水处理承载力理论上应该为零。为了定量评价污水处理对游客的承载力，可按照 1+(1–污水处理率）来计算该地区实际污水处理能力。根据往年数据推算，广西北海、钦州、防城港三市平均每人每天产生 50L 生活污水，利用该数据来计算该地区的污水处理容量。

因此，北海市的生态容量为 72.63 万人/d（表 6-30）。

表 6-30 北海市生态容量

城市	污水处理厂集中处理能力（万 t/d）	污水处理率（%）	调整后的污水处理能力（万 t/d）	污水处理容量（万人/d）	常住人口数（万人）	可接受外来人口数（万人/d）
北海	10	83.5	11.65	233	160.37	72.63

数据来源：广西壮族自治区统计局（2015）

4）北海市旅游综合承载力

北海市旅游资源的空间容量为 44.20 万人/d，经济设施容量为 5.57 万人/d，生态容量为 72.63 万人/d。根据前文可知，估算指标的权重分值为：资源空间容量为 0.35，经济设施容量为 0.35，生态容量为 0.35。根据公式（6-6）得出承载力为 44.20×0.35+5.57×0.35+72.63×0.3=39.21 万人/d，即北海市的综合承载力为 39.21 万人/d。

6.6.4.2 防城港市和钦州市承载力

参照上述方法，得出防城港市和钦州市的旅游承载力如表 6-31 所示。

表 6-31 防城港市、钦州市综合承载力 （单位：万人/d）

	防城港市	钦州市
空间容量	123.23	9.36
经济设施容量	3.62	2.31
生态容量	12.8	73.94
综合承载力	48.24	26.27

资料来源：广西防城港市旅游局原始统计资料；广西壮族自治区统计局（2015）

6.6.4.3 广西滨海旅游地区承载力评价

如表 6-32 所示，无论是北海市、防城港市还是钦州市，其实际的游客量远远低于该地区能够容纳的游客量，由此可见，广西海洋旅游资源开发潜力巨大，前景十分可观。无论是该地区的景区（点）空间规模、经济设施还是生态环境，都能够为该地区的旅游业发展提供良好的支撑。

表 6-32 各地区日游客量和最大承载力统计表 （单位：万人/d）

城市	北海市	防城港市	钦州市
日游客量（实际值）	7.30	5.64	4.16
最大承载力（临界值）	39.21	48.24	26.27
是否有承载空间	有	有	有

数据来源：广西壮族自治区统计局（2014）；防城港市统计局（2015）

具体来看，北海市的滨海沙滩类和滨海岛屿类海洋旅游资源、防城港市的滨海生态类海洋旅游资源、钦州市的滨海沙滩类及滨海生态类海洋旅游资源由于空间规模大、生态环境良好等特点，都能够承载足够多的游客，为该市滨海旅游业的发展带来足够的推动力。因此，广西在开发使用海洋旅游资源的过程中，要充分重视这些海洋旅游资源对经济的带动效应，注重对这些海洋资源的合理规划、开发、经营与管理。

但是，自从 2000 年我国实行长假制度以来，“五一”和“十一”黄金周旅游已经成为新的消费热点，黄金周旅游人数不断创造新的高峰。持续增长的旅游人数在黄金周期间给各旅游地的旅游接待带来了很大的压力。在一些月份，一些著名景区（点）的实际游客数已经超过环境承载力的红线，如涠洲岛景区，由于过度开发和游客过多，著名的珊瑚礁沙滩受损严重，个别区域已呈现粉末化，独特的礁石沙滩正在消失。这应该引起当地相关部门的注意，合理开发与保护每个景区（点），以维持景区（点）旅游的长久健康可持续发展。

6.7　广西海洋旅游资源开发潜力评价

6.7.1　旅游资源开发潜力概念和评价意义

旅游资源开发潜力指旅游资源是否具备发展旅游业的条件并进而获取经济效益、社会效益和环境效益的能力（邵琪伟，2012）。旅游资源开发潜力的分析不仅关注旅游资源质量，还将旅游资源开发不可或缺的环境条件和开发效益等纳入分析范畴，是对旅游资源评价的深化，是旅游开发和规划的重要环节。

作为开发和规划的重要环节，旅游资源开发潜力评价有助于旅游地树立可持续发展的理念，科学地对旅游资源的开发时序进行安排，从而为旅游地管理和决策提供借鉴依据。

本研究利用灰色多层次分析法对广西基本海洋旅游资源和具有舒适性功能的潜在海洋旅游资源进行评价，界定各类别旅游资源开发潜力的大小。

6.7.2　海洋旅游资源开发潜力评价体系

6.7.2.1　构建评价指标体系

本研究利用灰色多层次分析法对广西海洋旅游资源的开发潜力进行定性和定量分析，遵循科学性、合理性和资料可获取性原则，综合考虑海洋旅游资源禀赋条件、潜在价值、开发保障条件、生态环境状况等因素，建立如下指标体系。

1）旅游资源禀赋条件

资源禀赋条件是指该地区资源的丰裕程度，它直接反映了资源的质量和数量，是影响资源开发潜力的重要指标，因此将其作为领域层指标引入海洋旅游资源开发潜力评价指标体系。本研究对旅游资源禀赋条件进行评价时，引入资源单体的奇特程度、知名度、完整程度和景区（点）等级等指标，这些指标反映了旅游资源的丰富程度。

2）旅游资源潜在价值

旅游资源的经济价值既包括其本身所蕴含的经济价值，又包括旅游业发展对其他产业的带动效应。因此本研究引入旅游资源的经济价值和旅游业关联带动效应 2 个指标来反映旅游资源的价值大小。

3）旅游资源开发保障条件

城市旅游资源开发条件决定了城市旅游发展的导向和趋势，影响城市旅游开发时序、方向和旅游产品设计及线路组织，因此将开发保障条件作为领域层指标引入海洋旅游资源开发潜力评价指标体系。本研究选取了距主要交通线距离、区域政策和人均 GDP 3 个指标，反映旅游景区（点）的区位优势、交通条件及旅游发展的宏观环境。

4）旅游资源生态环境状况

生态环境状况是滨海旅游开发的外在支撑和旅游发展的重要基础，反映了滨海旅游环境状况，因此将生态环境状况作为领域层指标引入海洋旅游资源开发潜力评价指标体系。本研究选取了综合承载力、保护措施和开发情况 3 个指标对旅游区生态环境状况进行评价，用以反映旅游资源的可持续利用，具体评价指标见表 6-33。

6.7.2.2 确定指标权重

权重是在评价过程中，被评价对象不同侧面重要程度的定量分配，是对各评价因子在总体评价中的作用进行区别对待，本研究利用灰色多层次分析法确定指标权重。按照灰色多层次分析法的计算过程，最终得到的权重系数结果如表 6-33 所示。

其中，知名度是利用中文网络三大搜索引擎——百度、360、必应，分别查找关键词"** 景区（点)+旅游"，在同一时间进行搜索，计算 66 个旅游景区（点）在三个网站搜索到的报道篇数的平均值得出。景区（点）等级是按照《2015 年广西国家 A 级旅游景区一览表》中的景区（点）等级进行统计的。旅游资源的经济价值和承载力分别根据 6.4 节和 6.6 节各类旅游资源经济价值的平均值和承载力进行评价。

在领域层中，旅游资源禀赋条件的权重最大，其次为旅游资源潜在价值，旅游资源生态环境状况所占比重最小。这说明旅游资源禀赋条件作为旅游资源开发的基础，对旅游业的发展有着重要的影响和作用。在旅游资源禀赋条件中，资源单体的奇特程度权重最大，这说明旅游资源的奇特程度是影响旅游资源开发潜力的最主要因素；旅游资源潜在价值所占比重也较大，说明其是旅游资源开发的重要影响因素；权重最低的是综合承载力和保护措施，说明旅游资源开发潜力受其自身因素影响较大，保障因素对其有一定的推动作用。

6.7.2.3 评价标准与综合评价值

参照国家环境旅游行业相关标准和研究区域的实际情况制定了每个等级的赋分标准，将评价指标的优劣分为 V_1（好）、V_2（较好）、V_3（一般）、V_4（较差）、V_5（差）5 个等级，5 个等级的评价分值分别为 5 分（V_1）、4 分（V_2）、3 分（V_3）、2 分（V_4）和 1 分（V_5），介于 2 个等级之间的评分分别为 4.5 分、3.5 分、2.5 分和 1.5 分。对于定性的指标，邀请评价专家按照评价标准进行打分，定量指标则根据《广西统计年鉴》的相关数据处理后进行打分评价。

根据评价指标的优劣，将旅游资源开发潜力分为 5 种评价灰度，分别为好（e=1）、较好（e=2）、一般（e=3）、较差（e=4）、差（e=5），每种灰度都对应着一个白化权函数 f_e（e=1, 2, 3, 4, 5）。利用白化权函数得到灰色评价系数，结合表 6-33 的权重，对因素层的指标进行综合评价，"自下而上"对要素层、领域层和目标层进行综合评价。将各灰度等级按"灰水平"赋值，综合评价和灰类取值一一对应相乘，得到受评者的综合评价值。最后，根据综合评价值的大小对受评者进行排序。

6.7.3 广西海洋旅游资源开发潜力评价结果

本研究以广西滨海沙滩类、滨海岛屿类、滨海生态类、滨海人文类等基本海洋旅游资源和具有舒适性功能的潜在海洋旅游资源为研究对象，选取了 66 个具有代表性的滨海旅游景区（点）进行开发潜力评价。对于定量指标，资料来源于《广西统计年鉴》(2014)、广西壮族自治区旅游局（2014 年改为广西壮族自治区旅游发展委员会）官方数据、各景区（点）的实地调研资料等，定性指标则采取专家打分法获取数据。

根据各评价指标打分的基本标准和各灰度及白化权函数特点，建立海洋旅游资源开发潜力的评价等级，将其分为 5 类，综合得分在 4.45～5（不包括 4.45）的为Ⅰ级潜力海洋旅游资源；综合得分在 3.75～4.45（不包括 3.75）的为Ⅱ级潜力海洋旅游资源；综合得分在 3～3.75（不包括 3）的为Ⅲ级潜力海洋旅游资源；综合得分在 2.25～3（不包括 2.25）的为Ⅳ级潜力海洋旅游资源；综合得分在 0～2.25 的为Ⅴ级潜力海洋旅游

表 6-33　广西海洋旅游资源开发潜力评价指标体系

目标层 A	领域层 B	要素层 C	指标含义	评价标准				
				V_1（5 分）	V_2（4 分）	V_3（3 分）	V_4（2 分）	V_5（1 分）
广西海洋旅游资源开发潜力评价	B1 旅游资源禀赋条件（0.5537）	C1 资源单体的奇特程度（0.4747）	历史文化内涵与格调高低或者自然造化的奇异程度	高	较高	一般	较低	低
		C2 资源单体的知名度（0.1630）	旅游城市被公众认可的程度	> 50 万	30 万～50 万	10 万～30 万	5 万～10 万	< 5 万
		C3 资源单体的完整程度（0.1072）	自然形态与结构变化	高	较高	一般	较低	低
		C4 景区（点）等级（0.2551）	旅游资源评价等级	5A	4A	3A	2A	1A
	B2 旅游资源潜在价值（0.2138）	C5 经济价值（0.5）	TCM 法测算的旅游资源单位经济价值均值	> 10 元/m^2	5～10 元/m^2	3～5 元/m^2	1～3 元/m^2	< 1 元/m^2
		C6 旅游业关联带动效应（0.5）	旅游业发展对相关产业的关联程度和带动能力	> 1	0.8～1	0.6～0.8	0.3～0.6	< 0.3
	B3 旅游资源开发保障条件（0.1330）	C7 距主要交通线距离（0.6250）	景区（点）的区位优势和交通保障优势	500m 以内	500～1 000m	1 000～2 000m	2 000～5 000m	5 000m 以上
		C8 区域政策（0.1365）	政策支持强度	大	较大	一般	较小	小
		C9 人均 GDP(0.2385)	城市消费能力	> 80 000 元	60 000～80 000 元	40 000～60 000 元	20 000～40 000 元	< 20 000 元
	B4 旅游资源生态环境状况（0.0995）	C10 综合承载力（0.25）	景区（点）环境容量	> 10 000 人	5 000～10 000 人	2 000～5 000 人	1 000～2 000 人	< 1 000 人
		C11 保护措施（0.25）	社会保护情况	好	较好	一般	较差	差
		C12 开发情况（0.50）	景区（点）开发利用状况	好	较好	一般	较差	差

资源（肖思思等，2015）。其中，Ⅰ级潜力海洋旅游资源具有最大开发潜力，基本无开发限制因素，最适合进行滨海旅游开发；Ⅱ级潜力海洋旅游资源具有较大开发潜力，有一定的开发限制因素；Ⅲ级潜力海洋旅游资源具有一定开发潜力，开发限制因素较多；Ⅳ级和Ⅴ级潜力海洋旅游资源具有较小开发潜力，不适合进行滨海旅游开发。

经过计算得出了广西66个滨海旅游景区（点）的开发潜力级别，具体景区（点）的得分见表6-34。66个旅游景区（点）的开发潜力级别分布在Ⅰ～Ⅳ级，其中Ⅰ级潜力资源共2处，约占3.0%；Ⅱ级潜力资源共11处，约占16.7%；Ⅲ级潜力资源共45处，约占68.2%，Ⅳ级潜力资源共8处，约占12.1%。

表6-34　广西旅游景区（点）潜力级别表

基本类						潜在类		
分类	景区（点）	得分	分类	景区（点）	得分	分类	景区（点）	得分
滨海生态类	公猪脊景区	3.04	滨海人文类	坭兴陶艺术馆景区	2.50	丛树类——红树林	北仑河口红树林自然保护区	3.08
	白石湖景区	3.20		登峰陶艺馆景区	2.61		廉州湾红树林自然保护区	3.00
	龙门群岛海上生态公园	3.20		百业东兴红木社区旅游购物景区	2.79		防城港东湾红树林海洋特别保护区	3.01
	北仑河源头景区	3.22		陈公馆景区	2.93		大风江口红树林	2.81
	北海市槐园景区	3.23		大朗书院景区	2.97		茅尾海红树林	2.96
	西湾旅游区	3.26		帆顺古船木旅游景区	3.03		山口红树林生态自然保护区	3.19
	百鸟乐园景区	3.28		保税港区国际商品直销中心	3.04	野生动物栖息地	茅尾海东岸休闲娱乐区	3.20
	屏峰雨林景区	3.37		火龙果农业文化休闲园景区	3.06		合浦沙田儒艮自然保护区	3.23
	五皇山景区	3.39		坭兴玉陶景区	3.18		茅尾海国家海洋公园	3.05
	火山岛景区	3.43		北海涠洲岛圣堂景区	3.21		北海滨海国家湿地公园	3.75
	冠山海景区	3.46		浦北县文昌景区	3.24	岛礁类	外沙海鲜岛	3.04
	京岛风景名胜区	3.48		碗窑梨花谷景区	3.25		渔沥岛	3.16
	锦泉生态旅游度假村	3.52		刘冯故居景区	3.41	河口与海湾	麻蓝岛	3.23
	三娘湾	3.55		大江埠民俗风情村	3.43		企沙农渔业区	3.30
	十万大山国家森林公园	3.66		贝雕博物馆	3.51		七十二泾	3.34
	大芦古村文化生态旅游区	3.66		合浦汉文化公园景区	3.57		巫头岛	3.41
	六峰山景区	3.68		北海老城历史文化旅游区	4.04		江山半岛	3.88
	意景园旅游景区	3.78		南珠博物馆	4.05			
	金海湾红树林	3.84	滨海沙滩类	沥尾金滩	3.24			
	国家地质公园鳄鱼山景区	3.87		天堂滩	3.26			
	园博园	3.91		三娘湾沙滩	3.59			
	八寨沟	3.95		江山半岛白浪滩	3.86			
滨海岛屿类	斜阳岛	3.66		北海银滩	4.3			
	涠洲岛	4.46						

广西海洋旅游资源景观丰富，种类多样，各具特色，且景区（点）开发情况较好，发展潜力和开发价值都较大。从分布地区来看，北海市海洋旅游资源综合开发潜力最高，五类旅游资源都有Ⅱ级潜力旅游资源，如金海湾红树林、北海银滩等。防城港市滨海沙滩类和滨海生态类旅游资源较多，其中开发潜力较大

的是江山半岛白浪滩、意景园旅游景区等。钦州市人文类旅游资源较多，但是大多数属于Ⅲ级潜力旅游资源。从旅游资源分类来看，广西滨海生态类旅游资源景区（点）最多，且其开发潜力也最高；其次是滨海人文类旅游资源。具有舒适性功能的潜在海洋旅游资源景区（点）的开发潜力较大，在注重保护的基础上，开发这类旅游资源能够很好地吸引游客，带动相关产业的发展，促进区域经济的增长。综合各级别潜力旅游资源的个数来看，基本类海洋旅游资源中各类旅游资源的开发潜力从大到小依次为滨海生态类＞滨海人文类＞滨海沙滩类＞滨海岛屿类；潜在类海洋旅游资源中各类旅游资源的开发潜力从大到小依次为丛树类——红树林＞河口与海湾＞野生动物栖息地＞岛礁类。表 6-35 给出了各类海洋旅游资源所拥有的各级别潜力旅游资源的数量。

表 6-35　广西各类海洋旅游资源开发潜力表

类别		潜力级别	个数	代表性景区（点）
基本类	滨海沙滩类	Ⅱ	2	江山半岛白浪滩、北海银滩
		Ⅲ	3	沥尾金滩、天堂滩、三娘湾沙滩
	滨海岛屿类	Ⅰ	1	涠洲岛
		Ⅲ	1	斜阳岛
	滨海人文类	Ⅱ	3	南珠博物馆、北海老城历史文化旅游区
		Ⅲ	11	合浦汉文化园景区、刘冯故居景区、贝雕博物馆、碗窑梨花谷景区等
		Ⅳ	5	坭兴陶艺术馆景区、登峰陶艺馆景区、百业东兴红木社区旅游购物景区、陈公馆景区、大朗书院景区
	滨海生态类	Ⅱ	5	意景园旅游景区、金海湾红树林、国家地质公园鳄鱼山景区、园博园、八寨沟
		Ⅲ	17	百鸟乐园景区、屏峰雨林景区、五皇山景区、火山岛景区、京岛风景名胜区、锦泉生态旅游度假村、三娘湾等
潜在类	丛树类——红树林	Ⅲ	3	山口红树林生态自然保护区、北仑河口红树林自然保护区、防城港东湾红树林海洋特别保护区
		Ⅳ	3	廉州湾红树林自然保护区、茅尾海红树林、大风江口红树林
	野生动物栖息地	Ⅲ	4	北海滨海国家湿地公园、合浦沙田儒艮自然保护区、茅尾海东岸休闲娱乐区、茅尾海国家海洋公园
	岛礁类	Ⅲ	2	外沙海鲜岛、渔沥岛
	河口与海湾	Ⅱ	1	江山半岛
		Ⅲ	4	巫头岛、七十二泾、企沙农渔业区、麻蓝岛

6.8　广西海洋旅游资源开发利用建议

由于广西基本海洋旅游资源和潜在海洋旅游资源分别处于不同的发展现状，且海洋旅游资源的开发具有不可逆性，本研究针对基本和潜在海洋旅游资源的发展现状提出了不同的开发利用建议。

6.8.1　潜在海洋旅游资源开发利用建议

1）开展生态旅游

开展生态旅游是实现舒适性资源保护性利用和可持续发展的重要途径。生态旅游既可以充分发挥舒适性资源的经济价值，以促进当地发展，又可以筹集资金，达到保护的目的。生态旅游地主要包括自然保护区、风景名胜区、国家公园、森林公园及生态实验站。这些旅游地往往属于自然和人文生态环境敏感区，旅游业极易对其生态环境造成破坏。因此，在生态旅游地应建立一种合理有效的旅游发展和管理模式，对旅游地进行科学的规划，实施可持续发展，最大限度地减少旅游业对区域生态环境的破坏。

Ⅰ. 确定生态旅游临界容量

自然状态下的景观通常都保持着相对稳定的生态环境，开发生态旅游资源后，随着游客的增加，如果不能有效地控制生态旅游临界容量，自然环境的良性生态平衡就可能被打破。

当生态旅游项目超过临界容量时，就应该采取有效的管理措施。例如，可以采用市场经济手段，适当提高门票、住宿等价格来控制游客量；也可以采用限量售票和预约浏览的方式；条件允许时，可选择若干类似区域轮流开放。

Ⅱ. 旅游区规划

生态旅游地多属于自然保护区域，为避免旅游活动对保护对象造成破坏，同时对游客进行分流以及使旅游资源得以优化利用，生态旅游地应进行功能分区。

2）舒适性资源的保护

为使那些弥足珍贵的自然遗产免受各种因素的破坏，必须加强对舒适性资源的保护。除环境保护的各项法律法规外，在保护舒适性资源方面也颁布了许多相关的制度，如风景名胜区制度、自然保护区制度、森林公园制度等。地方政府可以结合本地区具体情况，制定切实可行的景观资源保护条例，并制定相应的奖惩条文，对破坏景观和造成景观污染的单位和个人实施经济或行政制裁。

3）建立舒适性资源保护的资金渠道

舒适性资源保护需要在基础设施建设、人员培训、宣传教育及科学研究等方面大量投资，为此必须建立起保护资金的筹措渠道。主要途径有：中央政府和地方政府的财政预算拨款；国家公园门票及收费；生态服务费；筹措与重大开发项目建立直接相关的资金；从生物资源开发中返回利润；建立自然保护基金；加强舒适性资源价值评估研究。

6.8.2 基本海洋旅游资源开发利用建议

1）注重旅游景区（点）生态环境的保护和改善

生态环境是广西海洋旅游资源发展的根本。人们前往广西滨海旅游区的目的主要是休闲、享受，如果其生态环境遭到破坏，那么滨海旅游的发展就无从谈起。所以，在海洋旅游资源的开发利用过程中，要重视滨海地区的生态环境、污染控制和管理、环保设施建设等方面。一方面要控制污染物和污染源，可建立旅游区动态评估与监测体系，对景区（点）环境和承载力进行长期的监测；另一方面要加强对旅游者、旅游从业人员和旅游地居民可持续发展及环境保护重要性的教育，使人们树立起环境质量意识，提高他们保护旅游环境的自觉性。

2）社区参与景区（点）的开发规划、经营管理

社区居民是广西滨海旅游区的一个重要组成部分，在发展旅游度假之前，人们已经介入景观，成为自然环境的一部分。社区是与当地自然、历史和文化资源关系最密切者，生态环境要得到保护，单靠环保部门、旅游部门甚至旅游者都是难以奏效的。真正的环境保护主体应是当地居民或社区，应使他们成为生态环境的自觉保护者和管理者。只有让当地居民积极参与到建设与管理过程中，他们才会真正形成滨海资源保护和开发的意识，同时也渲染了原汁原味的地域文化氛围。在广西海洋旅游资源开发过程中可以采取以下开展社区参与的方式：参与规划与开发、参与经营与管理、居民及社区成为环境保护的主体。

3）以市场需求为导向，深度开发旅游产品，形成特色

从有利于与国内、国际旅游市场接轨的角度来考虑，要以“大旅游”观念来制定旅游发展总体规划，要突出亚热带滨海旅游观光度假的主题，遵循市场经济需求，深度开发已有旅游产品，做到“人无我有，人有我特”。在突出资源优势的基础上，根据旅游市场的发展走势，确定若干旅游主题，围绕主题慎重选择更多的新项目，分批次、多层次进行开发建设，以突出旅游产品的特色。今后，可逐渐推进以北海现代疗养度假旅游、涠洲岛观光旅游、钦州龙门七十二泾海上休闲游、防城港人文旅游等为主的项目建设，并相应发展边境异国风情旅游、森林生态旅游。

4）加强广西北海、钦州、防城港三市旅游合作，打造广西滨海旅游整体形象

广西北海、钦州、防城港三市紧密相连，滨海旅游在各自的旅游开发中占有重要的地位。北海、钦州、防城港三市要进一步认识到在竞争共赢的重要性，加深合作。在加深认识的基础上，不断明确各方在北部湾区域旅游合作中的定位，完善旅游合作机制，推进旅游合作纵深发展。

同时，北海、钦州、防城港三市要统一规划开发，打造广西滨海旅游整体形象，定位一致，促进整体发展。一方面，广西滨海旅游的整体形象要突出海、边、山、林的有机结合，将其定位为：环北部湾风情，感受海之韵、边之奇、民之纯、山之秀，让游客切实体验滨海生态之旅的愉悦历程。另一方面，在开发方向上要向会议度假旅游、疗养康复旅游、体育休闲旅游、美食购物旅游和边境旅游等方面发展。

5）促进旅游市场开发创新

旅游市场的开发创新包括定位创新与营销创新。北海、钦州、防城港三市在发展旅游业的过程中，均对旅游市场进行了定位，但三者市场定位存在重叠、营销理念比较狭隘。

广西北海、钦州、防城港三市应该树立“大滨海旅游圈”、整体营销理念，将滨海旅游区作为一个整体进行整合宣传：整合海洋旅游资源，共同开发差异化、体验化的旅游产品；整合滨海旅游产品，共同打造高品质、强竞争力的旅游品牌；整合旅游营销人才，打造高素质、强能力的旅游营销团队；整合旅游企业资源，共同对接高品质、强吸引力的旅游路线。此外，创新营销手段，推行“政府主导”与“市场运作”联动营销模式，进一步强化体验营销模式，不断开拓旅游市场营销新手段。

6）增加滨海旅游游资运营模式、积极拓宽投资渠道

政府主导的投资运营模式是大多数旅游景区（点）采用的模式。但是随着政策的逐步放宽和民营资本的不断壮大，民营企业也逐步参与到旅游资源的开发运营中来。民营资本的介入，即旅游资源开发经营权的转让，可以让资源的所有权、使用权和经营权适当分离，这可以提高旅游资源经营效益，强化资产产权管理，以市场手段优化旅游资源配置，激发旅游业活力。所以，在海洋旅游资源的开发过程中，应该积极创新旅游资源经营模式，拓宽投资渠道，通过出让旅游资源开发经营权的方式，让民营资本更多地参与到该领域中来，充分激发旅游业的活力。

7）完善旅游服务设施、提高旅游人才素质

游客物质上的满足程度通过设施、设备和实物产品表现出来，主要包括旅游服务设施和设备的舒适程度、完好程度、安全程度、档次高低，饮食产品的色、香、味，服务产品的美观、完善程度等。在广西海洋旅游资源的开发过程中，一定要注重旅游服务设施建设，包括酒店、饭店、交通、旅行社等。通过“政府主导、企业主体、社会参与”的模式，加大对旅游基础设施建设的投入，加大对特色旅游商品的开发力度，加强对旅游服务设施的管理，加速对老化服务设施的更换升级，促进广西滨海旅游区旅游服务的进一步完善。

此外，游客心理上的满足程度主要取决于旅游服务劳动者的服务观念、服务态度、服务方式、服务技巧、服务内容、礼节礼貌、言语动作等。因此，要提高游客心理满足程度，关键是提高旅游人才的综合素质。广西滨海旅游区旅游人才素质的提高可以从以下两方面入手：一是加强旅游院校培养质量建设，培养出思想品德好、动手能力强、服务质量高的高素质人才；二是加强旅游人才队伍建设。

6.9　小　　结

广西拥有丰富的海洋旅游资源，包括滨海沙滩类、滨海人文类、滨海生态类和滨海岛屿类基本海洋旅游资源，也包括丛树类——红树林、岛礁类、野生动物栖息地、河口与海湾等潜在海洋旅游资源。广西海洋旅游资源经济价值约为 274 138 万元/a，其中基本海洋旅游资源占 60%，潜在海洋旅游资源占 40%。通过优势度分析发现，北海市滨海岛屿类、钦州市滨海人文类、防城港市滨海生态类海洋旅游资源较广西其他沿海地区具有比较优势。广西目前滨海旅游游客量低于其旅游资源承载力，具有巨大的发展潜力，各类资源开发潜力从大到小依次为：滨海生态类海洋旅游资源、滨海人文类海洋旅游资源、潜在海洋旅游资源、滨海沙滩类海洋旅游资源、滨海岛屿类海洋旅游资源。

广西海洋旅游资源丰富，开发潜力大，环境承载力高，但只有合理开发，实现资源的可持续利用，才能发挥其巨大的经济效益和社会效益，实现旅游业的可持续发展。

广西海洋油气、滨海矿产及海洋能资源综合评价

海洋油气、滨海矿产及海洋能资源是海洋资源的重要组成部分，是人类社会发展必不可少的物质基础和来源，对国民经济的发展有着深远的影响。在传统能源日益匮乏和能源消费量持续增长的背景下，积极开发利用海洋油气及海洋能，优化能源结构，保障能源安全，已经成为大势所趋。广西北部湾蕴藏着丰富的石油和天然气资源，有北部湾盆地、莺歌海盆地和合浦盆地三个含油沉积盆地，开发前景广阔；沿海地区海底沉积物中还含有丰富的矿产，综合开发利用的潜在价值很大；沿岸和海岛附近蕴藏着较为丰富的海洋能资源，品位较高，开发潜力巨大。本章针对广西海洋油气、滨海矿产和海洋能资源，分别从资源的实物量、经济价值和开发潜力进行综合评价，揭示广西海洋油气、滨海矿产和海洋能资源的优势与劣势，为今后的资源综合开发提供科学依据。

7.1 广西海洋油气、滨海矿产及海洋能资源综合评价概述

7.1.1 海洋油气、滨海矿产及海洋能资源的分类

海洋油气资源主要由近海大陆架油气资源和深海油气资源两大部分组成。海洋中还蕴藏着丰富的矿产资源，尤以滨海矿产最为丰富。海洋能是指海洋通过各种物理过程接收、储存和散发能量，这些能量以潮汐、波浪、温度差、离岸风等形式存在（史丹和刘佳骏，2013）。广西海域能源主要包括海洋油气资源、滨海矿产资源和海洋能资源三大类，见图 7-1。

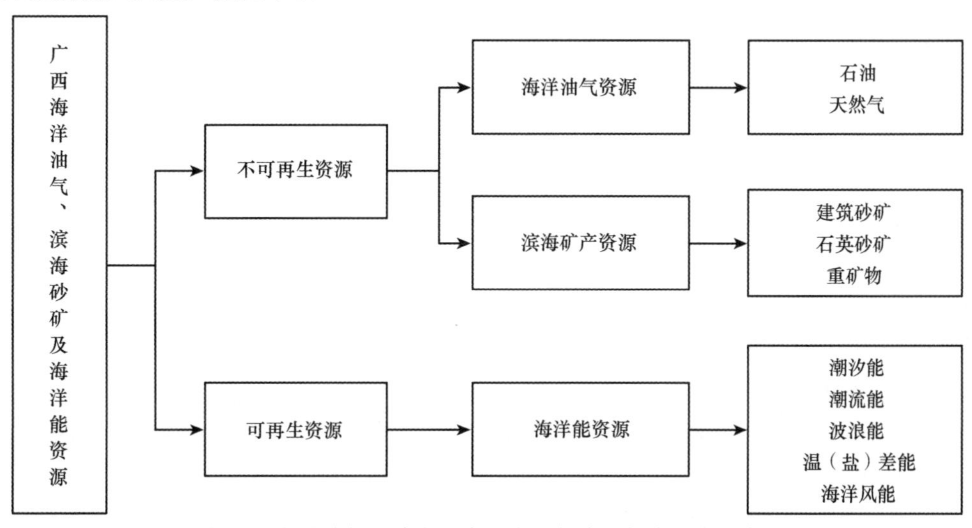

图 7-1　海洋油气、滨海矿产及海洋能资源概念分类示意图

7.1.2 评价内容与评价原则

7.1.2.1 评价内容

本研究从实物量、经济价值和开发潜力 3 个方面对广西海洋油气、滨海矿产和海洋能资源进行评价。通过对广西海洋油气资源、滨海矿产资源和海洋能资源的分布、储量及它们的经济价值与开发潜力进行分析，为广西海洋油气、滨海矿产和海洋能资源的高效、绿色开发利用及科学管理决策提供依据，为推动广西海洋经济的可持续发展提供保障。

1）实物量评价

通过对广西海洋油气、滨海矿产和海洋能资源的地理分布位置、地质情况及资源储量进行客观评价，准确客观反映广西海洋能源资源的基本储备情况，是进行资源勘查与开采及价值量估算和开发潜力评价的重要前提。

2）经济价值评估

通过对海洋油气资源和海洋能资源进行经济价值评估，以货币化形式反映海洋能源资源的价值，是海洋油气资源勘探开发决策或石油企业制定发展规划，以及分析开发利用海洋可再生能源项目可行性的重要基础，可为政府投资和管理海洋能源开发项目提供科学依据。

3）开发潜力评价

资源所处的空间地理位置、地质条件及经济技术条件不同，其开发潜力也不同。通过对海洋油气资源和海洋能资源的开发潜力进行分析，对油气资源和海洋能资源是否具备开发利用的条件，是否具有获取经济效益、社会效益和环境效益的能力进行衡量，从而为海洋能源资源勘探开发利用和发展规划、决策提供重要依据。

7.1.2.2 评价原则

对广西海洋油气、滨海矿产和海洋能资源的综合评价主要依据以下原则。

1）科学性原则

对海洋油气、滨海矿产和海洋能资源的评价要以事实为依据，以科学理论为指导，要符合客观实际，反映事物的本质和内在规律。通过定性和定量分析对广西海洋油气、滨海矿产和海洋能资源的分布、储量及开发潜力等核心内容，做出科学的解释和评价。

2）简明性原则

在对海洋油气、滨海矿产和海洋能资源选取评价指标时，要选择概括性强、信息量大、资料获取容易的主要指标进行评价，指标应力求简单明了并具有代表性，能对海洋油气、滨海矿产和海洋能资源的某一方面特征进行准确反映。

3）实用性原则

对海洋油气、滨海矿产和海洋能资源评价时，所选评价指标含义要明确、易于理解，数据要规范，资料收集要可靠，应充分考虑数据获取和指标量化的难易程度，尽量利用统计部门现有的公开资料，以利于指标体系的运用和掌握。

4）准确性原则

对海洋油气、滨海矿产和海洋能资源评价时，数据要准确并易于获取，数据时效性要好，在数据发生变化时能及时发现并及时更新数据。在评价时尽可能实际、系统、全面地评价，通过数据定量或半定量地评价，尽可能减少主观色彩、个性色彩。

5）综合性原则

对海洋油气、滨海矿产和海洋能资源评价时要综合考虑经济、社会、环境和资源等多领域因素，使评价指标尽可能全面覆盖可持续性评价的各个方面，同时也要避免指标的重复和相互包含。

7.1.3　评价数据来源与技术路线

7.1.3.1　数据来源

广西海洋油气资源和海洋能资源数据来源于历年《广西统计年鉴》《中国海洋统计年鉴》和孟宪伟、张创智编著的《广西壮族自治区海洋环境资源基本现状》。滨海矿产资源的评价充分利用了广西“908 专项”中“海岸带调查”专题、“重点港湾大比例尺测绘及沉积动力学研究”专题和国家“908 专项”中“区块近岸底质调查”专题取得的广西近海沉积物粒度分析和碎屑矿物鉴定成果，对广西近海的建筑矿产、石英矿产和重矿物资源进行评价。南海油气盆地资源储量数据主要来源于国土资源部油气资源战略研究中心等编著、中国大地出版社出版的《新一轮全国油气资源评价》。中国石油化工集团有限公司（简称“中石化”）、中国海洋石油集团有限公司（简称“中海油”）、中国石油天然气股份有限公司（简称“中石油”）三大石油公司桶油成本数据来自中国石油集团经济技术研究院发布的《2012 年国内外油气行业发展报告》及其他公开出版刊物。

7.1.3.2　技术路线

技术路线如图 7-2 所示。

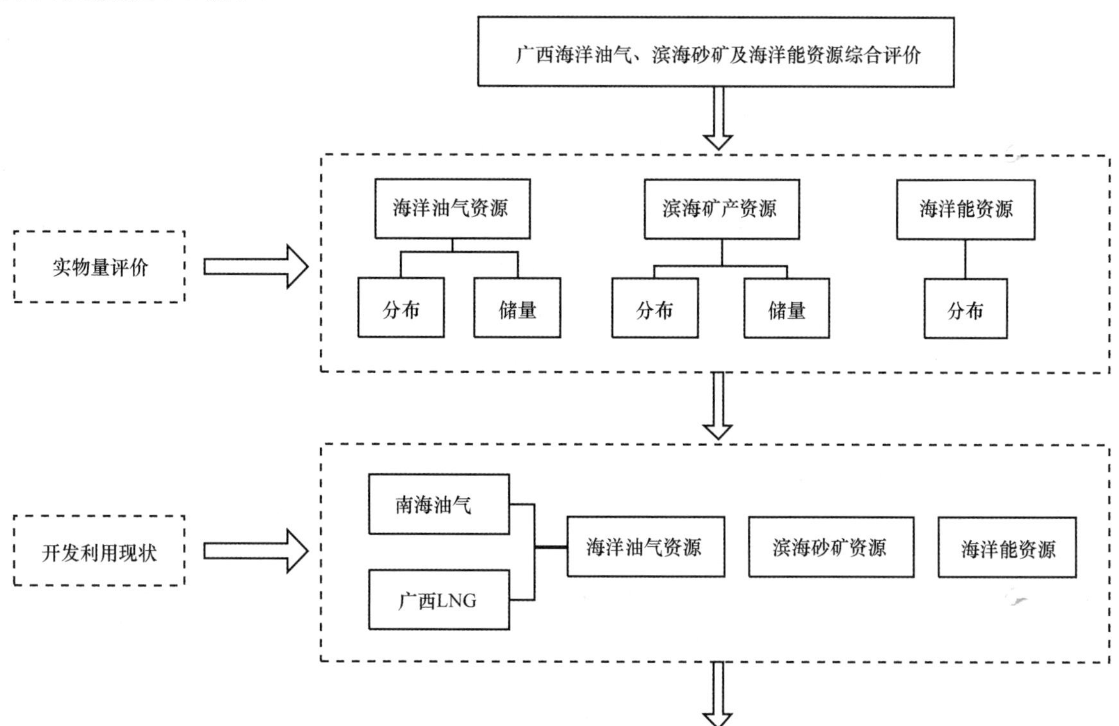

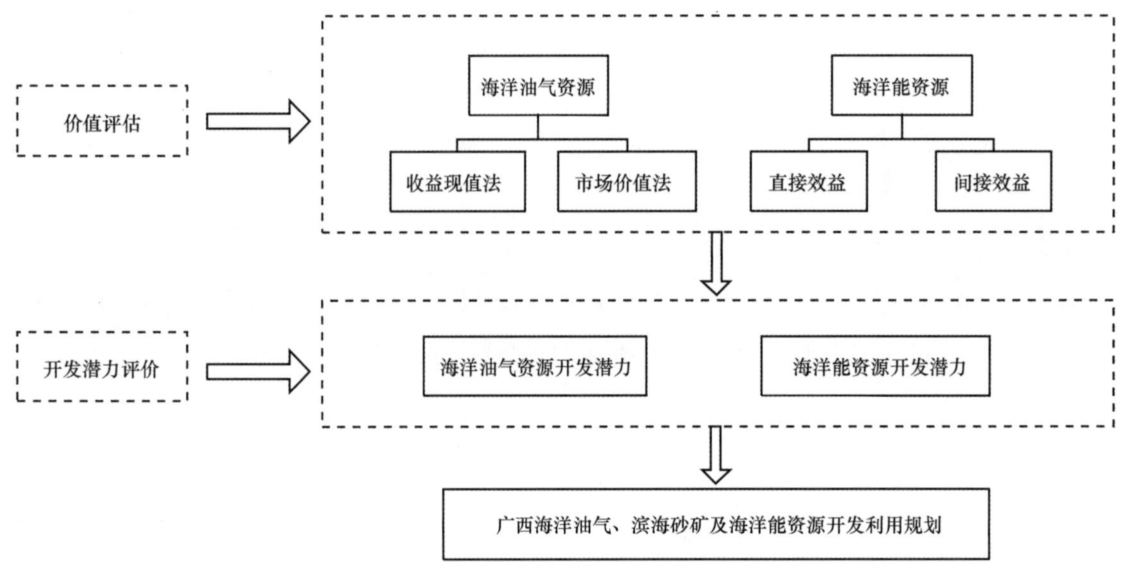

图 7-2　广西海洋油气、滨海矿产及海洋能资源综合评价技术路线图

7.2　广西海洋油气、滨海矿产及海洋能资源的实物量评价

对海洋油气、滨海矿产和海洋能资源进行实物量评价是制定海洋能源资源政策与规划、勘查与开采、交易与管理的重要前提。为更好地对海洋油气资源储量进行评估，需要对资源储量的相关概念进行界定。资源储量可分为已探明储量和未探明储量。已探明储量是利用现有的技术条件，对资源位置、数量和质量已明确的储量。它又分为可开采储量和待开采储量，分别为在目前的经济技术水平下有开采价值的资源储量，以及储量虽已探明但由于经济技术条件的限制，尚不具备开采价值的资源储量。未探明储量是指目前尚未探明，但可以根据科学理论推测其存在或应当存在的资源储量。资源蕴藏量等于已探明储量和未探明储量之和，是指地球上所有资源储量的总和（王芳，2000）。如无特殊说明，文中海洋油气资源数据均为已探明储量。

7.2.1　海洋油气资源实物量评价

广西石油储量主要集中分布在北部湾的涠洲 10-3、10-3N、11-4、12-1、12-8 等油田，这些油田的石油储量约占广西石油储量的 91.5%，只有 8.5% 的石油分布在陆上的百色市上法、那坤、田东等油田。天然气主要分布在百色市、北部湾地区，占全国总量的 0.14%（黄朝关和李志红，2001）。北部湾盆地是我国沿海六大含油盆地之一，具有良好的生储油条件，油气资源蕴藏量丰富，在 108°E 以东分布有我国两个重要的含油气沉积盆地，即湾东部的北部湾盆地和湾口的莺歌海盆地。

1）北部湾盆地

北部湾盆地位于南海北部湾海城东北端，还包括了雷州半岛南部及海南岛北部澄迈—安定以北的部分陆地，海域面积为 380 万 hm^2，盆地面积达 200 万 hm^2，平均沉积厚度为 3km，已发现圈闭 41 个。海底地形平坦，水深小于 60m，具有良好的勘探开发条件。北部湾盆地具备深湖相暗色泥岩的古近系流沙港组烃源岩、砂岩和碳酸盐岩两类储集层、两套区域性盖层及发育有新生古储、自生自储及下生上储三种类型的成油组合，一源多流。北部湾盆地储油层发育且分布较广，是含油潜力丰富的盆地，其有良好的油气地质条件（王芳，2000）。

北部湾盆地石油资源主要分布在新生界，深度主要为浅层，其次为中深层，在深层和超深层也有少量分布，资源品位为常规油，地理环境为浅水。天然气资源主要分布在新生界，深度主要为浅层，其次为中深层，在深层和超深层也有少量分布，地理环境为浅水（夏登文等，2013）。

2）莺歌海盆地

莺歌海盆地位于我国海南岛与越南之间的海域，占据了北部湾的主要部位，总体呈北西-南东走向的长锥状，长约 750km，宽 200km，海域面积近 1300 万 hm^2。盆地主体部位水深在 100m 左右，面积为 586 万 hm^2。主要为古近系地层，有 8 个二级构造和 2 个礁块带。盆地内沉积了巨厚的古近系，平均厚度为 4.7km，已发现圈闭 31 个。除了有较理想的烃类物质，持续快速沉降、高温、深层高压和较多的局部圈闭是该盆地的四个主要特征。莺歌海盆地的天然气主要分布在中央凹陷，层系主要为新生界，深度主要是浅层和中深层，深层也有部分分布，地理环境为浅水（北京飞燕石化环保科技发展有限公司，2011）。

北部湾盆地含油盆地面积为 3.2 万 km^2，已发现油田 5 个、含油构造 5 个、含气构造 3 个，油气总资源量为石油 15.07 亿 t、天然气 0.72 亿 m^3［《广西海洋事业发展规划纲要（2011—2015 年）》显示，北部湾盆地预测资源量为 22.59 亿 t，其中石油资源量为 16.7 亿 t，天然气（伴生气）资源量为 1457 亿 m^3］。其中，涠西南油气田面积为 3760km^2，石油资源量为 4 亿 t，已探明石油地质储量为 7965 亿 t，涠洲 10-3 油田占一半，另一半在涠洲 11-4 油田。

另据贺佩（2012）的研究可知，北部湾盆地自开展石油地质勘探以来，先后在涠西南凹陷、海中凹陷和乌石凹陷发现一系列的油气田和含油构造，至 2010 年底发现油气田 18 个（包含涠洲 14-2 气田），其中涠西南凹陷 17 个，北部湾盆地石油探明地质储量约为 2.08 亿 t、天然气探明地质储量为 243.6 亿 m^3。储量主要集中在涠西南凹陷，该凹陷石油探明地质储量约为 2.00 亿 t、天然气探明地质储量为 234.85 亿 m^3，分别占北部湾盆地的 96.2% 和 96.4%（表 7-1）。

表 7-1　北部湾盆地和涠西南凹陷油气探明地质储量

探明地质储量	北部湾盆地	涠西南凹陷
石油（亿 t）	2.082 584	2.003 297（96.2%）
天然气（亿 m^3）	243.6	234.85（96.4%）

注：括号中的数据为涠西南凹陷探明储量的占比

《全国油气矿产储量通报》2004～2010 年的数据显示，2004～2010 年，北部湾盆地涠西南凹陷新发现油藏和含油气构造 16 个，发现了涠洲 10-3、涠洲 11-4、涠洲 11-7、涠洲 12-2 等一系列油田，新增石油探明储量 8799.97 万 t。

2014 年 6 月中海油湛江分公司涠洲岛终端负责人廖宏越表示，中海油当时在涠洲岛附近海域设有四大油气田项目，4 个油田全部已投产，原油平均处理能力约 4.75 万桶油当量。连同涠洲岛在内，当时中海油湛江分公司在南海西部已开发建设 13 个油田及 4 个气田，拥有 4 个陆上终端设备及 28 座海上平台。当地原油资源量估计约 25 万 t，天然气约 2.7 万亿 m^3。

目前，北部湾盆地的石油、天然气资源勘探程度较低，随着勘探程度的进一步加深，北部湾盆地的油气资源储量还有望增加。

7.2.2　滨海矿产资源实物量评价

7.2.2.1　*建筑矿产*

广西近海沉积物粒度分析和沉积物类型研究表明，广西近海砂质沉积物（S）主要分布于潮间带和近岸海底，特别是在南流江三角洲、北海—英罗湾近岸海底和雷州半岛以西海底呈大面积分布，总面积为 291 355hm^2；粉砂质砂质沉积物（TS）主要分布于南流江三角洲以外、雷州半岛以西及涠洲岛周边，总面积为 174 976hm^2。

沉积物轻矿物分析表明，广西近海富含石英、钾长石和斜长石矿物（含量＞ 80%）的沉积物主要分布于珍珠港湾、防城港湾、钦州湾、廉州湾和铁山港湾，其分布范围远远小于砂质沉积物分布范围，而且二者并非完全重合。依据滨海建筑矿产评价准则，将富含石英、钾长石和斜长石矿物的砂质沉积物分布区，即富含石英、钾长石和斜长石矿物的沉积物分布与砂质沉积物分布的重合区作为广西近海建筑矿产资源的靶区。如此确定的广西近海建筑矿产的潜在资源区主要分布于铁山港湾、钦州湾、防城港湾、珍珠港湾和南流江口两侧，总面积为134 312hm^2，潜在资源储量为1074.496Mt。其中防城港市建筑矿产资源分布面积为44 372hm^2，潜在资源储量为355.37Mt；钦州市建筑矿产资源面积为14 909hm^2，潜在资源储量为120.38Mt；北海市建筑矿产资源面积为75 031hm^2，潜在资源储量为598.746Mt（表7-2）。

表7-2 广西近海建筑矿产的主要分布

	分布面积（hm^2）	潜在资源储量（Mt）
防城港市	44 372	355.37
钦州市	14 909	120.38
北海市	75 031	598.746
合计	134 312	1 074.496

7.2.2.2 石英矿产

广西近海沉积物轻矿物中的石英含量达到90%以上的砂质沉积物集中分布于珍珠港湾和铁山港湾两地。其中，珍珠港湾石英矿产分布面积为7888hm^2，储量为63.104Mt；铁山港湾石英矿产分布面积为3725hm^2，储量为29.8Mt。

7.2.2.3 重矿物

在入海的岩石风化产物中，钛铁矿、锆石和电气石等金属矿物是常见的重矿物。

1）钛铁矿

广西近海钛铁矿的品位能达到边界品位的站位仅有1个，品位为10.041kg/m^3；Ⅰ级异常品位也仅有1个，品位为5.843kg/m^3；Ⅱ级异常品位有6个，其中最大品位为4.480kg/m^3，最小品位为2.515kg/m^3，平均品位为3.487kg/m^3。广西近海钛铁矿虽有广泛分布，但是品位较低，达不到工业品位，多为Ⅱ级异常品位。Ⅱ级异常品位主要分布于防城港以南企沙西南海域和钦州湾外围。

2）锆石

广西近海沉积物中的锆石均未达到工业品位，达到边界品位的站位也仅有3个；而Ⅰ级异常品位、Ⅱ级异常品位的站位则较多，分别有12个和30个（表7-3）。

表7-3 广西近海锆石品位异常统计表

品位类型	工业品位	边界品位	Ⅰ级异常品位	Ⅱ级异常品位
品位变化（kg/m^3）	2.0	1.00	0.50	0.25
样品数量	0	3	12	30
占总样品数比例（%）	0	6.67	26.67	66.67
品位最大值（kg/m^3）	—	1.760	0.949	0.495
品位最小值（kg/m^3）	—	1.453	0.503	0.254
品位平均值（kg/m^3）	—	1.597	0.667	0.341

资料来源：孟宪伟和张创智（2014），本研究有修改

广西近海锆石品位区域分布与钛铁矿相似，主要分布于各大港湾的外围。防城港南面海域、大风江南面海域、铁山港外南面海域及北海港均分布有Ⅱ级异常品位区。锆石Ⅰ级异常品位区分布在北海港外。

3）电气石

广西近海电气石品位异常站位有39个，仅占所有站位数的13.88%，品位变化范围为0.246～1.428kg/m^3，

品位平均值为 0.535kg/m³（表 7-4），可见电气石在广西近海的成矿前景较差。

表 7-4　电气石品位异常统计表

品位类型	Ⅰ	Ⅱ	Ⅲ	Ⅳ	Ⅴ
品位变化范围（kg/m³）	＞1	0.75～1	0.5～0.75	0.25～0.5	＜0.25
样品数量	2	5	8	24	242
占总样品数比例（%）	0.71	1.78	2.85	8.54	86.12
品位最大值（kg/m³）	1.428	0.996	0.684	0.48	0.246
品位最小值（kg/m³）	1.053	0.818	0.512	0.26	0.00
品位平均值（kg/m³）	1.24	0.932	0.595	0.36	0.079

资料来源：孟宪伟和张创智（2014）

广西近海电气石的分布以Ⅲ类品位异常区和Ⅳ类品位异常区为主，Ⅰ类品位异常和Ⅱ类品位异常站位分别只有 2 个和 5 个，且分布较散无法构成异常区；Ⅳ类电气石品位异常区主要分布于北海港及铁山港南面海域；Ⅲ类品位异常区出现在铁山港南面海域。

7.2.3　海洋能资源实物量评价

广西海洋可再生能源包括潮汐能、潮流能、波浪能、温（盐）差能和海洋风能。由于受水文环境的制约，不同类型能源的潜力存在显著差别。

7.2.3.1　潮汐能

广西是我国沿海潮汐能资源坝址较多的省（区），潮汐能资源多分布于大风江口以西的钦州市和防城港市防城区沿海地区。该地区潮汐能资源开发条件尚好，有一定的开发利用价值。

广西沿海平均潮差为 2～3m，岛屿周围海域潮差略小。按 10m 等深线以浅的海域面积进行潮汐能计算得出，潮汐能平均功率密度为 745kW/km²。广西潮汐能主要分布在钦州湾内、果子山、龙门等区域，平均功率密度可达 900kW/km² 以上，另外，铁山港的石头埠区平均功率密度近 1000kW/km²。

广西潮汐能理论装机容量为 39.53×10^4kW，理论年发电量为约 34.61×10^8kW·h；技术装机容量为 35.15×10^4kW，技术年发电量为约 9.66×10^8kW·h，仅占全国海洋潮汐能的 1.54%（表 7-5）。

表 7-5　广西潮汐能蕴藏量和技术可开发量统计表

站址名称	地址	潮差（m）		技术可开发量		蕴藏量	
		平均	最大	装机容量（$\times10^4$kW）	年发电量（$\times10^8$kW·h）	装机容量（$\times10^4$kW）	年发电量（$\times10^8$kW·h）
珍珠港	防城港市	2.35	—	4.72	1.298	5.31	4.6491
防城港	防城港市	2.35	5.05	3.43	0.9429	3.86	3.3773
企沙港	防城港市	2.35	—	0.17	0.0459	0.19	0.1644
榄埠	防城港市	2.49	5.49	0.13	0.036	0.15	0.1291
扫把坪	防城港市	2.49	5.49	0.11	0.0297	0.12	0.1064
火筒径	防城港市	2.49	5.49	1.16	0.3187	1.30	1.1415
龙门港	钦州市	2.49	—	9.00	2.4755	10.13	8.8669
金鼓	钦州市	2.49	—	0.81	0.2221	0.91	0.7956
犀牛脚	钦州市	2.49	5.49	0.10	0.0275	0.11	0.0985
大风江	钦州市	2.49	—	3.58	0.9845	4.03	3.5264
北海港	北海市	2.49	—	3.29	0.9046	3.70	3.2401
白虎头	北海市	2.49	5.36	0.08	0.0206	0.08	0.0737
西村	北海市	2.49	5.36	0.33	0.0901	0.37	0.3228

续表

站址名称	地址	潮差（m）		技术可开发量		蕴藏量	
		平均	最大	装机容量（×10^4kW）	年发电量（×10^8kW·h）	装机容量（×10^4kW）	年发电量（×10^8kW·h）
白龙	北海市	2.49	5.36	0.18	0.0497	0.20	0.178
铁山港	北海市	2.52	—	6.28	1.726	7.06	6.1823
沙田	北海市	2.52	6.41	1.78	0.4906	2.01	1.7571
合计		—	—	35.15	9.6624	39.53	34.6092

资料来源：孟宪伟和张创智（2014）

7.2.3.2 潮流能

广西潮流蕴藏量很低，为2×10^4kW，仅占全国的0.24%；水道（岬）有4条，仅占全国的4%。潮流资源主要分布于大风江口以西几个湾口和水道处，但其最大流速偏小，功率密度不高，且滩宽水浅，海底底质为淤泥底，开发利用价值较小。

7.2.3.3 波浪能

广西波浪能理论装机容量为15.26×10^4kW，理论年发电量为13.27×10^8kW·h；技术装机容量为8.11×10^4kW，技术年发电量为7.10×10^8kW·h。广西波浪能资源贫乏，沿岸平均波高均在0.4m左右，最大波高小于5m。近岸大部分海域波浪能功率密度小于1kW/m^2，仅涠洲岛外海波浪能功率密度稍大。该区波浪能资源开发利用价值很小。

7.2.3.4 盐差能

广西南流江盐差能理论装机容量为39×10^4kW，理论年发电量为34.2×10^8kW·h；技术装机容量为3.9×10^4kW，技术年发电量为3.4×10^8kW·h，仅占全国的0.34%。年平均最大功率为58.1×10^4kW，年平均最小功率为12.6×10^4kW。盐差能功率的季节变化明显，夏季功率最大，达77.3×10^4kW；春、秋季次之，为34.1×10^4kW；冬季最小，仅12.3×10^4kW。

7.2.3.5 海洋风能

广西海洋风能资源总蕴藏量为4741.9×10^4kW，技术可开发量为2970.5×10^4kW，居全国第7位。广西风能丰富区占北部湾总海域面积的41.5%。由于北部湾水深较浅、海浪较小，因此，有利于海洋风能开发利用。

7.3 广西海洋油气、滨海矿产及海洋能资源开发利用现状

广西北部湾油气资源储量丰富，海洋能开发市场广阔，梳理分析海洋油气资源、滨海矿产资源和海洋能资源的开发利用现状，可以有效推进海洋能源的开发利用和管理。

7.3.1 海洋油气资源开发利用现状

7.3.1.1 南海油气资源开发利用现状

广西南临南海，而南海素有"第二个波斯湾"之称，油气资源极其丰富，被称为世界四大油气资源富集海域之一，不仅为世界诸多国家所持续关注，还是能源开发与能源安全的焦点。广西北部湾位于南海西北部，梳理分析南海油气资源开发利用现状，有利于广西发挥地缘优势，规划建设海底管道，把中海油在北部湾海域和南海海域油气田生产的石油与天然气引入广西，为广西工业和经济社会的持续健康发展提供能源动力。

1）南海油气资源现状

综合相关数据，在南海断续线内沉积盆地面积为 5810 万 hm^2，已发现 350 个油气田或含油气构造。南海中南部均位于争议区，占中国断续线内面积的 71%，面积达 14 190 万 hm^2（李国强，2014）。由于勘探不足，各方对南海油气资源储量的评估数据有所不同。根据海南省有关专家估计，南海主要盆地的油气资源储量为 707.8 亿 t 当量，其中石油储量为 291.9 亿 t，探明可采总储量为 20 亿 t；天然气储量为 58 万亿 m^3，探明可采储量为 4 万亿 m^3（表 7-6）（潘建纲，2002）。美国能源信息署 2013 年 2 月 7 日在其官网上发布的《中国南海油气资源评估报告》认为，南海的石油储量约为 110 亿桶，天然气储量（探明及可能储量）约为 190 万亿 ft^3（约为 5.38 万亿 m^3），并称南海是油气（尤其是天然气）的重要潜在开发区。

表 7-6 南海油气资源储量

指标	地质储量	探明可采储量
石油（亿 t）	291.9	20
天然气（万亿 m^3）	58	4

数据来源：潘建纲（2002）

南海北靠中国，东临菲律宾，南接马来西亚和文莱，西至越南，是西北太平洋的边缘海之一，也是亚洲最大的半封闭海。南海海域分布有 37 个油气盆地，油气盆地面积约 12 800 万 hm^2，占南海海域面积的 36.5%。按油气盆地所处的地理位置，可以划分为南海北部盆地和南海中南部盆地（刘振湖，2005）。南海北部盆地主要包括 5 个大型沉积盆地：北部湾盆地、莺歌海盆地、琼东南盆地、珠江口盆地和台西南盆地。南海中南部盆地主要包括中建南盆地、沥安盆地、南薇西盆地、南薇东盆地、北康盆地、曾母盆地、文莱—沙巴盆地、南沙海槽盆地、礼乐盆地、西北巴拉望盆地等（国土资源部油气资源战略研究中心，2008）。

南海中南部海域资源量比较丰富，石油远景资源量为 201.44 亿 t，地质资源量为 130.09 亿 t，可采资源量为 42.86 亿 t；天然气远景资源量约为 14.33 万亿 m^3，地质资源量约为 8.84 万亿 m^3，可采资源量约为 5.45 万亿 m^3（国土资源部油气资源战略研究中心，2009）。《新一轮全国油气资源评价》对南海中南部海域 14 个盆地的油气资源量进行了评价，这些盆地位于我国传统疆域内的资源量结果见表 7-7。

表 7-7 南海中南部海域油气资源量

含油盆地	石油资源量（亿 t）			天然气资源量（亿 m^3）		
	远景资源量	地质资源量	可采资源量	远景资源量	地质资源量	可采资源量
沥安	25.54	16.31	5.88	15 772.09	9 551.09	5 990.00
南薇西	13.21	8.43	2.18	4 523.30	2 976.32	1 726.27
南薇东	1.09	0.69	0.18	484.38	278.52	161.54
北康	22.10	13.82	3.59	16 170.00	9 889.00	5 735.62
曾母	51.38	33.51	12.06	70 636.68	43 130.61	27 117.94
南沙海槽	2.51	1.53	0.40	1 508.61	905.17	525.00
文莱—沙巴	32.27	21.63	8.15	5 973.89	3 982.59	2 548.86
礼乐	8.16	5.24	1.61	5 618.00	3 427.00	2 024.91
西北巴拉望	6.85	4.42	1.59	6 789.99	4 073.99	2 566.62
永暑	0.42	0.27	0.07	201.00	141.00	81.78
九章	0.45	0.28	0.07	190.23	125.23	72.64
安渡北	1.15	0.73	0.19	406.40	270.94	157.14
笔架南	6.60	4.17	1.08	3 765.86	2 364.96	1 371.68
中建南	29.71	19.06	5.81	11 236.03	7 233.65	4 370.60
合计	201.44	130.09	42.86	143 276.46	88 350.07	54 468.60

数据来源：国土资源部油气资源战略研究中心（2009）

我国传统疆域内石油地质资源量为130.09亿t，天然气地质资源量约为8.84万亿m^3。其中，周边国家已经开发的油气田区内的石油地质资源量为17.9亿t，天然气地质资源量约为1.71万亿m^3；已招标和拟招标区内的石油地质资源量为67.59亿t，天然气地质资源量约为4.76万亿m^3。其余海域的石油地质资源量为44.6亿t，天然气地质资源量约为2.37万亿m^3，主要分布在中建南、北康、南薇西、笔架南、礼乐等盆地超过1km水深的海域。

2）我国对南海油气资源的勘探开发

在南海海域，我国近海油气田的开发已具有一定规模，其中有涠洲油田、东方气田、崖城气田、文昌油田、惠州油田、流花油气田、陆丰油田和西江油田等，但更为广阔的南海深水海域仍尚待开发。根据中国海洋石油集团有限公司官网发展历程数据整理得到我国在南海海域已勘探及投产油气田的情况，如表7-8所示。

表7-8 我国在南海海域已勘探投产油气田的情况

油气田名称	地理位置	已勘探及投产油气田
流花油气田	香港东南190km海域	流花11-1油田、流花4-1油田，流花29-1气田、流花19-5气田、流花34-2气田
涠洲油田	南海北部海域北部湾盆地	涠洲10-3、涠洲10-3N、涠洲11-4、涠洲11-7、涠洲12-1、涠洲12-2、涠洲12-8、涠洲6-1、涠洲11-1、涠洲11-2、涠洲6-9/6-10、涠洲12-8西油田
番禺油田	珠江口盆地15/34区块	番禺4-2、番禺5-1、番禺10-2、番禺10-5、番禺10-8、番禺11-5、番禺34-1/35-1/35-2油田
陆丰油田	南海珠江口盆地	陆丰13-1、陆丰13-2油田，陆丰15-1、陆丰14-4含油气构造
惠州油田	南海珠江口盆地	惠州21-1、惠州26-1、惠州32-2、惠州32-3、惠州19-2、惠州19-3、惠州25-3、惠州32-5、惠州26-1N、惠州25-8油田、西江24-3油田、西江24-1区联合开发项目、惠州19-1油田，惠州21-1气田
文昌油田	南海北部海域珠江口盆地	文昌19-1、文昌15-1、文昌14-3、文昌8-3、文昌19-1北、文昌8-3东、文昌13-6油田
荔湾气田	香港东南300km海上	荔湾3-1
陵水气田	琼东南盆地深水区的陵水凹陷	陵水17-2千亿立方米储量大气田
东方气田	南海北部湾莺歌海盆地	东方1-1、东方13-2

数据来源：中国海洋石油集团有限公司官网发展历程数据

流花油气田群位于香港东南190km海域，1996年3月流花11-1油田投产，2007年8月成功复产。流花4-1油田、流花19-5气田、流花34-2气田和流花29-1气田分别于2012年12月、2014年1月、2014年2月、2021年1月投产。

涠洲油田群位于南海北部海域北部湾盆地，包括涠洲10-3、涠洲10-3N、涠洲11-4、涠洲11-7、涠洲12-1、涠洲12-2、涠洲12-8等一系列油田。2003年12月中海油宣布获得涠洲11-1北-1的油气地质发现，2007年5月涠洲11-1油田正式投产。2005年3月发现涠洲6-10-1油田，2006年11月涠洲6-1油田投产。2012年10月涠洲11-2和涠洲6-9/6-10油田投产。2013年10月涠洲12-8西油田投产。

番禺油田群位于珠江口盆地15/34区块，番禺4-2油田和番禺5-1油田于2003年10月投产。2012年12月番禺4-2/5-1油田调整项目成功投产。2014年7月番禺10-2/5/8项目投产，该项目包括番禺10-2、番禺10-5和番禺10-8共3个油田。番禺34-1/35-1/35-2项目于2014年投产。2016年4月番禺11-5油田投产。

陆丰13-1油田位于南海珠江口盆地16/06合同区块中部，于1990年投入开发建设。2011年12月陆丰13-2油田开发调整项目投产。2012年8月中海油宣布获得陆丰15-1勘探新发现，于2012年钻探了陆丰15-1-2井。2014年11月陆丰14-4含油气构造勘探成功。

惠州油田群位于南海珠江口盆地，由惠州21-1、惠州26-1、惠州32-2、惠州32-3、惠州19-2、惠州19-3、惠州25-3及水下井口惠州32-5、惠州26-1N等油田形成。2013年12月，16/08区块惠州油田正式回归自营，16/19区块惠州油田作业权也一并移交给中海油。2014年11月惠州25-8油田、西江24-3油田、西江24-1区联合开发项目投产。惠州19-1油田和惠州21-1气田分别于2016年2月和2016年4月投产。

文昌油田群位于南海北部海域珠江口盆地，主要由文昌19-1、文昌15-1、文昌14-3、文昌8-3、文昌

19-1 北和文昌 8-3 东 6 个油田构成。2013 年 10 月文昌 19-1 北油田成功投产，2014 年 8 月文昌 13-6 油田投产。

位于香港东南 300km 海上的荔湾天然气项目由荔湾 3-1 气田、流花 34-2 气田和流花 29-1 气田组成，是中国第一个真正意义上的深水油气田，在 2014 年 3 月开始天然气生产。

中海油公布的中国海域 2012 年第二批可供外国公司进行合作的区块中，中海油招标的大部分区块在南海，推出的 26 个区块包括南海东部 18 个区块、南海西部 4 个区块。2014 年国务院印发的《能源发展战略行动计划（2014—2020 年）》提出，计划在南海海域建一个千万吨级大油田。

目前，我国对南海油气的勘探开发利用主要呈现如下 4 个趋势。

Ⅰ. 勘探开发区域由南海北部向南海中南部扩展

2011 年及以前中国在南海的油气开发作业基本上集中于南海北部湾靠近大陆架的浅水区域，如北部近海的莺歌海盆地、北部湾盆地、珠江口盆地及琼东南盆地，中国在 17°N 以南的南海海域尚没有开发活动（黄少婉，2015）。2004 年 7 月，国土资源部发放南海海域勘探许可证，允许中石油勘探和开采 18 个位于南海南部海域的包括南沙群岛地区的深海区块。2005 年，中海油调整了南海战略，计划在此后 5 年向深海推进，为开发南海南部海域做准备，并加大南海海洋石油勘探开发建设投资及利用外资的规模。根据中海油公布的在南海的石油招标区块，2012 年在南海的石油招标取得突破，所公布的第一批招标区块位于南海中南部。

Ⅱ. 勘探开发由浅水向深水跨越

中国在南海的勘探开发海域过去都在 300m 以内，近年来，中国加快了南海深水油气勘探和开发的步伐，在南海深水区开展的一系列油气勘探活动获得了重大突破。2006 年 4 月，在南海东部海域珠江口盆地 29/26 区块水深 1500m 的地方，成功钻探了荔湾 3-1 井大型深海天然气田，预测地质储量达到 1000 亿～1500 亿 m^3。自此，荔湾气田成为中国海上最大的天然气田，荔湾气田的发现拉开了南海深水勘探开发的序幕，标志着中海油的作业领域实现了由浅水向深水的跨越。

以“海洋石油 981”深水半潜式钻井平台、“海洋石油 720”深水地球物理勘探船、“海洋石油 201”大型深水铺管船为主的中国版“深海舰队”也已初具规模（康霖等，2016），中国对南海深水油气的开发能力将大幅提升。2011 年，中国首座自主设计、建造的第六代深水半潜式钻井平台“海洋石油 981”顺利完工，最大作业水深 3000m，钻井深度逾 1 万 m，为中国在南海深水的油气资源勘探开发奠定了坚实的技术基础。2014 年“海洋石油 981”平台赴南海西沙群岛中建岛附近海域进行油气勘探，顺利完成了第一阶段工作，获得了相关地质数据，并发现油气显示（广西壮族自治区环境保护科学研究院，2011）。

Ⅲ. 对外合作招标，开展国际合作

中海油等中方企业通过与国际能源巨头合作，与美、英、法等 10 多个国家的 40 多家石油公司签署协议，共同对南海海域进行勘探开发，不断加大在南海的勘探与开发力度，取得了一系列重大突破。并相继发现了荔湾 3-1、流花 34-2、流花 29-1 等大型气田。2009 年 12 月，在距离荔湾 3-1 气田东北方向仅 23km 处发现了流花 34-2 气田，该井的完钻井深达 3.449km，海域水深约 1.145km。在钻杆测试中，流花 34-2 气田可日产天然气 5500 万 ft^3。2010 年 2 月，在距离荔湾 3-1 气田东北方向 43km、距离流花 34-2 气田东北方向 20km 处钻获流花 29-1 气田，该井的完钻井深达 3.331km，海域水深约 720m。流花 29-1 井共钻遇总厚度达 70m 的净气层。在钻杆测试中，该井可日产天然气 161.4 万 m^3（何小超等，2011）。

2012 年 6 月，中海油宣布在南海地区对外开放 9 个水深为 300～4000m 的海上区块（其中 7 个区块位于中建南盆地，2 个区块位于沥安盆地与南薇西盆地部分区域），供与外国公司进行合作勘探开发，这是中国第一次公布位于南海南部的油气招标区块。

Ⅳ. 坚持“主权属我，搁置争议，共同开发”

为维护南海地区的和平稳定，解决南海争端，中国提出了“主权属我，搁置争议，共同开发”的主张。2004 年中海油与菲律宾国家石油公司在部分争议区签订了合作勘探开发南海石油的协议，拉开了共同开发南海石油的序幕。2005 年 3 月，中国、菲律宾、越南三国国家石油公司签署《在南中国海协议区三方联合海洋地震工作协议》，第一次就合作共同开发南海资源达成共识。然而，由于菲律宾方面的原因，该协议在第一期执行完毕后即被迫中止。2013 年 10 月，中海油与文莱国家石油公司签署了建立合营公司的协议，双方将共同进行海上油气资源的开发、勘探和开采。

7.3.1.2 广西石化产业发展现状

根据国家统计局及广西统计局公布的数据，广西天然气开采和自产极少，仅有的陆上开采只有田阳县极少量的浅层“鸡窝气”（肖世艳和李冠霖，2012），由于数量极少，都没有纳入广西统计局和国家统计局的统计口径。事实上，广西北部湾区域有海上油气田生产天然气，但由中海油管辖和掌控，在各级统计口径里不属于广西生产，也不归广西使用。虽然广西天然气严重不能自给，但可喜的是，国家北部湾大开发的战略扶持给广西引入了两条“气龙”，即西气东输二线广州—南宁支线和中缅天然气管道贵阳—贵港段。此外，建成北部湾三大港口的 3 个液化天然气接收站，给广西增添了多个天然气气源。

1）广西引进 LNG 的战略意义

液化天然气（liquefied natural gas，LNG）是世界上公认的清洁能源天然气。其制造过程是先将气田生产的天然气净化处理，经一连串超低温液化后，利用液化天然气船运送。LNG 在接收站汽化后进入干线管道，进而被输送到气管网、燃气电厂或工业企业，这是目前中国沿海已建成 LNG 接收站进口 LNG 的主要流向，成为沿海城市主供气源之一，弥补国内能源供应的不足。

Ⅰ. 改善油气资源的短缺，实现沿海与陆地安全稳定的多气源供应格局

从自产的角度分析可知，广西天然气资源严重先天不足。天然气在一次能源消费结构中占的比例，国际平均水平为 25% 左右，而中国还不到 8%，广西则更低（0.8%）（梁金禄，2013）。广西大力推进天然气管网建设，布局 LNG 接收站来保障多气源联动供气，可以弥补石油资源的不足，大幅度降低石油对外依存度，将有效改善广西油气资源的短缺局面，与国产气、陆上进口管道气互为补充，形成多气源供应格局，实现能源多元化，保障能源安全，为广西工业和经济社会的持续健康发展提供能源动力。

Ⅱ. 减少环境污染，降低环保压力，实现绿色发展

与石油相比，LNG 的价格相对低廉，而且便于运输，可以在产地被冷冻成液体送到各地（张耀光等，2010）；同时液化天然气的使用大大减少了氮氧化物、二氧化硫、大气悬浮颗粒等污染物的排放，对空气污染非常小，而且放出的热量大，所以 LNG 是一种比较先进的清洁能源。由于 LNG 的高效、廉价、低碳和环保特点，广西扩大 LNG 的利用可以降低燃煤发电比例，减少环境污染，提高环境质量。

2）广西引进 LNG 的建设现状

Ⅰ. 西气东输二线广州—南宁支线

该气源主要来自中亚天然气管道和新疆、陕西等沿途气田的天然气，在广西经过梧州、贵港和南宁 3 个分输站，管径为 1016mm，供气压力为 10MPa，每小时输气量达到 10 万 m^3。

Ⅱ. 中缅天然气管道贵阳—贵港段

中缅天然气管道气源主要是从缅甸海上气田引进的天然气，干线起自缅甸西海岸皎漂，从云南瑞丽市入境，终点到达广西贵港市。其中贵阳—贵港段在广西经过河池市、来宾市，最后到达贵港市，与广南主干线对接汇合。河池支线已于 2011 年 12 月开工建设，2013 年 5 月中缅天然气管道广西段全线建成通气。

Ⅲ. LNG 接收站气源供应

LNG 接收特别适用于沿海有深港码头的城市，广西北部湾三大港口城市群均有在建 LNG 接收站（表 7-9，表 7-10），这些 LNG 接收站配套建有气化站，铺设外输管道，可以与其他分支线和城市燃气管道并网供气。

表 7-9 广西近期重大港口 LNG 接收项目

项目名称	所处港口	投产时间	供气量（万 m^3）	
			初期	远期
中石化广西北海 LNG 项目	铁山港	2015 年	300	500
中石油广西钦州 LNG 项目	钦州港	2015 年	300	500
中海油广西防城港 LNG 储运中心	防城港	2014 年	60	100

表 7-10 铁山港 LNG 接收项目支线概况

支线名称	输气压力（MPa）	支线长度（km）
玉林支线	10	137.7
防城港支线	10	70.44
桂林支线	10	172.37
柳州支线	10	35.0
贵港支线	10	50.0

注：沿线设置 18 座工艺站场，50 座自动截断阀室

广西北海铁山港 LNG 接收站于 2015 年建成投产，供气能力达每年 40.5 亿 m^3（北京飞燕石化环保科技发展有限公司，2011）。该接收站气源来自澳大利亚的 LNG，并且中石化与澳大利亚供应方签订了 20 年的长期供货合同。规划到 2020 年，该接收站供气能力每年高达 80.97 亿 m^3，并建设外输管道通往周边地区，这极大地保障了广西天然气的供应。中石油已在钦州港建设 LNG 接收站，解决将来中缅天然气管道的应急调峰问题。中海油投资建设广西防城港市 LNG 储运中心，一期建设两台 2 万 m^3 储罐，二期再增加一台 16 万 m^3 储罐，主要供应汽车、渔船等“油改气”工程加注站。广西北部湾全部三大港口 LNG 接收站建成投产后，将会缓解广西天然气匮乏的局面。

除中海油外，新奥集团于 2006 年投资 3.5 亿元在涠洲岛建设了两期液化天然气项目，日处理能力约 48 万 m^3。

7.3.2 滨海矿产资源开发利用现状

滨海矿产资源具有重要的工业价值和经济价值，而且比较容易开采。建筑行业的发展和沿海城市围、填海工程的启动，大大增加了市场对海砂的需求。广西滨海矿产资源开发利用主要集中于对建筑矿产和石英矿产的开采使用。广西近海沉积物钛铁矿虽有广泛分布，但是品位较低，达不到工业品位；锆石和电气石也均未达到工业品位。据 2009 年和 2012 年《中国海洋统计年鉴》统计，2007 年广西沿海地区海洋矿业产量为 1 266 456t，2008 年为 887 998t，2009 年为 564 820t，2010 年为 250 000t，2011 年为 260 000t。

从目前收集的海域使用资料来看，通过国家海洋局审批用海的海砂开采项目位于钦州市茅尾海海域及北海市铁山港矿区（表 7-11）。

表 7-11 广西海砂开采用海项目

公司名称		海域位置	砂源种类	资源储量
已审批项目	钦州紫金矿业集团股份有限公司	茅尾海海域	细中砂 中砂	663 万 m^3
	北海市南海洋石英砂有限公司	铁山港矿区	石英砂	286 万 t
论证中海砂开采项目		钦州湾南侧海域	中粗砂	1748 万 m^3
		铁山港高沙头石英矿产区	石英砂	1448.488 万 t

（1）2013 年 7 月钦州紫金矿业集团股份有限公司获批在茅尾海海域开采海砂，用海面积为 108.0870hm^2，用海类型为海砂开采，用海期限为 2 年。如表 7-11 所示，项目所在海域砂源种类主要为细中

砂和中砂，可作建筑用砂，砂源储量为663万m^3，评估基础储量约为530万m^3。区域砂层埋藏较浅，年采砂强度为265万m^3。

（2）铁山港矿区内仅北海市南海洋石英砂有限公司曾进行局部开采。2006年广西北海水文工程矿产地质勘察研究院核实北海市南海洋石英砂有限公司石英矿产资源储量，核定在其采矿许可证开采区范围33.33hm^{2}内，所开采的Ⅲ级矿层厚度为5.2m，矿石体重为1.65t/m^3，资源储量为286万t（表7-11）。该矿区自2006年开采至2011年，据统计，至2010年末，该矿区矿产层厚度由5.2m调整为12.94m，核定采矿区累计查明资源储量712万t，累计消耗储量121.4万t，其中消耗静态储量31.8万t、消耗动态储量89.6万t，保有资源储量680.2万t。2010年海砂沉积速度大于开采速度，储量损益–18.6万t。

正在论证的海砂开采用海申请项目于钦州市和北海市各一处，分别如下。

（1）钦州湾南侧海域，距钦州市约55km，东北距钦州港三墩30万t油码头约6.2km，东侧2.3km为钦州港东航道，西侧3.2km为钦州港西航道，并与防城港市企沙镇隔海相望。南侧和西侧与禁锚地相邻，距离分别约100m和215～220m。区块出让海域使用权，用海类型为矿产开采用海，初始拟出让海域使用权期限为3年。优化后海砂开采钦州港三墩区为南北纵向四边形，面积约为236.5250hm^2，四边分别为12段长2996m、23段长708m、34段长3160m、41段长861m。优化后采砂区块海域砂层平均厚度为7.4m，以中粗砂为主。经勘查，海砂资源储量为1748万m^3（表7-11），评估基础储量约为1311万m^3。初步估算年均可开采436万m^{3}海砂，最大控制日采砂量约3万m^3。

（2）北海市铁山港高沙头石英矿产区是我国主要石英砂产地之一，已查明资源量1.2亿t，潜在资源量数亿吨。根据矿产主要化学成分的含量、玻璃工业的要求，确定矿产工业类型为Ⅰ类、品级为Ⅲ级。根据北海市海洋局的《北海市铁山港高沙头石英矿产区资源储量地质测量报告》（2013年12月），经估算，截至2013年12月9日，北海市铁山港高沙头石英矿产区在标高–15.60m（当地高程）以上范围内，面积为66.6187hm^2，推断的资源储量为1448.488万t（表7-11），预计年均开采量为75万t。

7.3.3 海洋能资源开发利用现状

我国大陆沿岸和海岛附近海洋能储量丰富、品位高，开发潜力巨大，是我国未来可再生能源开发的重点区域。海洋能资源作为一种储量大、可再生的清洁能源，20世纪70年代起受到了沿海各国的广泛关注。开发利用海洋能是缓解我国沿海能源短缺问题并实现节能减排以应对气候变化的重要途径。

7.3.3.1 我国海洋能资源开发利用现状

目前，我国海洋能的开发利用中潮汐能利用技术相对成熟，在潮汐能应用方面取得了巨大成就。波浪能、潮流能正在进行关键技术研究，并取得了一定的突破。我国盐差能和温差能等的研究涉及较少，尚处于实验室原理试验阶段，关键技术亟待突破。

1）潮汐能

我国沿岸潮汐能资源主要集中在东海沿岸。福建、浙江沿岸的能量密度和电站水库地质条件最好，其次是辽东半岛南岸、山东半岛南岸北侧和广西东部（马龙等，2013）。我国潮汐发电技术相对成熟，我国对潮汐能的利用开始于20世纪50年代，曾经建设76座潮汐电站，在80年代运行的有8座（王传崑等，1989），目前浙江温岭的江厦站、浙江玉环的海山潮汐电站和山东乳山的白沙口潮汐电站在运行，其中江厦潮汐试验电站是最大的一个，总装机容量为3200kW（刘富铀等，2007）。

2）波浪能

我国波浪能丰富的地区主要集中于广东、台湾、浙江和福建沿海。我国波浪能发电研究开始于1978年，相关成果有：额定功率为20kW的岸基式广州珠江口大万山岛电站；额定功率为8kW采用摆式波浪发电装置的小麦岛电站；额定功率为100kW的广州汕尾岸式波浪实验电站；青岛大管岛30kW摆式波浪实验电站；“十五”期间投资的广州汕尾电站，2005年1月成功实现将不稳定波浪能转化为稳定电能（蒋秋飚等，2008）。

3）潮流能

我国潮流能资源分布于浙江、台湾、福建、山东等沿岸地区。我国较为系统的潮流能研究开始于 1982 年，进入 21 世纪以后，哈尔滨工业大学、东北师范大学和浙江大学先后开展了潮流能发电研究。2002 年，哈尔滨工业大学自行设计建造了我国第一座 70kW 的潮流实验电站；2005 年国家“863 计划”的 40kW 潮流能发电实验电站在浙江岱山县建成并发电成功；2005 年，在“863 计划”海洋监测技术主题的支持下，东北师范大学研制成功放置于海底的低流速潮流发电机；2006 年 4 月，由浙江大学研制的 5kW、叶轮半径为 1m 的“水下风车”在浙江岱山县发电成功。

4）温差能

我国温差能 90% 分布于南海，储量丰富，我国温差能的研究与开发起步较晚，尚处于实验室原理试验阶段。20 世纪 80 年代初，中国科学院广州能源研究所、中国海洋大学和国家海洋局海洋技术中心研究所等单位开始研究温差能发电。1986 年广州能源研究所研制完成开式温差能转换试验模拟装置，1989 年又完成了雾滴提升循环实验研究，并建造了两座容量分别为 10W 和 60W 的实验台。2004～2005 年，天津大学完成了对混合式海洋温差能利用系统理论研究课题。2008 年，国家海洋局第一海洋研究所承担了“十一五”科技支撑计划——“15 千瓦海洋温差能关键技术与设备的研制”。

5）盐差能

盐差能集中分布于长江口和珠江口，1989 年，广州能源研究所对开式循环过程进行了实验室研究。目前这项研究仍处在基础理论研究阶段，尚未开展能量转换技术的实验。

6）近海风能

海上风电具有风资源持续稳定、风速高、发电量大、不占用土地资源等特点，我国风能资源具有巨大的开发潜力。海上风电建设工作已经起步。广东汕头市的南澳岛充分利用海洋风能，1991 年至 2014 年累计装机 129 台、总装机容量 56 640kW，成为亚洲最大的海岛风电场；2010 年上海东海大桥 10 万 kW 海上风电示范项目顺利完成 240h 预验收考核，上海东海大桥 10 万 kW 海上风电示范项目是全球欧洲之外第一个海上风电并网项目，也是中国第一个国家海上风电示范项目。

7.3.3.2　广西海洋能资源开发利用现状

广西沿海地区可利用的风能和潮汐能资源丰富，海洋能源的总储量达 92 万 kW。白龙尾半岛附近为沿海的风能丰富区，年平均有效风能达 1253kW·h/m^2，涠洲岛附近海域年均有效风能为 811kW·h/m^2。可开发利用的潮汐能源有 38.7 万 kW，可建设 10 个以上风力发电场和 30 个潮汐能发电点，发展潜力大（广西壮族自治区海洋和渔业厅，2013）。与全国其他沿海省（区、市）相比，除潮汐能、海洋风能外，广西其他海洋可再生能源相对贫乏，波浪能、温差能和盐差能开发利用价值很小。

1）潮汐能

广西是我国沿海潮汐能资源坝址较多的省（区），潮汐能资源多分布于大风江口以西的钦州市和防城港市防城区沿海地区。广西潮汐能资源开发条件尚好，有一定开发利用价值。潮汐能开发在广西已迈开步伐，广西于 1977 年初曾在钦州市果子山建成一座小型的实验性潮汐电站，仅运行到 1983 年年中就停止了运行，现其蓄水库已被改为虾塘，但为潮汐能的开发利用提供了理论和实践的经验。广西已计划在北海白虎头安装 1000kW 小型潮汐发电站，前景可观。

广西海岸共有潮汐站址 16 个，其中北海市有 6 个，分别位于北海港、白虎头、西村、白龙、铁山港和沙田；钦州市有 4 个，分别位于龙门港、金鼓、犀牛脚和大风江；防城港市有 6 个，分别位于珍珠港、防城港、企沙港、榄埠、扫把坪和火筒径。在潮汐能电站站址中，钦州市的龙门港、北海市的铁山港和防城港市的珍珠港是较有开发潜力的潮汐能电站站址。

2）海洋风能

广西北部湾水深较浅、海浪较小，有利于海洋风能开发利用。目前，广西已着手进行海上风电场的选址，2008 年在广西海洋功能规划中划定了 150 个风电场规划范围。2010 年国家出台海上风电开发建设的实施细则后，广西加强了海上风电资源的统计。广西在海上风电场选址过程中做了一个地理信息系统的制约地图，充分考虑风能资源的分布特点与规律，以及灾害性的天气、海洋功能规划等因素。广西对开发海洋风电面临的风险和对策进行了相关研究，同时提出海上风电可成为石化产业及旅游业的配套等开发建议（王斯伟，2014）。由华电广西能源有限公司开发的“广西壮族自治区北海市合浦西场潮间带风电项目（20 万 kW）”已列入全国海上风电开发项目（2014～2016 年），目前据北海市海洋局相关人员称，该项目建设计划业已搁置，启动时间未知。

7.4 广西海洋油气和海洋能资源经济价值评估

7.4.1 海洋油气资源经济价值评估

油气资源是石油工业发展的基础，具有巨大的经济价值。油气资源的自然条件、地质条件、技术经济条件的不同会导致经济价值不同，因此，在进行油气资源勘探开发决策或制定石油企业发展规划时，必须对油气资源进行经济价值评估。

7.4.1.1 海洋油气资源经济价值评估：超额收益现值法

影响油气资源经济价值的因素主要包括油气资源的勘探地质因素、地理因素、经济因素、资源属性、技术进步。为油气资源的勘探、石油企业的发展提供开发决策和规划的依据时，对油气资源经济价值评估的方法包括直接市场法、地（矿）租法、勘查费用法、重置成本法、比较销售法、超额收益现值法等。基于评估方法的合理性和可操作性，参考罗东坤和俞云柯（2002）的研究成果，选择超额收益现值法对油气资源的经济价值进行评估。超额收益现值法的基本公式为

$$\mathrm{NVP}=\sum_{i=0}^{n}\left(C_1-C_0\right)_t\left(1+i_0\right)^{-t} \tag{7-1}$$

式中，NVP 为油气资源的经济价值；C_1 为油气资源勘探开发期间的现金流入；C_0 为油气资源勘探开发期间的现金流出；$(C_1-C_0)_t$ 为第 t 年的净现金流量；t 为油气资源投资方案的寿命期，且 t=1, 2, …, n 年；i_0 为基准折现率；$(1+i_0)^{-t}$ 为第 t 年的折现系数。

油气资源的现金流入主要包括油气开发上产期、稳产期和递减期的销售收入，以及油气田废弃时固定资产残值回收和流动现金回收。油气销售收入为油气价格和销售量的乘积。销售量由探明储量的规模、采油速度和原油商品率决定。

油气资源的现金流出主要包括勘探工程投资、产能建设中的钻井工程投资和地面工程投资、流动资金、经营成本和税费（增值税、营业税、城市建设维护税、教育附加税、资源税、所得税等）。技术进步对油气资源勘探开发有主要影响，对提高油气资源的经济寿命、作业效率、生产成本、采油速度、采收率有积极影响，因此在经济价值评估中加入技术进步的考虑更具有合理性。

超额收益现值法对油气资源的经济价值进行评估是着眼于未来的评估方法，它主要考虑资产的未来收益和货币的时间价值，评估的结果是储量交易或区块转让定价的基础，也是油气资源管理的重要依据。在进行油气资源勘探开发投资决策时，应用超额收益现值法得出的资产价值能够较真实、较准确地反映企业投资油气资源勘探项目的收益，为油气资源的勘探开发和石油企业的发展规划提供依据。

但超额收益现值法预期收益额的预测难度较大，受较强的主观判断和未来收益不可预见因素的影响，数据难以获得，而且一般适用于企业整体资产和可预测未来收益的单项资产评估。因此，在评估广西海洋油气资源经济价值时选择了直接市场法进行简单计算。

7.4.1.2　海洋油气资源经济价值评估：直接市场法

直接市场法以海洋资源交易和转让过程中所形成的价格来评估资源价值，适用于水产、土地、矿产资源等。在市场经济条件下，任何生产要素（公共产品除外）都是通过市场供需来体现其价值的，价格法既适合整体自然资源价值的评估，又适合个体自然资源价值的评估，即以自然资源交易和转让市场中所形成的自然资源价格来推定评估自然资源的价值（忻海平，2008）。使用直接市场法要满足三个前提：①存在可比的矿产资源，这里的可比指的是储量、品位、成分等具有相似性；②所要评估的海洋资源具有一个相对公开公平的市场；③在评估过程中，能够收集到近期交易数据。对于石油、矿产等矿产资源，其地域性对价值影响不大，并且具有公开的市场，交易大量发生，可以采用直接市场法（李保婵，2015）。因此，海洋石油、天然气资源价值评估可采用直接市场法。

直接市场法是依据资源储量、单位采出量价值和资源回收率评估资源价值，计算公式如下：

$$P=P_e\times Q\times r \tag{7-2}$$

式中，P 表示资源价值；P_e 表示资源单位采出量价值；Q 表示资源储量；r 表示资源回收率。

对于资源单位采出量价值，计算公式如下：

$$P_e=F-C \tag{7-3}$$

式中，F 表示资源单位市场价格；C 表示资源单位开采成本（吴姗姗和刘容子，2008）。

结合公式（7-2）和公式（7-3）得到石油资源存量价值评估公式：

$$P=(F-C)\times Q\times r \tag{7-4}$$

由于资料的限制，本研究不进行天然气价值量核算，只对石油资源价值量进行核算。$Q\times r$ 表示石油储量乘以石油的回收率，即为石油的技术可采储量，是依靠现在工业技术条件的可能采出量，但未经过经济评价的可采储量。剩余可采储量是指一个油气田藏投入开发并达到某一开发阶段时，可采储量减去该阶段累计采出油气量的剩余值。

石油的常用衡量单位“桶”为一个容量单位，具体为 159L。因为各地出产的石油的密度不尽相同，所以一桶石油的重量也不尽相同。一般地，1t 石油约有 8 桶。

据国际能源机构 2008 年的估算，世界各地的石油开采价格相差很大，这取决于油田的位置和开采效率。由表 7-12 可以看出，2005～2011 年国内三大公司桶油成本上升幅度较大，主要原因是折旧费和税费增幅较大。一是折旧、折耗和摊销增加了 6～10 美元/桶，主要受供应商服务及原材料价格持续上涨、老油田进入开采后期、新投产项目在高成本环境下建造等因素影响。二是桶油税费增加 16 美元/桶以上。目前，国内石油公司大部分油田桶油成本已超过 40 美元，加上国有石油石化企业现仍承担维护矿区社会和谐稳定任务，每年负担着本应由公共财政支付的数百亿元社会性支出，实际上油田企业生产成本增加更多。成本上升大大压缩了石油开采企业的利润。本研究计算中石油开采成本选取 2011 年国内三大石油公司的平均成本，即 46.67 美元/桶。

表 7-12　我国三大石油公司桶油成本（含特别收益金）　　（单位：美元/桶）

年份	2005	2006	2011
中石油	11.29	17.44	42.42
中石化	15.62	21.35	52.04
中海油	12.76	17.77	45.56
平均	13.22	18.85	46.67

数据来源：中国石油集团经济技术研究院（2013）

注：桶油成本=操作费+折旧费+勘探费用+弃置费+所得税外的其他税金

石油价格复杂多变，全球化、多元化的石油市场具有高度不确定性，石油价格不仅随石油供求关系的变化而不断波动，还由于石油本身的特殊性受到其他诸多不确定性因素的影响，如受政治、经济、军事突发事件、OPEC 石油政策、美元汇率、石油库存和石油期货市场投机等的影响（刘志斌等，2009）。由于石油价格波动较大且变化复杂，因此本研究计算中选择2013年布伦特原油现货价格。据了解，2013年布伦特原油现货价格在100～120美元/桶波动，全年均价为108.66美元/桶（参考《2013年国内外油气行业发展报告》）。

1）北部湾盆地石油资源存量价值评估

北部湾盆地石油资源储量为15.07亿t，石油探明地质储量约为2.08亿t，合16.64亿桶，根据公式（7-4），计算得到北部湾盆地的海洋石油资源价值，约为1031.5136亿美元。

2）广西剩余技术可采储石油资源价值评估

储量是指在地层原始条件下的油气量，而可采储量是指在现代工艺技术条件下，能从地下储层中采出的那一部分油气量。剩余技术可采储量是指依靠现在的工业技术条件可能采出，但未经过经济评价的可采储量减去累计采出油量的剩余值。在计算广西石油价值量时，以国家统计局公布的广西历年石油剩余技术可采储量进行评估，广西2013年石油剩余技术可采储量为135.27万t，合1082.16万桶，根据公式（7-4），计算得到2013年广西的海洋石油资源价值，约为6.7083亿美元（表7-13）。

表7-13　2009～2013年广西剩余技术可采储石油资源价值

年份	剩余技术可采储量（万t）	石油资源价值（亿美元）
2009	181.70	9.010 866
2010	146.41	7.260 765
2011	142.88	7.085 705
2012	139.00	6.893 288
2013	135.27	6.708 310

数据来源：《中国统计年鉴》

石油资源作为不可再生能源，受资源总量、开采条件及技术水平的影响，勘探总体程度逐步加深，油气藏类型逐渐复杂，资源品质日趋变化，勘探难度也越来越大，广西剩余技术可采储石油资源价值在2009～2013年呈逐年下降的趋势，并且会一直下降下去，直至枯竭。因此，合理开发利用石油资源是当今海洋经济发展中的一项重要任务。而北部湾盆地石油资源经济价值巨大（表7-14），广西剩余可采储石油资源价值仅占北部湾盆地探明石油资源价值的6‰，要加大对北部湾盆地油气的勘探开发力度并合理利用，为广西经济发展提供持续动力。

表7-14　北部湾盆地和广西石油资源价值

	北部湾盆地（探明地质储量）	广西（剩余技术可采储量）	差额
石油储量（亿t）	2.08	0.013 527	2.066 473
石油桶数（亿桶）	16.64	0.108 216	16.531 784
石油资源价值（亿美元）	1 031.513 6	6.708 310	1 024.805 3

7.4.2　海洋能资源经济价值评估

海洋能开发项目投资规模大，投资回收期长，直接经济效益不明显，影响了社会对海洋能经济价值的判断，从而影响了投资者的行为和地方政府对区域经济增长点的选择。评估海洋可再生能源的社会经济效益，将货币化的发电效益和环境效益放在社会大环境中，是分析开发利用海洋可再生能源项目社会经济可行性的技术前提，也为地方政府鼓励海洋能项目的投资和管理提供科学依据。

7.4.2.1　海洋能资源开发利用经济价值

海洋能资源开发利用的经济效益包括直接经济效益和间接环境及生态效益。海洋能资源开发利用的经济效益评价指标体系见表7-15。

表 7-15　海洋能资源开发利用的经济效益评价指标体系

一级指标	二级指标
直接经济效益（A_1）	发电经济效益（B_1）
间接环境及生态效益（A_2）	替代煤炭的能源收益（B_2）
	污染物减排收益（B_3）
	温室气体减排收益（B_4）

1）直接经济效益

直接经济效益是指海洋能发电项目本身产生的项目产出物的经济价值，即直接发电经济效益（B_1），计算公式为

$$I=(p\times q)\sum_{i=1}^{n}\frac{1}{(1+r)^i} \tag{7-5}$$

式中，I 为运营期总发电收入；n 为海洋能发电站建设及运营年限；i 为电站建设及运营期间的某一年；p 为上网影子电价；q 为上网电量；$p\times q$ 为运营期某一年发电效益；r 为社会收益率。

2）间接环境及生态效益

间接收益是指海洋能发电项目为社会做出的，但在直接效益中未得到反映的那部分环境及生态效益。海洋能作为一种清洁能源，对其开发和利用是对传统能源的一种替代，可以有效地避免传统火力发电产生的过多的二氧化碳、二氧化硫等问题，被替代的煤电的环境外部成本和燃煤发电温室气体排放成本，就是海洋能电站的环境收益。海洋能发电的间接环境及生态收益（A_2）包括替代煤炭的能源收益（B_2）、污染物减排收益（B_3）和温室气体减排收益（B_4）。

Ⅰ. 替代煤炭的能源收益（B_2）

由于海洋可再生能源发电的开发和利用是对传统能源的一种替代，相对于火力发电来说节约了煤炭资源，因此火力发电的煤炭成本可以作为评估海洋可再生能源发电站环境收益的一部分，采用直接市场法评估得到。

替代煤炭的能源收益的计算公式为

$$b_2=P_c\times Q_c \tag{7-6}$$

式中，b_2 为替代煤炭的能源年收益，单位为元；P_c 为标准煤的价格，单位为元/tce；Q_c 为每年节约的标煤量，单位为 tce。

Ⅱ. 污染物减排收益（B_3）

海洋可再生能源作为一种清洁能源，对其开发和利用在节约了一次化石能源的同时也避免了燃煤所造成的环境损害，可节省治污费用。因此，把治污费用作为间接环境及生态效益的一部分。一般来说，火力发电的污染物主要有 SO_2、NO_x、CO_2、CO、粉煤灰、炉渣和悬浮颗粒物（TSP）等。其中 SO_2 是常规火力电厂的首要污染物，是形成酸雨的主要因素，其次是 NO_x。

对于污染物完全排放的企业来说，其环境成本可依据污染物的环境损害标准和污染物的排放量直接求出，计算公式为

$$b_3=\sum_{i=1}^{n}V_{ei}\times Q_i \tag{7-7}$$

对于采用技术和设备减少污染物排放的企业，如脱硫电厂，其环境成本应是实际排放污染物的费用和脱硫成本之和，污染物减排收益计算公式为

$$b_3=\sum_{i=1}^{n}V_{ei}\times Q_i+V \tag{7-8}$$

式中，b_3 为污染物减排年收益，单位为元；V_{ei} 为第 i 项污染物的环境价值标准，单位为元/kg；n 为污染物总数；Q_i 为第 i 项污染物的排放量，单位为 kg；V 为污染物减排所付出的成本费用，单位为元。

Ⅲ. 温室气体减排收益（B_4）

减少的二氧化碳排放量可以通过清洁发展机制（clean development mechanism，CDM）或者碳交易市场进行交易，从而可以获得减排收益。碳交易的市场价格可间接作为温室气体减排收益的计算标准。

温室气体减排收益的计算公式为

$$b_4=P_g\times Q_g \tag{7-9}$$

式中，b_4 为温室气体减排年收益，单位为元；P_g 为碳交易市场价格，单位为元/t；Q_g 为温室气体年减排量，单位为 t。

所以海洋能发电的间接环境及生态收益计算公式为

$$A_2 = B_2 + B_3 + B_4 = \sum_{t=1}^{n} \frac{b_2 + b_3 + b_4}{(1+r)^t} \tag{7-10}$$

式中，b_2 为替代煤炭的能源年收益，单位为元；b_3 为污染物减排年收益，单位为元；b_4 为温室气体减排年收益，单位为元；r 为社会收益率。

将海洋能发电项目的直接经济效益和间接环境及生态效益相加，即得到海洋能资源的经济价值，进而分析开发利用海洋能项目的社会经济可行性，为地方政府对海洋能项目的投资和管理提供科学依据。

7.4.2.2 海洋能资源开发利用成本

尽管海洋能资源的开发利用具有直接经济效益和不可忽视的间接环境及生态效益，但不可否认，其开发利用还面临一些难题有待攻克，特别是投资成本问题。海洋能资源开发利用成本一般包括直接成本和间接成本。

1）直接成本

海洋能电站建设总投资（不含流动资金）包括建设投资和建设期利息两部分。建设投资包括建筑工程费、机电设备购置费和安装费、金属结构设备购置费和安装费、临时工程费、其他费用及预备费。建设期利息为银行贷款和自筹资金等利息费用。

直接费用为电站建设完工后的经营维护成本，主要包括大修理费、保险费、职工工资及福利费、材料费、库区维护费及其他费用。

2）间接成本

间接成本是指由项目引起的在直接费用中未得到反映的那部分费用。海洋能电站项目的间接费用主要表现为对海洋生态环境的影响和对经济生产活动的影响，如海洋能发电项目施工期和运营期及库区建设期占用海域对海洋生态及养殖、航运等造成的不良影响。

生态成本指海洋能开发项目的建设对海洋生态、生物多样性的破坏。例如，潮汐电站大坝的建设会改变潮差、潮流、水温、水流流态、部分物理和化学参数，从而影响该区域生物的生存环境，影响生物资源存量及生物多样性。

养殖成本即库区建设后，水质的变化可能影响养殖收益。例如，建设潮汐电站会使电站周围的海水养殖面积减小，发电站挡潮坝的建设可能引起坝内水体分层加重，致使表层水和底层水的盐度差增大及海水的温度变化，从而影响鱼类的正常生存环境，有可能导致海水养殖产量下降或无法继续养殖，这将对库区周边海水养殖业产生严重影响。

港口航行成本是指海洋能电站建设拦潮大坝，改变原有船只通行航道，或者只能在规定的时间内开闸通行，造成船只绕航或等待开闸所产生的港口航行能力受限成本及港口吞吐量减小的损失。

一般来讲，短期内海洋能的经济性不如常规能源，以我国的潮汐能为例，从目前投资情况看，建设一座较大规模的潮汐电站，估计平均每千瓦投资 2 万～3 万元。相较而言，一座较大型火电站，平均每千瓦投资只有 4000～5000 元，潮汐电站投资比火电站投资高 5～6 倍，比风电站投资高 2～3 倍，比水电站投资高 3～4 倍。由此可见，仅从投资的角度看，海洋能开发的经济性比较差（罗国亮和职菲，2012）。

因此，在对海洋能资源开发利用项目进行可行性分析时，要综合考虑其开发成本和经济收益，不仅要看到其开发的高额经济投入，更要看到海洋能开发利用所带来的直接经济效益和间接环境及生态效益，将发电效益和环境效益放在社会大环境中，合理规划海洋能项目的开发和管理。

7.4.2.3　海洋能资源开发利用经济评价

1）经济内部收益率

经济内部收益率（EIRR）是反映海洋能建设项目对国民经济净贡献的相对指标，是建设项目在计算期内各年经济净效益流量的现值累计等于 0 时的折现率，计算公式为

$$\sum_{t=1}^{n}(B-C)_t(1+\mathrm{EIRR})^{-t}=0 \tag{7-11}$$

式中，B 为项目经济效益流量；C 为项目成本费用流量；$(B-C)_t$ 为第 t 年的经济净效益流量；n 为计算期。

项目经济效益流量包括运营期总的发电收入和替代煤炭的能源收益、污染物减排收益及温室气体减排收益。项目成本费用流量包括海洋能电站的直接建设投资、建设期利息费用、直接经营成本和由项目引起的生态环境成本、海水养殖成本和港口航行成本等。

在评价海洋能建设项目国民经济贡献能力时，如果经济内部收益率等于或者大于社会折现率，表明建设项目对于国民经济的净贡献超过了国民经济要求的水平，该建设项目从国民经济角度考虑是可以接受的，该项目的国民经济评价合理。

2）经济净现值

经济净现值是反映建设项目对国民经济贡献的绝对指标，是建设项目按照社会折现率将计算期内各年的经济净收益流量折现到建设初期的现值之和，计算公式为

$$\mathrm{ENPV}=\sum_{t=1}^{n}(B-C)_t(1+i_{\mathrm{s}})^{-t} \tag{7-12}$$

式中，i_{s} 为社会折现率。

在评价海洋能建设项目国民经济贡献能力时，如果经济净现值大于或等于 0，说明建设项目可以达到符合社会折现率的国民经济贡献水平，该建设项目从国民经济角度考虑是可行的。

3）效益费用比

效益费用比是海洋能建设项目在计算期内效益流量的现值与费用流量的现值之比，计算公式为

$$R_{BC}=\frac{\sum_{t=1}^{n}B_t(1+i_{\mathrm{s}})^{-t}}{\sum_{t=1}^{n}C_t(1+i_{\mathrm{s}})^{-t}} \tag{7-13}$$

经济效益费用比大于或等于 1，表明项目资源配置的经济效益达到了可以被接受的水平，说明该项目的国民经济评价可行。

因此，对开发利用海洋能资源项目进行可行性分析时，要综合考虑海洋能电站经济内部收益率、经济净现值和效益费用比 3 个评价指标。如果经济内部收益率等于或者大于社会折现率、经济净现值大于或等于 0，并且效益费用比大于或等于 1，则海洋能开发利用项目在经济上是合理的，具有可行性。

7.5　广西海洋油气和海洋能资源开发潜力评价

海洋能源资源的开发潜力是对海洋油气资源和海洋能资源是否具备开发利用条件进而获取经济效益、

社会效益和环境效益的能力的衡量。开发潜力不仅着眼于能源资源的本身经济价值和质量，还关注能源开发利用不可或缺的内、外部环境条件和开发效益等。

在能源消费量持续攀升和传统能源日趋紧缺的外部环境影响下，各个沿海国家都将目光聚焦到海洋能源资源的开发上，积极探寻与发展海洋能源资源、优化能源结构成为解决能源短缺和能源安全问题的重要途径。海洋能源资源因其所处的空间地理位置、地质条件及经济技术条件不同，开发潜力也不同。因此，海洋能源资源开发潜力的评价是海洋能源资源勘探开发利用和发展规划、决策的重要依据。

7.5.1 海洋油气资源开发潜力评价

7.5.1.1 评价指标构架

广西北部湾海域是石油、天然气的富集区。广西海洋油气资源开发潜力的评价指标，主要包括油气盆地的油气资源储量、自然地理条件及开采开发情况。广西海洋油气资源的开发潜力评价指标体系见表 7-16。

表 7-16 广西海洋油气资源开发潜力评价指标体系

一级指标	二级指标	三级指标	指标性质
油气资源储量 A_1	石油储量 B_1	远景资源量 C_1	正向
		地质资源量 C_2	正向
		可采资源量 C_3	正向
	天然气储量 B_2	远景资源量 C_4	正向
		地质资源量 C_5	正向
		可采资源量 C_6	正向
自然地理条件 A_2	油气盆地面积 B_3	油气盆地面积 C_7	正向
	油气地质条件 B_4	热流值 C_8	正向
		烃源岩有机碳含量 C_9	正向
开采开发情况 A_3	已开发情况 B_5	开发面积 C_{10}	负向
		开发石油地质资源量 C_{11}	负向
		开发天然气地质资源量 C_{12}	负向

油气盆地所具有的油气资源储量（A_1）是油气资源具有开发潜力的物质基础，是影响油气资源开发潜力最基本的因素，包括石油储量（B_1）和天然气储量（B_2），具体细分为石油的远景资源量（C_1）、地质资源量（C_2）、可采资源量（C_3）和天然气的远景资源量（C_4）、地质资源量（C_5）、可采资源量（C_6）。油气盆地的油气资源储量与油气资源开发潜力之间是正向关系。

石油、天然气远景资源量（C_1、C_4）：在油气区域勘探过程中，利用少量的、概略的地质、钻井、地球物理勘探、地球化学勘探等资料，根据现代油气生成、运移聚集和保存理论，统计或类比估算的尚未发现的油气资源量。

石油、天然气地质资源量（C_2、C_5）：是指经过地质勘探手段，查明埋藏在地下的资源量，根据区域地质测量、矿产分布规律或根据区域构造单元并结合已知矿产地的成矿规律进行预测的储量。是矿产资源储量中探明程度最差的一级储量。

石油、天然气可采资源量（C_3、C_6）：探明的经济基础储量的可采部分，是指对地质资源量进行经济有效性校正和预测采收率的校正后的所得。通过进行可行性研究，包括对开采、选冶、经济、市场、法律、环境、社会和政府因素的研究及相应的修改，证实其在计算的当时开采是经济的。

油气盆地的开发潜力受到油气盆地自然地理条件（A_2）的制约，包括油气盆地面积（B_3）和油气地质条件（B_4），油气地质条件具体包括热流值（C_8）和烃源岩有机碳含量（C_9）。

热流值（C_8）：指每秒钟从地下通过每平方厘米面积的地面所释放出的热，海底热流值不仅与地球的热活动有关，还是构造活动的一个指标。海底大地形是构造运动的直接反映，因此不同的海底地形单元有不同的热流值特征。

烃源岩有机碳含量（C_9）：烃源岩是一种能够产生或已经产生可移动烃类的岩石。烃源岩含有大量有机质（干酪根），有机碳指岩石中存在于有机质中的碳，通常用其占岩石质量的百分比来表示。C 元素一般占有机质的绝大部分，且含量相对稳定，故常用有机碳的含量来反映有机质的丰度。油气盆地面积、热流值和烃源岩有机碳含量与油气资源开发潜力是正向关系。

在海洋油气资源开发潜力评价中除了油气盆地的基本情况，还需要考虑已经对油气盆地开采开发的情况（A_3），主要包括开发面积（C_{10}）、开发石油地质资源量（C_{11}）、开发天然气地质资源量（C_{12}）。开发面积和石油、天然气的已开发地质资源量与油气资源开发潜力是负向关系。

7.5.1.2　评价指标无量纲化处理

由于不同的指标具有不同的量纲和单位，按照极差法进行标准化处理后得到无量纲化值，可以消除原始数据的数量级和单位量纲不同对评价结果造成的影响。根据指标的正负向性质对数据进行指标无量纲化处理，其处理方法为

$$x_i' = \frac{x_i - \min x_i}{\max x_i - \min x_i} \quad （具有正功效，指标 x_i 越大越好） \tag{7-14}$$

$$x_i' = \frac{\max x_i - x_i}{\max x_i - \min x_i} \quad （具有负功效，指标 x_i 越小越好） \tag{7-15}$$

7.5.1.3　评价指标权重确定

通过变异系数法求出各项指标的权重，其计算方法为

$$a_i = \frac{h_i}{\sum_{i=1}^{n} h_i} \tag{7-16}$$

$$h_i = \frac{\sigma_i}{\overline{X}} \tag{7-17}$$

式中，a_i 表示各项指标的权重；h_i 为第 i 项指标标准化后数据的变异系数；σ_i 为标准化后的标准差；$\overline{X}$ 为标准化后的平均数。

7.5.1.4　海洋油气资源开发潜力评价

油气盆地油气资源开发潜力受众多因素影响，因此本研究采用加权线性法对各指标数据进行综合分析，评价其开发潜力，评价公式如下：

$$X = \sum_{i=1}^{n} a_i X_i \tag{7-18}$$

式中，X 为油气资源开发潜力评价值；X_i 为各评价指标的标准化值；a_i 为各评价指标的权重值；n 为评价指标的个数。

根据权重和数据标准化结果，结合评价公式，可计算得到油气资源开发潜力。一般而言，石油和天然气储量丰富、盆地面积大，热流值和烃源岩有机碳含量高，且开发利用程度低的盆地具有良好的油气资源开发潜力。

将计算出的油气资源开发潜力评价值与表 7-17 中的评价范围对应，即可得到油气资源开发潜力的大小。因广西油气资源开发潜力评价相关指标数据难以获得，本研究仅给出油气资源开发潜力评价的基本方法。

表 7-17　油气资源开发潜力评价

开发潜力评价值	0.7 以上	0.5～0.7	0.3～0.5	0.3 以下
开发潜力	高	较高	较低	低

7.5.2 海洋能资源开发潜力评价

7.5.2.1 潮汐能

广西潮汐能资源多分布于大风江口以西的钦州市和防城港市防城区沿海地区，开发条件尚好，有一定开发利用价值。在全国沿海 181 个潮汐能电站开发潜力评价中，广西有 3 个站排在前 50 位，分别为钦州市的龙门港、北海市的铁山港和防城港市的珍珠港。排在第 50～100 位的有 6 个站，分别为钦州市的大风江和金鼓、北海市的北海港和沙田及防城港市的防城港和火筒径，其他站都排在 125 位及之后（表 7-18）。

表 7-18 广西潮汐能电站开发潜力排序

开发潜力排序	站址名称	所属市	技术可开发量（$\times10^4$kW）	环境影响模糊综合评价	社会经济影响模糊综合评价
28	龙门港	钦州市	9.002	3.1000	3.4251
37	铁山港	北海市	6.276	3.1649	3.4251
47	珍珠港	防城港市	4.720	3.2898	3.5462
52	大风江	钦州市	3.580	3.2128	3.1662
53	防城港	防城港市	3.429	3.1824	3.4251
54	北海港	北海市	3.289	3.0952	3.4251
71	沙田	北海市	1.784	3.2405	3.7673
83	火筒径	防城港市	1.159	3.2128	3.4251
96	金鼓	钦州市	0.808	3.1649	3.1886
125	西村	北海市	0.328	3.0862	3.4251
139	白龙	北海市	0.181	3.2744	3.4988
140	企沙港	防城港市	0.167	3.2128	3.6199
151	榄埠	防城港市	0.131	3.0995	3.1886
156	扫把坪	防城港市	0.108	3.2128	3.6199
160	犀牛脚	钦州市	0.100	3.1763	3.4988
167	白虎头	北海市	0.075	3.1142	3.5462

资料来源：孟宪伟和张创智（2014）

7.5.2.2 波浪能、海洋风能和河口盐差能

在全国 11 个沿海省（区、市）波浪能和海洋风能的开发潜力排名中，广西波浪能和海洋风能的开发潜力排名分别为第 10 位和第 7 位；南流江口盐差能的开发潜力在统计的全国 22 个河口中，位居第 15 位（表 7-19）。

表 7-19 广西沿海波浪能、海洋风能和河口盐差能的开发潜力排序

全国排序	能源类型	技术可开发量（$\times10^4$kW）	环境影响得分	社会经济效益得分
10	波浪能	8.11	3.2605	3.6846
7	海洋风能	2970.5	3.2605	3.6846
15	盐差能	3.9	3.2387	3.7943

资料来源：孟宪伟和张创智（2014）

北部湾水深较浅、海浪较小，因此，有利于海洋风能开发利用，开发潜力相对较大，而该区波浪能和盐差能开发利用价值很小。

与全国其他沿海省（区、市）相比，除潮汐能、海洋风能外，广西其他海洋可再生能源较贫乏。在潮汐能电站站址中，钦州市的龙门港、北海市的铁山港和防城港市的珍珠港是较有开发潜力的潮汐能电站站址。在未来开发利用海洋可再生能源规划中，应优先考虑潮汐能，其次为海洋风能。

7.6　广西海洋油气、滨海矿产及海洋能资源发展规划

海洋油气、滨海矿产及海洋能资源是人类社会发展必不可少的物质基础和来源。在传统能源日益匮乏、能源消费量持续增长和生态环境问题突出的背景下，积极开发利用深海油气资源和海洋可再生能源，优化能源结构，保障能源安全，已经成为大势所趋。为贯彻落实《能源发展战略行动计划（2014—2020 年）》，推动广西海洋能源的开发利用，必须加强全局谋划，明确今后一段时期广西海洋油气、滨海矿产及海洋能资源开发利用的总体方略和行动纲领，打造适合广西海洋能源发展的行动计划。

7.6.1　海洋油气资源发展规划

7.6.1.1　发展目标

加强深海油气资源勘探开发，提高能源自给能力，扩大石油储备规模，完善能源储备应急体系。优化能源结构，大力推进天然气管网建设、布局 LNG 接收站，提高天然气消费比重，推进能源绿色发展。加强国际合作，提升科技自主创新能力，提高能源产业核心竞争力，为广西经济发展提供持续动力。

7.6.1.2　发展任务

1）不断提高/加大海洋油气资源勘探水平/力度

加快北部湾海洋石油资源开发。按照以近养远、远近结合，自主开发与对外合作并举的方针，加强北部湾油气勘探开发，加强南海深水油气资源勘探开发形势跟踪分析，加大对海洋油气资源勘探项目资金的投入，推进广西北部湾海洋矿产勘探基金建设，不断提高/加大海洋油气资源勘探水平/力度，特别是加大资源评价和普查勘探力度，完善广西海洋油气资源的储量和开发利用状况等基础数据与资料。近年来，广西探区加强了油气资源勘探开发工作，广西油气立体勘探形势业已形成，展现了良好的发展前景。但与其丰富的资源量相比，因科学研究和技术开发的相对落后，资源勘探与开发力度需进一步加大。广西应充分发挥地缘优势，按照“近水楼台先得月”的就近原则，规划建设海底管道，把中海油在南海海域油气田生产的石油、天然气引入广西，为广西工业和经济社会的持续健康发展提供能源动力。

当前，我国石化产品消费刚性需求长期存在，高端石化产品市场潜力巨大。因此，广西要充分利用石化市场的快速增长和国家政策支持的有利条件，更好地抓住北部湾经济区化工产业发展的历史机遇，加大对北部湾油气资源勘探开发利用程度，充分发挥石油资源的经济效益和社会效益。

2）加强石油储备应急能力建设

扩大石油储备规模。广西是华南经济圈、西南经济圈与东盟经济圈的结合部，是我国西部最重要的出海口，进口石油运输途经马六甲海峡，从南海北部湾诸港进入是最短最便捷的通道。因此，广西要充分发挥区位优势，选择进油方便、出路畅通、基础设施完善、口岸功能完备、靠近炼厂并可实现快速反应的适宜地区建立国家石油储备基地。

鼓励民间资本参与储备建设。鼓励石油生产流通或相关企业根据有关法律法规建立企业义务储备，承担社会责任，平抑价格剧烈波动、建立健全国家能源应急保障体系，保障国家能源安全。

3）大力发展天然气产业

加快北部湾天然气勘探开发，加强海域深水科技攻关，加大勘探开发力度，力争获得大突破、大发现。广西应结合北部湾开发战略，抓住西气东输、中缅油气管道及海港 LNG 接收站等发展机遇，大力推进天然气管网建设、布局 LNG 接收站，保障多气源联动供气，与国产气、陆上进口管道气互为补充，形成多气源供气格局，实现能源多元化，保障广西天然气供应，为广西工业和经济社会的持续健康发展提供能源动力。同时，广西扩大 LNG 的利用可以降低燃煤发电比例，改善广西能源结构，减少环境污染，提高环境质量。

4）加强国际合作，促进深海勘探技术研发

海洋油气的勘探开发是高科技产业，要加强勘探开发高新技术的研发，特别是深海勘探技术，加大资金投入，促进对资源勘探技术进行研发和创新。要依靠科技进步，最大限度地提高海洋油气资源的利用率，实现开源节流与保护环境同步。同时加强与国外的技术合作，引进国外海洋油气勘探先进设备和先进技术，并完善对引进技术的消化吸收和再创新机制，坚持自我开发与国际合作引进相结合。

5）统筹海洋油气资源开发与海洋生态环境保护

在海洋油气资源开发过程中需加强环境保护工作，生态环境对资源开发所带来的环境问题承受力是非常有限的，生态环境破坏一旦加剧，就极难恢复。在海洋油气资源的开采中，石油的自然渗出、井喷、油污泄漏等的发生造成海上石油污染，危害海洋渔业生产，影响沿海群众的正常生活，破坏滨海旅游场所，对海洋生态环境有极大的破坏性。同时油污的清理、突发事故的处置工作耗费大量的人力、物力、财力等社会资源。

2008 年中海油涠洲油田废弃管线残存油外溢造成了涠洲岛海域漂油污染，2009 年以来，广西海域出现多起船舶溢油事故，且多年监测数据表明，广西主要江河污染物入海量中石油类含量缓慢上升，海洋生态破坏严重。因此，在开发利用海洋油气资源时，不能一味追求经济的高速发展，走先污染后治理的老路，必须将海洋经济的发展质量和效益放在首位，坚持走绿色低碳之路。树立保护海洋环境的意识，在油气矿产资源的勘探开采中，推广实施开采绿色化、生态化措施，尽可能减少对海洋环境的污染和破坏，维护良好的海洋生态环境。

7.6.2 滨海矿产资源发展规划

7.6.2.1 发展目标

完善广西滨海矿产资源勘查专项规划，建立正常有序的资源勘探秩序，推广实施开采绿色化、生态化措施，最大限度地提高矿产资源的利用率；建立市场机制与政府宏观调控相结合的矿产资源管理法规体系，建立统一协调的海洋矿业管理机制，维护滨海矿产资源开发秩序，促进海洋矿业的合理布局。

7.6.2.2 发展任务

1）不断提高海洋地质矿产勘探水平

加大对海洋地质矿产勘探项目资金的投入，推进广西海洋矿产勘探基金建设，不断提高滨海矿产资源勘探水平，特别是在资源评价和普查勘探上加大力度，完善广西滨海矿产资源的储量和开发利用状况等基础数据和资料。当前，建筑行业的发展和城市化建设，大大增加了市场对海砂的需求。因此，广西应充分利用市场需求的快速增长，加大滨海矿产资源勘探开发利用程度，充分发挥经济效益和社会效益，急需进一步完善广西海洋矿产资源勘查专项规划，建立正常有序的资源勘探秩序，加强有偿使用、持证开采，落实环境保护责任等措施。

2）加强国际合作，促进高新技术研发

科学技术是第一生产力，是促进经济和社会发展最活跃的因素，也是促进海洋矿业发展的重要因素，深刻地影响着矿产资源领域的方方面面。海洋矿业是高科技产业，要加强矿产资源勘探开发高新技术的研发，加大资金投入，加强人才队伍建设，鼓励支持科研院校围绕提高资源开采利用水平、降低开采成本、努力保护环境等来对资源勘探技术进行研发和创新。要依靠科技进步，最大限度地提高矿产资源的利用率，实现开源节流与保护环境同步。

3）统筹滨海矿产资源开发与海洋生态环境保护

在滨海矿产资源开发过程中需加强环境保护工作。生态环境对矿业开发所带来的环境损害的承受力是非常有限的，生态环境破坏一旦加剧，就极难恢复。我国是一个发展中的矿业大国，面临的环境问题十分广泛和严重，因此，在开发利用滨海矿产资源时，应大力发展生态矿业，严格控制矿区地质灾害，设立专项矿区生态环境治理基金，及时恢复与修复海洋矿区生态环境。树立保护海洋环境的意识，在勘探开采滨海矿产时，推广实施绿色化、生态化开采，尽可能减少对海洋环境的污染和破坏，维护良好的海洋生态环境。

4）加强对滨海矿产资源开发利用的宏观调控

海洋矿业作为一个新兴产业，需要政府部门加强宏观调控和政策引导，以促进海洋矿业的健康有序发展。建立市场机制与政府宏观调控相结合的矿产资源管理法规体系，积极制定有利于海洋矿业可持续发展的政策措施，加大对海洋矿业开发利用监察的执法力度，加强地质灾害的监测、防治和治理工作，建立统一协调的海洋矿业管理机制，鼓励海洋新能源的开发利用，通过财税政策、行政干预、法规建设等措施促进海洋矿业的合理布局，维护海洋资源开发秩序。

7.6.3　海洋能资源发展规划

7.6.3.1　发展目标

积极发展海洋可再生能源，优化能源结构，统筹资源开发与环境保护；加快海洋能开发利用，加大海洋能电站示范试验力度，逐步推广并向规模化开发发展；根据广西沿海地区和海岛自然地理条件，综合开发利用各种海洋能资源，为沿海和海岛提供生产和生活电能，缓解沿海、海岛能源供给紧张问题。

7.6.3.2　发展任务

1）大力发展海洋可再生能源

对海洋能资源进行全面、科学的调查与储量评估是科学合理开发海洋能资源的前提，应包括广西沿海海域中可利用海洋能资源的蕴藏量、分布、特征、开发利用价值等，为全面制定广西海洋能资源的开发利用规划提供切实可靠的基础。

加快海洋能开发利用，重点开发潮汐能和海洋风能。在未来开发利用海洋可再生能源规划中，应优先考虑潮汐能，其次为海洋风能。除潮汐能、海洋风能外，广西其他海洋可再生能源相对贫乏，波浪能、温差能和盐差能开发利用价值很小。同时，潮汐能是海洋能中开发技术最成熟的，可靠性和综合经济效益很高，对环境的影响相对较小。因此，广西目前的海洋能利用应以潮汐发电和风力发电为主。在潮汐能电站站址中，钦州市的龙门港、北海市的铁山港和防城港市的珍珠港是较有开发潜力的潮汐能电站站址。在海洋能开发利用中要加强海洋能综合利用体系的建立，如可把潮汐电站建成发电、养殖、旅游观光为一体的新型电站。

2）推进海洋能科技创新

加强海洋能源开发科技自主创新，提高广西自主研发能力，鼓励引进、消化、吸收再创新。海洋能的开发利用有赖于科技的进步，波浪能、温差能和盐差能的开发利用关键技术难题仍有待解决。要提高广西对海洋能的自主研发能力，加强基础研究，尽快突破海洋能开发利用中的关键技术难题。设立专项基金，建立海洋能开发利用技术重点实验室和海洋能技术产业化培育基地，同时注意引进、消化和吸收国外的先进技术与关键设备。

3）加强海洋能国际合作

海洋能的开发对技术的要求很高，需要通过国际合作和自主创新来提高海洋能开发利用能力。在某些海洋能源技术的发展中，各国都还处于摸索阶段，因此需要开展国际合作。我国要借鉴海洋能利用方面先进国家的发展经验，包括技术、管理、教育、投资、国际合作模式等，合理引进、消化和吸收国外的先进技术、设备与发展经验。积极参与国际海洋能源相关领域的交流与合作，如国际海洋能源会议（International Conference on Ocean Energy，ICOE）、国际海洋能源系统实施协议（Ocean Energy Systems Implementing Agreement，OES-IA）等。在海洋能的开发利用中必须考虑对生态环境的影响，因此国际海洋能源的合作不能局限于海洋领域，还要开展生态环境、气候变化等领域的合作。

同时，鼓励先进能源技术装备“走出去”。依托海洋可再生能源开发重大能源工程，建设海洋能源装备制造创新平台，将科技成果转化为有国际竞争力的海洋能源装备工业体系。

4）统筹资源开发与环境保护

海洋能和海洋环境是相互依存的关系，海洋环境制约着海洋能的开发利用，海洋能的开发利用又会对海洋环境产生积极或消极的影响，因此在开发规划和海洋能选址的过程中必须充分认识、重视和规避海洋能开发可能对海洋环境造成的危害，使选址与全国海洋功能区划相协调。海洋能开发利用的环境影响评价体系的建立有利于规范海洋能开发选址和布局，优化海洋功能区划管理，预防控制海洋能建设工程对海洋环境和资源的破坏，促进海洋能开发利用的持续健康发展。

7.7 小　　结

广西海洋能源主要包括海洋油气资源、滨海矿产资源和海洋能资源三大类。北部湾盆地和湾口的莺歌海盆地油气资源蕴藏量丰富，广西滨海矿产资源主要是建筑矿产、石英矿产和重矿物，广西海洋可再生能源包括潮汐能、潮流能、波浪能、海水温（盐）差能和海洋风能。目前，广西海洋油气、滨海矿产和海洋能资源都在一定程度上得以开发利用，且具有良好的开发前景和开发潜力。

第 8 章

广西北海、钦州、防城港三市海洋资源承载力评价

8.1 广西北海、钦州、防城港三市海洋资源承载力评价概述

8.1.1 研究背景

根据广西“十三五”时期海洋经济发展要求及广西海洋经济发展现状，转变经济发展方式、实现海洋经济的可持续发展是广西亟待解决的问题。要想实现海洋经济的可持续发展，面临两个问题：一是海洋资源的有限供给；二是经济增长对海洋资源的无限需求。海洋经济能否可持续地增长？在海洋经济持续增长的同时，能否维持生态环境的良性发展？在维持良好生态环境的前提下，海洋资源能否支撑起这种增长？这些问题实质上可以归结为在海洋资源有限的前提下，区域内海洋资源对人类活动的支持强度大小，即海洋资源承载力大小。

《中共中央 国务院关于加快推进生态文明建设的意见》指出“大力推进绿色城镇化。认真落实《国家新型城镇化规划（2014—2020 年）》，根据资源环境承载能力，构建科学合理的城镇化宏观布局，严格控制特大城市规模，增强中小城市承载能力，促进大中小城市和小城镇协调发展”。《中华人民共和国国民经济和社会发展第十三个五年规划纲要》指出“根据资源环境承载力调节城市规模，实行绿色规划、设计、施工标准，实施生态廊道建设和生态系统修复工程，建设绿色城市”，要求将资源环境承载力作为生态文明建设的重要考量。《广西壮族自治区国民经济和社会发展第十三个五年规划纲要》指出“建立海洋资源环境承载力预警机制”。因此，为了科学利用海洋国土空间，促进广西海洋经济的科学发展，本研究对广西海洋资源承载力进行评价，为新时期广西制定科学合理的经济发展政策提供理论和实践基础。

8.1.2 研究思路与内容

本研究的评价单元为广西北海市、钦州市和防城港市。通过应用模糊综合评价法对评价单元的海洋资源承载力分别做出评价和对比，应用系统动力学方法对 2014～2025 年广西北海、钦州、防城港三市海洋资源承载力状况进行预测，并针对其今后的发展提出合理建议。本研究首先明确所研究的对象为海洋资源承载力，确定评价指标体系。然后，选取模糊综合评价法对广西北海、钦州、防城港三市的海洋资源承载力进行现状评估。因为影响资源承载力的因素众多，所以采用熵值法确定各指标权重系数。影响资源承载力的因素又具有一定操作性，因此将评判因素划分为人类社会发展需求、海洋资源供给能力、海洋生态与环境供给能力三个子集，先对每个子集进行模糊综合评价，再对三个子集的评价结果利用多层次的模糊综合评价进行再评价，最终得到北海市、钦州市和防城港市的海洋资源承载力评价结果。接下来，采用系统动力学方法对广西北海、钦州、防城港三市海洋资源承载力进行预测，通过对研究对象进行辩证分析，确定主变量和一般变量；之后对海洋资源承载力系统的结构进行分析，并绘出变量的因果关系图，进一步明确相关变量的相互关系；构建海洋资源承载力预测的系统动力学流图，设计相关方程，估计各类参数，通过

计算得出广西北海、钦州、防城港三市海洋资源承载力的模拟结果；同时基于实际情况对模型的结构和参数进行修改，进一步分析预测，对今后广西北海、钦州、防城港三市海洋经济的发展提出建议。

8.1.3 研究方法

一是运用模糊综合评价法，通过收集大量数据资料，对广西沿海地区海洋资源承载力进行定量分析，评估广西沿海地区资源承载力状况，客观揭示广西沿海地区承载力发展趋势（详见第 2 章）。

二是运用系统动力学方法，仿真模拟广西沿海地区人口、资源与社会经济发展的变化趋势，同时对模拟结果进行优化调控，预测未来广西沿海资源承载力水平（详见第 2 章）。

8.1.4 数据来源

《广西海洋经济统计公报》《广西统计年鉴》《北海市国民经济和社会发展统计公报》《钦州市国民经济和社会发展统计公报》《防城港市国民经济和社会发展统计公报》《中国海洋统计年鉴》《中国环境年鉴》，以及我国近海海洋综合调查与评价专项（简称“908 专项”）成果等。

8.1.5 技术路线

广西北海、钦州、防城港三市海洋资源承载力评价技术路线如图 8-1 所示。

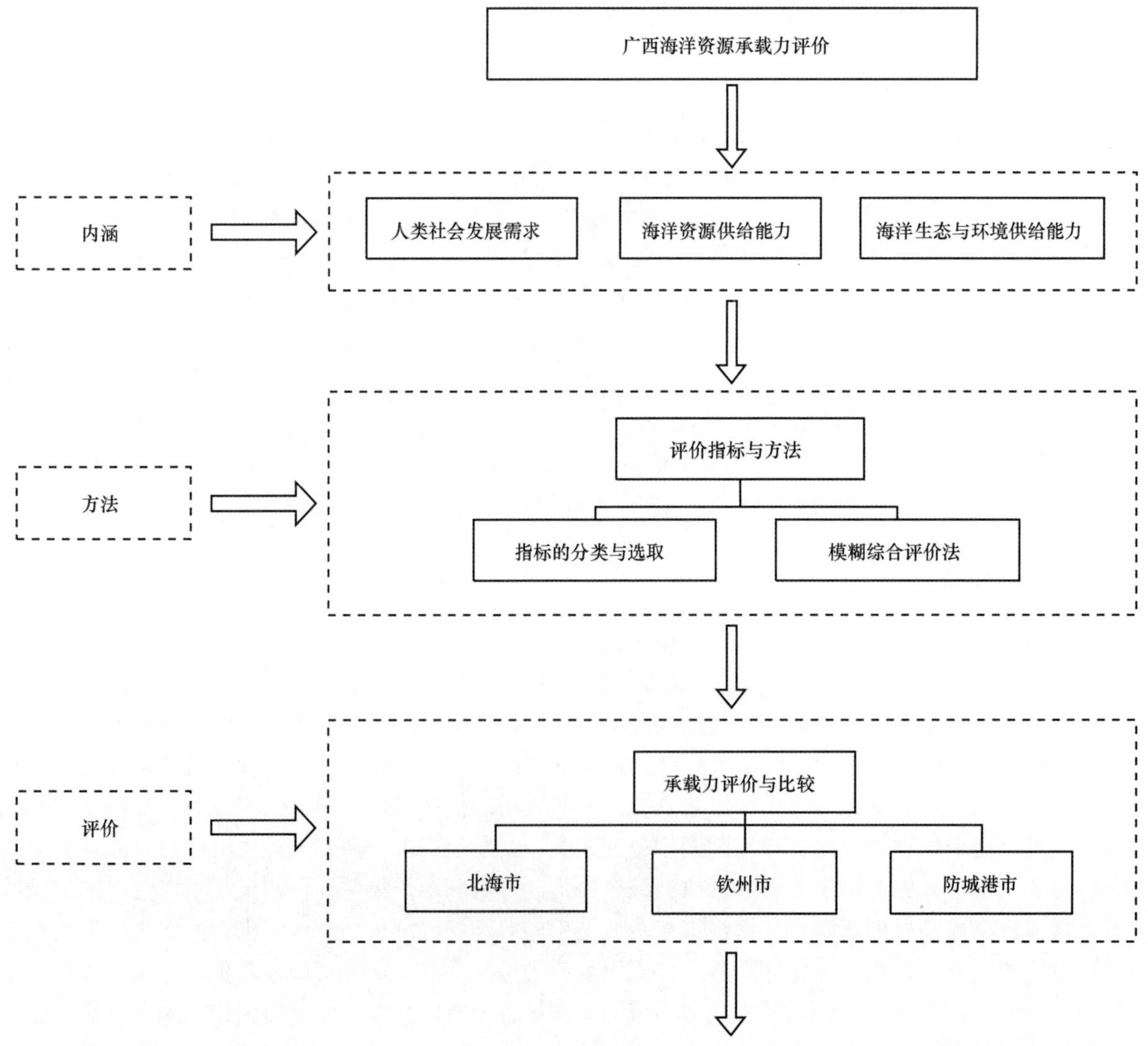

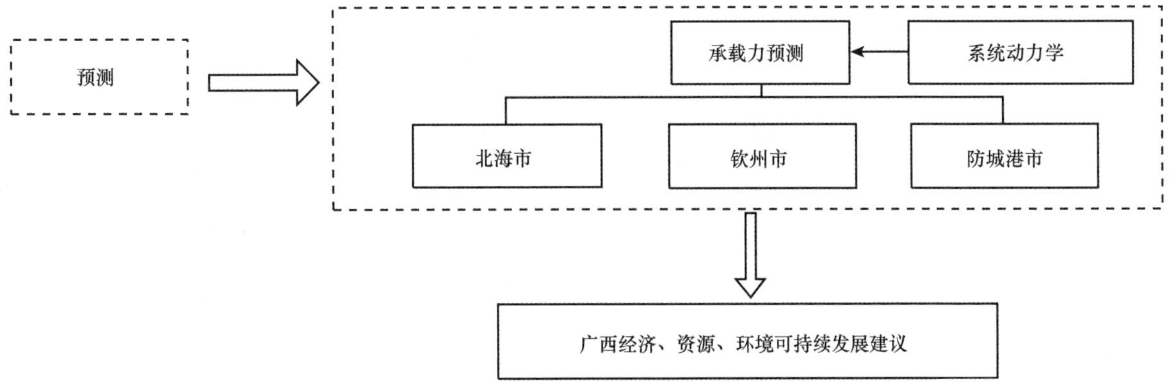

图 8-1　广西北海、钦州、防城港三市海洋资源承载力技术路线图

8.2　指标选取与评价方法

8.2.1　资源承载力概念

资源承载力强调特定的自然资源系统提供的资源和环境对人类社会系统良性发展的支撑能力，是多种生态要素综合形成的一种自然潜能。海洋资源承载力概念可以扩展至海域承载力，狄乾斌（2004）认为海洋资源承载力是指一定时期内，以海洋资源可持续利用、海洋生态环境不被破坏为原则，在符合现阶段社会文化准则的物质生活水平下，通过自我调节和自我维持，海洋所能够支持人类社会经济协调发展的能力和限度。由此海洋资源承载力可以从以下 3 个方面进行表述。

一是资源承载力，即海域和海岸带资源的数量和质量，对该区域内经济、社会的基本生存和发展的支撑能力。二是环境承载力，即在维持海域环境系统不发生质的改变，海域环境功能不朝恶性方向转变的条件下承受区域社会经济活动的适宜程度。三是生态承载力，是指生态系统的自我维持、自我调节能力，在不危害生态系统的前提下系统本身表现的弹性力大小，是其承受外部扰动的能力。图 8-2 表明了海洋资源承载力的三要素对于人类社会经济的支撑作用。

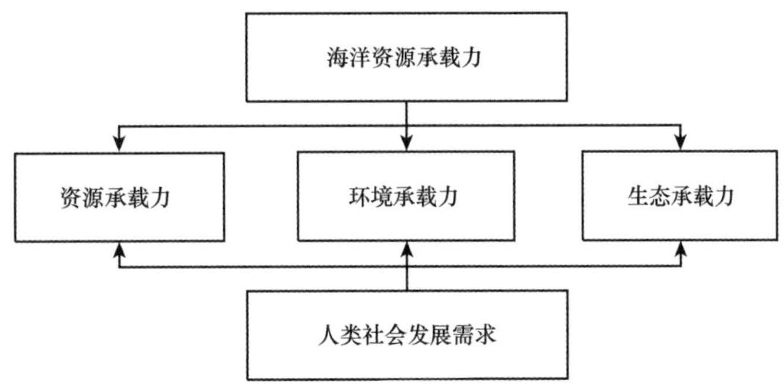

图 8-2　海洋资源承载力构建要素

8.2.2　评价模型与指标体系

1）评价方法

本研究使用模糊综合评价法评价海洋资源承载力。模糊综合评价法就是用模糊数学知识，依据模糊变换原理和最大隶属度原则，对多种属性的事物和现象，或者说其总体优劣受多种因素制约的事物和现象做出一个总体评判的方法。模糊综合评价法是模糊分析中的一个重要方法，其实质是将评价对象的各项属性和性能作为因素集或者参数指数，然后建立评判集、评判矩阵。因素集、评判集和评判矩阵整体构成一个评判空间，对于因素集中各因素不同的侧重，赋予不同的权重，进行综合评价。模糊综合评价法在系统评价、故障诊断、质量管理和发展对策等许多方面都有应用。近年来，模糊综合评价法也被引入资源承载力的评价中。

2）建立指标体系

在运用模糊综合评价法进行海洋资源承载力评价时，首要任务就是选取适当的指标，建立指标体系。指标体系可以具体地划分为承压指标和压力指标。承压指标反映载体的供给能力，如海洋资源拥有量、环境容量等；压力指标反映社会经济发展对于资源、生态环境的需求。考虑广西海洋资源现状及海洋经济发展的目标，结合以上原则，将广西海洋资源承载力评价指标体系分为三个层次，如表 8-1 所示。

表 8-1 广西海洋资源承载力评价指标体系

类别层	要素层	指标层
人类社会发展需求	土地需求	渔业用地（hm^2）
		港口航运用地（hm^2）
		工业与城镇建设用地（hm^2）
		旅游休闲娱乐区（hm^2）
		矿产能源区（hm^2）
	社会经济	人均 GDP（元）
		GDP 增长率（%）
		城镇化率（%）
		海洋产业总产值（亿元）
		海洋产业总产值增长率（%）
		海洋产业总产值占地区生产总值的比重（%）
		港口货物吞吐量（万 t/a）
	环境需求	万元工业产值废水年排放量（t）
		万元工业产值固体废弃物年产生量（t）
		入海 COD 排放量（t/a）
		入海氨氮排放量（t/a）
		入海总磷排放量（t/a）
		入海石油类排放量（t/a）
海洋资源供给能力	海洋生物资源	人均海水养殖年产量（kg）
		人均海洋捕捞年产量（kg）
	海洋空间资源	人均海岸线（m）
		人均海域面积（m^2）
		人均湿地面积（m^2）
		人均海岛面积（m^2）
海洋生态与环境供给能力	环境容量	近岸海域功能区水质达标率（%）
		一二类海水面积占比（%）
		海水剩余环境容量无机氮（t/a）
		海水剩余环境容量 COD（t/a）
		海水剩余环境容量石油类（t/a）
	生态质量	海洋自然保护区面积占比（%）
		湿地面积占比（%）
		生态系统重要性指数
		生物多样性

3）指标含义

（1）人类社会发展需求：主要从土地需求、社会经济及环境需求三个方面展开。土地需求由渔业用地、港口航运用地、工业与城镇建设用地、旅游休闲娱乐区、矿产能源区五个指标构成，反映了当前社会对土地的需求程度。社会经济指标主要由人均 GDP、GDP 增长率、城镇化率、海洋产业总产值、海洋产业总产值增长率、海洋产业总产值占地区生产总值的比重等指标构成，反映了当前经济发展对海洋资源的需求。而环境需求指标由万元工业产值废水年排放量、入海 COD 排放量、入海总磷排放量、入海石油类排放量等指标构成，其中万元工业产值废水年排放量反映的是工业发展对海洋环境纳污的需求，而入海 COD 排放量反映的是城市发展对海洋环境纳污的需求。

（2）海洋资源供给能力：主要考虑各类资源对人类的供给水平，包括海洋生物资源和海洋空间资源。海洋生物资源由人均海水养殖年产量和人均海洋捕捞年产量两个指标构成，反映了海洋生物资源对人类的供给水平。海洋空间资源包括人均海岸线、人均海域面积、人均湿地面积和人均海岛面积四个指标，反映了海洋为人类所提供的空间资源的多少。

（3）海洋生态与环境供给能力：主要从海洋环境纳污能力和生态质量方面展开。海洋环境纳污能力由近岸海域功能区水质达标率、一二类海水面积占比、海水剩余环境容量 COD、海水剩余环境容量无机氮和海水剩余环境容量石油类五个指标构成。近岸海域功能区水质达标率和一二类海水面积占比反映了当前海洋环境质量，而海水剩余环境容量 COD、海水剩余环境容量无机氮和海水剩余环境容量石油类三个指标反映了海水当前所能容纳的污染物质量。生态质量由海洋自然保护区面积占比、湿地面积占比、生态系统重要性指数和生物多样性四个指标构成。海洋自然保护区面积占比和湿地面积占比反映了当前海洋生态系统的总体情况，而生态系统重要性指数和生物多样性指数反映了海洋生态系统的质量。

4）指标体系的赋权

由于各指标对评价结果的影响程度不同，需要用权重来表明指标在评价体系中的贡献程度。在多指标综合评价中，确定指标权重的方法主要有主观赋权法和客观赋权法，主观赋权法是一类根据评价者主观上对各指标的重视程度来决定权重的方法，如德尔菲法、层次分析法等。客观赋权法所依据的赋权原始信息来源于客观环境，它根据各指标的联系程度或各指标所提供的信息量来决定指标的权重，如熵值法等。客观赋权法可以减少主观影响，得到更有说服力的结果，因此本研究采用客观赋权法，即熵值法。

5）评价结果分级

本研究选取 3 个评价等级，分别为可载、适载、超载。指标分级的确定有一定的依据：已有国家标准的采用国家标准，没有国家标准的采用行业经验，既没有国家标准又没有行业经验的，采用国际上通用的衡量标准，或参照同类评价工作的约定标准或研究经验来确定，并尽量与国家和地方现有的相关研究目标值一致。在具体评价工作中，针对某项指标，可参考国家标准、行业经验或同类评价工作的约定标准或研究经验等，采用分类对比法确定指标的分级标准，即将某项指标分别列出相应的国家标准或行业经验值、参照城市平均值、最大值或最小值、分地区平均值、前八位城市平均值等。之后将各数值进行对比，根据评价指标对区域海洋资源承载力的影响程度将评价指标进行分级。

8.2.3　建立模糊综合评价模型

影响海洋资源承载力的因素很多，因此建立综合评价模型对海洋资源承载力进行定量评估，符合海洋资源承载力多系统、多层次、多因素的特点。

1）模糊隶属函数矩阵 R

构建隶属函数矩阵分为以下几个步骤。

Ⅰ. 确定评价因素集 U

设定评价因素集 $\boldsymbol{U}$，$\boldsymbol{U}$ 即是评判对象，$\boldsymbol{U}=\{U_1, U_2, \cdots, U_n\}$，其中 $i=1, 2, \cdots, n$，n 为近海海域生态环境承载力一级评估指标 U_i 的个数。

Ⅱ. 确定评价因素权重集 W

在实际综合评价中，各个评价因素的重要程度是不完全相同的。用模糊集合 $\boldsymbol{W}$ 来表示这个重要程度。海洋资源承载力评估指标的权重为 $\boldsymbol{W}=\{W_1, W_2, \cdots, W_n\}$，其中 W_i 为 U_i 的权重，$W_i \in [0, 1]$，$i=1, 2, \cdots, n$，并且 $\sum_{i=1}^{n} W_i = 1$。

Ⅲ. 确定评价因素评价集 V

设定近海海域生态环境承载力评价集为 $\boldsymbol{V}=\{V_1, V_2, \cdots, V_m\}$，其中 V_m 为评价结果，$k=1, 2, \cdots, m$，m 为评价等级的个数。根据评价指标对海洋资源承载力的影响程度将评价指标分级，具体见表 8-2。

表 8-2　海洋资源承载力划分

级别	V_1	V_2	V_3
可承载程度	承载力强	承载力中	承载能弱

Ⅳ. 构造隶属函数矩阵

通过隶属函数矩阵来刻画因素模糊性的程度，以此表现评价因素对模糊集合隶属关系不确定性的大小。$\boldsymbol{W}$ 为 $\boldsymbol{U}$ 上的模糊子集，$\boldsymbol{A}=\{a_1, a_2, \cdots, a_n\}$，$0 \leqslant a_i \leqslant 1$，$a_i$ 为评价因素集 $\boldsymbol{U}$ 中的单因素 u_i 对 $\boldsymbol{V}$ 的隶属度。根据指标所表征的模糊概念的隶属原则，建立模糊隶属函数矩阵，这是模糊集合应用于实际问题的基础。

2）模糊综合评价模型（陈英姿，2010）

通过模糊变换，得到模糊综合评价结果：

$$\boldsymbol{B}=\boldsymbol{W}\times\boldsymbol{R} \tag{8-1}$$

评价结果 $\boldsymbol{B}$ 则是 $\boldsymbol{V}$ 上的模糊子集，$\boldsymbol{B}=\{b_1, b_2, \cdots, b_n\}$，$0 \leqslant b_j \leqslant 1$，$b_j$ 则为等级 V_j 对综合评价所得模糊子集 $\boldsymbol{B}$ 的隶属度，它们表示综合评价的结果。根据各评价指标对海洋资源承载力影响程度的大小，利用前面阐述过的指标权重的确定方法，将各评价指标赋予不同的权重，其中模糊综合评级 $\boldsymbol{B}=\boldsymbol{W}\times\boldsymbol{R}$ 中矩阵 $\boldsymbol{W}$ 代表评价指标对综合评价重要性的权重系数。根据上述 $\boldsymbol{W}$ 和 $\boldsymbol{R}$ 矩阵，利用 $\boldsymbol{B}=\boldsymbol{W}\times\boldsymbol{R}$ 计算可求得资源承载力的最终评价结果。其中 b_j 的算子算法为

$$b_j = \sum_{k=1}^{n} \boldsymbol{W}_k \boldsymbol{R}_{kj} \tag{8-2}$$

为了能更好地反映各等级承载力情况，对 V_1、V_2、V_3 各等级进行 0～1 的评分，承载力越强，指标对应的评分值越高，如承载力强的 V_1 对应评分值为 $c_1=0.95$，承载力中的 V_2 对应的评分值为 $c_2=0.5$，承载力弱的 V_3 对应的评分值为 $c_3=0.05$。根据公式（8-2），得到向量 $\boldsymbol{B}=\{b_1, b_2, \cdots, b_n\}$，然后根据 V_1、V_2、V_3 分级指标对应的评分值 c_1、c_2、c_3，按公式（8-3）可求得某区域资源承载力 t：

$$t = \sum_{j=1}^{3} b_j c_j \tag{8-3}$$

由于承载力是一种模糊概念，根据模糊综合评价计算得到的结果，可以对资源承载力按照高低分为若干级别。单一资源评价值 T 和多因素资源综合评价值 W 均处于 0～1，其级别判定标准为：评分值越接近于 1，承载力越强；评分值越接近于 0，承载力越弱。

如表 8-3所示，综合评价值为 0.667～1，其对应的级别为资源承载力强，即表示研究区域资源开发方式处于初级阶段，资源开发潜力巨大，此时研究区域内的资源对发展的需求是有保障的，资源的供给较为乐观。综合评价值为 0.333～0.667（不含），说明资源承载力中，即表示研究区域资源仍有一定的开发潜力，开发方式处于中间过渡阶段，此时研究区域内的资源供给对发展的需求有一定的保证。综合评价值为

0～0.333（不含），其对应的级别为资源承载力弱，即表示资源承载力程度已经接近饱和，研究区域内资源进一步开发利用的潜力较小，开发方式已处于饱和阶段，此时区域内的发展受资源供需矛盾的影响突出，资源的短缺将制约经济的发展，应马上采取相应的措施优化资源配置。

表 8-3 海洋资源承载力评价结果

级别	V_1	V_2	V_3
评价结果（T 或 W）	0.667～1	0.333～0.667（不含）	0～0.333（不含）
承载力	强	中	弱

8.3 广西北海、钦州、防城港三市海洋资源承载力评价内容

在综合考虑广西海洋自然地理、沿海区域经济一体化程度、海洋经济布局、沿海行政区划等要素的基础上，根据数据可获性和区分度，确定海洋资源承载力的评价单元为市级行政区划。本研究将广西分为北海市、钦州市、防城港市三个评价单元，使用模糊综合评价法对其做出评价。

8.3.1 广西北海、钦州、防城港三市海洋资源承载力评价指标及数据来源

8.3.1.1 人类社会发展需求

1）人口与 GDP

Ⅰ. 北海市

2014 年末，北海市户籍人口 169.31 万人，年末常住人口 160.4 万人，其中城镇人口 87.33 万人，城镇化率 54.46%。2004～2014 年，北海市总人口从 147.87 万人增长至 169.31 万人，年均增长 2.144万人。

2014 年北海市实现地区生产总值 856.01 亿元，比上年增长 12.5%。其中，第一产业实现增加值 151.36 亿元，增长 3%；第二产业实现增加值 451.51 亿元，增长 18.7%；第三产业实现增加值 250.15 亿元，增长 8.1%。

Ⅱ. 钦州市

2014 年末钦州市户籍总人口约 402 万人，比上年增加 5.5 万人。其中，非农业人口 47.49 万人，占总人口的 11.8%。在总人口中，男性人口 219.78 万人，占 54.7%；女性人口 182.23 万人，占 45.3%。

2014 年钦州市生产总值为 854.96 亿元，比上年增长 9.8%。其中，第一产业增加值 193.91 亿元，增长 4%；第二产业增加值 338.94 亿元，增长 13.9%；第三产业增加值 322.12 亿元，增长 7%。

Ⅲ. 防城港市

2014 年末防城港市户籍人口 94.24 万人，比上年末增加 1.21 万人。2004～2014 年，防城港市总人口从 79.84 万人增长到 94.24 万人，年均增长率为 1.67%，保持较为平稳的增长速度。

2014 年防城港市实现生产总值 588.94 亿元，增长 10.4%。按常住人口计算，人均生产总值 65 184 元。从行业看，第一产业增加值 70.84 亿元，增长 3.6%；第二产业增加值 340.36 亿元，增长 15.2%；第三产业增加值 177.74 亿元，增长 4.2%。

2）固定资产投资

Ⅰ. 北海市

2015 年全年北海市完成全社会固定资产投资 920.37 亿元，同比增长 17.07%。分产业看，第一产业投资 65.13 亿元；第二产业投资 476.38 亿元；第三产业投资 378.86 亿元。2004～2015 年，全社会固定资产投资从 530 966 万元增长到 9203 700 万元，增长 16.3 倍，平均增长率为 29.61%。

Ⅱ. 钦州市

2015 年全年钦州市完成全社会固定资产投资 810.1 亿元，比上年增长 13.3%。分产业看，第一产业投

资 73.6 亿元；第二产业投资 333.1 亿元；第三产业投资 403.4 亿元。

Ⅲ. 防城港市

2015 年全年防城港市完成全社会固定资产投资 526.15 亿元，增长 5.25%。分产业看，第一产业投资 22.96 亿元；第二产业投资 234.82 亿元；第三产业投资 268.37 亿元。

3）财政收入

Ⅰ. 北海市

2014 年北海市财政总收入 127.4 亿元，同比增长 12.1%。公共财政预算收入 47.25 亿元，增长 12.2%，其中，税收收入 34.06 亿元，增长 11%；公共财政预算支出 104.97 亿元，增长 5.4%。

Ⅱ. 钦州市

2014 年钦州市财政总收入 138.31 亿元，增长 1.6%。其中，地方一般预算收入 47.64 亿元，增长 6%；税收收入 118.50 亿元，增长 1.5%。一般预算支出 141.27 亿元，增长 5.8%。

Ⅲ. 防城港市

2014 年防城港市财政总收入 65.33 亿元，增长 10.2%。其中，税收收入 48.00 亿元，增长 12.9%；非税收收入 17.33 亿元，增长 3.5%。公共财政预算收入 45.45 亿元，增长 11.6%。公共财政预算支出 97.52 亿元，增长 10.2%。

4）海洋产业

Ⅰ. 北海市

2014 年北海市海洋生产总值为 345 亿元，占广西海洋生产总值的 37.3%。北海市海洋生产总值逐年增长，且增长速度较大，说明北海市海洋经济处于快速发展阶段，但是与其他沿海城市相比，其海洋产业总产值较低，仍有较大的发展空间。

Ⅱ. 钦州市

2014 年钦州市海洋生产总值为 344 亿元，占广西海洋生产总值的 37.1%。

Ⅲ. 防城港市

2014 年防城港市海洋生产总值为 237 亿元，占广西海洋生产总值的 25.6%。

5）港口发展情况

Ⅰ. 北海市

北海市规划港口岸线 87.591km，其中深水港口岸线 72.794km。截至 2015 年 5 月，全市正常营运的生产性码头泊位有 55 个。截至 2014 年 12 月，全年完成港口货物吞吐量 2275.55 万 t，集装箱 9.6 万标箱，外贸货物吞吐量 999.74 万 t，旅客吞吐量 19.79 万人。

Ⅱ. 钦州市

钦州港现有簕沟作业区、果子山作业区、鹰岭作业区、金鼓江作业区，以及龙门、茅岭、沙井等港点。2013 年，港口设计吞吐能力 8565 万 t，完成货物吞吐量 6035 万 t，增长 7.3%；集装箱完成 60 万标箱，增长 26.9%，居广西沿海港口首位。

Ⅲ. 防城港市

防城港市拥有防城港、企沙港、江山港、京岛港、竹山港等大小商港和渔港 20 多个，同时还拥有防城港、东兴、企沙、江山四个国家一类口岸。2014 年全年完成港口货物吞吐量 11 501 万 t，增长 8.9%，其中集装箱吞吐量完成 32.20 万标准箱，增长 3.9%。

6）工业废水污染源（广西壮族自治区统计局，2014；北海市环境统计局，2014）

I. 北海市

2004～2013 年北海市工业废水排放总量为 19 890 万 t，万元工业产值平均废水排放量为 14.14t，2013 年北海市万元工业产值废水排放量为 5.50t，2004～2013 年万元工业产值废水排放量呈现逐年减少的趋势，说明北海市对万元工业产值废水排放量进行了有效的控制，具体情况见表 8-4。

表 8-4　2004～2013 年北海市工业产值和工业废水排放量

年份	工业产值（亿元）	工业废水排放量（万 t）
2004	42	1807
2005	60	2615
2006	73	2653
2007	88	2339
2008	121	2026
2009	101	1211
2010	145	1369
2011	176	1749
2012	268	2291
2013	333	1830

数据来源：《广西壮族自治区环境状况公报》《广西北海市环境质量报告》

II. 钦州市

2004～2013 年钦州市工业废水排放总量为 58 329.19 万 t，万元工业产值平均废水排放量为 40.27t，而 2013 年的万元工业产值废水排放量为 11.67t，具体情况如表 8-5 所示。

表 8-5　2003～2014 年钦州市工业产值和工业废水排放量

年份	工业产值（亿元）	工业废水排放量（万 t）
2004	36.43	2 271.03
2005	55.21	3 269.69
2006	76.27	4 291.07
2007	101.35	4 779.83
2008	133.04	28 197.19
2009	118.10	4 105.51
2010	187.91	4 093.28
2011	252.89	2 482.32
2012	237.24	1 920.90
2013	250.12	2 918.37

数据来源：《广西壮族自治区环境状况公报》《广西钦州市环境质量报告》

III. 防城港市

2004～2013 年防城港市工业废水排放总量为 29 649.30 万 t，万元工业产值平均废水排放量为 25.76t，而 2013 年的万元工业产值废水排放量为 6.05t，具体情况见表 8-6。

表 8-6　2004～2013 年防城港市工业产值和工业废水排放量

年份	工业产值（亿元）	工业废水排放量（万 t）
2004	23.74	2029.00
2005	30.52	2216.70
2006	43.76	2227.40
2007	68.54	2760.00
2008	94.39	3092.78
2009	109.73	3862.17
2010	138.19	5888.90
2011	187.32	2909.50
2012	197.64	3108.31
2013	257.02	1554.54

数据来源：《广西壮族自治区环境状况公报》《中国海洋统计年鉴》（2005—2014）

7）入海污染物

Ⅰ. 北海市

如表 8-7 所示，2004～2007 年北海市入海污染物排放量不断增加，而在 2008～2012 年入海污染物排放量呈现下降趋势，但是 2013 年开始入海污染物排放量又开始增加，2013 年北海市入海 COD 排放量为 32.33 万 t，入海氨氮排放量为 16 333t，入海总磷排放量为 6506t。

表 8-7　2004～2013 北海市入海污染源概况

年份	入海 COD 排放量（万 t）	入海氨氮排放量（t）	入海总磷排放量（t）
2004	18.98	13 751	1 528
2005	20.70	14 507	1 612
2006	25.63	21 160	2 351
2007	20.17	27 508	3 056
2008	16.55	18 378	2 042
2009	12.23	13 363	1 485
2010	14.07	12 514	1 390
2011	15.90	11 664	1 296
2012	17.73	10 815	1 482
2013	32.33	16 333	6 506

数据来源：《广西壮族自治区环境状况公报》《广西北海市环境质量报告》

Ⅱ. 钦州市

由表 8-8 可知，钦州市入海污染物以 COD 和氨氮为主，2004～2005 年入海污染物排放量呈下降趋势，而后在 2006 年达到历史最高点，随后 2006～2009 年一直呈下降态势，而 2009～2011 年又上升，2011～2012 年下降，而 2012～2013 年又上升，但是从总体来看入海污染物排放量稳中有升，应引起重视。

表 8-8　2004～2013 年钦州市入海污染源概况

年份	入海 COD 排放量（t）	入海氨氮排放量（t）	入海总磷排放量（t）
2004	141 315.92	11 149.36	1 290.77
2005	110 713.07	9 190.30	1 216.21
2006	202 820.15	16 829.31	1 869.92
2007	110 474.57	7 428.47	786.16

续表

年份	入海 COD 排放量（t）	入海氨氮排放量（t）	入海总磷排放量（t）
2008	18 844.50	3 313.11	992.55
2009	50 214.70	1 042.01	308.80
2010	125 580.00	5 633.25	1 896.77
2011	173 005.00	2 604.00	977.85
2012	104 269.00	6 158.00	903.51
2013	202 915.40	9 501.00	2 131.21

数据来源：《广西壮族自治区环境状况公报》《南海区海洋环境状况公报》《中国近岸海域环境质量公报》

Ⅲ. 防城港市

由表 8-9 可知，防城港市入海污染物以 COD 和氨氮为主，在 2005～2006 年，入海污染物排放量出现了大幅增长，随后 2008～2009 年又出现明显下降，而 2010～2013 年各类入海污染物排放量呈现出缓慢上升的趋势，应引起重视。

表 8-9　2004～2013 年防城港市入海污染源概况

年份	入海 COD 排放量（t）	入海氨氮排放量（t）	入海总磷排放量（t）
2004	51 349.11	3 139.83	348.87
2005	54 320.11	3 277.32	364.15
2006	69 338.57	5 031.09	559.01
2007	57 953.54	18 346.95	2 038.55
2008	55 322.00	16 023.60	1 780.40
2009	38 373.33	4 046.40	449.60
2010	44 129.33	4 653.36	517.04
2011	46 335.80	4 886.03	542.89
2012	48 652.59	5 130.33	570.04
2013	51 085.22	5 386.85	598.54

数据来源：《广西壮族自治区环境状况公报》《南海区海洋环境状况公报》《中国近岸海域环境质量公报》

8.3.1.2　海洋资源供给能力

1）海洋渔业资源

Ⅰ. 北海市

2013 年，北海市鱼类养殖产量达 13 959t，养殖面积达 24 923hm^2，捕捞产量达 268 733t；甲壳类养殖产量达 149 550t，养殖面积达 11 430hm^2，捕捞产量达 88 265t；贝类养殖产量达 326 053t，养殖面积达 11 706hm^2，捕捞产量达 28 481t。2004～2013 年，海水养殖产量逐年增加，平均增长率达到 6.2%，海水养殖面积变化量较小，平均增长率为 0.9%。

Ⅱ. 钦州市

2013 年，钦州市鱼类养殖产量达 16 420t，养殖面积达 281hm^2，捕捞产量达 39 642t；甲壳类养殖产量达 44 715t，养殖面积达 4192hm^2，捕捞产量达 19 890t；贝类养殖产量达 215 962t，养殖面积达 11 120hm^2，捕捞产量达 16 301t。2004～2013 年，海水养殖产量逐年增加，平均增长率达到 6.4%。

Ⅲ. 防城港市

2013 年，防城港市鱼类养殖产量达 11 982t，养殖面积达 400hm^2，捕捞产量达 62 044t；甲壳类养殖产量达 40 350t，养殖面积达 6099hm^2，捕捞产量达 17 394t；贝类养殖产量达 234 459t，养殖面积达 6745hm^2，捕捞产量达 11 139t。

2）海洋空间资源

Ⅰ. 海岸线

（1）北海市。北海市海岸线包括合浦县、海城区、银海区、铁山港区海岸线。合浦县海岸线占北海市海岸线比例最大，包括北海市的东部和西部，包围北海市城区。人工岸线占绝对优势，长度达到281.08km，且以围海造塘岸线为主，在山口镇地区有较大面积的红树林海岸，在山口半岛地区，海岸线复杂度较低，有大量砂质岸线及少量基岩岸线分布。海城区仅包括城市四面临海地区，大多数是城市海堤，自然岸线很少，主要分布于靠近合浦外围的海岸带。银海区位于北海市城区中部，包括银滩旅游区和北暮盐场区，旅游区人工堤坝很多，盐场由围海盐田的堤坝组成，以人工岸线为主，长度达到78.51km，在东部有少量河口岸线。铁山港区位于北海市城区东部，包括铁山港、北暮盐场分场等，自然砂质岸线保存较好，其所占比例是各个地区中最大的，长度为23.34km，所占比例达到29%。在铁山港区西南部的海岸线复杂程度较低，以自然砂质岸线为主，东部地区主要从事铁山港建设及一些围海建塘养殖，因此以人工岸线为主。

（2）钦州市。钦州市的海域全部归钦南区，由于范围跨度较大，因此各种岸线类型都有。人工岸线在钦州市港口区形状比较复杂，所占比例很大。同时由于钦州市海岸线有很多，因此拥有一定的河口岸线。

（3）防城港市。防城港市管辖的岸线长度为537.79km，主要分布有粉砂淤泥质岸线、生物岸线、基岩岸线。东兴市位于广西海岸最西部，岸线以人工岸线为主，在金滩地区、京岛地区有部分砂质岸线及淤泥质岸线等，其他类型岸线较少。防城港市港口区包括港口地区和企沙半岛。港口区人工岸线广泛分布，以防波海堤和人工填海造陆岸线为主，企沙半岛岸线以自然岸线为主。但是，在半岛东部，仍然以少量粉砂淤泥质岸线和淤泥质岸线为主，仅有少量基岩岸线。防城港市防城区包括江山半岛和西湾，主要是以围塘为代表的人工岸线，除了人工岸线之外，在江山半岛和西湾保留着较为完好的自然岸线，包括砂质岸线、淤泥质岸线和基岩岸线，是北部湾地区自然岸线比重最大的地段。

Ⅱ. 海域

（1）北海市。北海市的海岸线东起山口镇的英罗港口，经沙田、白沙、公馆、闸口、南康、兴港、营盘、福成、银滩、平阳、高德、廉州、党江、沙岗至西北的西场等15个镇，全市大陆海岸线总长528.16km，占广西大陆海岸线长度的32.43%。海岸类型主要有砂质海岸、沙坝-潟湖海岸、三角洲海岸、海蚀海岸及珊瑚礁海岸等。沿海岸自东向西有英罗港湾、铁山港湾、营盘港湾、白龙港湾、西村港湾、沙虫寮港湾、电白寮港湾、北海港湾、廉州湾等10多个港湾。

北海市辖区内及涠洲岛、斜阳岛周边毗邻的海域约2万km^2，15m等深线以内的海域1600km^2，拥有约500km^2的滩涂，其中沙滩、淤泥滩面积约200km^2。涠洲岛、斜阳岛周围海域是广西沿海唯一生长珊瑚礁的海区，也是南海北部湾珊瑚礁生长最北的海区。

（2）钦州市。钦州市自大风江口，过三娘湾至钦州湾的大部分海域，总面积为158 400hm^2。0m等深线以浅海域面积为24 900hm^2（包括沿岸滩涂和干出沙等），其中岩滩300hm^2、沙滩10 790hm^2、砂砾滩250hm^2、淤泥滩7790hm^2、生物滩2540hm^2。0～10m等深线海域面积为55 100hm^2，10～15m等深线海域面积为25 800hm^2，15～20m等深线海域面积为45 400hm^2，20～30m等深线海域面积为7200hm^2（国家海洋局第三海洋研究所，2009b）。

（3）防城港市。防城港市东起防城区的茅岭镇，经港口区的企沙、光坡两镇，防城区的珠河、文昌、水营、江山等镇（街道），东兴市的江平镇，西至东兴镇北仑河口止。海湾主要有防城港湾、珍珠港湾、北仑河口湾。海域总面积为186 600hm^2。0m等深线以浅海域面积为30 600hm^2（包括沿岸滩涂和干出沙等），其中岩滩520hm^2、沙滩20 150hm^2、砂砾滩400hm^2、泥滩4150hm^2、生物滩5380hm^2。0～10m等深线海域面积为8800hm^2，10～15m等深线海域面积为38 700hm^2，15～20m等深线海域面积为53 600hm^2，20～30m等深线海域面积为54 900hm^2。

Ⅲ. 海岛

（1）北海市。北海市海城区和合浦县共有海岛70个，占广西海岛总数的9.87%；海岛总面积为

71.87km²，占广西海岛总面积的 46.19%；海岛岸线长 153.44km，占广西海岛岸线总长度的 22.86%。其中，海城区有 4 个海岛，即外沙岛、涠洲岛、斜阳岛和猪仔岭岛，主要分布于北部湾外海，海岛总面积为 27.20km²，岸线总长度为 37.07km。合浦县有 66 个海岛，主要分布在铁山港、大风江口东部和南流江口，海岛总面积为 44.67km²，岸线总长度为 116.38km。

（2）钦州市。钦州市共有 304 个海岛，海岛面积为 41.34km²，占广西海岛总面积的 26.57%。海岛岸线长 259.52km，占广西海岛岸线总长度的 38.67%。

（3）防城港市。防城港市共有 335 个海岛，海岛面积为 42.37km²，占广西海岛总面积的 27.23%。其中防城区有海岛 102 个，海岛面积为 4.13km²，约占广西海岛总面积的 2.65%；港口区有海岛 231 个，海岛面积为 32.24km²，约占广西海岛总面积的 20.72%；东兴市有海岛 2 个，即珍珠港湾西部的山心岛和北仑河口的独墩，海岛面积为 6.00km²，约占广西海岛总面积的 3.86%。

8.3.1.3　海洋环境供给能力

1）北海市

由表 8-10 可知，在 2004～2013 的 10 年间北海市近岸海域功能区水质达标率明显上升，2013 年北海市的近岸海域功能区水质达标率为 100.00%。北海市近岸海域环境正在逐渐好转。根据 2004～2013 年北海市近岸海域一二类海水面积占比，在 2006 年水质出现了急剧下降，随后有一定上升，然后在 2011 年再次明显下降，在 2012 年、2013 年达到了 100.00% 的水平。在 10 年间，北海市近岸海域水质在 2006 年达到最低点，此时污染最重，一二类海水面积占比仅为 75.00%，2012 年和 2013 年污染最少，2013 年北海市一二类海水面积占比为 100.00%，说明近年来北海近岸海域水质好转。

表 8-10　2004～2013 年北海市近岸海域海水质量

年份	近岸海域功能区水质达标率（%）	一二类海水面积占比（%）
2004	66.77	92.00
2005	70.11	92.00
2006	73.62	75.00
2007	77.30	78.00
2008	86.40	91.90
2009	95.50	90.90
2010	100.00	90.00
2011	100.00	78.00
2012	100.00	100.00
2013	100.00	100.00

数据来源：《北海市海洋环境公报》《广西壮族自治区环境状况公报》

2）钦州市

由表 8-11 可知，钦州市一二类海水面积占比基本维持在 75% 左右，在 2008 年出现了一次急剧下降，降到 57% 左右，在 2013 年钦州市的一二类海水面积占比达到 78.00%，处于一个历史较高水平。而钦州市的近岸海域功能区水质达标率从 2004 年开始下滑，到 2006 年达到最低点约 60%，随后稳定上升，在 2010 年后维持在 90% 左右，2013 年钦州市的近岸海域功能区水质达标率为 88.60%。

表 8-11　2004～2013 年钦州市近岸海域海水质量

年份	近岸海域功能区水质达标率（%）	一二类海水面积占比（%）
2004	89.15	75.00
2005	77.40	75.00

续表

年份	近岸海域功能区水质达标率（%）	一二类海水面积占比（%）
2006	59.68	74.00
2007	64.30	76.00
2008	71.40	57.10
2009	78.60	78.60
2010	89.60	75.00
2011	88.60	75.00
2012	90.90	75.00
2013	88.60	78.00

数据来源《钦州市环境质量状况公报》《广西壮族自治区环境状况公报》《中国近岸海域环境质量公报》

3）防城港市

由表 8-12 可知，2004～2013 年防城港市的一二类海水面积占比一直不大稳定，经常发生波动，除个别年份如 2004 年、2011 年一二类海水面积占比较低以外，总体来说还是处于较高的水平，而 2013 年一二类海水面积占比从 2012 年的 100.00% 下滑到 89.00%，呈现出下降的趋势。而近岸海域功能区水质达标率在 2013 年前一直保持着较高的水平，只有 2004 年和 2007 年低于 100%。但是在 2013 年近岸海域功能区水质达标率出现了急剧下滑，下降到 66.70%。

表 8-12　2004～2013 年防城港市近岸海域海水质量

年份	近岸海域功能区水质达标率（%）	一二类海水面积占比（%）
2004	95.24	60.00
2005	100.00	100.00
2006	100.00	100.00
2007	91.70	80.00
2008	100.00	100.00
2009	100.00	91.70
2010	100.00	100.00
2011	100.00	75.00
2012	100.00	100.00
2013	66.70	89.00

数据来源:《防城港市环境质量状况公报》《广西壮族自治区环境状况公报》《中国近岸海域环境质量公报》

8.3.1.4　海洋生态供给能力

1）保护区概况

Ⅰ. 北海市

北海市主要有合浦儒艮自然保护区、山口红树林生态自然保护区和涠洲岛鸟类保护区。合浦儒艮自然保护区建立于 1992 年 10 月，面积为 35 000hm^2，主要保护对象为儒艮。山口红树林生态自然保护区建立于 1990 年，面积为 8000hm^2，主要保护对象为红树林生态系统。涠洲岛鸟类保护区建于 1982 年 6 月，面积为 2600hm^2，主要保护对象为候鸟和旅鸟。

Ⅱ. 钦州市

钦州市的自然保护区主要有茅尾海红树林自然保护区，以及和防城港市合建的十万大山国家级自然保护区。茅尾海红树林自然保护区为自治区级保护区，始建于 2005 年 1 月，面积为 2784hm^2，主要保护对象为红树林生态系统。

Ⅲ. 防城港市

防城港市拥有北仑河口保护区、防城金花茶保护区两个国家级保护区，以及和钦州市合建的十万大山国家级自然保护区。北仑河口保护区始建于 1990 年 3 月，面积为 3000hm^2，主要保护对象为红树林生态系统、滨海过渡带生态系统和海草床生态系统。防城金花茶保护区始建于 1986 年 4 月，面积为 9195hm^2，保护对象为金花茶及森林生态系统。

2）生物多样性现状

Ⅰ. 北海市

北海市域范围内有维管植物 157 科 594 属 858 种（含栽培及逸生植物），绝大部分科属是热带性分布，80% 种类与海南相同。红树林面积为 3411.4hm^2，有红树植物 7 科 9 属 9 种，外来红树植物 1 种；半红树植物 4 科 5 属 5 种。有盐沼植物 8 种，其中互花米草面积为 389.2hm^2。有海草植物 8 种，海草床面积达 876.06hm^2。有鸟类 16 目 53 科 203 种，兽类 20 多种，爬行类 15 种，昆虫 13 目 68 科 133 种，鱼类 500 多种，其中淡水鱼类 50 多种，虾类 200 多种，蟹类 190 多种，贝类 300 多种，头足类 50 多种，其他 20 多种。主要经济种类有 8 门 136 科 386 种。珊瑚礁区有腔肠动物门珊瑚虫纲 5 目 18 科 66 种。

Ⅱ. 钦州市

钦州市有红树林植物 13 科 16 种，如白骨壤、桐花树、秋茄树和老鼠簕等。有各类动物 491 种，如鸟类黑鹳、海鸬鹚、儒艮和中华白海豚等。同时拥有广西面积最大的贝克喜盐草群落构成的海草床。

Ⅲ. 防城港市

防城港市植物资源丰富，已知共有维管植物 2500 多种，其中国家一级重点保护野生植物有十万大山苏铁、狭叶坡垒 2 种，国家二级重点保护野生植物有金毛狗脊、苏铁蕨、水蕨、大叶黑桫椤、海南石梓等 20 多种。同时分布有哺乳动物、鸟纲动物、两栖动物、爬行动物等野生动物 397 种，隶属 4 纲 32 目 86 科 246 属，海上鱼类 500 多种，虾类 200 多种，头足类近 50 种，蟹类 20 多种。

8.3.2　广西北海、钦州、防城港三市海洋资源承载力计算

8.3.2.1　评价指标的分级及赋权

本研究分别以《广西壮族自治区海洋功能区划（2011—2020 年）》《广西北部湾经济区城镇群规划纲要》和国家标准为主，并参考相关文献确定分级标准，没有具体标准的，则以研究时段内数据最大值、平均值和最小值为分级标准。并且根据 8.2 节中熵值法给指标赋权。根据熵的定义，算出各指标的熵值，并将各指标的熵值转化为权重，具体标准见表 8-13。

表 8-13　广西北海、钦州、防城港三市海洋资源承载力权重

指标	北海市		钦州市		防城港市	
	熵值	权重	熵值	权重	熵值	权重
渔业用地	0.9146	0.0229	0.9297	0.0215	0.9361	0.0201
港口航运用地	0.9331	0.0180	0.9243	0.0231	0.9293	0.0222
工业与城镇建设用地	0.9262	0.0198	0.9147	0.0261	0.9424	0.0181
旅游休闲娱乐区	0.9440	0.0150	0.9405	0.0182	0.9483	0.0163
矿产能源区	0.9264	0.0197	0.8902	0.0336	0.9416	0.0184
人均 GDP	0.7859	0.0574	0.7988	0.0615	0.8720	0.0402
GDP 增长率	0.8387	0.0433	0.9120	0.0269	0.9135	0.0272
城镇化率	0.7549	0.0657	0.9182	0.0250	0.8837	0.0366
海洋产业总产值	0.9248	0.0202	0.9121	0.0269	0.9176	0.0259

续表

指标	北海市		钦州市		防城港市	
	熵值	权重	熵值	权重	熵值	权重
海洋产业总产值增长率	0.9358	0.0172	0.9467	0.0163	0.9461	0.0169
海洋产业总产值占地区生产总值的比重	0.8781	0.0327	0.8976	0.0313	0.8854	0.0360
港口货物吞吐量	0.9306	0.0186	0.8934	0.0326	0.8751	0.0393
万元工业产值废水年排放量	0.8729	0.0341	0.9512	0.0149	0.9187	0.0256
万元工业产值固体废弃物年产生量	0.9301	0.0187	0.8605	0.0427	0.8236	0.0555
入海 COD 排放量	0.9382	0.0166	0.8561	0.0440	0.9359	0.0201
入海氨氮排放量	0.9397	0.0162	0.9337	0.0203	0.9273	0.0229
入海总磷排放量	0.9512	0.0131	0.8959	0.0318	0.9273	0.0229
入海石油类排放量	0.9421	0.0155	0.9448	0.0169	0.8908	0.0343
人均海水养殖年产量	0.8659	0.0360	0.8479	0.0465	0.8806	0.0375
人均海洋捕捞年产量	0.9135	0.0232	0.8862	0.0348	0.9022	0.0307
人均海岸线	0.8084	0.0514	0.8870	0.0346	0.8784	0.0382
人均海域面积	0.8084	0.0514	0.8878	0.0343	0.8784	0.0382
人均湿地面积	0.8084	0.0514	0.8878	0.0343	0.8784	0.0382
人均海岛面积	0.8084	0.0514	0.8879	0.0343	0.8784	0.0382
近岸海域功能区水质达标率	0.8808	0.0320	0.9115	0.0271	0.9524	0.0150
一二类海水面积占比	0.8904	0.0294	0.9529	0.0144	0.9353	0.0203
海水剩余环境容量无机氮	0.8880	0.0300	0.9015	0.0301	0.8880	0.0352
海水剩余环境容量 COD	0.8880	0.0300	0.9015	0.0301	0.8880	0.0352
海水剩余环境容量石油类	0.8880	0.0300	0.9015	0.0301	0.8880	0.0352
自然保护区面积占比	0.8902	0.0294	0.8902	0.0336	0.8902	0.0345
湿地面积占比	0.8902	0.0294	0.8902	0.0336	0.8902	0.0345
生态系统重要性指数	0.8880	0.0300	0.8880	0.0342	0.8880	0.0352
生物多样性	0.8880	0.0300	0.8880	0.0342	0.8880	0.0352

注：生态系统重要性指数和生物多样性数据参考《广西壮族自治区海洋功能区划（2011—2020 年）》

8.3.2.2 海洋资源承载力评价

利用 8.2 节介绍的方法，构建广西海洋资源承载力评价的隶属函数矩阵（以 2013 年为例），将 2013 年北海市、钦州市、防城港市海洋资源评价指标的基础数据代入各个具体的隶属函数中，可计算得出模糊隶属函数矩阵 $\boldsymbol{R}$。同理可以计算出 2004～2012 年的隶属函数矩阵。

根据权重矩阵 $\boldsymbol{W}$ 和隶属函数矩阵 $\boldsymbol{R}$，计算求得 2013 年海洋资源承载力的最终评判结果 B：

$$\boldsymbol{B}_1=\boldsymbol{W}_1\times\boldsymbol{R}_1=[0.4495\ \ 0.0504\ \ 0.0213]$$

$$\boldsymbol{B}_2=\boldsymbol{W}_2\times\boldsymbol{R}_2=[0.5432\ \ 0.1133\ \ 0.0101]$$

$$\boldsymbol{B}_3=\boldsymbol{W}_3\times\boldsymbol{R}_3=[0.3729\ \ 0.1498\ \ 0.4773]$$

式中，i=1, 2, 3 分别代表北海市、钦州市、防城港市。

根据公式（8-3），2013 年北海市海洋资源承载力评价结果 t=0.4533，根据表 8-3 的分级标准，t 值处于 0.333～0.667（不含），承载力中。2013 年钦州市海洋资源承载力评价结果 t=0.5732，根据表 8-3 的分级标准，t 值处于 0.667～1，承载力强。2013 年防城港市海洋资源承载力评价结果 t=0.4530，根据表 8-3 的分级标准，t 值处于 0.333～0.667（不含），承载力中。

使用同样的方法和操作步骤，分别求出 2004～2012 年北海市、钦州市、防城港市海洋资源承载力评价结果（表 8-14～表 8-16）。2004～2013 年北海市海洋资源承载力呈现较为平缓的下降趋势。北海市

2004～2005 年海洋资源承载力处于 0.667～1，承载力强；2006～2013 年有所下降，但都处于 0.333～0.667（不含），海洋资源承载力处于中等水平。钦州市海洋资源承载力在 2004～2008 年处于下降状态，在 2008 年达到了最低点；随后 2009～2012 年缓慢上升。钦州市海洋资源承载力在 2004～2011 年基本处于 0.333～0.667（不含）的中等水平，2013 年接近于 0.667 以上的高承载力水平。防城港市 2004～2005 年海洋资源承载力处于 0.667～1，承载力强；2006～2013 年有所下降，但基本都处于 0.48 以上，承载力中等偏强。

表 8-14　北海市海洋资源承载力评级结果

年份	V_1	V_2	V_3	承载力 t 值	承载力级别
2004	0.5694	0.1083	0.0092	0.6869	强
2005	0.5369	0.1430	0.0074	0.6873	强
2006	0.4077	0.2035	0.0082	0.6194	中
2007	0.2832	0.2409	0.0110	0.5351	中
2008	0.2756	0.2407	0.0114	0.5278	中
2009	0.3224	0.2154	0.0115	0.5493	中
2010	0.3180	0.2813	0.0051	0.6044	中
2011	0.3266	0.2083	0.0120	0.5469	中
2012	0.4039	0.1377	0.0150	0.5566	中
2013	0.4495	0.0504	0.0213	0.5213	中

注：V_1、V_2、V_3 三列数值展现的是承载力对 V_1 承载力强、V_2 承载力中、V_3 承载力弱的隶属程度，下文同

表 8-15　钦州市海洋资源承载力评级结果

年份	V_1	V_2	V_3	承载力 t 值	承载力级别
2004	0.4327	0.1396	0.0133	0.5855	中
2005	0.3925	0.2087	0.0101	0.6114	中
2006	0.3255	0.1629	0.0183	0.5067	中
2007	0.3275	0.2072	0.0137	0.5484	中
2008	0.3503	0.1514	0.0181	0.5198	中
2009	0.3826	0.2491	0.0066	0.6384	中
2010	0.4768	0.1886	0.0077	0.6731	强
2011	0.4950	0.1541	0.0102	0.6593	中
2012	0.5460	0.1640	0.0065	0.7165	强
2013	0.5432	0.1133	0.0101	0.6665	中

注：V_1、V_2、V_3 三列数值展现的是承载力对 V_1 承载力强、V_2 承载力中、V_3 承载力弱的隶属程度，下文同

表 8-16　防城港市海洋资源承载力评级结果

年份	V_1	V_2	V_3	承载力 t 值	承载力级别
2004	0.6178	0.1383	0.2439	0.6683	强
2005	0.6032	0.2205	0.1762	0.6922	强
2006	0.4059	0.4402	0.1539	0.6134	中
2007	0.2502	0.5858	0.1640	0.5388	中
2008	0.1936	0.6513	0.1551	0.5173	中
2009	0.2289	0.7184	0.0527	0.5793	中
2010	0.2329	0.5957	0.1714	0.5277	中
2011	0.2903	0.3959	0.3137	0.4895	中
2012	0.3847	0.2599	0.3554	0.5132	中
2013	0.3729	0.1498	0.4773	0.4530	中

注：V_1、V_2、V_3 三列数值展现的是承载力对 V_1 承载力强、V_2 承载力中、V_3 承载力弱的隶属程度，下文同

目前，钦州市海洋资源承载力水平较高，说明这段时期内钦州市海洋资源的供给较为乐观，对区域社会经济的发展是有保障的。北海市和防城港市当前海洋资源承载力水平处于中等水平，说明两地海洋资源开发方式处于过渡阶段，仍有一定的开发潜力，但是应该注意提升资源的开发利用效率，努力实现资源生态环境的可持续发展。

8.4 广西北海、钦州、防城港三市海洋资源承载力比较

广西北海、钦州、防城港三市是广西与东盟的结合部，泛珠三角经济区与中国—东盟自由贸易区的交汇点，也是西南对外开放、走向世界的重要门户和前沿。广西北海、钦州、防城港三市所面临的资源状况和环境条件有着相似之处，有着共同的产业特点。本研究对北海、钦州、防城港三市承载力进行比较，以明确北海、钦州和防城港三市之间的差距，找到缩小差距的途径。随着《中华人民共和国国民经济和社会发展第十三个五年规划纲要》的实施，广西北海、钦州、防城港三市的经济发展进入了新阶段，而经济发展必须控制在资源承载力范围之内，这样才能通过资源的可持续利用实现社会经济的可持续发展。

本研究从广西北海、钦州、防城港三市的内部差异着手，列出北海、钦州、防城港三市 2013 年海洋资源承载力指标状况与承载力评价结果，结果见表 8-17～表 8-19。

表 8-17 2013 年广西北海、钦州、防城港三市社会发展需求指标

	总人口数（万人）	人口密度（人/km^2）	GDP（亿元）	城镇化率（%）	海洋产业总产值（亿元）	围填海面积（hm^2）	港口货物吞吐量（万 t）	入海 COD 排放量（t）
北海市	159.02	476.54	735	50.82	328	87.68	2 135.8	323 302
钦州市	315.92	290	753.74	35.34	336	46.00	6 035	202 915
防城港市	89.90	144	525.15	53.01	234	79.65	10 560	51 085

表 8-18 2013 年广西北海、钦州、防城港三市海洋资源供给能力指标

	人均海洋捕捞产量（kg）	人均海水养殖产量（kg）	人均海岸线（m）	人均海域面积（m^2）	人均湿地面积（m^2）	人均海岛面积（m^2）
北海市	271.27	308.33	0.33	140.20	636.08	45.20
钦州市	31.03	87.76	0.18	18.62	163.74	13.09
防城港市	134.81	321.25	0.60	52.27	608.56	47.13

表 8-19 2013 年广西北海、钦州、防城港三市海洋生态与环境供给能力指标

	近岸海域功能区水质达标率（%）	一二类海水面积占比（%）	海水剩余环境容量无机氮（t/a）	海水剩余环境容量石油类（t/a）	海洋自然保护区面积占比（%）	湿地面积占比（%）
北海市	100	100	562.77	606.20	0.508	30.21
钦州市	88.6	78	4197.11	302.23	0.482	4.96
防城港市	66.7	89.0	2217.18	292.75	0.647	8.29

由表 8-20 可以看出，2013 年北海市、钦州市和防城港市的承载力综合评价结果分别为 0.5213、0.6665、0.4530。其中，钦州市的承载力最强，接近承载力强的 V_1 区间，而北海市和防城港市的承载力处于承载力中的 V_2 区间，且防城港市弱于北海市。钦州市由于自身海域面积较小，海洋资源供给能力指标基本在北海、钦州、防城港三市中最小，但是由于钦州市在实施茅尾海整治工程等一系列措施治理海洋环境，海洋生态与环境供给能力指标得到一定提升，在北海、钦州、防城港三市中处于前列，因此最后钦州市的承载力最强。而北海市由于人口密度在北海、钦州、防城港三市中最大，拥有广西最大的入海河流南流江，入海 COD 排放量在北海、钦州、防城港三市中居于首位，海洋捕捞业和海洋渔业在北海、钦州、防城港三市中最发达，对海洋环境造成较大压力，且海水剩余环境容量较小，因此北海市的承载力较弱。防城港市的海洋自然保护区面积占比最高，其港口货物吞吐量最高，海水剩余环境容量石油类最小，所以其承载力弱于北海市。

表 8-20　2004～2013 年广西北海、钦州、防城港三市承载力评价结果

年份	北海市	钦州市	防城港市
2004	0.6869（强）	0.5855（中）	0.6683（强）
2005	0.6873（强）	0.6114（中）	0.6922（强）
2006	0.6194（中）	0.5067（中）	0.6134（中）
2007	0.5351（中）	0.5484（中）	0.5388（中）
2008	0.5278（中）	0.5198（中）	0.5173（中）
2009	0.5493（中）	0.6384（中）	0.5793（中）
2010	0.6044（中）	0.6731（强）	0.5277（中）
2011	0.5469（中）	0.6593（中）	0.4895（中）
2012	0.5566（中）	0.7165（强）	0.5132（中）
2013	0.5213（中）	0.6665（中）	0.4530（中）

由表 8-20 和图 8-3 可知，2004 年北海市承载力最强，防城港市次之，钦州市最弱。但是随着时间的迁移，北海、钦州、防城港三市人口增加、GDP 上升及工业产业的发展，排放了更多的工业废水和固体废弃物，入海 COD 和氨氮排放量不断增加，而海洋资源的供给量无显著变化，导致北海、钦州、防城港三市的承载力都在下降，截至 2013 年，防城港市承载力最弱，北海市次之，钦州市最强。特别指出的是，钦州市在 2011 年开展的茅尾海整治工程等一系列环境治理项目，使得钦州市的承载力得到一定程度的提升。

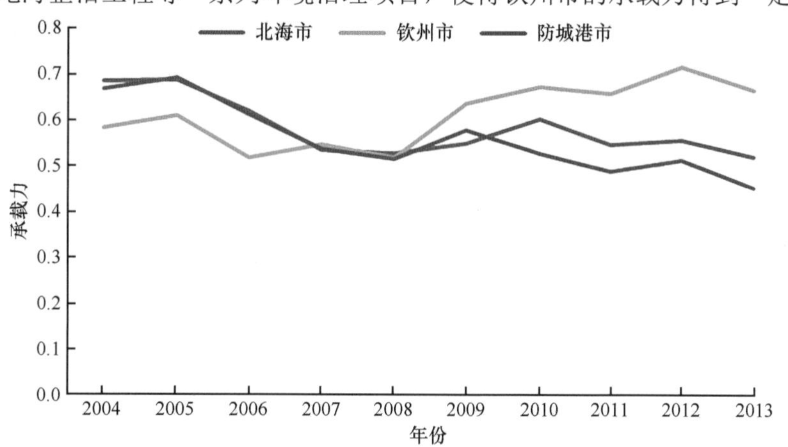

图 8-3　2004～2013 年广西北海、钦州、防城港三市承载力评价结果

就目前而言，钦州市通过一系列海洋环境治理项目使得承载力提升到较高水平，而北海市和防城港市承载力处于中等水平。但是钦州市的承载力只是处于高水平和中等水平的边界上，需要通过进一步的行动使得承载力水平提升。而北海市和防城港市的承载力水平有持续下降的趋势，须引起重视，展开行动提升自身的承载力水平。

8.5　广西北海、钦州、防城港三市海洋资源承载力预测

为了揭示海洋资源子系统、生态子系统和环境子系统对海洋经济的承载力及未来的承载趋势，以制定保护海洋资源、改善生态环境和保障经济可持续发展的行动方案，避免海洋经济高速发展导致海洋生态环境系统的崩溃，分别对北海、钦州、防城港三市建立了系统动力学模型。通过对海洋资源和生态环境承载力系统进行分析，明确系统内需要分析的因素，分析各因素间相互掣肘和促进的关系，对系统运行机制进行预测，根据预测结果为未来承载力的调控提供合理的方案。

8.5.1 海洋资源承载力的系统动力学模型

8.5.1.1 模型简介

系统动力学是一门基于系统理论，吸取反馈理论与信息论成果，并借助计算机模拟技术的交叉学科。该方法主要是通过一阶微分方程组来反映系统各模块变量之间的因果反馈关系，它是目前应用比较广泛的一种资源环境承载力评价的量化方法。系统动力学在研究复杂系统的行为以及处理高度非线性、高阶次、多变量、多重反馈问题方面具有一定优势，其能够模拟不同发展方案下的资源环境承载状态，并可以对相关变量进行预测，从而得到最佳的发展方案。

8.5.1.2 系统流图绘制

本研究借助系统动力学的指定软件 Vensim 软件，共选取 67 个指标（水平变量、辅助变量和常数等）分别构建了北海市、钦州市、防城港市海洋资源、生态和环境承载力系统动力学模型。所建模型的时间跨度为17年（2009～2025年），以2009年为基准年，计算步长为1年，以“十二五”末、“十三五”和“十四五”三个阶段为主要预测目标进行模拟。模型中涉及的有关数据主要来源于政府发布的环境质量公报、海洋环境质量公报，国家及地区统计年鉴，地方志及《中国海洋统计年鉴》等，同时参考了预测期内的相关规划及部分专家学者已有的研究成果。由于本研究涉及大量历史数据，同时需要整理和计算，常数参数的确定通常采用统计资料做算术平均来确定。例如，北海市的人口出生率取 2009～2013 年的平均值 1.41%，人口死亡率取 0.596%，净迁入率取 0.1%。GDP 增长率取 2009～2013 年平均增长率 21.7%，海洋产业总产值增长率取 2009～2013 年的平均值 33.2%。人均生活需水量采用广西偏高的数值 250L/d。SD 模型中的一些辅助变量以表函数的形式给出，如城镇化率、环保投资指数、一二类海水面积占比等。海洋资源承载力系统动力学流程图如图 8-4 所示。

8.5.1.3 模型的检验

模型不可能实现精确的预测，只能在现状的基础上通过合理的假设最终实现对未来的预测。对未来预测的变化只要趋势上是正确的，那么这个模型的设计就算是成功的。对系统动力学模型的检验主要有以下两点。

1）单位一致性检验

系统动力学模型中存在诸多变量，每个变量代表不同的含义，单位也千差万别，因此在模型的构建过程中务必要保持变量单位的一致性。同时，Vensim 软件中的 check mode 功能为使用者提供了模型检查的提示作用，提高了建模的效率。本模型经过反复校对，保持了单位的一致性。

2）有效性和合理性检验

对研究中涉及变量的模拟结果与同期的实际值相比较来验证模型构建的有效性和合理性。一般情况下，模拟值与实际值的相对误差在 10% 以内，模型的设计就是合理的。

8.5.2 海洋资源承载力系统动力学预测

8.5.2.1 预测结果分析

1）人类经济发展模块

Ⅰ. 社会经济子模块

ⅰ. 北海市

北海市人口总数总体呈上升趋势。2015 年、2020 年、2025 年人口总数分别为 167.89 万人、175.70 万人、

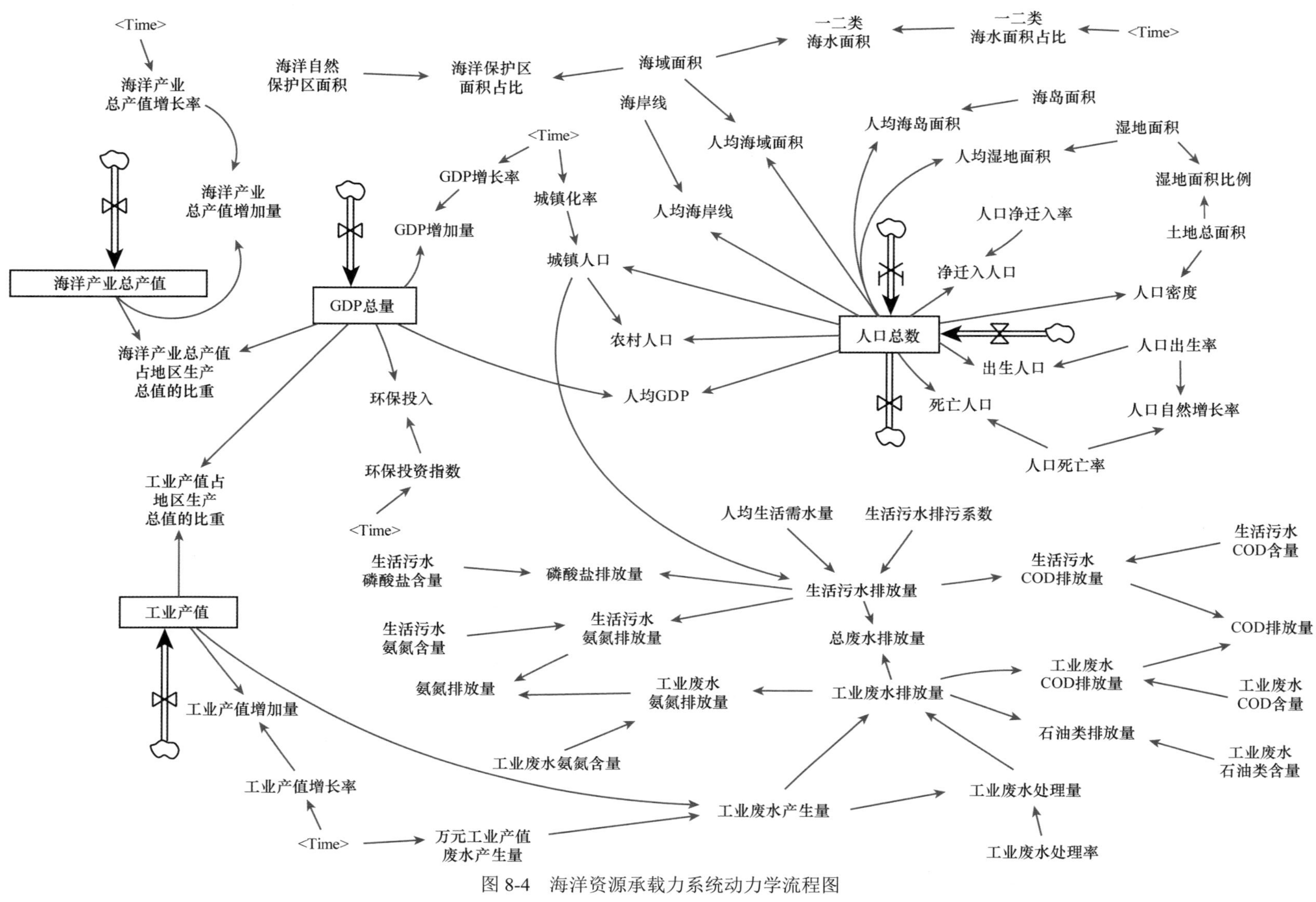

图 8-4　海洋资源承载力系统动力学流程图

183.88 万人，比 2013 年分别增长了 5.58%、10.49%、15.63%。其中，城镇人口逐年增加，农村人口逐年减少。随着北海市经济社会的快速发展，城镇化率也呈现逐年上升的趋势，2015 年、2020 年和 2025 年城镇化率分别为 55%、60% 和 65%。

由表 8-21 中 2015～2025 年北海市 GDP、海洋产业总产值及工业产值的变化趋势可知，北海市经济呈指数增长，2015 年、2020 年、2025 年北海市 GDP 分别为 966.07 亿元、2210.14 亿元、5056.26 亿元。海洋产业总产值增速一直超过 GDP 增速，3 个重要年份总产值分别为 469.25 亿元、1167.65 亿元、2905.49 亿元，比 2013 年分别增长了 43.06%、256%、785.8%。人均 GDP 与 GDP 增长趋势相一致，增速逐渐放缓，3 个重要年份的人均 GDP 模拟值分别为 5.7542 万元、12.5788 万元、27.4974 万元。工业产值的增速和 GDP 增速大体保持一致，2015 年、2020 年、2025 年工业产值的模拟值分别是 564.82 亿元、1292.17 亿元、2956.17 亿元，比 2013 年分别增长了 70.78%、290.7%、795.18%。

表 8-21　北海市社会经济子模块预测值

年份	总人口（万人）	城镇化率（%）	GDP（亿元）	海洋产业总产值（亿元）	工业产值（亿元）
2015	167.89	55	966.07	469.25	564.82
2020	175.70	60	2210.14	1167.65	1292.17
2025	183.88	65	5056.26	2905.49	2956.17

ⅱ. 钦州市

钦州市人口总数总体呈上升趋势。2015 年、2020 年、2025 年人口总数分别为 321.757 万人、334.685 万人、348.133 万人，比 2013 年分别增长了 1.59%、5.67%、9.91%。其中，城镇人口逐年增加，农村人口逐年减少。随着钦州市经济社会的快速发展，城镇化率也呈现逐年上升的趋势，2015 年、2020 年和 2025 年城镇化率分别为 40%、45% 和 50%。可以判断，未来钦州市城市化进程将加快，给资源环境带来的压力将持续增大。

由表 8-22 中 2015～2025 年钦州市 GDP、海洋产业总产值的变化趋势可以看出，钦州市经济呈指数增长，2015 年、2020 年、2025 年钦州市 GDP 分别为 1047.49 亿元、2396.39 亿元、5482.37 亿元，比 2013 年分别增长了 38.83%、217.6%、626.6%。海洋产业总产值增速 2020 年后与 GDP 增速相近，3 个重要年份总产值分别为 523.57 亿元、1259.89 亿元、2882.32 亿元，比 2013 年分别增长了 31.55%、216.56%、624.20%。人均 GDP 与 GDP 增长趋势相一致，增速逐渐放缓，然后平稳，3 个重要年份的人均 GDP 模拟值分别为 3.2555 万元、7.1601 万元、15.7479 万元，比 2013 年分别增长了 36.66%、200.56%、561.05%。工业产值的增速和 GDP 增速大体保持一致，2015 年、2020 年、2025 年的工业产值模拟值分别是 369.001 亿元、844.184 亿元、1931.290 亿元，比 2013 年分别增长了 48.58%、239.9%、677.64%。

表 8-22　钦州市社会经济子模块预测值

年份	总人口（万人）	城镇化率（%）	GDP（亿元）	海洋产业总产值（亿元）	工业产值（亿元）
2015	321.757	40	1047.49	523.57	369.001
2020	334.685	45	2396.39	1259.89	844.184
2025	348.133	50	5482.37	2882.32	1931.290

ⅲ. 防城港市

防城港市人口总数总体呈上升趋势。2015 年、2020 年、2025 年人口总数分别为 91.1142 万人、96.2798 万人、101.7380 万人，比 2013 年分别增长了 2.23%、8.03%、14.15%。其中，城镇人口逐年增加，农村人口逐年减少。随着防城港市经济社会的快速发展，城镇化率也呈现逐年上升的趋势，2015 年、2020 年和 2025 年城镇化率分别为 55%、60% 和 65%。可以判断，未来防城港市城市化进程将加快，给资源环境带来的压力将持续增大。

由表 8-23 中 2015～2025 年防城港市 GDP、海洋产业总产值的变化趋势可以看出，防城港市经济呈指数增长，2015 年、2020 年、2025 年防城港市 GDP 分别为 762.811 亿元、1898.120 亿元、4723.120 亿元，相对 2013 年分别增长了 45.08%、261.0%、798.3%。海洋产业总产值增速一直接近 GDP 增速，3 个重要年份海洋产业总产值分别为 504.263 亿元、1254.770 亿元、3122.270 亿元，相对 2013 年分别增长了 93.35%、381.13%、1097.21%。人均 GDP 与 GDP 增长趋势相一致，增速逐渐放缓，3 个重要年份的人均 GDP 模拟值分别为 8.3720 万元、19.7146 万元、46.4243 万元，相对 2013 年分别增长了 41.21%、232.53%、683.04%。工业产值的增速和 GDP 增速大体保持一致，2015 年、2020 年、2025 年的工业产值模拟值分别是 394.461 亿元、902.432 亿元、2064.550 亿元，比 2013 年分别增长了 50.59%、244.5%、688.2%。

表 8-23　防城港市社会经济子模块预测值

年份	总人口（万人）	城镇化率（%）	GDP（亿元）	海洋产业总产值（亿元）	工业产值（亿元）
2015	91.114 2	55	762.811	504.263	394.461
2020	96.279 8	60	1 898.120	1 254.770	902.432
2025	101.738 0	65	4 723.120	3 122.270	2 064.550

Ⅱ. 海洋环境污染子模块

废水排放总量包括工业废水排放量和生活污水排放量，北海市废水中的主要污染物成分是 COD、氨氮和活性磷酸盐等。利用 SD 模型预测了 2015～2025 年北海市废水排放总量、生活污水排放量、工业废水排放量及废水中 COD、氨氮、石油类、活性磷酸盐的排放量。

ⅰ. 北海市

随着北海市经济的快速增长，2015 年、2020 年和 2025 年废水排放总量分别为 10 247.28 万 t、15 262.17 万 t 和 23 893.53 万 t，比 2013 年分别增长了 23.21%、173.45%、187.3%，人口和经济的增长带动了废水量的增加，且工业废水排放的总量和增长率都大于生活污水排放的。同时废水中的污染物 COD 和氨氮的含量也随之同趋势增加，3 个重要年份 COD 排放量分别为 35 311.4t、58 129.5t、98 854.3t，比 2013 年分别增长了 30.01%、114.30%、264.32%。氨氮排放量分别是 1397.09t、1773.19t、2339.85t（表 8-24），比 2013 年分别增长了 14.65%、45.51%、92.01%。

表 8-24　北海市海洋环境污染子模块预测值

年份	生活污水排放量（万 t）	工业废水排放量（万 t）	COD 排放量（t）	氨氮排放量（t）	活性磷酸盐排放量（t）	石油类排放量（t）
2015	5 898.17	4 349.11	35 311.4	1 397.09	176.945	21.745 6
2020	6 733.84	8 528.33	58 129.5	1 773.19	202.015	42.641 6
2025	7 634.53	16 259.00	98 854.3	2 339.85	229.036	81.294 8

ⅱ. 钦州市

钦州市 2015 年、2020 年和 2025 年废水排放总量分别为 10 822.33 万 t、15 571.60 万 t 和 24 734.10 万 t，比 2013 年分别增长了 19.14%、71.42%、172.29%，人口和经济的增长带动了废水量的增加，且工业废水排放的总量和增长率都大于生活污水排放的。同时废水中的污染物 COD 和氨氮的含量呈现增加趋势。3 个重要年份 COD 排放量分别为 41 780.4t、63 427.8t、106 993.0t，比 2013 年分别增长了 20.42%、82.82%、208.39%。氨氮排放量分别是 3678.57t、4740.76t、6489.73t（表 8-25），比 2013 年分别增长了 16.78%、50.5%、106.03%。

表 8-25　钦州市海洋环境污染子模块预测值

年份	生活污水排放量（万 t）	工业废水排放量（万 t）	COD 排放量（t）	氨氮排放量（t）	活性磷酸盐排放量（t）	石油类排放量（t）
2015	8 220.88	2 601.45	41 780.4	3 678.57	246.626	39.021 8
2020	9 620.10	5 951.50	63 427.8	4 740.76	288.603	89.272 4
2025	11 118.50	13 615.60	106 993.0	6 489.73	333.555	204.234

iii. 防城港市

防城港市 2015 年、2020 年和 2025 年废水排放总量分别为 5464.25 万 t、7337.60 万 t 和 9687.12 万 t，比 2013 年分别增长了 13.65%、52.61%、101.48%。人口和经济的增长带动了废水量的增加，且工业废水排放的总量和增长率都大于生活污水排放的。同时废水中的污染物 COD 和氨氮的含量也随之同趋势增加。3 个重要年份 COD 排放量分别为 20 156.3t、27 655.1t、37 065.3t，比 2013 年分别增长了 14.48%、57.07%、110.52%。氨氮排放量分别是 1455.95t、1682.92t、1965.15t（表 8-26），比 2013 年分别增长了 8.6%、25.53%、46.59%。

表 8-26 防城港市海洋环境污染子模块预测值

年份	生活污水排放量（万 t）	工业废水排放量（万 t）	COD 排放量（t）	氨氮排放量（t）	磷酸盐排放量（t）	石油类排放量（t）
2015	3 491.95	1 972.30	20 156.3	1 455.95	104.759	98.615 2
2020	3 953.49	3 384.11	27 655.1	1 682.92	118.605	169.205 0
2025	4 525.76	5 161.36	37 065.3	1 965.15	135.773	258.068 0

2）海洋资源模块

本系统中的海洋资源主要指海洋空间资源，包括海岸线长度、海域面积、湿地面积、海岛面积等固定数值的指标，还包括一二类海水面积占比及上述各指标的人均值。由预测结果可以看出，随着人口增长，广西北海、钦州、防城港三市各类空间资源的人均值直线下降，一二类海水面积占比呈现较平稳的趋势（表 8-27～表 8-29）。

表 8-27 北海市海洋资源模块预测值

年份	人均海岸线长度（m）	人均海域面积（m^2）	人均湿地面积（m^2）	一二类海水面积占比（%）
2015	3.146 12	132.791	602.479	96
2020	3.006 20	126.886	575.685	98
2025	2.872 50	121.243	550.083	98

表 8-28 钦州市海洋资源模块预测值

年份	人均海岸线长度（m）	人均海域面积（m^2）	人均湿地面积（m^2）	一二类海水面积占比（%）
2015	1.748 53	18.287 0	160.774	96
2020	1.680 98	17.580 6	154.563	98
2025	1.616 05	16.901 5	154.563	98

表 8-29 防城港市海洋资源模块预测值

年份	人均海岸线长度（m）	人均海域面积（m^2）	人均湿地面积（m^2）	一二类海水面积占比（%）
2015	5.902 48	51.574 3	600.451	96
2020	5.585 80	48.807 2	568.236	98
2025	5.286 11	46.188 6	537.749	98

8.5.2.2 广西海洋资源承载力提升方案设计

1）预测方案设计

I. 方案一：常规发展模式

按照北海市、钦州市和防城港市目前人口、社会经济、海洋经济、海洋资源和生态环境保护等发展趋势预测 2014～2025 年评价指标体系中的大部分指标。

ⅰ. 北海市

2015 年前北海市经济增长率取 21.8%，2015 年以后取 18%。根据《北海市国民经济和社会发展第十二个五年规划纲要》，城镇化率 2015 年取 55%，2020 年取 60%，2025 年取 65%。根据《北海市海洋经济发展"十二五"规划》，一二类海水面积占比 2015 年达到 96%，2020 年达到 98%，预计 2025 年保持在 98%。海洋产业总产值增长率 2015 年达到并保持 20%。根据《北海市环境保护及生态建设"十二五"规划》，环保投资指数 2015 年达到 1.7%，2020 年达到 2%，预计 2025 年达到 3%。万元工业产值废水产生量 2015 年降到 70t，2020 年降到 60t，2025 年降到 50t。

ⅱ. 钦州市

2015 年前钦州市经济增长率取 17.3%，2015 年以后取 18%。根据钦州市的发展情况，城镇化率 2015 年取 40%，2020 年取 45%，2025 年取 50%。一二类海水面积占比 2015 年达到 96%，2020 年达到 98%，预计 2025 年保持在 98%。海洋产业总产值增长率 2015 年达到 20%，2020 年和 2025 年保持在 18%。环保投资指数 2015 年达到 1.7%，2020 年达到 2%，预计 2025 年达到 3%。万元工业产值废水产生量 2015 年降到 15t，2015 年以后保持在这个水平。

ⅲ. 防城港市

2015 年前防城港市经济增长率取 20.6%，2015 年以后取 20%。根据《防城港市国民经济和社会发展第十二个五年规划纲要》，城镇化率 2015 年取 56%，2020 年取 60%，2025 年取 65%。根据《防城港市海洋经济发展"十二五"规划》，一二类海水面积占比 2015 年达到 96%，2020 年达到 98%，预计 2025 年保持在 98%。海洋产业总产值增长率 2015 年达到 20%。根据《防城港市环境保护及生态建设"十二五"规划》，环保投资指数 2015 年达到 1.7%，2020 年达到 2%，预计 2025 年达到 3%。根据核算，万元工业产值废水产生量 2015 年降到 200t，2020 年降到 150t，2025 年降到 100t。

Ⅱ. 方案二：综合提升型发展模式

主要从两方面提升北海市、钦州市和防城港市的海洋资源承载力。一是通过减小人类社会经济活动压力，在提高人类支持能力层面来提高资源承载力。具体措施是控制城镇化率，以降低生活污水的排放量，减小城市负担：①北海市城镇化率 2020 年、2025 年分别提高至 58% 和 60%，环保投资指数 2020 年、2025 年分别达到 3% 和 4%；②钦州市城镇化率 2020 年、2025 年分别提高至 42% 和 45%，环保投资指数 2020 年、2025 年分别达到 3% 和 4%；③防城港市城镇化率 2020 年、2025 年分别降至 58% 和 60%，环保投资指数 2020 年、2025 年分别达到 3% 和 4%。

二是从减少污染物排放层面提高环境的承载力：①北海市生活污水排污系数从 70% 降低到 60%，以实现降低废水排放总量的目标，同时将工业废水处理率提高至 95%，以降低污染物入海量，并且将 2020 年和 2025 年万元工业产值废水产生量分别控制在 50t 和 40t；②钦州市生活污水排污系数从 70% 降低到 60%，以实现降低废水排放总量的目标，同时将工业废水处理率提高至 70%，以降低污染物入海量，同时将万元工业产值废水产生量控制在 10t；③防城港市生活污水排污系数从 75% 降低到 65%，以实现降低废水排放总量的目标，同时将工业废水处理率提高至 99%，以降低污染物入海量，同时将 2015 年、2020 年和 2025 年万元工业产值废水产生量分别控制在 170t、120t、80t。

北海市、钦州市和防城港市各个方案主要参数的调整详见表 8-30～表 8-32。

表 8-30　北海市各方案主要参数调整表

指标		城镇化率（%）	环保投资指数（%）	生活污水排污系数（%）	工业废水处理率（%）	万元工业产值废水产生量（t）
2015 年	方案一	55	1.7	70	89	70
	方案二	55	1.7	60	95	60
2020 年	方案一	60	2	70	89	60
	方案二	58	3	60	95	50
2025 年	方案一	65	3	70	89	50
	方案二	60	4	60	95	40

表 8-31　钦州市各方案主要参数调整表

指标		城镇化率（%）	环保投资指数（%）	生活污水排污系数（%）	工业废水处理率（%）	万元工业产值废水产生量（t）
2015 年	方案一	40	1.7	70	53	15
	方案二	40	1.7	60	70	10
2020 年	方案一	45	2	70	53	15
	方案二	42	3	60	70	10
2025 年	方案一	50	3	70	53	15
	方案二	45	4	60	70	10

表 8-32　防城港市各方案主要参数调整表

指标		城镇化率（%）	环保投资指数（%）	生活污水排污系数（%）	工业废水处理率（%）	万元工业产值废水产生量（t）
2015 年	方案一	56	1.7	75	97.5	200
	方案二	56	1.7	65	99	170
2020 年	方案一	60	2	75	97.5	150
	方案二	58	3	65	99	120
2025 年	方案一	65	3	75	97.5	100
	方案二	60	4	65	99	80

2）预测结果

Ⅰ. 指标预测结果

表 8-33～表 8-35 分别是北海市、钦州市和防城港市 2015 年、2020 年、2025 年三个重要年份中各个指标在不同方案下的变化情况。通过方案二对人类支持能力的调整，总人口、城镇人口等负项指标的值都有所下降，人均 GDP、环保投入等指标的值有所上升。对环境污染方面的调整，使环境方面的负向指标值都有所下降，表明环境的改善会提高广西北海、钦州、防城港三市的海洋资源承载力。

表 8-33　北海市各方案主要变量预测结果

指标		城镇人口（万人）	环保投入（万元）	生活污水排放量（万 t）	工业废水排放量（万 t）	入海 COD 排放量（t）	入海氨氮排放量（t）
2015 年	方案一	92.339	17.463 3	5 898.17	4 349.11	35 311.4	1 397.09
	方案二	92.339	17.463 3	5 190.39	3 727.81	21 822.3	1 136.92
2020 年	方案一	105.422	47.002 1	6 733.84	8 528.33	58 129.5	1 773.19
	方案二	101.908	70.503 1	5 728.26	7 106.94	29 327.1	1 307.17
2025 年	方案一	119.523	161.294	7 634.53	16 259	98 854.3	2 339.85
	方案二	110.329	215.059	6 201.59	13 007.2	43 825.4	1 535.93

表 8-34　钦州市各方案主要变量预测结果

指标		城镇人口（万人）	环保投入（万元）	生活污水排放量（万 t）	工业废水排放量（万 t）	入海 COD 排放量（t）	入海氨氮排放量（t）
2015 年	方案一	128.703	17.807 3	8 220.88	2 601.45	41 780.4	3 678.57
	方案二	128.703	17.807 3	7 234.37	1 734.3	30 855.3	3 059.8
2020 年	方案一	150.608	47.927 9	9 620.1	5 951.5	63 427.8	4 740.76
	方案二	140.568	71.891 8	7 901.31	3 967.66	40 317.3	3 540.41
2025 年	方案一	174.066	164.471	11 118.5	13 615.6	106 993	6 489.73
	方案二	156.66	219.295	8 805.85	9 077.06	59 789.8	4 391.42

表 8-35　防城港市各方案主要变量预测结果

指标		城镇人口（万人）	环保投入（万元）	生活污水排放量（万 t）	工业废水排放量（万 t）	入海 COD 排放量（t）	入海氨氮排放量（t）
2015 年	方案一	51.024	13.097 7	3 491.95	1 972.3	20 156.3	1 455.95
	方案二	51.024	13.097 7	3 072.92	670.59	13 264.4	1 249.28
2020 年	方案一	57.77	38.342 6	3 953.49	3 384.11	27 655.1	1 682.92
	方案二	55.84	57.513 9	3 363.1	1 082.91	15 982.8	1 377.73
2025 年	方案一	66.13	143.113	4 525.76	5 161.36	37 065.3	1 965.15
	方案二	61.04	190.817	3 676.31	1 651.64	19 436.3	1 520.07

Ⅱ. 承载力预测结果

表 8-36～表 8-38 分别是方案一和方案二在模糊综合评价法下的北海市、钦州市和防城港市海洋资源承载力预测数值，图 8-5～图 8-7 分别是北海市、钦州市和防城港市海洋资源承载力的预测趋势。可以看出，经过方案二的调整后，承载力的数值明显提高，说明系统动力学作为“政策实验室”改进的方案是有效的。

表 8-36　北海市海洋资源承载力预测

年份	2014	2015	2016	2017
方案一	0.510	0.477	0.507	0.503
方案二	0.560	0.499	0.568	0.566
年份	2018	2019	2020	2021
方案一	0.498	0.491	0.487	0.485
方案二	0.560	0.552	0.549	0.545
年份	2022	2023	2024	2025
方案一	0.482	0.479	0.477	0.477
方案二	0.539	0.532	0.530	0.530

表 8-37　钦州市海洋资源承载力预测

年份	2014	2015	2016	2017
方案一	0.552	0.520	0.511	0.502
方案二	0.551	0.520	0.512	0.503
年份	2018	2019	2020	2021
方案一	0.491	0.480	0.475	0.470
方案二	0.493	0.485	0.486	0.485
年份	2022	2023	2024	2025
方案一	0.465	0.459	0.457	0.455
方案二	0.484	0.484	0.488	0.492

表 8-38　防城港市海洋资源承载力预测

年份	2014	2015	2016	2017
方案一	0.546	0.540	0.535	0.529
方案二	0.546	0.540	0.536	0.530
年份	2018	2019	2020	2021
方案一	0.520	0.511	0.506	0.500
方案二	0.522	0.514	0.509	0.504

续表

年份	2022	2023	2024	2025
方案一	0.495	0.488	0.482	0.480
方案二	0.500	0.495	0.489	0.488

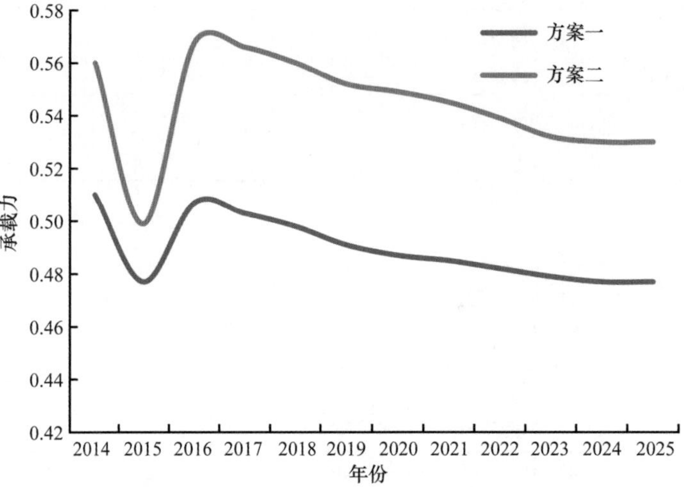

图 8-5 北海市海洋资源承载力预测趋势

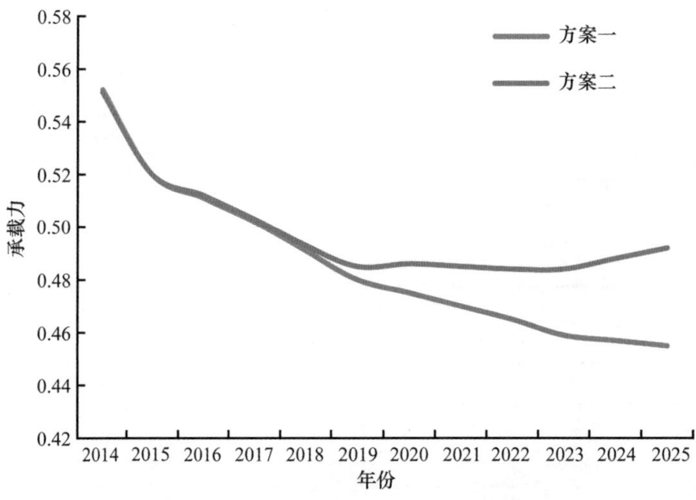

图 8-6 钦州市海洋资源承载力预测趋势

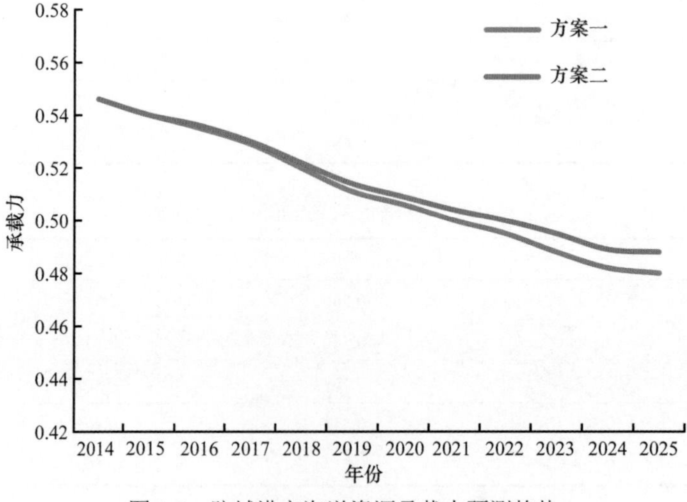

图 8-7 防城港市海洋资源承载力预测趋势

根据测算结果可知，按照传统模式发展的方案一，资源承载力整体呈下降趋势，但一直处于中等水平，表示研究区域资源仍有一定的开发潜力，开发方式处于中间过渡阶段，此时研究区域内的资源供给对发展的需求有一定的保证。经过综合调整之后的方案二，资源承载力仍处于中等水平，但相比方案一，承载力提高了 0.05 左右。

通过对以上两种方案下 2014～2025 年北海市海洋资源、生态和环境承载状况的预测分析，对北海市实现社会经济与海洋资源、环境的可持续发展的目标提出如下三点建议。

Ⅰ. 保持人口数量稳步增长

“十二五”和“十三五”期间是广西各种新兴产业发展的初步阶段，产业发展规模扩大，对人力资源的需求更为紧迫，这一趋势不可避免。因此，根据以上两种方案对承载力的预测结果，得出北海市人口总数 2015 年、2020 年和 2025 年应分别控制在 167.89 万人、175.70 万人和 183.88 万人以内，人口自然增长率严格控制在 1% 以内；钦州市人口总数 2015 年、2020 年和 2025 年应分别控制在 321.757 万人、334.685 万人和 348.133 万人以内，人口自然增长率严格控制在 1.2% 以内；防城港市人口总数 2015 年、2020 年和 2025 年应分别控制在 91.1142 万人、96.2798 万人和 101.7380 万人以内，人口自然增长率严格控制在 1% 以内。这样有利于改善北海市、钦州市和防城港市未来十几年的承载力。

Ⅱ. 加大区域内污染物入海的减排力度

随着沿海社会经济的快速发展，废水及污染物的排放量将逐渐增多。一方面在工业上转变经济增长方式，发展循环经济，淘汰落后产能，推广清洁生产，改造传统产业，减少工业废水、废物、废气的产生量，提高对工业废物资源的再生利用。另一方面提高生活污水处理率，减少城镇生活污水的排放，北海市 2015 年、2020 年和 2025 年 3 个重要年份的废水排放总量分别控制在 10 247.28 万 t、15 262.17 万 t 和 23 893.53 万 t 以内；钦州市 2015 年、2020 年和 2025 年三个重要年份的废水排放总量分别控制在 10 822.33 万 t、15 571.60 万 t 和 24 734.10万 t 以内；防城港市 2015 年、2020 年和 2025 年 3 个重要年份的废水排放总量分别控制在 5464.25 万 t、7337.60 万 t 和 9687.12 万 t 以内。通过加大减排力度，努力改善北海市、钦州市和防城港市海洋生态水质状况，恢复海洋资源、生态和环境承载力，增强其对经济社会发展的承载作用。

Ⅲ. 加大人类社会支持力度，恢复和提高海洋生态系统服务功能

主要从提高区域内人均生活水平、控制城镇化水平、加强海洋生物多样性保护、推进生态系统修复、强化海洋生态监测和海洋灾害管理等方面入手，从整体上加大人类社会的支持力度。努力实现 2025 年北海市人均 GDP 达到 27.4974 万元，2015 年、2020 年和 2025 年城镇化水平分别实现 55%、60% 和 65%，3 个重要年份环境保护投资占 GDP 的比重分别达到 1.7%、3% 和 4%；2025 年钦州市人均 GDP 达到 15.7479 万元，2015 年、2020 年和 2025 年城镇化水平分别实现 40%、45% 和 50%，3 个重要年份环境保护投资占 GDP 的比重分别达到 1.7%、3% 和 4%；2025 年防城港市人均 GDP 达到 46.4243 万元，2015 年、2020 年和 2025 年城镇化水平分别实现 56%、60% 和 65%，3 个重要年份环境保护投资占 GDP 的比重分别达到 1.7%、3% 和 4%。开展海洋生物多样性普查，建设海洋水生生物自然保护区，增加海洋自然保护区面积的占比，到 2025 年末实现海洋自然保护区面积在 2014 年的基础上提高 10%。保护与修复滨海湿地、红树林、珊瑚礁和海草床等重要海洋生态系统，在涠洲岛海域开展珊瑚礁人工繁育和生态修复。建设海洋绿潮、水母、外来入侵物种、敌害生物、病毒病害等监控网络，强化海洋赤潮监控，形成重点生态监控区。开展海洋生态灾害防治技术应用示范，加强海洋生态灾害防治体系及治理示范工程建设。通过以上措施，人类社会的支持力将显著提高，海洋生态系统服务功能得以恢复和提高，从而提高北海市、钦州市和防城港市海洋资源、生态和环境承载力。

通过以上三点建议，期望提高广西北海、钦州、防城港三市海洋资源、生态和环境整体承载力，未来十几年实现广西经济社会发展与海洋资源、生态和环境协调发展的目标。

8.6 小　　结

本章通过对广西北海、钦州和防城港三市海洋资源、生态和环境承载力进行评价，发现北海市2004～2013年海洋资源承载力呈现较为平缓的下降趋势；钦州市海洋资源承载力在2004～2008年处于下降状态，随后2009～2012年缓慢上升；防城港市2004～2013年海洋资源承载力基本都处于0.48以上，承载力中等偏强。之后对广西北海、钦州和防城港三市海洋资源承载力进行预测，结果表明北海、钦州和防城港三市海洋资源承载力整体呈下降趋势，但一直处于中等水平，表示海洋资源仍有一定的开发潜力，开发方式处于中间过渡阶段。

广西海洋资源资产负债表

9.1 广西海洋资源资产研究概述

9.1.1 研究目的及意义

改革开放以来，我国经济取得了举世瞩目的成就，但资源环境问题也日益严峻。为了提高资源的利用效率、缓解经济发展与资源环境保护之间的矛盾，2013 年党的十八届三中全会通过的《中共中央关于全面深化改革若干重大问题的决定》强调，加快生态文明制度建设，探索编制自然资源资产负债表，对领导干部实行自然资源资产离任审计，建立生态环境损害责任终身追究制，首次明确了以自然资源资产负债表作为工具对资源与环境进行核算，并结合“生态红线”的划定进行宏观管理的总体思路。该决定提出后，广东省、贵州省、江西省、青海省、内蒙古自治区、重庆市先后将编制自然资源资产负债表列入 2014 年政府工作计划。2015 年《中共中央 国务院关于加快推进生态文明建设的意见》提出以健全生态文明制度体系为重点，必须把制度建设作为推进生态文明建设的重中之重，探索编制自然资源资产负债表。2015 年 9 月 11 日，中共中央 国务院审议通过《生态文明体制改革总体方案》，再次强调资源资产负债表编制的重要性，该方案明确提出，完善生态文明绩效评价考核和责任追究制度，定期评估自然资源资产变化状况。由于当前我国资源短缺、环境恶化的现象已经非常严重，必须加强资源管理，减少资源负债。2015 年 11 月 8 日，国务院办公厅印发《编制自然资源资产负债表试点方案》，将内蒙古自治区呼伦贝尔市、浙江省湖州市、湖南省娄底市、贵州省赤水市、陕西省延安市列为试点地区，正式将编制自然资源资产负债表作为下一步政府工作的重要目标。因此，要落实中央政府决策、有效推进地方政府的实践工作，当务之急是形成具有指导性的自然资源资产负债表的编制技术框架。

海洋资源是关乎国民经济发展的战略性资源，党的十六大提出“实施海洋开发”战略，推动海洋产业的发展。但是海洋资源的开发利用在有效促进我国社会经济快速发展的同时，也造成了海洋资源的衰减和海洋生态环境的不断恶化，主要体现在：海洋环境受到严重污染，海洋生态系统遭到不同程度的破坏，海洋生物资源呈现衰退趋势。因此，编制海洋资源资产负债表对科学指导我国海洋经济的发展具有重要意义。

广西地处我国南部，背靠大西南，面向东南亚，是西南主要经济发展战略区域。广西海洋资源十分丰富，海洋生物种类众多，占全国海洋生物种类的 45% 以上。海洋空间广阔，海岸线长 1628.59km，占全国海岸线长度的 8.9%。浅海面积 6488km^2，滩涂面积 1005km^2，浅海滩涂面积占全国的 12.5%。广西丰富的海洋资源极大地带动了海洋经济的发展。目前，广西逐步成为我国“一带一路”衔接的重要门户，西南中南地区开放发展新的战略支点。但是，广西在海洋资源开发利用过程中，随着空间开发规模逐步加大，出现了一系列问题，如广西近岸海域开发趋于饱和、海域资源利用粗放、行业用海矛盾突出、围填海规模持续加大等，资源环境之间的矛盾严重制约了广西海洋经济的进一步发展。对广西海洋资源实行资产负债管理，摸清广西海洋资源家底及其变动情况，能够为推进广西生态文明建设、有效保护和永续利用广西海洋资源提供信息基础及决策支持。

本研究旨在摸清广西某一时点上海洋资源的“家底”及其变动情况，全面反映海洋经济增长的资源消耗、环境代价及海洋环境保护的生态效益，为完善生态文明绩效评价考核和责任追究制度提供信息基础，为推进生态文明建设和绿色低碳发展提供信息支撑、监测预警和决策支持。具体而言，编制广西海洋资源资产负债表具有如下理论及现实意义。

（1）响应中共中央、国务院探索编制自然资源资产负债表，对领导干部实行自然资源资产离任审计，建立生态环境损害责任终身追究制度的战略部署，推进资源行政管理改革，优化资源配置。

（2）摸清广西海洋资源“家底”，明确海洋经济对海洋资源的依赖程度，为有效解决广西海洋经济发展与海洋资源环境制约间的矛盾提供信息支撑，为广西领导干部生态责任审计和广西生态文明绩效考核提供理论基础与技术支持。

（3）明确海洋资源资产、负债核算的范围与标准，弥补海洋资源核算、海洋资源资产负债表的研究空白，为国家和政府提高海洋资源管理能力、建立资源损害责任终身追究制度提供科学依据。

（4）广西海洋资源资产负债表的编制框架对于形成我国沿海城市海洋资源资产负债表编制技术，从而实现海洋资源的科学开发有明确的借鉴意义和示范作用。

9.1.2 研究框架

在对广西重要海洋资源实物量核算的基础上，从广西海洋资源的资产价值和负债成本两个方面系统论证海洋资源资产负债表的编制内容，并分析具体海洋资源的实物存量、资产价值及负债成本，以此为依据编制广西海洋资源资产负债表。具体研究内容如下。

1）海洋资源资产负债概述

（1）根据会计学资产负债、国家自然资源资产负债概念的界定，结合海洋资源自身的特点，对海洋资源资产、海洋资源负债两个概念进行明确界定。

（2）将海洋资源资产核算内容界定为实物量核算与价值量核算两部分。实物量核算主要从动态、静态两方面对资源实存数量及变动情况进行列示；价值量核算则从资源资产价值、负债成本两个维度进行界定，明确海洋资源资产及负债核算内容。

（3）设计海洋资源资产负债样表，依据海洋资源属性，确定样表中资产、负债具体核算项目的构成及具体核算方法。

2）广西具体海洋资源资产负债核算及资产负债表的编制

界定本研究需核算的广西具体海洋资源：红树林资源、海草床资源、珊瑚礁资源、滩涂湿地资源、岸线资源。针对每种海洋资源，分别编制实物量核算表、价值量核算表、资产价值表、负债成本表，并汇总编制生物资源资产负债总表、滩涂湿地资源资产负债总表、岸线资源资产负债总表。

3）海洋资源资产负债表的应用与监管

明确海洋资源资产负债表的应用方向及应用价值，并为海洋资源资产负债表的监管提出政策建议。

海洋资源资产负债研究技术路线如图 9-1 所示。

9.2 海洋资源资产负债表概述

海洋资源资产负债表是用资产核算账户的形式，对全国或一个地区的海洋资源资产进行分类并核算期初、期末存量及期间的增减变化量以显示某一时点海洋资源的“家底”，反映一定时间内海洋资源存量的变化。

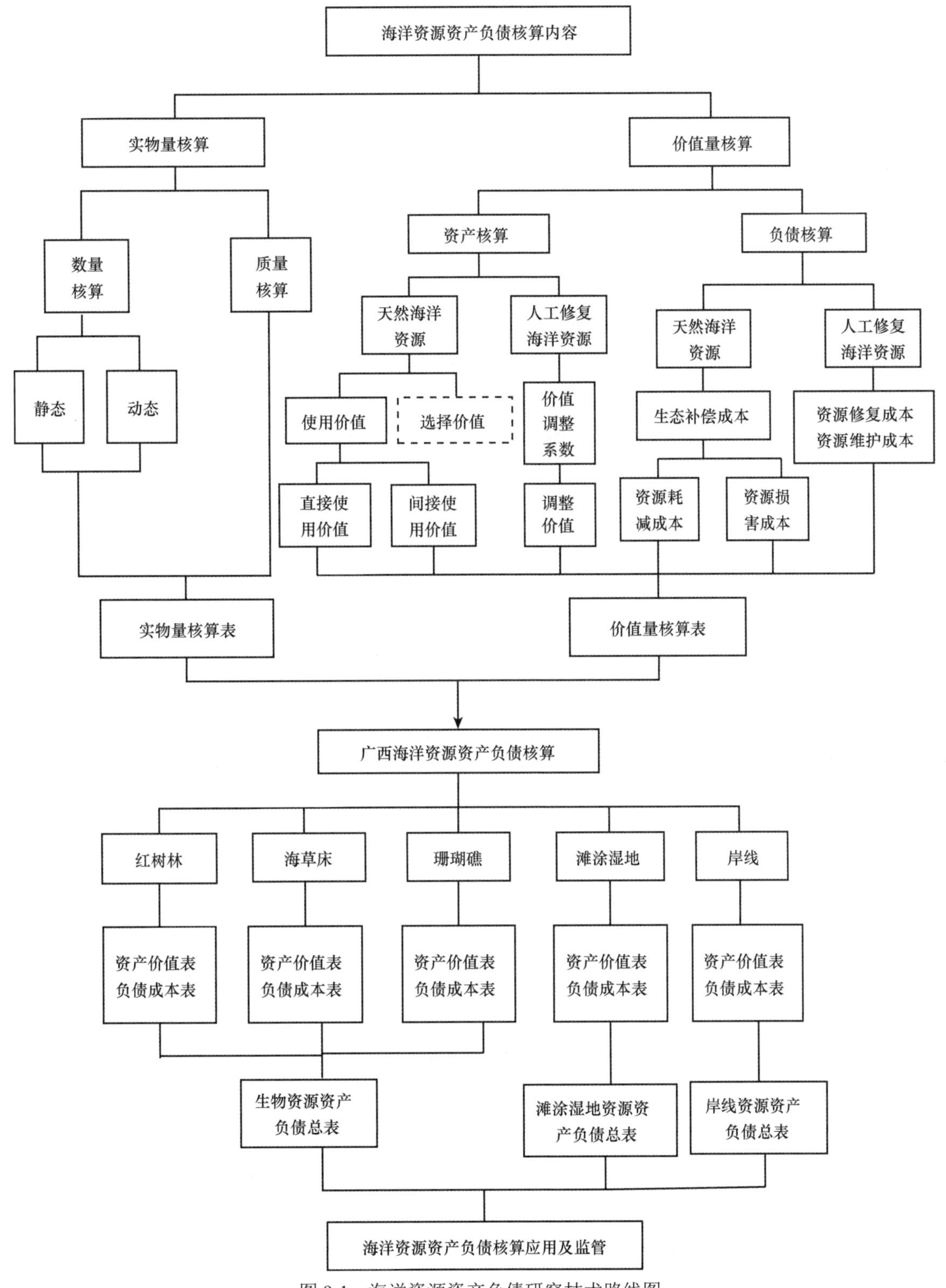

图 9-1　海洋资源资产负债研究技术路线图

9.2.1　海洋资源资产负债内涵

9.2.1.1　资产负债的会计学界定

1）资产

在会计学中，资产表示未被扣除负债的企业总资产（马骏等，2012）。美国会计准则委员会（Financial

Accounting Standards Board，FASB）指出，资产是可能的未来经济利益，它是特定个体从已经发生的交易或事项所取得或加以控制的。国际会计准则理事会（International Accounting Standards Board，IASB）指出，资产是作为以往事项的结果而由企业控制的，可向企业流入未来经济利益的资源。财政部会计司编写组则指出，资产是企业所拥有或者控制的能以货币计量的经济资源，包括各种财产、债券和其他权利。资产的定义是："资产是企业控制的一项资源，它是过去事项的结果，从所控制的资源中预期有未来经济利益流入企业。"《企业会计准则——基本准则》（2014）规定，资产是指企业过去的交易或者事项形成的、由企业拥有或者控制的、预期会给企业带来经济利益的资源。

2）负债

在会计学中，负债表示目前企业向外借款等应付而当前未付的款项（马骏等，2012）。美国会计准则委员会（FASB）认为，负债是将来可能要放弃的经济利益，是特定个体由已经发生的交易或事项而导致的将来要向其他个体转交资产或提供劳务的现有义务。国际会计准则理事会（IASB）则指出，负债是由以往事项发生导致的现有义务，这种义务的结算会引起含有经济利益的资源外流。由此可见，负债的本质即为由某行为或事项导致的强制性支付义务。《企业会计准则——基本准则》（2014）规定，负债是指企业过去的交易或事项形成的、预期会导致经济利益流出企业的现时义务，即负债是企业所承担的能以货币计量、需以资产或劳务偿还的债务。

9.2.1.2 海洋资源资产负债概念界定

在海洋资源资产负债表编制过程中，资产、负债及净资产在含义上会与一般的会计要素有所不同。

1）海洋资源资产

海洋资源资产是指在海洋资源范畴内，因拥有海洋资源所有权或使用权而取得的与该海洋资源有关的经济利益的流入。

资源资产既是资源会计的基本要素，又是资源会计核算体系的重要组成部分。资源资产的特点主要包括：天然形成与人工投入相组合性、可利用性、总量有限性、变化符合生态平衡机制、计量复杂性、产权归属的国有性和收益的垄断性。但与一般资源资产相比，海洋资源资产除具备资源资产的一般特点外，还具有特殊属性：经济性、生态资产属性。海洋资源资产具有经济性：海洋资源具有多元使用价值，因此具有经济性。海洋资源资产具有生态资产属性：海洋资源具有多项生态服务功能，包括供给功能、调节功能、文化功能、支持功能等，而海洋生态系统服务功能是海洋生态资产的重要组成部分。

但是，在进行海洋资源资产核算时，需要将海洋资源区分为天然海洋资源和人工修复海洋资源两部分，对于人工修复海洋资源，其生态功能的发挥与天然海洋资源存在一定差别，其价值量与天然海洋资源也应存在差别，其价值量的计算应在天然海洋资源价值量的计算基础上加以调整。

海洋资源资产构成如图 9-2 所示。

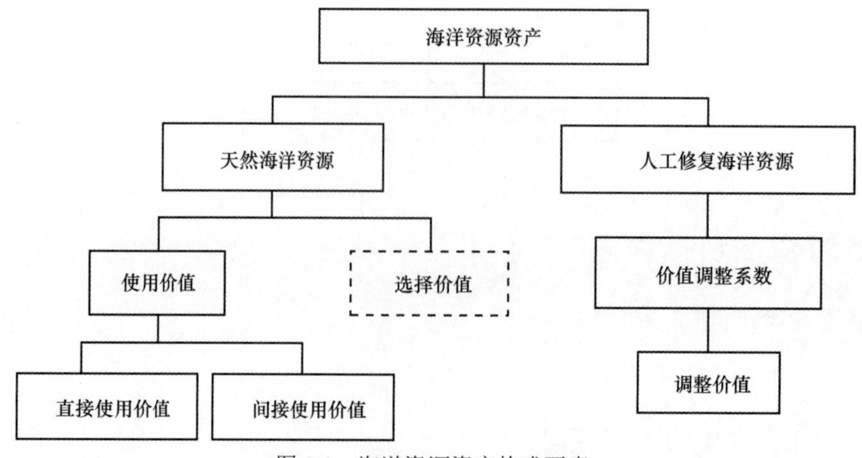

图 9-2　海洋资源资产构成要素

2）海洋资源负债

海洋资源负债是指对海洋资源进行开发过程中产生的破坏而导致现有资源的净损失，进而为恢复原有生态的补偿价值，以及为进行资源的人工修复而需要支付的资源修复成本和资源维护成本。补偿性修复提供的服务的经济价值应等价于资源损害的经济损失，并且，海洋资源补偿成本的核算可分为两类，即基于价值损失的补偿和基于生态修复的补偿，由于基于生态修复的补偿方法限制条件较多，而且在我国该补偿计算方法尚不完善，因此，本研究在进行负债核算时主要运用基于价值损失的补偿确定方式，并根据海洋资源自身的特性，将海洋资源的价值损失分为资源耗减成本和资源损害成本。海洋资源负债的界定主要通过以下几个方面进行：①海洋资源实物量的减少；②应付资源补偿成本（基于资源耗减和资源损害的补偿成本确定方式）、资源修复成本、资源维护成本。

海洋资源实物量的减少是指一段时间内，由自然因素及经济利用因素导致的海洋资源数量的减少。

资源损害成本指对海洋资源进行开发过程中产生的海洋资源价值损害，即海洋资源存量由于经济利用而减少的价值，也就是海洋资源提供服务而使其功能下降的价值。资源耗减成本是指经济过程利用、消耗海洋资源所形成的成本，海洋资源现在的开采利用所带来的资源的机会成本。对于可再生的海洋资源，其资源补偿成本主要基于资源损害的损失；而对于不可再生的海洋资源，其资源补偿成本不仅包括资源损害的损失，还包括资源耗减损失。海洋资源负债构成如图 9-3 所示。

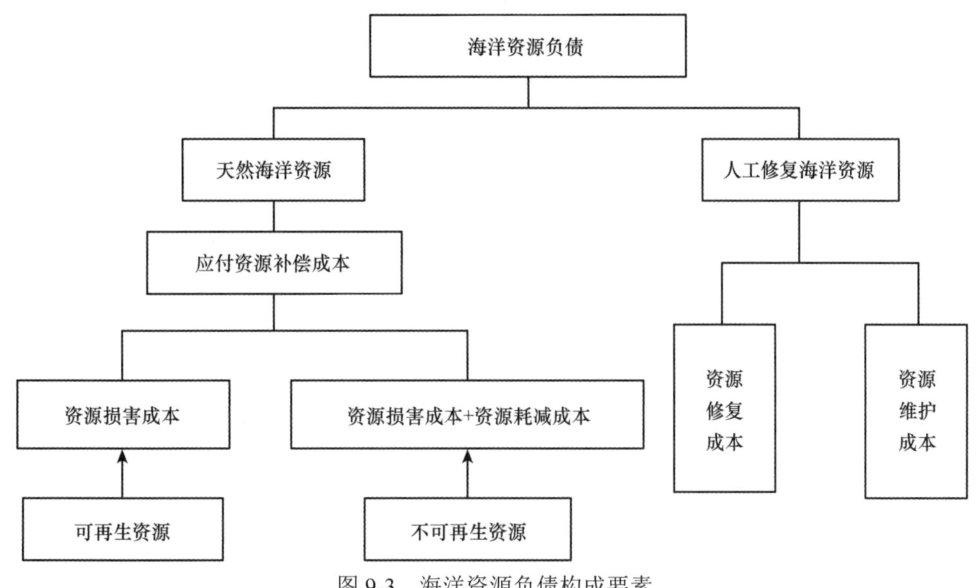

图 9-3　海洋资源负债构成要素

3）海洋资源净资产

不同的学者对自然资源净资产有不同的观点，洪燕云等（2014）认为，自然资源资产负债表中的自然资源资本是指自然资源资产扣除自然资源负债后由自然资源所有者持有的净资产。自然资源资本反映的是某一地区乃至整个国家对自然资源的最终掌控量。耿建新等（2015）提出，资产与负债之差只能称为净资产，而不能称为所有者权益。无法直接计算出经济体的“所有者”投入了多少“资本”，又有多少“留存收益”可供其使用，净资产只能通过间接方式获得。

本研究认为，海洋资源净资产是指海洋资源资产扣除海洋资源负债后可为海洋资源权益主体拥有或控制的相关资源的剩余权益，即

$$海洋资源净资产=海洋资源资产-海洋资源负债$$

海洋资源净资产反映了国家对海洋资源的拥有或控制情况及其程度，是国家对海洋资源所有权的体现。

9.2.2 海洋资源资产核算原则

1）坚持整体设计原则

将资源资产负债表编制纳入生态文明制度体系，与资源环境生态红线管控、资源资产产权和用途管制、领导干部自然资源资产离任审计、生态环境损害责任追究等重大制度相衔接，按照生态系统的自然规律和有机联系，统筹设计主要自然资源的资产负债核算。

2）可行性和可操作性原则

对海洋资源实行资产负债核算时，选取的评价指标应当具备可测性，并具备相应的数据支持。纳入该体系的各项指标因素必须概念明确、内容清晰、能够实际计量或测算，以便进行定量分析。过于抽象的和尚不具备评价条件分析的概念或理论范畴不引入体系；现阶段还无法实际测定的指标也暂时不予考虑；有些指标现阶段可以实际计算，并且，国外已经进行过类似的计算，但是我国目前还未组织过有关的正式调查，则只能作为备选因子列入该指标体系。应该说明的是，关于资源环境价值评价的研究本身也是一个不断完善、不断发展的过程，不但研究方法需要逐步完善，而且随着社会经济条件的变化，往往会不断产生和提出一些新的经济增长与发展问题及发展战略目标，从而要求有关资源环境评估指标体系能够给予适当反映。就这一点来说，倘若追求使该指标体系尽善尽美，将其作为一种绝对全面、一成不变的测度标准，是不现实、也是无益的。

3）可比性和动态发展性原则

对资源进行资产核算应适当考虑不同时期的动态对比及不同地区的空间对比的要求，以保证核算指标体系发挥应有的作用。当然也必须适当反映各项资源的具体特点，但若过于强调特殊性，就会影响地区之间及其与其他省市之间的可比性。此外，考虑到资料的搜集、对比，在制定指标体系时还需要保证指标体系具有较好的包容性和可比性，以利于实际的分析应用。总之，资源资产负债核算体系要含义明确，计算口径一致，既能进行各地区、各部门之间的横向比较，又可满足不同时期社会变化的纵向比较。目前资源资产负债核算仍然处于探索过程中，所以，我们可以根据不同的区域条件、不同资源特点开展局部意义的核算研究。

4）注重质量指标原则

编制资源资产负债表要反映资源规模的变化，更要反映资源的质量状况。通过质量指标和数量指标的结合，更加全面系统地反映资源的变化及其对生态环境的影响。

5）确保真实准确原则

按照高质、务实、管用的要求，建立健全自然资源统计监测指标体系，充分运用现代科技手段和法治方式提高统计监测能力与统计数据质量，确保基础数据和自然资源资产负债表各项数据真实准确。编制自然资源资产负债表，不涉及自然资源的权属关系和管理关系。

6）借鉴国际经验

立足我国生态文明建设需要、自然资源禀赋和统计监测基础，参照联合国等国际组织制定的《环境经济核算体系 2012——中心框架》等国际标准，借鉴国际先进经验，通过探索创新，构建科学、规范、管用的自然资源资产负债表编制制度。

9.2.3 海洋资源资产负债核算内容

与一般的会计核算以货币为主要计量单位不同，海洋资源是一种以实物量表示的资源，而且在核算其价值时，也必须以实物量为计量基础。本研究中，将以实物量计量为基础的报表称为“实物量核算表”，以价值量为计量尺度的报表称为“价值量核算表”。编制资产负债表时，先统计资源实物量及其变动情况，再将实物量核算表价值化，获得对应的以价值量为计量尺度的报表。

9.2.3.1　实物量核算

实物量核算即对不同种类资源的数量进行统计调查，并将各类资源的统计数据在格式统一的报表中进行列示的核算方式。海洋资源实物量核算表是指对某一时点海洋资源的实存数量及某一时期内海洋资源数量变动情况进行核算的报表。

存量核算是指对某一时点海洋资源的数量进行统计的核算方式，一般用“期初存量”“期末存量”两项指标表示，其中，“期初存量”是指核算期期初某项海洋资源的实存数量，“期末存量”是指核算期期末某项海洋资源的实存数量。资源存量核算是着眼于静态而进行的资源资产核算，有助于评估某一时点的资源资产总量，有助于比较不同地区间的资源资产存量。

流量核算是指对某一段时间内海洋资源数量变动情况进行统计的核算方式，一般用“本期增加量”“本期减少量”表示，其中，“本期增加量”是指核算期内资源自然生长或人工恢复等所带来的资源的增加数量，“本期减少量”则指核算期内人工破坏或自然灾害等原因造成的资源的减少数量。资源流量核算是着眼于动态而进行的资源资产核算或连续时段核算，有助于认识一个国家或一个地区随经济增长而发生的自然资源数量的变化。

通过资源流量核算发现，资源期末存量即为期初存量加上本期增加量减去本期减少量，即：

期末存量=期初存量+本期增加量−本期减少量

也就是说，存量核算和流量核算间相互联系、相互转化。在编制资源实物量表时，可按照“期初存量+本期增加量=本期减少量+期末存量”的原理核算海洋资源资产的期初存量和期末存量，同时侧重反映海洋资源资产存量的数量变化。以实物计量的海洋资源资产负债表可以分类反映一定时期某权益主体或某一地区海洋资源的占用量和变化量情况，便于同一地区同种资源在不同年份的纵向比较。

海洋资源资产负债实物量核算样表如表 9-1 所示。

表 9-1　海洋资源资产负债实物量核算样表

序号	项目	红树林		珊瑚礁		海草床	
		天然	人工	天然	人工	天然	人工
1	一、期初存量						
2	二、本期增加量						
3	（一）自然增加						
4	（二）经济发现						
5	（三）人工培育或恢复						
6	（四）其他因素引起的增加						
7	三、本期减少量						
8	（一）自然减少						
9	（二）经济使用						
10	（三）人为破坏						
11	（四）灾害损失						
12	（五）其他因素引起的减少						
13	四、调整变化量						
14	（一）技术改进						
15	（二）测试方法调整						
16	（三）其他						
17	五、期末存量						

9.2.3.2 价值量核算

价值量核算是指以货币形式表现的资源的真实价值。海洋资源价值量核算表是在对海洋资源进行系统翔实的实物量统计的基础上，运用合理的价值估算方法，反映一定时空范围内海洋资源价值量及其增减变动情况的报表。资源价值量的核算也应从静态和动态两个角度进行。静态反映某一时点上实际存在的资源的经济价值、生态价值和社会价值；动态反映某一时间段内，资源数量的变化所带来的资源价值损失及资源恢复成本。资源价值量静态核算被称为资源资产核算，而动态核算则被称为资源负债核算，因此，资源价值量核算包括两部分内容：资产核算、负债核算。

1）资产核算

海洋资源资产核算是指对某一时点上，实际存在的各类海洋资源的经济价值、生态价值和社会价值进行评估统计的核算过程。海洋资源资产价值包括使用价值和选择价值两部分，一般而言，使用价值包括直接使用价值（直接实物价值、直接服务价值）、间接使用价值（固碳释氧、风暴潮防护、净化水质、维持生物多样性等）；选择价值包括遗赠价值、存在价值等。由于选择价值的核算缺乏统一性，本研究对资源的选择价值暂时不予评价。

鉴于本研究将海洋资源划分为天然海洋资源和人工修复海洋资源，因此，在进行资产核算时，对于人工修复海洋资源，应根据资源修复程度设定价值调整系数 S，对人工修复海洋资源的价值进行调整，使其真实反映海洋资源资产价值量。

2）负债核算

海洋资源负债核算是指对某一时段内，人类开发活动带来的资源数量的减少所导致的资源价值损失或资源恢复成本的核算过程。根据海洋资源的特点，本研究在进行海洋资源负债核算时同样将海洋资源划分为天然海洋资源和人工修复海洋资源。对于天然海洋资源，其负债量主要指应付资源补偿成本；对于可再生资源，补偿成本主要基于资源损害成本确定；对于不可再生资源，其补偿成本不仅包括资源损害成本，还包括资源耗减损失。对于人工修复海洋资源，其负债量主要由资源修复成本和资源维护成本两部分组成。海洋资源价值量核算的构成如图 9-4 所示。

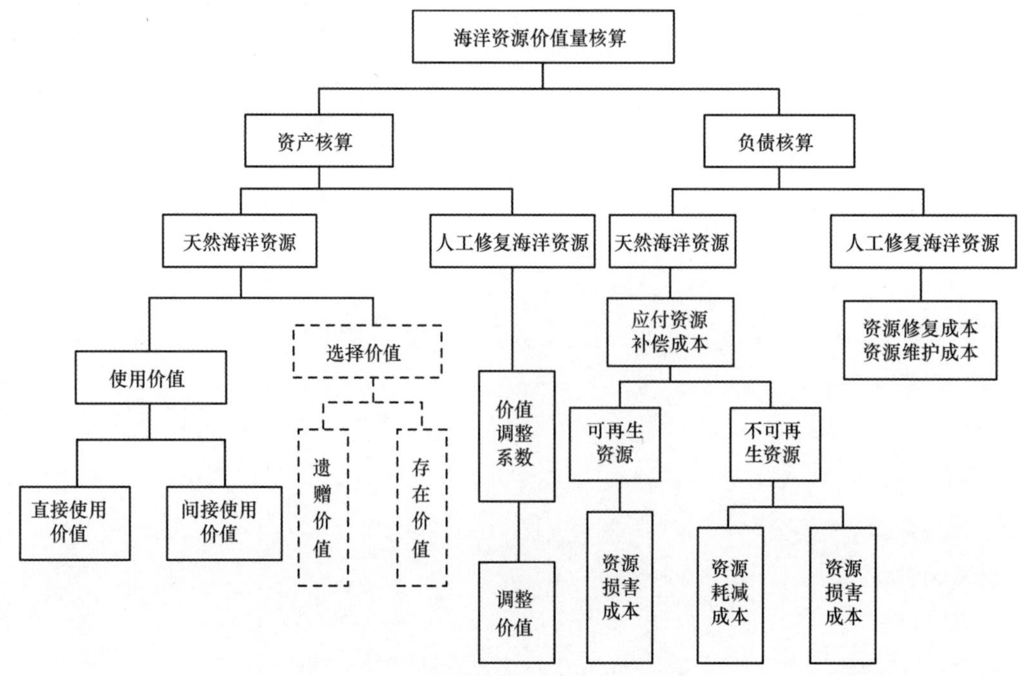

图 9-4　海洋资源价值量核算构成图

根据海洋资源资产负债的组成部分设计的海洋资源资产负债价值量核算样表如表 9-2 所示。

表 9-2　海洋资源资产负债价值量核算样表

［单位：实物量（hm^2）/价值量（万元/年）］

项目	期初余额		期末余额		项目	期初余额		期末余额	
	实物量	价值量	实物量	价值量		实物量	负债	实物量	负债
资产					负债				
红树林					红树林				
海草床					海草床				
珊瑚礁					珊瑚礁				
滩涂湿地					滩涂湿地				
岸线					岸线				
资产价值合计					负债成本合计				
净资产									

9.2.4　海洋资源资产负债核算方法

9.2.4.1　实物量核算方法

实物量核算表反映资源在核算期期初、期末的存量水平及核算期间的变化量。核算期应界定为每个公历年度 1 月 1 日至 12 月 31 日。在自然资源核算理论框架下，以资源管理部门统计调查数据为基础，对资源实物量样表中对应项目进行填列，注重反映各项资源的“期初存量”“本期增加量”“本期减少量”“期末存量”四个部分，反映主要自然资源实物存量及其变动情况。

实物量核算表的基本平衡关系是：期初存量+本期增加量–本期减少量=期末存量。期初存量和期末存量来自资源统计调查和行政记录数据，本期期初存量即为上期期末存量。核算期间资源增减变化的主要影响因素有两类：一是人为因素，如砍伐、围垦等；二是自然因素，如自然灾害。由于自然属性差别较大、与经济体关系不尽相同，各种资源都有其特有的增加、减少方式及原因。按照引起资源变动的因素，依据行政记录和统计调查监测资料，建立资源增减变化统计台账，及时填报相关指标。

9.2.4.2　价值量核算方法

1）资产核算方法

海洋资源资产价值量的计量就是根据资源资产实物量中所确认的内容，对这些内容采用一定的方法进行评估量化，评估量化过程主要分为两部分：一是针对天然海洋资源，评估资源的直接使用价值及间接使用价值，对于直接使用价值可以利用直接市场法获取价值量，对于间接使用价值，价值量估算的方法有多种，但不同种类的资源所具有的间接使用价值不同，价值计量的评估方法也不同；二是针对人工修复海洋资源，应该根据资源的修复状况，在天然海洋资源价值计算基础上进行调整，使其真实反映资源的价值量。

Ⅰ. 天然海洋资源资产价值核算方法

从资源环境经济学角度出发，海洋资源资产价值的计量可采用直接市场法、重置成本法、防护费用法、旅行费用法、成果参照法等方法，详见本书 2.2 节。

Ⅱ. 人工修复海洋资源价值调整方法

对于人工修复的海洋资源，其资源价值的构成与天然海洋资源相同，但人工修复海洋资源的生态价值与天然海洋资源存在差别，因此，本研究在计算人工修复海洋资源的生态价值时，采用价值调整系数对人工修复海洋资源的生态价值进行调整，以真实反映海洋资源的价值量。

2）负债核算方法

海洋资源负债主要用于核算由人类开发利用活动导致资源量发生变化而需在未来进行的资源补偿，对于资源补偿成本的计算，主要有以下两种方式。

Ⅰ.基于价值损失的补偿成本核算

海洋资源的价值损失是指在各种不利因素的影响下，海洋资源会受到一定程度的破坏，用货币形式所表现的这部分破坏，即为海洋资源的损失。本研究在进行海洋资源损害成本核算时，主要考虑资源的生态价值，即海洋资源价值的损失相当于海洋资源生态价值的损失，主要为水质净化能力下降、护岸减灾功能减弱、生物多样性难以维持等导致的损失。

在进行资源损害成本计量时，可采用替代市场法进行核算。主要通过海洋资源破坏和减少的积蓄量，结合相关生态项目的替代品市场价格，核算出海洋资源的损害成本，即海洋资源负债。

在进行基于价值损失的补偿核算时，将海洋资源的价值损失分为两部分：资源损害成本及资源耗减成本，两种损失的计算方法如下。

（1）资源损害成本。资源损害成本具体指海洋资源进行开发过程中对海洋资源产生的损害，是海洋资源存量由经济利用所导致的数量减少而减少的价值。因此，资源损害成本的核算方式与资源资产的核算方式相同，资源的减少量所带来的价值量的减少就是资源损害成本。

（2）资源耗减成本。资源耗减成本是针对不可再生资源而言的，是指海洋资源现在的开采利用所带来的资源的机会成本。对于不可再生资源而言，一时的破坏意味着其价值的永久性损失，因此，其负债量应为其存续期间各期价值量的现值，因此，本研究采用收益还原法对海洋资源的资源耗减成本进行核算。

根据收益还原法模型，假设不可再生资源每年的资源价值不变，则收益还原法的计算公式为

$$V=\sum_{i=1}^{n}\frac{A}{(1+r)^{i}} \tag{9-1}$$

式中，V 表示资源价值的现值；A 表示资源的价值；r 表示还原率。

Ⅱ.基于生态修复的补偿成本核算

海洋资源的补偿成本核算还可以从生态修复角度入手，首先对海洋资源受损的生态服务功能进行识别，并将该生态服务功能的价值进行贴现，得到资源受损期间生态服务价值损失的现值。同时，还需要考虑到，为加快海洋资源恢复速度会出现海洋资源补偿修复费用。该补偿修复费用指的是初级修复费用，初级修复是在考虑自然修复的条件下，将受损资源恢复到没有损害事件发生前的基线状态。

以红树林资源为例，假设一定面积的红树林被围垦或被临海工业建设所毁坏，在损害发生前红树林的面积是 A_o，损害发生，污染导致红树林的面积减小到 A_s，随着时间的推移，红树林开始自然恢复，红树林通过自然恢复回到基线状态的时间是 T_R。种植种苗的初级修复的行动，加速了红树林的修复，使红树林恢复到基线状态的时间缩短到 T_P。此时初级修复的面积为 A_o-A_s。即使进行了初级修复，红树林完全恢复到原来的面积（A_o）可能需要几年的时间，在恢复期间，红树林的栖息繁殖地功能会丧失，反过来这将引起生物生产力的损失，最终污染会导致鱼类、蟹类、虾类、木材收获量的减少或者其他服务的损失。则红树林受损期间生态功能价值的损失现值可表示为

$$A=\sum_{t=T_1+1}^{T_2}Q(t)V_iI_t\frac{1}{(1+d)^{t-T_1}} \tag{9-2}$$

式中，A 表示红树林受损期间生态功能价值的损失现值；T_1 表示红树林资源受损的时间；T_2 表示红树林资源恢复到基线状态的时间，即红树林资源生态服务功能损失持续时间；$Q(t)$ 表示 t 时刻不同开发目的导致红树林损失的面积；I_t 表示在 t 时点红树林受损害程度；V_i 表示受损范围内红树林的生态服务价值；d 表示贴现率。

但是，考虑到核算数据的可获得性，本研究在进行海洋资源负债成本核算，即资源补偿成本核算时，采用基于价值损失的核算方法，将基于生态修复的方法作为备选方案，随着自然资源资产负债核算体系的

不断完善，资源数据监测及监管力度不断加强，可采用基于生态修复的方式进行资源损害成本的核算，但该方法的使用限制条件较多，基于目前研究情况，本研究选择基于价值损失的补偿核算方法。

9.2.5　海洋资源资产负债表编制流程

由前文提出的海洋资源资产负债的概念、核算内容及资产负债核算方法，可以获得对应的海洋资源资产负债表编制流程。

（1）期初海洋资源存量：根据海洋资源的分类标准，并按照天然海洋资源和人工修复海洋资源的划分，探明核算期期初各类海洋资源的实存数量，填入表 9-1 第一行“期初存量”项目。

（2）本期海洋资源变动量：探明各类海洋资源在核算期间的数量变化情况，主要包括本期新增的资源数量、本期减少的资源数量，并根据资源数量变动的来源分别统计各新增项目和减少项目的资源数量，填入表 9-1 第 2～12 行。

（3）期末海洋资源存量：根据等式“期末存量=期初存量+本期增加量–本期减少量”计算核算期期末该地区实际存有的海洋资源数量，填入表 9-1 最后一行“期末存量”项目。

（4）海洋资源资产价值：根据海洋资源价值量核算方法，从经济价值、生态价值两个维度估算资源价值，并根据海洋资源资产期初实存数量、期末实存数量，分别估算各类海洋资源“期初余额”“期末余额”，填入表 9-2 左侧第 1～6 行。

（5）海洋资源资产总价值：将天然海洋资源价值和人工修复海洋资源价值相加，得出各类海洋资源资产总价值，填入表 9-2 左侧第 7 行。

（6）海洋资源负债成本：根据海洋资源核算期内数量的减少量，计算数量减少导致的资源补偿成本。补偿成本基于资源价值损失进行计算，对于可再生的海洋资源，根据资源减少量核算资源损害成本；对于不可再生的海洋资源，除计算资源损害成本外，还需计算由资源的永久损失导致的资源耗减成本，其中，负债成本“期初余额”（上一核算期期末余额即为本核算期期初余额）指上一核算期内资源减少带来的负债成本，“期末余额”则指本核算期内资源减少导致的负债成本。负债成本的计算结果分别填入表 9-2 右侧第 1～6 行。

（7）海洋资源负债总成本：将各类海洋资源负债成本相加，得出各类海洋资源负债总成本，填入表 9-2 右侧第 7 行。

（8）海洋资源净资产价值：根据等式“海洋资源净资产=海洋资源资产总价值–海洋资源负债总成本”计算得出海洋资源净资产价值，填入表 9-2 第 8 行。

9.3　广西海洋资源资产负债表

9.3.1　生物资源资产负债表

9.3.1.1　红树林资源资产负债表

广西海岸线曲折，具有众多天然海湾，为红树林的生长提供了天然条件，广西沿海是中国内陆重要的红树林分布区。截至 2007 年，广西红树林总面积约 9197.4hm^2，占全国红树林总面积的 38.02%。但 20 世纪 60 年代以来的毁林围海造田、毁林围塘养殖、毁林围海造地等人类不合理开发利用活动，使我国红树林面积大量减小，生态功能逐渐减弱。因此，开展红树林资源资产负债核算，是广西生态文明建设的需要，也是广西红树林资源生态补偿和资源可持续利用的需要。

红树林资源资产负债表主要包括红树林资源实物量核算表及红树林资源资产表、负债表 3 个部分。实物量核算表主要用于反映红树林资源在核算期间数量的变动情况，以及核算期期末资源存量；资产表主要用于反映红树林资源的经济价值和生态价值及其在核算期内的变动情况；负债表主要用于反映红树林资源的开发利用导致的资源补偿成本，以及为维护人工修复红树林资源的生态功能而进行的修复成本支出。

1）红树林资源实物量核算表

表 9-3 中，“期初存量”指核算期期初红树林（天然林、人工林）资源面积；“本期增加量”指核算期内出现的新增红树林面积，按增量来源进行分类统计，分别填列；“本期减少量”指核算期内损耗的红树林面积，按损耗方式进行分类统计，分别填列；“期末存量”指核算期期末红树林资源的面积，该项可通过“期末存量=期初存量+本期增加量–本期减少量”等式计算得出。

表 9-3　广西红树林资源实物量核算表　（单位：hm^2）

项目	期初存量	本期增加量			本期减少量			期末存量
		自然增长	经济发现	人工培育	经济使用	人为破坏	灾害损失	
红树林								
其中：人工林								
天然林								

2）红树林资源资产表

表 9-4 中，分别对天然生长红树林（天然林）及人工修复的红树林（人工林）进行价值量核算。“期初余额”和“期末余额”为分别根据红树林资源的“期初存量”和“期末存量”核算的资源价值。

表 9-4　广西红树林资源资产表　［单位：实物量（hm^2）/价值量（万元）］

项目	期初余额			本期增加额				本期减少额						期末余额	
	实物量	价值量		自然生长		人工培育		经济使用		人为破坏		灾害损失		实物量	价值量
		经济价值	调整价值	实物量	价值量	实物量	价值量	实物量	价值量	实物量	价值量	实物量	价值量		
红树林															
其中：天然林															
人工林															

天然林的资产价值包括经济价值和生态价值两部分，而生态价值又分为直接使用价值和间接使用价值两部分。经济价值采用直接市场法进行核算；直接使用价值又分为直接实物价值（食品提供价值、苗木价值、饵料价值）和直接服务价值（景观文化价值、科研教育价值），直接实物价值通过直接市场法进行核算，直接服务价值通过旅行费用法及成果参照法核算；间接使用价值主要包括：①固碳释氧价值，采用替代市场法核算；②保持水土价值，采用成果参照法核算；③净化水质价值，采用成果参照法核算；④病虫害防治价值，采用替代费用法核算；⑤护岸减灾价值，采用成果参照法核算；⑥维持生物多样性价值，采用 CVM 法核算。

人工林的价值核算方法与天然林价值核算方法相同，但人工林的修复状况不同使得其生态功能发挥程度不同，因此，人工林价值应在天然林价值核算基础上根据人工林资源修复状况进行调整。首先，确定人工林修复状况评价指标；其次，运用层次分析法，确定各指标权重；再次，计算人工林价值调整系数 S；最后，利用调整系数 S 对人工林生态价值进行调整。

3）红树林资源负债表

红树林资源负债成本即针对核算期内红树林资源的耗减量，核算为弥补由资源损耗导致的净损失需进行资源补偿的成本。表 9-5 中，各核算期的“期初余额”为上一核算期的“期末余额”，即上一核算期的负债成本；“期末余额”为本核算期红树林资源减少导致的负债成本。

表 9-5　广西红树林资源负债表　[单位：实物量（hm^2）/负债成本（万元）]

项目	期初余额				期末余额			
	实物量	负债成本			实物量	负债成本		
		资源补偿成本	资源修复成本	资源维护成本		资源补偿成本	资源修复成本	资源维护成本
红树林								
其中：天然林								
人工林								

天然林的负债成本为资源补偿成本，本研究中资源补偿成本的计算主要基于资源价值损失进行核算。资源损害成本指红树林资源存量由经济利用等导致数量减少进而导致的价值减少。人工林的负债成本由资源修复成本及资源维护成本两部分组成，资源修复成本是进行红树林资源人工修复的实际总价值投入量，资源维护成本则指为保证红树林资源修复效果每年进行的资源维护实际投入。

4）红树林资源资产负债表

结合以上广西红树林资源资产表和广西红树林资源负债表，设计得到广西红树林资源资产负债表（表 9-6）。

表 9-6　广西红树林资源资产负债表

［单位：实物量（hm^2）/价值量（万元）/负债成本（万元）］

项目	期初余额		期末余额		项目	期初余额		期末余额	
	实物量	价值量	实物量	价值量		实物量	负债成本	实物量	负债成本
红树林资源资产					红树林资源负债				
天然林					天然林				
人工林					人工林				
资产价值合计					负债成本合计				
红树林资源净资产									

9.3.1.2　海草床资源资产负债表

广西的海草面积约 957.74hm^2，占全国海草总面积的 10%。在政府的沿海开发利用行为中，临海工业建设、港口码头建设、海水养殖与捕捞、陆源污染物排放都会对广西海草床产生负外部效应，导致海草床面积不断减少。为加强海草床资源管理，有必要编制海草床资源资产负债表，明确海草床资源数量及价值的变动情况。海草床资源资产负债表格式及计算过程与红树林资源资产负债表格式及计算过程基本相同。

1）海草床资源实物量核算表

表 9-7 中，“期初存量”指核算期期初海草床（天然、人工）资源面积；“本期增加量”指核算期内出现的新增海草床面积，按增量来源进行分类统计，分别填列；“本期减少量”指核算期内损耗的海草床面积，按损耗方式进行分类统计，分别填列；“期末存量”指核算期期末海草床资源的面积，该项可通过“期末存量=期初存量+本期增加量–本期减少量”等式计算得出。

表 9-7　广西海草床资源实物量核算表　（单位：hm^2）

项目	期初存量	本期增加量			本期减少量			期末存量
		自然增长	经济发现	人工培育	经济使用	人为破坏	灾害损失	
海草床								
其中：天然海草床								
人工海草床								

2）海草床资源资产表

表 9-8 中，分别对天然生长的海草床及人工修复的海草床进行价值量核算。“期初余额”和“期末余额”为分别根据海草床资源的“期初存量”和“期末存量”核算的资源价值。

表 9-8　广西海草床资源资产表　［单位：实物量（hm^2）/价值量（万元）］

项目	期初余额			本期增加额				本期减少额						期末余额	
	实物量	价值量		自然生长		人工培育		经济使用		人为破坏		灾害损失		实物量	价值量
		经济价值	调整价值	实物量	价值量	实物量	价值量	实物量	价值量	实物量	价值量	实物量	价值量		
海草床															
其中：天然海草床															
人工海草床															

天然海草床的资产价值包括经济价值和生态价值两部分，而生态价值又分为直接使用价值和间接使用价值两部分。经济价值采用直接市场法进行核算；直接实物价值又分为提供经济物种、提供饲料，直接实物价值采用直接市场法进行核算，直接服务价值通过旅行费用法及成果参照法核算；间接使用价值主要包括：①气候调节价值，采用替代市场法核算；②水质净化价值，采用成果参照法核算；③蓄水调节价值，采用替代工程法核算；④营养物质循环价值，采用替代费用法核算；⑤维持生物多样性价值，采用 CVM 法核算。

人工海草床的价值核算在天然海草床价值核算基础上，计算人工海草床价值调整系数 S，利用调整系数 S 对人工海草床生态价值进行调整。

3）海草床资源负债表

海草床资源负债成本即针对核算期内海草床资源的耗减量，核算为弥补由资源损耗导致的净损失需进行资源补偿的成本。表 9-9 中，各核算期的“期初余额”为上一核算期负债成本的“期末余额”，即上一核算期的负债成本；“期末余额”为本核算期海草床资源减少导致的负债成本。海草床资源负债表中的资源补偿成本、资源修复成本和资源维护成本概念与红树林资源负债表中概念一致。

表 9-9　广西海草床资源负债表　［单位：实物量（hm^2）/负债成本（万元）］

项目	期初余额				期末余额			
	实物量	负债成本			实物量	负债成本		
		资源补偿成本	资源修复成本	资源维护成本		资源补偿成本	资源修复成本	资源维护成本
海草床								
其中：天然海草床								
人工海草床								

4）海草床资源资产负债表

结合以上广西海草床资源资产表和广西海草床资源负债表，设计得到广西海草床资源资产负债表（表 9-10）。

表 9-10　广西海草床资源资产负债表

［单位：实物量（hm^2）/价值量（万元）/负债成本（万元）］

项目	期初余额		期末余额		项目	期初余额		期末余额	
	实物量	价值量	实物量	价值量		实物量	负债成本	实物量	负债成本
海草床资源资产					海草床资源负债				
天然海草床					天然海草床				

续表

项目	期初余额		期末余额		项目	期初余额		期末余额	
	实物量	价值量	实物量	价值量		实物量	负债成本	实物量	负债成本
人工海草床					人工海草床				
资产价值合计					负债成本合计				
海草床资源净资产									

9.3.1.3　珊瑚礁资源资产负债表

珊瑚礁是海洋中一类极为特殊的生态系统，保持有较高的生物多样性和初级生产力，被誉为“海洋中的热带雨林”“蓝色沙漠中的绿洲”。作为一种生态资源，珊瑚礁还具有重要的生态功能，不但向人类社会提供海产品、药品、建筑和工业原材料，而且防岸护堤、保护环境，一直以来都是重要的生命支持系统。近年来，随着全球气候变化及人类活动影响加剧，珊瑚礁生物多样性降低、生态功能退化现象日益突出，因此，急需对珊瑚礁资源开展资产负债核算。

1）珊瑚礁资源实物量核算表

表 9-11 中，“期初存量”指核算期期初珊瑚礁（天然、人工）资源面积；“本期增加量”指核算期内出现的新增珊瑚礁面积，按增量来源进行分类统计，分别填列；“本期减少量”指核算期内损耗的珊瑚礁面积，按损耗方式进行分类统计，分别填列；“期末存量”指核算期期末珊瑚礁资源的面积，该项可通过“期末存量=期初存量+本期增加量−本期减少量”等式计算得出。

表 9-11　广西珊瑚礁资源实物量核算表　　（单位：hm^2）

项目	期初存量	本期增加量			本期减少量			期末存量
		自然增长	经济发现	人工培育	经济使用	人为破坏	灾害损失	
珊瑚礁								
其中：天然珊瑚礁								
人工珊瑚礁								

2）珊瑚礁资源资产表

表 9-12 中，分别对天然生长的珊瑚礁及人工修复的珊瑚礁进行价值量核算。“期初余额”和“期末余额”为分别根据珊瑚礁资源的“期初存量”和“期末存量”核算的资源价值。

表 9-12　广西珊瑚礁资源资产表　［单位：实物量（hm^2）/价值量（万元）］

项目	期初余额			本期增加额				本期减少额						期末余额	
	实物量	价值量		自然生长		人工培育		经济使用		人为破坏		灾害损失		实物量	价值量
		经济价值	调整价值	实物量	价值量	实物量	价值量	实物量	价值量	实物量	价值量	实物量	价值量		
珊瑚礁															
其中：天然珊瑚礁															
人工珊瑚礁															

天然珊瑚礁的资产价值包括经济价值和生态价值两部分，而生态价值又分为直接使用价值和间接使用价值两部分。经济价值采用直接市场法进行核算；直接使用价值（提供经济动物价值、休闲旅游价值、科研教育价值）中，提供经济动物价值通过直接市场法核算，休闲旅游、科研教育价值可通过旅行费用法及成果参照法核算；间接使用价值主要包括：①海岸保护价值，采用成果参照法核算；②调节气候价值，采用替代市场法核算；③维持生物多样性价值，采用 CVM 法核算。

人工珊瑚礁的价值核算在天然珊瑚礁价值核算基础上，计算人工珊瑚礁价值调整系数 S，利用调整系数 S 对人工珊瑚礁生态价值进行调整。

3）珊瑚礁资源负债表

珊瑚礁资源负债成本即针对核算期内珊瑚礁资源的耗减量，核算为弥补由资源损耗导致的净损失需进行资源补偿的成本。表 9-13 中，各核算期的“期初余额”为上一核算期负债成本的“期末余额”，即上一核算期的负债成本;“期末余额”为本核算期珊瑚礁资源减少导致的负债成本。珊瑚礁资源负债表中的资源补偿成本、资源修复成本和资源维护成本概念与红树林资源负债表中概念一致。

表 9-13 广西珊瑚礁资源负债表 ［单位：实物量（hm^2）/负债成本（万元）］

项目	期初余额				期末余额			
	实物量	负债成本			实物量	负债成本		
		资源补偿成本	资源修复成本	资源维护成本		资源补偿成本	资源修复成本	资源维护成本
珊瑚礁								
其中：天然珊瑚礁								
人工珊瑚礁								

4）珊瑚礁资源资产负债表

结合以上广西珊瑚礁资源资产表和广西珊瑚礁资源负债表，设计得到广西珊瑚礁资源资产负债表（表 9-14）。

表 9-14 广西珊瑚礁资源资产负债表

［单位：实物量（hm^2）/价值量（万元）/负债成本（万元）］

项目	期初余额		期末余额		项目	期初余额		期末余额	
	实物量	价值量	实物量	价值量		实物量	负债成本	实物量	负债成本
珊瑚礁资源资产					珊瑚礁资源负债				
天然珊瑚礁					天然珊瑚礁				
人工珊瑚礁					人工珊瑚礁				
资产价值合计					负债成本合计				
珊瑚礁资源净资产									

9.3.1.4 生物资源资产负债总表

完成广西红树林、海草床和珊瑚礁资源实物量表和资产表、负债表设计之后，通过简单汇总可以得到广西生物资源资产负债总表，如表 9-15 所示。

表 9-15 广西生物资源资产负债总表

	实物量（hm^2）				资产（万元）				负债（万元）				净资产（万元）	
					经济价值		生态价值		资源补偿成本		资源修复成本、资源维护成本			
	期初存量	本期增加量	本期减少量	期末存量	期初余额	期末余额	期初余额	期末余额	期初余额	期末余额	期初余额	期末余额	期初余额	期末余额
一、红树林														
其中：天然林														
人工林														
二、海草床														
其中：天然海草床														
人工海草床														

续表

	实物量（hm²）				资产（万元）				负债（万元）				净资产（万元）	
					经济价值		生态价值		资源补偿成本		资源修复成本、资源维护成本			
	期初存量	本期增加量	本期减少量	期末存量	期初余额	期末余额	期初余额	期末余额	期初余额	期末余额	期初余额	期末余额	期初余额	期末余额
三、珊瑚礁														
其中：天然珊瑚礁														
人工珊瑚礁														
……														

9.3.2　滩涂湿地资源资产负债表

广西沿海沿岸分布着各种类型的湿地，数量较丰富。其中复杂的潮间带沉积形成了各种类型的滩涂湿地。根据海岸地貌类型、沉积体系和动力因素，又可以将滩涂湿地进一步划分为基岩海岸、砂质海岸、粉砂淤泥质海岸、滨岸沼泽、红树林、海岸潟湖和河口水域。

滩涂湿地既是特有的海洋国土资源，又是陆地—海洋—大气相互作用最活跃的地带，具有涵养水源、维持生物多样性、护岸减灾等多项生态功能。但是，由于滩涂湿地丰富的资源和优越的环境，人们对其进行了大规模的开发利用，导致了滩涂湿地面积的减少与生态功能的退化。因此，加强滩涂湿地的资产负债核算，对合理开发利用和保护湿地资源具有重要的现实意义。

1）滩涂湿地资源实物量核算表

广西滩涂湿地可以分为岩石性海岸、砂质海岸、粉砂淤泥质海岸、滨岸沼泽、红树林、海岸潟湖和河口水域 7 种类型，本研究滩涂湿地资源实物量核算细分为以上 7 类滩涂湿地资源实物量的核算。表 9-16 中，“期初存量”指核算期期初滩涂湿地资源面积；“本期增加量”指核算期内出现的新增滩涂湿地资源面积；“本期减少量”指核算期内损耗的滩涂湿地资源面积，按损耗方式进行分类统计，分别填列；“期末存量”指核算期期末滩涂湿地资源的面积，该项可通过“期末存量=期初存量+本期增加量–本期减少量”等式计算得出。

表 9-16　广西滩涂湿地资源实物量核算表　（单位：hm²）

项目	期初存量	本期增加量	本期减少量						期末存量
			围垦养殖用地	交通建设用地	工业用地	住宅用地	公共服务用地	其他用地	
滩涂湿地									
其中：基岩海岸									
砂质海岸									
粉砂淤泥质海岸									
滨岸沼泽									
红树林									
海岸潟湖									
河口水域									

2）滩涂湿地资源资产表

表 9-17 为广西滩涂湿地资源资产表，分为基岩海岸、砂质海岸、粉砂淤泥质海岸、滨岸沼泽、红树林、海岸潟湖和河口水域 7 种类型。“期初余额”和“期末余额”为分别根据滩涂湿地资源的“期初存量”和“期末存量”核算的资源价值。

滩涂湿地的资产生态价值包括直接使用价值和间接使用价值两部分。直接使用价值包括供给价值、生态旅游价值、科研教育价值，其中供给价值通过直接市场法核算，生态旅游价值、科研教育价值分别通过成果参照法、替代市场法核算；间接使用价值主要包括：①蓄水调节价值，采用替代市场法核算；②水质净化价值，采用替代市场法核算；③消浪促淤护岸价值，采用成果参照法核算；④提供栖息地价值，采用成果参照法核算；⑤维持生物多样性价值，采用 CVM 法核算。

表 9-17　广西滩涂湿地资源资产表　[单位：实物量（hm^2）/价值量（万元）]

<table>
<tr><th rowspan="3">项目</th><th colspan="2">期初余额</th><th colspan="2">本期增加额</th><th colspan="12">本期减少额</th><th colspan="2">期末余额</th></tr>
<tr><th rowspan="2">实物量</th><th rowspan="2">价值量</th><th colspan="2">人工修复</th><th colspan="2">围垦养殖用地</th><th colspan="2">交通建设用地</th><th colspan="2">工业用地</th><th colspan="2">住宅用地</th><th colspan="2">公共服务用地</th><th colspan="2">其他用地</th><th rowspan="2">实物量</th><th rowspan="2">价值量</th></tr>
<tr><th>实物量</th><th>价值量</th><th>实物量</th><th>价值量</th><th>实物量</th><th>价值量</th><th>实物量</th><th>价值量</th><th>实物量</th><th>价值量</th><th>实物量</th><th>价值量</th><th>实物量</th><th>价值量</th></tr>
<tr><td>滩涂湿地</td><td></td><td></td><td></td><td></td><td></td><td></td><td></td><td></td><td></td><td></td><td></td><td></td><td></td><td></td><td></td><td></td><td></td><td></td></tr>
<tr><td>其中：基岩海岸</td><td></td><td></td><td></td><td></td><td></td><td></td><td></td><td></td><td></td><td></td><td></td><td></td><td></td><td></td><td></td><td></td><td></td><td></td></tr>
<tr><td>砂质海岸</td><td></td><td></td><td></td><td></td><td></td><td></td><td></td><td></td><td></td><td></td><td></td><td></td><td></td><td></td><td></td><td></td><td></td><td></td></tr>
<tr><td>粉砂淤泥质海岸</td><td></td><td></td><td></td><td></td><td></td><td></td><td></td><td></td><td></td><td></td><td></td><td></td><td></td><td></td><td></td><td></td><td></td><td></td></tr>
<tr><td>滨岸沼泽</td><td></td><td></td><td></td><td></td><td></td><td></td><td></td><td></td><td></td><td></td><td></td><td></td><td></td><td></td><td></td><td></td><td></td><td></td></tr>
<tr><td>红树林</td><td></td><td></td><td></td><td></td><td></td><td></td><td></td><td></td><td></td><td></td><td></td><td></td><td></td><td></td><td></td><td></td><td></td><td></td></tr>
<tr><td>海岸潟湖</td><td></td><td></td><td></td><td></td><td></td><td></td><td></td><td></td><td></td><td></td><td></td><td></td><td></td><td></td><td></td><td></td><td></td><td></td></tr>
<tr><td>河口水域</td><td></td><td></td><td></td><td></td><td></td><td></td><td></td><td></td><td></td><td></td><td></td><td></td><td></td><td></td><td></td><td></td><td></td><td></td></tr>
</table>

3）滩涂湿地资源负债表

表 9-18 为广西滩涂湿地资源负债表，分为基岩海岸、砂质海岸、粉砂淤泥质海岸、滨岸沼泽、红树林、海岸潟湖和河口水域 7 种类型。表 9-18 中，各核算期的“期初余额”为上一核算期负债成本的“期末余额”，即上一核算期的负债成本；“期末余额”为本核算期珊瑚礁资源减少导致的负债成本。

表 9-18　广西滩涂湿地资源负债表

[单位：实物量（hm^2）/负债成本（万元）]

<table>
<tr><th rowspan="4">项目</th><th colspan="5">期初余额</th><th colspan="5">期末余额</th></tr>
<tr><th rowspan="3">实物量</th><th colspan="4">负债成本</th><th rowspan="3">实物量</th><th colspan="4">负债成本</th></tr>
<tr><th colspan="2">资源补偿成本</th><th rowspan="2">资源修复成本</th><th rowspan="2">资源维护成本</th><th colspan="2">资源补偿成本</th><th rowspan="2">资源修复成本</th><th rowspan="2">资源维护成本</th></tr>
<tr><th>资源损害成本</th><th>资源耗减成本</th><th>资源损害成本</th><th>资源耗减成本</th></tr>
<tr><td>滩涂湿地</td><td></td><td></td><td></td><td></td><td></td><td></td><td></td><td></td><td></td><td></td></tr>
<tr><td>其中：基岩海岸</td><td></td><td></td><td></td><td></td><td></td><td></td><td></td><td></td><td></td><td></td></tr>
<tr><td>砂质海岸</td><td></td><td></td><td></td><td></td><td></td><td></td><td></td><td></td><td></td><td></td></tr>
<tr><td>粉砂淤泥质海岸</td><td></td><td></td><td></td><td></td><td></td><td></td><td></td><td></td><td></td><td></td></tr>
<tr><td>滨岸沼泽</td><td></td><td></td><td></td><td></td><td></td><td></td><td></td><td></td><td></td><td></td></tr>
<tr><td>红树林</td><td></td><td></td><td></td><td></td><td></td><td></td><td></td><td></td><td></td><td></td></tr>
<tr><td>海岸潟湖</td><td></td><td></td><td></td><td></td><td></td><td></td><td></td><td></td><td></td><td></td></tr>
<tr><td>河口水域</td><td></td><td></td><td></td><td></td><td></td><td></td><td></td><td></td><td></td><td></td></tr>
</table>

4）滩涂湿地资源资产负债总表

结合以上广西滩涂湿地资源资产表和广西滩涂湿地资源负债表，设计得到广西滩涂湿地资源资产负债总表（表 9-19）。

表 9-19　广西滩涂湿地资源资产负债总表

［单位：实物量（hm^2）/价值量（万元）/负债成本（万元）］

项目	期初余额		期末余额		项目	期初余额		期末余额	
	实物量	价值量	实物量	价值量		实物量	负债成本	实物量	负债成本
滩涂湿地资产					滩涂湿地负债				
其中：基岩海岸					其中：基岩海岸				
砂质海岸					砂质海岸				
粉砂淤泥质海岸					粉砂淤泥质海岸				
滨岸沼泽					滨岸沼泽				
红树林					红树林				
海岸潟湖					海岸潟湖				
河口水域					河口水域				
资产价值合计					负债成本合计				
滩涂湿地资源净资产									

9.3.3　岸线资源资产负债表

广西沿海地区东起白沙半岛地区，西至中越边境的北仑河口，包括北海、钦州和防城港三市沿海地区，土地面积约 2 万 km^2，海岸线总长 1628.59km。广西岸线资源可以划分为两大类：自然岸线和人工岸线。自然岸线是指天然水体的岸线，基本维持过去自然形成的状态；而人工岸线是指永久性构筑物组成的岸线。其中，自然岸线包括砂质海岸岸线、粉砂淤泥质海岸岸线、基岩海岸岸线、河口海岸岸线、生物海岸岸线；人工岸线包括潟湖岸线、人工海岸岸线。

随着广西北部湾经济区的建设，加强资源节约与环境保护成为国家对区域发展的基本要求和建设者的共识，注重节约土地、节约资源，加大生态环境保护力度，把北部湾经济区建设成“绿色经济区”已经成为努力的目标之一。因此，有必要对广西岸线资源进行资产负债核算。

1）岸线资源实物量核算表

本研究将岸线资源划分为河口海岸岸线、砂质海岸岸线、粉砂淤泥质海岸岸线、基岩海岸岸线、生物海岸岸线和人工岸线，并在此基础之上进行滩涂湿地资源实物量的核算。表 9-20 为广西岸线资源实物量核算表，“期初存量”指核算期期初岸线资源长度；“本期增加量”指核算期内出现的新增岸线资源长度；“本期减少量”指核算期内损耗的岸线资源长度，按损耗方式进行分类统计，分别填列；“期末存量”指核算期期末岸线资源的长度，该项可通过“期末存量=期初存量+本期增加量−本期减少量”等式计算得出。

表 9-20　广西岸线资源实物量核算表　（单位：km）

岸线种类		期初存量	本期增加量	本期减少量				期末存量
			人工修复	围海造塘	防波堤建设	旅游人工堤坝建设	围海盐田	
自然岸线	河口海岸岸线							
	砂质海岸岸线							
	粉砂淤泥质海岸岸线							
	基岩海岸岸线							
	生物海岸岸线							
人工岸线								

2）岸线资源资产表

表 9-21 为广西岸线资源资产表，“期初余额”和“期末余额”为分别根据岸线资源的“期初存量”和“期末存量”核算的资源价值。

表 9-21　广西岸线资源资产表　　［单位：实物量（hm^2）/价值量（万元）］

项目	期初余额		本期增加额		本期减少额										期末余额	
	实物量	价值量	人工修复		围海造塘		防波堤建设		旅游人工堤坝建设		围海盐田		其他		实物量	价值量
			实物量	价值量	实物量	价值量	实物量	价值量	实物量	价值量	实物量	价值量	实物量	价值量		
自然岸线																
其中：河口海岸岸线																
砂质海岸岸线																
粉砂淤泥质海岸岸线																
基岩海岸岸线																
生物海岸岸线																
人工岸线																

岸线资源价值的核算分为自然岸线价值及人工岸线价值。其中，自然岸线具有保护区建设和休闲旅游功能，其价值评价主要为保护区价值和生态旅游价值；而人工岸线，则根据该岸线的开发利用规划，评价其发展农渔业和港口航运、开发工业与城镇建设、进行矿产与能源的开发、特殊利用区及保留区等方面的价值。

3）岸线资源负债表

表 9-22 为广西岸线资源负债表，由于岸线资源属于不可再生资源，因此，岸线资源补偿成本包括资源损害成本和资源耗减成本两部分。其中，资源损害成本核算方法与滩涂湿地资源相同，即岸线资源的减少引起的资源价值损失量；资源耗减成本则采用收益还原法核算，即岸线资源的永久性损耗所导致的总损失。

表 9-22　广西岸线资源负债表　［单位：实物量（hm^2）/负债成本（万元）］

项目	期初余额				期末余额			
	实物量	负债成本			实物量	负债成本		
		资源补偿成本		资源修复成本		资源补偿成本		资源修复成本
		资源损害成本	资源耗减成本			资源损害成本	资源耗减成本	
自然岸线								
其中：河口海岸岸线								
砂质海岸岸线								
粉砂淤泥质海岸岸线								
基岩海岸岸线								
生物海岸岸线								
人工岸线								

4）岸线资源资产负债总表

结合以上广西岸线资源资产表和广西岸线资源负债表，设计得到广西岸线资源资产负债总表（表 9-23）。

表 9-23　广西岸线资源资产负债总表

[单位：实物量（hm^2）/价值量（万元）/负债成本（万元）]

项目	期初余额		期末余额		项目	期初余额		期末余额	
	实物量	价值量	实物量	价值量		实物量	负债成本	实物量	负债成本
岸线资源资产					岸线资源负债				
其中：自然岸线					其中：自然岸线				
人工岸线					人工岸线				
资产价值合计					负债价值合计				
岸线资源净资产									

9.4　海洋资源资产负债表的应用与监管

9.4.1　海洋资源资产负债表的应用

9.4.1.1　领导干部离任审计的确定依据

编制自然资源资产负债表是贯彻落实十八届三中全会实行领导干部自然资源离任审计政策的重要举措，对于加强和完善我国自然资源管理、推进经济和生态文明建设、促进海洋经济可持续发展具有十分重要的意义。过去，唯 GDP 论的政绩观催生了以高投入、高污染、高损耗为主要特征的传统经济发展模式，严重破坏了生态环境的平衡。通过编制资源资产负债表，开展资源资产核算，量化资源资产和生态服务质量，健全生态环境保护责任追究制度和环境损害赔偿制度，是评价经济社会发展模式好坏、考量领导干部生态红线保护履职、审计资源资产管理责任的重要依据。

通过编制海洋资源资产负债表，能够获取海洋资源使用管控、海洋资源数量变化的相关信息。在海洋资源资产负债表的编制过程中，首先针对不同地区不同海洋资源分别编制资产负债表，通过表格的横向比较，可以看到不同地区、不同资源在数量及质量上的差别；通过表格的纵向比较，可以动态掌握某一地区领导干部在任期内对资源环境的利用状况，对领导干部的业绩给予准确的评价。资源资产负债表中的数据能够为具体问题的具体分析提供适当的、证明力强的证据，从而保证领导干部资源资产离任审计的顺利实现。通过将海洋资源资产的利用情况纳入对领导干部的考核体系，能够促使资源资产的合理利用，形成可持续发展的良好态势。

9.4.1.2　生态补偿金的确定依据

生态补偿指用积极手段激励人们对自然生态系统服务进行维护和保育，解决由市场机制失灵造成的生态效益的外部性并保持社会发展的公平性，实现保护生态与环境效益的目标，是维护国家生态安全、加强环境保护和改善民生等活动所迫切需要研究的重大问题之一。在 2010 年国家发展和改革委员会组织召开的“生态补偿立法与流域生态补偿”国际研讨会上，组委会发布了《生态补偿条例》草案框架稿，指出“生态补偿是指国家、各级人民政府以及其他生态受益者给予生态保护建设者因其保护生态的投入或失去可能的发展机会而进行的补偿”。近年来，政府高度重视建立健全生态补偿机制。2007 年中央 1 号文件明确提出要“探索建立草原生态补偿机制”，加强草原生态补偿机制研究。2011 年，《中华人民共和国国民经济和社会发展第十二个五年规划纲要》明确提出“按照谁开发谁保护、谁受益谁补偿的原则，加快建立生态补偿机制”，将生态补偿上升到保障国计民生的高度。生态补偿的基本原则就是受益者付费、生态保护者获益，从而实现利益均衡。理论上，生态补偿的标准下限应为生态保护者因放弃开发利用损失的机会成本与新增的生态管理成本之和，标准上限为受益者因此获得的所有收益。

近几年，我国海洋经济虽发展迅速，但基本沿用的是以规模扩张为主的外延式增长模式，各种人为活动和突发事件导致的海洋生态损害日益严重，海洋生态系统健康受到严重威胁，必须制定生态补偿制度对此加以规范。但是，生态补偿制度及生态补偿标准的确定在我国缺乏统一的标准，生态补偿金的确定在我国存在一定困难。而海洋资源资产负债表的编制恰好可以解决这一难题，海洋资源资产负债表“负债”账户反映海洋资源过度耗减量及生态环境退化程度，海洋资源资产价值核算既能确定生态保护者损失的机会成本，又能量化受益者的收益，可为生态补偿标准和补偿对象的确定提供科学依据。

9.4.1.3 海域使用金的确定依据

海岸带地区是世界人口最密集的地区，而且海岸带地区人口增长的趋势还在加快。高人口密度的海岸带地区存在着严重的“土地赤字”问题，长期以来，填海造地成为海岸带地区的人们解决这一问题的便捷方式。填海造地可以增加食物供给（如填海新增的土地用来发展农业），吸引更多的投资（如填海新增土地用以发展工业），为城市提供新的发展空间，并可以解决住房短缺的问题。尽管人类可以从填海造地中获得有用的土地供给，但是填海造地同时也意味着海洋与海岸带生态系统自然属性的永久性改变，导致被填海域的海洋与海岸带生态系统为人类提供服务的能力完全丧失，这些服务包括营养储存和循环、净化陆源污染物、保护岸线、调节全球水动力和气候、吸收 CO_2 和释放 O_2，以及休闲娱乐和旅游等。另外，填海造地还会带来其他问题，如海洋水动力条件变化、泥沙淤积、海洋环境质量下降、渔民赖以生存的空间丧失、生境退化和海岸带生物多样性减少等，对海洋资源造成不可逆的破坏。

尽管 2002 年《中华人民共和国海域使用管理法》实施后，各地开始征收海域使用金，但是，各地在制定填海造地的海域使用金征收标准时，很少考虑海洋生态系统提供产品和服务的价值。过低的海域使用金征收标准没有真正起到抑制填海造地活动的作用。通过编制海洋资源资产负债表，能够明确海洋生态系统提供产品和服务的功能价值，同时，对海域使用导致的价值损失进行了核算，这些都可以为海域使用金的征收提供决策支持。

9.4.2 海洋资源资产负债表的监管

编制海洋资源资产负债表工作意义重大，必须高度重视，精心实施，确保试点工作取得切实成效。

9.4.2.1 加强政府领导，落实生态责任

成立海洋资源资产负债表编制工作指导小组，并成立编制海洋资源资产负债表的专家咨询组，提供有关理论、政策和技术咨询。各地区应成立海洋资源资产负债表编制工作组织协调机构，建立沟通协调机制。相关部门要积极支持和配合海洋资源资产负债表的编制工作，参与有关问题研究，提供编表所需要的基础资料。要加强与领导干部政绩考核工作部门、领导干部自然资源资产离任审计工作部门的沟通协调，同步推进，切实形成工作合力，同时，人民政府和有关部门也要加强领导和协调工作。

9.4.2.2 明确资源使用权的权利主体，建立资源经营权交易市场

继续深化资源产权改革，理清资源所有权、管理权和经营权之间的关系，推动资源“三权”适当分离。推行资源产权登记和使用许可证制度，建立资源经营权交易市场，盘活资源存量资产，激活资源“经营权”市场，鼓励和推动自然资源的运营、经营由事业单位等非营利组织和企业承担，最大限度提高资源管理和生态环境保护的绩效。

推动资源所有权、管理权和经营权逐步适当分离，既有利于加强自然资源管理和环境保护，推动资源利用、管理、保护和消耗的协调统一，又有利于通过产权流转实现资源的优化配置。

9.4.2.3 促进信息共享，强化信息监测技术

在传统观念中，资源往往被作为生产生活要素进入人类社会经济中，资源是一种静态的生产生活资料投入。重新认识资源，就是要将资源开发利用看成资源物质流、能量流和信息流“循环”的一个环节，综合评判资源“循环”对社会经济发展的影响，以动态视角认识资源开发利用过程，使资源的流动更有利于地区的全面可持续发展。

目前，在进行海洋资源资产负债表的编制过程中，遇到的最大问题是海洋资源数据的缺失及数据统计口径的错位，因此，有关部门已有资料的，应当主动及时提供给统计部门编表使用，现有资料不能满足需要的，应当积极研究解决办法，必要时可开展补充性调查，加强数据质量审核评估和检查，确保基础数据真实可靠。

改进资源数据收集、信息监测技术，一是需要增强资源数据收集和信息监测工作，在完善资源基本数量信息收集的基础上，加强对资源质量数据的收集，弥补资源数据空白，同时还应及时反映自然资源开发利用的动态变化；二是要改进资源数据收集和信息监测的方法，突破单纯以静态监测为主的方式方法，充分利用信息技术的快速发展，加强动态监测，提高监测频度和效率。

9.5　小　　结

编制广西海洋资源资产负债表具有摸清广西海洋资源“家底”、推进资源行政管理改革、建立资源损害责任终身追究制度等重要现实意义。本章在科学界定海洋资源资产、负债和净资产的基础之上，首先编制广西海洋资源实物量核算表，然后根据“先实物后价值”的原则，编制广西海洋资源资产负债表。另外，通过对海洋资源进行分类，分别编制广西海洋生物资源、滩涂湿地资源、岸线资源的实物量和价值量核算表，以期通过海洋资源资产负债表动态和静态对比科学掌握海洋资源变动情况，推动我国海洋资源科学、合理、可持续开发利用。

广西重要海洋资源开发利用方向与管理措施

提高海洋资源开发能力，发展海洋经济，保护海洋生态环境，维护国家海洋权益，对于实施海洋强国战略、扩大对外开放、推进生态文明建设、促进经济持续健康发展具有十分重要的意义。

广西是我国西南门户，地理位置优越，海洋资源丰富，但海洋经济起步较晚，经济总量和产业规模还很小。抓住历史机遇，主动对接国家新战略，充分利用国家新政策，整合优势海洋资源，科学规划海洋资源的开发方向，加大海洋科技投入，实现制度创新安排，创造后发优势，实现海洋经济的赶超和跨越发展，是广西海洋经济发展的突破口。

10.1 广西重要海洋资源开发利用现状

10.1.1 海洋生物资源开发利用现状

2005～2014 年广西近海经济生物资源可持续利用状况的综合评价结果表明，广西海域渔业资源已经处于过度捕捞状态，渔业资源日益衰退。虽然广西对渔业资源采取了保护措施，取得了一定效果，一定程度上促进了广西近海海域经济生物资源的可持续利用，但是，渔业资源持续衰退、海洋生态环境污染等问题在加剧。

娱乐和旅游在世界范围内都是增长产业，是重要产业支撑，而且沿海地区的旅游将会成为增长的焦点。红树林资源是广西特有生物资源，景观独特，具有不可替代的舒适性功能，为旅游业的发展提供了基础。同时，红树林是典型的陆海交界处最具有生物多样性的生态系统，红树林无论是对陆地还是对海洋，都具有极其重要的生态功能，被誉为“海上森林”“地球之肾”“天然养殖场”。广西红树林植物种类较多，面积较大，为广西沿海地区提供着巨大的生态效益。尽管红树林生态系统在护岸减灾、调节气候、维持生物多样性等方面的间接服务价值显著，但是其直接经济价值却不高，因此伴随着广西经济发展对空间资源需求的增加，毁林围海造田、毁林围塘养殖、毁林围海造地等不合理的开发活动使得广西的红树林资源面积剧烈减少，其提供生态服务功能的能力也逐渐减弱。目前广西已经颁布了保护红树林资源的一系列法律法规，但大多是针对个别保护区的地方性法规，全自治区性的湿地保护法规还没有出台。红树林保护的法律体系不完善导致对红树林的许多破坏行为惩治无法可依。此外，管理机构不健全、监督不严、执法不力也导致在红树林的保护实践中存在一些问题。

海草床作为全球滨海湿地中重要的生态系统，有着不可替代的生态功能与巨大的经济价值，保护海岸、改善水质及为许多动物提供栖息地、育苗场所和食物等功能使海草床在海岸带扮演着非常重要的角色。近年来，由于人为因素的影响，广西海草床面积已明显下降，对栖息在海草床区域内的生物造成恶劣影响。

珊瑚礁生态系统是地球上重要的生态景观和人类最重要的资源之一，在所有的海洋生态系统中，珊瑚礁生态系统的生物多样性最高，属于高生产力生态系统，被誉为“海洋中的热带雨林”“热带海洋沙漠中的绿洲”。尽管珊瑚礁生态系统的生产力和生物多样性都很高，但它仍是一个相对脆弱的生态系统，易受外界环境影响。由于遭受人为和自然的双重压力，广西的珊瑚礁资源面临着严峻的资源形势。

在过去的三四十年间，海洋研究者从多种海洋生物（微生物、无脊椎动物和藻类）中发现了大量珍奇且具有独特生物化学特性的天然化合物。在过去 30 年间，科学家已经从海洋生物体提取了至少 20 000 种新颖的生化物质，其中数十种已经被用于临床治理。但是，识别有应用价值的海洋动植物并加以商业应用，仍有很长的路要走。我国海洋药物研究起步较晚，20 世纪 90 年代之前并未引起各有关方面的足够重视。目前国内有不少单位从事海洋药物的研究和开发，也取得了一定的成果，但与发达国家相比差距较大。广西海洋自然环境优越，海洋生物种类繁多，生物多样性使广西拥有丰富的海洋药用生物资源，不少品种在我国乃至世界上都具有优良的品质和鲜明的特色。海洋药用资源的开发利用属于技术密集型的产业，科研经费的需求比陆地资源的研究要大得多。当前世界上海洋药物研发占先的美国、日本及欧洲共同体的成员国，之所以在海洋药物研发方面取得较快发展，无一不是重视对该领域的大量集中投入。而我国经济实力相对薄弱，对于海洋药物的关键技术攻坚、产品开发和产业化来说，研发资金一直是掣肘难题。发达国家医药工业以销售额的 10%～15% 用于新药研究与开发，而我国仅为 1%～2%，且制药企业大多规模小，没有形成集团优势，且知识产权保护意识较差。

10.1.2　海洋空间资源开发利用现状

海洋是我国食物生产的重要空间载体，进一步开发和保护海洋的食物生产能力，对于降低耕地、水资源和环境消耗，提高我国粮食安全保障能力具有重要的意义。养殖海域是海洋食物生产的重要基础，是我国粮食安全的重要保证。在广西城市化进程中，近岸海域更多地作为港口航运区、旅游休闲区被开发利用，越来越多地挤占渔业养殖的空间。

临海工业海岸带地区经济发展史表明，发展重化工业是海岸带经济发展不可逾越的阶段，重化工业向沿海地区集中也是世界性的产业发展规律。高生物生产力及便利的交通条件使得海岸带地区成为人类活动的中心，海岸带地区也是城市化进程最快的地区。随着广西北部湾经济区的工业化、城镇化进程不断加快，人口和产业进一步向沿海地区聚集，必将掀起新一轮海洋开发利用的高潮和热潮。这意味着，在现阶段和今后一段时间内，广西工业和城镇用海需求将更加旺盛，海域管理的统筹协调压力将进一步加大。

世界各国主要沿海城市的发展与兴起离不开港口航运等海洋交通运输的发展，海洋交通运输与沿海地区经济发展息息相关。加速发展现代海洋交通运输业对于提高广西 21 世纪海上丝绸之路与丝绸之路经济带有机衔接、实现环北部湾经济区发展战略都具有重要意义。但随着经济的迅速发展，港口码头及沿海工业增速迅猛，围填海规模日趋增大，广西岸线资源破坏严重。

目前广西的海岛，尤其是近岸海岛都处于不同程度的开发状态，海岛资源开发利用程度较高，但是资源利用效率低下。主要是沿海渔民群众自行开发海岛资源，因此海岛的开发利用基本是以农业和渔业为主，开发利用方式粗放，集约程度不高，且缺乏统筹的规划管理。无序开发方式在占用大量海岛资源的同时，也会对海岛的生态环境造成严重损害，如沿海居民围垦滩涂开辟海水养殖场，破坏了海岛的生态环境，使部分岛屿失去了岛屿独立于海中的自然属性。

广西大多数沿海岛屿面积较小，单个岛屿资源有限，不适应较大规模的开发活动，但其独特的海岛资源或可成为开发利用的方向，如广西海岛具有离岸近、连片岛屿较多、风光旖旎的特点，因此在发展旅游资源方面广受青睐。迄今为止，在国家公布的第一批及第二批无居民海岛开发利用名录中，广西占其中的 29 个，这些无居民海岛均为沿岸岛，除钦州市的独山背岛用于城乡建设、北海市的斗谷墩岛用于港口开发、防城港市的蝴蝶岭岛用于工业建设外，其中有 10 个被定位为旅游娱乐用岛，16 个被定位为旅游娱乐用岛兼交通运输用岛，也就是大多数公布的海岛以旅游娱乐用岛开发为主。在《广西壮族自治区海岛保护规划（2011—2020 年）》中，规划了 6 个海岛旅游区：钦州湾七十二泾海岛旅游区（包括海岛 64 个）；钦州湾金鼓江海岛旅游区（包括海岛 14 个）；钦江口海岛旅游区（包括海岛 6 个）；龙门北部沿岸海域海岛旅游区（包括海岛 21 个）；防城港市沙耙墩-蝴蝶岭海岛旅游区（包括沙耙墩岛、蝴蝶岭岛和小岛蝴蝶岭-1 岛）；西湾海岛旅游区（包括海岛 11 个）。

在广西海岛附近挖砂采石、毁坏红树林、采挖海岛海底珊瑚及珊瑚石等损害海岛生态环境的现象频发，导致海岛生态环境遭到破坏。《广西北部湾经济区发展规划》重点规划了钦州港工业区、企沙工业区、铁山港工业区等三个临海重化工集中区，临海重化工规划的实施，也必将会给广西沿海海岛区带来严峻的环境压力。

10.2 广西重要海洋资源开发利用政策方向

10.2.1 开发利用总体政策方向与基本原则

10.2.1.1 总体政策方向

全面贯彻党的十八大和十九大关于生态文明建设和绿色发展的战略目标，以及十八届二中、三中、四中全会精神，按照党中央、国务院决策部署，根据不同海域资源环境承载力、现有开发强度和发展潜力，科学谋划海洋开发，调整开发内容，规范开发秩序，提高开发能力和效率，着力推动海洋开发方式向循环利用型转变，实现可持续开发利用，构建陆海协调、人海和谐的海洋空间开发格局。

10.2.1.2 基本原则

——尊重自然原则。树立尊重自然、顺应自然、保护自然的理念，根据不同海域资源环境承载力，合理确定不同海洋主体功能，在保证海洋资源可持续利用前提下进行开发。

——海陆统筹原则。通过对海洋环境污染与生态破坏的深层次分析，只是单纯制定海上的防护措施无法解决海洋资源利用不可持续性问题，必须实施陆上与海上的双层次治理与防护，只有实施陆海联动、统筹规划的方式，才能根本有效地解决海洋环境污染与资源破坏的问题。

——预防为主原则。坚持资源保护与发展综合决策，科学规划，突出预防为主的方针，事前采取预测、分析和防范措施，以避免、消除由此可能带来的资源破坏和环境损害。

——循环、低碳发展原则。坚持发展是硬道理的战略思想，发展必须是绿色发展、循环发展、低碳发展。经济社会发展必须建立在资源得到高效循环利用、生态环境受到严格保护的基础上，与生态文明建设相协调，形成节约资源和保护环境的海洋空间格局、产业结构、生产方式。

——优化、集约开发原则。在海洋资源开发与节约中，把节约放在优先位置，以最少的资源消耗支撑经济社会可持续发展。加快转变海洋经济发展方式，提高海洋空间利用效率，把握开发时序，严格用海标准，控制用海规模。

10.2.2 海洋生物资源开发利用政策方向

10.2.2.1 海洋渔业资源开发利用政策方向

为了保持广西海域经济生物资源的可持续利用，从严格渔业执法管理、加强渔业资源养护和增殖及控制和削减捕捞强度等方面提出政策方向。

1）严格渔业执法管理

第一，严格实行和落实捕捞许可证制度。目前，广西海域的捕捞强度已超过渔业资源的承载力，因此必须认真贯彻许可证制度，从事捕捞作业的单位和个人，必须按照捕捞许可证关于作业类型、场所、时限、渔具数量和捕捞限额的规定作业。对近海和近岸水域捕捞生产实行限制政策，必须严格执行捕捞渔船更新、改造的审批和检验制度，要结合捕捞许可证和渔船马力凭证贴附制度的实施，遏制渔船盲目发展的势头。加强捕捞许可证管理，从事海洋捕捞生产的人员，须经渔业行政主管部门培训并取得资格证书。把过高的捕捞强度真正压下来。

第二，严格实行和落实禁渔区和禁渔期制度。必须严格执行《中华人民共和国渔业法》规定的渔业资源增殖和保护措施，禁止在禁渔区、禁渔期进行捕捞。禁止使用小于最小网目尺寸的网具进行捕捞。捕捞的渔获物中幼鱼不得超过规定的比例。在禁渔区或者禁渔期禁止销售非法捕捞的渔获物。

第三，加强和改进渔具管理。渔具管理和渔船管理一样，也是控制捕捞强度的一种途径。建议各渔业生产部门、渔业行政及管理机构重视和正确对待渔具管理问题，制定渔具管理制度，建立渔具档案，将渔具的技术资源使用情况及时录入，应需调用，随时为渔业生产结构调整和渔业管理决策提供准确、完整的参考数据。研制和推广应用外海中水层渔具，如中层拖网、深水围网、中层刺网、中层钓、浮水钓等，有效地瞄准捕捞尚有潜力的中上层经济鱼类；限制并逐步减少沿岸定置网作业和近海底拖网作业，减少底鱼渔获量；适当发展深海围网捕鱼作业，把小功率底拖网船逐步转向从事刺、钓和笼捕作业，发展节省渔用能源、降低作业费用、选择性捕鱼和保护生境的捕捞渔业。

2）加强渔业资源养护和增殖

第一，加强人工渔礁建设。建设人工渔礁应充分利用被淘汰的废旧渔船，妥善地解决渔船的出路和渔民的就业问题。可以将人工渔礁建设与旅游业相结合，使渔业产值获得可观的增加值，还可以将部分被调整的渔船改装为垂钓游艇，缓解渔船转产出路和渔民就业问题；同时，由于在渔礁区作业主要是垂钓和刺网，这些渔具捕大留小，可在一定程度上促进渔业资源的良性循环。投放人工渔礁应该从整治海洋国土着眼和着手，营造渔礁区生物覆盖，诱集和聚集鱼类等在渔礁区觅食、繁殖、栖息，使初级生产力和次级生产力大大增加，成为海上人工牧场和近海渔场，促进修复和改善海洋生态环境，实现海洋生态环境良性循环。人工渔礁建设应与保护珍稀濒危生物、保护物种多样性相结合，与海洋保护区和水产自然保护区的建设相结合，与人工增殖放流渔场建设相结合。

第二，加强增殖放流，增殖海洋渔业资源。不断地改善和提高种苗生产技术，通过中间培育培养大规格种苗和进行适当的野化训练，提高放流种苗的成活率。充分考虑放流海域的生态特点和种类结构，选择适当的生物品种，保护生物多样性。认真选择和大力营造良好的放流渔场，加强人工渔礁增殖渔场管理，提高放流后苗种成活率，增加资源量。对于放流渔场的管理，要制定相应法规，严格禁止在区内实施破坏性工程，严格禁止向区内排污和进行捕捞作业。

3）控制和削减捕捞强度

减少对渔业资源和生态环境破坏性较大的底拖网作业，同时应该重视对拖网渔具的调查研究和革新，尤其是网囊的网目结构和网目尺寸优化设计，强制性实施最小网目尺寸标准，并根据渔业实际情况和国家渔业政策，适当调整围网、刺网和钓捕作业及其他作业的捕捞力量。

10.2.2.2　红树林资源开发利用政策方向

为了保障红树林生态系统的正常生态服务功能，实现红树林资源的永续利用，现从发展生态旅游、加强红树林自然保护区管理、加速红树林湿地的生态修复、编制红树林资源资产负债表、加强执法与宣传教育等方面提出政策方向。

1）发展生态旅游

政府应进一步制定红树林生态旅游发展规划，科学设计旅游路线，改进旅游设施，带动当地相关产业的发展，从而促进当地经济的良性发展。同时，估算旅游容量和发展规模，要通过寓教于游、寓教于乐等多种形式，向游客传播生态、环境科学知识，以及相关的法律法规，以增强人们的生态环境保护意识和法治观念，以真正实现在保护中开发利用、在开发利用中促进保护的良性循环。

2）加强红树林自然保护区管理

建立自然保护区是目前保护红树林资源最有效的方法，对红树林资源和生态系统恢复起到了十分明显的作用。目前广西共有 3 个红树林自然保护区，即位于北海市的山口红树林生态国家级自然保护区、位于防城港市的北仑河口红树林国家级自然保护区和位于钦州市的茅尾海自治区级红树林自然保护区，对已建立的红树林自然保护区要强化管理，坚决制止将现存的红树林湿地转化为农田、池塘、道路、码头、工业区等。保护区可运用经济手段，调节经济活动中的各种经济关系，使海洋经济活动中各种经济组织的活动方向、活动规模和发展速度沿着有利于科学保护、合理开发利用红树林的方向发展。

3）加速红树林湿地的生态修复

对于那些曾经生长过红树林，但目前已被挪用为鱼塘或被海堤、滨海大道等围垦工程所占用、分割或阻隔的沿海宜林滩涂，则应针对具体情况，分别采取退耕还林、开闸引水、建立生物走廊等配套措施，使曾消失的红树林得以恢复，使破碎化的红树林湿地相互连通，形成连片群落，发挥红树林湿地系统的整体功能。针对那些适宜于红树林生长的裸露潮间带滩涂，首先应根据潮位、流速、潮期、浸水时间、基底性质、海水盐度等因素，划定红树林栽种的区域，然后选择适宜的树苗和树种，采取必要的提高造林成活率的技术措施，最终达到人工造林修复生态系统的目的。

4）编制红树林资源资产负债表

编制自然资源资产负债表是国家推进生态文明建设的重要部署，党的十八届三中全会明确提出要探索编制自然资源资产负债表，对领导干部实行自然资源资产的离任审计，建立生态环境损害责任追究制度。2015 年中共中央国务院印发《生态文明体制改革总体方案》，对编制工作做出了具体部署。为了实现红树林资源的可持续利用，基于红树林经济价值的研究成果，建议广西建立红树林资源资产负债表，探索性实施自然资源资产离任审计制度，打造全国红树林资源资产负债表编制的样板和示范，对红树林资源进行统计调查和监测，核算资源资产的实存数量及其变动情况，全面记录当期（期末–期初）各经济主体对自然资源资产的占有、使用、消耗、恢复和增值活动，评估当期自然资源资产实物量和价值量的变化，全面反映海洋经济增长的资源消耗、环境代价和生态效益。

5）加强执法与宣传教育

政府应出台地方性法律法规，完善红树林保护的法律体系，使红树林的保护有法可依；健全红树林保护的管理体制，明确红树林保护的权责划分，在解决多头管理问题的同时加大执法力度，加强宣传教育，加强公众参与力度，让群众监督和举报不合理利用与破坏红树林湿地的违法行为，充分发挥群众的力量，从而合理有效地保护红树林资源。

10.2.2.3 海草床资源开发利用政策方向

保护好广西海草床资源，是保护广西生物多样性的重要任务之一，对广西海洋经济发展和社会进步具有重要意义，现从转变传统利用方式，发展生态旅游；加强海草研究，建立海草信息库；加强保护区建设，促进资源恢复；编制海草床资源资产负债表；加强法律宣传，提高保护意识等方面提出政策方向。

1）转变传统利用方式，发展生态旅游

随着人均收入水平的提高，回归大自然，即到生态环境中去观赏、旅行、探索，享受清新、轻松、舒畅的自然与人的和谐气氛，探索和认识自然，接受环境教育，正成为一种新的生活方式，据世界旅游组织统计，以自然资源旅游为主要形式的生态旅游业已在世界各国迅猛发展，游客人数以每年 30% 的速度递增，成为旅游业发展最快的部分。海草床生态系统作为特殊的海陆过渡带生态系统，具有独特的自然景观，而且海草床还是一些珍稀物种的栖息地，具有极高的科研和娱乐价值。广西通过建设海草床生态公园或示范基地，科学规划泛舟、观鸟等旅游项目，设置一些解释大自然奥秘和保护与人类休戚相关的大自然的标牌体系及喜闻乐见的旅游活动，不仅能够满足全国各地游客观赏独特的海草床生态系统的要求，并在生态旅游目的地让游客在娱乐中增强环境意识，还能够通过生态旅游的发展带动当地经济的发展。建议地方政府制定海草床生态旅游发展规划，并以各种形式推介广西滨海生态旅游项目，以适应游客对生态旅游日益增长的需求，实现经济增长和资源保护的共赢。

2）加强海草研究，建立海草信息库

支持和鼓励海草的科学研究，注重培养和引进海草研究者。通过科学研究进一步加深对海草资源的认识，积极与政府组织、非政府组织、学术机构团体、基金组织等加强有关海草保护及利用的科学研究的合作与交流，通过各种渠道筹集资金。建立“广西海草信息库”，收集海草床内的所有相关信息，包括环境概况、海草生态特征、生物多样性资料等，添加和更新信息库中的资料，为以后的海草床保护工作的开展提供科学依据。

3）加强保护区建设，促进资源恢复

建立保护区是目前保护海草床资源最有效的方法。建立保护区的最大优点是可以迅速地对区内的自然资源给予有效的保护，并为海草床生态系统的研究提供基地。在保护区内，栖息的物种也能够得到较好的保护，有利于海草床生态系统的稳定。而且保护区的建立还可以带动生态旅游的发展，海草床作为一种特殊的滨海湿地，拥有独特的自然景观，同时，海草床是许多动物的栖息地，有多种珍稀动物，因此海草床具有很高的科研和娱乐价值。目前，广西拥有合浦儒艮国家级自然保护区，而且通过近几年的海草恢复工作，海草床资源得到了一定程度的恢复，对海草床资源的可持续利用具有重要意义。

4）编制海草床资源资产负债表

建议广西编制海草床资源资产负债表，对海草床资源进行统计调查和监测，核算资源资产的实存数量及其变动情况，科学核算海草床经济价值，全面记录当期（期末–期初）各经济主体对自然资源资产的占有、使用、消耗、恢复和增值活动，评估当期自然资源资产实物量和价值量的变化。

5）加强法律宣传，提高保护意识

海草床生态系统的保护是一项公共事业，需要人们共同的关注和维护，因此需要民众的广泛参与。一方面，要加强海草保护在各级政府部门间的宣传工作，尤其是要加强对各级领导的宣传和沟通说服工作。把海草保护事业纳入地方国民经济和社会发展计划之中。另一方面，要加大海草保护在当地民众间的宣传力度，可以通过各种途径增加人们对海草的认识，包括电影、电视、录像片、出版物、宣传画、研讨会、展览等多种形式，提高公众和社会各界的海草床资源保护意识，使广大民众积极主动地参与到海草床资源的保护工作当中。

10.2.2.4 海洋药用生物资源开发利用政策方向

为充分利用广西丰富的海洋药用生物资源，现从加强科技研究、加大研发投入、加强国际合作及保护知识产权等方面提出政策方向。

1）加强科技研究

海洋药用生物资源的开发利用具有高技术含量的特点，只有不断加强科技研究、开辟新的资源领域、探求新的方法和技术，才能使其得以充分开发利用。另外，海洋药用生物资源的开发利用是一个系统工程，涉及养殖技术、捕捞技术、现代生物技术、制药技术等多种学科，需要各个领域的密切合作，单靠一个领域的投入，很难取得可产业化的成果。因此，制药企业与科研单位、高校通力合作，是促进我国海洋药用生物资源科研与临床应用相结合的重要途径。应当整合科研力量，将海洋科研与教育机构的科技资源优化配置，与大型药物产业集团形成紧密型一体化体系，建立一个联结多方面科研力量的企业的合作开发平台。逐步形成以市场为导向、企业为主体、高校和科研院所为支撑、其他社会资源为补充的技术创新体系。

2）加大研发投入

增加对海洋药物企业及产品开发的财政补贴，对海洋药用生物资源开发企业在贷款及税收方面给予优惠的政策，完善信贷担保体系，设立国家海洋药物开发基金，对研发进行资金方面的扶持。同时鼓励企业多渠道、多方面地筹集研发基金，充分吸引社会风险投资，引导金融机构支持生物产业的发展，支持企业产品研发。努力形成以政府为引导、企业投入为主体、社会投入和外资投入为重要来源的多元化投融资体系，以加大对海洋药用生物资源的研发投入。

3）加强国际合作

在经济一体化、国际化、全球化的时代背景下，国际之间不断加强合作，国家间的生产要素、商品、服务和资金的相互流动，以及全球经济联系的日益紧密，使得海洋药用生物资源开发利用的国际交流和合作成为必然。国际社会在海洋药用生物资源开发利用领域取得了很多好的经验和成果，值得我国海洋药物科技工作者认真借鉴和吸收。我们要抓住全球重视海洋生物技术开发的有利时机，围绕全球关心的问题，通过建立股份制海洋资源开发合资企业等多种形式，充分利用国际国内市场、各国资源和高新技术，大力开展国际合作，在资金和技术方面取得有效的支持，优化海洋药用生物资源的配置，提高海洋资源的利用率，加快海洋药物的研发速度，促进我国海洋药用生物资源开发利用的发展，同时为全球海洋药物的发展做出更大贡献。

4）保护知识产权

海洋药用生物资源的开发利用属于高技术产业，知识产权的保护是非常重要的。我国知识产权保护意识较差，加之对新药研发资金投入不足，国内大部分生物医药都是模仿而来，这潜伏着巨大危机。据统计，我国药品（化学药品）生产97%以上是仿制品，如我国1990年生产的783个西药品种中有97.4%是仿制产品，仿制基因工程药物的比例更高，而大量仿制药物可能会引发大量诉讼，造成巨大损失。因此，要充分借鉴国外发达国家相关的知识产权保护法律、法规和成功经验，完善相关的知识产权法，制定专利、产权、商业秘密保护等制度，保护我国的海洋药物研发成果和技术，防止他人无偿仿制，给研制者造成损失，以此提高相关从业者的研发积极性。并借助互联网技术建立知识产权保护网，呼吁政府与企业共同参与解决知识产权保护和对外产权纠纷问题。

10.2.3 海洋空间资源开发利用政策方向

10.2.3.1 海域资源开发利用政策方向

根据渔业发展、港口建设、城镇和工业发展、旅游开发、自然保护区建设等的用海需求，现分别从农渔业用海海域、工业和城镇用海海域、港口海域、旅游海域、保护区海域等类别提出政策方向。

1）农渔业用海海域

第一，划定养殖海域红线。可结合海洋功能区划，在现有养殖区内选择环境和基础设施条件良好、与二三次产业用海冲突小的集中连片海域，初步划定近岸“蓝色基本农田”。在英罗港养殖区、廉州湾养殖区、大风江养殖区、企沙湾北部养殖区、珍珠港湾养殖区划定养殖海域红线，确保近岸海域基本的食物生产能力。

第二，发展离岸深水网箱养殖。创新生态养殖模式，加快提升水产养殖技术水平，积极推进苗种产业化发展，大力发展离岸深水网箱养殖，积极发展贝类滩涂增殖、海珍品底播增殖和鱼类工厂化集约养殖，建设健康养殖和生态养殖标准化示范区。设置现代养殖工程设施，实施养殖良种生态工程化养殖，有效控制养殖自身污染及养殖活动对海域环境造成的影响。

第三，控制和压缩近海传统渔业资源捕捞强度。加强对重点渔场、江河出海口、海湾等海域水生资源繁育区的保护，实行禁渔区、禁渔期和休渔制度，确保重点渔场不受破坏；投放保护性人工鱼礁，加强海珍品增殖礁建设，选取优质生物资源种类进行增殖放流，扩大放流规模。

第四，推动水产品加工产业链的延伸和拓展。依托海洋水产品加工基地建设，促进水产品加工业集群式发展，做大做强海洋食品产业，提高海洋水产品生产的科技含量，以自主创新和品牌建设为核心，培育壮大一批装备先进、管理一流、带动力强的水产品加工龙头企业；积极发展水产品精深加工，鼓励水产品加工业向海洋药物、功能食品、海洋化工等领域拓展和延伸；积极推进海洋水产品交易市场和冷链物流基地建设，建立、完善现代化的海洋水产品供给体系。

第五，发展都市休闲渔业和海洋旅游渔业，在渔业和滨海旅游业之间建立连接桥梁。以渔港、渔村为依托，以渔文化为主线，对渔业生产过程的有关环节进行整合、凝练和提升，形成具有旅游价值的以垂钓、潜水、观光、度假及体验渔家风情等为主题的休闲产业。此外，还可以发展观赏渔业。

第六，政策引导，通过税收、补贴等手段引导海水养殖向集约化发展。主要路径是：在近岸海域，通过完善基础设施、改善环境、优化养殖模式等手段，提高海水养殖单位面积产量，实现对近岸海域空间的高效集约利用；在离岸海域，通过加大投入和技术创新，发展以信息化、自动化、规模化为特点的设施养殖，以及以人工鱼礁建设和深水底播增殖为特征的海洋牧场，充分开发利用海洋空间的食物生产能力。

2）工业和城镇用海海域

第一，聚焦战略新兴产业，重点安排有特色、有竞争力、有较强辐射力的海洋生物、海水综合利用、海洋新能源配套产业、海洋战略性产业的用海。构造产业集群是做大产业规模的主要做法。建议打破行政分割和地域界线，按照产业集群规划产业园区，形成广西海洋经济发展的重要增长极，实现临海工业升级和内涵式增长。

第二，造船工业是广西沿海未来发展的重要产业，布局规划框架为：近期以修船起步，重点在防城港马鞍岭和北海铁山港石头埠地区建设修船厂，以满足广西沿海港口航运发展的需求；中、远期则修造结合，依托企沙钢铁基地及铁山港有利的发展条件，重点在企沙半岛云约江北侧、钦州湾观音堂—龙门、铁山港雷田和北暮盐场等地区建设大型修造船基地，积极促进广西北部湾经济区船舶工业的整体发展。

第三，提高已有工业和城镇用海的投资集约度。临港重化工产业基地主要有企沙工业园，重点布置发展冶金、石化、建材等重化工业，以及与重化工业相配套的能源、机械制造、修造船、矿石加工等工业。临港石化产业基地布局主要有钦州大型炼化一体化石化综合产业园区和北海石化综合产业园区。对工业用海，完善海洋开发基础设施，提高海洋科技投入，承接优化开发海域、限制开发海域的产业转移，建立控制污染物排放总量制度，稳定海洋环境质量。

第四，临海工业布局要实行“一盘棋”。不仅需要建立跨部门协调机制，还需要建立跨区域协调机制。必须打破行政分割和地域界线，本着互惠互利、优势互补、结构优化、效率优先的原则，协调港口分布、产业分工、基础设施等重点项目布局，加强区域功能互补，促进跨区域合作。其中对符合海洋产业布局要求的建设项目，在项目申报、环境评估、土地供应、税收政策等方面给予积极的配合。对于石油和海洋化工业，要以现有产业基地和优势企业挖潜改造为重点，促进石化产业提质增效升级；要严格环评，科学论证，做好项目选址，避免盲目违规乱上。

第五，严格遵守海洋功能区划制度。应严格遵守广西海洋功能区划制度，并结合本文论证的沿海三地市资源环境承载现状，调整临海工业布局，以保证产业合理布局，引领海洋经济又好又快发展。

3）港口海域

第一，提升港口吞吐能力。广西港口海域的开发利用以建设亿吨级大型组合港为目标，促进沿海港口向大型化、专业化方向发展，提高港口竞争力。加快港口集群建设，形成各港口共同发展的局面。同时，各市港口又要基于自身优势有所侧重：防城港要不断完善枢纽功能，配合地区工业布局；钦州港要不断完善临海工业港功能；北海港要不断完善工业和商贸旅游综合港功能。合理调整港口功能布局，提高码头泊位的大型化和专业化水平。强化互联网创新思维，全力推进港口装卸智能化、智慧物流、港口现代化管理等信息化建设，建设区域性国际航运信息平台，完善国际货运电子数据交换中心与数字化物流运输体系，打造新一代国际智慧港口。

第二，完善以港口为中心的集疏运系统。加快疏港专用通道及配套基础设施建设，完善沿海港口与铁路、公路联合集疏运系统，加强航道工程建设与监控保障措施。以海港物流为龙头、陆路物流为支撑，加强空港物流建设，优化陆海空一体化发展的物流运输体系。积极发展电子商务交易模式，延伸交易半径，加速交易过程，降低交易成本，加强互联网与物流业的融合发展。

第三，拓展港口辐射范围。依托国家与区域综合运输网络，加强航运与其他运输方式的有机衔接，积极拓展各海港向纵深腹地的物流服务辐射，建设腹地内陆港。加强国际合作，强化国际中转、配送、采购、转口贸易四大功能。加快物流信息平台建设，推进钦州保税港区内外物流基础设施及配套码头设施建设，扩展保税港区在国内外两个方向的需求吸引与服务辐射能力。

4）旅游海域

第一，发展海洋生态、文化、科普旅游业。充分利用涠洲岛火山自然地质遗址景观和珊瑚礁生态景观、山口红树林生态自然保护区、热带农业自然风光、休闲渔业等发展滨海生态旅游；广西滨海地区有京、汉、壮、瑶等民族，有得天独厚的珍珠生长的地理环境和气候条件，有传统民居村落等，可以发展民族文化旅游、珍珠文化旅游、传统民居建筑旅游等文化旅游；钦州三娘湾旅游区依托中华白海豚，可以建设白海豚科普展览馆，发展科普旅游等。

第二，打造国际邮轮港口及国际客运中心。建设国际邮轮港口、国际客运中心及配套设施，完善接待国际邮轮的功能，积极开发国际邮轮市场，建设适应现代国际邮轮需要的高标准的国际客运旅游中心。

第三，滨海旅游产品的全方位开发。构建海岸旅游产品、海上旅游产品和腹地旅游产品三大滨海旅游产品系列。海岸旅游产品主要集中在海岸休闲、海洋捕捞生产方式的展示和体验，可设置不同的海域、不同捕捞对象、不同捕捞工具等游客参与式捕捞活动；海上旅游产品主要集中在多功能、高档次的旅游观光休闲系列，如海上游船、游艇、帆船、海上飞行等，其中涠洲岛是开发的重点，要使其成为海上旅游产品创新的突破点，实施海陆空立体开发战略；腹地旅游产品主要集中在景点民族文化村的开发，开辟民族文化村，荟萃传统文化，让游客了解和观赏不同民族的文化风情。此外，应注意旅游基础设施的完善，如交通、住宿等，这是滨海旅游业发展的重要基石。

5）保护区海域

第一，对于红树林自然保护区，在保护自然资源和自然环境的前提下，可以因地制宜，合理发挥保护区红树林生态系统资源潜力和优势，采用先进技术和设备，适度开展生态旅游（如学术考察、观鸟、自然风光游等）和生态养殖（如基围养殖、围网养殖和封滩轮育养殖等），促进保护区和周边社区的经济共同发展，最终使保护区实现人类与红树林湿地自然环境的和谐统一。

第二，对于北仑河口国家级自然保护区，由于北仑河是中国和越南两国的界河，地理位置特殊，对位于北仑河口我国一侧红树林的保护直接涉及我国的领土安全，必须确保红树林防风消浪和促淤造陆的生态功能，防止土壤侵蚀和保护海堤，以维护我国的国土安全和海洋权益。

第三，对于合浦儒艮自然保护区，因海草床是儒艮（我国一级重点保护哺乳动物）活动和觅食的场所，且海草生长有明显的季节性，所以必须制定海草床的保护措施，围垦养殖、围网养殖、贝类采捕、拖网等渔业活动，不得造成海草和海草床的损坏。

第四，对于广西北海涠洲岛火山国家地质公园，可划定一级保护区、二级保护区和三级保护区。一级保护区：对国际或国内具有极为罕见和重要科学价值的地质遗迹实施一级保护，非经批准不得入内，经设立该级地质遗迹自然保护区的人民政府海洋行政主管部门批准，可组织进行参观、科研或国际交往。二级保护区：对大区域范围内具有重要科学价值的地质遗迹实施二级保护，经设立该级地质遗迹自然保护区的人民政府海洋行政主管部门批准，可组织进行科研、教学、学术交流及适当的旅游活动。三级保护区：对具有一定价值的地质遗迹实施三级保护，经设立该级地质遗迹自然保护区的人民政府海洋行政主管部门批准，可组织开展旅游活动。

第五，对于保护对象为典型性、代表性生态系统的自然保护区，重点保护其生态系统的完整性，保护生境基础条件不受破坏，其周边海域严禁外来物种入侵。

第六，对于保护对象为珍稀、濒危物种的自然保护区，重点保护其生境基础条件，并对保护物种进行周期性的保护观测调研，辅以必要的人工培育。可根据保护对象的生活习性，规定绝对保护期和相对保护期。在绝对保护期，保护区内禁止从事任何损害保护对象的活动，但经该保护区管理机构批准，可适当进行科学研究、教学实习活动；在相对保护期即绝对保护期以外的时间，保护区内可从事不捕捉、不损害保护对象的其他活动。

10.2.3.2　岸线资源开发利用政策方向

为保护自然岸线和合理利用岸线资源，现从以自然属性为基础、以科学发展为导向、以环境保护为前提、加强岸线休闲旅游活动空间的建设和提高岸线资源利用率、注重与腹地住区整合和联系等方面提出政策方向。

1）以自然属性为基础

根据广西不同岸段的区位、自然资源和自然环境等自然属性，综合评价岸线资源开发利用的适宜性和海洋资源环境承载力，科学确定岸线的基本功能。对于红树林分布区、自然保护区等岸段，应禁止一切改变岸线属性的开发利用活动，可适当开展科学研究、教学实习、生态旅游等活动，重点保护其生态系统的完整性。对于渔业资源、矿产资源等自然资源丰富、环境承载力较强的岸段，可侧重于岸线资源经济价值的开发利用。

2）以科学发展为导向

根据广西经济社会发展的需要，统筹农渔业区、港口航运区、工业与城镇用海区、矿产与能源区、旅游休闲娱乐区、海洋保护区、特殊利用区和保留区等各功能岸段的用海需求，合理控制各类建设占用岸线资源的规模，保证生产、生活和生态需要，实现广西岸线资源的节约集约利用。同时应引入岸线资源开发利用评估机制，从源头上确保岸线资源开发建设的科学合理性。

3）以环境保护为前提

切实加强广西岸线的环境保护和生态建设，维护河口、海湾、滨海湿地等重要生态系统安全。广西沿岸各类自然保护区、水产资源保护区、风景旅游名胜区、水产养殖基地等生态敏感岸线较多，应控制产业集聚区和港口岸线发展对这些生态敏感岸线的占用或影响，在开发利用岸线资源的过程中避免与生态敏感性岸线的冲突。

4）加强岸线休闲旅游活动空间的建设和提高岸线资源利用率

旅游是经济持续增长的产业，无论是国内还是国际旅游都极其关注海洋旅游。随着广西滨海旅游业的大力发展，以北海银滩等典型滨海旅游区为代表的滨海旅游收入在广西海洋收入中占有举足轻重的地位。广西热带海洋资源丰富，风光旖旎，气候宜人，可以满足我国北部地区追求热带旅游风光的巨大需求。因而应继续加强岸线休闲旅游活动空间建设、优化岸线环境，重点开发北海岸段、三娘湾岸段、江山半岛南部岸段、珍珠港湾—北仑河口岸段的旅游休闲娱乐和生态旅游资源，增加岸线的旅游经济价值，提高岸线资源利用率。

5）注重与腹地住区整合和联系

根据陆海空间的关联性以及岸线资源的特殊性，广西岸线资源的开发利用不能仅仅关注岸线资源本身，还应该把岸线开发和沿岸腹地住区相互结合，甚至有必要放在更大的范围来综合考虑，统筹协调资源的开发利用和环境保护，建立岸线资源开发和腹地住区之间的联系，充分发挥岸线与腹地的相互作用。

10.2.3.3　海岛资源开发利用政策方向

为合理保护和利用海岛资源，现从加强统筹规划，培养特色海洋旅游产业；健全相关设施及措施，保护海岛环境；拓宽资金来源，建立多元化投资机制；建立海岛巡查制度，建立健全海岛监测体系方面提出政策方向。

1）加强统筹规划，培养特色海洋旅游产业

对于海岛资源的开发应加强统筹规划，加强海岛开发的政府干预，规范海岛资源开发、圈海养殖行为，根据海岛的实际资源条件选择合理的开发利用方式，同时引进企业先进主体，实现开发主体的多元化，以提高海岛资源的开发利用效率。广西海岛资源开发应结合自身实际，打造自己的名牌海岛旅游产品。尤其广西是既沿海又沿边的少数民族自治区，海洋民俗文化资源丰富，比较具有代表性的有南珠文化、疍家文化和京族民风等，在海岛旅游资源的开发利用中，可将民俗文化融入旅游产品的开发，发展特色海洋旅游文化，提高海洋旅游资源的开发利用效率。

2）健全相关设施及措施，保护海岛环境

在对海岛资源进行开发利用的过程中，要将环境保护工作摆在重要位置，在进行开发建设前，应密切关注其开发建设对周边海洋、海岛环境的影响，应组织对开发区开展环境现状调查和可行性研究工作，对项目海域使用论证和环境影响评价，严格控制开发工程规模，做好沿岸海域、海岛环境的监控管理，以确保在保护与开发相对平衡的状态下，保证海岛资源的永续利用。

同时，针对广西海岛开发利用中存在的问题，积极开展整治修复的规划工作，如针对部分海岛岸线受损、海岸侵蚀和崩塌、海岛防护设施破坏等问题，采取相应的工程或生物措施防护；针对人为破坏导致植被消失、减少及植物群落退化等问题，拟采用人工干预的方法促进植被恢复；针对部分海岛现状进行沙滩整治修复、潮间带生态修复、填海连岛整治修复等。此外，还应健全海岛的基础设施建设，尤其是生活污水及生活垃圾的处理设施，保证基础设施的建设程度满足海岛上居民的需求，满足海岛环境保护的要求。

3）拓宽资金来源，建立多元化投资机制

积极推进建设海岛开发与建设投融资体制，拓展融资渠道，建立多渠道投资机制，吸引外资、社会与民间资本，共同推进海岛基础设施与环境建设。探索建立海岛估价制度及与之相应的融资体系。推动制定海岛估价标准规程及估价体系，在控制风险的前提下，以海岛估价为基础，探索一条适合海岛保护与开发融资的道路。提高政府部门工作效率，为各类海岛建设投资者提供优质服务，减少层次，简化手续，优化投资环境。

4）建立海岛巡查制度，建立健全海岛监测体系

建立海岛巡查制度，监督检查无居民海岛保护和利用活动，制止破坏海岛自然资源和生态系统的行为，对《全国海岛保护规划》实施情况及沿海地区海岛保护规划等编制和实施情况开展专项检查。对海岛存在的问题，做到早发现、早报告、早制止、早解决；加大违法查处和惩治力度，严防违法违规用岛、严重破坏海岛的现象。

建立健全海岛监测体系，实现对海岛的基本状况、开发利用变化状况的定期监视监测，提高海岛管理的科学化、规范化和信息化水平。沿岸海岛是海洋灾害多发区，每年5～9月是台风、暴雨季节，加强海岛防洪排涝设施、重要港口防护设施、消防和抢险救援设施建设，提高海岛预防台风、风暴潮、洪涝、赤潮等自然灾害的应急反应能力。完善海岛与国家和地方的沿海地区气象灾害、地质灾害及海洋灾害监测预警系统。制定防台风、赤潮、污染事故、生态灾害的应急预案，确保海岛安全性。

10.3 广西重要海洋资源开发利用管理措施

10.3.1 制定海域资源开发利用规划

制定资源开发利用的规划，是实施海域资源区域综合管理的重要前提。而海域功能区划是海洋资源开发计划的重要组成部分。《全国海洋功能区划（2011—2020年）》明确指出，海洋功能区划是合理开发利用海洋资源、有效保护海洋生态环境的法定依据，必须严格执行。过去的海洋功能区划方案考虑经济发展的需要较多，而考虑生态系统的需求较少。同时，随着国家沿海发展战略的实施，可能引发新的海洋空间资源利用冲突和生态环境破坏问题。《全国海洋功能区划（2011—2020 年）》明确要求，到 2020 年，围填海等改变海域自然属性的用海活动得到合理控制，渔民生产生活和现代化渔业发展得到保障，海洋保护区、重要水产种质资源保护区得到保护，主要污染物排海总量制度基本建立，海洋环境灾害和突发事件应急机制得到加强，遭到破坏的海域海岸带得到整治修复，海洋生态环境质量明显改善，海洋可持续发展能力显著增强。因此必须从资源的自然属性和海域生态系统的角度客观地评价海洋资源的供给能力，对已有的海洋功能区划进行修编和调整。建议在新一轮海洋功能区划修编中，充分借鉴国际海洋空间规划的理论与方法，综合评价海域开发利用的适宜性和海洋资源环境承载力，科学确定海域的基本功能。根据经济社会发展的需要，统筹安排各行业用海，合理控制各类建设用海规模，保证生产、生活和生态用海，引导海洋产业优化布局，节约集约用海；基于海洋资源与海域生态服务价值及其资源环境承载力，对海洋空间内的经济活动进行优化布局，以生态系统管理为基本原则，制定国家级和省级二级海洋功能区划修编指导意见和技术规程，合理规划和管理围填海活动，实现海洋资源可持续利用。

10.3.2 投资政策

虽然广西海洋经济起步较晚，经济总量和产业规模还很小，但是发展海洋经济已经成为广西当前和未来一段时间内经济社会发展中一项十分紧迫的战略任务，直接关系到“富民强桂”新跨越战略目标的实现，关系全区经济社会快速、健康、可持续发展的长远大局。无论是海洋开发基础设施的投入，还是海洋产业开发的投入，或是海洋科技项目的研究，都需要巨额的资金支持。但是当前社会资本对海洋经济许多部门的供给明显不足，因此，必须将海洋产业的投融资纳入沿海区域投融资体系，统一安排，统筹管理，从而拓宽海洋产业发展的投融资渠道，健全多元化投入机制，形成投资主体多元化、资金来源多渠道、组织经营多形式的发展模式，从而为海洋经济的发展提供资金保障。

第一，将海洋开发资金纳入财政预算，建立海洋开发基金。建立海洋开发基金，用于投资一些重大基础性海洋项目，如重大科技兴海项目及远洋渔业基地、人工鱼礁、海洋牧场、海洋环境整治和减灾防灾项目，包括建立试验区及科技性、基础性、公益性、示范性和风险性项目建设。

第二，广泛吸收社会资本，建立多元化海洋投入体系。2014 年 12 月 4 日，《国家发展改革委关于开展政府和社会资本合作的指导意见》出台，鼓励和引导社会投资参与到公共产品供给中，鼓励政府和社会资本合作，鼓励运用 PPP 等项目融资模式。建议重大建设用海项目积极利用国家政策，广泛吸收社会资本，灵活运用 PPP、BOT、ABS 等融资模式，吸纳社会资金投入，进行市场公司化运作管理，提高项目运作效率，实现共赢发展。

第三，创新海洋融资模式，拓宽海洋产业融资渠道。作为资本要素相对稀缺的地区，仅仅依靠国内资金无法满足不断增加的用海建设项目的需要，努力引进国外的中长期信贷和证券市场等资本市场的融资是为我国用海建设提供中长期资金的有效方法和途径，属于国家鼓励和允许类产业的用海建设项目可以通过转让经营权、出让股权等方式吸引外资，积极探索以中外合资、风险投资基金方式引入外资。

第四，启动风险投资机制。海洋开发的科技项目、基础设施项目、实验项目具有公共产品特征，且投资风险较大，社会资金不愿进入。只有启动一定的风险机制，如政府投入一定的资金，承担一定的风险损失，才能吸引一部分社会风险资金的进入，同时鼓励各级各类保险公司开发针对海洋养殖、远洋捕捞、油气勘探与开发等高风险的产业险种，建立健全政策性海洋产业保险制度。

10.3.3 产业支持政策

根据国务院对沿海地区和区域发展规划的批复，适当鼓励重点地区的用海供给；优先保证我国产业政策鼓励发展项目的用海供给；充分发挥自然资源部的引导和监督职能，引导海域资源到低能耗、低污染、高效益的绿色海洋产业，适当扩大涉海战略性新兴重大项目用海供给；对港口、钢铁、石化、造纸及有色金属等产能相对过剩和对海洋环境污染严重的用海予以缩减。

第一，支持海洋新兴产业发展。围绕广西海洋经济发展方式转变和结构调整的重大需求，鼓励金融机构积极开拓新的信贷增长点，加大信贷资金对海洋新能源、海洋生物、海水淡化、海洋装备产业等战略新兴产业的支持。支持以北海为主体的广西北部湾经济区高技术产业带建设。积极发展相关保险业务，为自主创新提供风险担保。

第二，优化重大建设项目用海工业基地建设。优化石化、钢铁、修造船等产业发展，培育壮大临港产业集群，加快形成钦州和北海先进制造业基地和现代物流基地，形成产业集群，并通过政府间合作、外商投资、企业并购、合作研发、专利转让、技术培训和人员交流等多种渠道，引进国外先进的新能源技术和船舶制造技术，加快产业的转型升级。

第三，加强对生态用海的信贷支持力度。凡是生态用海和循化经济项目，优先给予贷款支持和利率优惠。同时，对于不符合国家产业政策规定及市场准入标准，达不到国家环评和排放要求的，以及超过生态环境承载力的，则严格限制任何形式的新增授信支持，切实防止低水平重复建设。

第四，加强产业园区建设。坚持谁投资、谁受益的原则，建立政府推动与市场化运作相结合的运行机制，拓宽融资渠道，鼓励外资、民营等各方面资金通过投资、联营、入股等多种方式参与产业园区开发，破解园区建设中融资、招商和管理的三大难题。

第五，严格限制高污染产业用海。根据有保有压的原则，加快淘汰、转移高消耗、高污染的低附加值产业，限制新增高污染产业，控制海域开发规模和强度，逐步削减污染物入海总量并实现污染物总量排放控制，建立陆源污染物排放准入标准。还要限制大规模围填用海及改变海洋自然属性的开发活动。

10.3.4 自然资源资产负债表

建议广西建立海洋资源资产负债的实物量和价值量账户，摸清自然资源的存量、质量、价值及变动情况，定期评估海洋资源资产变化状况，可以更好地监测地区发展战略、产业优化布局，衡量经济发展的资源消耗、环境损害、生态效益，为落实“创新、协调、绿色、开放、共享”发展理念，提供基础数据和决策支持；打造全国海洋资源资产负债表编制的样板和示范。在编制海洋自然资源资产负债表和合理考虑客观自然因素的基础上，积极探索领导干部海洋资源资产离任审计的目标、内容、方法和评价指标体系，该指标体系应具有可操作性和可视性，根据不同海洋资源区域定位，实行差别化绩效评价。以领导干部任期内辖区海洋资源资产变化状况（即自然资源资产负债表）为基础，通过审计，客观评价领导干部履行海洋资源资产管理责任情况，依法界定领导干部应当承担的责任，加强审计结果运用，以解决发展评价不全面、责任落实不到位和损害责任追究缺失等问题。

10.3.5 海洋生态损害补偿和赔偿

在经济快速发展的同时，也会给海洋环境带来污染和生态破坏。钦州湾的茅尾海，由于大量养殖废水、工业废水和城市生活污水排放，海湾水体中无机氮和活性磷酸盐含量增高，海水富营养化；近年大面积填海造地和围海养殖占用了大量的湿地，红树林面积减少，近江牡蛎天然种苗场退化，海水养殖成功率降低，海湾生态功能退化，环境污染和人为破坏已接近其承受能力的极限。《中共中央关于全面深化改革若干重大问题的决定》明确指出“必须建立系统完整的生态文明制度体系，实行最严格的源头保护制度、损害赔偿制度、责任追究制度，完善环境治理和生态修复制度，用制度保护生态环境”，并提出要“建立生态环境损害责任终身追究制”。海洋生态补偿是指以保护海洋生态环境、促进人与自然和谐为目的，根据海洋生态系统服务价值、海洋生态保护成本及发展的机会成本，综合运用行政和市场手段，调整海洋生态环境保护和海洋资源利用相关各方之间利益关系的制度安排。建议广西有关部门制定广西海洋生态补偿管理办法，特别是针对重大海洋工程、海上溢油、海洋保护区、流域活动对河口—海域的影响等重点问题，开展生态损害补偿/赔偿、生态建设补偿的示范。

10.3.6 海洋生态红线

2014 年修订后的《中华人民共和国环境保护法》第二十九条第一款规定："国家在重点生态功能区、生态环境敏感区和脆弱区等区域划定生态保护红线，实行严格保护。"自此国家建立了生态保护红线制度。海洋生态红线制度是指为维护海洋生态健康与生态安全，将重要海洋生态功能区、生态环境敏感区和脆弱区划定为重点管控区域并实施严格分类管控的制度安排。生态红线划定的目标是减少大规模、高强度的工业化和资源开发利用，遏制生态系统不断退化的趋势，保持并提高生态产品供给能力。设定广西海洋生态红线，严守海洋资源消耗上限，以及海洋环境质量底线，将海洋开发活动限制在资源环境承载力之内。

10.4 广西重要海洋资源开发利用保障措施

10.4.1 建立与市场经济相适应的新型政府管理体制

根据《中华人民共和国宪法》《中华人民共和国中央人民政府组织法》《中华人民共和国海洋环境保护法》《中华人民共和国渔业法》《中华人民共和国野生动物保护法》《中华人民共和国海域使用管理法》《中华人民共和国海岛保护法》《中华人民共和国矿产资源法》《中华人民共和国海上交通安全法》的规定，我国海洋行政管理工作，实行的是在各级人大及其常委会监督，各级人民政府领导下，由法定的主管部门统一指导、协调和监督，各有关部门分工负责，公众积极参与的管理体制。政府管理体制遵循统一指导、协调和监督的原则，体现了国家在管理职能上的集中和强化，以便对海洋资源开发实施有效控制；分工负责是为了充分发挥各有关部门的积极性和力量，以适应海洋资源管理的广泛性和综合性的特点。在社会主义市场经济条件下，政府管理体制的发展方向应是既能发挥政府的主导和监督作用，又能发挥企业的积极性和自我约束作用。市场机制需要具备以下两个条件才能建立并有效运行：一是有完善健全的环境资源市场体系和规范的市场秩序；二是环境资源产权明确。因此，应当建立与市场经济相适应的新型政府管理体制，可以着重发展以下几点。

10.4.1.1 强化组织与协调

遵循"理顺关系、强化协调、提高效率"的原则，加强制度建设，完善海洋管理部门组织协调功能，优化工作机制，强化部门协同和上下联动，增强政府宏观调控的一致性、协调性和效率性。加强行政管理制度建设，完善综合政务服务网络平台，以制度和平台建设推动工作机制优化，实现行政管理的制度化、标准化和程序化。

为了对海洋事务进行有效的管理，广西专门设置了海洋管理机构，即广西壮族自治区海洋局（隶属于广西壮族自治区自然资源厅），还有广西壮族自治区生态环境厅，广西壮族自治区水产畜牧兽医局（隶属于广西壮族自治区农业农村厅）、广西壮族自治区财政厅、广西海事局、广西壮族自治区船舶检验中心、广西出入境检验检疫局、中国海监第九支队、广西壮族自治区人民政府派出机构——自治区北部湾办公室等部门也具有重要的海洋管理职能。此外，沿海市也设置了一些市级管理机构，如北海市水产畜牧兽医局、北海市海洋局、北海市涠洲岛旅游区管理委员会、北海市船舶检验中心、北海市港务管理局、北海市渔政渔港监督支队、北海市铁山港区海洋和水产畜牧兽医局、北海市银海区海洋和水产畜牧兽医局、北海市合浦县海防工作股、钦州市水产畜牧兽医局、钦州市生态环境局、钦州市海洋局、钦州市海防委员会办公室、钦州海事局、钦州市钦北区水产畜牧兽医局、防城港市生态环境局、防城港市水产畜牧兽医局、防城港市港口区海防办公室、防城港市港口区生态环境局、防城港市港口区水产畜牧兽医局、防城港市防城区水产畜牧兽医局、防城港市东兴生态环境局等。为了加强对北部湾的管理，广西专门成立了自治区北部湾办公室，统筹组织制定北部湾经济区经济社会发展总体规划和重大产业发展、城镇群建设及土地利用等规划，管理北部湾的重大事项。以上海洋资源管理相关部门应特别注意在勤履其责前提下的配合与协调。

10.4.1.2 打造广西海洋经济发展智库

成立专家咨询委员会，吸收理工学科及经济、行政、法律等领域的专家参与决策咨询，建立多学科常态化专家咨询议事机制，打造广西北部湾海洋经济发展决策咨询智库，重点围绕区域战略规划、海岸带空间规划、政策法规、海洋产业发展、人才建设、科技创新、生态环境保护等领域的重大问题开展研究，为政府科学决策提供专业化和高端咨询。

10.4.2 推动实施海洋资源综合管理

进一步推动地方海洋管理体制改革。建立核心部门主导、多部门参与的权威、综合、高效区域海洋管理架构，强化对区域海洋事务的统筹管理与综合协调。制定广西“十三五”海洋经济发展规划、广西北部湾经济区海洋经济布局规划，强化规划对海洋经济和相关海洋产业发展的指导，研究制定重点海洋产业发展的具体扶持政策，优先保证海洋生物、海水综合利用、海洋装备等战略性新兴产业的用海需求，坚持陆海统筹，修订和完善地方海洋管理体系。具体有以下管理手段。

10.4.2.1 海洋资源实物账户管理

开展海洋资源实物资料整理、建档、数字化及成果集成工作，形成海洋资源实物资料账户体系，为海洋资源实物账户信息服务集群化、产业化提供资源，发挥为海洋资源开发利用保护、政府决策、国民经济和社会发展服务的作用。着重开展海洋资源实物资料调查数据库建设、信息服务系统建设和科技情报交流，以及进行基础调查、海洋资源勘查、海洋深部研究、海洋能源研究，初步开展公益性服务和向上级部门提供决策支撑。

10.4.2.2 海洋资源权属管理

自然资源生态空间统一确权登记工作，是贯彻落实十八届三中全会关于全面深化改革精神的重大举措。开展海洋自然资源生态空间专项调查，健全海洋自然资源生态空间确权登记工作体系，开展海洋自然资源生态空间确权登记试点，建立海洋自然资源产权登记信息系统，逐步实现海洋自然资源资产产权登记信息的共享、查询和社会化服务，完善海洋自然资源生态空间统一确权登记制度。明确占有、使用、收益、处分等权利归属关系和权责。推进海洋资源全民所有权和集体所有权的实现，全面建立覆盖各类全民所有海洋资源资产的有偿出让制度。加强海洋资源资产交易平台建设。

10.4.2.3 海洋资源开发利用行政许可管理

从事开发利用海洋资源的活动之前，必须向有关管理机关提出申请，经审查批准，发给许可证后，方可进行该活动。海洋资源开发利用行政许可是海洋资源管理机关进行海洋资源监督管理的重要手段。根据海洋资源的类型，海洋自然资源开发利用行政许可制度主要包括海域使用许可制度、无居民海岛使用许可制度、渔业捕捞许可证制度、渔业捕捞限额制度、海洋矿产资源勘查登记和开采审批制度等。完善海洋自然资源开发利用许可制度，尽快建立统一公平、覆盖所有海洋自然资源的开发利用许可制度，依法核发许可证，一切单位和个人必须持证开发利用，禁止无证或不按许可证规定开发。

10.4.3 加强执法能力建设

10.4.3.1 加强执法队伍建设

建立重心下移、力量下沉的法治工作机制，加强市、县级资源环境监管执法队伍建设，支持各部门依法独立进行资源环境监管和行政执法，具备条件的乡镇（街道）及工业集聚区要配备必要的海洋资源环境监管人员。可尝试将分散在各部门的海洋资源环境保护职责调整到一个部门，逐步实行海洋资源管理工作由一个部门进行统一监管和行政执法的体制。有序整合不同领域、不同部门、不同层次的监管力量，建立权威统一的执法体制，充实执法队伍，赋予执法强制执行的必要条件和手段。完善行政执法和司法的衔接机制。推进执法信息公开，定期公布重点监管对象名录，定期公开海洋资源利用状况，公开执法检查依据、内容、标准、程序和结果，公布违法违规单位名单及处理、整改情况。大力提高资源环境监管队伍思想政治素质、业务工作能力、职业道德水准。强化执法能力保障，推进海洋资源环境监察机构标准化建设，配备调查取证等监管执法装备，保障基层资源环境监察执法用车用船。坚持源头严防、过程监管、损害严惩、责任追究。

10.4.3.2 提高海洋资源状况监测水平

海洋资源监测是海洋管理的组成部分，是一项基础性工作，具有技术性和服务性的特点，是海洋资源监督管理和执法管理的技术支持系统，为实现我国海洋生态及资源开发利用良性循环目标服务，为政府及其行政主管部门制定海洋发展战略、方针政策和海洋规划、计划，并实施我国海洋工作的宏观管理、协调和调控提供科学依据。

应当建立完善的海洋资源监测制度，包括监测站管理制度、监测网的管理、监测信息的公开、监测人员的考核等方面。加快推进对海洋资源的统计监测核算能力建设，提升信息化水平，提高准确性、及时性，实现信息共享。加快重点用能单位能源消耗在线监测体系建设。建立循环经济统计指标体系、海洋资源合理开发利用评价指标体系。利用卫星遥感等技术手段，对海洋资源和生态环境保护状况开展全天候监测，健全覆盖所有资源环境要素的监测网络体系。提高海洋资源破坏风险防控和突发环境资源事件应急能力，健全环境与健康调查、监测和风险评估制度。定期开展海洋生态状况调查和评估。加大各级政府预算内投资等财政性资金对统计监测等基础能力建设的支持力度。

10.4.3.3 推动联动执法和区域执法

为增强海洋资源科学管理工作的系统性、整体性和协同性，应建立综合决策机制，建立海洋资源联动执法联席会议制度，解决重大资源监管联动事项，研究联动工作中存在的问题，提出加强联动工作的对策。协调解决涉及相关部门的环境执法问题，建立长效工作机制，促进联动协作配合。联席会议应形成会议纪要，明确议定事项。建立联动执法联络员制度，确定具体牵头部门及联络人员，开展经常性的信息互通。划分为若干海洋环境资源监管网格，逐一明确监管责任人，落实监管方案，同时开展联合执法、区域执法和交叉执法。

为了促进广西北部湾地区的经济发展，广西壮族自治区人民政府专门成立了一个派出机构——自治区北部湾办公室，其职能包括统筹组织制定北部湾经济区经济社会发展总体规划和重大产业发展、城镇群建设及土地利用等规划；组织制定港、路、水、电等重大基础设施发展规划，组织和管理重大基础设施和重大产业项目的建设；授权负责管理和整合港口、铁路等重要资源和国有资源，组建和管理港口、铁路建设和经营公司，促进经济区路港一体化发展；统筹管理经济区岸线资源的开发利用，负责组织审定利用岸线资源的重大建设项目；组织经济区建设的宣传推介工作；筹集、管理和安排使用经济区建设发展专项资金；以及研究提出加快经济区开发建设的政策措施。随着广西北部湾经济区的快速发展，资源制约性问题日益凸显，应当在自治区北部湾办公室的职能中加上负责北部湾海洋资源集约开发和科学管理的内容，以保证资源开发与保护真正纳入政府的经济发展计划中，也保证资金的投入。

10.4.4 严格遵守法律规定，健全地方性法规和标准

10.4.4.1 遵守法律规定

在进行海洋资源管理中，应严格遵循法律法规的相关规定，做到有法可依、有法必依和违法必究。随着海洋资源可持续利用事业的发展，海洋资源法制逐步健全，目前已经形成了以《中华人民共和国宪法》

为根据，以《中华人民共和国环境保护法》《中华人民共和国海洋环境保护法》《中华人民共和国海域使用管理法》《中华人民共和国海岛保护法》《中华人民共和国渔业法》《中华人民共和国野生动物保护法》《中华人民共和国矿产资源法》《中华人民共和国深海海底区域资源勘探开发法》等专门法为主体，以海洋资源行政法规、地方性法规、规章和标准为补充，与国际公约相协调的海洋资源法律体系。国务院先后制定发布了7个管理条例：《防治船舶污染海洋环境管理条例》《中华人民共和国海洋石油勘探开发环境保护管理条例》《中华人民共和国海洋倾废管理条例》《防止拆船污染环境管理条例》《中华人民共和国防治陆源污染物污染损害海洋环境管理条例》《中华人民共和国防治海岸工程建设项目污染损害海洋环境管理条例》《防治海洋工程建设项目污染损害海洋环境管理条例》。此外，为了实施海洋资源相关法律，国务院也已经或者将要颁布一系列行政法规，如《中华人民共和国渔业法实施细则》《中华人民共和国自然保护区条例》《中华人民共和国矿产资源法实施细则》等。依照法律规定行使海洋环境监督管理权的国务院有关部门，包括生态环境部、自然资源部、交通运输部、农业农村部及军队环境保护部门，为实施《中华人民共和国海洋环境保护法》《中华人民共和国渔业法》《中华人民共和国海域使用管理法》《中华人民共和国海岛保护法》《中华人民共和国野生动物保护法》及与这些法律相配套的管理条例，先后制定发布了一批部门规章，据不完全统计有300多件。

10.4.4.2 健全地方性法规

应当结合广西海洋资源管理的必要性和可操作性，在法律、行政法规的规定下，参照规章，制定有地方特色的法规，并且注意“法不自行”，通过严格执法实践使地方性法规能够落到实处。根据《中华人民共和国立法法》，沿海设区的市的人民代表大会及其常务委员会可制定有关海洋资源环境保护的地方性法规，沿海各设区市以上人民政府可以制定有关海洋资源环境保护的地方政府规章。这些地方性法规和地方政府规章都是以实施环境法律、行政法规为目的，以解决本地区某特殊环境问题为目标，因地制宜而制定的。广西目前制定的地方性法规和地方政府规章有：《广西壮族自治区海洋环境保护条例》《广西壮族自治区实施〈中华人民共和国水土保持法〉办法》《广西壮族自治区实施〈中华人民共和国渔业法〉办法》《广西壮族自治区渔业管理实施办法》《广西壮族自治区海域使用管理条例》《广西壮族自治区海域使用权收回补偿办法》《广西壮族自治区水产苗种管理办法》《广西壮族自治区北仑河口海洋自然保护区管理办法》《广西壮族自治区山口红树林生态自然保护区管理办法》《广西壮族自治区北海银滩保护条例》《广西壮族自治区森林生态效益补助资金管理办法》《广西壮族自治区实施〈中华人民共和国节约能源法〉办法》等。目前广西仍然需要加强海岛保护和开发利用方面的立法。

完善相关的法规可以采取对现有的法规进行修订，广西目前有各类海洋法律法规共14部，其中自治区法规7部，自治区规章7部，其中，海洋环境类1部，渔业管理类3部，自然保护区类3部，海洋管理类5部，海洋经济类2部。这些法规分别对海洋环境资源管理的不同方面进行了规定，它们通过的机关不同，生效的时间也不同，存在整合协调的空间；也可以对海洋资源集约开发和科学管理进行专门的立法，海洋资源集约开发和科学管理涉及不同的管理部门，主体和客体范围广泛，北海、钦州、防城港三个沿海市也可以根据本市的实际情况进行地方立法。

10.4.4.3 健全海洋环境标准

海洋环境标准是海洋资源环境保护法律体系中一个特殊组成部分。海洋资源存在于海洋环境中，因此海洋环境标准与海洋资源的可持续利用息息相关。在我国，海洋环境标准分为海洋环境质量标准、污染物排放标准和环境基础标准。海洋环境质量标准和污染物排放标准分为国家标准和地方标准两级，如《海水水质标准》《渔业水质标准》《海洋生物质量》《海洋沉积物质量》《污水综合排放标准》《船舶水污染物排放控制标准》《污水海洋处置工程污染控制标准》《城镇污水处理厂污染物排放标准》《海洋自然保护区监测技术规程》《海洋监测技术规程》等。国家海洋环境质量和污染物排放标准由国家海洋资源环境保护主管部门制定，地方环境标准由沿海省级人民政府制定并报国家环境保护主管部门备案。海洋环境标准具有法律强制性。

应当加快制定、修订一批海洋能源消耗、污染物排海、海洋环境质量等方面的标准，实施能效和排污强度“领跑者”制度，加快标准升级步伐。环境容量较小、生态环境脆弱、环境风险高的海域要执行污染物特别排放限值制度。

10.4.5　规范海洋资源权属和有偿使用制度

自然资源权属制度是法律关于自然资源归谁所有、使用及由此产生的法律后果由谁承担的一系列规定构成的规范体系，是自然资源保护管理中最有影响力、不可缺少的基本法律制度。我国自然资源权属制度主要包括两方面的内容：一是自然资源所有权；二是自然资源使用权。海洋资源权属制度，是指关于海洋资源的所有权、使用权和其他权益的法律制度。具体来说，海洋资源权属制度主要包括海洋资源所有权制度和海洋资源使用权制度。《生态文明体制改革总体方案》指出，构建归属清晰、权责一致、监管有效的自然资源资产产权制度，着力解决自然资源所有者不到位、所有权边界模糊等问题。

此外，《生态文明体制改革总体方案》指出，按照成本、收益相统一的原则，充分考虑社会可承受能力，建立自然资源开发使用成本评估机制，将资源所有者权益和生态环境损害等纳入自然资源及其产品价格形成机制。加强对自然垄断环节的价格监管，建立定价成本监审制度和价格调整机制，完善价格决策程序和信息公开制度。海洋资源使用有偿制度，是指国家采取强制措施使开发利用海洋资源的单位或个人支付一定费用的一整套管理制度。它是在地球人口日益增长、海洋资源日益紧缺的情况下建立和发展起来的一种管理制度，是海洋资源价值在法律上的体现和确认。海洋资源使用有偿制度有利于促进自然资源的合理开发和节约使用；有利于为开发新的资源筹集资金，并有利于自然资源的保护和恢复；有利于保障海洋资源的可持续利用，并促进经济社会的可持续发展。应建立海域、无居民海岛使用金征收标准调整机制，建立健全海域、无居民海岛使用权招拍挂出让制度，保障全体人民分享全民所有海洋资源资产收益。

10.4.6　提高公众对海洋资源可持续利用的参与度

发挥社会组织与公众的参与和监督作用。提高包括企业、社会团体和普通群众在内的其他主体对于海洋资源可持续利用的认识是广西做好海洋资源可持续开发利用工作的基础，特别是向广西沿海地区的公众进行宣传教育尤为重要。统筹安排、正确解读海洋资源可持续利用的内涵和改革方向，培育普及生态文化，形成崇尚节约资源的良好氛围，倡导勤俭节约、绿色低碳、文明健康的绿色生活方式和消费模式，提高全社会生态文明意识。其中应注意：第一，注重多元化的主体进行宣传；第二，善于运用多种宣传形式；第三，开展群众性生态科普教育活动。

建立完善信息公开制度。海洋资源开发和管理信息公开可查是公众参与科学管理的基本前提，连基本知情权都没有，相关信息无从查询，公众参与便无从谈起。及时准确披露各类环境信息，扩大公开范围，保障公众知情权。健全举报、听证、舆论和公众监督等制度，构建全民参与的社会行动体系。也可邀请公民、法人和其他组织参与监督执法，实现执法全过程公开。发挥民间组织和志愿者的积极作用。

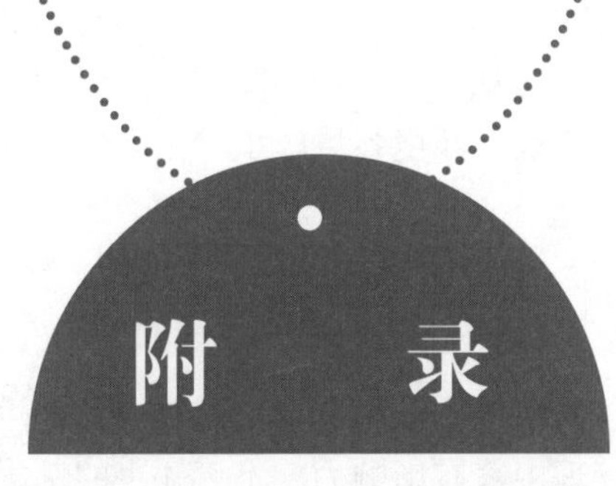

附　录

根据 Costanza 等的研究，1997 年全球单位面积湿地科研教育服务价值为 881 美元/(hm^2·a)，被调查者对湿地科研教育服务功能的支付意愿与收入和教育程度正相关，因此本研究结合中美人均收入和总人口中受高等教育学历者占比对该数据进行调整，使其适用于中国。首先，需要根据 1997 年中国和美国的人均收入及受高等教育的人口比例确定综合比例，以计算 1997 年中国单位面积湿地科研教育服务价值。由于 1997 年部分数据缺失，计算综合比例时用 1998 年相关数据进行替代。1998 年，中国年末总人口是 124 810 万人，受教育程度是大专及以上的人口为 32 114 人，后者占前者的比重为 0.0026%；1998 年美国受高等教育的人口比例为 24.4%，则中国受高等教育的人口比例约是美国该比例的 0.011%。1998 年中国国内生产总值是 79 396 亿元，则人均国内生产总值为 6361.35 元；1998 年美国人均国内生产总值是 7593.7 美元，1998 年 12 月 31 日美元对人民币汇率为 8.28，则 1998 年美国人均国内生产总值约合人民币 62 875.84 元。1998 年中国人均国内生产总值约是美国的 1/10。对两国人均收入之比和总人口中受高等教育的人口比例之比进行加权，确定一个综合比例。权重的确定采用专家调查法，对人均收入之比取权重 0.7，受高等教育的人口比例之比取权重 0.3，得地区调整系数为 0.07。

此外，考虑到 1997～2014 年中国人均收入及受高等教育的人口比例增加会对支付意愿产生影响，对用以上方法确定的综合比例进一步调整。由于 2014 年相关数据缺失，用 2013 年相关数据确定的综合比例进行替代。2013 年，中国年末总人口为 136 072 万人，大专及以上人口是 117 925 人，受高等教育的人口比例为 0.0087%；则 2013 年中国总人口中受高等教育的人口比例是 1998 年该比例的 3.35 倍。2013 年中国国内生产总值为 566 130.2 亿，年末总人口为 136 072 万人，则人均国内生产总值为 41 605.19 元，2013 年中国人均国内生产总值是 1998 年的 6.54 倍，仍按 3∶7 对两比例加权，得年度调整系数为 5.58。具体结果见表 X1。

表 X1　调整系数计算表

地区	年份	人均国内生产总值（元）	受高等教育的人口比例（%）	调整系数
美国	1997 年	62 875.84	24.4	—
中国	1997 年	6 361.35	0.0026	0.07
中国	2014 年	41 605.19	0.0087	5.58

数据来源：《中国统计年鉴》（1999，2015）；United States Census Bureau: Population, Educational Attainment. U.S. Bureau of Economic Analysis (BEA)

注：由于 1997 年（2014 年）部分数据缺失，计算综合比例时用 1998 年（2013 年）相关数据进行替代

综上所述，综合补偿系数=地区补偿系数×年度补偿系数≈0.39。

参考文献

安晓华. 2003. 中国珊瑚礁及其生态系统综合分析与研究. 中国海洋大学硕士学位论文.

北海市环境统计局. 2007—2014. 广西北海市环境质量报告.

北海市统计局. 2014. 北海市国民经济和社会发展统计公报.

北京飞燕石化环保科技发展有限公司. 2011. 广西液化天然气 (LNG) 项目环境影响评价.

陈刚. 1997. 珊瑚礁资源的可持续发展与生态性利用. 南海研究与开发, 4: 53-55.

陈贵梅. 2014. 广西桂南地区集体商品林地地租的合理水平研究. 林业经济问题, 5(34): 390-400.

陈国栋. 2002. 承载力概念的演变及西北水资源承载力的应用框架. 冰川冻土, 24(4): 361-367.

陈国华, 黄良民, 王汉奎, 等. 2004. 珊瑚礁生态系统初级生产力研究进展. 生态学报, 24(12): 2863-2869.

陈尚. 2015. 三亚市海洋资源资产评估报告.

陈英姿. 2010. 中国东北地区资源承载力研究. 长春: 长春出版社.

陈志华, 孟宪伟. 2010. 我国近海海洋综合调查与评价专项 (广西 "908 专项") 海岛综合调查报告.

程胜龙. 2009. 我国近海海洋综合调查与评价专项 (广西 "908 专项") 广西滨海潜在旅游资源 (景点) 开发评价研究报告.

褚夫秋. 2006. 海洋旅游资源价值评估研究. 青岛大学硕士学位论文.

崔旺来, 钟海玥. 2017. 海洋资源管理. 青岛: 中国海洋大学出版社.

邓家刚. 2008. 广西海洋药物. 广西: 广西科学技术出版社.

狄乾斌, 韩增林, 刘锴. 2004. 海域承载力研究的若干问题. 地理与地理信息科学, 20(5): 51.

狄乾斌. 2004. 海域承载力的理论、方法与实证研究——以辽宁海域为例. 辽宁师范大学硕士学位论文.

杜黎明. 2007. 主体功能区区划与建设——区域协调发展的新视野. 重庆: 重庆大学出版社.

范航清. 1995. 广西沿海红树林养护海堤的生态模式及效益评估. 广西科学, 2(4): 48-52.

范航清. 2000. 红树林: 海岸环保卫士. 广西: 广西科学技术出版社.

范航清, 黎广钊, 周浩郎. 2015. 广西北部湾典型海洋生态系统——现状与挑战. 北京: 科学出版社.

范航清, 李信贤, 等. 2009. 我国近海海洋综合调查与评价专项 (广西 "908 专项") 广西海岸带滨海湿地调查研究报告.

范航清, 莫竹承, 黎广钊, 等. 2010. 我国近海海洋综合调查与评价专项 (广西 "908 专项") 广西红树林和珊瑚礁等重点生态系统综合评价.

防城港市统计局. 2007—2015. 防城港市国民经济和社会发展统计公报.

福建省海洋与渔业厅. 2013. 福建省海岛保护规划 (2012—2020 年).

傅娇艳. 2007. 红树林湿地生态系统服务功能和价值评价研究——以漳江口红树林自然保护区为例. 厦门大学硕士学位论文.

傅明珠, 王宗灵, 李艳, 等. 2009. 胶州湾浮游植物初级生产力粒级结构及固碳能力研究. 海洋科学进展, 27(3): 357-366.

傅秀梅, 王长云, 邵长伦, 等. 2009. 中国珊瑚礁资源状况及其药用研究调查 Ⅰ. 珊瑚礁资源与生态功能. 中国海洋大学学报 (自然科学版), 4: 676-684.

高吉喜. 2001. 可持续发展理论探索——生态承载力理论、方法与应用. 北京: 中国环境科学出版社.

耿建新, 刘祝君, 胡天雨. 2015. 编制适合我国的土地资源平衡表方法初探——基于实物量和价值量关系的探讨. 会计之友, (2): 7-14.

广西北部湾国际港务集团有限公司. 2014. 广西北部湾国际港务集团有限公司 2014 年年度报告.

广西红树林研究中心. 2015. 广西科技兴海综合研究专项 广西海洋生态红线区划定研究报告.

广西梧州市旅游发展委员会. 2015. 2015 年广西国家 A 级旅游景区一览表.

广西壮族自治区海洋和渔业厅. 2013. 广西壮族自治区海洋经济发展 "十二五" 规划.

广西壮族自治区海洋局. 2010. 广西海洋环境状况公报.

广西壮族自治区海洋局. 2004—2016. 广西海洋经济统计公报.

广西壮族自治区海洋局. 2012a. 广西壮族自治区海岛保护规划 (2011—2020 年).

广西壮族自治区海洋局. 2012b. 广西壮族自治区海洋功能区划 (2011—2021 年).
广西壮族自治区海洋局. 2014a. 北海市海岛保护规划 (2013—2020 年).
广西壮族自治区海洋局. 2014b. 广西海洋环境状况公报.
广西壮族自治区海洋局. 2015a. 广西海洋环境状况公报.
广西壮族自治区海洋局. 2015b. 广西海洋经济统计公报.
广西壮族自治区海洋局. 2015c. 广西海洋主体功能区规划专题研究.
广西壮族自治区环境保护科学研究院. 2011. 广西 LNG 储运中心项目环境影响评价报告.
广西壮族自治区环境保护厅. 2014. 广西壮族自治区环境状况公报 .
广西壮族自治区交通规划勘察设计研究院. 2009. 广西北部湾港总体规划.
广西壮族自治区水产畜牧兽医局. 2011. 广西渔港建设“十二五”规划.
广西壮族自治区统计局. 2004—2017. 广西统计年鉴 . 北京: 中国统计出版社.
郭中伟, 李典谟. 1998. 生物多样性的经济价值. 生物多样性, 3: 20-25.
国家发展和改革委员会. 2010. 关于提高国产陆上天然气出厂基准价格的通知.
国家发展和改革委员会价格司. 2014. 全国农产品成本收益资料汇编 2014. 北京: 中国统计出版社.
国家海洋局. 1989—2015. 中国海洋灾害公报.
国家海洋局. 2006. 海洋功能区划技术导则 (GB/T 17108—2006). 北京: 中国标准出版社.
国家海洋局. 2011. 我国第一批开发利用无居民海岛名录.
国家海洋局. 2012. 全国海岛保护规划.
国家海洋局第三海洋研究所. 2009a. 广西海域开发利用总体评价与规划研究报告.
国家海洋局第三海洋研究所. 2009b. 广西海域现状调查报告.
国家海洋局第三海洋研究所. 2009c. 广西沿海地区社会经济基本情况调查研究报告.
国家海洋局第三海洋研究所. 2010. 广西沿海港口发展与布局专题调查报告.
国家海洋局第一海洋研究所, 广西红树林研究中心, 广西第一测绘院, 等. 2010. 广西海岸带调查专题调查研究报告.
国家海洋局第一海洋研究所. 2010. 广西海岛综合调查海岛岸线调查专题报告.
国家旅游局. 2003. 旅游资源分类、调查与评价 (GB/T 18972—2003). 北京: 中国标准出版社.
国土资源部油气资源战略研究中心. 2008. 世界油气资源信息手册. 北京: 地质出版社.
国土资源部油气资源战略研究中心. 2009. 新一轮全国油气资源评价. 北京: 中国大地出版社.
韩维栋, 高秀梅, 卢昌义, 等. 2000. 中国红树林生态系统生态价值评估. 生态科学, 19(1): 40-46.
何广顺, 王立元. 2013. 海洋经济统计知识手册. 北京: 海洋出版社.
何国玲, 汤庆坤, 于永霞, 等. 2015. 广西果桑种植与其他几种主要水果的经济效益分析. 广西蚕业, 152: 57-60.
何小超, 王娴, 杨海军, 等. 2011. 南海深水油气资源的开发现状//中国海洋工程学会. 第十五届中国海洋 (岸) 工程学术讨论会论文集 (上). 北京: 海洋出版社: 525-528.
河北省海洋局. 2013a. 河北省海岛保护规划 (2010—2012 年).
河北省海洋局. 2013b. 河北省海洋环境资源基本现状. 北京: 海洋出版社.
贺佩. 2012. 油气资源评价统计法在北部湾盆地涠西南凹陷的应用. 成都理工大学硕士学位论文.
贺义雄, 勾维民. 2015. 海洋资源资产价格评估研究. 北京: 海洋出版社: 119-120.
洪燕云, 俞雪芳, 袁广达. 2014. 自然资源资产负债表的基本框架. 南京: 中国会计学会环境会计专业委员会 2014 学术年会.
黄朝关, 李志红. 2001. 广西石油资源可供性预分析. 南方国土资源, 14(3): 30-32.
黄晖, 马斌儒, 练健生, 等. 2009. 广西涠洲岛海域珊瑚礁现状及其保护策略研究. 热带地理, 4: 307-312, 318.
黄少婉. 2015. 南海油气资源开发现状与开发对策研究. 理论观察, (11): 91-93.
黄小平, 黄良民, 等. 2007. 中国南海海草研究. 广州: 广东经济出版社.
贾明明. 2014. 1973～2013 年中国红树林动态变化遥感分析. 中国科学院大学博士学位论文.
贾艳红, 赵军, 南忠仁, 等. 2006. 基于熵权法的草原生态安全评价——以甘肃牧区为例. 生态学杂志, 8: 1003-1008.
江苏省 908 专项办公室. 2012. 江苏近海海洋综合调查与评价总报告. 北京: 科学出版社.
蒋隽. 2013. 广西典型区红树林生态系统价值评价. 广西师范学院硕士学位论文.
蒋秋飚, 鲍献文, 韩雪霜. 2008. 我国海洋能研究与开发述评. 海洋开发与管理, 25(12): 22-29.
康霖, 陈相秒, 万秋波. 2016. 2009-2012 年期间越南南海油气资源勘探开发解析. 太平洋学报, (1): 85-92.
赖俊翔, 姜发军, 许铭本, 等. 2013. 广西近海海洋生态系统服务功能价值评估. 广西科学院学报, 29(4): 252-258.
李保婵. 2015. 海洋矿产资源价值评估研究. 商业会计, (9): 15-16.
李春干. 2004. 广西红树林的数量分布. 北京林业大学学报, 26(1): 47-52.

李国强. 2014. 南海油气资源勘探开发的政策调适. 国际问题研究, (6): 104-115, 132.
李京梅, 刘铁鹰. 2010a. 基于旅行费用法和意愿调查法的青岛滨海游憩资源价值评估. 旅游科学, 24(4): 49-59.
李京梅, 刘铁鹰. 2010b. 填海造地外部生态成本补偿的关键点及实证分析生态经济, 3: 143-146.
李俊. 2007. 北京市旅游环境承载力及潜力评估. 首都经济贸易大学硕士学位论文.
李庆芳, 张家恩, 刘金苓, 等. 2005. 红树林生态系统服务研究综述. 海洋环境科学, 24(4): 77-78.
李文涛, 张秀梅. 2009. 海草场的生态功能. 中国海洋大学学报 (自然科学版), 39(5): 933-939.
李颖虹, 黄小平, 许战洲, 等. 2007. 广西合浦海草床面临的威胁与保护对策. 海洋环境科学, 6: 587-590.
梁金禄. 2013. 广西天然气产业布局与关键技术. 化工技术与开发, (8): 35-39.
梁士楚. 1993. 广西的红树林资源及其开发利用. 植物资源与环境, 4: 44-47.
梁维平, 黄志平. 2003. 广西红树林资源现状及保护发展对策. 林业调查规划, 4: 59-62.
辽宁省海洋与渔业局. 2013. 辽宁省海岛保护规划 (2010—2012 年).
廖国一. 2001. 环北部湾沿岸珍珠养殖的历史与现状——环北部湾沿岸珍珠文化研究之二. 广西民族研究, 4: 101-108.
廖红强, 邱勇. 2012. 对应用层次分析法确定权重系数的探讨. 学术交流, 6: 22-24.
林桂兰, 林河山, 等. 2009. 我国近海海洋综合调查与评价专项 (广西 “908 专项”) 广西海域现状调查报告. 国家海洋局第三海洋研究所.
林鹏. 1993. 中国红树林论文集 (Ⅱ)(1990～1992). 厦门: 厦门大学出版社: 1-8.
刘成武, 杨志荣, 方中权, 等. 2001. 自然资源概论. 北京: 科学出版社: 277.
刘富铀, 赵世明, 张智慧, 等. 2007. 我国海洋能研究与开发现状分析. 海洋技术学报, 26(3): 118-120.
刘晖. 1996. 广西药用海洋动物资源及其应用. 广西科学院学报, 12(3/4): 54-60.
刘晖, 庄军莲, 陈宪云, 等. 2013. 广西海岛资源开发利用现状和对策. 广西科学院学报, 3: 181-185.
刘容子, 齐连明. 2006. 我国无居民海岛价值体系研究. 北京: 海洋出版社.
刘蕊. 2009. 海洋资源承载力指标体系的设计与评价. 广东海洋大学学报, 29(5): 7-9.
刘扬. 2012. 广西海洋产业结构优化研究. 广西大学硕士学位论文.
刘振湖. 2005. 南海南沙海域沉积盆地与油气分布. 大地构造与成矿学, 29(3): 410-417.
刘志斌, 李小明, 王君. 2009. 石油价格影响因素分析及波动规律研究. 中国西部科技, (9): 1-2.
罗东坤, 俞云柯. 2002. 油气资源经济评价模型. 石油学报, 23(6): 12-15.
罗国亮, 职菲. 2012. 中国海洋可再生能源资源开发利用的现状与瓶颈. 经济研究参考, (51): 66-71.
罗素兰. 2003. 海洋药物研究新进展及其开发战略. 海南大学学报自然科学版, 21(4): 365-370.
吕劲. 2013. 围塘养殖对红树林生态系统的影响. 昆明: 中国环境科学学会 2013 年学术年会.
吕晓婷, 温艳萍. 2013. 江厦潮汐电站库区滩涂水产养殖成本收益分析. 中国农学通报, 29(32): 91-94.
吕燕. 2000. 关于层次分析法的理论和应用研究. 南京航空航天大学硕士学位论文.
《旅游概论》编写组. 1983. 旅游概论. 天津: 天津人民出版社.
马德毅, 侯英民. 2013. 山东省近海海洋环境资源基本现状. 北京: 海洋出版社.
马骏, 张晓蓉, 李治国. 2012. 中国国家资产负债表研究. 北京: 社会科学文献出版社.
马可・科波拉格瑞. 2011. 海洋经济: 海洋资源与海洋开发. 上海: 上海财经大学出版社: 138-146.
马龙, 陈刚, 兰丽茜. 2013. 浅析我国海洋能合理化开发利用的若干关键问题及发展策略. 海洋开发与管理, 30(2): 46-50.
马中. 2000. 环境与资源经济学概论. 北京: 高等教育出版社: 37-54.
马中. 2006. 环境与自然资源经济学概论 (第二版). 北京: 高等教育出版社.
美国能源信息署. 2013. 中国南海油气资源评估报告.
孟宪伟, 张创智. 2014. 广西壮族自治区海洋环境资源基本现状. 北京: 海洋出版社.
苗丽娟, 王玉广, 张永华, 等. 2006. 海洋生态环境承载力评价指标体系研究. 海洋环境科学, 35(3): 76-77.
莫义斌. 2005. 涠洲岛水资源管理和利用探讨. 节水灌溉, 5: 50-51.
莫竹承, 周浩郎. 2008. 海上长城——红树林. 百科知识, (8): 30-32.
宁世江, 蒋运生, 邓泽龙, 等. 1996. 广西龙门岛群桐花树天蓝林生物量的初步研究. 植物生态学报, 20(1): 57-64.
潘建纲. 2002. 南海油气资源及其开发展望. 海洋开发与管理, 19(3): 39-49.
庞耀珊, 谢芝勋, 谢丽基, 等. 2012. 广西牡蛎养殖业的现状与发展对策. 南方农业学报, 12: 2118-2121.
彭本荣, 洪华生, 陈伟琪, 等. 2005. 填海造地生态损害评估: 理论、方法及应用研究. 自然资源学报, 5: 714-726.
彭本荣, 洪华生. 2006. 海岸带生态系统服务价值评估理论与应用研究. 北京: 海洋出版社.
彭在清, 孟祥江, 吴良忠, 等. 2012. 广西北海市滨海湿地生态系统服务价值评价. 安徽农业科学, 9: 5507-5511.
彭重威, 吴海萍, 王先艳, 等. 2014. 钦州三娘湾中华白海豚观光游现状调查及分析. 钦州学院学报, 8: 11-15.

齐亚斌. 2005. 资源环境承载力研究进展及其主要问题剖析. 中国国土资源经济, 5: 7-11.

钱易, 唐孝炎. 2000. 环境保护与可持续发展. 北京: 高等教育出版社.

邱德华, 沈菊琴. 2001. 水资源资产价值评估的收益现值法研究. 河海大学学报 (自然科学版), 2: 26-29.

任大川, 陈尚, 夏涛, 等. 2011. 海洋生态资本理论框架下海洋生物资源的存量评估. 生态学报, 31(17): 4805-4810.

山东省海洋与渔业厅. 2013. 山东海岛保护规划 (2012—2020 年).

邵琪伟. 2012. 中国旅游大辞典. 上海: 上海辞书出版社.

邵长伦, 傅秀梅, 王长云, 等. 2009. 中国珊瑚礁资源状况及其药用研究调查III. 民间药用与药物研究状况. 中国海洋大学学报 (自然科学版), 4: 691-698.

史丹, 刘佳骏. 2013. 我国海洋能源开发现状与政策建议. 中国能源, 35(9): 38-43.

佟玉权. 2007. 海洋旅游资源分类体系研究. 大连海事大学学报 (社会科学版), 6(2): 61-64.

王晨, 吴志纯. 1996. 中国药用生物资源开发利用的调查. 中国科学院院刊, 11(6): 423-429.

王传崑, 陆德超, 贺松泉, 等. 1989. 中国沿海农村海洋能资源区划. 北京: 国家海洋局科技司, 水电部科技司.

王芳. 2000. 北部湾海洋资源环境条件评述及开发战略构想. 资源与产业, (1): 37-41.

王广军, 唐筱洁, 李惠强. 2014. 广西北海滨海国家湿地公园生态系统服务功能价值评估. 中国市场, 37: 144-145, 153.

王晗, 徐伟. 2015. 海域集约利用的内涵及其评价指标体系构建. 海洋开发与管理, 9: 45-48.

王浩. 2013. 涠洲岛水资源综合利用开发. 技术与市场, 3: 66-67.

王丽荣, 余克服, 赵焕庭, 等. 2014. 南海珊瑚礁经济价值评估. 热带地理, 1: 44-49.

王其翔, 唐学玺. 2010. 海洋生态系统服务的内涵与分类. 海洋环境科学, (1): 131-138.

王斯伟. 2014. 广西海上风电选址及前期研究情况. 上海: 上海国际海上风电及风电产业链大会暨展览会.

王锡桐. 1992. 自然资源开发利用中的经济问题. 北京: 科学技术文献出版社.

王友绍. 2013. 红树林生态系统评价与修复技术. 北京: 科学出版社.

王长云, 邵长伦, 傅秀梅, 等. 2009. 中国海洋药物资源及其药用研究调查. 中国海洋大学学报 (自然科学版), 39(4): 669-675.

涠洲镇人民政府. 2011. 涠洲镇土地利用总体规划 (2010—2020 年).

魏兵. 2004. 对土地估价的收益还原法和假设开发法的理论分析. 吉林大学硕士学位论文.

温远光. 1999. 广西英罗港 5 种红树植物群落的生物量和生产力. 广西科学, 6(2): 142-147.

吴姗姗, 刘容子. 2008. 渤海海洋资源价值量核算的研究. 中国人口 • 资源与环境, 102(2): 70-75.

吴耀建. 2012. 福建省海洋资源与环境基本现状. 北京: 海洋出版社.

伍淑婕. 2006. 广西红树林生态系统服务功能及其价值评估. 广西师范大学硕士学位论文.

夏登文, 岳奇, 徐伟. 2013. 海洋矿产与能源功能区研究. 北京: 海洋出版社.

夏小明. 2015. 海南省海洋资源环境状况. 北京: 海洋出版社.

肖笃宁, 胡远满, 李秀珍. 2001. 环渤海三角洲湿地的景观生态学研究. 北京: 科学出版社: 368-389.

肖建红, 陈东景, 徐敏, 等. 2011. 围填海工程的生态环境价值损失评估——以江苏省两个典型工程为例. 长江流域资源与环境, 20(10): 1248-1254.

肖世艳, 李冠霖. 2012. 广西能源发展 “十二五” 规划: 改变 “缺煤少油无气”. 广西电业, (10): 10-11.

肖思思, 解清杰, 张耘, 等. 2015. 镇江 “三山” 景区生态旅游环境容量及调控策略研究. 科学技术创新, (25): 56-57.

谢云珍, 王玉兵, 赵泽洪. 2009. 广西湿地资源现状与保护对策. 中南林业调查规划, 28(4): 42-46.

辛仁臣, 刘豪. 2008. 海洋资源. 北京: 中国石化出版社.

忻海平. 2008. 海洋资源价值及开发战略研究. 中国地质大学 (北京) 博士学位论文.

邢永强, 冯进城, 窦明. 2007. 区域生态环境承载能力理论与实践. 北京: 地质出版社.

熊鹏, 陈伟琪, 王萱, 等. 2007. 福清湾围填海规划方案的费用效益分析. 厦门大学学报 (自然科学版), (S1): 214-217.

徐承德, 冯守珍. 2008. 岛礁类型划分及可持续发展探讨. 海岸工程, 27(3): 6.

徐韧. 2013. 上海海洋环境资源基本现状. 北京: 科学出版社.

徐淑庆, 李家明, 卢世标, 等. 2010. 广西北部湾红树林资源现状及可持续发展对策. 生物学通报, 5: 11-14, 63-64.

徐文斌, 林宁. 2013. 走进海岛新时代:《全国海岛保护规划》专题访谈录. 北京: 海洋出版社.

许德伟, 杨燕明, 陈本清. 2011. 福建省海岛海岸带高分辨率遥感调查实践. 北京: 海洋出版社.

许树柏. 1987. 层次分析法原理. 天津: 天津大学出版社.

许战州, 朱艾嘉, 蔡伟叙, 等. 2011. 流沙湾海草床重金属富集特征. 生态学报, 31(23): 7244-7250.

严宏谟. 1998. 海洋大辞典. 沈阳: 辽宁人民出版社: 331.

阳国亮. 2009. 我国近海海洋综合调查与评价专项 (广西 “908 专项”) 广西潜在滨海旅游区评价与选划研究总报告.

杨珊. 2012. 北海市涠洲岛水资源配置和节约保护对策. 广西水利水电, 4: 14-16.

姚丹丹. 2014. 基于负外部性分析的我国海洋资源保护思路研究. 中国渔业经济, 32(2): 55-60.

尹毅, 林鹏. 1992. 广西英罗湾红海榄群落凋落物研究. 广西植物, 4: 359-363.

虞聪达, 俞存根. 2009. 浙江南部外海渔业资源利用与海洋捕捞作业管理研究. 北京: 海洋出版社.

昝启杰, 王勇军, 宝文. 2001. 无瓣海桑、海桑人工林的生物量及生产力研究. 植物学研究, 19(5): 391-396.

詹文欢, 姚衍涛, 孙杰, 等. 2013. 广东省海洋环境资源基本现状. 北京: 海洋出版社.

张偲. 2016. 海洋生物资源评价与保护. 北京: 科学出版社.

张朝晖, 叶属峰, 朱明远. 2008. 典型海洋生态系统服务及价值评估. 北京: 海洋出版社.

张海生. 2013. 浙江省海洋环境资源基本现状. 北京: 海洋出版社.

张鹤, 黄尤优, 胥晓. 2008. 墨尔多山自然保护区植被景观的斑块特征. 西华师范大学学报, 29(3): 243-248.

张慧, 孙英兰. 2009. 青岛前湾填海造地海洋生态系统服务功能价值损失的估算. 海洋湖沼通报, 3: 34-38.

张继红, 方建光, 唐启升. 2005. 中国前海贝藻养殖对海洋碳循环的贡献. 地球科学进展, 20(3): 359-365.

张继伟, 李晶, 戴娟娟, 等. 2009. 我国近海海洋综合调查与评价专项 (广西 "908 专项") 广西壮族自治区沿海地区社会经济基本情况调查研究报告.

张丽. 2005. 水资源承载能力与生态需水量理论及应用. 郑州: 黄河水利出版社.

张乔民. 1997. 红树林防浪效益定量计算初步研究分析. 南海研究与开发, 3: 1-6.

张钦凯, 唐铭. 2010. 石窟类景观旅游环境容量测算与调控的探讨——以敦煌莫高窟为例. 兰州大学学报 (自然科学版), 46(S1): 242-246.

张汝国, 宋建阳. 1996. 珠江口红树林氮磷的累积和循环研究. 广州师院学报 (自然科学版), 1: 62-69, 80.

张文. 2012. 海洋药物导论 (第 2 版). 上海: 上海科学技术出版社: 61-62.

张耀光, 刘桂春, 刘锴, 等. 2010. 中国沿海液化天然气 (LNG) 产业布局与发展前景. 经济地理, 30(6): 881-885.

张耀光, 刘锴, 郭建科, 等. 2013. 中国海岛港口现状特征与类型划分. 地理研究, 32(6): 1095-1102.

赵美霞, 余克服, 张乔民. 2005. 珊瑚礁区的生物多样性及其生态功能. 生态学报, 26(1): 186-194.

郑耀辉, 王树功. 2008. 红树林湿地生态系统服务功能价值定量化方法研究. 中山大学研究生学刊 (自然科学、医学版), 2: 73-83.

郑志国. 2008. 资源用途的兼容性与机会成本的收益. 当代经济研究, 9: 49-53.

《中国海岛志》编纂委员会. 2014. 中国海岛志・广西卷. 北京: 海洋出版社.

中国石油集团经济技术研究院. 2013. 2012 年国内外油气行业发展报告——油气生产篇.

中华人民共和国财政部. 2014. 企业会计准则: 基本准则.

中华人民共和国国家统计局. 1999—2015. 中国统计年鉴 . 北京: 中国统计出版社.

中华人民共和国国务院. 2015. 全国海洋主体功能区规划.

中华人民共和国农业部渔业局. 2006—2016. 中国渔业统计年鉴. 北京: 中国农业出版社.

周淑慧, 郜婕, 杨义, 等. 2013. 中国 LNG 产业发展现状、问题与市场空间. 国际石油经济, 21(6): 5-15.

周晓光, 张强. 2005. Vague 集 (值) 相似度量的比较和改进. 系统工程学报, 6: 613-619.

周祖光. 2004. 海南珊瑚礁的现状与保护对策. 海洋开发与管理, 6: 48-51.

朱坚真. 2010. 海洋资源经济学. 北京: 经济科学出版社.

朱坚真. 2013. 海洋经济学. 北京: 高等教育出版社.

朱晓东, 李扬帆, 吴小银, 等. 2005. 海洋资源概论. 北京: 高等教育出版社.

邹仁林. 1995. 中国珊瑚礁的现状与保护对策//中国科学院生物多样性委员会. 生物多样性研究进展. 北京: 中国科学技术出版社: 281-290.

左玉辉, 林桂兰. 2008. 海岸带资源环境调控. 北京: 科学出版社.

Carole S C, Jean M S, Pierre B, et al. 2015. The seagrass *Posidonia oceanica*: Ecosystem services identification and economic evaluation of goods and benefits. Marine Pollution Bulletin, (1-2): 391.

Charpy R. 1990. The comparative estimation of phytoplanktonic, microphytobenthic, and macrophytobenthic primary production in the oceans. Marine Microbial Food Webs, 4(1): 177-178.

Costanza R, d'Arge R, Groot R D, et al. 1997. The value of the world's ecosystem services and natural capital. Nature, 387: 253-260.

de Groot R S, Wilson M A, Boumans R M J. 2002. A typology for the classification, description and valuation of ecosystem functions, goods and services. Ecological Economics, 41: 393-408.

Gacia E, Granata T C, Duarte C M. 1999. An approach to measurement of particle flux and sediment retention within seagrass (*Posidonia oceanica*) meadows. Aquatic Botany, 65(1-4): 255-268.

Garrod G, Willis K G. 1999. Economic Valuation of the Environment: Methods and Case Studies. Cheltenham: Edward Elgar Publishing.

Hall C M. 2001. Trends in ocean and coastal tourism: The end of the last frontier. Ocean and Coastal Management, 44(3): 601-608.

Han Q Y, Huang X P, Shi P, et al. 2008. Seagrass bed ecosystem service valuation—A case research on Hepu Seagrass Bed in Guangxi Province. Marine Science Bulletin, 10(1): 87-96.

Han W D, Gao X M. 2004. Biomass and energy flow of *Sonneratia apetala* community in Leizhou Peninsula, China. Guangxi Sciences, 11(3): 243-248.

Jones C G, Lawton J H, Shachak M. 1997. Positive and negative effects of organisms as physical ecosystem engineers. Ecology, 78(7): 1946-1957.

Krutilla J V. 1967. Conservation reconsidered. American Economic Review, 57(4): 777-786.

Mliier M L, Auyong J. 1991. Coastal zone tourism: A potent force affecting environment and society. Marine Policy, 15(2): 75-99.

Pergent-Martini C V, Leoni V, Pasqualini G D, et al. 2005. Descriptors of Posidonia oceanica meadows: Use and application. Ecological Indicators, 5(3): 213-230.

Primack R B, 马克平, 蒋志刚. 2014. 保护生物学. 北京: 科学出版社.

Pritchard D W. 1967. What is an estuary: Physical viewpoint//Lauff G H. Estuaries. Washington, D C: AAAS.

Redfield A C, Ketchum B H, Rechards F A. 1963. The influence of organisms on the composition of sea-water//Hill M N, Goldberg M N, Iselin C O, et al. The Sea,vol.2. New York: Interscience Publishers: 26-77.

Robertsen A I, Alongi D M. 1992. Tropical Mangrove Ecosystem R. Washington, D C: American Geophysical Union: 63-10.

Sarkis S, Beukering P J H V, Mckenzie E, et al. 2013. Total Economic Value of Bermuda's Coral Reefs: A Summary. Berlin: Springer Netherlands.

Scoffin T P. 1970. The trapping and binging of subtidal carbonate sediments by marine vegetation in Bimini Lagoon, Bahamas. Journal of Sedimentary Petrology, 40: 249-273.

Spenceley A P. 1982. Sedimentation patterns in a mangal on Magnetic Island near Townsville, North Queensland, Australia. Singapore Journal of Tropical Geography, 3: 100-107.

Unsworth K F, Cullen-Unsworth L C. 2017. Seagrass Meadows, 27: 443-445.

Walsh G E, Rigby R. 1979. Resistance of the mangrove (*Rhizpohora mangal* L.) seedlings to Leed, cadmium and mercury. Biotropica, 11(1): 22-27.

Ward F A, Beal D. 2000. Valuing Nature With Travel Cost Model. Cheltenham: Edward Elgar Publishing.

Wong P P. 1998. Coastal tourism development in southeast Asia: Relevance and lessons for coastal zone. Ocean and coastal management, 38: 89-109.